紧固连接技术概论

Introduction to Fastening and Joining Technology

主　编　焦光明
副主编　许彦伟　李文生　程全士

国防工业出版社
·北京·

内 容 简 介

本书共八章,总结了作者所在单位多年来从事航空航天高端紧固连接设计、制造、安装、检测等方面的经验和成果。全书介绍了紧固连接技术的概念与内涵、研究现状及发展趋势;在紧固件结构、材料与成形工艺方面,主要介绍了典型紧固件结构,紧固件的材料种类特性,紧固件的制造工艺、表面处理工艺等;在紧固连接正向设计技术方面,主要介绍了紧固连接载荷形式及主要设计指标、连接接头及紧固件设计方法、结构强度校核方法等;在紧固连接建模仿真技术方面,主要介绍了紧固连接静力学、动力学等建模和仿真优化技术等;在紧固连接安装技术方面,主要介绍了紧固件安装孔成形,安装工具和安装方法等;在紧固连接可靠性技术方面,主要介绍了紧固连接可靠性指标、可靠性试验、可靠性设计、工艺可靠性和使用可靠性等;在紧固连接失效分析技术方面,主要介绍了紧固连接典型失效机理和典型失效案例分析等;最后介绍了典型紧固连接技术应用工程实例。

本书涵盖了紧固连接设计、仿真、安装、可靠性、失效分析等相关的基础知识、理论、方法及实践,可作为紧固件企业技术转型发展、大中专院校师生学习了解紧固连接技术相关知识以及各行业技术人员开展紧固连接技术应用的参考书和工具书。

图书在版编目(CIP)数据

紧固连接技术概论/焦光明主编. —北京:国防工业出版社,2024.8. —ISBN 978-7-118-13457-5

Ⅰ. TH131

中国国家版本馆 CIP 数据核字第 2024BV1183 号

※

国防工业出版社出版发行
(北京市海淀区紫竹院南路23号 邮政编码100048)
三河市天利华印刷装订有限公司印刷
新华书店经售

*

开本 710×1000 1/16 插页4 印张 32¾ 字数 590 千字
2024年8月第1版第1次印刷 印数 1—2000 册 定价 220.00 元

(本书如有印装错误,我社负责调换)

国防书店:(010)88540777 书店传真:(010)88540776
发行业务:(010)88540717 发行传真:(010)88540762

《紧固连接技术概论》
编写委员会

主　　编：焦光明
副 主 编：许彦伟　李文生　程全士
委　　员：唐　伟　王　赫　李旭健　冯德荣　柳思成
　　　　　樊金桃　许永春　沈　超　张兆民　李　皓
　　　　　刘建华　刘学通　樊开伦　詹兴刚　周泉知
　　　　　王　川　唐　林　高乾旺　刘海涛　高靖靖
　　　　　胡云鹏　卢　浩　王文超　杨知硕　孙晓军
　　　　　夏斌宏　林忠亮　刘　燕　李　祥　程东松
　　　　　柯书忠　齐　跃　万冰华　郭绕龙　黄孝庆
秘　　书：周泉知　王　维

《紧固连接技术概论》
审查委员会

主　　任：左敦稳

委　　员：刘才山　秦旭达　丁保平　马　叙　赵　宇
　　　　　杨　兵　杨　智　朱旻昊　胡庆宽　胡军林
　　　　　石大鹏　张晓斌

序

很高兴为《紧固连接技术概论》作序，这是一本专业性很强的行业著作，具有较高的技术水平和学术价值，对引领行业技术发展具有重要意义。

书中将紧固连接研究划分了三个阶段，研究对象从紧固件产品到紧固连接副再到紧固连接系统，从零件到系统、从产品到技术，站位高、视野宽，很直观地为读者呈现出了行业发展的大逻辑。开篇绪论给出了紧固件的发展演变历程和研究现状，总结提炼了紧固连接技术的概念、内涵和体系；中间部分由各技术单独成章，对紧固连接正向设计技术、建模仿真技术、安装技术、可靠性技术、失效分析技术等逐一作了系统详细介绍；最后给出了典型紧固连接技术的应用案例。本书既注重理论创新又注重工程实践，整体架构编排合理，具有很强的可读性，既可作为高校专业教材也可以作为行业工具书。

针对航天航空紧固件产品，航天精工持续深耕数十年，已发展成为国家制造业单项冠军企业。随着装备建设的高质量发展，要求产品不仅合格更要好用，这就需要进一步掌握产品背后更深层次的连接机理和原理。本书主编焦光明具有深厚的型号总体制造专业技术背景，理论功底扎实，对紧固连接技术具有系统、深刻、前瞻且创新性的思考和研究，在国内率先提出紧固连接技术概念并快速落地实施。依托国内紧固件相关专业领域中仅有的2家省部级重点实验室，组织100余人的核心技术团队，承研20多项国家部委课题项目，深入开展紧固连接的基础性、机理性、原创性技术研究。对于一家制造企业能如此重视基础技术研究，实属难能可贵！

紧固件虽小但是学问大，涉及材料学、力学、化学、摩擦学等众多学科且综合交叉，还有诸多行业重大难题和基础科学问题亟待解决。本书也系统介绍了紧固连接技术有关应用基础研究的创新成果，比如在紧固连接正向设计方面，基于弹塑性理论，形成了设计校核一体化的紧固连接正向设计方法、流程和软件工具；在紧固连接安装方面，与传感技术融合，基于声弹理论，形成了复杂严苛工况下的预紧力测量、监测和调控方法；在紧固连接可靠性方面，将可靠性通用技术与紧固连接专业技术交叉创新，基于应力-强度干涉理论，形成了紧固连接多故障可靠性模型及RMS综合仿真方法等。其他创新成果就不再赘述，各位读者可详细参阅本书相应章节。

本书编审人员主要由各技术方向的专业带头人、高层次专家、核心团队成员以及相关领域的专家教授等组成，具有丰富的工程经验和理论水平。本书是对紧固连接技术研究成果的系统凝练和归纳总结，期望能对行业技术进步和专业技术人才培养作出一定贡献。

中国工程院院士

2024 年 7 月 25 日

前　言

螺纹的发展最早可追溯至两千多年前的阿基米德螺旋线,而当代紧固件的雏形大约产生于第一次工业革命前后,直至第二次世界大战后螺纹实现了标准化统一,有力推动了紧固件的高速发展。紧固件素有"工业之米"之称,属于国家产业基础"五基"之一,具有高度通用化和系列化的特点,大量应用于航天、航空、船舶、轨道交通、电力、化工等领域,是应用最广泛、使用量最大的一类基础零部件。

航天、航空等领域的中高端紧固件,由于大量采用新材料、新结构或新工艺,具有技术含量高、研制难度大、质量要求严等特点,在一定程度上代表了一个国家的工业基础水平。国外中高端紧固件企业主要有 PCC、Arconic、Lisi、TriMas 等,均为老牌的紧固件企业,有的企业甚至有上百年的历史,具有强大的研发与生产能力,拥有自主设计的核心品牌产品,实现了代际化、系列化、专业化发展,比如 Lisi 公司 20 世纪 50 年代开发了第一代高锁系列紧固件(高锁螺栓和高锁螺母),现已发展至第四代;Monogram 公司 20 世纪 50 年代开发了第一代螺纹型抽芯铆钉,现已发展至第五代;Cherry 公司 20 世纪 80 年代开发了第一代拉拔型抽芯铆钉,现已发展至第四代。

国内中高端紧固件的发展始于 20 世纪 90 年代,仅有 30 年左右的发展历史,主要随着型号的研制而发展,当时综合类生产企业主要为国有军工企业信阳航天标准件厂(694 厂)、国营洪江机械厂(3536 厂)和中国航空工业标准件制造有限责任公司(3117 厂)形成"三足鼎立"之格局,以及后来发展起来的专业生产钛合金类紧固件的北京航空制造工程研究所(625 所)。当时各企业的产能均不大,行业总体产能规模较小,由于多型装备在研,紧固件需求旺盛,行业产能不能满足市场需求,处于"拼产品、拓市场"的非完全竞争阶段。该阶段也是本书第 1 章绪论中写到的"紧固件产品研究阶段",以产品研仿、来图加工为主,研究紧固件的制造、检验、试验等技术,以满足产品标准和规范要求,解决型号"能不能用"的问题。为了满足产品新标准、新规范的技术要求,一些新工艺、新装备得到广泛应用并逐渐成熟,促使整个行业的工艺和技术水平也上了很大台阶,航天精工股份有限公司(简称航天精工)系统总结了公司几十年紧固件领域科研、生产、管理的实践经验,消化、吸收了当时国内外紧固件行业发展的成果,于2014 年 1 月由国防工业出版社出版了行业覆盖面最广的第一本著作《紧固件概论》,获得了用户一致好评,推动了行业发展和技术进步。

紧固连接由于具有高效率、高寿命、高可靠、可拆卸等优点,依然是当前及至未来机械连接中体系最大、品种最多和应用最广的连接形式。面对当前国家航天、航空、船舶、轨道交通等装备向自主化、智能化、高端化的高质量发展,各型装备对紧固连接的需求不再是单个产品或者单项技术,更加迫切需要提供包括设计、仿真、制造、检测、安装、服务为一体的紧固连接整体解决方案。随着航天精工于2011年由694厂和3536厂重组整合成立,以及民营企业的蓬勃发展,行业总体产能得到极大提升,一是原有企业工艺装备的能力提升带来的产能增加,二是新增企业带来的产能增加,行业产能规模已大于市场需求,处于"拼技术、保市场"的完全竞争阶段,谁家产品的性能更加可靠、质量更加稳定、成本更加低廉、交付更加准时,谁家就能占领更大市场。该阶段也是本书第1章绪论中写到的"紧固连接副研究阶段",不仅关注产品满足标准和规范要求,更加关注其背后的紧固连接技术,解决型号"好不好用"的问题。

基于对公司面临的行业复杂局面和竞争环境的综合研判,本书主编焦光明于2016年底在国内率先提出了紧固连接技术概念,前瞻性布局相关研究工作;随着条件的逐渐成熟,于2019年2月1日带领技术团队正式开展紧固连接技术研究论证工作(项目代号1921),并发布了国内首个《紧固连接技术三年专项规划(2020—2022年)》,正式拉开了紧固连接设计、制造、检测、试验、安装、使用全流程研究的序幕。紧固连接技术跨专业跨系统跨领域,涉及材料学、力学、化学、摩擦学等众多学科以及多学科交叉融合,经过全面系统梳理,共计108项专业技术。航天精工于2020年4月创办了《紧固连接技术》内部期刊,并于2022年8月获天津市新闻出版局批准印刷发行(津刊型2022审004),用于出版有关紧固连接技术的最新研究成果,提供了良好的学术技术交流平台。

经过近五年的全级次全链条系统推进,航天精工先后承担了国家国防科技工业局等国家部委课题项目共计25项,围绕预紧力精确测控、螺纹咬死故障机理、连接可靠性等方面,深入开展紧固连接技术基础理论和应用技术研究,先后取得了《螺纹连接辅助设计及校核系统1.0》《螺纹连接校核系统1.0》《非标结构连接方案设计优化系统1.0》《螺纹结构有限元参数化建模软件1.0》《自动化有限元预紧力仿真批量控制软件1.0.0》软件著作权登记5项,获得《一种基于阵列薄膜旋转标定的螺栓剪力周向分布测量方法》《基于多竞争失效模式的紧固连接系统可靠性正向设计方法》《基于设计校核一体化的紧固连接正向设计方法》等发明专利授权26项。在全面深入研究的基础上,焦光明技术团队在行业内首次构建了紧固连接技术体系(见1.3.3节)。

技术研究是一项经费投入大、成果产出慢的基础性工作,需要保持长期研究和持续投入的战略定力。面对复杂多变的国际形势,我国关键领域受到技术封锁和打压，航天精工作为国家制造业单项冠军企业和行业领军企业，始终将"科技强军、航天报国，助力装备高质量发展、引领行业技术进步"作为自己的使命，经过不断地探索和实践，总结提炼出"三个转变"发展思路，由单一高端紧固件生产商向高端紧固件生产商与紧固连接技术解决方案咨询和服务商转变，努力构建高端紧固件产业高质量发展新业态，坚决扛起行业领头雁责任，紧紧围绕行业重大问题、型号发展需求等方面深入开展基础性、机理性的原创技术研究。

航天精工创新性地推动重点实验室建设工作，构建三层级研究体系：首先是公司级，在关键技术领域联合国内优势高校拟组建11个校企联合实验室，比如与西南交通大学成立了"紧固连接正向设计与仿真技术联合实验室"，与朱旻昊教授团队开展紧密合作，相应的研究成果支撑了本书第3章紧固连接正向设计技术和第4章紧固连接建模仿真技术的编写。其次是省部级，拟布局3个省部级重点实验室，目前已拥有国内仅有的两家省部级重点实验室，即天津市紧固连接技术重点实验室和河南省紧固连接技术重点实验室。最后是国家级，待技术研究和水平达到相应条件后，积极申报国防重点实验室和国家重点实验室。另外，航天精工也特别重视技术基础方面的研究工作，联合北京航空航天大学完成了国家国防科技工业局质量与可靠性研究项目，国内首次系统地将可靠性通用技术与紧固连接设计、制造、安装、使用、维修保障等全流程专业技术进行交叉融合创新，开创了紧固连接全技术链可靠性研究工作，相关研究成果支撑了本书第6章紧固连接可靠性技术的编写。

航天精工长期致力于解决紧固连接防松动、防咬死、预紧力精准控制三大行业技术难题，从2018年1月8日就布局发展智能连接及监测技术（项目代号1818），将传统的紧固件"哑"零件与传感器技术相结合，在国内首次自主创新研发了"会说话的紧固件"，与传统安装技术相比，预紧力测控精度提升了10倍，解决了行业三大难题之一的"预紧力精准控制"问题；共受理专利24项（含1项国际专利）、授权专利10项、软件著作权登记1项，联合国内各设计院所制定产品标准22项，项目成果经权威机构鉴定为国内一流水平，其中剪切力测量技术、预紧力无线测量技术、基于预紧力控制的安装工具、紧固连接结构状态智能监测评估系统达到世界领先水平。以此项技术作为紧固连接智能化发展的起点和切入点，航天精工将持续自主开发结构功能一体化系列产品，力争实现剪切力、温度、振动等关键参数的测量，将智能紧固件作为型号装备的"神经节点"，实现连接结构力学特征的获取以及健康状态监测，保证关键连接结构运行可靠，促进紧固连接领域更深层次的研究。

本书基于航天精工50多年的专业积淀以及近几年在紧固连接技术领域取得的最新研究成果编著而成，涵盖了紧固连接设计、仿真、安装、可靠性、失效分析等相关的基础知识、理论、方法及实践，可作为紧固件企业技术转型发展、大中专院校师生学习了解紧固连接技术相关知识以及各行业技术人员开展紧固连接技术应用的参考书和工具书。

本书由焦光明审定大纲，焦光明、许彦伟负责统稿工作。全书共8章，第1章由焦光明、许彦伟、李文生、程全士编写，丁宝平研究员(中机研标准技术研究院)审核；第2章由唐伟、焦光明、樊开伦、詹兴刚、高乾旺编写，左敦稳教授(南京航空航天大学)、胡庆宽研究员(河南航天精工制造有限公司)审核；第3章由焦光明、许彦伟、王赫(西南交通大学)、周泉知编写，刘才山教授(北京大学)、朱旻昊教授(西南交通大学)审核；第4章由王赫(西南交通大学)、柳思成、李皓(天津大学)、许彦伟编写，马叙教授(天津理工大学)、朱旻昊教授(西南交通大学)审核；第5章由李旭健、焦光明、程全士、王川编写，杨智研究员(陕西天成航空材料有限公司)、石大鹏研究员(河南航天精工制造有限公司)、张晓斌研究员(航天精工股份有限公司)审核；第6章由许彦伟、樊金桃、张兆民(中国民航大学)、唐林编写，赵宇教授(北京航空航天大学)审核；第7章由冯德荣、程全士、许永春、刘海涛编写，杨兵教授(武汉大学)、胡军林高级工程师(贵州航天精工制造有限公司)审核；第8章由李文生、许彦伟、沈超、刘学通(西南交通大学)、刘建华(西南交通大学)编写，秦旭达教授(天津大学)审核。

本书在编写过程中参考了大量的国内外文献著作，还从公共网络平台上转引了不少金石之言，在此对相关文献作者表示衷心的感谢！对于因为我们的疏漏未能列入的参考文献作者，我们深表歉意！

感谢国防工业出版社白天明主任及其团队，在本书编辑出版过程中给予了极大的帮助，使得本书短时间内如期顺利出版发行。

限于时间与编者水平及经验，恳请读者批评指正书中的不足和错误之处。

《紧固连接技术概论》编写组

2024年3月

目 录

第1章 绪论 ··· 1
1.1 紧固件的发展和应用 ·· 1
1.1.1 螺纹的起源 ··· 1
1.1.2 螺纹的应用 ··· 1
1.1.3 螺纹的标准化 ·· 2
1.1.4 紧固件的专业化 ··· 4
1.1.5 紧固件的智能化 ··· 6
1.2 紧固件相关技术国内外发展现状 ··· 7
1.2.1 紧固件相关技术国外发展现状 ·· 7
1.2.2 紧固件相关技术国内发展现状 ······································ 10
1.3 紧固连接技术内涵及体系 ·· 17
1.3.1 紧固连接技术的定义 ··· 17
1.3.2 紧固连接研究阶段的划分 ··· 18
1.3.3 紧固连接技术体系 ·· 19
1.4 紧固连接结构的发展趋势 ·· 21
1.4.1 紧固连接的系统化发展 ·· 21
1.4.2 紧固连接的轻量化发展 ·· 21
1.4.3 紧固连接的智能化发展 ·· 21
1.4.4 紧固连接的高性能发展 ·· 22
1.4.5 紧固连接的高可靠发展 ·· 22
1.4.6 紧固连接的低成本发展 ·· 22
参考文献 ·· 23

第2章 紧固件结构、材料与成形工艺 ·· 29
2.1 紧固件简介 ·· 29
2.2 典型紧固件结构 ·· 30
2.2.1 螺栓、螺钉结构 ··· 30
2.2.2 高锁螺栓结构 ·· 32
2.2.3 螺柱结构 ·· 33

  2.2.4　普通螺母结构 ……………………………………………… 34
  2.2.5　自锁螺母结构 ……………………………………………… 34
  2.2.6　高锁螺母结构 ……………………………………………… 35
  2.2.7　铆钉结构 …………………………………………………… 35
  2.2.8　垫圈结构 …………………………………………………… 40
  2.2.9　螺纹衬套结构 ……………………………………………… 42
 2.3　紧固件材料 …………………………………………………………… 44
  2.3.1　结构钢 ……………………………………………………… 44
  2.3.2　不锈钢 ……………………………………………………… 47
  2.3.3　高温合金 …………………………………………………… 50
  2.3.4　钛及钛合金 ………………………………………………… 52
  2.3.5　钛铌合金 …………………………………………………… 55
  2.3.6　铝及铝合金 ………………………………………………… 56
  2.3.7　铜及铜合金 ………………………………………………… 59
  2.3.8　复合材料 …………………………………………………… 60
  2.3.9　高温抗氧化涂层材料 ……………………………………… 61
 2.4　紧固件基体制造工艺 ………………………………………………… 63
  2.4.1　制造工艺流程 ……………………………………………… 63
  2.4.2　镦锻加工 …………………………………………………… 64
  2.4.3　挤压加工 …………………………………………………… 66
  2.4.4　冲压加工 …………………………………………………… 68
  2.4.5　滚压加工 …………………………………………………… 71
  2.4.6　收口加工 …………………………………………………… 73
  2.4.7　车削加工 …………………………………………………… 74
  2.4.8　铣削加工 …………………………………………………… 75
  2.4.9　磨削加工 …………………………………………………… 77
  2.4.10　螺纹加工 ………………………………………………… 77
  2.4.11　先进制造简述 …………………………………………… 81
 2.5　紧固件表面处理工艺 ………………………………………………… 82
  2.5.1　前处理 ……………………………………………………… 82
  2.5.2　电镀 ………………………………………………………… 83
  2.5.3　化学转化膜 ………………………………………………… 86
  2.5.4　阳极氧化 …………………………………………………… 88
  2.5.5　化学镀 ……………………………………………………… 90
  2.5.6　涂覆 ………………………………………………………… 91

  2.5.7 电泳 ·· 92
  2.5.8 真空离子镀膜 ·· 92
  2.5.9 后处理 ·· 93
  2.5.10 先进表面处理简述 ·· 94
 参考文献 ··· 96

第3章 紧固连接正向设计技术 ·· 98
 3.1 技术概述 ··· 98
 3.2 连接接头定义与分类 ·· 101
  3.2.1 连接接头定义 ·· 102
  3.2.2 连接接头类别 ·· 102
 3.3 连接接头外部载荷形式 ·· 105
  3.3.1 静载荷 ·· 105
  3.3.2 动载荷 ·· 107
  3.3.3 热载荷 ·· 107
 3.4 连接接头主要设计指标 ·· 113
  3.4.1 安全系数 ··· 113
  3.4.2 预紧力 ·· 116
  3.4.3 安装力矩 ··· 119
 3.5 连接接头设计 ·· 121
  3.5.1 接头连接状态分析 ··· 123
  3.5.2 简化设计方法 ·· 124
  3.5.3 基于载荷位置的设计方法 ·· 131
  3.5.4 基于松动行为的计算方法 ·· 151
 3.6 紧固件设计 ··· 157
  3.6.1 螺栓结构设计 ·· 158
  3.6.2 螺母结构设计 ·· 167
  3.6.3 垫片选型原则 ·· 171
 3.7 结构强度校核 ·· 174
  3.7.1 简化校核方法 ·· 175
  3.7.2 基于载荷分配的校核方法 ·· 177
  3.7.3 基于保证载荷的校核方法 ·· 187
 参考文献 ··· 192

XIII

第4章 紧固连接建模仿真技术 ... 221
4.1 技术概述 ... 221
4.1.1 技术定义 ... 221
4.1.2 技术分类 ... 222
4.1.3 技术特点 ... 224
4.2 紧固连接建模技术 ... 225
4.2.1 紧固连接静力学建模技术 ... 225
4.2.2 紧固连接动力学建模技术 ... 239
4.3 紧固连接力学仿真技术 ... 241
4.3.1 紧固连接静力学仿真技术 ... 241
4.3.2 紧固连接动力学仿真技术 ... 255
4.3.3 紧固连接疲劳寿命仿真技术 ... 261
4.3.4 紧固连接失效机理仿真技术 ... 265
4.4 紧固连接仿真优化技术 ... 268
4.4.1 紧固连接排布优化设计技术 ... 269
4.4.2 紧固连接系统优化设计技术 ... 273
4.5 紧固连接仿真后处理一般要求 ... 277
参考文献 ... 279

第5章 紧固连接安装技术 ... 281
5.1 技术概述 ... 281
5.2 紧固件安装孔制备及强化方法 ... 282
5.2.1 安装孔制备方法 ... 282
5.2.2 安装孔强化方法 ... 285
5.3 紧固件安装工具 ... 287
5.3.1 制孔工刀具 ... 287
5.3.2 安装工具 ... 289
5.4 紧固件安装方法 ... 300
5.4.1 螺栓安装方法 ... 301
5.4.2 铆钉安装方法 ... 306
5.4.3 螺套安装方法 ... 313
5.4.4 高锁螺母安装方法 ... 315
5.4.5 粘接游动托板自锁螺母安装方法 ... 317
5.4.6 开缝衬套安装方法 ... 318
5.5 典型紧固件拆卸方法 ... 320

  5.5.1 实心铆钉的拆卸方法 ·· 321
  5.5.2 拉铆型抽芯铆钉的拆卸方法 ····································· 323
  5.5.3 带键螺套的拆卸方法 ·· 323
  5.5.4 粘接游动托板自锁螺母的拆卸方法 ····························· 324
 5.6 预紧力测量及控制技术 ··· 325
  5.6.1 预紧力控制的常规方法 ··· 325
  5.6.2 压电超声测量技术 ··· 326
  5.6.3 电磁超声测量技术 ··· 328
  5.6.4 预紧力测量技术应用前景展望 ·································· 329
参考文献 ··· 330

第6章 紧固连接可靠性技术 ·· 331
 6.1 技术概述 ·· 331
  6.1.1 基本概念及特点 ·· 331
  6.1.2 紧固连接可靠性技术体系 ·· 332
  6.1.3 紧固连接可靠性常用技术指标 ·································· 335
  6.1.4 紧固连接可靠性的作用及意义 ·································· 337
 6.2 可靠性相关统计基础 ·· 338
  6.2.1 常用概率分布 ·· 338
  6.2.2 概率分布选择 ·· 343
  6.2.3 参数估计 ·· 343
  6.2.4 假设检验 ·· 345
 6.3 紧固连接可靠性试验 ·· 347
  6.3.1 可靠性试验概述 ·· 347
  6.3.2 紧固连接全寿命周期可靠性试验 ······························· 349
  6.3.3 紧固连接可靠性试验技术 ·· 351
 6.4 紧固连接可靠性设计 ·· 353
  6.4.1 可靠性设计原理 ·· 353
  6.4.2 紧固连接静强度可靠性设计 ····································· 355
  6.4.3 紧固连接疲劳强度可靠性设计 ·································· 358
  6.4.4 紧固连接磨损可靠性设计 ·· 361
  6.4.5 紧固连接振动可靠性设计 ·· 364
 6.5 紧固连接工艺可靠性 ·· 367
  6.5.1 工艺可靠性概述 ·· 367
  6.5.2 紧固连接工艺可靠性指标 ·· 367

- 6.5.3 紧固连接工艺可靠性建模技术 373
- 6.5.4 紧固连接工艺可靠性分析技术 376
- 6.5.5 紧固连接工艺可靠性优化技术 379
- 6.5.6 紧固连接工艺可靠性控制技术 384
- 6.6 紧固连接使用可靠性 388
  - 6.6.1 使用可靠性概述 388
  - 6.6.2 影响使用可靠性的主要因素 389
  - 6.6.3 紧固连接故障预测与健康管理 390
- 参考文献 395

第7章 紧固连接失效分析技术 396
- 7.1 技术概述 396
  - 7.1.1 定义 396
  - 7.1.2 失效分析特点 396
  - 7.1.3 紧固连接失效行为分类 397
- 7.2 紧固连接典型失效机理 398
  - 7.2.1 过载失效机理 398
  - 7.2.2 咬死失效机理 400
  - 7.2.3 松动失效机理 403
  - 7.2.4 疲劳失效机理 406
  - 7.2.5 蠕变失效机理 410
  - 7.2.6 氢脆失效机理 412
  - 7.2.7 化学腐蚀失效机理 414
  - 7.2.8 应力腐蚀失效机理 415
  - 7.2.9 低熔点金属脆性失效机理 423
  - 7.2.10 磨损失效机理 424
  - 7.2.11 冲击失效机理 427
  - 7.2.12 老化失效机理 428
- 7.3 紧固连接典型失效案例分析 429
  - 7.3.1 过载失效 430
  - 7.3.2 咬死失效 435
  - 7.3.3 松动失效 438
  - 7.3.4 疲劳失效 444
  - 7.3.5 蠕变失效 448
  - 7.3.6 氢脆失效 450

		7.3.7	化学腐蚀失效	454
		7.3.8	应力腐蚀失效	458
		7.3.9	低熔点金属脆性失效	463

参考文献 ········ 465

第8章 紧固连接技术应用案例 ········ 468

8.1 基于 VDI 2230 指南的某机械构件结构螺栓强度验证 ········ 468
- 8.1.1 VDI 2230 指南计算校核步骤 ········ 469
- 8.1.2 紧固连接受力分析 ········ 470
- 8.1.3 紧固连接载荷 – 变形关系 ········ 471
- 8.1.4 应力计算和强度校核 ········ 473

8.2 车下设备舱紧固件装配扭矩计算 ········ 475
- 8.2.1 紧固件规格预选 ········ 476
- 8.2.2 紧固连接载荷 – 变形关系 ········ 476
- 8.2.3 应力计算和强度校核 ········ 477
- 8.2.4 装配扭矩计算 ········ 479

8.3 航空发动机双转子轴承法兰螺栓设计校核 ········ 479
- 8.3.1 连接螺栓载荷计算分析 ········ 479
- 8.3.2 应力计算和强度校核 ········ 481

8.4 火箭承力筒对接面螺栓连接结构设计优化 ········ 485
- 8.4.1 连接结构受力分析 ········ 486
- 8.4.2 连接结构有限元分析 ········ 486
- 8.4.3 可靠性设计分析 ········ 490
- 8.4.4 连接结构的系统级试验验证 ········ 491

8.5 航空盘轴螺栓连接方案设计优化 ········ 493
- 8.5.1 盘轴螺纹连接方案设计优化 ········ 494
- 8.5.2 盘轴螺纹连接方案计算校核 ········ 496
- 8.5.3 预紧力设计指标优化 ········ 499

参考文献 ········ 506

第1章 绪 论

紧固件被称为"工业之米",属于国家产业基础"五基"之一,广泛应用于飞机、火箭、船舶、高铁、汽车等装备型号上,是装备行业极为普遍的工业基础件,具有高度通用化和系列化特点,面向所有使用环境,是使用量最大的一类基础零部件,因遍布装备全身而格外重要。紧固件的起源可以追溯到人类文明的初期,随着时间的推移,紧固件经历了漫长而丰富的发展历程。本章将系统地探讨紧固件的起源,按照时间顺序详细阐述紧固件的发展历程,进而梳理紧固件相关技术的发展现状,总结提炼出紧固连接技术的内涵和概念,将紧固连接的研究划分为三个阶段,即紧固件产品研究阶段、紧固连接副研究阶段和紧固连接系统研究阶段,最终展望紧固连接技术未来的发展趋势[1-2]。

1.1 紧固件的发展和应用

1.1.1 螺纹的起源

螺纹是人类的仿生学发明,模仿自螺壳内的螺旋结构。第一个描述螺旋物的人是希腊科学家阿基米德。阿基米德螺旋是一个装在木制圆筒里的巨大螺旋状物,用来把水从一个水平面提升到另一个水平面,对田地进行灌溉。真正发明者可能并非阿基米德本人,或许他只是描述了某个已经存在的东西。古埃及人很早就发现了它,并仿照这种结构制成了从低处向高处引水的提水机——在两头通透的长木桶中,搭设连续的螺旋形木架,木桶一头探进水里,转动木桶,水便顺着螺纹被带到高处,从上端流出[3]。

1.1.2 螺纹的应用

螺纹出现虽早,但带螺纹的钉子却是几千年以后才出现的。公元前2000年,人类已经发明了钉子,主要用以连接固定木质材料。然而人们在使用中发现,钉子钉云杉、松木等软木材效果很好,而钉橡木、桦木等硬木材,钉口处容易出现裂痕。这是因为钉子嵌进木头,相当于在木纤维中挤出一道缝,靠纤维间的压力和摩擦力固定住,硬木的纤维弹性较差,导致钉子挤进去的时候,木材开裂。木匠们使用木钉把家具和木结构的建筑物连接起来。

1978年,秦兵马俑坑中出土了"立车"和"安车"两辆精美绝伦的铜车马。铜车马的机构元件除了运用铸、焊、铆多种连接紧固技术外,已有"销""楔"相当于现代紧固件的元素。

　　1550年前后,欧洲出现了简陋的木制车床上用手工制成的作为扣件的金属螺帽和螺栓。螺丝起子(旋凿)在1780年左右出现于伦敦。木匠们发现用螺丝起子旋紧螺钉比用榔头敲击能把东西固定得更好,尤其遇上细纹螺丝钉时更是这样。

　　1605年,山西朔州应县城北,有座举世闻名的释迦木塔,高67.31m,重约2600t,全红松木结构,没有使用一根铁钉,全靠榫卯、斗拱连接而成,是紧固件的一种特殊形式。

　　古籍"三才图会"中记载了1609年出现"鸟铳"带有螺旋结构装火药的后盖。同期,中文古籍《理法器摄要》中出现了"螺丝钉"图形。

　　1626年出版的《远镜说》首先出现了"螺丝钉"一词的始见书证。

　　1760年出版的曹雪片著的《红楼梦》中,第三十四回也有描述:"只见两个玻璃小瓶,却有三寸大小,上面有螺丝银盖。"

　　1797年,"车床之父"——亨利·莫兹利在英国发明了全金属制造的精密螺纹车床;次年,威尔金逊在美国制成了一种螺母和螺栓制造机。这两种机器都能生产通用的螺母和螺栓。可见螺栓和螺母作为紧固件在当时已经相当普及。

　　1839年,英国人亨利·福克斯在纽约创办了第一家螺栓制造厂。

1.1.3　螺纹的标准化

　　19世纪初,用于车辆上的螺母较之于现代的更为扁平、方正,没有倒角工艺处理。起初,紧固件的螺纹是采用手工方式完成的,随着需求量的激增,大规模的工厂制造流程开始出现。与此同时也引发了新的问题:每家工厂生产的螺纹尺寸都不尽相同[4]。

　　直到1841年,约瑟夫·惠特沃斯终于成功地找到了解决方案,提出了世界上第一份螺纹国家标准——惠氏螺纹标准。基于多年来针对收集样本的研究,他建议为英国的螺纹尺寸制定一个标准,以便英格兰厂家生产的螺栓和格拉斯哥厂家生产的螺母可以配在一起使用。他的提议是,螺纹面的角度以55°为标准,每英寸的螺纹扣数应该根据不同的直径来界定。从此英国成为世界上第一个全面掌握螺纹加工和检测技术的国家,英制螺纹标准最早得到世界范围的认可[5]。英制螺纹随着"日不落帝国"的兴起而得到推广和广泛应用。

　　同一时期,美国人也在极力寻找解决问题的方法。1864年,威廉·塞勒斯参照英国惠氏螺纹标准体系制定了美国国家螺纹标准,为了避免加工困难,美国人对牙型结构做了修改:更改了牙型角度并取消了惠氏螺纹牙顶和牙底的圆弧。

提出了60°的螺纹牙型和多种螺距,可适用于不同的直径。这后来发展成美国标准的粗牙系列和细牙系列。相比英国标准,美国标准的螺纹牙型具有扁平的牙底和牙顶,相比拥有圆形牙底和牙顶的惠氏标准,它更容易进行生产。

第一次世界大战期间,不同国家的螺纹缺乏统一标准,成为武器维修的一大障碍。战后,德国于1919年制定了德国标准(DIN)公制螺纹。

第二次世界大战期间,由于盟军武器和装备所使用的螺纹标准不统一(英国的惠氏螺纹和美国的国家螺纹),后勤补给困难给盟军造成了严重的经济损失和人员伤亡。1948年,美国、英国、加拿大等盟国颁布了统一螺纹标准。由于美国的经济实力和军事实力在盟军内占据主导地位,因此统一螺纹主要依据美国国家螺纹标准而制定。统一螺纹代码"UN"。美制梯形螺纹和锯齿形螺纹在第二次世界大战后同样得到了二战盟国的认可。美制螺纹对螺纹发展有着极其重要的影响。

将统一螺纹外螺纹的牙底改为圆弧形状,就形成了一种新的螺纹,用"UNR"表示。其中"UN"代表统一螺纹,后面加注字母"R"表示圆弧牙底。1960年,美国汽车工程师协会(SAE)和国家航空航天标准委员会(NASC)联合发布了美制航空航天螺纹标准 MIL-AS8879,代号为"UNJ","J"代表外螺纹为圆弧牙底,至此美制航空航天螺纹(UNJ)成形,并在航空航天领域内得到广泛应用[6]。

英美国家的统一标准螺纹的牙底半径更大,事实证明它比DIN公制螺纹牙型更有利。这也促成了国际标准(ISO)公制螺纹的产生,亦即今天所有工业化国家广泛使用的新标准。

米制普通螺纹标准是继美制螺纹后形成的标准(代号 M),也叫公制螺纹。最早的米制螺纹标准源自美国国家螺纹的米制化,一直在螺纹牙型上与美制螺纹(N 和 UN)保持一致。米制螺纹标准在全世界得到广泛应用,并纳入了ISO标准,当公制单位制(米制是其中的长度单位)被确定为国际法定计量单位后,又进一步提升了米制普通螺纹在国际标准中的地位。

MJ 螺纹起源于 UNJ 螺纹,UNJ 螺纹是在统一螺纹的基础上加大牙底圆弧半径,最早出现在1960年美国军用标准《加大小径控制牙底圆弧半径的螺纹通用规范》(MIL-S-8879)中,国际标准组织首次于1975年提出了MJ螺纹技术方案,并于1981年正式制定了MJ螺纹的国际标准,此技术方案的核心部分采用了UNJ 的牙型和技术体系[7]。1973年,我国也做了相应的螺纹调整规范,对MJ螺纹的牙型、极限尺寸、旋合长度、不圆度、不同心度、不完全螺纹、涂层极限尺寸、量规和测量方法等方面进行了详细规定,并于1982年开始,根据国际标准制定了相应的 MJ 螺纹的国家军用标准。

俄罗斯设计的用于航空航天的 MR 螺纹,基本牙型与米制航空航天螺纹(MJ)相同,同样加大了外螺纹的牙底圆弧半径,但是其外螺纹的牙底圆弧半径的大小与 MJ 螺纹不同[8]。

1977 年,美国人霍姆斯·霍勒思发明的"楔形斜面防松"技术:在内螺纹的大径上有一个 30°的楔形斜面,当螺栓、螺母相互拧紧时,螺栓的牙尖就紧紧地顶在楔形螺纹的楔形斜面上,从而产生了很大的锁紧力矩,锁紧力矩的大小与螺栓的预紧力有关,预紧力消失,锁紧力矩就不存在了,所以楔形斜面防松螺纹又称为自锁内螺纹或预载荷锁紧螺纹[9]。

1.1.4 紧固件的专业化

所谓"一代材料,一代飞机",正是世界航空发展史的真实写照。20 世纪初,世界上第一架载人飞机上天。发明者莱特兄弟使用的材料以木材为主,木材占比达 47%,其次是钢(占 35%)和布(占 18%)。1906 年,德国冶金学家发明了可以时效强化的硬铝,又称杜拉铝,使后来制造全金属结构的飞机成为可能。20 世纪 20 年代,有极个别飞机开始试用强度更高的硬铝合金,硬铝合金替代了原先制作飞机骨架和翼肋的木条,也少量替代了承力较大的布质机翼蒙皮。但当时飞机上的非承力部件,依然采用低成本的木布结构。1925 年以后,许多国家逐渐用钢管代替木材做机身骨架,用铝板做蒙皮,制造出全金属结构飞机。进入 20 世纪 50 年代以后,人类跨入了超声速时代,飞机材料特别注重耐高温指标,人类开始寻求全新的高强度耐热材料。于是,出现了航空专用的既坚固又耐热的钛合金和不锈钢[10]。

随着飞机各项性能的不断提升,紧固件的材料和结构相继变革。不锈钢由于其比强度较低,因此在航空紧固件选材方面也不被大量采用,只是在飞机机体用的组合类紧固件上使用。20 世纪 70 年代起,民机复合材料开始应用于次承力结构和承载不大的零部件,如 A300 客机的扰流板、方向舵和升降舵等。20 世纪 80 年代和 90 年代初开始应用于飞机的平尾和垂尾的主承力结构,如 A310 客机的垂尾,A320 客机的垂尾和平尾,B777 客机的尾翼盒段均采用了复合材料。20 世纪 90 年代至今,复合材料开始应用于机身和机翼等主承力结构,如 A380 客机、B787 客机、A350XWB 客机等机身或机翼均采用了复合材料[11]。钛合金兼顾高比强度和低电位差两项优势,使得其成为复合材料结构用紧固件的最佳材料,因此在飞机复合材料的机体结构上,无论是铆钉,还是螺栓、单面紧固件等,大部分都采用钛合金材料[12]。对于一些飞机特定结构专用的紧固件种类也逐渐增多,如抽芯铆钉类紧固件和高锁类紧固件等,具体情况如下。

1. 抽芯铆钉类紧固件

早期的铆钉是木制或骨制的小栓钉。在 20 世纪 50 年代,抽芯铆钉的创始人 LouHuck 先生利用胡克定律发明了第一代的抽芯铆钉紧固件。在国外,美国是最早生产和使用抽芯铆钉的国家,Cherry Aerospace 在第二次世界大战后得到迅猛发展,是全球领先的航空航天单面连接紧固件的设计和制造商,它的名字几乎成为航空航天紧固件的代名词,旗下 Cherry Max 系列铆钉更是行业中应用最广泛的系列,其中 Cherry Max"AB"型、Cherry Lock 型等也应用广泛。

抽芯铆钉结构形式分为螺纹抽芯铆钉和拉拔型抽芯铆钉。螺纹抽芯铆钉依靠螺纹锁紧,拉拔型抽芯铆钉依靠机械锁紧。复合材料结构使用的螺纹抽芯铆钉已发展出了多种结构形式,以美国 Monogram 公司开发的螺纹抽芯铆钉最为典型,有芯杆露出型的 Visu-Lok 型抽芯铆钉(第一代螺纹抽芯铆钉)、芯杆平断型 Composi-Lok 型抽芯铆钉(第二代螺纹抽芯铆钉)、Composi-Lite^{TM}钛芯螺栓型抽芯铆钉(第三代螺纹抽芯铆钉)、干涉型 Radial-Lok 型抽芯铆钉(第四代螺纹抽芯铆钉)、主承力型 Osi-Bolt 型抽芯铆钉(第五代螺纹抽芯铆钉)等,还发展出自动化连接的螺纹抽芯铆钉类型。

用于复合材料结构的拉拔型抽芯铆钉以美国 Cherry 公司的 Maxi Bolt 最为典型,有 Cherry MAX® 铆钉(第一代拉拔抽芯铆钉),它是一种锁定主轴盲铆钉。Cherry MAX"AB"型抽芯铆钉(第二代拉拔抽芯铆钉)是 Cherry MAX 型抽芯铆钉的升级版,能在铆接完成时锁环处于芯杆的断颈槽位置,如芯杆拉断时,垫片顶紧锁环,锁环变形并紧贴芯杆,使锁环最大限度地发挥锁紧作用,也具有出色的孔填充能力。Cherry LOCK 系列抽芯铆钉(第三代拉拔抽芯铆钉)可确保更高的拉伸和剪切强度,材质为钢和铬镍铁合金,高阀杆断裂载荷提供高预载荷,获得较高的疲劳强度。Cherry Maxibolt 系列抽芯铆钉(第四代拉拔抽芯铆钉)主要用在高负荷结构中,创造了更大的盲侧受力面积,它们在薄板和非金属应用中提供了卓越的性能。

2. 高锁类紧固件

自 20 世纪 50 年代起,六角凹槽高锁螺栓就被开发出来并作为行业标准,广泛用于飞机装配中。Hi-Lok^{TM}(HL)被称为第一代高锁紧固件,可以应用在紧公差配合和过渡配合下。Hi-tigue^{TM}(HLT)系列实际上是 Hi-Lok^{TM}的下一代产品,可认为是第二代高锁紧固件。由于第一代高锁紧固件不适用于干涉配合,由此发展出第二代高锁紧固件 Hi-tigue^{TM}。随着航空应用对于轻量化的追求,第三代高锁紧固件逐渐建立起来。早期的 Hi-Lok^{TM}(HL)与 Hi-tigue^{TM}(HLT)已经基本被 Hi-Lite^{TM}(HST)取代,优化设计的 Hi-Lite^{TM}(HST)比 Hi-Lok^{TM}(HL)在降低重量方面效果显著,尤其是抗剪型,其重量可降低 13%,而且适用于干涉配合。

20 世纪 90 年代初期,LISI Aerospace 公司应法国达索飞机公司的要求开发一系列针对复材的新的紧固件系统,第四代高锁紧固件逐渐发展起来,包括 HSTR、HLR 等。为了解决飞机复合材料构件装配的一系列工艺难题,全球多家航空紧固件厂商都致力于新型紧固件的开发,以适应现代飞机新材料发展的要求,LISI Aerospace 公司于 2010 年 9 月发布了 STL® 系列衬套 - 锥形高锁螺栓;2015 年发布了与之搭配的 STR®(STARLITE™)钛合金六角螺母系列,采用结构优化设计,在保证强度的前提下最大限度地降低了重量;2017 年发布了第二代 Aster® 系统,增大了接触面积,使扭矩作用于一个更大的区域。

3. 高性能紧固件

材料的发展促进了紧固件性能的发展,1954 年美国研制并生产出钛合金材料的航天航空专用紧固件,利用钛合金材料轻便、强度高、耐腐蚀等优点,将其与军机使用的自锁螺母相结合。我国钛合金紧固件的研制历史可以追溯到 1965 年,20 世纪 70 年代相关单位进行了钛合金铆钉及应用研究工作;20 世纪 80 年代,我国部分第二代军用飞机上开始使用铆钉和螺栓等少量钛合金紧固件;20 世纪 90 年代后期,随着国外第三代重型战斗机生产线的引进和国产第三代战斗机的研制,我国开始使用了一些钛合金紧固件;近年来,随着我国航空航天事业的发展,各单位相继开展了紧固件用钛合金材料的研制和紧固件制造工艺技术的研发,钛合金紧固件率先在航空航天领域中大量应用,在民机上的用量也十分可观[13]。

未来,螺栓、螺母的材质将会有更多突破。目前常见的材质包括合金钢、钛合金、高温合金等,它们会根据不同的工作环境和承载需求被广泛应用。然而,随着飞机性能的提升,未来的螺栓、螺母将越来越多地使用新型合金材料和非金属材料,如碳纤维复合材料、高性能陶瓷以及各类高分子材料。这些新材料有望改善传统螺栓的承载能力,减轻重量,提高耐腐蚀性和耐热性,从而更加适应复杂严苛的应用环境[14]。

1.1.5 紧固件的智能化

从 20 世纪 50 年代开始至今,人类进入了第三次工业革命时代,在这期间,新技术新原理不断发现并实现工程应用,工业领域已经经历了以自动化和信息化为代表的两次变革。进入 21 世纪后,随着信息技术的高速发展,在物联网、大数据、人工智能的支持下,工业领域全面迈入后信息时代,开始迎来智能化时代,智能化或许也是第四次工业革命开始的重要标志之一。螺栓作为工业时代的重要产物,其发展历史和趋势与工业的发展高度相关,可以预见,智能螺栓将是智能化工业 4.0 时代的必然产物。

美国 Textron 紧固系统公司(TFS)通过把传感器植入紧固件实现及时检测紧固件有关状态以及是否过载等信息。Alcoa 公司也对提供感应环境能力和使紧固件在结构整体性上形成高可靠质量水平的智能紧固件感兴趣,瞄准了能结合传感器提供结构状态信息的紧固件。

20 世纪 80 年代英国 James Walker 公司发明了植入机械式应变计的螺

栓——Rota Bolt®,其预紧力测量精度可达到±5%,需在头部杆内嵌入体积较大的机械式应变计,其直径、长度尺寸偏大,因此主要适用于石油化工、油气输运管路密封、风电、核能、军事以及运输和基建结构等场景。

2008年,美国马里兰州的压力感应公司(Stress Indicators Inc.)发明了一种基于直接拉力指示器(DTI)的智能螺栓。这种创新性的智能螺栓包含一个目测指示器,主要用于测量螺栓预紧力。指示器的颜色会随着预紧力改变,在拧紧之前,指示器是鲜红色的,随着预紧力的增大,指示器逐渐变成黑色[15]。

2010年,中国航空工业沈阳飞机设计研究所在国内开展了具有载荷测量功能的智能螺栓传感器技术研究,经过多年的研究和探索,与南京航空航天大学合作开发出了一种基于光纤光栅的智能螺栓原型,通过在普通螺栓中心沿轴向补充加工一个小孔,并在其中埋入光纤光栅应变传感器,在螺栓内部直接感知螺栓变形,进而实现螺栓载荷测量过程[16]。

2014年,美国通用汽车在纽约州的发动机厂采用了一种主要解决发动机漏油问题的新型智能螺栓,这种螺栓头是空心的,在内部安装环氧树脂、存储芯片和天线,利用无线射频识别技术记录发动机是否发生漏油现象[17]。

2018年,航天精工股份有限公司开发了基于永久型压电薄膜超声传感器(PMTS)智能紧固件及预紧力测量技术,并形成带PMTS传感器紧固件和预紧力测量仪的测量系统,在型号关键连接部位不改变螺栓结构的前提下,可精确测量其预紧力。由之前采用的力矩法、转角法控制,变为在线、原位、直接测量,测量精度提高10倍。结合智能紧固件、预紧力测量仪,提供基于智能紧固件的安装工具,实现型号装备连接过程中预紧力的控制,实现数字化、高精度装配。在此基础上,航天精工股份有限公司在国内首次成功开发了耐700℃传感器紧固件,产品预紧力测量精确度达到±3%以内,且实现批量化制备,真正实现了第一代紧固件(哑零件)向第二代紧固件(数字化、智能化)的跨越。

2023年,航天精工股份有限公司焦光明、王川等提出了一种基于阵列传感器的旋转标定方法,通过线性拟合不同角度的边缘电极声时与剪切力的关系,确定了各角度下拟合曲线的斜率,搭建了用于测量螺栓剪切应力的超声测量软硬件系统[18],解决了受剪切力的螺栓预紧力测量行业难题,技术水平达到国际领先。

1.2 紧固件相关技术国内外发展现状

1.2.1 紧固件相关技术国外发展现状

1. 理论研究发展现状

国外很多专家学者对紧固件及相关技术进行理论研究,这里列举具有代表性的学者及其研究成果。

1984年,日本螺栓连接专家山本晃[19]详细解释了螺纹受力情况的解析算法,将螺纹牙看作悬臂梁结构对螺纹牙载荷进行了理论分析,从理论上得出了螺纹载荷分布不均的原因,这种广泛应用的计算螺纹副承载力分布方法将螺纹牙视为平面应变梁,忽略螺纹升角,根据螺栓螺母体变形协调条件,求出在预紧力作用下螺纹牙根处受力的解析值,这为求解载荷作用下的螺栓连接受力状况提供了计算依据,也为后续学者研究螺纹连接奠定了理论基础。

在螺栓连接强度校核方面的理论研究,VDI 2230 标准是德国工程师协会(Verein Deutscher ingenieure,VDI)自1986年起发布的专门用于计算和校核螺栓连接安全的标准,为螺栓连接校核提供了系统性的参考[20]。VDI 2230 最初用于汽车行业,现已广泛应用于建筑、桥梁、轨道交通、风电等各行各业,在工程实践中被广泛认可及引用,是被国际公认的计算高强度螺栓连接的标准。

2016年,日本螺栓连接专家酒井智次[21]在《螺纹紧固件联接工程》中论述了螺纹连接设计的基本过程,可作为紧固连接设计的思路和流程。首先确定机械设备的使用条件和环境,需要明确作用在部件上的各种应力,在考虑各部件不失效的各种条件下完成力学计算,根据计算结果明确对紧固件的技术要求,最后从标准中选择满足上述要求的螺纹紧固件。

2. 行业标准发展现状

美国国家航空航天局(NASA)在航天飞行器用紧固件的设计及使用工作方面编制和发布了多个手册和标准[22]。1990年编制出版了《紧固件设计手册》(NASA-RP-1228),总结紧固件设计选用经验,主要内容涵盖紧固件材料选择、表面处理、润滑、腐蚀、锁紧方法、垫圈、镶嵌件、螺纹类型和等级、疲劳载荷及紧固件扭矩等方面。1999年出版的《航天机构手册》中专门有一章讲述紧固件方面内容,涵盖螺纹紧固件设计、锁紧装置、快卸紧固件设计、不可拆卸紧固件设计等方面内容。2012年发布了《航天器用螺纹紧固系统要求》(NASA-STD-5020)[23],该标准明确了NASA对航天器用螺纹紧固系统(threaded fastening system)的最新要求,螺纹紧固系统包含外螺纹紧固件如螺栓、内螺纹紧固件如螺母或镶嵌件以及包含垫圈在内的被连接件等。标准涵盖设计、分析、质量保证等环节。对该标准的适用范围和总体要求进行概要说明,并对设计考虑因素、螺纹紧固系统分析准则以及质量保证等内容分别进行介绍,另外还有紧固件分析准则解释与澄清、锁紧特性最佳实例、低风险疲劳分类的理由等。该标准为美国航天器的型号研制人员在螺纹紧固系统设计和分析方面提供了系统的指导和强有力的保障,并促进了航天器紧固件及相关技术的发展。

欧洲空间标准化组织(ECSS)作为欧洲航天局、欧洲各国国家航天局和欧洲行业协会为制定和维护共同标准而进行合作的机构,于2023年发布了《航天工程螺纹紧固件手册》(ECSS – E – HB – 32 – 23A)[24]。该文件是建立在1989年12月发布的《螺纹紧固件指南》(ESA PSS – 03 – 208)基础上,提供了航天器结构中金属材料螺纹连接紧固件的多种分析方法,有助于螺纹连接设计效率和设计安全可靠性。

3. 专业化公司发展现状

国外紧固件专业化公司拥有较长时间的发展历程,在紧固件产品的设计和制造等方面具有较高的技术能力,具有代表性的公司有 Howmet Aerospace 公司、Lisi Aerospace 公司和 TriMas Aerospace 公司。

Howmet Aerospace 公司是2020年4月1日从美国 Arconic 公司(原美铝公司 Alcoa)分离出来独立运营的上市公司,是全球领先的航空航天和运输行业先进工程解决方案供应商,总部位于宾夕法尼亚州,核心业务涉及航空航天、商业运输、工业等,有发动机、紧固系统、精密构件、锻制车轮四大业务公司,其中,紧固系统公司在航空航天紧固系统领域处于全球首位。主要为航空航天领域提供精密的高锁螺栓/高锁螺母、单面安装紧固件、快卸紧固件、嵌件、环槽铆钉等高端紧固件产品,涉及14个类别,90多个标准系列,以及轴承、高液压管接头等关键基础件产品。

Lisi Aerospace 公司具有240余年历史,总部位于法国巴黎,是一家致力于零部件装配解决方案的设计和生产的企业,在航空航天领域主要为商用和军用飞机、直升机和喷气式发动机制造商提供高端紧固件,主要产品包括单面安装紧固件、高锁螺栓/高锁螺母、锁紧螺栓、自锁螺母、高抗剪铆钉、安全锁、各种紧固件涂层等,涉及100000余个零件号,应用多样化,高技术附加值,每年产品(组合)更新10%。典型紧固件产品主要包括机体用 Hi – Lok™、Hi – Tigue™、Hi – Lite™ 高锁螺栓/高锁螺母系统,Pull – in™、Pull – Stem™、Taper – Hi – Lite™、STL™ 紧固件、Starlite™ 钛螺母,锁紧螺栓紧固件;发动机紧固件(高温合金钢、钴或镍基合金、超高温合金);Aster™ 内五花槽系统、Hi – Kote™ 涂层等。

TriMas Aerospace 公司成立于1986年,总部位于美国密歇根州,其航空航天公司在航空航天标准件及系统、复合材料等领域具有丰富的经验和国际竞争力,主要为军事航天、国防和商用飞机提供盲螺栓、实心铆钉、抽芯铆钉、高锁螺母等产品。典型产品包括 Visu – Lok®、Composi – Lok®、Radial – Lok®、OSI – Bolt®、Mechani – Lok™ 盲螺栓,实心铆钉、抽芯铆钉等铆钉类产品。

通过以上对国外紧固件相关技术的发展现状分析,国外在紧固件及相关技术方面具有较系统和深入的研究,在紧固连接设计方面已形成较为成熟的方法。在紧固件的专业化方面,国外具有较为丰富的标准以及历史悠久的专业化公司。

1.2.2 紧固件相关技术国内发展现状

1. 设计研究发展现状

国内紧固件相关设计研究主要集中在型号总体单位和紧固件生产厂,相关学者和工程人员针对技术发展做出了积极的贡献。

2006年,中国兵器工业第213研究所的张枫等[25]主要针对螺栓承载能力设计了一种低冲击分离螺栓。2009年,中国航空工业沈阳飞机设计研究所张杰等[26]验证了航空飞行器结构中以滚压MJ螺纹的TC4螺栓替代常规M螺纹的30CrMnSiA螺栓的可行性。2010年,西北工业大学江金锋等[27]为了研究螺栓连接结构静强度渐进破坏特点,应用Global/Local有限元分析技术进行了带EWK(ESI-Willkons-Kamoulakos)模型断裂子程序的材料/几何非线性有限元分析。2015年,北京航空航天大学赵丽滨等[28]针对制造公差对复合材料螺栓连接结构强度分散性的影响,开展了不同配合间隙下双剪四钉螺栓连接钉载分配情况的研究,并进一步采用改进的特征曲线法、改进的强度包线法和渐进损伤模型对螺栓连接结构的强度进行预测。2016年,北京宇航系统工程研究所王洪锐等[29]针对某种管路螺栓法兰连接结构在实际装配过程中出现的螺栓断裂故障,通过有限元仿真分析及试验,开展螺栓法兰连接结构的失效分析及优化设计。2017年,中国航空工业第一飞机设计研究院李正晖等[30]开展1500MPa级十二角头MJ螺纹合金钢螺栓的研制。2018年,上海航天设备制造总厂有限公司张文胜等[31]对螺栓连接薄壁柱壳结构固有特性进行分析研究,分析系统转速和螺栓预紧力对系统固有特性的影响。2018年,北京宇航系统工程研究所徐卫秀等[32]开展了考虑螺纹细节的螺栓预紧过程仿真分析研究,研究了摩擦系数、支承结构材料对螺栓扭矩系数、受力变形和螺纹扣的受力分配的影响。2022年,航天精工许彦伟等[33]针对紧固连接系统设计优化集成开发了一款专门用于各类典型连接系统设计优化的自动化工程软件,在对复杂连接结构的紧固件组设计选型提出了一种适合于复杂连接结构螺栓位置优化的方法,可以根据设计目标有效地对螺栓位置进行优化[34],同时将可靠性分析方法融入到连接系统的设计优化中,在对各领域的型号连接设计服务中取得了一定的成果和突破性进展。2023年,北京宇航系统工程研究所张启程等[35]开展楔形螺纹丝锥优化设计,以TC4材料楔形螺纹紧固件为研究对象,采用了控制变量的方法开展楔形螺纹丝锥的设计优化制造。

2. 基础研究发展现状

国内紧固件相关基础研究主要以高校为主,近几年,依托航天精工成立的天津市紧固连接技术重点实验室和河南省紧固连接技术重点实验室,利用开放课题基金,在基础研究方向取得了较为丰富的成果;另外,国内设计院所在该方面也做了相关研究。

1)国内高校研究现状

2010年,清华大学陈海平等[36]在Ansys平台上建立了参数化的可靠的二维螺纹副承载分布有限元模型,系统考察螺纹类型、螺距、螺纹副径向尺寸系数、啮合扣数、摩擦因数和螺纹副材料弹性模量比等因素对螺纹副承载分布的影响。2011年,清华大学宗亮等[37]针对法兰连接节点的4种基本形式,利用有限元分析软件对考虑撬力作用影响的法兰连接节点进行抗弯承载性能参数分析。2016年,西安电子科技大学郇光周[38]对导弹关键螺栓连接结构进行有限元分析与预紧力控制研究,研究在随机振动环境下,预紧力值减小对关键节点响应的影响。2019年,太原理工大学贺宪桐等[39]收集了各种形式的螺栓螺纹,发现影响螺栓应力集中的主要因素包括螺纹的升角、螺栓的直径、螺纹的牙根圆角半径、螺纹的螺距、螺纹的深度、螺纹的圈数以及螺纹的缺口形式,并通过有限元分析软件ABAQUS定量求得8种不同缺口形式的单螺纹应力集中系数,为高强螺栓的设计提供了技术支撑。2019年,西南科技大学张鹏等[40]通过Ansys分析了动载激励下的预紧螺栓轴向应力的分布特征,其分析方法对螺纹连接结构的力学性能分析及其结构优化设计研究具有重要的参考意义。2021年,北京理工大学邓新建等[41]开展楔形螺纹连接扭拉关系理论分析及拧紧特性研究,建立并验证了楔形锁紧螺母拧紧过程的扭拉关系理论公式,并对其拧紧特性进行了影响因素分析。

在失效分析机理研究方面,国内西南交通大学朱旻昊团队2014年最早系统地将微动摩擦学研究方法和理论引入螺栓连接的松动和断裂行为的研究中。2016—2018年,刘建华和周俊波等[42-44]分别研究了轴向激励和横向激励下的螺栓连接结构表面损伤情况和不同紧固件表面处理方式对防松性能的影响,采用螺纹部件精细模型研究啮合螺纹面的微动摩擦学现象。2018—2019年,张明远等[45-46]运用微动磨损数值分析方法研究了横向振动作用下螺纹面磨损引起的螺栓松动行为。2021—2022年,刘学通等[47-48]采用理论分析和有限元方法研究了扭转激励下螺栓连接结构的旋转松动行为和连接结构微动摩擦学响应曲线,并将微动磨损数值方法引入螺纹连接结构刚度模型,研究了界面微动磨损引起的螺栓预紧力下降和螺栓轴向力在各圈螺纹牙处的承载比例重新分配现象。

2)国内设计院所研究现状

2014年,中国航空工业沈阳飞机设计研究所卢文书等[49]等采用试验和有限元分析相结合的方法开展双剪切连接件钉传载荷研究,并在此基础上分析了过盈量对钉传载荷分配比率的影响。2014年,中国航空工业第一飞机设计研究院梁尚清等[50]分析了航空结构的螺栓连接受力并推导了螺栓载荷、螺栓刚度、被连接件刚度等计算公式,分析了螺栓载荷在结构加载过程中的变化规律,讨论了螺栓预紧力对连接结构疲劳寿命的影响。2015年,北京宇航系统工程研究所杨帆等[51]针对运载火箭的整流罩横向解锁面上爆炸螺栓强度,开展运载火箭爆炸螺栓承载能力分析方法研究,并提出一种计算爆炸螺栓承载能力的方法。2017年,中国航空工业第一飞机设计研究院赵谋周等[52]为研究某型机机翼对接装配螺栓断裂问题,对螺栓断裂破坏原因进行了分析及试验研究。2021年,中国人民解放军第四七二三工厂的乔乔等[53]基于有限元分析方法研究了螺栓连接预紧力对疲劳寿命的影响,并对在复杂外载荷作用下的航空发动机冷端螺栓连接结构进行疲劳寿命预测。2022年,北京宇航系统工程研究所王婕等[54]通过有限元仿真分析方法研究了多种外部振动载荷单独作用以及耦合作用对螺纹连接松动的影响规律。2023年,中国飞机强度研究所樊俊铃等[55]针对随机块谱作用下飞机典型螺栓连接接头的疲劳失效,开展了飞机结构螺栓连接细节疲劳断裂失效机理与寿命分析研究,揭示螺栓连接结构细节的失效模式和微观失效机理。

3) 重点实验室研究现状

2021年,航天精工刘燕等[56]开展了基于有限元仿真方法的螺母镀银层厚度均匀性的研究,通过优化及动态修正阴极工装及仿真参数,提升了螺母挂镀银层厚度及均匀性。2022年,航天精工高伟等[57]开展了镀/涂层对紧固件剪切强度影响试验研究,以钛合金和合金钢两类材料的紧固件为研究对象,分析镀/涂层厚度、镀层种类和硬度及电镀过程是否渗氢对紧固件剪切强度的影响。2022年,航天精工联合北京宇航系统工程研究所冯韶伟等[58]分别通过双螺母的横向振动试验与加速振动试验,获得双螺母预紧力实时曲线及不同安装扭矩比例条件下螺栓预紧力衰减规律。2022年,航天精工高学敏等[59]开展碳纤维增强基复合材料(CFRP)连接孔几何误差对螺栓连接结构拉伸强度的影响规律研究,针对3个主要的制孔误差对连接结构力学性能的影响进行了数值模拟以及试验验证。2023年,航天精工唐伟等[60]与武汉大学联合开展 Ti-6Al-4V 合金螺栓滚压过程中的组织演变规律及其与性能之间的关系研究。2023年,航天精工刘燕等[61]与武汉材料保护研究所联合进行了银涂层保护技术在航空发动机紧固件中的应用进展研究,得出实际使用过程中银涂层软化和银的高扩散率是导致涂层失效的主要原因,提出了高温下银涂层失效问题的解决方法。2023年,航天精工桂林景等[62]联合天津大学基于预测模型建立了在不同装配条件下复合材料铆接结构的吸湿老化有限元仿真模型,通过仿真和试验结合的手段探究了吸湿老化和装配方式对复合材料以及连接结构承载性能和失效机理的影响规律。

3. 制造工艺研究发展现状

国内紧固件相关制造工艺研究主要以紧固件制造厂为主,针对不同产品研发不同工艺,提升产品质量及生产效率。

1) 制造工艺优化方面

2012 年,航天精工冯光勇等[63]研究了不同固溶温度对 Ti-6Al-4V 合金的显微组织及剪切强度的影响,进一步促进了 Ti-6Al-4V 合金加工工艺的进步。2014 年,航天精工王世敏[64]针对在实际生产中模具加工周期长、模具制造费高的问题,对高管状铆钉的加工工艺改进,完成后的模具加工周期短,结构简单,产品制造费用低。2021 年,中国航空工业标准件制造有限责任公司研发中心徐畅等[65]针对 Inconel718 高强度螺栓传统加工工艺存在生产效率低、刀具磨损过快和加工余量浪费严重等问题,提出了一种挤细加工新工艺。2021 年,中国航空动力株洲航空零部件制造有限公司汤涛等[66]开展了 GH4169 合金十二角头螺栓热镦成形数值仿真及参数优化工作,建立了 GH4169 合金十二角头螺栓热镦成形的 Deform-3D 数值仿真热力耦合模型,并对镦制力、损伤值、等效应力、等效应变进行了多目标优化。2022 年,航天精工郑鹏辉等[67]针对 A286 高温合金十二角法兰面螺栓,综合分析了各工位的载荷-时间曲线、等效应力场分布、等效应变场分布和损伤值分布,确定了成形工艺参数,最终形成一种多工位冷镦成形工艺。2022 年,航天精工裴烈勇等[68]研究了时效与滚丝工艺顺序对 GH738合金螺栓力学性能的影响。2022 年,航天精工詹兴刚等[69]联合四川轻化工大学使用真空离子镀银不同打底层工艺及后处理方法,开展发动机用高温合金紧固件产品的耐酸性盐雾性能研究。2022 年,航天精工吴琳琅等[70]联合天津理工大学与中国直升机设计研究所开展 40CrNiMo 钢回火后显微组织的腐蚀工艺研究。2022 年,航天精工张晓斌等[71]开展带台阶式齿轮槽钛合金沉头螺栓镦制成形仿真优化研究,通过改变预成形坯件结构来改善精冲终成形时的受力情况,以达到延长精冲模使用寿命的目的。2023 年,航天精工刘婧颖等[72]与哈尔滨工业大学联合开展针对 TC4 钛合金高精度螺栓根部圆角滚压强化技术的工艺参数仿真研究,为钛合金螺栓根部圆角的滚压强化工艺提供理论指导和技术支撑。2023年,航天精工齐增星等[73]联合南京航空航天大学针对 TC4 钛合金自锁螺母,采用单因素控制法开展了不同收口量、收口区域高度及收口速度的有限元仿真数值模拟研究。2023 年,航天精工与南京航空航天大学余浩东等[74]联合开展 TC4自锁螺母小直径螺纹攻丝过程有限元模型的建立及验证研究,解释了螺纹牙底容易出现不连续及过切缺陷的原因。

2) 制造工艺设计方面

2010 年,北京航空制造工程研究所任翀等[75]开展了轻型英制钛合金高锁螺栓制造工艺技术研究。2015 年,中国航空工业北京航空制造工程研究所王玉凤等[76]开展了 Inconel718 十二角头螺栓制造工艺技术研究,分析了关键制造加工技术,如热镦锻、热处理、滚压螺纹等,确定了合理的工艺参数,并对研制件的尺寸和性能进行了评估。2016 年,中国航空工业北京航空制造工程研究所赵庆云等[77]针对1240MPa级高强钛合金高锁螺栓进行螺纹滚压强化工艺试验研究。2019年,航天精工万冰华等[78]研发了一种具有超声波换能器的紧固件及制造工艺,在紧固件的一端或两端上设有超声波换能器元件,在结构上由内到外依次设置压电层、保护层和电极层,可以有效地将压电层与外界腐蚀环境隔离,大幅度延长了换能器紧固件的使用寿命,并能提高检测精度。2022年,沈阳飞机工业(集团)有限公司夏春和[79]开展了螺栓圆角滚压强化工艺方法的研究,明确滚轮圆角半径的选择原则、滚压强化控制参数,对滚压强化的操作流程作了详细的说明,以提升螺栓使用寿命。2023年,航天精工关悦等[80]联合中国航天标准化研究所开展GH4141高温合金十二角螺栓顶镦工艺研究,分析了成形过程中的载荷-时间曲线、等效应力场分布、等效应变分布及不同摩擦系数对成形载荷的影响。2024年,航天精工林忠亮等[81]联合哈尔滨工业大学开展了螺纹短收尾表面折叠形成机理及滚压工艺参数仿真,确定了实现最小折叠量的工艺参数。

4. 安装研究发展现状

国内紧固件相关安装方法研究主要以主机单位和紧固件生产厂为主,针对不同的安装环境通过仿真模拟及试验研究研发对应的安装工艺与方法。

在紧固件安装标准方面,主要为20世纪八九十年代编制的航空行业标准,如《航空发动机螺纹紧固件拧紧力矩》(HB 6125—1987)、《螺栓螺纹拧紧力矩》(HB 6586—1992)、《螺栓连接拧紧力矩与轴向力的关系》(HB/Z 251—1993)等[82-84]。

在紧固件安装工艺方面,2003年国内编制了《飞机装配工艺》(HB/Z 223)[85]行业级以上系列标准,针对螺栓螺母、实心铆钉、环槽铆钉、抽芯铆钉、螺纹空心铆钉、高抗剪铆钉等紧固件产品的安装技术要求进行了规定,还涵盖例如制孔、锪窝、安装、安装后检查、表面防护等通用要求。

在紧固件安装方法研究方面,2012年中国航空工业西安飞机工业(集团)有限责任公司王建旗等[86]针对某型机研制中大直径、高干涉螺栓在厚夹层结构中的安装问题,对不同安装方法进行了分析研究,提出采用应力波安装新方法。2013年,中国航空飞机汉中飞机分公司邢建伟等[87]针对某型飞机研制中干涉配合螺栓在夹层结构中的安装问题,开展干涉配合螺栓的减摩安装研究。2015年,成都飞机设计研究所王善岭等[88]对飞机表面螺纹连接中典型的钛合金沉头螺栓和托板自锁螺母配合安装困难的难题,开展了多方面的研究和针对性试验,提出了适配性问题的方法和综合方案。2016年,航天精工张晓斌等[89]联合北京宇航系统工程研究所分析了某飞行器部段连接紧固件拧紧力矩与预紧力的关系,研究了安装次数对拧紧力矩与预紧力的影响,以及扭拉系数随安装次数的变化规律。2017年,西北工业大学杨晓娜等[90]开展基于应力波加载的钛合金干涉螺栓安装工艺试验,对螺栓连接安装工艺参数进行研究。2020年,航天精工高学敏等[91]对TC4紧固件在不同头型下扭矩与预紧力关系进行研究,分析了航空某型号用紧固件扭矩与预紧力的关系,研究了钛合金紧固件在模拟航空航天型号部段实际安装环境下,不同头型紧固件及安装次数对安装扭矩与预紧力关系的影响,以及其相应变化的规律。2021年,中国航空工业第一飞机设计研究院赵秀峰等[92]通过一种非标试验和有限元分析,研究了螺栓孔垂直度偏差对螺栓承载能力的影响,给出了几种斜安装角度下螺栓承拉能力的曲线图。2023年,航天精工周杰等[93]对铆螺母铆接厚度影响进行研究,结合有限元分析与试验研究,探究夹层厚度对铆接镦头形貌、铆螺母拉脱力、铆接连接结构拉伸性能的影响规律,分析夹层厚度对铆螺母铆接变形及铆接结构力学性能的影响机制。2023年,航天精工王立俊等[94]基于ABAQUS有限元仿真软件建立了铆螺母安装与失效过程的三维有限元数值仿真模型及试验研究,分别探究了铆螺母变形区厚度对紧固件安装成型规律影响,以及收口工艺参数对锁紧力矩的影响规律。

5. 检测技术研究发展现状

国内紧固件相关检测技术研究主要以紧固件检测机构、紧固件生产厂、主机厂等单位为主,研究不同检测方法,提高紧固件检测精确。

2008年,海军航空装备无损检测中心张海兵等[95]针对某型直升机尾桨叶接头螺栓孔在使用过程中容易产生疲劳裂纹的问题,开展电流扰动法检测研究,设计了专用的电流扰动传感器与检测试块,克服了涡流检测的边缘效应和提离效应。2012年,中国航空工业北京航空材料研究院胡春燕等[96]通过外观检查、断口宏微观观察、能谱分析、氢含量测试、硬度检测和金相检验对断裂失效螺栓进行了分析。2015年,中国航空工业沈阳飞机设计研究所贾云超等[97]使用超声波损伤检测的方法,分析了钉头形式(凸头、埋头)、有无补偿垫片和连接形式对机械连接性能的影响。2015年,国防科技大学安寅[98]应用低频涡流检测原理,开展了基于平面电磁传感器的螺栓孔缺陷检测方法研究,实现了螺栓孔四周深度达5mm以上的缺陷检测。2017年,中国航空工业第一飞机设计研究院李正晖等[99]为满足大型飞机结构高强度、高抗疲劳性能的要求,研究了马氏体时效强化钢PH13-8Mo螺栓的显微组织,并探讨了马氏体时效强化钢螺栓的裂纹扩展行为及断裂机制。2017年,中国航空制造技术研究院赵庆云等[100]采用扫描电镜和能谱分析开展Ti-5553高锁螺栓螺纹强化层的显微组织与强化机理研究,结合力学性能试验,分析了其强化机理。2017年,中国航空制造技术研究院刘盼等[101]开展基于螺纹综合扫描仪的螺纹参数测量方法研究,确定螺纹综合扫描仪测量法,测量精度可靠,参数齐全且效率高。2019年,中国航空工业标准件制造有限责任公司李艺等[102]开展了基于螺纹综合测量仪对螺纹参数的研究,提出接触扫描式螺纹综合测量仪对螺纹检测有着显著的优点,该方法具有可靠性高、数据精确、耗时短、效率高等特点。2019 年,航天精工夏斌宏等[103-104]提出了一种对带传感器外螺纹紧固件进行预紧力标定的方法,通过采用温度修正后声时差的拟合方程能够在测量时获得可信度高的测量结果,进而研发一种基于高频超声的智能紧固件预紧力测量系统,采用模块化的组合方式极大地缩小了测量仪的外形尺寸,符合工程应用条件。2020 年,成都飞机工业公司何军等[105]针对某飞机用钛合金高锁螺栓在装配过程中发生断裂,通过宏观分析、微观分析、金相检验、力学性能复查和装配现场调查等方法对螺栓的断裂原因进行了分析。2021 年,中国航空工业陕西飞机工业(集团)有限公司罗志轩等[106]针对某型飞机上的断裂螺栓和开裂螺栓,进行了宏微观形貌分析、微区成分分析、金相组织检查及硬度测试,并进行了同批次螺栓氢含量和夹杂物测定、螺栓窝现场检查,对断裂源区的沿晶特征给出了新的解释。2022 年,北京宇航系统工程研究所王帅等[107]与大连理工大学和航天精工联合开展 MJ 螺纹沉淀硬化不锈钢螺栓破坏研究,采用数值仿真和试验对比的方法,对 MJ 螺纹 0Cr13Ni8Mo2Al 螺栓在多种载荷作用下失效机理和失效准则进行了研究。2022 年,哈尔滨工业大学李展鹏等[108]基于电磁超声技术,研制了一款手持式高强度螺栓轴力测量仪,具有非接触、无须打磨、无须耦合剂和实时测量的特点。2022 年,航天精工程全士[109]通过化学成分分析、组织和断口形貌观察、残余应力测试等方法,分析了 T6 态 7075 铝合金经由热处理转变为 T73 态后制造的高锁螺母开裂原因。2023 年,航天精工袁娅等[110]开展数字化试验检测平台在实验室质量控制中的应用,将信息化技术和实验室质量管理有机结合,以实现检测/校准活动的全面管理。2023 年,航天精工康元等[111]联合中南大学开展时效工艺对 7A75 铝合金组织与性能的影响的研究,采用光学显微镜、透射电镜、室温拉伸试验、电导率测试等研究了不同时效工艺对 7A75 铝合金显微组织、力学性能、电导率和剥落腐蚀性能的影响。2023 年,航天精工徐昊等[112]开展了 7075 铝合金高锁螺母装配过程失效实验研究,基于高速摄像机的检测方式对装配过程中螺母的运动和受力情况进行了分析,并基于断口形貌进一步讨论了螺母失效原因。2023 年,航天精工孙虹烨等[113]联合天津理工大学开展采用扫描电镜与材料试验机研究了固溶温度、时效温度对 TC4 钛合金微观组织与剪切强度的影响。2024 年,航天精工程全士等[114]采用室温拉伸、慢应变速率拉伸应力腐蚀和透射电镜等检测手段,研究了回归升温速率对 Al - 6.02Zn - 2.24Mg - 2.30Cu 合金组织和性能的影响。

综上所述,国内多家单位及高校等都依据自身特色及优势学科,在各技术方向上做出了深入的研究,主要针对单个技术方向。航天精工作为国内高端紧固件专业化公司,为了更好地服务于用户单位,保障型号装备连接更加可靠,横向广度逐步从制造端向设计端、安装端延伸,纵向深度逐步从工程技术研究向应用基础研究延伸,自2019年起,针对紧固件的设计、制造、安装、检测及基础机理等各方面开展相关研究,逐步打通全流程紧固件相关技术,进一步推动了行业发展。

1.3 紧固连接技术内涵及体系

1.3.1 紧固连接技术的定义

当前,紧固件的制造、检测技术已非常成熟,但在如何选用紧固件和选用什么样的紧固件来满足连接功能方面还没有系统的研究。为此,航天精工股份有限公司焦光明于2016年底在国内率先提出了紧固连接技术概念,并于2019年2月1日带领技术团队正式开展紧固连接技术研究论证工作,项目代号为1921。2020年3月,技术团队发布了国内首个《紧固连接技术三年专项规划(2020—2022年)》,正式拉开了紧固连接设计、制造、检测、试验、安装、使用全流程研究的序幕。规划中首次给出了紧固连接技术的内涵:"连接技术是将金属、陶瓷、塑料等材质的构件以一定的方式组合成一个整体所用到的相关技术,主要分为焊接、胶接、机械连接三大类。紧固连接属于机械连接的一个大类,具有高效率、高寿命、高可靠、可拆卸等优点,是机械装备中应用最广泛的一类连接方式。"

2020年4月,航天精工股份有限公司创办了《紧固连接技术》内部期刊,用于出版有关紧固连接技术的最新研究成果,2022年8月,天津市新闻出版局以2022审004号文件批准了该刊物的印刷发行。2020年12月,依托河南航天精工制造有限公司,获批建设河南省紧固连接技术重点实验室;2021年1月,依托航天精工股份有限公司,获批建设天津市紧固连接技术重点实验室。两家重点实验室在建设期间聚焦紧固连接中存在的咬死故障机理、腐蚀仿真分析、外螺纹折叠缺陷检测、疲劳强度影响机制等基础性、机理性问题开展了研究,突破了一系列紧固连接技术难题。2023年3月,天津市紧固连接技术重点实验室完成建设并通过天津市科技局组织的专家验收。2023年7月,天津市科技局发文公布,天津市紧固连接技术重点实验室通过认定,自此成为国内紧固连接技术领域第一家正式运行的省部级重点实验室。经过5年的全面深入研究,焦光明技术团队在行业内首次构建了紧固连接技术体系(见1.3.3节)。

2022年8月,航天精工股份有限公司联合天津市紧固连接技术重点实验室、河南省紧固连接技术重点实验室共同主办了国内首次以"紧固连接技术"为主题的学术交流会,航天精工股份有限公司许彦伟在会上作了题为《紧固连接系统发展趋势》的开场报告。本次学术交流会对于加速国内紧固连接系统技术的创新和发展,持续推动装备高端紧固连接技术及产品的迭代升级具有开创意义。

2022年9月,航天精工股份有限公司焦光明、许彦伟等[1]发表了论文"紧固连接系统技术发展现状与展望",国内首次对紧固连接系统进行了明确定义:"紧固连接系统是指通过将成系列紧固件(组),按照一定的排布方式和安装工艺,将两个或多个零部件连接为一个整体,同时考虑被连接件的性能耦合和强关联作用,以实现紧固、承力、密封等连接功能的系列紧固件所组成的系统。紧固连接系统的研究对象是多个紧固连接副,主要包括多个紧固件、被连接件以及两者连接所涉及的技术、工艺和装备。"同时划分了紧固连接的研究阶段(具体见1.3.2节),并给出了每个阶段的研究对象、研究内容及相应的技术。

2023年9月,北京大学、航天精工股份有限公司等单位联合承办了第二届机械系统动力学国际学术会议(ICMSD2023),航天精工股份有限公司柳思成等在会上做了"紧固连接防松设计"学术报告,获得行业专家的高度评价。

1.3.2　紧固连接研究阶段的划分

纵观装备连接功能需求的升级演变,以及紧固件科研配套的发展历程,可将紧固连接技术的研究划分为三个阶段,即紧固件产品研究阶段、紧固连接副研究阶段和紧固连接系统研究阶段,如图1-1所示,并给出了"紧固连接屋"的发展模型,如图1-2所示。

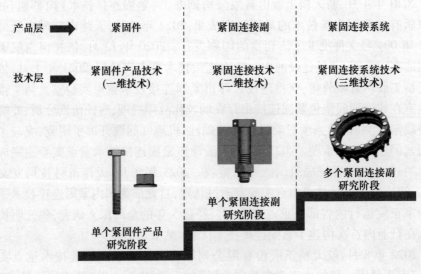

图1-1　紧固连接研究阶段

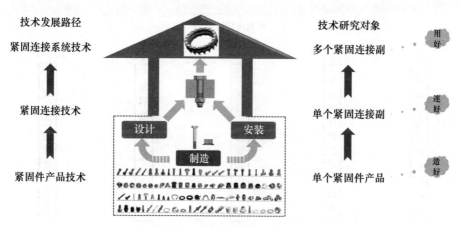

图 1-2 "紧固连接屋"发展模型

紧固件产品研究阶段：以单个紧固件（螺栓或螺母）为研究对象，研究紧固件的制造、检验、试验等技术，以满足产品标准和规范要求，该阶段研究的技术称为紧固件产品技术。

紧固连接副研究阶段：以单个紧固连接副（螺栓、螺母和夹层）为研究对象，在给定载荷工况和连接结构的条件下，研究紧固件的设计、选型、选配、安装等技术，以满足紧固连接副的连接功能，该阶段研究的技术称为紧固连接技术。

紧固连接系统研究阶段：以多个紧固连接副（紧固连接系统）为研究对象，在给定载荷工况的条件下，通过对其整体结构和动力学分析，研究紧固件的布局和选型、基体夹层适配性、多组紧固件安装、多组紧固件维修保障、服役状态健康监测等技术，以满足紧固连接系统的使用功能，该阶段研究的技术称为紧固连接系统技术。紧固连接系统技术更加关注系统中每个紧固连接副的性能及其之间的关联性、协调性和匹配性，以实现紧固连接系统的整体性能最大化。

1.3.3 紧固连接技术体系

紧固连接技术主要包括紧固连接正向设计技术、紧固连接建模仿真技术、紧固连接安装技术、紧固连接可靠性技术和紧固连接失效分析技术，技术体系如图 1-3 所示。

紧固连接正向设计技术根据机械装备紧固连接的结构、功能、性能等需求，基于弹塑性力学理论、第三强度理论、第四强度理论等基础理论，运用考虑螺纹力学、连接结构变形协调过程等特征的计算方法和公式，设计紧固连接接头构型以及包含扳拧结构、承载结构、光杆结构、螺纹结构、锁紧结构等要素的紧固件产品。

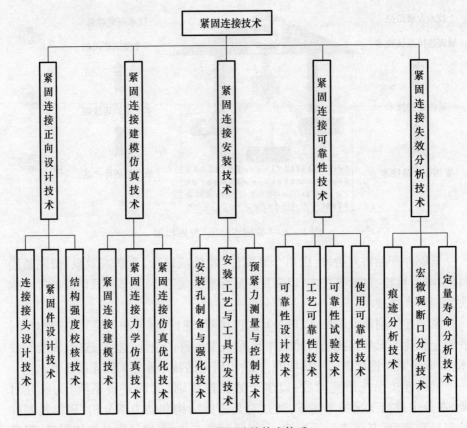

图 1-3 紧固连接技术体系

紧固连接建模仿真技术主要通过对单个紧固连接副(螺栓、螺母和夹层)的精细化建模仿真,对单个紧固件在设计、制造、安装、服役等多个阶段的性能预测和机理分析,结合紧固连接副在各个阶段的特点,实现多层级建模理论、精细化建模仿真方法、紧固连接副结构拓扑优化以及多物理场耦合仿真分析(静力学/动力学/热力学)等。

紧固连接安装技术主要通过开展安装孔制备与强化、紧固件安装与拆卸等关键技术研究,匹配开发相应的工具、刀具、量具、模具等,形成高可靠的安装工艺和方法。

紧固连接可靠性技术以概率论和数理统计方法为基础,通过故障物理分析和可靠性试验等手段,开展紧固连接可靠性设计、工艺可靠性、可靠性试验和使用可靠性研究,确保紧固连接产品在研发设计、生产制造和安装使用全寿命周期内持续获得所要求的功能和性能。

紧固连接失效分析技术主要针对紧固连接副在安装及使用过程中产生的失

效,基于痕迹分析技术、宏微观断口分析技术、断口定量反推裂纹扩展寿命和应力分析技术、有限元分析技术及试验检测技术等进行失效模式判定,查找失效机理及原因,有效提高设计水平,保障紧固连接副在各种工作状态下正常使用,提高安全使用系数,降低故障发生率,并预防同类失效再次发生。

1.4 紧固连接结构的发展趋势

随着航天、航空、船舶、轨道交通等装备向自主化、智能化、高端化的高质量发展,对紧固连接结构也提出了系统化、轻量化、智能化、高性能、高可靠、低成本等新要求、新目标,即"三化两高一低"。

1.4.1 紧固连接的系统化发展

紧固连接的系统化主要包括两个层面:一是产品层面,不再追求单一紧固件产品的性能最优,而是紧固连接副的综合性能最优,考虑螺栓与螺母之间、螺栓螺母与夹层之间等连接性能的匹配性,同时还要考虑多个紧固连接副之间的耦合叠加作用的影响;二是技术层面,紧固连接涉及的专业领域广、学科跨度大,航天精工股份有限公司曾在"十三五"期间就系统梳理了覆盖设计、仿真、制造、检测、安装、使用等全流程的专业技术共计108项,单一的技术或学科不能有效支撑更深层的基础性、机理性层面的研究工作,需要集成多个学科知识完成,实现学科交叉、技术协同,推动紧固连接系统化发展。

1.4.2 紧固连接的轻量化发展

轻量化一直是型号装备持续追求的目标:一是结构轻量化,先进的钛合金、复合材料等轻量化基体材料应用越来越广泛,波音787复合材料结构占比50%,空客A350XWB更是达到了52%,新型材料的应用必然需要对原有紧固连接方案进行重新设计和升级换代,确保轻量化的连接效果;二是连接轻量化,由于受制于结构的整体成形工艺水平和材料性能所限,当总体结构在轻量化空间趋于极限的情况下,对于紧固连接的局部轻量化设计势必成为未来实现整机轻量化的重要细分研究方向,推动更多新型轻质、高强紧固连接产品的创新并发。

1.4.3 紧固连接的智能化发展

预紧力作为型号装备连接的关键指标,目前普遍采用扭矩法安装间接控制,误差±30%左右,一直是影响装备连接可靠性的不确定因素。航天精工在国内率先开展了智能紧固连接技术研究工作,在不改变原紧固件产品结构和性能要求的前提下,在紧固件头部或杆部端面,设计了耐宽温域、耐强振动环境的换能器结构,直接测量或控制预紧力,精度达±3%,由"哑零件"变成"智能零件"。以此项技术的开发作为紧固连接智能化发展的起点和切入点,将传感器等技术与紧固连接融合创新,开发结构功能一体化产品,实现剪切力、加速度、温度、振动等参数的测量,将智能紧固件产品作为型号装备的"神经节点",实现连接结构力学特征的获取以及健康状态监测,保证关键连接结构运行可靠。

1.4.4 紧固连接的高性能发展

随着各类型号装备向着更快、更远、更强、更高等方向发展,在宽温域、强振动、强冲击、强辐射、强腐蚀、高湿热等环境下长周期、高可靠服役。比如在航空涡扇发动机在追求高推重比、高压比和高涡轮前温度的研制中,气动负荷、热负荷及转子工作转速大幅度提高,在发动机热端应用的紧固件,要经受几百甚至上千摄氏度的高温环境,要求紧固件具有极佳的高温性能;还要抵抗高速旋转时转子不平衡产生的强烈振动,要求连接结构具有非常好的防松性能。航天型号在大集中力、拉弯复合、爆炸冲击、超高速、超高温、深低温等复杂使用工况条件下对紧固连接提出更高要求。因此,需要开发耐高温、耐疲劳、耐冲击、耐腐蚀等新型紧固件产品,保证型号装备的高性能连接。

1.4.5 紧固连接的高可靠发展

随着型号装备的高质量发展,逐步从定性研究延伸至定量研究,紧固件产品相对于大的型号装备,具备大批量生产、失效后便于维护、便于开展各类试验、工艺和性能数据量大易获取等特点,具备开展可靠性定量研究的先决优势。部分关键型号装备的可靠性定量指标已分配至紧固连接层级,并给出了具体的可靠度指标,运用试验测量、统计分析和构建模型等方法,给出可量化的评价和改进。根据紧固连接应用环境,利用可靠性技术,融入紧固件产品的材料、规格、强度等定量化参数指标,充分考虑使用环境、设计布局、结构尺寸、安装条件等与紧固连接性能的定量匹配,实现紧固连接设计、制造、使用、维修保障等全技术链定量化研究,保证紧固连接的可靠性。

1.4.6 紧固连接的低成本发展

随着装备现代化程度的提升,装备零部件种类急剧增加,特别是紧固件的品种规格繁多、用量庞大,其通用化和系列化程度也是衡量型号"三化"水平的重要指标之一,直接影响装备的作战效能和快速保障。针对通用紧固件产品,国家大力推进统标统型工作,优化合并重复、冗杂类标准,实现压标减型,进一步提高其通用性和互换性,这样更有利于组织大批量生产,使产品性能越来越稳定、生产成本越来越低。针对专用紧固件产品,可借鉴高锁紧固件、抽芯铆钉等产品,基于型号新的应用需求开发新结构新功能的紧固件产品,并随着型号需求的发展持续迭代创新,衍生出不同代际的系列新产品并形成产品族,形成具有自主知识产权的产品,组织开展高度专业化的生产,实现制造技术的高速发展、技术创新的快速迭代以及高可靠低成本产品的稳定供应。

参考文献

[1] 焦光明,许彦伟,李文生,等. 紧固连接系统技术发展现状与展望[J]. 紧固连接技术,2022(3):1-12.

[2] 焦光明,李文生,姚建革,等. 基于多品种、变批量离散型制造企业"百万无一失"质量管控体系探索研究[J]. 中国质量,2023(10):36-41.

[3] 黄河清."螺旋""螺丝""螺钉""螺丝钉"探源[J]. 中国科技术语,2018,20(5):73-76.

[4] 佚名. 螺纹标准发展概况介绍[J]. 航空标准化,1981(6):1-8.

[5] 姜悦. 螺纹量规检定方法研究及其影响因素分析[D]. 沈阳:东北大学,2013.

[6] 全国螺纹标准化技术委员会. 公制、美制和英制螺纹标准手册(第三版)[M]. 中国标准出版社,2009.

[7] 孙小炎. MJ 螺纹紧固件简介(一)[J]. 航天标准化,2009(1):9-13.

[8] 徐阿玲. MR 螺纹在修理过程及型号研制中的应用问题[J]. 航空标准化与质量,1999(5):11-12.

[9] 黄志强,郑旺辉,金景峰. 螺纹连接防松技术研究及试验验证[J]. 现代防御技术,2021,49(1):91-97.

[10] 江东. 趣谈百年飞机材料之变迁[J]. 大飞机,2013(6):97-99.

[11] 牛光景. 航空航天紧固件企业产品战略研究[D]. 北京:北京理工大学,2015.

[12] 解文卓. 紧固件用 TC16 钛合金丝材组织与性能研究[D]. 西安:西安建筑科技大学,2019.

[13] 李蒙,凤伟中,关蕾,等. 航空航天紧固件用钛合金材料综述[J]. 有色金属材料与工程,2018,39(4):49-53.

[14] 刘风雷,徐鑫良,孙文东. 复合材料结构用紧固件技术[J]. 宇航总体技术,2018,2(4):8-12.

[15] 张洪英. 光纤智能螺栓及其在电网中的应用[D]. 哈尔滨:哈尔滨工程大学,2019.

[16] 王健专,邱涛,吴德锋,等. 一种检验螺栓载荷的装置[P]. 辽宁:CN201120523609.9,2021-09-12.

[17] 王健志,邱涛. 智能螺栓技术综述[C]//2015 航空试验测试技术学术交流会论文集. 中航工业沈阳飞机设计研究所,2015:4.

[18] 焦光明,王川,李文生,等. 阵列式超声波薄膜传感器测量螺栓剪切力的研究进展[J]. 紧固连接技术,2023(3):1-10.

[19] 山本晃. 螺纹联接的理论与计算[M]. 上海:上海科学技术文献出版社,1984.

[20] 刘艳,周克栋,赫雷. 基于 VDI2230 标准的某风力机关键连接强度分析[J]. 机械制造

与自动化,2020,49(6):197-200.

[21] 酒井智次. 螺纹紧固件联接工程[M]. 北京:机械工业出版社,2016.

[22] 温楠,侯崇强,刘长栋. NASA-STD-5020 航天器用螺纹紧固系统要求标准简介[J]. 航天标准化,2016(3):19-23.

[23] National Aeronautics and Space Administration. NASA-STD-5020,Requirements for Threaded Fastening Systems in Spaceflight Hardware[S]. Washington DC,2012.

[24] European Cooperation for Space Standardization, ECSS Secretariat ESA-ESTEC Requirements & Standards Section. Space Engineering Threaded Fasteners Handbook,ECSS-E-HB-32-23A Rev. 1:Threaded fasteners handbook [S]. 2023.

[25] 张枫,杨树彬,杨安民,等. 一种低冲击分离螺栓的设计[J]. 火工品,2006(3):14-17+22.

[26] 张杰,陶华,陈磊,等. TC4 紧固件性能试验和数值仿真[J]. 航空制造技术,2009(14):5.

[27] 江金锋,张颖,孙秦. 基于 Global/Local 法的螺栓连接结构静强度渐进破坏[J]. 南京航空航天大学学报,2010,42(3):4.

[28] 赵丽滨,山美娟,彭雷,等. 制造公差对复合材料螺栓连接结构强度分散性的影响[J]. 复合材料学报,2015,32(4):1092-1098.

[29] 王洪锐,廖传军,许光,等. 螺栓法兰连接结构的失效分析及优化设计[J]. 矿山机械,2016,44(5):78-82.

[30] 李正晖,张喆. 1500MPa 级十二角头 MJ 螺纹合金钢螺栓的研制[J]. 航空标准化与质量,2017(2):11-13.

[31] 张文胜,徐世俊,孟春晓,等. 螺栓连接薄壁柱壳结构固有特性分析[J]. 动力学与控制学报,2018,16(6):568-574.

[32] 徐卫秀,王淑范,杨帆,等. 考虑螺纹细节的螺栓预紧过程仿真分析研究[J]. 宇航总体技术,2018,2(5):50-56.

[33] 许彦伟,王宇宏,李文生,等. 螺栓位置优化设计方法研究[J]. 动力学与控制学报,2022,20(5):87-96.

[34] 许彦伟,沈超,焦光明,等. 基于多竞争失效模式的紧固连接系统可靠性正向设计方法:CN202310173057.0[P]. 2023-05-05.

[35] 张启程,刘娅婷,吕娟,等. 楔形螺纹丝锥优化设计[J]. 航空精密制造技术,2023,59(3):51-53.

[36] 陈海平,曾攀,方刚,等. 螺纹副承载的分布规律[J]. 机械工程学报,2010,46(9):171-178.

[37] 宗亮,王元清,石永久. 考虑撬力作用影响的法兰连接节点抗弯承载性能参数分析[J]. 工业建筑,2011,41(9):131-135.

[38] 郜光周. 导弹关键螺栓联接结构有限元分析与预紧力控制[D]. 西安:西安电子科技大学,2016.

[39] 贺宪桐,雷宏刚,闫亚杰. 基于不同螺纹形式的高强螺栓应力集中分析[J]. 土木工程,2019,8(2):7.

[40] 张鹏,古忠涛,陈薄,等. 动载激励下的预紧螺栓轴向应力特征分析[J]. 机械设计与制造,2019(02):54-57.

[41] 邓新建,刘检华,张忠伟,等. 楔形螺纹连接扭拉关系理论分析及拧紧特性[J]. 机械工程学报,2021,57(19):180-191.

[42] LIU J H,OUYANG H J,PENG J F,et al. Experimental and numerical studies of bolted joints subjected to axial excitation[J]. Wear,2016,346-347:66-77.

[43] LIU J H,OUYANG H J,FENG Z Q,et al. Study on self-loosening of bolted joints excited by dynamic axial load[J]. Tribology International,2017,115:432-451.

[44] ZHOU J B,LIU J H,OUYANG H J,et al. Anti-Loosening performance of coatings on fasteners subjected to dynamic shear load[J]. Friction,2018,6(1):32-46.

[45] ZHANG M Y,LU L T,WANG W J. et al. The roles of thread wear on self-Loosening behavior of bolted joints under transverse cyclic loading[J]. Wear,2018,394-395:30-39.

[46] ZHANG M Y,ZENG D F,LU L T,et al. Finite element modelling and experimental validation of bolt loosening due to thread wear under transverse cyclic loading[J]. Engineering Failure Analysis,2019,104:341-353.

[47] LIU X T,MI X,LIU J H,et al. Axial load distribution and self-loosening behavior of bolted joints subjected to torsional excitation[J]. Engineering Failure Analysis,2021,119:104985.

[48] LIU X T,FAN J F,WANG H,et al. Effect of wear between contact surfaces on self-loosening behaviour of bolted joint under low frequency torsional excitation[J]. Tribology International,2022174,107764.

[49] 卢文书,杨仕超,杨金杰. 过盈量对双剪连接件钉传载荷及寿命影响分析[J]. 热加工工艺,2014,43(10):4.

[50] 梁尚清,苏爱民. 航空结构螺栓连接预紧力设计研究[J]. 航空科学技术,2014,25(9):24-27.

[51] 杨帆,张希,章凌,等. 运载火箭爆炸螺栓承载能力分析方法[J]. 导弹与航天运载技术,2015(5):4.

[52] 赵谋周,刘存,李健. 某型机机翼装配中高强度钛合金螺栓断裂分析与试验研究[J]. 机械研究与应用,2017,30(1):4.

[53] 乔乔,李晓秀,周江伟,等. 螺栓连接预紧力对结构疲劳性能的影响[J]. 失效分析与预防,2021,16(3):166-172.

[54] 王婕,卢红立,冯韶伟,等. 弹箭螺纹连接松动机理分析研究[J]. 导弹与航天运载技术(中英文),2022(5):122-125+143.

[55] 樊俊铃,张伟,焦婷,等. 飞机结构螺栓连接细节疲劳断裂失效机制与寿命分析[J]. 机械强度,2023,45(6):1459-1464.

[56] 刘燕,李文生,修文波,等. 基于有限元仿真方法的镀银层厚度均匀性研究[J]. 电镀与精饰,2021,43(11):36-41.

[57] 高伟,袁娅,徐昊,等. 镀/涂层对紧固件剪切强度影响试验研究[J]. 现代制造工程,2022(8):82-86+81.

[58] 冯韶伟,高学敏,程全士,等.基于振动条件下的双螺母防松性能研究[J].导弹与航天运载技术,2022(3):17-21.

[59] 高学敏,石大鹏,许彦伟,等.CFRP连接孔几何误差对螺栓连接结构拉伸强度的影响规律研究[J].制造技术与机床,2022(11):123-130.

[60] 唐伟,余传魁,汪昌顺,等.Ti-6Al-4V合金螺栓滚压过程中的组织演变规律研究[J].稀有金属,2023,47(11):1486-1494.

[61] 刘燕,李国政,贾丹,等.银涂层保护技术在航空发动机紧固件中的应用研究进展[J].中国表面工程,2023,36(4):21-35.

[62] 桂林景,张世广,李皓,等.复合材料过盈铆接结构吸湿老化行为研究[J].复合材料科学与工程,2024(4):97-104.

[63] 冯光勇,申庆援,潘文涛.固溶温度对Ti-6Al-4V合金显微组织及剪切强度的影响[J].金属热处理,2012,37(8):38-40.

[64] 王世敏.管状铆钉的加工工艺改进[J].金属加工(冷加工),2014(17):33-34.

[65] 徐畅,刘明.Inconel718高强度螺栓挤细加工工艺[J].制造技术与机床,2021(8):151-154.

[66] 汤涛,王熔.GH4169合金十二角头螺栓热镦成形数值仿真及参数优化[J].锻压技术,2021,46(12):20-26.

[67] 郑鹏辉,关悦,许吉星,等.A286高温合金十二角法兰面螺栓多工位冷镦成形工艺[J].制造技术与机床,2022(7):45-50.

[68] 裴烈勇,戴爱丽,樊开伦,等.时效与滚丝工艺顺序对GH738合金螺栓力学性能的影响[J].金属热处理,2020,45(12):140-141.

[69] 詹兴刚,胡军林,刘燕,等.航空发动机用离子镀银紧固件的耐酸性盐雾性能研究[J].电镀与精饰,2022,44(11):12-17.

[70] 吴琳琅,张崔禹,袁春明,等.40CrNiMo钢回火后显微组织的腐蚀工艺研究[J].电镀与精饰,2022,44(4):36-41.

[71] 张晓斌,吴昂,单垄垄,等.带台阶式齿轮槽钛合金沉头螺栓镦制成形仿真优化[J].锻压技术,2022,47(5):57-64.

[72] 刘婧颖,李浩楠,梁新福,等.钛合金螺栓根部圆角滚压强化的工艺参数仿真研究[J].机械工程师,2023(10):150-153+156.

[73] 齐增星,梁铖,吴同一,等.TC4自锁螺母三点收口成型工艺有限元仿真研究[J].机械科学与技术:1-7.

[74] 余浩东,黎向锋,梁铖,等.TC4自锁螺母小直径螺纹攻丝过程有限元模型的建立及验证[J].现代制造工程,2023(10):79-85.

[75] 任翀,刘风雷,赵庆云,等.轻型英制钛合金高锁螺栓制造工艺技术[J].航空制造技术,2010(23):79-81.

[76] 王玉凤,刘风雷,庄宝潼.Inconel718十二角头螺栓制造工艺技术研究[J].航空制造技术,2015(10):79-82.

[77] 赵庆云,刘风雷,王立东,等.螺纹滚压对1240MPa级高强钛合金高锁螺栓性能的影响

[J]. 航空制造技术,2016(19):5.

[78] 万冰华,王川,杨知硕,等. 具有超声波换能器的紧固件及制造工艺和用途:CN201911229907.4[P]. 2020-02-14.

[79] 夏春和. 螺栓圆角滚压强化工艺方法[J]. 机械管理开发,2022,37(9):56-58.

[80] 关悦,贺连栋,张淼,等. GH4141高温合金十二角螺栓顶镦工艺研究[J]. 制造技术与机床,2023(12):129-134.

[81] 林忠亮,张振峰,许学石,等. 螺纹短收尾表面折叠形成机理及滚压工艺参数仿真[J]. 材料导报,2024:1-13.

[82] 中华人民共和国航空工业部. 航空发动机螺纹紧固件拧紧力矩:HB 6125—1987[S]. 1987.

[83] 中华人民共和国航空工业部. 螺栓螺纹拧紧力矩:HB 6586—1992[S]. 1992.

[84] 中国航空工业总公司. 螺栓连接拧紧力矩与轴向力的关系:HB/Z 251—1993[S]. 1993.

[85] 国防科学技术工业委员会. 飞机装配工艺:HB/Z 223—2003[S]. 2003.

[86] 王建旗,曹增强. 大直径高干涉螺栓安装应用研究[J]. 航空制造技术,2012(16):87-89+93.

[87] 邢建伟,李慧,张敬彤,等. 干涉配合螺栓的减摩安装研究[J]. 航空制造技术,2013(17):81-83.

[88] 王善岭,罗建平. 飞机表面用典型螺纹紧固件适配性研究[J]. 航空标准化与质量,2015(1):7-11.

[89] 张晓斌,于建政,贾晓娇,等. 某飞行器用紧固件拧紧力矩与预紧力关系研究[J]. 航空制造技术,2016(8):81-84.

[90] 杨晓娜,曹增强,左杨杰,等. 基于应力波加载的钛合金干涉螺栓安装工艺试验研究[J]. 西北工业大学学报,2017,35(3):462-468.

[91] 高学敏,程全士,米保卫,等. 基于TC4紧固件在不同头型下扭矩与预紧力关系研究[J]. 航空制造技术,2020,63(17):92-97.

[92] 赵秀峰,彭芳,郑茂亮,等. 螺栓孔垂直度对螺栓承载能力的影响分析[J]. 工程与试验,2021,61(3):33-34.

[93] 周杰,王立俊,石大鹏,等. 基于有限元分析的铆螺母铆接厚度影响研究[J]. 机床与液压,2023,51(7):184-189.

[94] 王立俊,柯书忠,高靖靖,等. 铆螺母安装过程仿真建模及锁紧力矩衰退规律研究[J]. 制造技术与机床,2023(5):111-118.

[95] 张海兵,孙金立,张浩然,等. 直升机尾桨叶接头螺栓孔的电流扰动法检测[J]. 无损检测,2008,30(12):926-927.

[96] 胡春燕,刘新灵,陈星. 高强度钢螺栓断裂失效分析[J]. 金属热处理,2012,37(9):3.

[97] 贾云超,关志东,宋晓君. 复合材料—金属机械连接性能研究[J]. 玻璃钢/复合材料,2015(4):6.

[98] 安寅. 基于平面电磁传感器的螺栓孔缺陷检测技术研究[D]. 长沙:国防科学技术大学,2015.

[99] 李正晖,高丽红. PH13-8Mo螺栓的疲劳性能研究[J]. 西安工业大学学报,2017,37

(5):5.
- [100] 赵庆云,程思锐,黄宏,等. Ti-5553 高锁螺栓螺纹强化层的显微组织与强化机理[J]. 金属热处理,2017,42(10):203-208.
- [101] 刘盼. 基于螺纹综合扫描仪的螺纹参数测量方法研究[J]. 航空制造技术,2017(13):100-104+109.
- [102] 李艺,范玲,刘荆宏,等. 基于螺纹综合测量仪对螺纹参数的研究[C]//航空工业测控技术发展中心,中国航空学会测试技术分会,状态监测特种传感技术航空科技重点实验室. 第十六届中国航空测控技术年会论文集. 中国航空工业标准件制造有限责任公司;航天精工股份有限公司,2019:4.
- [103] 夏斌宏,杨兵,高伟,等. 一种对带传感器外螺纹紧固件进行预紧力标定的方法:201910816467.6[P]. 2021-05-38.
- [104] 夏斌宏,张俊,杨兵,等. 一种基于高频超声的智能紧固件预紧力测量系统:CN201921432472.9[P]. 2020-04-07.
- [105] 何军,王浩宇,王大为,等. 钛合金高锁螺栓断裂原因分析[J]. 理化检验:物理分册,2020,56(8):4.
- [106] 罗志轩,王宇魁. 30CrMnSiA 螺栓开裂原因分析[J]. 机械科学与技术,2021,40(3):481-486.
- [107] 王帅,卢红立,石玉红,等. MJ 螺纹沉淀硬化不锈钢螺栓破坏研究[J]. 强度与环境,2022,49(5):82-87.
- [108] 李展鹏,王淑娟,钱孜洋. 基于电磁超声技术的高强度螺栓轴力测量仪[J]. 仪表技术与传感器,2022(1):30-32.
- [109] 程全士,黄青梅,叶凌英,等. 7075 铝合金高锁螺母开裂原因[J]. 机械工程材料,2022,46(10):106-112.
- [110] 袁娅,高伟,梁新福,等. 数字化试验检测平台在实验室质量控制中的应用[J]. 理化检验—化学分册,2023,59(8):963-965.
- [111] 康元,张文静,程全士,等. 时效工艺对 7A75 铝合金组织与性能的影响[J]. 材料热处理学报,2023,44(6):62-71.
- [112] 徐昊,肖琪,刘婧颖,等. 7075 铝合金高锁螺母装配过程失效实验研究[J]. 热加工工艺,2023,52(16):159-162.
- [113] 孙虹烨,齐跃,余传魁,等. 固溶、时效温度对 TC4 钛合金螺栓显微组织与剪切强度的影响[J]. 金属热处理,2023,48(6):126-130.
- [114] 程全士,高靖靖,贺春花,等. 回归升温速率对 Al-6.02Zn-2.24Mg-2.30Cu 合金组织和性能的影响[J]. 热加工工艺,2024(10):137-142.

第 2 章　紧固件结构、材料与成形工艺

2.1　紧固件简介

紧固件种类繁多、性能结构多种多样、装配环境不同、使用要求不同,其结构形式和性能要求也不同,常用的紧固件分类方法主要有以下几种。

1. 使用领域分类

根据紧固件使用领域不同,国际上将紧固件分为两大类:一是一般用途紧固件;二是航空航天紧固件。

2. 表观形状分类

根据紧固件的表观形状不同,紧固件分为螺栓(高锁螺栓)、螺钉、自攻螺钉、螺柱、普通螺母、自锁螺母(高锁螺母)、铆钉、垫圈、挡圈、销、螺纹衬套、组合件等,国家标准一直沿用这一分类方法。

3. 选用材料分类

根据选用材料的不同,紧固件分为碳素结构钢紧固件、合金钢紧固件、不锈钢紧固件、高温合金紧固件、铝合金紧固件、铜合金紧固件、钛合金紧固件、钛铌合金紧固件和非金属紧固件等。

4. 强度等级分类

根据强度高低的不同,紧固件分为低强度紧固件、中高强度紧固件、高强度紧固件和超高强度紧固件四类。力学性能等级低于8.8级或公称抗拉强度低于800MPa的紧固件称为低强度紧固件,力学性能等级介于8.8~12.9级之间或公称抗拉强度介于800~1200MPa之间的紧固件称为中高强度紧固件,公称抗拉强度介于1200~1500MPa之间的紧固件称为高强度紧固件,公称抗拉强度高于1500MPa的紧固件称为超高强度紧固件。

5. 工作载荷分类

根据工作载荷性质的差异,紧固件分为抗拉型和抗剪型两类,抗拉型紧固件主要承受拉伸载荷或拉剪复合载荷,抗剪型紧固件主要承受剪切载荷。

航空航天紧固件应用环境复杂,选材特别,性能要求高,本章主要介绍航空航天紧固件。航空航天紧固件是专为航空航天飞行器设计的紧固件,国际标准由国际标准化组织/航空航天器标准化技术委员会/航空航天紧固件技术委员会

（ISO/TC20/SC4）制定并归口。我国标准由紧固件国家军用标准、航空行业标准、航天行业标准共同构成。主要特点如下[1]：

(1) 螺纹采用 MJ 螺纹（米制）、UNJ 螺纹（英制）或 MR 螺纹；
(2) 采用强度分级和温度分级；
(3) 高强度、轻量化、耐腐蚀；
(4) 高精度、高靠性、防松性能好；
(5) 能适应极端服役环境。

2.2 典型紧固件结构

2.2.1 螺栓、螺钉结构

1. 头型结构

螺栓或螺钉头型主要功能是承载及扳拧，可分为六角头、十二角头、花键头、盘头、沉头、圆柱头等头形，其用途和结构如表 2-1 所示。

表 2-1 螺栓、螺钉头型用途和结构

序号	类别		主要用途	头型结构图
1	六角头	普通六角头	主要用于强度等级小于或等于 1100MPa 级的螺栓、螺钉	
		大六角头	主要用于 MJ8 及以下规格的 MJ 螺纹螺栓或 MJ12 及以上规格的普通 M 螺纹螺栓、螺钉	
		小六角头	主要用于 MJ8 及以上规格的 MJ 螺纹螺栓，普通螺纹螺栓中无小六角头头型	
		带凸缘六角头	主要用于安装板表面受预紧力影响或需要提升螺栓连接防松能力	
		带法兰面六角头		
2	十二角头	十二角头	主要用于狭小安装空间，相对六角头扳拧力矩更大，一般为 1100MPa、1250MPa 和 1550MPa 高强度螺栓	
		大十二角头		
		小十二角头		

续表

序号	类别		主要用途	头型结构图
3	花键头		主要用于狭小安装空间,相对六角头扳拧力矩更大,一般为 1100MPa、1250MPa 和 1550MPa 高强度螺栓	
4	盘头	盘圆头	主要用于薄壁结构允许凸出的部位,头形的使用功能大同小异,为了便于标准化管理和制造,随着国际标准的引进,逐渐倾向于盘头头形	
		半圆头		
		扁圆头		
		平圆头		
		大扁圆头		
5	沉头	90°沉头 100°沉头 120°沉头	主要用于薄壁结构不允许凸出的部位,采用内扳拧结构,包括齿轮槽、十字槽和一字槽等形式	
6	圆柱头		主要用于薄壁结构允许凸出的部位,也可作为沉头使用,头部沉入装配基体内。采用内扳拧结构,包括内六角、齿轮槽、十字槽和一字槽等形式	

2. 杆部结构

螺钉和自攻螺钉一般无杆部结构,为全螺纹结构。螺栓杆部结构是指无螺纹光杆部位,可分为大径杆(标准杆)、中径杆(细杆)、台阶形杆和加大杆(加强杆),如图2-1～图2-4所示。大径杆直径约等于螺纹公称直径,其直径公差分为松公差和紧公差,松公差主要用于抗拉型螺栓,如h12、h14,紧公差主要用于抗剪型螺栓,如f9、f7、r6;中径杆公称直径约等于螺纹中径,公差带一般为h12,主要用于抗拉型螺栓;台阶形杆公称直径约等于螺纹小径,主要用于减小刚度的螺栓或降低螺纹应力集中的螺栓;加大杆公称直径大于螺纹大径,主要用于与装配孔形成过盈配合或结构维修。

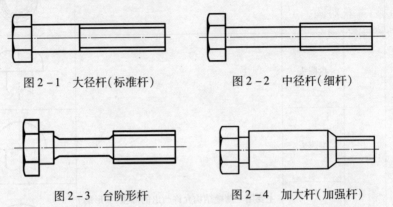

图2-1 大径杆(标准杆)　　图2-2 中径杆(细杆)

图2-3 台阶形杆　　图2-4 加大杆(加强杆)

3. 螺纹结构

螺纹结构包括螺纹长度、螺纹精度、螺纹牙型、螺纹牙底圆弧和螺纹收尾及肩距等,螺纹按照标准体系可分为米制螺纹和英制螺纹,米制螺纹一般为M螺纹、MJ螺纹、S螺纹和MR螺纹,英制螺纹一般为UN螺纹、UNJ螺纹及英制惠氏螺纹,除英制惠氏螺纹采用55°牙型角,其他螺纹采用60°牙型角。

2.2.2 高锁螺栓结构

1. 头型结构

高锁螺栓头型结构主要分为沉头和平圆头,如图2-5和图2-6所示,其中沉头又可分为90°沉头和100°沉头;再根据头型厚度尺寸,又可分为抗拉型和抗剪型。

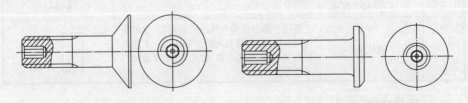

图2-5 沉头高锁螺栓　　图2-6 平圆头高锁螺栓

2. 杆部结构

高锁螺栓杆部结构为大杆径,直径公差为紧公差,一般选用 f9 级公差,对于更高要求的装配部位,也有选用 f7 级或 r6 级公差,光杆表面粗糙度一般为 $Ra1.6$ 或 $Ra0.8$。

3. 过渡区结构

装配时为了防止光杆与螺纹过渡区对被连接件内孔造成损伤,过渡区要求圆滑过渡,并且对圆弧 R 有着严格的控制,螺栓光杆从 K 线左侧 F 距离 A 点(切点)开始平滑过渡到螺纹大径 D' 延伸线 G 点,平滑曲线 AG 段与光杆的接合处不应有可见线,如图 2-7 所示。

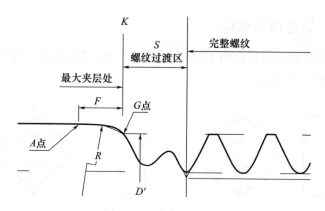

图 2-7 过渡区的控制

4. 螺纹结构

高锁螺栓与其他螺栓的螺纹一样,一般为米制螺纹和英制螺纹,区别在于螺纹大径经过修正(为 MOD 螺纹大径),螺纹上差比光杆公称直径约小 0.15mm。采用修正螺纹大径可以避免高锁螺栓装入被连接件内孔时,螺纹将内孔壁损伤,特别是过盈配合的内孔,采用修正螺纹不会降低高锁螺栓承载能力。

5. 扳拧结构

高锁螺栓扳拧结构设计在螺纹尾端,一般为内六角或内五花结构,可实现单面安装。由于内扳拧结构,会降低高锁螺栓螺纹的抗拉强度。在同强度等级、螺纹结构情况下,高锁螺栓比普通螺栓螺纹理论抗拉载荷约低 10%。

2.2.3 螺柱结构

螺柱与螺栓、螺钉的结构明显不同,螺柱没有头部结构,两端都带螺纹,两部分螺纹可以是等直径,也可以是变直径,如图 2-8 所示。在使用时,将一端拧入被连接件,一般不需要拆卸;另一端与螺母配套用,可多次拆装使用。为了使螺柱牢固地埋入被连接件基体,旋入基体一端的螺纹通常采用过渡配合螺纹实现紧配,也可以采用锁键等其他方法固定。

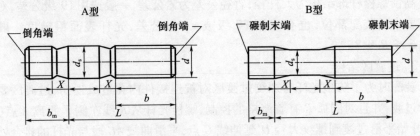

图 2-8　螺柱结构

2.2.4　普通螺母结构

普通螺母常用的扳拧结构主要有六角、十二角(或双六角)、花键、方形等如图 2-9 和图 2-10 所示。

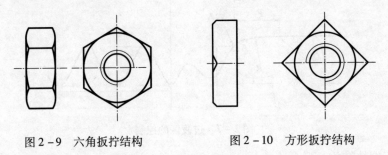

图 2-9　六角扳拧结构　　　　图 2-10　方形扳拧结构

2.2.5　自锁螺母结构

自锁螺母按照结构形式可分为六角自锁螺母、十二角自锁螺母、十角自锁螺母、托板自锁螺母、开槽自锁螺母。其中,托板自锁螺母又分为双耳托板螺母、单耳托板螺母、角形托板螺母、游动托板自锁螺母、密封托板自锁螺母等,如图 2-11～图 2-13 所示。

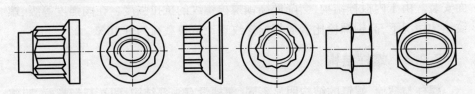

图 2-11　十二角自锁螺母和六角自锁螺母

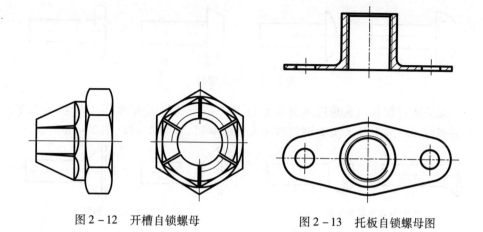

图 2-12 开槽自锁螺母　　　　图 2-13 托板自锁螺母图

2.2.6 高锁螺母结构

高锁螺母按结构功能区分由三部分组成：安装段、承力段和断颈槽，如图 2-14 和图 2-15 所示。安装段起扳拧作用，承力段起连接与防松作用，断颈槽起定力矩安装作用。安装段的脱落可实现减重。高锁螺母可分为密封高锁螺母和非密封高锁螺母。

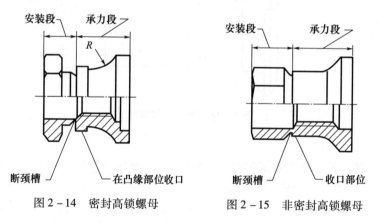

图 2-14 密封高锁螺母　　　　图 2-15 非密封高锁螺母

2.2.7 铆钉结构

1. 实心铆钉

根据铆钉头形，可分为凸头铆钉和沉头铆钉两大类。

凸头铆钉主要有半圆头铆钉、扁圆头铆钉、平锥头铆钉和扁平头铆钉等，如图 2-16 所示。

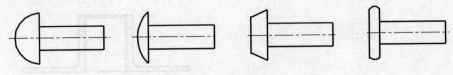

图2-16 凸头铆钉

沉头铆钉按其沉头角度来分主要有100°沉头及小沉头铆钉、120°沉头及半沉头铆钉、90°沉头及半沉头铆钉和沉头冠状铆钉,如图2-17、图2-18所示。

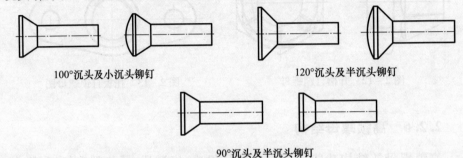

100°沉头及小沉头铆钉　　　　　120°沉头及半沉头铆钉

90°沉头及半沉头铆钉

图2-17 沉头铆钉

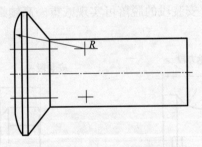

图2-18 沉头冠状铆钉

2. 空心铆钉

空心铆钉属于非承力结构用的连接件,主要包括空心铆钉、半空心铆钉和螺纹空心铆钉,如图2-19~图2-21所示。空心铆钉多用于电器产品,材料多选用铜合金。半空心铆钉实际上也是一种改进的普通实心铆钉,在实心铆钉末端预制有一个盲孔,铆接时成形容易,但因部分铆成形材料不充实而强度受影响,故一般用于非承力结构上。

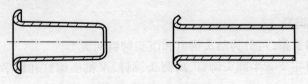

图2-19 空心铆钉

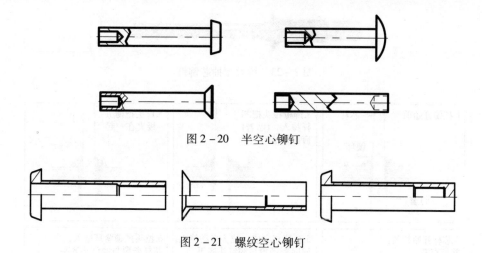

图 2-20　半空心铆钉

图 2-21　螺纹空心铆钉

3. 环槽铆钉

环槽铆钉由带环槽的钉杆和钉套两部分组成,如图 2-22 所示。铆接时通过成形收压模将钉套的一部分材料挤压到钉杆的环形锁紧槽内,形成铆成头,而钉杆无须镦粗变形。钉杆材料多为强度较高的合金钢、钛合金等,钉套材料多为塑性较好的铝合金、低碳钢、奥氏体不锈钢等。根据铆接的工艺方法不同,环槽铆钉可以分为拉铆型和镦铆型;根据环槽铆钉的承载功能不同,环槽铆钉可以分为抗拉型、抗剪型和密封型。

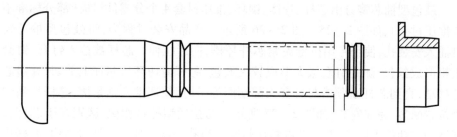

图 2-22　环槽铆钉图

4. 拉丝型抽芯铆钉

拉丝型抽芯铆钉由芯杆、钉套、锁环组成,如图 2-23 所示。产品安装过程为,将拉丝型抽芯铆钉组件插入安装孔中,使用专用拉枪,锁死芯杆环槽,向后拉伸。当芯杆头部与钉套接触时,钉套开始涨粗,随之芯杆头部受挤压,慢慢变细,如图 2-24 所示。安装过程犹如芯杆拉丝过程,因此称为拉丝型抽芯铆钉。产品特点:芯杆头部拉丝变细,安装孔填充饱满,可与孔过渡配合和间隙配合使用。主要用于非受力结构板材铆紧连接和托板螺母的铆接,适用于多种金属材料的复合连接。

图 2-23　拉丝型抽芯铆钉

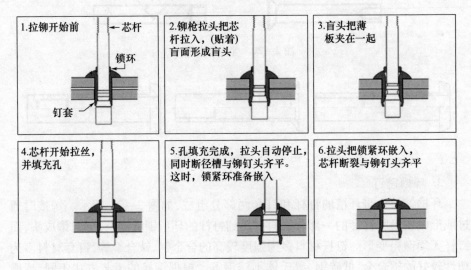

图 2-24　拉丝型抽芯铆钉安装过程

5. 鼓包型抽芯铆钉

鼓包型抽芯铆钉由芯杆、管体、锁环、推压衬套 4 个分零件组成(部分标准不含推压衬套),如图 2-25~图 2-26 所示。产品安装过程为,将鼓包型抽芯铆钉插入安装孔,使用专用拉枪夹紧芯杆环槽,向后拉伸。芯杆被拉入钉套,钉套胀粗形成鼓包,随之钉套胀大形成较大鼓包,芯杆剪切环从芯杆上剪切,并沿芯杆移动,直到芯杆断颈槽与钉套头部端面齐平时,锁环推入锁紧槽,芯杆从断颈槽位置断裂,完成安装,如图 2-27 所示。与拉丝型抽钉相似,区别在于芯杆头部结构与功能不同,安装后芯杆挤压钉套在盲孔一端呈现一个鼓包结构,芯杆头部不变形。产品特点:适用于金属与复合材料薄板连接;与孔间隙配合使用;盲孔端形成较大底脚,可承受较大的抗拉力和抗剪力;产品夹层规格多,安装范围广;机械锁紧,锁紧性能好。

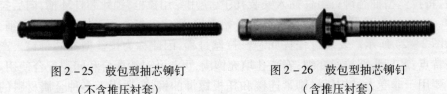

图 2-25　鼓包型抽芯铆钉　　　　图 2-26　鼓包型抽芯铆钉
　　　（不含推压衬套）　　　　　　　　　（含推压衬套）

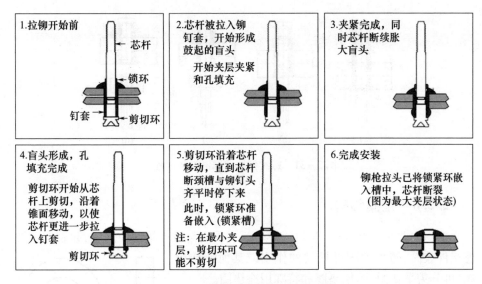

图 2-27 鼓包型抽芯铆钉安装过程

6. 螺纹型抽芯铆钉

螺纹型抽芯铆钉由芯杆、钉套、管体、环圈和驱动螺母 5 个零件组成,其中芯杆、钉套和驱动螺母带有螺纹,是设计专用于复合夹层连接的紧固件,同样适用于金属结构,如图 2-28~图 2-30 所示。安装使用时由铆枪驱动芯杆,通过螺纹驱动,使芯杆与钉套发生相对运动,安装过程中管体鼓包包裹钉套,并在盲面形成一个"大底脚",如图 2-31 所示。因此,又称为"大底脚抽芯铆钉"。

图 2-28 单面连接螺栓

图 2-29 大底角螺纹抽芯铆钉

图 2-30 带衬套螺纹抽芯铆钉

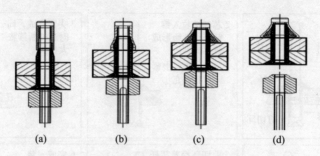

图 2-31　螺纹型抽芯铆钉安装过程

2.2.8　垫圈结构

垫圈主要是用在螺栓、螺钉或螺母等支承面与被连接部位之间,起着保护被连接件表面、防止紧固件松动的作用或其他特殊用途,可分为平垫圈、防松垫圈和特殊用途垫圈。

1. 平垫圈

平垫圈也叫普通垫圈,主要是用以改善被连接件的受力状况,保护被连接件的表面状态,如图 2-32~图 2-34 所示。

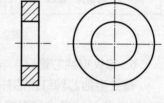

图 2-32　平垫圈

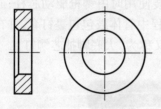

图 2-33　单面倒角平垫圈

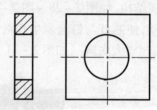

图 2-34　方垫圈

2. 防松垫圈

防松垫圈主要是放在紧固件与被连接件之间,达到简单的防松效果。主要包括弹簧垫圈、齿形锁紧垫圈、止动垫圈。

1) 弹簧垫圈

依靠弹性、斜口与平面之间的摩擦,防止紧固件的松动,典型弹簧垫圈有鞍形弹性垫圈和波形弹性垫圈,广泛用于经常拆卸的连接处,如图 2-35~图 2-37 所示。

2) 齿形锁紧垫圈

齿形锁紧垫圈主要包括内/外齿锁紧垫圈、内/外锯齿锁紧垫圈,如图 2-38~图 2-41 所示。靠齿尖与被连接件平面的啮合力和较小的弹性来防止连接件的松动。

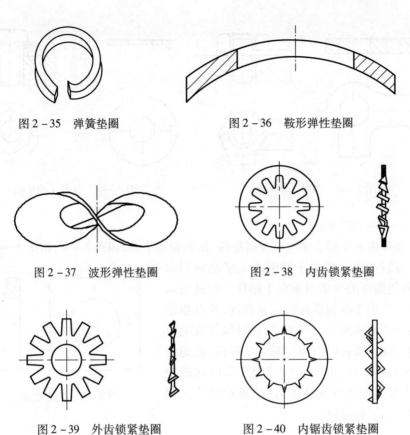

图 2-35　弹簧垫圈　　　　图 2-36　鞍形弹性垫圈

图 2-37　波形弹性垫圈　　图 2-38　内齿锁紧垫圈

图 2-39　外齿锁紧垫圈　　图 2-40　内锯齿锁紧垫圈

3）止动垫圈

止动垫圈主要包括单耳止动垫圈、双耳止动垫圈、外舌止动垫圈，如图 2-42～图 2-44 所示。利用耳部结构的弯曲分别扣紧被连接件的边缘和螺母，使其不能自由转动，起到防松作用。

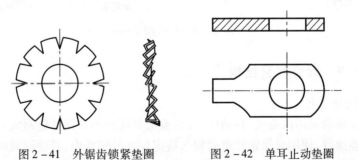

图 2-41　外锯齿锁紧垫圈　　图 2-42　单耳止动垫圈

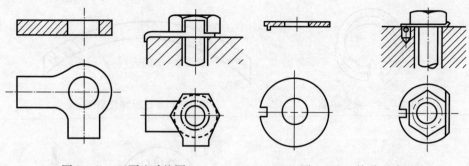

图 2-43 双耳止动垫圈　　　　　图 2-44 外舌止动垫圈

3. 特殊用途垫圈

特殊用途垫圈主要包括方斜垫圈、预载指示垫圈,如图 2-45 和图 2-46 所示。方斜垫圈主要用于槽钢或工字钢的斜面垫制,使螺母的支承面垂直于标杆。预载指示垫圈主要用于控制螺栓的拧紧程度,预载指示垫圈包括平垫圈1、平垫圈2、低屈服强度的厚内圈和高屈服强度的薄外圈4个零件,在螺母拧紧时,内圈受到压力产生屈服,厚度逐渐变薄,当厚度降到外圈高度时,即表示螺栓的预紧力达到了设定值。

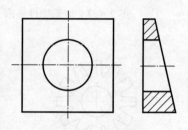

图 2-45 方斜垫圈

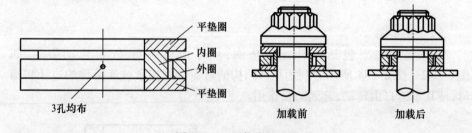

图 2-46 预载指示垫圈

2.2.9 螺纹衬套结构

1. 钢丝螺套

钢丝螺套是用高强度、高精度、具有菱形截面的不锈钢丝绕制成密圈弹簧状的螺纹连接件,使用时将钢丝螺套旋入特定尺寸的螺孔内,其菱形截面的外角与基体螺孔紧密贴合,而菱形截面的内角则形成一个标准的内螺纹,如图 2-47 所示。钢丝螺套分为普通型和锁紧型两种,如表 2-2 所示。

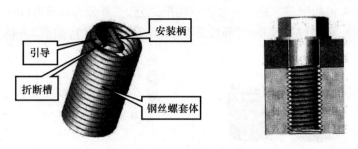

图 2-47 钢丝螺套结构

表 2-2 钢丝螺套的分类

类别		基本特点	图示	标准
普通型	有折断槽	形成的螺孔为普通螺孔,可去除安装柄,用于螺钉穿过钢丝螺套的场合		GJB 119.1A
	无折断槽	形成的螺孔为普通螺孔,不可去除安装柄,用于螺钉不需要穿过钢丝螺套的场合		GJB 119.2A
锁紧型	有折断槽	形成的螺孔对螺钉起锁紧作用,可去除安装柄,用于螺钉穿过钢丝螺套的场合	多边形锁紧圈	GJB 5109
	无折断槽	形成的螺孔对螺钉起锁紧作用,不可去除安装柄,用于螺钉不需要穿过钢丝螺套的场合	多边形锁紧圈	GJB 5110

2. 锁键型螺纹衬套

锁键型螺纹衬套是一种具有内外标准螺纹的连接件,分为 2 型和 4 型锁键型螺纹衬套,衬套外螺纹为 M6 及以下时,选择 2 根插销键,衬套外螺纹为 M6 以上时,选择4根插销键。螺纹衬套按结构形式分,主要分为薄壁型(thin wall)、加强型(solid)、重型(heavy duty)和特重型(extra heavy duty),如图2-48所示。

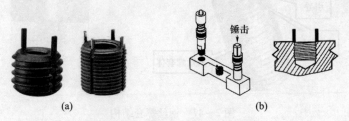

图2-48 螺纹衬套结构及安装示意

2.3 紧固件材料

紧固件用材料分为金属材料和非金属材料,金属材料分为黑色金属和有色金属,非金属材料分为橡胶、塑料和复合材料。

紧固件常用的黑色金属材料包括结构钢、不锈钢、高温合金和弹性合金等,常用的有色金属材料包括铝及铝合金、铜及铜合金、钛及钛合金和钛铌合金等,常用的橡胶包括天然橡胶和合成橡胶,常用的塑料包括通用塑料和工程塑料,常用的复合材料包括碳纤维复合材料(应用于航空航天)、玻璃纤维复合材料(应用于建筑、汽车、船舶)和金属基复合材料(应用于航空航天、航发、汽车、电子)。金属材料是航空航天紧固件选用最为广泛的材料,本小节主要针对紧固件常用材料进行介绍,金属材料包括结构钢、不锈钢、高温合金、钛及钛合金、钛铌合金铝及铝合金、铜及铜合金等典型材料;非金属材料包括复合材料及高温抗氧化涂层材料。对于镁合金、粉末冶金材料、精密合金、轴承钢、工具钢、模具钢、橡胶、密封剂等不常用材料不进行介绍。

2.3.1 结构钢

1. 概述

结构钢具有强度高、韧性、塑性、抗疲劳和工艺性良好,且价格低廉等优点,在航空航天领域中广泛使用[2]。同时存在回火脆性、耐腐蚀性差,高强度下氢脆敏感等缺点,在高端使用环境逐步被其他新材料代替[2-3]。在高强度下的氢脆敏感,使得各种表面镀覆工艺易产生吸氢,氢脆会在无预兆的情况下发生失效;回火脆性使其材料冲击性能显著降低,耐蚀性差限制了结构钢的使用环境。

2. 典型结构钢牌号及特点

结构钢可分为碳素结构钢和合金结构钢,碳素结构钢是指含碳量低于2%,并含有少量锰、硅、硫、磷、氧等元素的结构钢,碳素结构钢根据碳含量不同,分为低碳钢、中碳钢和高碳钢[2,4]。

合金结构钢是指在普通碳素结构钢的基础上添加适量的一种或多种合金元素。具有较高的淬透性,经合适的热处理后,显微组织为索氏体、贝氏体或极细的珠光体,具有较高的抗拉强度和屈强比以及较高的韧性和疲劳强度。合金结构钢根据强度或用途不同,分为渗碳钢、高强度钢、超高强度钢、弹簧钢和轴承钢等[2,5]。

1) 低碳钢特点

低碳钢是指含碳量≤0.25%,具有抗拉强度低、塑性和韧性好等特点,具有良好的塑性变形能力和铆接性能[2,4]。紧固件常用牌号有08、10、15、ML15、ML18、ML20、ML25、ML20Mn等[5]。

低碳钢主要用于低强度等级螺栓、螺钉、螺母,如GB类3.6级、4.8级、5.8级、6.8级的螺栓、螺钉,14H紧定螺钉,4级、5级、6级螺母等,以及590~735MPa的HB类螺栓、螺钉等。同时也适用于140HV低硬度垫圈。其中ML15、ML18、ML20、ML25、ML20MnA等牌号,广泛用于铆钉类材料。

2) 中碳钢特点

中碳钢是指含碳量在0.25%~0.60%范围,材料强度和硬度高于低碳钢,塑性、韧性和冷塑性变形能力低于低碳钢[2,4]。紧固件常用牌号有35、ML35、45、ML45等。

中碳钢主要用于中等强度的螺栓、螺钉、螺母等紧固件,如8.8级螺栓、螺钉,22H、33H紧定螺钉,8级、9级、04、05螺母等。同时也适用于200HV、300HV的垫圈。

3) 高碳结构钢

高碳钢是指含碳量大于0.60%,材料强度和硬度较高,塑性、韧性和塑性变形能力较差,易产生淬裂现象,且材料耐腐蚀性较差[2]。紧固件常用牌号有65Mn、70、T8、T9等材料。

高碳钢主要用于弹簧、垫圈、挡圈、卡箍等弹性类紧固件。

4) 渗碳钢

渗碳钢属于低碳、低合金,主要用于制造要求心部韧性高,但表面要求高硬度、高耐磨性的零件[2]。紧固件常用牌号有12CrNi3A、12Cr2Ni4A、18Cr2Ni4WA等。

渗碳钢主要用于圆柱销、管套、螺栓、螺母等耐磨性要求的紧固件[5]。

5) 高强度钢

高强度钢是指抗拉强度≥1030MPa,具有高的屈服比、良好塑性和韧性、高的疲劳强度及较低的冷脆转变温度等综合力学性能[2,4]。常用牌号有ML16CrSiNi、30CrMnSiA、38CrA ML30CrMnSiA、40Cr、42CrMoA、30Ni4CrMoA、40CrNiMoA等。

ML16CrSiNi主要用于900~1100MPa级的托板自锁螺母。

30CrMnSiA、ML30CrMnSiA主要用于GB类8.8级、9.8级、10.9级螺栓、螺钉,HB类(1175±100)MPa螺栓、螺钉;GB类05级、06级、8级、9级、10级螺母、GB自锁螺母等。30CrMnSiA、ML30CrMnSiA在高硬度条件下脆性、氢脆风险大,不建议用于制造12.9级螺栓、螺钉。

38CrA、40Cr主要用于27~35HRC、30~37HRC、900~1100MPa螺桩、螺柱类紧固件,也用于制造8.8级或885~1080MPa、1080~1270MPa螺栓、螺钉。

40CrNiMoA主要用于885~1080MPa、980~1180MPa、1270~1470MPa、45~50HRC、12.9级等的螺栓、螺钉、螺母、自锁螺母、销等,具有高的疲劳性能和低的缺口敏感性,适于制造发动机重要承力部位用零件。

30Ni4CrMoA主要用于1080~1230MPa、1230~1380MPa等高强度等级的螺栓,具有缺口敏感性低,疲劳性能好,适于制造重要承力件。

6) 超高强度钢

超高强度钢是指抗拉强度≥1450MPa,通过淬火加低温回火得到回火马氏体组织或通过等温淬火得到贝氏体组织,具有高强度、高疲劳及适当韧性[2-4]。常用牌号有30CrMnSiNi2A、35Ni4Cr2MoA、38Cr2Mo2VA、40CrNi2Si2MoVA等。

30CrMnSiNi2A主要用于1370~1570MPa、1470~1670MPa、1570~1770MPa等高强度及超高强度螺栓、螺钉,具有优异的抗冲击和抗疲劳性能。

35Ni4Cr2MoA主要用于1230~1380MPa、1760~2010MPa等高强度及超高强度螺栓,具有承受大载荷和高抗疲劳性能,如直升机用1230~1380MPa桨叶折叠螺栓、旋翼轴螺栓。

7) 弹簧钢

弹簧钢是指具有较高强度和弹性极限,同时具有较高屈强比和抗松弛能力。紧固件常用牌号有60Si2MnA、50CrVA等[2,5-6]。

60Si2MnA是一种典型的弹簧钢,主要用于制造47~54HRC级或42~47HRC级的弹簧垫圈和挡圈。具有淬透性好,材料的回火稳定性高,经淬火和回火的强化热处理后可获得较高的强度和弹性极限,且具有较高的屈强比和抗松弛能力,但该材料有较大的脱碳倾向。

50CrVA是一种高级优质弹簧钢,具有高比例极限和强度极限,高的疲劳强度及良好的塑性和韧性。回火稳定性好,在300℃条件下,仍可保持弹性。

8)轴承钢

轴承钢是一种专门用于制造轴承的特殊钢材,由铁、碳以及其他合金元素组成的金属材料,具有较高的硬度、强度和韧性,耐磨性强,耐蚀性好,热处理性好[2-3]。其可分为高碳铬轴承钢、渗碳轴承钢、高碳铬不锈轴承钢和高温轴承钢四大类。紧固件一般只选用高碳铬轴承钢,主要牌号为GCr15,主要用于高硬度的销、销钉等。

2.3.2 不锈钢

1. 概述

不锈钢是指在大气和酸、碱、盐等腐蚀性介质中呈现钝态、耐蚀的高铬(一般为12%~30%)合金钢[7]。不锈钢按组织状态分为马氏体钢、铁素体钢、奥氏体钢、奥氏体-铁素体(双相)不锈钢及沉淀硬化不锈钢等[2]。另外,按成分分为铬不锈钢、铬镍不锈钢和铬锰氮不锈钢等。不锈钢具有优异的耐蚀性,其耐蚀性:奥氏体钢>奥氏体-铁素体双相钢>铁素体钢>沉淀硬化钢>马氏体不锈钢。

不锈钢耐蚀性主要方式:一是在表面形成致密的膜层,以隔绝氧气和其他腐蚀介质的入侵;二是提高基体的电位,从而防止电化学腐蚀;三是加入足够的铬和镍,使得基体在常温下变成单相的奥氏体或铁素体组织,以提高耐蚀性。

2. 典型不锈钢牌号及特点

1)马氏体不锈钢

马氏体不锈钢存在热处理工艺性能差,淬火后通过调整其回火温度可获得不同强度等级,马氏体不锈钢在不锈钢系列中耐腐蚀性能最差,且具有回火温度拐点以及第二类回火脆性等缺陷[8]。马氏体不锈钢使用温度不高,一般不超过500℃,具有较大的质量隐患等固有缺陷,限制了马氏体不锈钢的大量使用。常用牌号有1Cr13、2Cr13、3Cr13、4Cr13、1Cr17Ni2、9Cr18、4Cr10Si2Mo、1Cr11Ni2W2MoV、1Cr12Ni2WMoVNbN等。

2Cr13主要用于在700℃以下要求抗氧化性,在油路或高压蒸汽中工作的中等强度的螺栓、螺母、圆柱销、垫圈等。常用性能等级有C1-50、C1-70、C1-110。

3Cr13和4Cr13主要用于在空气或油路、蒸汽环境中工作,要求高强度、耐磨的硬度为460~560HV的圆柱销,40~50HRC的轴用、孔用挡圈和420~560HV的弹性圆柱销。

4Cr10Si2Mo主要用于在850℃以下空气中具备一定抗氧化性和一定强度要求的螺栓,也可用于制造需表面渗氮的圆柱销等,在700℃下强度约为150MPa。常用性能等级有<880MPa、880~1080MPa、>1080MPa。

1Cr11Ni2W2MoV主要用于550℃以下在淡水、潮湿空气中工作的880~

1080MPa 和 >1080MPa 级别的承力螺栓、螺母等，以及 <880MPa 的渗氮圆柱销。

1Cr12Ni2WMoVNbN 主要用于 300℃ 以下工作、强度 ≥1275MPa；500℃ 以下工作、强度 ≥1080MPa；600℃ 以下工作、强度 ≥880MPa 的在淡水、潮湿空气中工作的承力螺栓、螺母等。

1Cr17Ni2 和 ML1Cr17Ni2 主要用于在潮湿介质中工作，要求较高耐腐蚀性的螺栓、螺钉、圆柱销等。常用性能等级有 ≥1080MPa、38~46HRC。

9Cr18 主要用于在大气、海水中具有较高耐蚀性的圆柱销、轴等。常用性能等级 ≥55HRC。

需要注意的是，2Cr13、3Cr13、4Cr13、1Cr12Ni2WMoVNbN、1Cr17Ni2 和 ML1Cr17Ni2 等材料可以通过调整回火温度达到不同的性能等级，但由于在 400~580℃ 之间回火时，会出现回火脆性，不是特殊要求的情况下，不建议选用 880~1280MPa 强度范围。HB 等标准规定 1Cr17Ni2 材料强度为 (1175±100)MPa，回火温度一般为 500~520℃ 之间，易产生回火脆性，该强度区间的螺栓，不推荐选用 1Cr17Ni2，可选用沉淀硬化钢代替[9]。

2）奥氏体不锈钢

奥氏体不锈钢的耐腐蚀性主要取决于其 C 和 Cr 的含量，C 含量越低、Cr 含量越高，则耐腐蚀性能越好[10]。奥氏体不锈钢的磁性主要与合金的 C 含量和状态有关，C 含量越低，固溶后磁性消失越彻底，如 0Cr18Ni9 固溶后无磁性，而 1Cr18Ni9 固溶后具有微弱的磁性。常用牌号有 0Cr18Ni9、1Cr18Ni9、1Cr18Ni9Ti、00Cr19Ni10、0Cr18Ni9Cu3、0Cr18Ni10Ti、0Cr17Ni12Mo2、00Cr17Ni14Mo2、0Cr18Ni12Mo3Ti、2Cr13Mni9Ni4。

0Cr18Ni9、00Cr19Ni10 和 0Cr18Ni9Cu3 主要用于强度要求不高，在弱腐蚀介质中使用的螺栓、螺钉、螺母，常用性能等级有 A2-50、A2-70、A2-80；弹簧垫圈，状态为冷拉态，性能等级一般 ≥1200MPa。

0Cr18Ni10Ti 为稳定态的 A2 组不锈钢，但较 A2 耐晶间腐蚀能力稍强。其主要用于强度要求不高，在弱腐蚀介质中使用的螺栓、螺钉、螺母，常用性能等级有 A3-50、A3-70、A3-80；弹簧垫圈，状态为冷拉态，性能等级一般 ≥1200MPa。

0Cr17Ni12Mo2 和 00Cr17Ni14Mo2 主要用于要求较高耐蚀性、耐酸以及耐点蚀的螺栓、螺钉、自锁螺母，适用于海洋环境。常用性能等级有 A4-50、A4-70、A4-80。

0Cr18Ni12Mo3Ti 为稳定态的 A4 组不锈钢，性能与 A4 接近，适用于强度要求不高，要求高耐蚀性、耐酸以及耐点蚀的螺栓、螺钉、自锁螺母，适用于海洋环境。常用性能等级有 A5-50、A5-70、A5-80。

需要注意的是，所有组别的奥氏体不锈钢在固溶状态下通常是无磁，可以用于无磁要求环境。但经过冷加工后，会诱变产生形变马氏体，而马氏体是有磁性的,在机械加工完毕后进行固溶处理。磁场中材料磁导率的测量是相对于在真空中的磁导率μ_r而言,如果μ_r接近于1,则该材料具有低的磁导率。几个典型的不锈钢组别的磁导率如下:$A_2 \approx 1.8, A_3 \approx 1.015, A_4 \approx 1.005$。

此外,00Cr19Ni10 和 00Cr17Ni14Mo2 两个牌号的不锈钢,具有更低的含碳量、更好的耐晶间腐蚀能力[11]。在有晶间腐蚀要求环境,优选这两牌号不锈钢[12]。2Cr13Mni9Ni4 材料具有较强的晶间腐蚀倾向,在服役过程中很容易出现因晶间腐蚀而产生的断裂情况,不建议选用。

3) 铁素体不锈钢

铁素体不锈钢因为含铬量高,耐腐蚀性能与抗氧化性能均比较好,但力学性能与工艺性能较差,多用于受力不大的耐酸结构及作抗氧化钢使用。常用牌号有 1Cr17、0Cr13Al、1Cr17Mo 等。

1Cr17 主要用于要求耐点蚀及氯化物腐蚀,强度要求不高的螺栓、螺钉、螺母等,常用性能等级有 F1-45、F1-60。

0Cr13Al 可以作为 1Cr13 的替代,以避免在高温下使用 1Cr13 产生空气淬硬现象,适用于要求耐点蚀和氯化物腐蚀的螺栓、螺钉等。常用性能等级为 ≥410MPa。

1Cr17Mo 比 1Cr17 具有更好的耐点蚀、耐缝隙腐蚀能力,抗盐溶液能力更强,适于制造上述场合工作的螺栓、螺钉、螺母、垫圈等。常用性能等级为 ≥450MPa。

4) 奥氏体 - 铁素体双相不锈钢

奥氏体 - 铁素体双相不锈钢是奥氏体和铁素体组织各约占一半的不锈钢。常用牌号有 1Cr18Ni11Si4AlTi、1Cr21Ni5Ti 等。

1Cr18Ni11Si4AlTi 主要用于要求耐酸、耐氯离子以及耐晶间腐蚀的螺栓、螺钉、螺母、垫圈等,通常 $\sigma_b \geq 715$MPa。

1Cr21Ni5Ti 主要用于要求耐蚀性、耐晶间腐蚀、耐应力腐蚀的螺栓、螺钉、螺母、垫圈等,通常 $\sigma_b \geq 590$MPa。

5) 沉淀硬化不锈钢

沉淀硬化不锈钢具有优于马氏体不锈钢的耐蚀性,又可以通过时效达到高强度,得到越来越广泛的使用[13]。常用牌号有 0Cr15Ni5Cu2Ti(15-5PH)、0Cr17Ni4Cu4Nb(17-4PH)、0Cr16Ni6、0Cr12Mn5Ni4Mo3Al、0Cr17Ni7Al(17-7PH)、0Cr13Ni8Mo2Al(PH13-8Mo)等。

0Cr15Ni5Cu2Ti 主要用于要求较高耐蚀性的高强度螺栓、螺钉、螺母等紧固件。通过调整时效温度,可达到 28~47HRC 之间任一范围[14]。

0Cr16Ni6 主要用于 420℃ 以下具有抗氧化性以及耐蚀性的高强度螺栓、自锁螺母,常用性能等级为 40~48HRC。

0Cr17Ni4Cu4Nb 主要用于 400℃ 以下工作要求较高耐蚀性的高强度螺栓、螺钉、螺母等。通过调整时效温度,可达到 28~47HRC 之间任一范围。

0Cr12Mn5Ni4Mo3Al 主要用于 350℃ 以下长期工作,抗拉强度 ≥1500MPa 的高强度螺栓;硬度 45~50HRC 的管套和波形弹垫,轴用、孔用垫圈等弹性元件。

0Cr17Ni7Al 主要用于 350℃ 以下长期工作的螺栓、螺钉,通过调整热处理制度,可达到 34~49HRC 范围中的任一强度等级;波形弹垫、钢丝挡圈、轴用、孔用挡圈等弹性元件,常用性能等级为 ≥530HV。

0Cr13Ni8Mo2Al 主要用于 316℃ 以下耐腐蚀和应力腐蚀的高强度及超高强度螺栓、螺钉。常用性能等级有 ≥1034MPa、≥1207MPa、≥1276MPa、≥1413MPa、≥1517MPa。

2.3.3 高温合金

1. 概述

高温合金又称为热强合金、耐热合金或超合金,是指能够在 600℃ 以上高温、承受较大复杂应力、具有表面稳定的高合金化的铁基、镍基或钴基奥氏体的金属材料,在航空发动机、航空、航天、能源、交通和化学领域中广泛应用[2,15-17]。高温合金按合金元素成分可分为铁基、镍基和钴基三种,使用最为广泛的是镍基合金。按强化机理可分为固溶强化型、沉淀强化型(时效强化型)和弥散强化型三种[2,15-16]。

紧固件主要选用铁基、镍基高温合金,大多数为沉淀强化型,部分为固溶强化型。高温合金紧固件通常用在航空发动机和各种工业燃气轮机热端,其服役环境比普通紧固件严苛得多,各项要求和技术指标也比普通紧固件高,具有能够承受各种复杂应力条件而不发生失效的性能。用于制造紧固件的高温合金,均为变形高温合金,根据使用环境不同,具有较高的室温拉伸强度、高温拉伸强度、疲劳强度,高屈强比,螺纹连接处无缺口敏感性,具有良好的塑性、低温韧性、抗氧化性、耐高温燃气腐蚀性、高温抗蠕变性,以及具有良好的抗松弛性能[2,15]。

其中 A286 合金在美国被归为沉淀硬化不锈钢,而与之相对应的国产 GH2132 合金,我国归为铁基沉淀强化型高温合金。

2. 典型高温合金牌号及特点

固溶强化型高温合金,因加入元素皆为高熔点金属,合金具有较高的再结晶温度,所以该合金使用温度较高,通常在 800~1100℃,但该类合金强度较低,经固溶强化后,通常在 600~1000MPa[15-16,18],且由于其屈强比低,屈服强度与抗拉强度之比一般在 39%~45%,很少用于制造螺栓、螺钉类紧固件。

时效强化型高温合金,通过析出 γ' 或 γ'' 相进行强化,其强度较高,室温拉伸强度可达 900~1800MPa。使用温度也受 γ' 或 γ'' 相的析出温度和溶解温度的制约,使用温度相对较低,一般在600~750℃。当使用温度超过γ'或γ″相的溶解温度或析出温度时,由于γ'或γ″相的聚集、长大甚至溶解,其强度会急剧降低[15-16,19]。所以,时效强化型高温合金的使用温度应不超过其时效温度。

1) 铁基高温合金

铁基高温合金是在铁-镍-铬基体上添加合金元素而成的,该型合金高温抗氧化性、组织稳定性和工作温度略差于镍基,但价格相对便宜,经过适当的工艺处理可获得良好的综合力学性能[15-16]。铁基高温合金大部分具有较好的塑性变形性能,一般在加工过程中主要采用热镦为主,主要适用于生产高温强度不高的螺栓、螺柱、自锁螺母等紧固件产品。

固溶强化型铁基高温合金主要用于制造高温下低强度铆钉、垫圈等,常用牌号有 GH1035A、GH1139、GH1140 等。

沉淀强化型铁基高温合金主要用于制造 900MPa 航空发动机用螺栓、螺钉、螺母等,经冷变形强化和时效强化后,可用于制造强度为 1100MPa 的螺栓、螺钉。常用牌号有 GH2132(GH132)、YZGH2132、GH2696 等。

2) 镍基高温合金

镍基高温合金是使用最为广泛的高温合金,它具有优异的综合力学性能,工作温度较高,组织稳定,有害相少及抗氧化腐蚀能力强等诸多优点[15-16,20]。镍基高温合金冷变形能力较差,一般采用热镦成形,主要用于生产高温下强度要求较高的螺栓、螺母类紧固件产品。

镍基固溶强化型高温合金主要用于制造铆钉。常用牌号有 GH3030、GH3128、GH3536、GH3044(GH44)、GH3625、GH3600 等。

GH3030 镍基固溶强化型高温合金工作温度为 800℃,单剪切强度 τ ≥430MPa;

GH3128 镍基固溶强化型高温合金工作温度为 950℃,单剪切强度 τ ≥500MPa;

GH3536 镍基固溶强化型高温合金工作温度为 900℃,单剪切强度 τ ≥520MPa;

GH3044 镍基固溶强化型高温合金工作温度为 900℃,单剪切强度 τ ≥461MPa;

GH3600 镍基固溶强化型高温合金工作温度为 1100℃,双剪切强度 τ ≥465MPa。

镍基沉淀强化型高温合金,具有奥氏体组织稳定、强度高、耐高温性能好、耐腐蚀能力强等特点[15-16]。常用牌号有 GH4350(GH350)、GH4738(GH738)、GH4141(GH141)、GH4169、YZGH4169、GH4698、GH4033(GH33)、GH4037(GH37)、GH4049(GH49)、GH4133(GH33)、GH4133B、GH4145、GH4202、

GH4099(GH99)、GH4080A(GH80A)、GH4648 等。

GH4350 镍基沉淀强化型高温合金强度为 1580MPa，730℃的高温强度达 1200MPa，该合金为国内研制的新型合金，使用温度在 600～760℃ 范围具有稳定的组织和性能。该合金使用温度和强度较高，综合性能优越。

GH4169、GH4145 常用于制造挡圈类紧固件。由于高温合金室温强度不高，弹性极限低，弹性试验难以满足 GB/T 959.2 技术条件要求。

3) 钴基高温合金

钴基高温合金具有超高强度、良好的塑韧性和高的应力腐蚀抗力等综合性能，广泛用于制造航空发动机螺栓等紧固件，也用于应力腐蚀环境下(如海洋大气环境)服役的飞机用超高强度紧固件[15-16]。钴基高温合金，因钴元素资源缺乏、价格高昂，国内未全面开展钴基合金研制，现有牌号较少。

固溶强化型钴基高温合金主要用于制造 1100℃下长期工作的铆钉，常用牌号有 GH5605(GH605)、GH5188(GH518)等。

沉淀强化型钴基高温合金主要用于制造 1800MPa 级的螺栓等紧固件，常用牌号有 GH6159(GH159)。

2.3.4 钛及钛合金

1. 概述

钛及钛合金具有密度小、强度高、热膨胀系数小、热导率低、耐热性好、耐蚀性强、非磁性等特点，常温下为密排六方的 α 相，在 883℃时发生同素异构转变，变为体心立方的 β 相。钛合金抗拉强度最高可达 1400 MPa，在 -253～600℃ 温度范围内，在金属材料中比强度(抗拉强度/密度)最高，例如在 100～600℃ 范围内，TA7、TC4 和 TC10 合金的比强度远高于铝合金和不锈钢。一般钛合金在 500℃ 左右仍有良好的力学性能，而高温钛合金，如 Ti60、Ti65 可用于 600℃ 航空发动机压气机的涡轮盘和叶片等。

按退火状态下组织特点[21-22]，钛合金可分为 α 型、β 型和 α+β 型三大类。其中，α 型钛合金中，常用牌号有 TA1、TA15 等，其主要化学成分中含有 6% 以下的铝和少量的中性元素，经过退火后，除少量存在于杂质元素而形成的 β 相外，几乎全为 α 相，不能进行热处理强化。主要优点是组织稳定、耐蚀、易焊接，可在较高温度下使用，缺点是强度低，压力加工性差。β 型钛合金，常用牌号有 TB2、TB3、TB9 等，含有临界浓度以上的 β 稳定元素少量铝(3% 以内)和中性元素，经过固溶后，几乎全部为亚稳定 β 相，经过时效后，β 相中析出 α 相，达到热处理强化的目的。这类钛合金强度高，具有优良的压力加工和焊接性能，可热处理强化，但生产工艺较复杂，组织稳定性差。α+β 型钛合金，常用牌号包括 TC4、TC6、TC16 等，含有一定量的铝和不同含量的 β 稳定元素及中性元素，经过退火后,有不同比例的 α 相和 β 相,可通过固溶时效热处理强化,强化效果及淬透性随 β 稳定元素含量的增加而提高。这类钛合金具有良好的综合性能,可热处理强化,切削加工性能和压力加工性能均良好,具有良好低温性能和耐腐蚀性。

α 型钛合金主要用于铆钉、垫圈等,β 型钛合金主要用于中高强度螺栓、螺钉及铆钉、螺母等,α + β 型钛合金使用最为广泛,可用于各种螺钉、螺栓、螺母等,α 型钛合金和钛铌合金使用较少。

2. 典型钛合金牌号及特点

1) 工业纯钛

工业纯钛主要有 TA1、TA2、TA3、TA4 等牌号,纯钛不可进行热处理强化,其成形性能优异,并且易于熔焊和钎焊。长期工作温度可达 300℃,它主要用于制造各种非承力结构件,半成品有板材、丝材、管材、锻件和铸件等。

航空航天紧固件主要选用 TA1、TA2 牌号,可取代国标、航标、国军标产品中的碳钢合金钢或不锈钢,主要用于要求较高耐蚀、抗氧化性环境,或需要减重的铆钉、垫圈等产品。紧固件产品表面处理主要有阳极化、涂十六醇、表面氧化等。

2) TA15

TA15 是一种近 α 型钛合金,主要强化机制是通过 α 稳定元素 Al 的固溶强化。钛合金中加入中性元素 Zr 和 β 稳定元素 Mo 以及 V,以改善工艺性。该钛合金的 Al 当量为 6.58%,Mo 当量为 2.46%,属于高 Al 当量的近 α 型钛合金,它既具有 α 型钛合金良好的热强性和可焊性,又具有接近于 α - β 型钛合金的工艺塑性。TA15 合金具有中等强度的室温和高温强度、良好的热稳定性和焊接性能,工艺塑性稍低于 TC4。

TA15 合金退火后硬度 HB(d) 为 3.6~3.3,抗拉强度为 900~1130MPa,在 500℃时的拉伸强度为 570MPa,且在 470MPa 下能保持 50h 不断,长时间(3000h)工作温度可达 500℃,瞬时(不超过 5min)可达 800℃。450℃下工作时,寿命可达 6000h。TA15 合金主要制造 500℃以下长时间工作的飞机、发动机零件和焊接承力零部件。紧固件产品表面处理主要有阳极化和镀银等。

3) TB2

TB2 是我国自主研制的一种高强高韧亚稳定 β 型钛合金[23],其名义成分为 Ti - 5Mo - 5V - 8Cr - 3Al,含有 5% 的共晶型 β 稳定元素 Mo 和 5% 的 V,8% 的共析型 β 稳定元素 Cr,3% 的 α 稳定元素 Al,其 Mo 当量为 18.15。该钛合金在固溶处理状态下具有优异的冷成形性能和良好的焊接性能,在固溶时效状态下具有高的强度和良好的塑性。该合金主要缺点是密度较高,弹性模量和抗高温蠕变能力较低。

TB2 钛合金适合制造在 300℃以下工作的航空紧固件,也适合制造在 500℃以下短时间工作的航天紧固件。建议使用在要求较高的强度,抗拉强度约

900MPa,同时需要良好变形性能、优良的抗氧化、耐蚀性能,同时要求减重,在200℃以下使用的紧固件。最终表面处理主要是蓝色阳极化。

4) TB3

TB3 是我国自主研制的一种亚稳定 β 型钛合金[24],其名义成分为 Ti-10Mo-8V-1Fe-3.5Al,可进行热处理强化,其主要特点是在固溶处理状态下具有优异的冷成形性能,其镦锻比可达 2.8,在固溶时效状态下其强度与断裂韧度的匹配较好。同 α-β 型合金相比,该合金的密度较高,抗高温蠕变能力较差。

TB3 一般用于制造航空航天紧固件,铆钉是在固溶处理状态下使用,长期工作温度为 200℃以下,螺栓则在固溶时效状态下使用,长期工作温度为 300℃以下。建议使用在 800MPa 或 1100MPa 强度等级,同时需要优良的抗氧化、耐蚀性能或要求减重,在 200℃或 300℃以下使用的紧固件。最终表面处理主要是阳极化、涂 MoS_2、涂十六醇等。

5) TB9

TB9 是一种可热处理强化的近 β 型钛合金,其名义成分为 Ti-3Al-8V-6Cr-4Mo-4Zr,TB9 的性能与一般 β 型钛合金相近,牌号具有良好的抗氧化、耐腐蚀性能,同时拥有良好的塑性,变性加工能力好,经过适当热处理后可以获得较高强度水平。

TB9 主要用于高强度以及高耐蚀性的弹簧,同时,也用于抽芯铆钉组件作为芯杆材料。

6) TC4

TC4 是一种中等强度的 α+β 型双相钛合金,含有 6% 的 α 稳定元素 Al 和 4% 的 β 稳定元素 V,该钛合金具有优异的综合性能,在航空航天领域应用最为广泛[25]。钛合金长时间工作温度可达 400℃,主要用于制造发动机的风扇和压气机盘及叶片,以及飞机结构中的梁、接头等重要承力构件,还可以制造各种高强度紧固件,比强度高,用 TC4 代替 30CrMnSiA 等结构钢,可以实现减轻零件重量约 30%。

TC4 适用于抗拉强度在 800~1300MPa 范围内,剪切强度≥670MPa,在 400℃以下长期工作,需要比强度较高的紧固件(如螺栓、螺钉、高锁螺栓、垫圈等)。紧固件产品表面处理主要是脉冲阳极化、喷涂 MoS_2+涂十六醇、涂 Al+涂十六醇等。

7) TC6

TC6 是一种拥有良好综合性能的马氏体型 α-β 两相钛合金,其名义成分为 Ti-6Al-2.5Mo-1.5Cr-0.5Fe-0.3Si,合金的 β 稳定系数 K_β = 0.6。其中 Al 为 α 稳定元素,Mo 为共晶型 β 稳定元素,Cr、Fe 和 Si 都是共析型 β 稳定元素。该牌号可在退火状态或固溶+时效状态下使用,一般情况下在退火状态下使用,退火状态强度高于 TC4。TC6 拥有较高的室温强度,在450℃ 以下也有良好的热强性能。合金还有优良的热加工工艺性能,塑性好。

TC6 可作为高温钛合金使用,可在 400℃ 下长时间工作 6000h 以上,或在 450℃ 工作 2000h 以下。一般用于中等强度,在高温环境下使用的螺栓、螺钉以及螺母等。抗拉强度可达 980MPa 以上,可在 400℃ 以下长期工作。紧固件产品表面处理主要是阳极化、镀银和镀铜等。

8) TC10

TC10 是从 TC4 合金发展而来的一种含有多种强化元素的双相高强度钛合金,合金名义成分 Ti – 6Al – 6V – 2Sn – 0.5Fe – 0.5Cu。其强化机理与 TC4 一致。但与 TC4 合金相比,增加了 β 相稳定元素 V 的含量,并添加了 β 相稳定元素 Fe 和 Cu,从而增加了合金的淬透性,可使其淬透厚度由 TC4 的 20mm 提升到 38~50mm,因此在工程应用上弥补了 TC4 合金淬透性差的缺点。TC10 钛合金的另一特点是强度比 TC4 高,TC4 合金的拉伸强度标准要求大于或等于 1100MPa,而 TC10 钛合金的拉伸强度标准要求为 1300~1550MPa。

9) TC16

TC16 是一种 α – β 型的两相钛合金,其名义成分为 Ti – 3Al – 5Mo – 4.5V,含有 α 稳定元素 Al 和共晶型 β 稳定元素 Mo 和 V。该合金的 β 系数较高,大概为 0.83,退火状态强度中等,塑性较好,像 β 合金一样用于铆钉及螺栓。TC16 属高强度钛合金,可进行热处理强化,真空固溶温度仅为 800℃,比 TC4 低 150℃。该钛合金经固溶时效处理后的强度可达 1030MPa 以上,而且对于缺口、偏斜等应力集中敏感性小。TC16 合金主要用于制造紧固件,最高工作温度 350℃。该合金半成品主要有热轧棒材和冷镦用磨光棒(丝)材。抗拉强度在 800~1180MPa 范围内,使用温度在 300℃ 以下,需要高比强度的各类紧固件。紧固件产品表面处理主要是阳极化、喷涂 MoS_2 等。

2.3.5 钛铌合金

1. 概述

钛铌合金是一种铆钉专用的高端钛合金材料[26-27],在退火状态下具有良好的拉伸性能和剪切强度,同时还具有良好的塑性,适用于中高强度铆钉[2,28-29]。钛铌合金和纯钛均主要用于铆钉,容易铆接成形,但钛铌合金的剪切强度、抗拉强度均高于纯钛,而且变形抗力低于纯钛[25,30-31]。可以使用钛铌铆钉取代纯钛铆钉。紧固件产品表面处理主要是蓝色阳极化。

2. 钛铌合金牌号及特点

钛铌合金主要牌号为 Ti45Nb 合金,剪切强度为 345~410 MPa[22],抗拉强度为 500~600MPa。

与 7050 材料相比,Ti45Nb 合金比强度不及 7050,但剪切强度和耐高温性能优于 7050,而且 7050 属高强铝合金,具有高强铝合金固有的材料缺陷如存在应力腐蚀、湿热腐蚀倾向,服役过程中存在质量风险[2,26-27,29]。

与 TB3 材料相比,Ti45Nb 合金剪切强度和比强度不及 TB3,但 TB3 长期工作温度最高为 200℃,耐高温性能远低于 Ti45Nb 合金[24,32]。

与 1Cr18Ni9Ti 材料相比,Ti45Nb 合金剪切强度和耐高温性能不及 1Cr18Ni9Ti,但 Ti45Nb 合金比强度高于 1Cr18Ni9Ti,而且 1Cr18Ni9Ti 合金存在晶间腐蚀质量风险[26-27]。

综合剪切强度、比强度、耐高温性能、耐腐蚀性能、铆接性能、质量风险等技术指标,Ti45Nb 合金用于制造铆钉与其他常用材料铆钉相比具有明显优势:

(1)Ti45Nb 合金比强度高(剪切强度与密度之比),比强度仅低于铝合金和 TB3 钛合金;

(2)良好的耐蚀性;

(3)工作温度高,长期工作温度可高达 350℃。

2.3.6 铝及铝合金

1. 概述

铝是一种低密度金属,其密度仅为 2.7g/cm³[4,33]。铝及其合金具有耐蚀性好、比强度高等显著特点,同时拥有较好的抗疲劳性能,由于铝资源丰富,成本低廉,加工便捷,铝合金在航空工业中仍然拥有不可取代的地位[2]。

铝及铝合金的牌号和状态体系较复杂。在《变形铝及铝合金牌号表示方法》(GB 16474)和《变形铝及铝合金状态代号》(GB 16475)中有详细规定,新版和旧版标准规定了两套牌号以及状态表示方法,两套体系都在广泛使用,旧牌号与新旧状态表示方法有一一对应的关系。

铝合金按加工方式分为变形铝合金和铸造铝合金[28,33],紧固件主要选用变形铝合金,铝合金按特性分为工业纯铝、硬铝合金、超硬铝合金、锻铝合金、防锈铝合金和高纯高韧铝合金,紧固件基本不选用高纯高韧铝合金。

2. 典型铝及铝合金牌号及特点[28]

1)工业纯铝

工业纯铝近似银白色,具有密度小、塑性高、耐蚀性好、导电率和热导率高的优点,易于气焊和接触焊,铸造性能好,但切削加工性能差。铝易被环境中的氧氧化,在其表面形成一层保护膜,从而使铝及许多铝合金具有良好的耐腐蚀性。铝在一般大气条件下是稳定的,能抵抗浓硝酸(90%~98%)的作用,但易被硫酸、盐酸和碱浸蚀破坏。常用牌号有 1070A(L1)、1060(L2)、1050A(L3)、1035(L4)、1100、1200(L5)、8A06(L6),主要用于不承受载荷的铆钉、垫圈。

2) 硬铝合金

硬铝合金(LY 系列)属于 Al – Cu – Mg、Al – Cu – Mn 系合金,该系合金具有强烈的热处理时效强化能力,主要合金组元铜、镁在固溶处理后,溶于铝固溶体中呈饱和和过饱和状态,经过沉淀硬化处理,该系合金的抗拉强度明显提高,而且还具有较好的塑性,其热处理强化效果、强度、硬度随 Mg 和 Cu 含量比值的增大而增大。硬铝强度高,在退火和刚淬火状态下塑性较好,耐热性也好,但耐蚀性较差,因此这类合金制品应用时需要进行防腐保护,如包铝(用于薄板)、阳极化处理、涂漆等。该合金自然时效状态与人工时效状态相比,具有较高的疲劳性能和断裂韧性,但耐蚀性能较低。合金的耐热性比 Al – Mg 系、Al – Mg – Si 系和 Al – Zn 系合金高,可在 150℃下长期使用。常用牌号有 2A01(LY1)、2B11(LY8)、2B12(LY9)、2A10(LY10)、2A11(LY11)、2A12(LY12)、2A16(LY16)和 2B16(LY16 – 1),它们都是以 Cu 为主要合金元素的 2XXX 系合金。

2A01(LY1)用于剪切强度 $\tau \geq 195$ MPa 中等强度和工作温度低于 100℃ 的结构用铆钉,一般在热处理强化状态使用,需要表面防护处理。

2B11(LY8)用于强度 $\sigma_b \geq 375$ MPa 的各类螺钉、螺栓,也少量用以制造螺母。

2B12(LY9)用于剪切强度 $\tau \geq 265$ MPa 的环槽铆钉,或抗剪型环槽铆钉钉套,可用于强度 $\sigma_b \geq 375$ MPa 的螺钉。

2A10(LY10)用于剪切强度 $\tau \geq 245$ MPa,使用温度低于 100℃ 的各类铆钉。

2A11(LY11)用于强度 $\sigma_b \geq 375$ MPa 的螺栓、螺钉、螺母以及卡箍等,可制造堵头、衬套等非标件。

2A12(LY12)用于强度 $\sigma_b \geq 392$ MPa 的螺母、垫片、卡箍带等,可制造各类管接头、堵头等。

2A16(LY16)用于在 250 ~ 350℃ 温度下工作的各类铆钉、垫圈等,可制造安装座、堵头等非标件。

2B16(LY16 – 1)用于在 200℃ 温度下工作的各类铆钉。

3) 超硬铝合金

超硬铝是在铝 – 镁 – 铜系的基础上加入锌的一类铝合金,属于可热处理强化的高强度变形铝合金。其特点是强度高,但有应力腐蚀倾向,同时缺口敏感性大,工艺性较差。适用于制造承力结构件,如飞机大梁、桁条、翼肋、起落架等。超硬铝的某些牌号还可以专门用于制造承力结构用铆钉。常用牌号有 7A03(LC3)、7A04(LC4)和 7A09(LC9),它们都是以 Zn 为主要元素的 7×××系铝合金。

7A03(LC3)用于工作温度低于 125℃ 受力结构铆钉,可代替 2A10(LY10)铆钉使用。

7A04(LC4)用于生产承力构件和高载荷零件,可代替2A12(LY12)铆钉,但该牌号应力集中作用敏感性强,设计零件外形时应注意。

7A09(LC9)可在多种热处理状态下使用,不同的状态分别有高强度、高耐应力腐蚀、耐剥落腐蚀等优点,该牌号合金作为结构件,可根据工作条件,选择不同的最终热处理状态用于各种场合。

4)锻铝合金

锻铝主要包括三个系列:铝-镁-硅系、铝-铜-镁-硅系和铝-铜-镁-铁-镍系,这类合金可进行热处理强化,强度中等,耐蚀性较好,焊接性能良好。铝-铜-镁-硅系合金是在铝-镁-硅系合金中加入铜得到的,其强度有所提高,接近于硬铝,工艺性能优于硬铝,但耐蚀性较差。常用牌号有6A02(LD2)、2A70(LD7)和2A14(LD10),其中,6A02(LD2)是以Mg和Si为主要合金元素的6×××系合金,2A70(LD7)和2A14(LD10)是以Cu为主要合金元素的2×××系合金。

6A02(LD2)用于工作温度-70~50℃范围,中等强度和良好塑性,以及较高耐腐蚀性的环境。

2A70(LD7)用于工作温度200~250℃范围的零件。

2A14(LD10)用于承受较高载荷,对耐蚀性要求低的环境。

5)防锈铝合金

防锈铝主要包括Al-Mn系和Al-Mg系合金,不可热处理强化,强度较低,通过加工硬化提高强度及硬度。主要性能特点是具有优良的耐蚀性,故称为防锈铝。防锈铝一般在退火或冷加工硬化状态下使用,它具有高塑性、低强度、优良的耐腐蚀性能及焊接性能,易于加工成形,并具有良好的光泽和低温性能,适于制造在腐蚀环境下受力小的零件。常用牌号有5A02(LF2)、5A03(LF3)、5A05(LF5)、5A06(LF6)、5B05(LF10)和3A21(LF21),3A21(LF21)是以Mn为主要合金元素3×××系合金,其余牌号均是以Mg为主要合金元素5×××系合金。

5A02(LF2)用于制造需要良好工艺塑性和耐蚀性的低载荷零件,优选用于铆钉。

5A03(LF3)和5A05(LF5)用于制造有良好工艺塑性和耐蚀性的中等载荷零件。

5A06(LF6)用于制造塑性一般,能承受一定载荷零件。

5B05(LF10)用于工作温度-196~200℃范围,连接镁合金和铝合金的铆钉,铆钉退火状态下使用。

3A21(LF21)用于要求高的可塑性和良好的焊接性,在液体或气体介质中工作的低载荷零件,优选用于铆钉。

2.3.7 铜及铜合金

1. 概述

铜及铜合金具有高的导电性、导热性、抗蚀性、耐磨性以及低的摩擦系数和良好的加工成形性,易连接,易光亮加工。通过适当的合金化、热处理和冷加工技术,可获得很宽的力学性能范围,在各行各业都具有广泛使用。

铜及铜合金按制造方法可分为变形合金和铸造合金,紧固件行业仅使用变形铜合金。按合金成分可分为工业纯铜、黄铜、青铜和白铜。

铜及铜合金在紧固件行业使用较多,但是应用的牌号较少,主要集中在黄铜和纯铜两类。

2. 铜、铜合金牌号及特点

1) 纯铜

纯铜的外观颜色呈紫红色,故又称紫铜。纯铜加工材料按成分可分为普通紫铜(T1、T2、T3)、无氧铜(TU1、TU2 和高纯、真空无氧铜)、脱氧铜(TUP、TUMn)以及添加少量合金元素的特种铜(砷铜、碲铜、银铜)四类。

纯铜的电导率和热导率仅次于银,广泛用于制造导电导热器材。

纯铜在大气、海水和某些非氧化性酸、碱、盐溶液及多种有机酸中具有良好的耐蚀性,多用于化学工业。

纯铜有良好的焊接性,可经冷、热塑性加工制成各种成品、半成品。随着铜纯度的提高,其电阻和硬度下降,导热性和塑性均提高。

T1、T2、T3 是工业最常用的纯铜,其再结晶温度为 200~280℃。T1、T2 是阴极重熔铜,含微量氧和杂质,具有高的导电导热性,良好的耐腐蚀性和加工性能,可以熔焊和钎焊。主要用作导电、导热和耐腐蚀元器件,如导电螺栓、壳体等。T3 是火法精炼铜,含氧和杂质较 T1、T2 多,具有良好的导电、导热、耐腐蚀性和加工性能,可以熔焊和钎焊。主要作为结构材料使用,如垫圈、铆钉、管嘴等。

在紧固件行业中,使用较多的纯铜牌号是 T2 和 T3。根据使用环境的不同,表面处理可选择钝化、镀银、镀锡等。

2) 黄铜

以锌为主要添加元素的铜合金,称为黄铜。根据第三元素的不同,有铅黄铜(如 HPb19-1)、锰黄铜(如 HMn58-2)、锡黄铜(如 HSn2-1)。

黄铜的力学性能明显优于纯铜,且价格较低。黄铜具有良好的工艺性能和力学性能,易于进行各种形式的压力加工和切削加工,同时还拥有良好耐蚀性能以及较高的导电性和导热性。但黄铜有较高的应力腐蚀破裂倾向,冷作硬化的材料和制件应进行低温消除应力处理。

在紧固件行业中,黄铜是使用最多的一类铜合金。

紧固件行业常用的黄铜主要有 H62,常用于制造螺栓、螺钉、螺母、铆钉、垫圈、垫片、导线接头、弹簧等,在无磁性要求的环境条件下,采用防磁 H62。HPb59-1 黄铜也是紧固件常用的材料,主要用于螺栓、螺钉、螺母(包括自锁螺母)、螺套、螺塞、衬套、止动销垫圈、弹簧等,在无磁性要求的环境条件下,采用防磁 HPb59-1。

3)青铜

除锌和镍以外的其他元素作为主要添加元素的铜合金,统称青铜。紧固件常用的青铜有 QAl10-3-1.5 铝青铜,主要用于加工各种形式的套类零件,如压入衬套、带凸肩压入衬套、导油衬套、轴套等。

4)白铜

以镍为主要添加元素的铜合金,因其外观多呈银白色,有金属光泽,故称为白铜。白铜的密度大,具有良好的延展性、耐腐蚀性等特点。

紧固件常用的白铜是 NCu28-2.5-1.5,商品名称为蒙乃尔合金。蒙乃尔合金耐蚀性与镍、铜相似,但在一般情况下更优越些,特别是对氢氟酸的耐蚀性非常好。合金强度比纯镍高,同时还具有良好的加工性能和高的热强性。在 750℃ 以下有良好的抗氧化性,加热至 500℃ 时,其力学性能变化很小。合金有良好的塑性,能满意地进行冷、热压力加工,主要用于在高温下和强腐蚀性介质中工作的零件。常用于加工铆钉,其剪切强度可达 350MPa 以上。

2.3.8 复合材料

1. 概述

复合材料相比于金属材料主要具备以下优势:密度小、强度高、弹性模量大、吸水率和磁渗透率低、耐腐蚀抗氧化性好、抗疲劳抗热震性优异、自润滑性和吸收电磁波性能较突出等。

目前主要应用的复合材料分为三大类:碳纤维增强聚醚醚酮(PEEK)复合材料、玻璃纤维增强聚醚醚酮(PEEK)复合材料、C/C 增强复合材料。其中碳纤维、玻璃纤维主要作为增强材料,增强纤维分为长纤维和短纤维两类,发挥力学性能优势,聚醚醚酮主要为树脂材料,发挥物理化学性能优势。

国外已应用长碳纤维增强 PEEK 复合材料紧固件,抗拉强度达到 400MPa 以上,剪切强度为 360MPa 以上。国内复合材料紧固件主要为尼龙紧固件,抗拉强度在 100MPa 左右。

2. 非金属复合材料及特点

高强度连续碳纤维增强 PEEK 复合材料,长期使用温度可达到 260℃,可应用于卫星构架、整流罩、太阳能翼片底板、太阳能电池板、卫星-火箭结合部件、航天飞机发动机的涡轮叶片、雷达、蒙皮等的固定和连接。

2.3.9 高温抗氧化涂层材料

1. 概述

随着高空高速飞行器的发展,超高温紧固件性能也得到了发展。超高温紧固件应具有良好的耐腐蚀性能、高温力学性能、抗热震性能、蠕变性能等优点。为满足超高温服役要求,不仅要求紧固件基体材料具备良好耐超高温性能,同时需要通过涂层材料进一步提高超高温紧固件的高温抗氧化性。

高温抗氧化涂层是将基体与氧气隔绝开,起到保护基体的作用,涂层必须具有足够的阻氧能力,同时在高温、热震等环境下比较稳定。涂层材料需具备的特点:一是涂层材料必须具有较高的熔点、良好的热稳定性和耐热性,且在高温下具有"自愈性",能够及时弥补涂层中出现的孔洞和裂纹;二是涂层必须具有足够的阻氧能力,且在高温环境下氧在涂层中的扩散速率较低,同时涂层必须完整地包覆基体材料,避免弱面的存在;三是涂层与基体间热膨胀系数的差异尽可能小,以避免在冷热循环过程中涂层和基体之间产生较大的热应力,而导致涂层中出现裂纹或者发生剥落现象;四是涂层与基体之间必须具有较强的结合力,保证涂层不会剥落,同时涂层不能与基体之间发生强烈的互扩散现象而导致基体的力学性能下降;五是涂层必须具有较好的均匀性,防止因涂层的不均匀氧化而导致涂层失效;六是多层复合涂层应保证涂层之间具有较好的化学相容性,在无法保证热膨胀系数相差较小时,通过结构设计,使热膨胀系数实现梯度变化;七是涂层应当具有一定的力学性能,能够满足服役要求。

2. 涂层材料及特点

高温抗氧化涂层主要有硅化物涂层、铝化物涂层、氧化物陶瓷涂层、合金涂层、贵金属涂层、超高温陶瓷涂层六大类。

1)硅化物涂层

硅化物涂层是目前为止研究应用最为广泛的高温抗氧化涂层之一,其主要的高温抗氧化机理是硅化物在高温有氧环境下优先发生硅的选择性氧化,生成一层完整致密的 SiO_2 膜,该氧化膜渗氧率低且高温下具有一定的流动性,能够弥补涂层中出现的孔洞、裂纹等缺陷即涂层表现出"自愈性",使涂层展现出优良的高温抗氧化性。硅化物涂层常用于铌基、钼基和钽基合金的高温热防护,主要类型有 Si–Cr–Ti 涂层和 $MoSi_2$ 涂层等。然而,硅化物涂层在高温及长时间服役过程中,SiO_2 的蒸发和低氧分压条件下易挥发 SiO 的生成,会消耗涂层中大量的 Si 元素,最终当涂层表面没有连续致密的 SiO_2 膜时,涂层的抗氧化性能会急剧下降。此外,在高速气流冲刷的环境下,具有流动性的 SiO_2 很难在涂层表面形成连续的膜,也会导致涂层的抗氧化性下降。

2) 铝化物涂层

铝化物涂层中 Al 的活性较高,与氧反应能够生成一层致密的 Al_2O_3 膜,Al_2O_3 在高温下具有较高的稳定性且非常致密,能够有效地阻挡氧气的渗透。同时,由于 Al_2O_3 膜的生长速率较低,与基体结合力较好,因此铝化物涂层的服役时间较长。通过对铝化物涂层进行改性,如在涂层中添加少量的 Si、Cr、Ti、Pt 等元素,能够明显地提升铝化物涂层的抗氧化和抗热腐蚀性能。铝化物涂层制备工艺简单、成本低,是一种重要的高温抗氧化涂层,但在热冲击作用或者基体变形较大导致涂层中出现裂纹并扩展到基体后,涂层的防护性能就会迅速下降,最终导致涂层失效。

3) 氧化物陶瓷涂层

氧化物陶瓷涂层具有熔点高、化学稳定性好、耐烧蚀等特点,是 2000℃ 以上的超高温服役环境中重要的涂层材料。氧化物陶瓷涂层材料,如 HfO_2、ZrO_2、Y_2O_3、$ZrSiO_4$ 等,氧在涂层中的扩散速率较低、扩散路径较长,不与基体发生反应,从而可以对基体起到有效的保护作用。但氧化物陶瓷涂层一般都比较厚,涂层的脆性较大,在服役过程中涂层容易脱落,而导致涂层失效。通常可通过掺杂改性、调整涂层制备工艺、梯度涂层结构设计等方式进一步改善涂层质量。

4) 合金涂层

合金涂层的抗氧化机理主要是氧化过程中合金元素与氧反应生成了致密的氧化物膜,阻碍金属阳离子和氧的扩散,同时涂层的厚度较薄、塑性较好,在服役过程中不易因基体的变形而开裂。钽合金的多元难熔金属化合物在静态空气条件下表现出较好的抗氧化性,如 Hf–Ta 涂层和 Hf–Ta–Si 涂层等,Solar 公司在钽合金上制备的 Mo–W–Ti–V 涂层在 1822℃ 静态空气中的抗氧化时间达到 1.75h。然而,在高温下合金涂层中的元素容易与基体元素发生互扩散,形成脆性的金属间扩散带,使基体材料的性能下降。

5) 贵金属涂层

贵金属涂层具有良好的耐腐蚀性、抗氧化性、延展性、熔点高、强度高,同时具有极低的氧渗透率和氧化物蒸发率,属于无化学反应的纯物理防护,是 1800℃ 以上理想的抗氧化涂层材料。目前研究较为广泛的是 Ir 和 Pt 涂层。但由于熔点及价格的限制,贵金属涂层很难在大尺寸钽钨合金涂层上进行实际应用。

6) 超高温陶瓷涂层

超高温陶瓷涂层因其具有熔点高(>3000℃)、高温强度高、抗氧化性好等优点,有望将其用作高超声速飞行器和可重复使用的大气再入飞行器的热防护体系。最具代表性涂层是 ZrB_2 基超高温陶瓷涂层。ZrB_2 基超高温陶瓷涂层已在石墨和 C/C 复合材料上得到应用,展现出较好的应用前景。

2.4 紧固件基体制造工艺

紧固件制造工艺与产品结构、精度、材料、性能、批量、设备等有着密切关系，合理的制造工艺可以提高和改善紧固件质量，提升紧固件生产效率和材料利用率，降低生产成本。紧固件制造工艺应与紧固件的特点相适应。本节重点从镦锻加工、挤压加工、冲压加工、滚压加工、收口加工、车削加工、磨削加工、螺纹加工等方面介绍紧固件基体制造工艺。

2.4.1 制造工艺流程

紧固件制造工艺包括镦锻加工、挤压加工、冲压加工、滚压加工、收口加工、车削加工、铣削加工、磨削加工、螺纹加工（滚丝、搓丝、车削、攻丝）、热处理加工、表面处理加工、探伤加工等，针对航空航天紧固件选用材料和性能要求，一般在热处理之前进行镦锻、挤压、冲压、收口等加工，热处理之后进行滚压、车削、磨削、螺纹机械加工，最后经探伤后进行表面处理。紧固件制造工艺流程设计一般遵循以下原则：

（1）保证产品性能的条件下，提升加工效率，优先选用镦锻加工；
（2）降低材料变形抗力，在热处理前进行镦锻、挤压、冲压、收口等加工；
（3）保证尺寸精度和避免表面污染，螺栓产品在热处理后进行车削、磨削等精密加工；
（4）提高螺纹抗拉强度，外螺纹在热处理后滚压加工；
（5）提产品疲劳性能，螺栓产品在热处理之后冷滚压头下圆角；
（6）提升刀具寿命，螺母产品在最终热处理之前加工内螺纹；
（7）提升加工效率，螺母产品优先选用攻丝加工内螺纹；
（8）保证收口加工不产生裂纹，螺母产品在最终热处理前收口；
（9）精度公差达到 0.015mm 及以上时，优先选用磨削加工；
（10）充分识别表面不连续性缺陷，在机械加工后、表面处理前进行无损检测。

航空航天用紧固件产品，主要以螺栓和螺母产品为主，下面以螺栓和螺母典型产品开展制造工艺流程分析，具体如表 2-3 和表 2-4 所示。

表 2-3 典型螺栓产品制造工艺流程

序号	工序名称	主要加工内容
1	温镦	镦制头型
2	清洗	去除润滑层、油污及杂质

续表

序号	工序名称	主要加工内容
3	热处理	固溶、时效
4	清洗	去除表面氧化皮
5	数车	车削头型、光杆
6	无心磨	磨削光杆
7	数车	车削滚丝坯径
8	无心磨	磨削滚丝坯径
9	滚丝	滚压螺纹
10	滚头下圆角	冷滚压头下圆角
11	制标	制标记
12	渗透探伤	不连续性检测
13	表面处理	按标准进行表面涂覆
14	总检入库	尺寸检验、性能试验

表2-4 典型螺母产品制造工艺流程

序号	工序名称	主要加工内容
1	温镦	镦制外形
2	清洗	去除润滑层、油污及杂质
3	热处理	固溶
4	清洗	去除表面氧化皮
5	数车	钻镗孔、车端面
6	去毛刺	去除六方面毛刺
7	攻丝	加工内螺纹
8	收口	三点收口
9	制标	制标记
10	热处理	时效
11	渗透探伤	不连续性检测
12	表面处理	按标准进行表面涂覆
13	总检入库	尺寸检验、性能试验

2.4.2 镦锻加工

1. 镦锻加工概述

镦锻加工是指在镦机上通过模具对坯料快速施加压力,使得坯料变形至所需形状和尺寸的一种压力加工方法。

按照镦锻过程是否加热,镦锻加工分为冷镦和温镦两类。金属在常温下进行镦锻加工称为冷镦,金属被加热到再结晶温度以下某一温度范围内进行镦锻加工称为温镦。需要特别指出的是,紧固件产品一般不涉及热镦(金属被加热到再结晶温度以上某一温度范围内进行镦锻加工),行业内通常也将紧固件的温镦称作热镦。加工优点如下:

(1)生产效率高。使用专用镦机加工紧固件,生产效率比切削加工提高30~50倍,有时达到100倍以上。

(2)材料利用率高。镦锻是一种少切削或无切削加工方法,材料利用率更高。如切削加工六角头螺栓、十二角头螺栓,材料利用率仅在25%~35%,而采用冷镦方法,材料利用率可达80%~90%。

(3)提高零件力学性能。使用镦锻加工的零件,金属流线组织未被切断,如图2-49所示,尤其对于冷镦加工的零件,会产生加工硬化,提高零件的抗拉强度和疲劳性能。

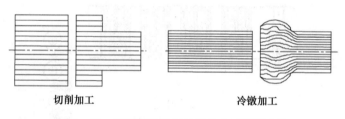

图2-49 切削与镦锻加工零件金属流线比较

2. 镦锻加工方法

依据镦锻加工过程中工件镦锻变形的次数,紧固件镦锻加工分为单击镦锻加工、双击镦锻加工、多工位镦锻加工等。

1)单击镦锻加工

对于变形程度不大、形状较简单、端面光洁度要求不高的杆类零件通常采用单击镦锻加工,即零件经一次变形即可成形,如螺栓制造过程中的镦头、缩径,螺母制造过程中的镦球以及铆钉的成形等。一般情况下,单击镦锻的镦粗比一般限制在1:2以内。

2)双击镦锻加工

双击镦锻加工应用比较广泛,主要用于加工长径比(L/d_0)<3的杆类零件,一般选用双击自动镦锻机,第一冲镦锻零件后,零件不转换凹模,等第二冲镦锻完成后,由顶料机构顶出工件。如图2-50所示,零件一般经过预锻、终锻两次镦锻至成形。

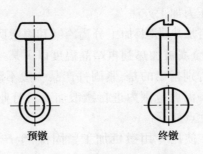

图 2-50 双击镦锻加工示意图

3) 多工位镦锻加工

多工位镦锻加工适用于外形结构复杂、变形量较大的零件,一般选用多工位自动镦锻机。如图 2-51 所示,多工位自动镦锻机设有一套夹钳转送机构,用于坯料在工位间的传送,模具排列方式有水平排列和垂直排列两种,使用较广泛的是水平排列。

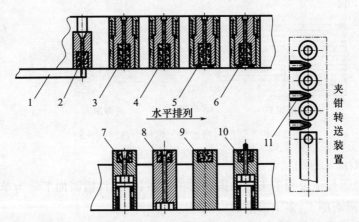

1—切料刀;2—切料模;3—一工位主模;4—二工位主模;5—三工位主模;
6—四工位主模;7—一工位冲模;8—二工位冲模;9—三工位冲模;
10—工位冲模;11—夹钳。

图 2-51 多工位自动镦锻机工作示意图

2.4.3 挤压加工

1. 挤压加工概述

挤压加工是将毛坯放在预制的挤压模腔中,通过凸模(或冲头)向毛坯施加压力,使毛坯产生塑性变形从而获得规定形状和尺寸的一种压力加工方法。加工优点如下:

(1)材料利用率高。挤压加工材料利用率可达80%以上。

(2)生产效率高。挤压加工比切削加工生产效率提高几倍、几十倍、上百倍。

(3)适用于复杂形状零件加工。挤压加工带有异形截面、内齿、异形孔及盲孔等零件,采用其他加工方法难以实现,挤压加工可实现复杂零件成形。

(4)加工后零件强度高、刚性好。挤压加工过程使金属毛坯处于三向压应力状态,变形后材料组织致密、具有连续的金属流线,零件强度比切削加工更高。

2. 挤压加工方法

按挤压加工过程金属流动方向与凸模(或冲头)运行方向的关系,紧固件挤压加工分为正挤压、反挤压和复合挤压。

1)正挤压

正挤压时,金属的流动方向与凸模的运动方向相同。正挤压可以制造各种形状的实心和空心零件,如图 2-52 所示。正挤压用于加工螺栓和螺钉的杆部、轴类等各种形状的实心零件,也适用于加工空心零件及螺母等。

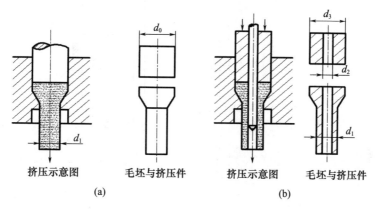

图 2-52 正挤压示意图
(a)实心件;(b)空心件。

2)反挤压

反挤压时,金属的流动方向与凸模运动方向相反,反挤压可以制造各种形状的空心零件,如图 2-53 所示。加工时坯料置于凹模型腔内,凹模与凸模在半径方向上的间隙等于杯形零件的壁厚。当凸模向坯料施加压力时,金属便沿凸模与凹模之间的间隙向上流动。反挤压可以加工内六角螺钉头部、盲孔螺母等。

3)复合挤压

复合挤压时,一部分金属流动方向与凸模的运动方向相同,另一部分金属的流动方向则相反,复合挤压可制造各种形状实心结构和空心结构的杯、杆、筒形零件及内六角螺栓等,如图 2-54 所示。

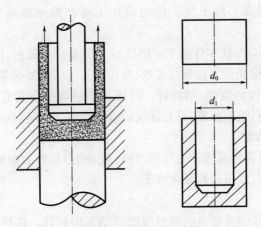

图2-53 反挤压示意图

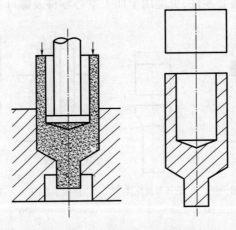

图2-54 复合挤压示意图

2.4.4 冲压加工

1. 冲压加工概述

冲压加工是依靠压力机和模具对板材、带材、管材、型材等施加外力,使之产生塑性变形或分离,从而获得所需形状和尺寸的一种冲压加工方法。紧固件生产中常见的冲压加工方法有冲裁、弯曲、拉深、成形等。加工优点如下:

(1) 生产效率高;
(2) 与切削加工相比,原材料利用率高;
(3) 零件互换性好;
(4) 拉深等冲压加工能改善材料的性能。

2. 冲压加工方法

1)冲裁

冲裁在紧固件生产中运用广泛。冲裁过程分为三个阶段:弹性变形阶段、塑性变形阶段、剪裂阶段,如图 2-55 所示。

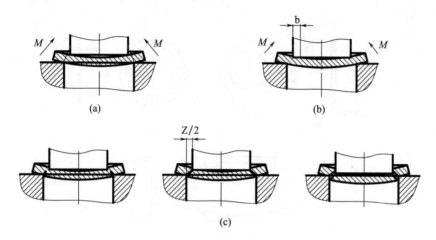

图 2-55 冲裁过程

(a)弹性变形阶段;(b)塑性变形阶段;(c)剪裂阶段。

采用冲裁加工的常用紧固件有垫圈、垫片、卡圈、锁片、自锁螺母支架、托板螺母、自锁螺母保护罩、锁键、卡箍骨架等,如图 2-56 所示。

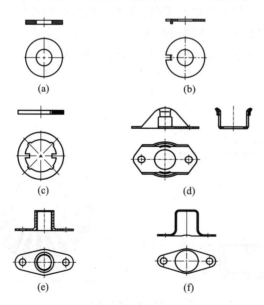

图 2-56 常见冲裁加工件

(a)平垫圈;(b)外止动垫圈;(c)卡圈;(d)螺母支架;(e)托板螺母;(f)螺母保护罩。

2) 弯曲

弯曲是利用压力使材料产生塑性变形,使坯件具有一定曲率半径、一定角度的形状。

采用弯曲加工的常用紧固件有锁片、止动垫圈、托板支架、卡箍等,如图2-57所示。

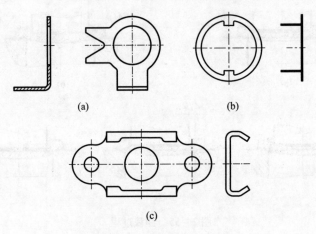

图2-57 常见弯曲加工件
(a)锁片;(b)止动垫圈;(c)托板支架。

3) 拉深

拉深将平面毛坯料变为空心零件,或者是改变空心件的形状和尺寸。拉深加工过程如图2-58所示,坯料被凸模和凹模拉深成空心零件,原有直径 d_0 变成直径 d。采用拉深加工的常用紧固件有碗形垫圈、自锁螺母保护罩、锁罩等,如图2-59所示。

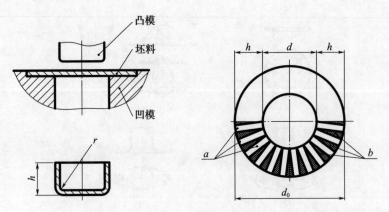

图2-58 拉深加工过程

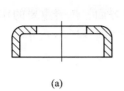 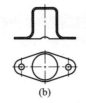 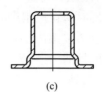

(a) (b) (c)

图 2-59　常见拉深加工件

(a)碗形垫圈；(b)螺母保护罩；(c)锁罩。

2.4.5　滚压加工

1. 滚压加工概述

滚压加工是利用滚压工具向零件施加一定的压力，使零件产生塑性变形从而获得一定形状和尺寸要求的一种压力加工方法。

采用滚压加工的常用紧固件有滚压螺纹、搓压螺纹、滚压圆角、滚压花纹、滚压槽等，滚压螺纹和搓压螺纹在 2.4.10 节中叙述，本节主要介绍滚压圆角、滚压花纹、滚压槽。

2. 滚压加工方法

1）滚压圆角

对于有疲劳性能要求的螺栓、螺钉，需要通过冷滚压头杆结合部位圆角，提升产品抗疲劳性能。滚压圆角加工能够减少表面缺陷，产生表面加工硬化并形成残余压应力，抑制裂纹的形成与扩展，从而大幅提升产品的疲劳性能。

滚压圆角一般采用专用设备、工具和夹具进行加工，结构原理如图 2-60 所示，产品放置在均匀分布的三轮或两轮中，旋转轴压在产品头部并施加一定压力，在旋转轴的带动下产品及滚轮一同转动，从而使产品头杆结合部位圆角与滚轮产生相对转动和挤压，使之在头杆结合部的圆角处产生一条滚压塑性变形带。

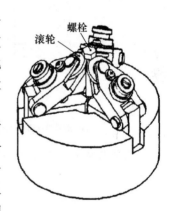

图 2-60　滚压圆角示意图

滚压圆角加工对产品疲劳性能影响因素主要为滚压力、滚压时间和转速。

(1) 滚压力。

滚压力导致圆角发生塑性变形，滚压力过高会导致变形量过大，滚压力偏小则达不到疲劳强化的目的。

(2)滚压时间。

滚压时间在控制产品滚压变形量、产品表面质量方面发挥着重要的作用,时间过长会造成滚压部位起皮,降低表面质量,时间过短则变形不充分,达不到疲劳强化的目的。

(3)转速。

转速需根据产品直径规格、圆角尺寸、滚压力、滚压时间进行合理选择。转速过快则造成零件变形不充分,变形后的回弹大,不能满足变形量的要求;反之,加工效率低下。

2)滚压花纹

滚压花纹一般在普通车床、单轴转塔自动车床、专用滚齿机等上进行。采用滚压花纹加工的常用紧固件有滚花螺钉、滚花螺母、滚花螺纹衬套等,如图2-61所示。

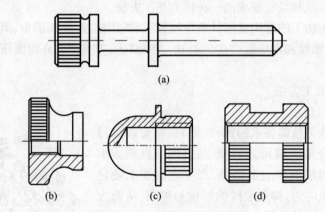

图2-61 常见滚花加工件
(a)滚花螺钉;(b)滚花螺母;(c)尾部滚花盲孔螺母;(d)滚花螺纹衬套。

紧固件常见的滚花形式有直纹滚花、网纹滚花、斜纹滚花三种,如图2-62所示。

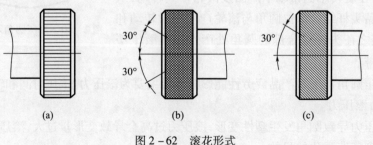

图2-62 滚花形式
(a)直纹;(b)网纹;(c)斜纹。

3) 滚压槽

滚压槽一般在专用滚齿机、普通车床和单轴转塔自动车床等上加工。采用滚压槽加工的常用紧固件有环槽铆钉、抽芯铆钉等,如图2-63所示。滚压槽加工常用的工具为环槽滚轮。除了几何外形要求符合特定规定外,环槽滚轮的要求与滚丝轮相同。

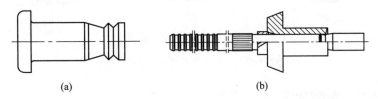

图2-63 常见滚压槽加工紧固件
(a)环槽铆钉;(b)抽芯铆钉。

2.4.6 收口加工

1. 收口加工概述

收口加工适用于自锁螺母,主要通过专用模具对零件进行挤压变形,使其内螺纹产生局部变形,内螺纹的变形程度由专用模具控制。

2. 收口加工方法

自锁类螺母广泛应用于航空航天型号,利用自身结构塑性变形在螺纹副间产生摩擦力来防止螺纹松动,达到一定的锁紧性能。如图2-64所示,收口加工通过对螺母非支承面端部的收口外圆处施加横向压力进行压扁收口,改变螺母螺纹形状的加工方法,是实现其锁紧性能的重要手段。

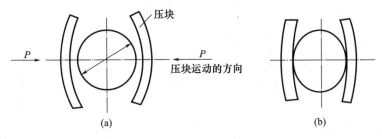

图2-64 自锁螺母收口变形加工示意图
(a)收口前外圆示意图;(b)收口后外圆示意图。

收口形式和收口变形量是收口加工的主要因素。常见的收口方式有椭圆式、斜锥式、三向式、四向式等,如图2-65所示。并非所有形式的收口形状,都可以满足锁紧性能要求,应根据螺母的材料、结构等特点选择合适的收口方式。

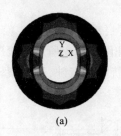 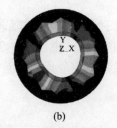 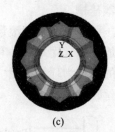

图 2-65　常见收口形式
(a)椭圆式收口；(b)三向式收口；(c)四向式收口。

2.4.7　车削加工

1. 车削加工概述

车削加工是以工件旋转为主运动、车刀移动为进给的切削加工方法。随着数字控制技术的发展，车削技术已经从传统的普通车削发展到数控车削。紧固件常用的车削加工有车外圆、车端面、切断、切槽、钻孔、车孔、铰孔、车螺纹、车锥面、车成形面等加工内容。

2. 车削加工方法

1) 外圆车削

外圆车削主要用于轴类零件，紧固件中的螺栓、螺钉、高锁螺栓、销等都属于轴类零件。车外圆常用 45°、75°、90°外圆车刀。车刀安装要求刀尖对准工件中心，刀杆与进给方向垂直，车刀伸出长度尽量短，一般不超过刀杆厚度的 1~1.5 倍，以免产生振动。车外圆时，对精度较低的工件，可以一次加工出来；对精度要求高的工件，可分粗车、半精车、精车等工序进行加工。

2) 端面与台阶车削

端面和台阶车削通常选用 90°和 45°车刀，车刀安装方法与车外圆车刀相同，但特别强调刀尖要求精确对准工件中心，否则会使工件端面中心留有凸台，甚至造成刀尖崩刃。此外，用 90°偏刀车削端面和台阶时，车刀主刀刃和工件轴线的交角 α 要不小于 90°，如图 2-66 所示，否则车出的台阶与工件轴线不垂直。

3) 切断和切槽

切断和切槽，切削时多刃参与切削，切屑受槽两侧的摩擦和挤压严重，导致切屑变形大；由于摩擦严重、切屑变形大，在相同条件下切削力

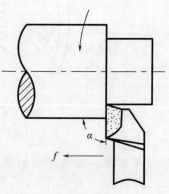

图 2-66　车刀主刀刃和工件轴线的交角 α

比车外圆时大20%~25%;切削刃处于半封闭状态,散热面积小,热量集中在刀刃上,刀具磨损快;切断刀的主刀刃宽度较窄,刀头狭长,刀具刚性差,易产生振动;切屑排出时摩擦阻力大,碎断后的切屑容易卡在槽内,引起振动并损坏刀具。

切槽分为切内槽和外槽两种。与切内槽相比,切外槽可视性好、测量方便,相对容易一些。切槽具有切断加工的所有特点,而且对槽宽、槽深有着严格的控制要求。

(1)槽宽:狭槽用准确的主刀刃宽度来直接保证;宽槽用刻度盘来控制。

(2)槽深:槽深可用中拖板刻度控制。

(3)轴向位置:精度要求不高时,可用床鞍、小拖板刻度或挡铁来控制;精度要求高时,用百分表和量块来保证。

4)内孔车削

内孔车削根据其结构形状可分为通孔、育孔和台阶孔等。根据所用刀具的不同,内孔车削可分为钻孔(包括扩孔、锪孔、钻中心孔)、车孔和铰孔等。

钻孔是在车床上用钻头进行孔加工。车床钻孔应注意:钻孔前,先将工件端面车平,以防止钻头找偏;找正尾座以防孔径扩大和钻头折断;使用细长钻头($1/d \geqslant 12$)时,应先用中心钻钻一个定位孔;钻了一段孔以后,应把钻头退出,停车测量孔径,以防止孔径扩大。钻深孔时,要经常把钻头清除切屑。如果是很长的通孔,可以采用调头钻孔的方法;将钻穿时,要减小进给量,以防止钻头折断;钻钢件时,应充分浇注切削液,使钻头冷却。钻铸铁时可以不用切削液。

内孔车削是在车床上用车刀进行孔的加工。车孔的类型有通孔和育孔。通孔车刀适用于加工无台阶的通孔零件,常用主偏角小于90°的车刀进行;育孔车刀适用于加工有台阶或孔底面有一定要求的育孔零件,常用主偏角大于90°车刀进行。车刀安装后,其刀尖必须和工件的中心等高或稍高,以便增大其后角;同时,应按被加工的孔径尺寸选用合适的刀杆,且伸出量应尽可能短,以使刀杆具有较大的刚度。

内孔铰削是采用铰刀从工件孔壁上切除微量金属层,以提高其尺寸精度和孔表面质量的方法。铰孔是孔的精加工方法之一,在生产中应用很广。对于较小的孔相对于内圆磨及精镗而言,铰孔是较为经济实用的方法。

2.4.8 铣削加工

1. 铣削加工概述

按照机床主轴安装方向,铣削加工分为立铣和卧铣加工两种,主轴垂直安装的称为立铣,主轴水平安装的称为卧铣。和车削加工一样,铣削技术已经有了很大的发展,从传统的普通铣削发展到了当今的数控铣削和加工中心。

采用铣削加工的常用紧固件有铣平面、铣六方、铣四方及铣槽。

2. 铣削加工方法

1)平面铣削

铣平面可分为一般平面铣削、平行平面铣削、直角平面铣削、特定角度的斜面铣削几种。

一般平面铣削可以采用圆柱形铣刀铣削,也可以采用端面铣刀铣削,通常采用将零件垫平的方式进行。

直角平面、平行平面和特定角度斜面的铣削,应在对零件进行综合分析的基础上,按照安全性最好、产品质量最有保证、生产效率最高的原则先铣出一个面,然后以铣出平面为基准完成另一个面的铣削。

2)四方、六方铣削

四方、六方类零件紧固件主要包括螺栓、螺母等,四方、六方加工一般采用铣削加工。铣削加工选用平口钳、分度头或专用工装装夹。用分度头安装的方法应用较为普遍。对于螺母等本身不具备装夹结构的四方或六方零件,如果用通用机床附件装夹,通常需要制作专用的螺纹心轴。

一般需要铣削加工的紧固件比较小,铣削加工时采用两把片铣刀一次铣出相对的两个面,两把片铣刀间的距离即为四方或六方的对边宽度。

3)槽铣削

槽的铣削加工种类很多,设备和工装零件用的有直角通槽、V形槽、T形槽、燕尾槽、月牙槽等。紧固件产品上使用较多的是一字槽、圆弧槽。

一字槽的槽底为平面,通常出现在三种紧固件产品上。一是作为一字槽螺栓、螺钉的一字形拧紧槽;二是作为开槽螺母的锁销或锁丝槽;还有一种用于悬臂梁型自锁螺母和尼龙自锁螺母收口结构,如图2-67所示。圆弧槽其实是一种特殊的一字槽,圆弧槽和一字槽的唯一区别是其槽底呈圆弧形。

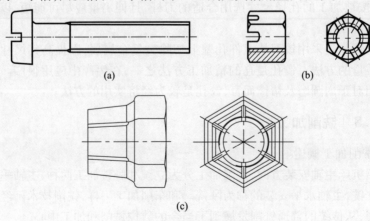

图2-67 常见铣槽加工件
(a)一字槽螺栓;(b)开槽螺母;(c)自锁螺母。

2.4.9 磨削加工

1. 磨削加工概述

磨削加工是指用磨料来切除工件多余材料的方法。磨削加工通常按磨削工具的类型分为固定磨粒加工和游离磨粒加工两大类。不同形式的磨削加工,其作用、工作原理和运动情况有很大的差别,但在磨削过程中都存在摩擦、微切削和表面化学物理反应等现象,只是形式和程度不同而已。通常所讲的"磨削",是指用砂轮进行的磨削。

2. 磨削加工方法

磨削加工可获得高的精度和好的表面粗糙度,适用于精密加工,也可进行粗加工,砂轮磨粒硬度高,热稳定性好,可磨各种高硬度的材料。磨削加工分为无心外圆磨削、平面磨、工具磨、内圆磨。

紧固件生产主要选用无心外圆磨削加工。磨削时工件以托板支承,不定中心,自由地置于磨削砂轮与导轮之间。磨削的对象主要是各种圆柱体、台阶轴等,还能磨削螺纹及其他形面,是一种能适应大批量生产的高效磨削方法。

无心外圆磨削加工中,导轮的直径和转速都比磨削轮小,工件与导轮之间的摩擦力较大,所以工件被导轮带动并与导轮成相反方向旋转。磨削时,必须使工件的中心高于磨削轮与导轮的中心连线,工件才能磨圆。高出的距离由零件直径决定。

2.4.10 螺纹加工

1. 螺纹加工概述

螺纹加工方式可分为切削加工、无切削加工两类。切削加工是将多余部分材料切除而获得螺纹牙型,加工中金属流线被切断,得到的螺纹通常强度不高,其疲劳寿命有限,主要包括车削螺纹和切削螺纹,内螺纹紧固件一般选用切削加工。无切削加工是通过工装模具对金属材料进行变形加工,使其金属材料沿螺纹牙型分布,金属流线不被切断并在牙底处具有最大密度,使得螺纹部位抗拉能力和抗疲劳断裂的能力大大提高,主要包括滚压螺纹、搓压螺纹和挤压螺纹,外螺纹紧固件通常选用滚压螺纹、搓压螺纹加工。

切削加工和无切削加工得到的螺纹部位的金属流线如图 2-68 所示。

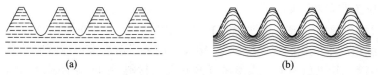

图 2-68 螺纹部位金属流线
(a)切削加工形成的螺纹金属流线;(b)滚压加工形成的螺纹金属流线

2. 螺纹加工方法

1) 滚压螺纹

滚压螺纹是通过滚丝轮进行螺纹滚压成形,一般滚丝轮分为双轮和三轮。其工作情况如图 2-69 所示,螺纹旋向与被滚压的螺纹旋向相反,但升角相同。

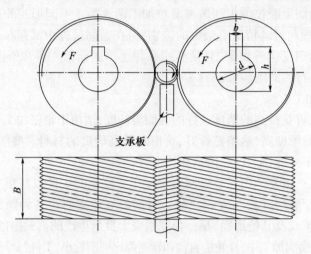

图 2-69 滚丝轮滚压螺纹示意图

滚丝轮的内孔直径、安装尺寸与滚丝机床有关,它由滚丝机安装轴本身的尺寸决定,国内生产的滚丝机安装轴直径分为 54mm 和 75mm。

直接与被滚压螺纹相关的尺寸参数有:

(1) 滚丝轮直径 D。直径越大,滚压越平稳,寿命也长,应尽可能取大值,但不能超过滚丝机允许的最大值。

(2) 线数 n。根据选取的滚丝轮直径及欲滚压螺纹的直径、螺距(决定螺纹线的升角)计算取整而得。$n = D/d_2$,d_2 为螺纹中径。

(3) 宽度 B。与欲滚压螺纹的长度及倒角相关,一般应不小于 30mm,但通常是加工工件的计算长度的 2 倍,可两端使用。

(4) 滚丝轮牙型参数。尺寸主要有螺距 P、牙顶高度、牙根高度、牙顶圆角 ($0.125P \sim 0.144P$)、牙型角等。

(5) 滚丝轮性能要求:主要有材质要求、硬度要求、碳化物偏析等级。

滚压工艺参数主要有:

(1) 滚压速度。滚压速度随材料和材料的强度等不同而调整,总的原则是材料强度越高滚丝轮的速度应越低,螺纹精度要求越高滚压速度应越低。

(2) 滚丝轮进给速度。当滚压延伸率大的材料、精度高的螺纹、空心零件的螺纹时,滚丝轮向工件运动的进给速度应相应减慢。

(3) 滚压时间。滚压时间是当滚丝轮进给运动到要求的终止位置后停留的时间,也包括接触到工件后的进给时间,由工件的螺距和力学性能而定,合适的滚压时间一般是经过实际滚压验证后得到的。当滚压时间过长时,会在已冷作硬化的螺纹表面再次挤压产生鳞片、起层和剥落现象,当滚压时间过短时,螺纹的精度达不到要求。

2) 搓压螺纹

搓压螺纹是通过搓丝板进行螺纹滚压成形,一般搓丝板由静板和动板组成一副,其螺纹成形原理与滚丝轮相同,选用的工具和运动方式不同。结构和工作原理如图2-70所示,搓丝时动板做往复运动,工件在动、静板之间沿长度方向滚动而滚出螺纹。

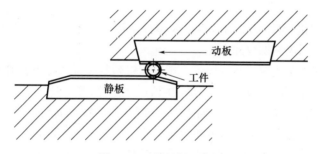

图2-70 搓丝板工作图

搓压螺纹一般适用于8mm以下的螺纹,搓压螺纹是滚压螺纹生产效率的5~10倍,高强度材料不适合搓压螺纹加工,除此之外,搓压螺纹具有与滚压螺纹相同的优点。

3) 车削螺纹

车削螺纹是一种选用成形车刀在普通车床或数控车床进行、借刀具与工件之间有规律的相对运动,去除金属材料制成螺纹的方法。该方法适用于大直径、大螺距的螺纹加工。

车削螺纹可以选用不同进刀方式,依据螺纹规格、牙型不同分别选用径向进刀、斜向进刀和轴向进刀,如图2-71所示。

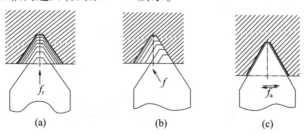

图2-71 螺纹车削加工进刀方式
(a)径向进刀;(b)斜向进刀;(c)轴向进刀。

车削螺纹工艺参数主要有切削速度、走刀次数、进给量、精修次数等。参数应根据车削方式、车刀材料、工件材料及热处理状态、螺纹种类及螺距大小以及车床性能等因素来确定。

车削螺纹的切削力大,加工时必须进行充分的冷却,选择合适的切削液。加工碳素钢和合金钢材料的螺纹时,切削液一般采用不同浓度的乳化液或极压乳化液,车削不锈钢和耐热钢还可使用含硫、磷、氯的切削油,车有色金属的螺纹可使用煤油和矿物油的混合油作为切削液。在精车时切削液的浓度应适当加高,根据材料还可使用硫化专用切削油、锭子油+菜油、变压器油+石蜡、煤油+松节油+油酸等各种切削液。

4)攻制螺纹

一般大规格(M16 及以上)内螺纹零件选用车削螺纹加工,M14 及以下规格内螺纹一般采用攻制螺纹加工。

攻制螺纹加工主要工具为**丝锥**。螺纹丝锥包括手动丝锥和机用丝锥,两者除制造材料不同外,基本结构和尺寸是相同的。螺纹丝锥一般由工作部分和柄部组成,其结构如图 2-72 所示。丝锥的主要切削几何参数有前角 γ_0、后角 α_0、主偏角(切削锥角)k_r。通用丝锥的前角和后角分别取 $\gamma_0=8°\sim10°$,$\alpha_0=4°\sim6°$,主偏角(切削锥角)k_r 应根据螺纹精度、表面粗糙度要求以及丝锥类别选取,螺纹精度要求高的应取较小值。螺纹丝锥的精度按标准分为 4 级,分别为 H1、H2、H3、H4,适用于攻制不同精度要求和不同公差带的内螺纹。其对照关系如表 2-5 所示。

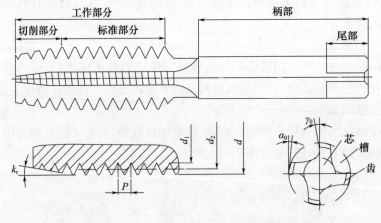

图 2-72 螺纹丝锥的结构与参数

表 2-5 不同公差带丝锥加工内螺纹的相应公差等级

GB 968—83 丝锥公差代号	H1	H2	H3	H4
适用于内螺纹的公差等级	4H、5H	5G、6H	6G、7H、7G	6H、7H

2.4.11　先进制造简述

随着科学技术的不断发展,除上述常规制造方法外,紧固件制造也逐步开展新的制造技术应用,主要有金属材料激光增材制造(3D 打印)、粉末压铸成形、超声波焊接、超声振动切削等。

1. 金属材料激光增材制造

金属材料增材制造分为激光金属沉积(LMD)制造和选择性激光熔化(SLM)制造。LMD 制造是通过快速成形技术和激光熔覆技术有机结合,以金属粉末为加工原料,采用高能密度激光束将喷洒在金属基板上的粉末逐层熔覆堆积,从而形成金属零件的制造。LMD 制造系统包括激光器、激光制冷机组、激光光路系统、激光加工机床、激光熔化沉积腔、送粉系统及工艺监控系统等,具有较小热影响区、低稀释率和低残余应力等优点。SLM 制造是由选择性激光烧结工艺(SLS)发展而来的,以金属粉末为加工原料,采用高能密度激光束作为能源,按照三维 CAD 切片模型中规划的路径在金属粉末床层进行逐层扫描,被扫描的金属粉末会融化并凝固,从而形成金属零件的制造技术。SLM 制造系统包括激光器、激光阵镜、粉末碾轮、粉末储存室、零件成形室等,具有成形零件精度高、表面质量良好、成形结构复杂等优点,正在开展钛合金、高温合金紧固件选择性激光熔化制造应用。

2. 粉末压铸成形

粉末压铸工艺是一种利用金属或陶瓷粉末制成零件的精密成形技术,是将金属或陶瓷粉末混合均匀后,填充到精密模具,加压成形后在高温高压条件下烘烤,形成金属零件的制造技术。具有成形结构相对复杂、性能稳定、生产效率高等优点,已应用于钛合金抽芯铆钉推压衬套分件加工。

3. 超声振动切削

超声振动切削技术是基于切削技术发展出现的一种特种加工技术,原理是通过刀具以 20～40kHz 的频率、沿切削方向高速振动减少刀具与零件的长时间接触,使切屑断续产生,有效地带走了切削热的同时减少了切屑划伤零件表面的概率,对加工表面精度有一定提升。

超声振动切削技术的振动切削从微观上看是一种脉冲切削。主要应用于零件的精密加工,加工时刀具与零件接触时间短,易于加工导热性能不好的合金零件。与高速硬切削相比,不需要高的机床刚性,并且不破坏工件表面金相组织。超声振动切削技术可以改变钛合金的耐磨性,提高表面硬度。超声振动切削技术可以加工高强度、高精度的钛合金零部件。多应用于零件精密加工和改善表面粗糙度和提高表面质量,可应用于高强度、高黏性材料紧固件精密加工。

4. 激光焊接

激光焊接是一种利用激光束产生的高能量密度,将材料表面熔接在一起的技术。根据应用领域和工艺特点,激光焊接技术可以分为固态激光焊接、深熔激光焊接和激光-弧复合焊接三类。激光焊接技术的原理是利用激光束产生的高能量密度,使材料表面瞬间产生高温高压,从而熔接在一起。在焊接过程中,激光束将高能量密度聚焦在焊接材料表面,使其瞬间熔化并形成熔池,已应用于高压转子螺栓的焊接加工。

2.5 紧固件表面处理工艺

紧固件表面处理工艺包含前处理、电镀、化学转化膜、阳极氧化、化学镀、涂覆、电泳、真空离子镀膜及后处理等工艺方法。

2.5.1 前处理

基体表面前处理也称表面预处理,以提高表面镀层与基体的结合强度,前处理工艺分类和作用如表2-6所示,表面预处理标记如表2-7所示。

表2-6 前处理工艺分类和作用

名称	分类	作用
除油 (脱脂)	除油液可分为酸性、中性及碱性; 采用有机溶剂、化学、气相(蒸汽)、电化学、超声波及高压喷射等除油方法	将附着在零件表面上的油脂、矿物油类、水溶性、粉末微粒等污染物清洗干净。 除油干净与否可采用水膜检查:表面在温度为38℃以下喷或浸在清洁水中后,连续水膜至少能保持30s不破裂
除锈 (酸、碱洗)	除锈液可分为酸性、碱性; 采用化学、电化学方法	清除零件表面氧化物及锈蚀等
喷砂	可分为干喷砂、湿喷砂; 采用手动和自动方法	利用喷砂设备,以压缩空气为动力,形成高速喷射束将喷料(石英砂、白刚玉等)高速喷射到零件表面,清除表面氧化物及锈蚀等,增加表面粗糙度
喷丸	丸粒材质可分为钢铁丸、陶瓷丸及玻璃丸; 采用手动、机械和自动方法	通过喷丸设备,利用机械离心或气动设备将磨料(金属、玻璃及陶瓷等弹丸)高速射出冲击工件表面,清理零件表面氧化物及锈蚀等,使零件产生压应力,提高零件的抗疲劳和抗应力腐蚀能力
磨光	可分为粗磨、精磨; 采用机械和自动方法	借助粘有磨料的磨光轮,在高速旋转下磨削零件表面,消除表面缺陷,降低表面粗糙度
抛光	可分为粗抛、精抛; 采用机械和自动方法	表面经过精磨后,为其表面获得一定的光泽,进行微调表面粗糙度的精加工

续表

名称	分类	作用
刷光	采用机械和自动方法	在高速旋转下,利用刷光轮的轮缘或端面清理金属表面,消除表面缺陷,降低表面粗糙度
滚光	采用普通、离心方法	普通滚光是将零件、磨料块和液态滚光剂按合适比例置于滚筒中,呈水平状态下低速旋转,依靠磨料块与零件、零件与零件间的相互摩擦及抛光剂运动中对零件摩擦产生的缓冲、除油、浸蚀等作用,降低零件表面粗糙度,清洁表面。离心抛光是将零件及磨料块、抛光剂按合适比例置于滚筒中,依靠电机带动滚筒高速旋转,使滚筒内零件和磨料块受离心作用混压在一起,磨料块和零件间产生摩擦运动,达到磨削、去毛刺、整平效果
振动光饰	采用筒形振动、碗形振动光饰方法	将盛装零件的开口容器,安装在能够产生不规则振动的机座上,依靠电动机带动偏心轴或专用装置,让机座产生不规则的上下左右振动,使容器内的零件产生翻滚摩擦,清除表面残存污垢和氧化物,有效降低零件表面粗糙度,达到光饰目的
化学抛光	可分为钢铁及不锈钢和铜及铜合金、铝及铝合金化学抛光	将金属零件浸于化学抛光溶液中,在一定的温度下进行选择性溶解,使表面获得整平和光泽
电化学抛光	可分为钢铁及不锈钢和铜及铜合金电解抛光	将金属零件作为阳极,置于专门的电解液中用直流电进行电解,通过阳极电化学溶解,使表面获得整平和光泽

表 2-7 表面预处理标记[35]

表面处理名称	旧标记	新标记	使用说明
有机溶剂除油	EC	SD	有机溶剂除油
化学除油	HC	CD	化学除油
化学酸洗/化学碱洗	HS/HJ	SP/AC	化学酸洗/化学碱洗
喷砂/喷丸	PS/PW	SB/SHB	喷砂/喷丸
滚光/刷光/磨光	GG/SG/MG	BB/BR/GR	滚光/刷光/磨光
振动擦光/电化学抛光	ZD/DP	VI/ECP	振动擦光/电化学抛光
化学抛光/机械抛光	HP/JP	CHP/MP	化学抛光/机械抛光

2.5.2 电镀

电镀又称电沉积,是应用电化学原理在材料表面获得金属覆盖层的主要方法。电镀层的主要作用包括提高基体的耐蚀性、耐磨性、导电性、润滑、改善外观及改善磁性等。根据镀层成分,电镀种类可分为单金属镀层和多元合金镀层,单金属镀层如电镀锌、镉、铜、镍、铬、银、锡等，多元合金镀层如锌-镍合金、电镀镍-镉等，镀层的性质及性能指标如表2-8所示，电镀层标记如表2-9所示，电镀层布氏硬度如表2-10所示。

表2-8 镀层的性质及性能指标

名称	性质	性能指标
镀锌	锌层呈现淡蓝银白色，硬度为50~60HB，250℃以上易发生脆性	外观、厚度、结合力、耐蚀性（白锈，96h；红锈，316h）及氢脆性（200h）
镀银	银是一种白色金属，具有优良的润滑、导电、导热性、焊接性能，银镀层对钢铁为阴极性镀层，使用温度不超过760℃	外观、厚度、结合力、抗硫性、氢脆性（200h）、银纯度、可焊性
镀铜	铜层呈粉红色，质柔软，具有良好的导电性、导热性和延展性，易于抛光。铜镀层对钢铁为阴极性镀层，铜镀层适用于无须渗碳部位的零件局部保护	外观、厚度、结合力、孔隙率、氢脆性
镀镉	镉是柔软带银白色有可塑性的金属，镉镀层对钢铁为阴极镀层，镉镀层比锌镀层耐蚀性更好；在70℃以上的热水中镉镀层比较稳定，在含有SO_2、CO_2及有机物气氛的腐蚀性介质中，镉镀层比锌镀层的防蚀性能差。工作温度在232℃以上时易于导致零件发生脆性，镉盐毒性大，镉镀层用于防腐、导电和润滑等性能	外观、厚度、结合力（划格法，不脱落）、耐蚀性（白锈（钝化膜），96h；红锈（锌层），336h）及氢脆性
镀铬	铬层为带浅蓝的银白色，硬度为490~1200HV，铬的电极电位比铁低，但在空气中有强烈的钝化能力，使铬的电极电位高于铁，铬镀层对钢铁为阴极镀层，对铜及铜合金（黄铜除外）为阳极镀层。铬层用于防腐、装饰、导电等性能	外观、厚度、结合力、耐蚀性、氢脆性、可焊性
镀锡	锡层为银白色，硬度为12~20HB，无光泽的锡镀层经热熔后呈现光亮外观。锡镀层对钢铁为阴极镀层，对铜及铜合金（黄铜除外）为阳极镀层，镀锡层用于防腐、装饰、导电等性能	外观、厚度、结合力、耐蚀性、氢脆性、可焊性
镀镍	镍层是微带米黄色的银白色，具有铁磁性，当温度为360℃时失去磁性，具有耐碱和弱酸的性能。镍镀层具有良好的抗氧化性，在300~600℃条件下，能防止钢制零件的氧化，硬度比金、银、铜、锌、锡等高，但低于铬和铑金属，具有铁磁性	外观、厚度、结合力、抗氢脆性
镀锌-镍合金	镀锌-镍合金层呈现光泽的灰色或银白色，是一种中等密度的材料，钝化后呈彩虹色、黑色及蓝白色等，具有防大气腐蚀和高耐蚀性	外观、厚度、结合力、耐蚀性（白锈，240h；红锈，500h）及氢脆性（200h）

续表

名称	性质	性能指标
镀镍－镉合金	镍镉合金外观为橄榄色、灰色至黑色，属于中温防护镀层，它在500℃以下，能很好保护钢不被腐蚀和氧化，并具有一定的耐冲刷能力。电极电位为－0.68V，对低合金钢、不锈钢为阳极镀层，当表面镍镉合金层被腐蚀或冲刷掉而裸露出镍底层以后，则裸露部分不再有阳极保护能力，而是和镍镀层一样对钢基体为阴极保护层	外观、厚度、结合力、耐热性、耐蚀性

表2-9 表面电镀层标记[35]

表面处理名称	旧标记	新标记	使用说明
镀锌	D·Zn×	Ep·Zn×	电镀锌×μm以上
镀锌彩虹色钝化	D·Zn×·DC	Ep·Zn×.c2C	电镀锌×μm以上，彩虹色铬酸盐处理2级C型
镀锌白色钝化	D·Zn×·DB	Ep·Zn×.c1B	电镀锌×μm以上，白色铬酸盐处理1级B型
镀锌三价铬彩虹色钝化	D.Zn(Cr^{3+})·DC	Ep.Zn(Cr^{3+})×.c2C	电镀锌×μm以上，宜用三价铬彩虹色处理
镀锌－镍合金	D.Zn–Ni·DC	Ep.Zn–Ni×.c2C	镀锌－镍合金彩色钝化
镀银	D·Ag×	Ep·Ag×	电镀银×μm以上
多层镀银	D·Cu×/Ag×	Ep·Cu×/Ag×	电镀铜/银×μm以上
镀铜	D·Cu×	Ep·Cu×	电镀铜×μm以上
单层镀黄铜	D·78CuZn×	Ep·Cu(78)–Zn×	电镀黄铜，铜含量为78%，电镀×μm以上
镀镉	D·Cd×	Ep·Cd×	电镀镉×μm以上
镀镉彩虹色钝化	D·Cd×·DC	Ep·Cd×.c2C	电镀镉×μm以上·彩虹色铬酸盐处理2级C型
镀硬铬	D·YCr×	Ep·Cr×.hd	电镀硬铬×μm以上
镀乳白色铬	D·RCr×	Ep·Cr×.o	电镀乳白色铬×μm以上
镀黑铬	D·HCr×	Ep·Cr×.bk	电镀黑铬×μm以上
镀装饰铬	D·L3Cu×/Ni×/Cr0.3	Ep·Cu×Ni×Cr0.3b	电镀铜×μm 电镀光亮镍×μm 镀铬0.3μm以上
镀锡	D·Sn×	Ep·Sn×	电镀锡×μm以上
镀镍	D·Ni×	Ep·Ni×	电镀镍×μm以上
光亮镀镍	D·L2Ni×	Ep·Ni×b	电镀光亮镍×μm以上

续表

表面处理名称	旧标记	新标记	使用说明
镀暗镍	D·Ni×	Ep·Ni×m	电镀暗镍×μm 以上
镀黑镍	D·HNi×	Ep·Ni×bk（或 Ep·Zn×Ni×bk）	镀黑镍×μm 以上
半光亮镀镍	D·L1Ni×	Ep·Ni×s	电镀半光亮镍×μm 以上
电镀锌镍合金	D·ZnNi×·DC	Ep.Zn–Ni×·c2C	电镀彩色锌镍×μm 以上
电镀镍镉合金	D·NiCd×·DC	Ep.Ni–Cd×·c2C	电镀彩色镍镉×μm 以上

注："×"表示电镀层的厚度。

表 2-10 电镀层布氏硬度[34]

镀层名称	制取方法	硬度/HB	镀层名称	制取方法	硬度/HB
镀锌层	电镀法	50~60	镀镍层	热溶液中镀镍	140~160
	喷镀法	17~25		预镀镍	300~500
镀镉层	电镀法	12~60		光亮镀镍	500~550
镀锡层	电镀法	12~20	镀银层	电镀法	60~140
	热浸法	20~25	镀铑层	电镀法	600~650
镀铜层	电镀法(酸性镀铜)	60~80	镀金层	电镀法	40~100
	电镀法(氧化镀铜)	120~150	镀铂层	电镀法	600~650
	喷镀法	60~100	镀铅层	电镀法	3~10
镀铁层	在热的氯化物溶液	80~150	镀黄铜层	喷镀法	60~100
	在冷的氯化物溶液	150~200	镀铬层	电镀法	400~1200(HV)
	在硫酸溶液	150~200	—	—	—

2.5.3 化学转化膜

化学转化膜又称金属转化膜，是通过化学或电化学方法在金属表面形成稳定的化合物膜层的方法。转化膜包括氧化、钝化、磷化、着色、氟硼化及草酸盐处理等。具体原理、功能及性能指标如表 2-11 所示，化学转化膜标记如表 2-12 所示。

表 2-11 化学转化膜原理、功能及性能指标

名称	原理	功能	性能指标
钢铁氧化	用化学、电化学或热加工等方法，在金属上制备一层人工氧化膜的过程，称为钢铁氧化，又称发蓝。氧化处理后零件表面形成一层保护性氧化膜，膜厚度为 0.6~1.5μm	(1)氧化膜色泽美观、弹性好、膜层薄，常用于机械、精密仪器、仪表、武器和日用品的防护；(2)氢脆性低，常用于高强度钢一般工况短期耐腐蚀防护	外观(黑色、灰黑色等)、耐蚀性(硫酸铜点滴试验≥20s)、脆性(氢脆试样 200h 不断)

续表

名称	原理	功能	性能指标
钢铁磷化	钢铁零件在含有锰、铁、锌、钙等磷酸盐溶液中进行化学处理,使其表面生成一层难溶的磷酸盐保护膜的方法称为磷化,磷化膜是一种无机盐膜,主要成分为磷酸盐或磷酸氢盐,厚度一般为 $1\sim50\mu m$ 不等	(1)提高钢铁基体的抗腐蚀能力; (2)磷化膜具有润滑功能,用于冷变形润滑; (3)磷化膜具有较高的电绝缘性; (4)磷化膜微孔结构,对油类、涂层具有良好吸附能力,用作涂装底层	外观(暗灰至灰黑色)、耐蚀性(点滴试验≥2min)、氢脆性(200h)
不锈钢高温合金钝化	使不锈钢、高温合金等活性金属或合金表面转化为不易被氧化的状态,而延缓其腐蚀速度的方法,称为钝化	提高不锈钢、高温合金产品的防腐蚀能力	外观(钝化前本色或金属色泽)、耐蚀性(奥氏体不锈钢氯化钠浸试验≥24h)、膜层完整性(浸渍试验≥5min)
钛合金氟硼化	钛合金零件在氟酸盐溶液中进行化学处理,使其表面生成一层难溶的氟酸盐保护膜的方法	具有减磨润滑功能,可有效解决钛合金类基材产品镦制拉/划伤及模具损伤问题	外观(根据不同材料牌分为灰黑色、黑褐色或黑色)
不锈钢草酸盐处理	不锈钢零件在草酸盐溶液中进行化学处理,使其表面生成一层难溶的草酸盐保护膜的方法	具有减磨润滑功能,有效解决不锈钢类基材产品镦制拉/划伤及模具损伤问题	外观(草绿色或墨绿色)

表 2-12 化学转化膜标记[35]

表面处理名称	旧标记	新标记	使用说明
化学氧化	H·Y	Ct·O	化学氧化
磷化	H·L	Ct·Ph	钢铁磷化
锌盐磷化	H·L(Zn)	Ct·ZnPh	钢铁锌盐磷化
锌盐磷化后铬酸盐封闭	H·L(Zn)·GF	Ct·ZnPh·Cs	钢铁锌盐磷化后铬酸盐封闭
锌盐磷化后乳化	H·L(Zn)RuZn^{-3}	Ct·ZnPh·E	锌盐磷化后乳化
磷化后浸漆	H·LGF/T·×98-1(浸)	Ct·Ph·Cs·a(×98-11)	磷化后浸漆
磷化后涂油	H·L·GF/涂油	Ct·Ph·Cs·f	磷化后涂油
化学钝化	H·D	Ct·P	化学钝化
镀锌+磷酸盐氧化+憎水处理	D·Zn+H·L+ZS	Ep·Zn+Ct·Ph+Hy	镀锌后化学氧化磷酸盐处理后憎水处理

续表

表面处理名称	旧标记	新标记	使用说明
镀镉+磷酸盐氧化+憎水处理	D·Cd+H·L+ZS	Ep·Cd+Ct·Ph+Hy	镀镉后化学氧化磷酸盐处理后憎水处理
氟硼化处理	H·F	Ct·Bf	氟硼化处理
草酸盐处理	H·C	Ct·Ox	草酸盐处理

2.5.4 阳极氧化

阳极氧化是在通电作用下利用氧化还原反应,在电解质溶液中将金属或合金的制件作为阳极,施加电流使其表面发生氧化生成氧化物薄膜的技术。金属氧化物薄膜改变了表面状态和性能,如表面着色,提高耐蚀性、增强耐磨性及提高硬度等。如铝及铝合金硫酸阳极化、硬质阳极化、铬酸阳极化、钛及钛合金蓝色阳极化、脉冲阳极化等。具体原理、功能及性能指标如表2-13所示,电化学转化膜标记如表2-14所示。

表2-13 阳极氧化原理、功能及性能指标

名称	原理	功能	性能指标
铝及铝合金硫酸阳极化	铝及铝合金置于硫酸电解液中作为阳极进行电解处理,使其表面生成一层阳极氧化膜的过程,称为铝及铝合金硫酸阳极化	提高铝及铝合金的抗腐蚀能力,增强耐磨性,提高绝缘性,美化外观,提高与漆膜的结合力,可作为涂装的底层使用	外观(乳白、黄绿色等)、膜厚($4\sim25\mu m$)、耐蚀性(中性盐雾$\geq336h$)
铝合金铬酸阳极化	铝及铝合金置于铬酸电解液中作为阳极电解处理,使其表面生成一层阳极氧化膜的过程,称为铝及铝合金铬酸阳极化	铬酸阳极氧化膜较薄、孔隙少,适用于精密零件蚀防护,耐蚀性不如硫酸阳极氧化膜;膜层与有机材料结合力好,可作为良好的涂装底层	外观(瓷质的浅灰色深灰色)、膜厚($2\sim5\mu m$)、耐蚀性(中性盐雾$\geq336h$)
钛及钛合金有色阳极氧化	在阳极氧化过程中通过特定的工艺条件(如不同氧化电压),使钛及钛合金表面获得有色(如蓝色、金黄色、紫色等)阳极氧化膜层	主要用于标识钛合金产品性能等级和作为有机涂层的底层使用,膜层较薄,耐磨性差	外观(蓝色、金黄色、紫色等)、膜厚($0.5\sim2\mu m$)

续表

名称	原理	功能	性能指标
钛及钛合金脉冲阳极氧化	在阳极氧化过程中通过控制脉冲电流和脉冲电压等工艺条件,使钛及钛合金表面获得氧化膜层	钛合金脉冲阳极化主要是防止接触腐蚀和抗划伤,提高耐磨性,防止螺纹粘接和咬死。钛合金脉冲阳极化分薄膜型(2~3μm)和厚膜型(8~10μm)薄膜主要用于有机涂层底层,厚膜在成品表层,主要作用是防接触腐蚀、提高耐磨性、抗划伤等	外观(黑灰色至浅灰色,当膜层厚度为 8~10μm 时,膜层颜色随钛合金牌号不同而异(如 TC4 浅褐色、TA15 浅黄色 TB3 浅灰色));膜厚:薄膜型(2~3μm)、厚膜型(8~10μm)

表 2-14　电化学转化膜标记[35]

表面处理名称	旧标记	新标记	使用说明
硫酸无色阳极氧化	D·Y(无)	Et·A(S) 或 Et·A(S)(CL)	铝合金硫酸无色阳极化(纯水填充)
硫酸阳极氧化	D·Y·GF	Et·A(S)·Cs	铝合金黄绿色阳极化(重铬酸钾填充)
磷酸阳极氧化	D·LY	Et·A(p)	铝合金磷酸阳极化
绝缘阳极氧化	D·JY	Et·Ai	铝合金绝缘阳极化
硬质阳极氧化	D·YY	Et·A×hd	铝合金硬质阳极化
瓷质阳极氧化	D·CY	Et·Apc	铝合金瓷质阳极化
草酸阳极氧化	D·CY	Et·A(O)	铝合金草酸阳极化
硫酸阳极氧化着红色	D·Y·Z(红)	Et·A(S)·Cl(RD)	铝合金硫酸阳极氧化着红色
硫酸阳极氧化着蓝色	D·Y·Z(蓝)	Et·A(S)·Cl(BE)	铝合金硫酸阳极氧化着蓝色
铬酸阳极氧化	D·GY·GF	Et·A(Cr)·Cs	铝合金铬酸阳极氧化后重铬酸钾填充
钛合金蓝色阳极氧化	Ti/D·Y(蓝)	Ti/Et·A(P)·Cl(BU)	钛合金磷酸蓝阳极氧化
钛合金金黄色阳极氧化	Ti/D·Y(金黄)	Ti/Et·A(P)·Cl(GD)	钛合金磷酸金黄色阳极氧化
钛合金薄型脉冲阳极化	Ti/D·Y2-3	Ti/Et·A(S-P)2~3	钛合金硫酸-磷酸薄型脉冲阳极化
钛合金厚型脉冲阳极化	Ti/D·Y8-10	Ti/Et·A(S-P)8~10	钛合金硫酸-磷酸厚型脉冲阳极化

注:"×"表示电化学转化膜的膜厚。

2.5.5 化学镀

化学镀是在无电流通过(无外界动力)时借助还原剂在同一溶液中发生氧化还原反应,从而使金属离子还原沉积到自催化基体表面上的一种镀膜方法。化学镀不需要外加电源,故又称无电解镀或自催化镀。与电镀相比,化学镀具有镀层均匀、针孔少、镀层结晶细致、不需要外加电源,且能在非金属表面沉积等特点。化学镀有化学镀镍、镀金及铜等。性质、功能及性能指标如表2-15所示,化学镀标记如表2-16所示。

表2-15 化学镀性质、功能及性能指标

名称	性质	功能	性能指标
化学镀镍	化学镀镍可分为 Ni-P 合金和 Ni-B 合金。有: (1)高磷工艺(HP),含磷10%及以上,属非磁性,随着磷含量增加,镀层的耐蚀性能也增加; (2)中磷工艺(MP),含磷6%以上,经热处理后镀层硬度增加; (3)低磷工艺(LP),含磷2%以上,有特殊力学性能,硬度可达HV700,韧性高,内应力低	耐蚀性、耐磨性好、高耐热、硬件度高、良好的导电性、焊接性和电阻性能、自润滑性	外观(钢灰色等)、厚度(3~60μm)、结合力(弯曲法)、硬度(按产品要求)及耐蚀性(红锈,48h)
化学镀铜	化学镀铜溶液主要由铜盐、还原剂、络合剂、稳定剂、pH值调节剂和其他添加剂去离子水溶液组成。化学镀铜的百分含量、密度、延展性低于电镀铜。抗拉强度、硬度和电阻高于电镀铜。密度为$(8.8\pm0.1)g/cm^3$,抗拉强度207~550MPa,延展率4%~7%,硬度200~215HV,电阻$1.92\mu\Omega\cdot cm$	印制电路制造过程中通孔镀工序,非导体材料表面金属化从而衍生出装饰性表面保护、电路互连、电子元器件封装、电磁屏蔽等系列功能性应用	外观呈粉红色,厚度(0.1~0.5μm)
化学镀银	化学镀银具有较好的光亮性、可焊性、抗变色性、耐腐蚀、较高的电导率和良好的导热性能、焊接性能、反光性能以及低成本、易操作等,在金属表面保护和防腐方面得到了广泛的应用	化学镀银在印制线路、电子工业、光学及装饰领域中用途广泛,几乎可以在任何金属及绝缘材料上施镀,但价格昂贵,镀银浴稳定性不够而限制了它的使用范围	外观应为银白色,无变色、起泡、异物等缺陷
化学镀金	具有优越的物理化学性能,特别是电阻率低、不易氧化,常用于电接触材料,在电子工业中广为应用。金膜能透过可见光、反射红外光和无线电波,能做光线选择过滤器及无线电波反射器	防止金属腐蚀和接触点表面氧化、保持良好导电性、耐磨性与可焊性、反光性	外观应为金黄色,无变色、起泡、异物等缺陷

表 2-16 化学镀标记[35]

表面处理名称	旧标记	新标记	使用说明
化学镀镍	H·Ni×	Ap·Ni×	化学镀镍×μm以上
化学镀铜	H·Cu×	Ap·Cu×	化学镀铜×μm以上
化学镀银	H·Ag×	Ap·Ag×	化学镀银×μm以上
化学镀金	H·Au×	Ap·Au×	化学镀金×μm以上

注:"×"表示化学镀的厚度。

2.5.6 涂覆

涂覆是通过喷、浸、刷等方法在基体表面形成一层功能性膜层,以改善材料表面性能,如提高材料表面的耐蚀性、耐磨性,改变外观等。涂覆层与基体材料完全不同,它以满足材料表面性能、涂层结合强度、适应工况要求、经济性好、环保为准则。涂层的种类繁多,如涂覆二硫化钼干膜润滑剂、涂铝、石墨、十六醇等。具体成分组成、功能及性能指标如表 2-17 所示,涂覆层标记如表 2-18 所示。

表 2-17 涂覆成分组成、功能及性能指标

名称	组成	功能	性能指标
涂覆二硫化钼干膜润滑剂	由二硫化钼、特种树脂、助剂、固化剂和稀释剂等组成,涂层平整光滑,耐蚀性好、施工方便、耐高温、质量稳定等特点	降低螺纹副旋合过程中摩擦阻力,降低干涉配合安装过程中压入力,防止钛合金材质与铝合金、复合材料等接触腐蚀等	外观呈黑色,检验性能有厚度、附着力、耐液性、耐脱漆剂、脆性、耐腐蚀性、耐磨寿命、承载能力等,具体指标要求见相应涂层技术条件,如 YSA001、Hi-shear292、AS5272、HB6688、Q/611S559 等
涂铝	由铝粉、特种树脂、助剂、固化剂和稀释剂等组成,涂层平整光滑,耐蚀性好、施工方便、耐温、质量稳定等特点	降低螺纹副旋合过程中摩擦阻力,降低干涉配合安装过程中压入力,防止钛合金材质与铝合金、复合材料等接触腐蚀等	外观呈金黄色,检验性能有厚度、附着力、耐液性、耐脱漆剂、脆性、耐腐蚀性等,具体指标要求见相应涂层技术条件,如 Hi-shear294、Q/611S558 等
十六醇	由十六醇溶质和溶剂组成,溶剂可以为有机溶剂,也可为去离子水	主要用于高锁螺母类产品,用于调整预紧力、锁紧以及松脱等性能。用于涂铝、涂二硫化钼涂层外表面,一方面可以保护涂层不被损伤,另一方面也可以起到辅助润滑的功能	外观表面光滑、平整、均匀,呈白色或灰白色或略带点有色薄膜,允许在螺纹根部有润滑剂集结,在环零件的外部、螺栓、销类零件的杆部最多允许有4处润滑剂集结,干涉性:平均安装力不大于7000N,单件安装不大于8500N,试件表面涂层不允许出现剥离、脱皮,涂层表面划痕不得可见金属基体。具体要求可参考 YSA002、Hi-shear305、AS87132、EN6117

表 2-18 涂覆层标记[35]

表面处理名称		旧标记	新标记		使用说明
涂十六醇(浸涂)		J·(十六醇)	Dp·CA		浸涂十六醇
涂铝(喷涂)		P·L×	Pt·Al×	Sp·Al×	喷涂铝
涂覆固体膜(MoS₂)	浸涂	J·MoS₂×	Pt·MoS₂×	Dp·MoS₂×	浸涂二硫化钼
	喷涂	P·MoS₂×		Sp·MoS₂×	喷涂二硫化钼
涂覆固体膜(石墨型)	浸涂	J·SM×	Pt·Gr×	Dp·Gr×	浸涂石墨
	喷涂	J·SM×		Sp·Gr×	喷涂石墨
漆类(喷涂)		P·Q×	Pt·漆的代号×	Sp·漆的代号×	喷漆

注:"×"表示涂覆层的厚度。

2.5.7 电泳

在外加直流电源的作用下,胶体微粒在分散介质里做定向移动,这种现象称为电泳,利用这种电泳现象使物质分离并吸附在材料表面的技术称为电泳技术。电泳技术分为阳极电泳和阴极电泳,若涂料粒子带负电,待涂工件为阳极,涂料在电场作用下在工件表面沉积成膜称为阳极电泳;反之,则称为阴极电泳,如电泳固化润滑膜、电泳阴极漆、阳极漆等。具体成分组成、功能及性能指标如表 2-19 所示,电泳层标记如表 2-20 所示。

表 2-19 电泳成分组成、功能及性能指标

名称	组成	功能	性能指标
电泳二硫化钼	由环氧树脂、二硫化钼、特种黏助剂等成分组成	耐红油、润滑、耐磨耐蚀	外观(灰色、黑灰色等)、厚度(5~20μm)、附着力(胶带法)、耐液体介质(30d)、磨损试验(耐磨寿命试验、承载能力试验)、耐热性(250℃±15℃,4h)、腐蚀试验(铝接触腐蚀试验:500h;中性盐雾试验:500h)

表 2-20 电泳层标记[35]

表面处理名称	旧标记	新标记	使用说明
电泳二硫化钼	D·Y(MoS₂)×	Eo·MoS₂×	电泳二硫化钼

注:"×"表示电泳膜的厚度。

2.5.8 真空离子镀膜

在真空条件下,通过靶材原子蒸发或溅射等方式在零件表面沉积各种金属或非金属薄膜。主要利用辉光放电将氩气离子撞击靶材表面,靶材的原子被弹

出而堆积在基板表面形成薄膜,如真空离子镀铝、银及氮化铬等。具体原理、功能及性能指标如表2-21所示,真空离子镀膜标记如表2-22所示。

表2-21 真空镀膜原理、功能及性能指标

名称	原理	功能	性能指标
真空离子镀铝	在真空条件下,通过蒸发或溅射等方式在基体表面沉积各种金属和非金属薄膜。主要利用辉光放电将氩气离子撞击铝靶材表面,铝靶材的原子被弹出而堆积在基板表面形成薄膜	防护、装饰、改善摩擦性能等	外观(黄色、白色及金黄色)、厚度($5\sim20\mu m$)、附着力(胶带法)、耐液体介质(30d)、耐脱漆剂(24H)、脆性试验(75%~80%,48℃,72h)、耐热性(250℃±15℃,4h)、腐蚀试验(乙酸盐雾试验:14d;交替浸渍试验:1000h)
真空离子镀银	真空离子镀银是在真空炉真空环境下,利用辉光放电将氩气离子撞击靶材(银靶材)表面,将靶材的银原子被弹出而堆积在基板表面形成薄膜	良好导电、导热、抗氧化、高温润滑和焊接等性能,属低氢脆、绿色环保镀覆	192h酸性盐雾试验,摩擦系数为0.2~0.4,厚度为$2\sim12\mu m$,结合力≥20N,硬度为$1.5\sim2GPa$,耐温达760℃,2h,纯度为99.99%
真空离子镀氮化铬	真空条件下,利用蒸发、辉光放电、弧光放电等物理方法,将膜层材料气化成原子、分子、离子,迁移至产品表面形成薄膜的表面镀膜技术。又称为真空镀膜、物理气相沉积镀膜	耐磨性、耐蚀性	外观、厚度

表2-22 真空离子镀膜标记[35]

表面处理名称	旧标记	新标记	使用说明
真空离子镀铝	Z·D(Al)×	PVD.Al×	离子镀铝
真空离子镀银	Z·D(Ag)×	PVD.Ag×	离子镀银
真空离子镀氮化铬	Z·D(CrN)×	PVD.CrN×	离子镀氮化铬

注:"×"表示真空离子镀膜的厚度。

2.5.9 后处理

后处理是指基体材料经过表面处理后的再加工技术,以进一步提高膜层的耐蚀性、保持镀层原有特性以及改变表面外观等,其中主要后处理技术有除氢处理、钝化、染色、油封等。具体原理、功能及性能指标如表2-23所示。后处理标记如表2-24所示。

表2-23 后处理原理、功能及性能指标

名称	原理	功能
银、铜及锡层防变色化处理	用封闭剂将镀层与空气隔开,防氧化变色	阻隔,防氧化变色
镀锌、镉钝化	电镀后经铬酸盐处理,在镀层上覆盖一层化学钝化膜	使镀层处理钝态,提高镀层防腐耐蚀性能
阳极化染色	阳极化膜层呈蜂窝状,对染料具有物理吸附作用	赋予膜层多种颜色
油封	使用防锈油将镀层与空气隔绝	提高防腐耐蚀能力
封闭处理	通过化学反应或物理方式,将金属表面或膜层表面缝隙、孔隙进行填充处理	使金属零件或零件表面膜层耐蚀能力得到提高
着色	在特定溶液中,以化学或电解的方法处理,在金属表面形成带颜色的膜层	美化外观、提高防腐能力、用于装饰等

表2-24 后处理标记[35]

表面处理名称	旧标记	新标记	使用说明
防变色	F·B	at	防变色处理
光亮铬酸盐处理	H.L2(Cr)	c1A	光亮铬酸盐处理
漂白铬酸盐处理	H.PB(Cr)	c1B	漂白铬酸盐处理
彩虹铬酸盐处理	H.DC(Cr)	c2C	彩虹铬酸盐处理
深色铬酸盐处理	H.SS(Cr)	c2D	深色铬酸盐处理
染色	R·S	dy	染色处理
油封	Y·F	os	油封处理
封闭	F·B	se	封闭处理
着色	Z·S	cl	着色处理

2.5.10 先进表面处理简述

随着科学技术的不断发展,先进的表面处理技术也随之发展,除上述表面处理工艺外,近几年出现一些新的先进表面处理工艺,主要有表面强化、纳米复合涂层、智能螺栓变色涂层等。

1. 表面强化

改善机械零件和构件表面性能,提高疲劳强度和耐磨性能的工艺方法,表面强化有时还能提高耐腐蚀性能。承受载荷的零件表面常处理最大应力状态,并在不同介质环境中工作。因此,零件失效和破坏也大多发生在表面或从表面开始,如在零件表层引入一定残余压应力,增加表面硬度,改善表层组织结构等,就能显著地提高零件的疲劳强度和耐磨性。表面强化方法一般分为表面热处理、表面化学处理和表面机械处理,具体原理、功能如表2-25所示。

表2-25 表面强化原理及功能

名称	原理	功能
表面热处理	对材料表面进行局部加热或冷却,以改变其组织结构和性能,包括正火、退火及淬火等	通过改变材料组织结构的方式来提高硬度(如耐磨性、抗疲劳性等)、改善力学性能(如强度、韧性、塑性等)、增加耐腐蚀性等
表面化学处理	一种重要的表面处理技术,可以改变材料表面的物理、化学和力学性能,从而提高材料的耐腐蚀性、耐磨性和耐热性等性能。它可以有效地改善材料的性能,为工业生产提供了重要的技术支持,含化学镀、电镀、解镀及激光处理等	根据处理方式不同,形成功能不一样,一般表现为防护装饰、导电、导热、抗氧化、润滑、焊接、耐腐蚀性、耐磨性及耐热性等性能
表面机械处理	通过机械力的作用,使材料表面发生塑性变形或冷却加工硬化,从而改善材料的表面性能,包括粗糙度、硬度、强度、韧性和耐磨性等。这种方法可以有效提高材料的使用寿命和性能。包含喷丸、激光冲击及滚压等	提高耐磨性、改善润滑性、增强强度和抗冲击性、提高电导率和导热性、增强耐蚀性和耐化学性、提高附着力及提升装饰性等

2. 纳米复合涂层

纳米复合涂层由两种或两种以上不同纳米(0.1~100nm)材料所组成的涂层,具有独特物理与化学特性,表现高硬度、耐磨、超润滑、耐高温、耐腐蚀及抗氧化等功能。主要有 Al_2O_3-SiO_2、TiN、AlTiN、ZrO 及 Ti-Ag 纳米复合涂层。其特点可改变表层组织状态,具有广泛的光学性质、高硬度、耐磨性、超强润滑、耐高温、耐腐蚀及抗氧化及良好的附着性能。可用脉冲电弧离子镀、用闭合磁场磁控溅射离子镀以及用电子束蒸发设备(EB-PVD)方法等制备,在航空、航天等领域应用较广,主要用来延长零件使用寿命。在一段时间内,国内外对此技术存在质疑。一方面对涂层功能性吃不透,设计有偏差;另一方面,对涂层关键性能没有掌握,认为涂层技术在其领域上应用效果不大,起不到功能性作用。因此,通常被戏称为"一件可穿可不穿的衣服"。然而,欧美国家无论是军用或民用航空发动机上应用动辄几千小时,甚至上万小时首次翻修寿命已经告诉我们,涂层发挥了不可取代作用。如该项技术已大量应用于刀具、轴承、航空发动机叶片及配套紧固件等产品上。

3. 智能螺栓变色涂层

智能变色螺栓顶部有一个感应器,随着螺栓的松紧,颜色会发生不同变化,即拧紧状态下是黑色,松动时变成红色(警示色),这样维护人员通过肉眼就可以看到螺栓是否松动,大大保障了设备的运行安全。变色螺栓,颠覆了传统创新,螺栓拧紧没拧紧一看就知道。其特点为先进的视觉指标系统,螺栓顶部感应盘颜色随螺栓载荷的变化而变化,不受摩擦等其他因素的影响,安全可靠,降低安全风险,经济实惠,可重复使用节约成本,通过螺栓松紧的载荷传播至感应盘显示不同的颜色。通过受压或压力变化传感器将信号传输到感应盘的受压涂层上,涂层发生颜色变化,再通过传感器更改颜色实时监测并显示螺栓松紧程度,螺栓内置有视觉指示系统,可以让颜色变化与紧固件拉伸比例,压力改变使透光率改变从而造成变色。智能变色螺栓能让平时维护维修工作变得更加省力,提升检查效率及时排除安全隐患。

参考文献

[1]《紧固件概论》编辑委员会. 紧固件概论[M]. 北京:国防工业出版社,2014.
[2]《工程材料实用手册》编辑委员会. 工程材料实用手册[M]. 北京:中国标准出版社,2001.
[3] 全国热处理标准化技术委员会. 金属热处理标准应用手册[M]. 北京:机械工业出版社,2005.
[4] 吴承建,陈国良,强文江. 金属材料学[M]. 2版. 北京:冶金工业出版社,2009.
[5] 成大先. 机械设计手册 常用工程材料[M]. 北京:化学工业出版社,2004.
[6] 安继儒. 中外常用金属材料手册[M]. 西安:陕西科学技术出版社,2005.
[7] 严彪. 不锈钢手册[M]. 北京:化学工业出版社,2009.
[8] 王正樵,吴幼林. 不锈钢[M]. 北京:化学工业出版社,1991.
[9] 陆世英,张廷凯. 不锈钢[M]. 北京:原子能出版社,1995.
[10] 宋为顺,赵先存. 高强不锈钢的进展与展望[J]. 重庆特钢,1993(1):6.
[11] 侯东坡,宋仁伯,项建英,等. 固溶处理对316L不锈钢组织和性能的影响[J]. 材料热处理学报,2010,31(12):61-65.
[12] 张胜寒,李娜,杨妮. 316不锈钢的晶间腐蚀行为的研究[J]. 汽轮机技术,2009,51(1):78-80.
[13] 单永兴. 沉淀硬化不锈钢的特点及其应用[J]. 江苏航空,1991,3:37.
[14] 杜大明,汪洋. 热处理对17-4PH不锈钢组织和性能的影响[J]. 热处理技术与装备,2012,33(1):30-32.
[15]《高温合金手册》编写组. 高温合金手册[M]. 北京:冶金工业出版社,1972.
[16] 黄乾尧,李汉康. 高温合金[M]. 北京:冶金工业出版社,2000.
[17] 冶军. 美国镍基高温合金[M]. 北京:科学出版社,1978.
[18] 师昌绪,仲增墉. 中国高温合金40年[J]. 金属学报,1997,33(1):1-8.
[19] 张文泉,董建新,张力,等. GH132合金长期时效组织稳定性[J]. 北京科技大学学报,

1997,19(5):441-445.
- [20] 王会阳,安云岐,李承宇,等. 镍基高温合金材料的研究进展[J]. 材料导报,2011,25(18):482-486.
- [21] 张翥,王群骄,莫畏,等. 钛的金属学和热处理[M]. 北京:冶金工业出版社,2009.
- [22] 胡隆伟,叶文君,齐跃,等. 紧固件材料手册[M]. 北京:中国宇航出版社,2014.
- [23] 倪沛彤,韩明臣,朱梅生,等. 热处理制度对TB2钛合金带材力学性能及显微组织的影响[J]. 钛工业进展,2012,29(6):19-21.
- [24] 张英明,韩明臣,倪沛彤,等. 热处理对TB3钛合金棒材组织和性能的影响[J]. 钛工业进展,2010,27(6):30-33.
- [25] 刘风雷. 我国航空钛合金紧固件的发展[J]. 航空制造技术,2000(6):39-55.
- [26] 王新南,朱知寿,商国强,等. 紧固件用Ti-45Nb合金热处理工艺研究[J]. 钛工业进展,2010,27(6):24-26.
- [27] 商国强,王新南,唐斌,等. 紧固件用Ti-45Nb合金丝材的性能评价[J]. 中国有色金属学报,2010,20(1):70-74.
- [28] 方昆凡. 工程材料手册. 有色金属材料卷[M]. 北京:北京出版社,2000.
- [29] 虞莲莲. 实用有色金属材料手册[M]. 北京:机械工业出版社,2001.
- [30] 瓦利金.N. 莫依谢耶夫. 钛合金在俄罗斯飞机及航空航天上的应用[M]. 董宝明,等译. 北京:航空工业出版社,2008.
- [31] 黄旭,朱知寿,王红红. 先进航空钛合金材料与应用[M]. 北京:国防工业出版社,2012.
- [32] 张英明,段启辉,韩明臣,等. 热加工对TB3钛合金棒材组织的影响[J]. 钛工业进展,2012,29(1):19-21.
- [33] 王祝堂. 铝合金及其加工手册[M]. 长沙:中南大学出版社,2000.
- [34] 张允诚,胡如南,向荣,等. 电镀手册[M]. 4版. 北京:国防工业出版社,2011.
- [35] 全国金属与非金属覆盖层标准化技术委员会. 金属镀覆和化学处理标识方法:GB/T 13911—2008[S]. 北京:中国标准出版社,2008.

第3章 紧固连接正向设计技术

3.1 技术概述

紧固连接正向设计技术是根据机械装备紧固连接的结构、功能、性能等需求,基于弹塑性力学理论、第三强度理论、第四强度理论等基础理论,运用考虑螺纹力学、连接结构变形协调过程等特征的计算方法和公式,开展紧固连接接头构型以及紧固件结构要素的设计和校核的技术。

紧固连接正向设计强调从需求拉动和技术推动出发,在消化、吸收现有技术和成果的基础上,从概念设计开始,系统考虑和优化机械装备中的连接接头和紧固件要素设计方法,设计并制造新结构、新功能产品,以消除逆向设计对仿制和抄袭的依赖。这种方法有助于减少故障风险、维护成本、消除我国在基础零部件自主设计能力上的薄弱点,提高机械装备的连接质量和可维护性,同时降低设计和制造的风险。

紧固连接正向设计流程如图 3-1 所示,本章后续内容按照此图展开。

此外,由于本章着重对比讨论了不同国家针对紧固连接设计校核方法的相同点与不同点,为降低读者的阅读难度,保证读者在阅读不同国家紧固连接设计指南时的适应性,本章所采用的变量一律遵循原始设计指南,因此可能存在多个变量对应一个含义的情况,请读者仔细查阅本章变量表(见附表 3-15)。

紧固连接设计的核心内容,通常包含四部分:外载荷输入、连接接头设计(见3.5节)、紧固件设计(见3.6节)与结构强度校核(见3.7节)。这些部分的核心内容与逻辑关系如图 3-2 所示。

紧固连接正向设计技术的核心设计内容可以分为两大部分:连接接头设计和紧固件设计。

1. 连接接头设计

连接接头的设计中,不同设计指南的设计思路和方法存在较大差异。较为简化的设计方法(见3.5.2节)是假设力的加载位置均为接触界面,通过简要的力学分析,保证螺栓的最大名义应力低于材料屈服极限即可,但这种假设与实际的螺纹连接接头载荷分布情况差异较大,因此只适用于设计精度要求不高的场景。较为精确的设计方法(见3.5.3节)则需要考虑载荷的实际引入位置,通过计算载荷分配系数来获取螺栓的最大名义应力。实际上,无论是简化方法还是复杂方法,其出发点均为强度极限的考量,而针对接头松动行为的计算,目前达成共识的仅为防止旋转松动的扭矩计算方法(见3.5.4节),国内外针对松动行为暂无完整的设计流程。

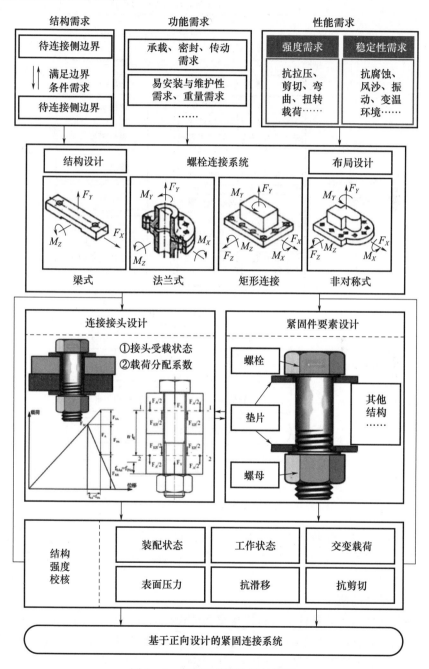

图 3-1 紧固连接正向设计流程

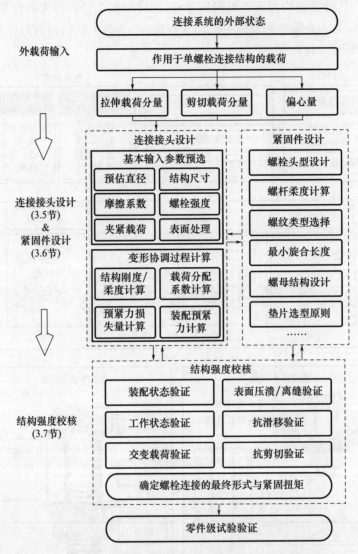

图 3-2 紧固连接设计的核心内容与逻辑关系

连接接头用于静载环境和动载环境时,需要分析结构在静载荷和动载荷下的变形协调过程与应力分布状态。在静载荷和动载荷下,接头设计通常需要侧重于不同内容。

1)静载荷的侧重点

在考虑静态负载条件下进行连接接头的设计时,侧重以下内容。

负载分析:确定连接接头所承受的静态负载,包括螺栓轴向力(螺栓的张力)、剪切力、扭矩等。这有助于确定连接接头的尺寸和性能要求。

结构设计：确定连接接头的几何形状、尺寸和布局，以确保它能够承受静态负载。

2）动载荷的侧重点

在考虑动态负载条件下进行连接接头的设计时，侧重以下内容。

振动分析：分析连接接头在振动或冲击负载下的应力和变形程度，以确定是否需要特殊的防松动措施，如锁紧结构或弹簧垫片。

疲劳分析：评估连接接头在循环负载下的耐久性，以避免疲劳断裂问题。

结构设计：选择连接接头类型和设计参数，以确保其能够在动态负载条件下保持可靠性。

2. 紧固件设计

紧固件的设计包括结构设计、性能、预紧力、防腐性和紧固件适配性等方面的设计，以确保设计的可靠性和性能满足需求。在本章中，主要介绍螺栓、螺母、垫片等紧固件的结构设计方面的内容。

1）螺栓结构设计

细分为头型设计、螺杆设计、螺纹选择、旋合长度计算等内容。

2）螺母结构设计

计算螺母的最小厚度与外径，螺母的最小厚度与旋合长度一致，最小外径则通过与被连接件接触区域的压力限制进行计算；介绍自锁螺母的典型结构，以及常见的自锁螺母。

3）垫片选型原则

介绍垫片的承载功能、隔离功能、弹簧功能，并提出了垫片的选取原则。

上述技术流程、设计内容是紧固连接正向设计技术的核心部分，在工程设计中起着指导作用，有助于确保连接的可靠性、安全性等，以满足特定应用的需求。需要提出的是，本章节主要探讨结构设计与力学性能相关内容，与性能匹配的材料、热处理、表面处理等内容可参照其他手册或相关内容（本书2.3节和2.5节）即可，本章不做过多描述。

3.2 连接接头定义与分类

连接接头设计是指在工程和制造领域中，对用于连接、固定或传递负载的机械部件或元件进行设计的过程。这些部件通常被设计成可以拆卸的，以方便组装、维护、修理或更换。连接接头通常包括连接件、被连接件以及其他防松、嵌件结构等，其形状、尺寸和材料根据特定应用的需求而变化。

连接接头设计的意义在于确保产品或结构的可靠性、安全性等，它不仅影响着装配和维护的便捷性，还直接关系到产品的质量、成本和寿命。合适的连接接头设计可以降低故障风险,减少维修和更换的频率,提高工程项目的效率,因而对各种领域的制造和工程工作具有深远的影响。

3.2.1 连接接头定义

连接接头(又称连接结构)是工程领域中的一个术语,指的是用于连接、固定或传递负载的机械部件或元件的总称。连接方式包括螺纹连接、铆接、焊接、销轴连接、键槽连接等,根据应用需求的不同,其形状、尺寸和材料也不同。连接接头用于连接构件、机械部件、管道、电子设备和其他各种组件,在各种工程和制造领域中广泛应用。其设计和选择通常要考虑载荷、材料、安全性、可靠性和易维护性等因素。

本章后续内容所讨论的连接接头只针对螺纹连接接头,并且主要以螺栓连接和螺钉连接为研究对象。

此外,为了保证分析过程清晰,我们需要明确预紧力、夹紧力、轴向力的定义。

预紧力(preload):在螺栓安装过程中拧紧力矩作用下的螺栓与被连接件之间产生的沿螺栓轴心线方向的力。需要注意预紧力的对象是螺栓,且特指安装时刻。许多文献中将"preload"翻译为"初始预紧力",这种翻译实际上是冗余的,"初始"和"预"意义重复。

夹紧力(clamp force):被连接件所承受的力。注意夹紧力的对象是被连接件。

轴向力(axial foce):螺栓与被连接件之间产生的沿螺栓轴心线方向的力。如果把安装作为 t_0 时刻,预紧力实际上是 t_0 时刻的轴向力,即初始轴向力。

3.2.2 连接接头类别

计算螺纹连接接头,连接结构必须抽象到其对应于一个可计算的力学模型,前提条件是力的传递。所有的理论计算方法,必须考虑其实际计算过程已经进行了大量的简化与理想化,因此计算出的结果只可能是近似于实际条件。使用适当的试验和数值方法,与计算相比,允许更好地表现实际条件。VDI 2230 指南提供了一个常见的连接结构表格,如表 3-1 所示,其中的情况原则上都能通过单螺栓连接模型来进行拆分、计算。单螺栓连接模型的类型需要根据外部载荷施加的方向来确定[1-2]。但需要注意的是,由于某些连接几何结构的计算质量要求较高,所采用的方法越来越专业化,使用通用的计算流程需要谨慎。

表 3-1 常见螺栓连接结构的受力与适用计算方法[3]

连接类型	单螺栓连接	多螺栓连接						
轴线	同心或偏心	在平面		轴对称			对称	非对称
	圆柱或棱柱体	梁	梁	圆板	密封垫圈法兰	平支承面法兰	矩形连接	多螺栓连接
几何结构	①	②	③	④	⑤	⑥	⑦	⑧
相关载荷	M_Y, F_Y M_Z, M_X F_Z, F_X	F_Y M_Z, F_X	F_Y M_Z, F_X	P	F_Y M_X M_Z P	F_Y M_X M_Z	M_Y, F_Y F_Z, M_Z, M_X F_X	M_Y, F_Y F_Z, M_Z, M_X F_X
受力情况	轴向力 F_A 横向力 F_G 工作力矩 M_B	轴向力 F_A 横向力 F_G 梁平面中的力矩 M_Z	轴向力 F_A 横向力 F_G 梁平面中的力矩 M_Z	内部压力 P	轴向力 F_A 工作力矩 M_B 内部压力 P	轴向力 F_A 扭矩 M_T 工作力矩 M_B	轴向力 F_A 横向力 F_G 扭矩 M_T 工作力矩 M_B	轴向力 F_A 横向力 F_G 扭矩 M_T 工作力矩 M_B
计算方法	VDI 2230 指南	VDI 2230 指南限制处理 附加条件的弯曲梁理论		层理论	DIN EN1591	VDI 2230 指南限制处理 简化模型限制处理		—
	有限元法(FEM)							

螺纹连接接头的形式虽然多种多样,但从设计的角度,根据外部载荷施加在接头的方向,基本可以分为两种。

如果外力作用线的方向全部或部分平行于螺栓的轴线,螺纹连接接头承受拉伸载荷,称为抗拉型螺纹连接接头,并且可以根据轴向载荷与螺栓轴线的关系细分为同心轴向加载与偏心轴向加载。

如果外力作用线的方向全部或部分垂直于螺栓的轴线,螺纹连接接头承受剪切载荷,称为抗剪型螺纹连接接头[1-2]。

两种螺纹连接接头典型示意如图 3-3 所示。对于既承受拉伸载荷又承受剪切载荷的螺纹连接接头,通常按承受的最大载荷方向来划分为抗拉型还是抗剪型螺纹连接接头。

螺纹连接接头类型的划分非常重要。两种螺纹连接形式对载荷的响应方式、失效模式、安装方式都有很大的差异。通常,抗拉型螺纹连接接头相比抗剪型更为复杂,且应用更加普遍。

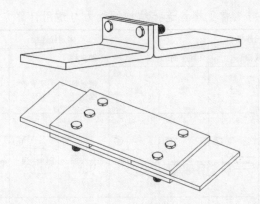

图3-3 抗拉型与抗剪型螺纹连接接头的典型示意

1. 抗拉型螺纹连接接头

在抗拉型螺纹连接接头中,螺栓的主要作用是夹紧被连接件,产生足够的力以防止它们分离或松动。当连接接头同时承受剪切载荷时,螺栓还必须防止被连接件之间的相对滑动。因此,螺栓必须具有足够的预紧力,以保证在受振动、冲击、热循环等环境条件下不发生松动;然而,螺栓内部过高的预紧力又不利于其疲劳性能。总体来说,螺栓内部应具有足够但不过高的预紧力,预紧力的设计尤为关键。

在处理抗拉型螺纹连接接头时,需要关注以下两个关键点:

首先,螺栓的作用是在被连接件之间产生夹紧力(被连接件的受力)并保持其稳定;其次,连接接头的性能与夹紧力的大小和稳定性密切相关。同时,当螺栓存在预紧力时,需要关注螺栓的寿命和完整性。因此,需同时关注被连接件之间的夹紧力和螺栓的预紧力。

正常拧紧螺栓时,虽然一些螺纹可能会发生塑性变形,但绝大部分螺纹和被连接件发生弹性变形。被连接件会发生微小的压缩弹性变形,而螺栓会发生一定量的弹性拉伸变形。实际上,被连接件和螺栓的行为类似于刚性弹簧,其中一个被压缩,另一个被拉伸,如图3-4所示。此外,在形变过程中,结构会存储能量。如果外部限制突然松开,它们将迅速恢复部分尺寸形状。当螺栓拧紧并将扳手移开时,存储的能量使螺栓在被连接件之间产生重要的轴向力。

2. 抗剪型螺纹连接接头

在某些连接接头中,利用被连接件之间的摩擦力来抵抗相互滑移,这种类型的连接称为抗剪型螺纹连接接

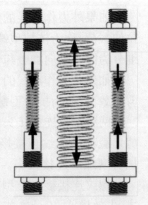

图3-4 抗拉型螺纹连接接头的简化示意图

头。这些摩擦力是由夹紧力产生的,而这种夹紧力是由螺栓产生的。在这类接头中,螺栓的主要作用是防止被连接件在滑移方向上发生相对位移或撕裂。同时,连接接头可能还需要承受部分抗拉载荷。

因此,在这种情况下,螺栓的作用是生成和维持轴向力,而这种力的大小和维持时间与螺栓在安装过程中存储的能量有关。与抗拉型螺纹连接接头不同,抗剪型螺纹连接接头不需要过于关注螺栓内部预紧力的精确大小,因为外部载荷对螺栓的预紧力影响较小。

螺纹连接接头在使用和设计中常常引发多种问题。一部分原因在于这种连接结构的状态随着外部环境的影响而不断改变。另一个普遍原因是,安装、服役过程受到多达数十到数百种变量的影响,许多变量无法精确控制或测量。这种输入分散性使得螺纹连接接头的性能和行为更加难以准确预测。

3.3 连接接头外部载荷形式

连接接头外部载荷主要包括静载荷、动载荷和热载荷等。静载荷是指恒定不变的外部负载,通常导致连接接头的弹性变形与静载失效;动载荷是指频率、幅值变化的负载,如振动或冲击,可能引发疲劳破坏和松动问题;热载荷是由温度变化引起的连接接头的热膨胀或收缩而导致的连接性能变化。对于连接接头的设计和评估,必须考虑这些外部载荷形式,以确保连接在不同工作条件下都能够保持稳定和可靠。

3.3.1 静载荷

连接接头的静载荷是指在连接接头上施加的恒定不变的外部负载,通常不存在明显变化或振动。这种类型的负载可能导致连接接头的弹性变形甚至静载失效,因此在连接接头的设计和评估中,需要确保连接的刚度和强度足够大,以抵抗这些静态负载,维持连接的稳定性和可靠性。静载荷的考虑是确保连接接头在静态负载环境中执行连接功能而不发生大变形、破坏的关键因素。

静载荷失效通常包括两种主要形式:拉伸失效,即由于受到过大的拉力而导致紧固件的断裂;剪切失效,是由于受到过大的横向剪切力而导致连接副松动或断裂。在连接接头的设计和评估中,必须针对不同的静载荷形式进行针对性的计算分析。

载荷按加载方向的不同,可分为同轴、偏心、弯曲、扭转等多种类型。但无论加载方向是哪些类型,最常用的失效判定都是通过轴向拉伸失效、剪切失效准则来判断。具体判定准则根据轴向、剪切载荷分量的大小来决定,通常仅需要评估主要的载荷分量对结构的影响,但两种载荷的分量都较大时除外。

值得提出的是,许多人的直觉是,螺栓的轴向力等于螺栓预紧力与轴向外载荷之和,即当螺栓预紧力为 20kN、轴向外载荷为 10kN 时,螺栓的轴向力为 30kN,这种理解是常见且错误的,错误地高估了螺栓的工作轴向力。同时,还有部分设计者认为当轴向外载荷小于螺栓预紧力时,螺栓的轴向力仍然等于预紧力,即在上面的示例中,螺栓的轴向力仍为 20kN,这种理解同样是错误的,错误地低估了螺栓的工作轴向力。前者在工程实际中导致的问题是选用的螺栓型号过大,螺栓的承载性能安全系数更高但同时较大的螺栓公称直径意味着防松性能的下降;而后者则会导致选择的螺栓型号较小,虽然螺栓的防松性能更好,但连接结构抵抗较高载荷的能力下降,有可能导致螺栓的断裂。

由于变形协调过程的存在,一部分轴向外载荷会以一定的比例分配到螺栓的轴向力中,另一部分则抵消了被连接件的夹紧力。因此,为了准确评估螺栓连接结构的承载极限,最核心的内容是计算出轴向外载荷分配到螺栓上的比例,称为载荷分配系数。事实上,这也是 VDI 2230 指南[3-4]等各种现行设计手册的基础与核心内容。载荷分配系数的计算难度与载荷形式的复杂程度呈正相关。同轴加载下,载荷分配系数仅与螺栓、被连接件的柔度有关。

1. 螺栓的拉伸失效

假设有一个轴向拉伸载荷 F_A 作用在螺纹连接结构上,作用方向是使被连接件分离。如果螺栓在未引起被连接件分离的情况下断裂,则作用在螺栓上的力 F_S 必定大于螺栓的抗拉强度[5]。

$$F_S = F_0 + \frac{\delta_P}{\delta_S + \delta_P} F_A \tag{3-1}$$

从式(3-1)推导出的下列公式(式中螺栓的抗拉强度记为 σ_S)成立:

$$F_S = F_0 + \frac{\delta_P}{\delta_S + \delta_P} F_A \geq A_s \sigma_S \tag{3-2}$$

式中:下标 S 表示螺栓,下标 P 表示被连接件;δ_P 为连接件柔度;δ_S 为螺栓柔度;F_0 为螺栓预紧力;$\frac{\delta_P}{\delta_S + \delta_P}$ 为同轴拉伸载荷作用下螺栓的载荷分配系数计算公式。所以,当系统拉伸载荷作用在螺栓上时,可以保证拉伸载荷下螺栓不断裂。

$$F_A \leq \frac{\delta_S + \delta_P}{\delta_P} (A_s \sigma_S - F_0) \tag{3-3}$$

式中:A_s 为螺纹等效应力截面积。

如果在被连接件分离后螺栓断裂,作用在螺栓上的力 F_S 等于系统轴向拉伸载荷 F_A。这时,为保证螺栓不断裂,下式需成立:

$$F_S = F_A \leq A_s \sigma_S \tag{3-4}$$

在较大外载荷下,若被连接件分离,螺栓很可能由塑性变形引起断裂。因此,按照式(3-4)进行校核。

2. 螺栓的剪切失效

当两个被连接件被螺栓轴向预紧力紧固时,在垂直于螺栓轴向的外部剪切载荷作用下将发生滑动。

为保证螺栓在剪切作用下不失效,式(3-5)在螺栓承受剪切载荷的条件下适用[3]。

$$F_{KQ} \leq A_\tau \tau_B + F_0 \mu_{CS} \tag{3-5}$$

式中:F_{KQ} 为螺栓承受的横向载荷;F_0 为螺栓的轴向预紧力;A_τ 为剪切面上的螺栓杆部有效截面积;μ_{CS} 为两个被连接件间接触表面的摩擦系数;τ_B 为螺栓的剪切强度。

在发生滑动的情况下,如果螺栓已经发生了塑性变形而被拉长,螺栓预紧力 F_0 降为 0,结果导致剪切断裂。式(3-5)中的 F_0 等于 0,为保证结构不失效,应当保证下式成立:

$$F_{KQ} \leq A_\tau \tau_B \tag{3-6}$$

3.3.2 动载荷

动载荷是指在连接中施加的频率或幅值变化的外部负载,如振动、冲击等。这些动态负载可以在连接中引发疲劳破坏、松动等问题,对连接可靠性产生重要影响。在连接接头设计中,必须详细分析和考虑动载荷的特性和振动频率,以确定适当的连接类型、材料和尺寸。抗疲劳性能、防松性能等方面的工程措施也需要考虑,以确保在振动环境中保持连接可靠性,防止不可预测的故障或失效,尤其在航空航天、汽车工业和机械制造等需要高稳定性的应用场景中。

动载荷下的失效通常发生在拉伸方向的循环载荷下,因此在正常的摩擦型螺栓连接结构中,往往是抗拉型螺栓(注意不是被连接件)、抗剪型被连接件(注意不是螺栓)会发生疲劳失效。特殊地,铰制孔螺栓连接为螺栓杆直接承受剪切疲劳载荷,失效形式为螺栓杆剪切疲劳断裂。但这种连接通常是非正常的,需要在设计中避免。

针对动载荷的计算分析将在 3.5.2 节与 3.5.3 节中展开讨论,此处不再赘述。

3.3.3 热载荷

热载荷是指由于温度变化引起的各个连接接头不均匀的热膨胀或收缩,导致连接接头内部出现二次变形协调过程,从而产生的负载。本质上,温度变化会导致连接接头的尺寸变化,进而影响接头连接性能。在连接接头的设计校核中,需考虑服役温度和变化幅度,并采取适当补偿措施,例如使用热膨胀补偿元件或选择合适的材料,以确保连接在设计温度范围内都能够维持其功能和稳定性。连接接头的热载荷管理对于航空航天、汽车工业、核电和电子设备等应用领域都具有重要意义。热载荷引起螺栓受力变化的机理如下[6]:

1. 热载荷的影响机理

1)螺栓螺母连接副和被连接件之间温差的影响

除螺母和螺栓头部承载面等接触面外,螺栓结合部的温度通常分布均匀。如果螺栓螺母连接副和被连接件之间的温度差超过某一值,螺栓的受力就会发生很大变化。螺栓预紧力变化的近似值可以通过螺栓螺母连接副和被连接件的平均温度来估计。

2)螺栓螺母连接副和被连接件材料匹配的影响

即使紧固连接结构温度分布均匀一致,螺栓螺母连接副和被连接件之间不同的材料组合也会影响螺栓预紧力变化。这是因为两者之间的线性膨胀系数 α_{ex} 的差异产生了不同的热膨胀变形。由于螺栓预紧力的变化与 α_{ex} 的差异成正比,因此,材料线性膨胀系数差异会导致螺栓预紧力变化。

3)螺栓长度影响

热载荷引起的伸长或收缩量 δ 与物体的原始长度 L 成正比。在实际连接中,当使用公称直径相同的较长螺栓时,由于刚度变化,螺栓预紧力的变化幅值会增加。使用长螺栓对提高疲劳强度是有效的,然而在热载荷作用下,长螺栓会使得螺栓预紧力变化较大,可能会出现意料以外的失效。

4)连接结构随时间变化的影响

一般地,在加热或冷却初始阶段,螺栓预紧力在较短时间内达到最大值,然后减小并趋于一个常数。接头材料导热系数变小,则螺栓预紧力最大值增大。例如,不锈钢材质螺栓连接结构的螺栓最大预紧力随连接接头受到的热流增加而增加。

5)热流方向的影响

当连接结构承受热载荷时,多数情况是与热流方向垂直或沿螺栓轴线方向。前一种情况下,由于上下被连接件之间在热流方向的热膨胀差异,除了引起螺栓预紧力变化外,还会产生一定大小的弯矩。后一种情况是热载荷作用于螺栓头一侧或螺母一侧的被连接件。此外,当热量由被连接件径向沿螺栓轴向流动时,被连接件温度必然高于螺栓螺母温度。这种情况下,若连接结构各部件材料相同,螺栓预紧力会增大。若螺栓、螺母的线膨胀系数大于被连接件,则随着时间推移,螺栓预紧力会减小。一个常见的例子,不锈钢材质螺栓、螺母和碳钢材质被连接件的连接,螺栓预紧力在热载荷作用下会明显降低,原因是不锈钢的线膨胀系数大约是碳钢的 1.5 倍。

6) 杨氏模量温度依赖性对刚度降低的影响

杨氏模量通常随温度升高而减小。当连接接头各部件材料相同并经过相同温度变化时,它们产生的热应变、伸长量也相等。然而,由于材料弹性模量的降低,螺栓预紧力也会降低。例如,在管道法兰连接中广泛使用的垫圈刚度会在高温下大大降低,可能导致螺栓预紧力显著降低。

7) 连接接头周围环境条件变化的影响

当连接结构表面换热系数较大时,由于表面温度和内部温度呈梯度变化,可能会导致螺栓预紧力减小。例如,大型机械或结构在高温下运行且位于室外,如果表面温度由于降雨或其他原因发生重大变化,螺栓预紧力可能会发生显著变化。

8) 热流通过连接结构界面或小间隙造成的影响

通过界面和小间隙的热流量可用热接触系数 h_c 和表观热接触系数 h_e 定量评价。由于热接触系数随接触体的导热系数、维氏硬度、接触压力和表面粗糙度等变化而变化,因此 h_c 的值取决于连接结构材料、表面状态和拧紧程度。因此,当连接结构受到热载荷时,被连接件之间热膨胀差异引起接触压力变化,那么 h_c 的值随之变化。

热载荷会对预紧力产生一定的影响,主要包括两个方面:温度变化引起的塑性变形以及热膨胀不均引起的构件间的相对运动。

温度升高引起的塑性变形主要包括两类:第一类是温度变化引起材料属性变化使得材料在温度升高后持续屈服;第二类是蠕变带来的轴向力下降。工作于较高温度下的机械结构,其材料都可能发生蠕变,螺栓连接也不例外。在较高温度下,一般材料的弹性模量也都会变小,而螺栓预紧力主要生成于初始应变,因此预紧力会出现较明显的下降。温度变化还会使螺栓在轴向方向塑性变形并导致预紧力下降。螺栓连接中的金属材料力学特性会随温度变化,弹性模量、屈服强度和拉伸极限等随温度升高而降低,材料的蠕变参数随温度升高而呈指数式增加。在高温环境中材料更易屈服且蠕变速率增大。

温度变化会导致螺栓连接中各部件间变形不协调产生相对运动[7-8]。热膨胀不均引起的相对运动主要包含两个方面:被连接件之间的相对运动以及螺栓膨胀引起的径向相对运动。由于内外螺纹材质的不同,温度差异会引起内外螺纹径向的热膨胀不一致,变形产生的切应力可能导致接触面上产生径向的相对滑动,在松退力矩的作用下,螺纹连接很可能开始松动。

2. 热载荷下连接接头受力计算方法

为了研究热载荷作用下螺栓预紧力变化,通常需要引入数值分析方法,尤其是加热时间不久的螺栓连接瞬时状态。另外,当温度场在足够长时间后处于稳定状态,连接结构各部件温度梯度不是很大时,可以用理论分析方法获得螺栓预紧力变化的近似值。

由于温度变化涉及复杂非线性问题,理论计算需要经过大量简化才能实现。各类紧固连接设计方法对温度影响的解决方案有不同的简化思路。下面列出了福冈俊道(Toshimichi Fukuoka)专著[5]、VDI 2230 指南[3-4]、ECSS 紧固件手册[9]对温度的计算方法。三者均主要关注螺栓与被连接件材料膨胀量的不同产生的二次变形协调过程导致的预紧力损失;其中福冈俊道专著给出的计算方法最为简化,将变形体假设为圆柱,且杨氏模量为定值;VDI 2230 指南则考虑到了不同温度下的杨氏模量变化;ECSS 紧固件手册对温度的计算则最为详细。为了方便读者阅读并返回查阅相关手册,下面将保持原著的变量编写方法并给出变量解释,不做统一修改。

1) 简化的热载荷计算方法

热载荷作用下的螺栓连接预紧力变化如图 3-5 所示。实际螺栓连接中,温度分布规律较复杂,但利用连接结构各部件的平均温度,可推导出计算螺栓预紧力变化的简单公式。螺栓螺母连接副和被连接件的温升分别为 ΔT_b 和 ΔT_f,线膨胀系数分别为 α_b 和 α_f,杨氏模量分别为 E_b 和 E_f。

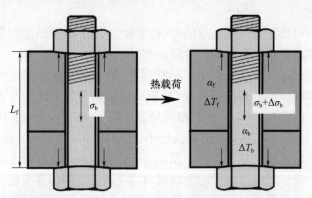

图 3-5 热载荷作用下螺栓连接预紧力变化

螺栓杆和被连接件应力变化分别用 $\Delta\sigma_b$ 和 $\Delta\sigma_f$ 表示。螺栓杆应力 σ_b 用螺栓圆柱截面积 A 来定义,其直径等于公称直径 d。为了简化分析过程,将被连接件视为薄壁圆柱体,由于其外径较小,因此压缩变形是均匀的。螺栓螺母连接副和被连接件的位移和力平衡方程可表示为

$$\alpha_b L_f \Delta T_b + \frac{\Delta\sigma_b}{E_b} L_f = \alpha_f L_f \Delta T_f + \frac{\Delta\sigma_f}{E_f} L_f \quad (3-7)$$

$$\Delta\sigma_b A = -\Delta\sigma_f A_f$$

式中:L_f 为夹持长度;A_f 为被连接件的截面积。

联立式(3-7)的两个方程,求解得到 $\Delta\sigma_b$ 和 $\Delta\sigma_f$。代表轴向刚度的 AE_b/L_f

和 $A_f E_f/L_f$ 被螺栓螺母连接副和被连接件的弹簧常数 k_b 和 k_f 替代。考虑到 $\Delta\sigma_b A$ 等于螺栓力变化 ΔF_b，推导出以下方程：

$$\Delta F_b = -\frac{(\alpha_b \Delta T_b - \alpha_f \Delta T_f)L_f}{\dfrac{1}{k_b}+\dfrac{1}{k_f}} \quad (3-8)$$

$$\Delta F_b = -\frac{\alpha_b(\Delta T_b - \Delta T_f)L_f}{\dfrac{1}{k_b}+\dfrac{1}{k_f}} \quad (3-9)$$

$$\Delta F_b = -\frac{(\alpha_b - \alpha_f)\Delta T L_f}{\dfrac{1}{k_b}+\dfrac{1}{k_f}} \quad (3-10)$$

2) 考虑杨氏模量变化的热载荷计算方法

温度对轴向力的影响主要有以下几个因素[3]：①杨氏模量会受到温度变化的影响；②螺栓与被连接件热膨胀系数不同。温度变化产生的形变表示为

$$f_T = \alpha_T \cdot l \cdot \Delta T \quad (3-11)$$

式中：α_T 为热膨胀系数，通过查询材料性能表获得。若膨胀系数相同，螺栓比被连接件温度高很多，则螺栓拉伸程度比被连接件大，预载荷会相应降低；反之，螺栓拉伸程度比被连接件小，轴向力则会增加。由于常规材料杨氏模量与温度成反比关系，使得轴向力随温度上升而减小。

当温度为 T 时的轴向力 F_{VT} 在基于室温下的轴向力 F_{VRT} 的计算公式为

$$F_{VT} = \frac{F_{VRT}(\delta_{SRT}+\delta_{PRT}) - l_K(\alpha_{ST}\Delta T_S - \alpha_{PT}\Delta T_P)}{\delta_{SRT}E_{SRT}/E_{ST} + \delta_{PRT}E_{PRT}/E_{PT}} \quad (3-12)$$

则

$$\Delta F_{Vth} = F_{VRT} - F_{VT} \quad (3-13)$$

$$\Delta F_{Vth} = F_{VRT}\left(1 - \frac{\delta_S + \delta_P}{\dfrac{\delta_S E_{SRT}}{E_{ST}} + \dfrac{\delta_P E_{PRT}}{E_{PT}}}\right) - \frac{l_K(\alpha_S\Delta T_S - \alpha_P\Delta T_P)}{\dfrac{\delta_S E_{SRT}}{E_{ST}} + \dfrac{\delta_P E_{PRT}}{E_{PT}}} \quad (3-14)$$

忽略预载的依从性影响，得到大约的结果为

$$\Delta F'_{Vth} = \frac{l_K(\alpha_S\Delta T_S - \alpha_P\Delta T_P)}{\delta_S\dfrac{E_{SRT}}{E_{ST}} + \delta_P\dfrac{E_{PRT}}{E_{PT}}} \quad (3-15)$$

3) 考虑多种被连接件材料的热载荷计算方法[9]

假设被连接件由单种材料类型制造而成，此时紧固件和被连接件的各自伸长量为

$$f_{\Delta T,b} = \alpha_b L_j \Delta T \quad (3-16)$$

$$f_{\Delta T,c} = \alpha_c L_j \Delta T \quad (3-17)$$

式中：L_j 为接头长度（等于所有被夹紧零件的组合厚度）；α_b、α_c 分别为紧固件和被连接件的热膨胀系数。根据上述方程，在紧固件中的热诱导载荷可通过如下方程来得出：

$$F_{\Delta T,b} = \frac{L_j(\alpha_c - \alpha_b)\Delta T}{\delta_b + \delta_c} \quad (3-18)$$

请注意，该方程假设杨氏模量不随着温度发生变化，同时螺栓直径和被连接件孔的直径相同。热诱导力的极值表示为 $F_{\Delta T^+}$ 和 $F_{\Delta T^-}$，这些极值根据如下方程所得的结果上限和下限来得出：

$$F_{\Delta T^+,b} = \frac{L_j(\alpha_c - \alpha_b)\Delta T_{\max}}{\delta_b + \delta_c} \quad (3-19)$$

$$F_{\Delta T^-,b} = \frac{L_j(\alpha_c - \alpha_b)\Delta T_{\min}}{\delta_b + \delta_c} \quad (3-20)$$

其中温差通过如下方程来得出：

$$\Delta T_{\min} = T_{\text{working,min}} - T_{\text{reference}} \quad (3-21)$$

$$\Delta T_{\max} = T_{\text{working,max}} - T_{\text{reference}} \quad (3-22)$$

如果被连接件具有多种材料类型，则需要使用更通用的方程来考虑不同的热膨胀系数：

$$f_{\Delta T,c} = \left(\sum_{i=1}^{m} \alpha_{c,i} L_{c,i}\right) \Delta T \quad (3-23)$$

式中：$\alpha_{c,i}$ 为第 i 个被连接件的热膨胀系数；$L_{c,i}$ 为第 i 个被连接件的长度，同时 m 为被连接件的总数量。根据上述方程，可得

$$F_{\Delta T} = \frac{\alpha_b L_j - \left(\sum_{i=1}^{m} \alpha_c, i L_{c,i}\right)}{\delta_b + \delta_c} \Delta T \quad (3-24)$$

更复杂的，如果有必要考虑弹性模量随着温度变化的变异。当这种相关性很重要时，热诱导载荷可以通过以下方程来计算得出，同时该方程假设 E 随着温度的线性变异：

$$F_{\Delta T} = F_{V,T_0} \left(\frac{\delta_b - \delta_c}{\delta_b \dfrac{E_{b,T_0}}{E_{b,T_W}} + \delta_c \dfrac{E_{c,T_0}}{E_{c,T_W}}} - 1 \right) + \frac{L_j(\alpha_c \Delta T_c - \alpha_b \Delta T_b)}{\left(\delta_b \dfrac{E_{b,T_0}}{E_{b,T_W}} + \delta_c \dfrac{E_{c,T_0}}{E_{c,T_W}}\right)} \quad (3-25)$$

式中：E_{b,T_0} 和 E_{b,T_W} 分别为紧固件在参考温度和工作温度下的弹性模量；E_{c,T_0} 和 E_{c,T_W} 分别为被连接件在参考温度和工作温度下的弹性模量；同时 δ_b 和 δ_c 分别为紧固件和被连接件的柔度，即弹簧常数的倒数。

3.4 连接接头主要设计指标

连接接头的主要设计指标包括各种工况下的安全系数、装配完成后螺栓的预紧力以及为了生成该预紧力所需要的安装力矩等内容。

3.4.1 安全系数

在连接接头设计中,安全系数是一个重要的工程参数,用于确定连接的安全性。安全系数通常是指连接中材料的屈服强度与实际工作应力之间的比率。

安全系数的作用是确保连接在工作负荷下不会超过螺栓或螺母的承载能力,以避免连接松动、断裂或故障。较高的安全系数意味着更大的安全储备,但可能导致连接接头过于保守,增加成本。在实际设计中,工程师需要根据具体应用的要求和风险考虑合适的安全系数,以平衡安全性和成本效益。不同应用和行业可能有不同的标准和指导方针,以确定安全系数的值。安全系数的选择与载荷形式关系很大。本节给出三种不同设计指南的安全系数计算与推荐值。

1. 机械设计手册中的安全系数[10]

以下给出四种载荷模式下螺栓的安全系数应用与推荐值。

1) 只受轴向载荷 F_A 的松螺栓连接

如图 3-6 所示,松螺栓连接的特点是螺栓连接无须预紧力,加上轴向载荷 F_A 之后螺栓才受力,其强度校核如下式:

$$\sigma_T = \frac{4F_A}{\pi d_1^2} \leq \sigma_{1p} \quad (3-26)$$

$$\sigma_{1p} = \frac{\sigma_s}{S_A} \quad (3-27)$$

式中:σ_T 为螺栓拉伸应力;σ_s 为螺栓材料的屈服强度;σ_{1p} 为螺栓的许用拉应力;S_A 为螺栓安全系数,推荐值为 1.2~1.7。

2) 只受预紧力 F_P 的紧螺栓连接

如图 3-7 所示,承受横向载荷 F_T 的普通螺栓连接,其工作原理是拧紧螺栓后,靠结合面之间产生的摩擦力来平衡外载荷,所以螺栓只受预紧力 F_P,此时螺栓受到拉应力和扭转切应力的组合应力。

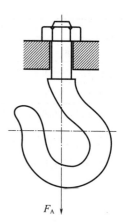

图 3-6 只受轴向载荷的松螺栓连接[10]

由于组合应力大约为拉应力的 1.3 倍,为了简化计算,其计算公式仍按拉应力计算,但需将拉应力扩大 30%,以此来计入扭转切应

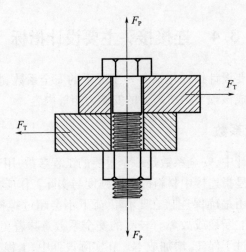

图 3-7 只受预紧力的紧螺栓连接[10]

力的影响,其强度校核如下式:

$$\sigma = \frac{4 \times 1.3 F_P}{\pi d_1^2} \leqslant \sigma_{1p} \qquad (3-28)$$

$$\sigma_{1p} = \frac{\sigma_s}{S_A} \qquad (3-29)$$

式中:σ 为螺栓拉伸应力;σ_s 为螺栓材料的屈服强度;σ_{1p} 为螺栓的许用拉应力;S_A 为螺栓安全系数,推荐值为 1.2~1.7,如表 3-2 所示。

表 3-2 螺栓的安全系数 S_A[10]

材料	静载荷			动载荷		
	M6~M16	M16~M30	M30~M60	M6~M16	M16~M30	M30~M60
碳钢	4~3	3~2	2~1.3	10~6.5	6.5	10~6.5
合金钢	5~4	4~2.5	2.5	7.5~5	5	7.5~6

注:摘录自《机械设计手册(第六版)第 2 卷》。

3)既受预紧力 F_P 又受轴向载荷 F_A 的紧螺栓连接

螺栓拧紧后受到轴向工作载荷 F_A,可得下式:

$$F_S = F_P + F_{SA} = F_P + \frac{K_B}{K_B + K_C} F_A \qquad (3-30)$$

式中:K_B 为螺栓的刚度;K_C 为被连接件的刚度;F_{SA} 为轴向附加螺栓载荷。

如果螺栓所受轴向工作载荷 F_A 为静载荷时,按紧螺栓所受的最大拉应力计算。如果螺栓所受轴向工作载荷 F_A 为变载荷时,除了按紧螺栓所受的最大拉应力计算外,还要计算螺栓的应力幅。

$$\sigma_{\mathrm{A}} = \frac{2F_{\mathrm{P}}K_{\mathrm{B}}}{\pi d_1^2 (K_{\mathrm{B}} + K_{\mathrm{C}})} \leqslant \sigma_{\mathrm{ap}} \tag{3-31}$$

式中：σ_{ap} 为螺栓的许用应力幅。

$$\sigma_{\mathrm{ap}} = \frac{\varepsilon K_{\mathrm{t}} K_{\mathrm{u}} \sigma_{-1\mathrm{t}}}{K_{\sigma} S_{\mathrm{a}}} \tag{3-32}$$

式中：ε 为尺寸因数；K_{t} 为螺纹制造工艺因数；K_{u} 为受力不均匀因数；K_{σ} 为缺口应力集中因数；S_{a} 为安全因数；$\sigma_{-1\mathrm{t}}$ 为螺栓的疲劳极限。

4）受横向载荷 F_{T} 作用的铰制孔螺栓连接

铰制孔螺栓连接受横向载荷 F_{T} 的剪切作用时，铰制孔螺栓、被连接件均受到挤压，当三者材料相同时，取挤压高度较小者为计算对象；当三者材料不同时，取三者材料中挤压强度最弱者为计算对象。螺栓切应力 τ 和挤压应力 σ_{p} 计算如下式：

$$\tau = \frac{4F_{\mathrm{T}}}{\pi m d_0^2} \leqslant \tau_{\mathrm{P}} \tag{3-33}$$

式中：τ_{P} 为螺栓的许用切应力，静载荷时 $\tau_{\mathrm{P}} = \sigma_{\mathrm{S}}/2.5$，变载荷时 $\tau_{\mathrm{P}} = \sigma_{\mathrm{S}}/(3.5 \sim 5)$；$d_0$ 为铰制孔螺栓受剪处直径；m 为铰制孔螺栓受剪面数。

$$\sigma_{\mathrm{p}} = \frac{F_{\mathrm{T}}}{d_0 \delta_{\mathrm{s}}} \leqslant \sigma_{\mathrm{pp}} \tag{3-34}$$

式中：δ_{s} 为受挤压的高度；σ_{pp} 为材料中挤压强度最弱的许用挤压应力，静载荷时，钢的许用挤压应力 $\sigma_{\mathrm{pp}} = \sigma_{\mathrm{s}}/1.25$，铸铁的许用挤压应力 $\sigma_{\mathrm{pp}} = \sigma_{\mathrm{s}}/(2 \sim 2.5)$，如果变载荷，则将静载荷时的许用压应力值乘以 $0.7 \sim 0.8$。

除机械设计手册方法外，日本标准、德国标准等也存在螺栓安全系数参数，具体含义大同小异，但推荐值各不相同。

2. VDI 2230 指南中的安全系数

VDI 2230 指南中的安全系数应用在 R7~R10、R12 步骤中[3]：

（1）R7 涉及装配应力的利用系数 v（可简单理解为安全系数的倒数），指南推荐值为 90%；

（2）R8 为工作载荷的检验，即工作载荷安全系数 S_{F}，要求大于 1 即可，未给出推荐值，建议用户根据自身需求进行选择；

（3）R9 为交变载荷的验证，即交变载荷安全系数 S_{D}，指南推荐值为大于 1.2；

（4）R10 为表面压力的检验，为了防止较大压应力导致材料蠕变，表面压力安全系数 S_{P} 同样要求大于 1，且未给出推荐值；

（5）R12 分为防滑移安全验证与抗剪切安全验证，防滑安全系数 S_{G} 指南给出的推荐值为 1.2（静载荷下）与 1.8（交变载荷下），抗剪切安全系数 S_{A} 推荐值为1.1。

3. 欧洲航天工程紧固件手册的安全系数

ECSS-E-HB-32-23A[9]中给出了欧洲航天项目对螺纹紧固件分析的推荐安全系数。由于安全系数很大程度上取决于载荷类型,因此所规定的安全系数是最小值。详细规定数据如表3-3所列。

表3-3 接头、嵌件和连接安全系数表[9]

结构类型	飞行器	安全系数			
		FOSY	FOSU	FOSY 验证	FOSU 验证
接头和嵌件a: —失效 —间隙/滑动(关键位置)d —间隙/滑动(其他)	卫星	1.1	1.25	1.25	2.0
		N/A		N/A	
		1.1			2.0
	运载火箭e	1.1	1.25	N/A	N/A
		N/A			2.0
		1.1			2.0
	载人航天飞行器	注e	1.4	注e	注e
		1.4			2.0
		1.25			2.0
弹性体系统和弹性体与结构连接b	卫星	注e	2.0	注e	注e
	运载火箭	注e	2.0	注e	注e

注:a. 这些因素不适用于螺栓预紧力。
b. 需进行分析和测试,以表明弹性体可能的非线性动态行为不会危及卫星强度和对准。
c. 无法提供航天界的共识值。
d. 适用于载人航天飞行器的安全关键结构定义见 NASA SSP 52005。
e. 参见 ECSS-E-ST-32-10C 第 2 版勘误表 1 的要求 4.3.2.2b:"对于一次性使用的运载火箭,与热诱导载荷相关的失效、间隙和滑动的 FOSU 和 FOSY 应为 1.0。"

在难以准确预测接头载荷分布的场合,除了表3-3中提供的安全系数之外,还需应用一个1.15的额外接头系数。当对采用螺纹紧固件的所有接头进行结构分析时,如果螺纹紧固件的强度未通过限制载荷和极限载荷试验来验证,即在限制载荷和极限载荷试验中,模拟并测量接头和周围结构中的实际应力条件,则此时在结构分析中的屈服载荷和极限载荷应使用该接头系数。重要的是将该系数应用于该接头的所有部分、紧固装置以及在被连接的构件上的支承部分。

当特定类型的接头通过综合的限制和极限试验来进行强度验证时,接头系数不用于限制载荷和极限载荷。这种情况通常适用于诸如在薄板或厚板中采用连续一排紧固件时来制作的接头。

3.4.2 预紧力

螺栓预紧力是螺栓连接中的一项关键工程参数,它表示在安装螺栓时所产生的拉伸力或张力。这个拉伸力使螺栓伸长,并将被连接件夹在一起,产生预紧效果。具体而言,螺栓预紧力是通过施加扭矩或拉伸力来实现的,以确保连接在正常工作条件下保持紧固状态。

螺栓预紧力对于连接的紧固性和稳定性至关重要。当螺栓预紧力合理时,被连接件会被紧密压在一起,有助于防止连接在振动或负载下发生失效,确保连接的可靠性。

螺栓预紧力还有助于分摊负载。在连接中,螺栓不仅要承受外部负载,还要承受由于温度变化、材料变形等因素引起的内部应力。通过合理的预紧力,这些内部应力可以减少,有助于均匀分布负载,降低螺栓的疲劳破坏风险。

螺栓预紧力也会影响连接的密封性能。在某些应用中,连接需要防止液体或气体泄漏,而适当的预紧力可以确保密封垫或垫圈正常工作,保持连接的密封性。

螺栓预紧力的不足或过度会导致连接失效问题。预紧力不足可能导致连接松动,而过度的预紧力则可能导致螺栓或被连接件的破坏。因此,在设计和安装螺栓连接时,必须仔细考虑预紧力的要求,并根据具体应用的需要进行控制。

国内针对预紧力的计算方法较为简单[10]:预紧力在螺栓截面上产生的拉应力不得大于其材料屈服强度的80%,推荐预紧力

$$P_0 \leq S_s \sigma_s A_S \quad (3-35)$$

式中:S_s 为预紧力安全系数,碳素钢螺栓取 $0.6 \sim 0.7$,合金钢螺栓取 $0.5 \sim 0.6$;A_S 为螺栓公称应力截面积;σ_S 为螺栓的材料屈服强度。

$$A_S = \frac{\pi}{4}\left(\frac{d_1 + d_2}{2} - \frac{\sqrt{3}P}{24}\right)^2 \quad (3-36)$$

d_1 为外螺纹的基本小径,d_2 为外螺纹的基本中径,计算方法为

$$d_1 = d - 2 \times \frac{5}{8}H \quad (3-37)$$

$$d_2 = d - 2 \times \frac{3}{8}H \quad (3-38)$$

$$H = \frac{\sqrt{3}}{2}P \quad (3-39)$$

欧洲(包括德国工程师协会、欧洲航天局)则通常利用系数来计算螺栓最大预紧力。在不考虑由于摩擦、外加力矩测量不准确度、沉降和热诱导载荷等对预紧力带来的影响时,计算方法[9]如下。

在选择紧固件的尺寸和强度等级时,需要考虑到利用系数 γ。这个系数等于最大预拉伸应力除以紧固件材料的屈服应力:

$$\gamma = \frac{\sigma_{v,max}}{\sigma_y} \quad (3-40)$$

式中:$\sigma_{v,max}$ 为最大预拉伸应力;σ_y 为紧固件材料的屈服应力。

可以改变 γ 值,以微调接头的性能,然而该值通常在 0.5~0.8 之间,这一点很重要。在开始设计过程时使用的推荐值为 0.8。

一旦选择了期望的利用系数,则相关的最大预紧力 $F_{v,max}$ 可以通过如下方程来计算得出:

$$F_{v,max} = \gamma \sigma_y A_S \tag{3-41}$$

更精确的预紧力计算方法则是需要首先计算出安装力矩,在此基础上计算预紧力的边界值,以下展示的计算方法需要在完成 3.4.3 节安装力矩的计算后进行:

$$F_{V,max} = \frac{(M_{app,max} - M_{P,min})}{\frac{1}{2}d_2\left(\tan\varphi + \frac{\mu_{th,min}}{\cos\theta}\right) + \frac{1}{2}d_{uh}\mu_{uh,min}} + F_{\Delta T+} \tag{3-42}$$

$$F_{V,min} = \frac{(M_{app,min} - M_{P,max})}{\frac{1}{2}d_2\left(\tan\varphi + \frac{\mu_{th,max}}{\cos\theta}\right) + \frac{1}{2}d_{uh}\mu_{uh,max}} + F_{\Delta T-} - F_Z \tag{3-43}$$

$$F_{V,nom} = \frac{M_{app,nom} - M_{P,max}}{\frac{1}{2}d_2\left(\tan\phi + \frac{\mu_{th,nom}}{\cos\theta}\right) + \frac{1}{2}d_{uh}\mu_{uh,nom}} + F_{\Delta T-} - F_Z \tag{3-44}$$

式中:$F_{\Delta T+}$、$F_{\Delta T-}$ 为由于热弹性引起的载荷增量;F_Z 为接触界面嵌入引起的预紧力损失;M_{app} 为螺栓预紧力到 F_M 装配时的拧紧扭矩 M_P 是有效力矩(也称为"运行力矩");μ_{th} 为螺纹摩擦系数;μ_{uh} 为头部支承区域摩擦系数;d_{uh} 为螺栓头部或螺母支承区域摩擦力矩有效直径;θ 为螺纹牙型半角;φ 为螺栓螺纹螺旋角;ϕ 为螺栓连接替代变形锥的角度。

如果需要考虑拧紧过程的分散性问题,需要引入一个不确定系数 ε,此时预紧力边界值的计算方法变为

$$F_{V,max} = \frac{(1+\varepsilon)M_{app,max}}{\frac{1}{2}d_2\left(\tan\varphi + \frac{\mu_{th,nom}}{\cos\theta}\right) + \frac{1}{2}d_{uh}\mu_{uh,nom}} + F_{\Delta T+} \tag{3-45}$$

$$F_{V,min} = \frac{(1-\varepsilon)(M_{app,min} - M_{p,max})}{\frac{1}{2}d_2\left(\tan\varphi + \frac{\mu_{th,nom}}{\cos\theta}\right) + \frac{1}{2}d_{uh}\mu_{uh,nom}} + F_{\Delta T-} - F_Z \tag{3-46}$$

上述公式用到了 $M_{app,max}$ 与 $M_{app,min}$,其计算方法在 3.4.3 节安装力矩中给出,如果需要更保守的计算,可以将其替换为名义拧紧力矩 $M_{app,nom}$。典型的不

确定系数取值如表 3-4 所示。

表 3-4 不确定系数表

预加载方法	不确定性系数（ε）
未润滑螺栓的力矩测量	± 0.35
镀螺栓的力矩测量①	± 0.30
已润滑螺栓的力矩测量	± 0.25
液压紧固件	± 0.15
预加载指示垫圈	± 0.10
超声测量装置	± 0.10
螺栓伸长量测量	± 0.05
装备仪表的螺栓	± 0.05

注：此表来源：《ISO 912:1998 采购规范-航空航天-强度等级为1100MPa的钛合金 MJ 螺纹螺栓》。
① 此信息仅供参考，因为不允许使用镀镉紧固件。

当然，如果采用了更加精确的方法来测量预紧力，或者提高了力矩扳手的精度，可以适当减小不确定性系数 ε 的取值。

3.4.3 安装力矩

螺栓安装力矩是指在螺栓连接装配时施加在螺栓上的旋转扭矩，其主要目的是产生所需的预紧力，实现连接功能。

螺栓安装力矩的数值取决于多个因素，包括螺栓的规格、材料、螺纹设计、被连接件的特性以及所需的预紧力水平。通常，工程师会根据相关的设计要求和规范来计算或确定适当的安装力矩值，并通过扭矩工具或扭矩扳手来施加在螺栓上。

螺栓安装力矩对连接的影响非常重要，因为它的不正确控制可能会导致连接问题。如果安装力矩过低，螺栓连接可能会变松；而如果安装力矩过高，可能会造成螺栓或被连接件的损坏，甚至导致连接的失效。因此，正确的安装力矩是确保连接稳定性和可靠性的关键因素，同时也有助于避免不必要的问题。

拧紧螺栓需要施加拧紧力矩并旋转一定角度，这个过程的拧紧力矩是螺栓连接三部分摩擦力矩之和，分别是螺栓支承面摩擦力矩、啮合螺纹面摩擦力矩和螺纹升角消耗的力矩（即产生预紧力所消耗的力矩），如图 3-8 所示。根据 5-4-1 原则，上述三个力矩占拧紧力矩的比例分别是 50%、40% 和 10%，其中螺纹升角产生的力矩体现在拧紧过程中螺栓被拉伸。实际上，螺栓的 5-4-1 原则是用如下拧紧力矩计算公式，在摩擦系数都设置为 0.15 时计算得到的。

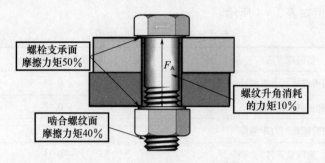

图3-8 螺栓拧紧力矩分配图

螺栓拧紧力矩[5,11]为

$$T_f = T_{tf} + T_{bh} = \frac{P_0}{2}\left(\frac{d_2}{\cos\alpha_1}\mu_t + \frac{P}{\pi} + d_{bh}\mu_{bh}\right) \quad (3-47)$$

式中：P_0 为预紧力；μ_t 和 μ_{bh} 分别为螺纹间摩擦系数和支承面摩擦系数；d_2 和 d_{bh} 分别为螺纹中径和螺栓头支承面等效摩擦直径；P 为螺距；α_1 为螺纹牙型半角，大小为30°。

如果对计算精度要求不高，螺栓头支承面等效摩擦直径可直接查询机械设计手册获取（d_{bh}在机械设计手册中表示为 d_w）。机械设计手册的设计方法假设接触界面应力分布均匀，这与实际不符。当螺栓头支承面为正六面形带圆孔的形状，且接触界面法向应力均匀分布，高精度的计算方法可通过积分方法获得[11-12]。

$$d_{bh} = \frac{\left(\frac{1}{3} + \frac{\ln\sqrt{3}}{2}\right)B^3 - \frac{\pi}{6}D^3}{\frac{\sqrt{3}}{2}B^2 - \frac{\pi}{4}D^2} \approx \frac{0.608B^3 - 0.524D^3}{0.866B^2 - 0.785D^2} \quad (3-48)$$

式中：B、D 分别为六角头的对角长度和对边长度。对于垫片的等效摩擦直径的计算可类比圆环状螺栓头支承面，圆环状螺栓头支承面的离散积分方法较简单，不再赘述。

实际上，关于安装力矩的计算在全世界范围内基本是共识性的，计算方法也基本一致。欧洲相关研究中的总安装力矩计算方法相比上述方法略微复杂，为

$$M_{app} = M_{th} + M_{uh} + M_P = F_V\left[\frac{d_2}{2}\tan(\phi+\rho) + \mu_{uh}\frac{d_{uh}}{2\sin(\lambda/2)}\right] + M_P \quad (3-49)$$

式中：M_{th} 为螺纹界面的力矩；M_{uh} 为螺母与螺栓头的力矩；M_P 为锁紧装置的有效力矩；F_V 为预紧力；λ 为头部下方支撑角。计算方法为

$$M_{th} = F_V\tan(\varphi+\rho)\frac{d_2}{2} \quad (3-50)$$

$$M_{uh} = F_V \frac{\mu_{uh} d_{uh}}{2} \frac{1}{\sin(\lambda/2)} \quad (3-51)$$

$$F_H = F_V \tan(\varphi + \rho) \quad (3-52)$$

式中:μ_{th} 为螺纹摩擦系数;φ 为螺纹槽半角;ρ 为螺纹升角,满足 $\tan\rho = \frac{\mu_{th}}{\cos\theta}$,$\theta$ 为螺纹牙型半角。

通过几何关系,安装力矩的计算方法可以简化表示为

$$M_{app} = F_V \left[\frac{d_2}{2} \left\{ \tan\varphi + \frac{\mu_{th}}{\cos\theta} \right\} + \mu_{uh} \frac{d_{uh}}{2\sin(\lambda/2)} \right] + M_P \quad (3-53)$$

或

$$M_{app} = F_V \left[\frac{p}{2\pi} + d_2 \frac{\mu_{th}}{2\cos\theta} + \mu_{uh} \frac{d_{uh}}{2\sin(\lambda/2)} \right] + M_P \quad (3-54)$$

力矩方程中,安装力矩可以看作 $F_V \left[\frac{p}{2\pi} \right]$ 拉紧紧固件时吸收的力矩 + $F_V \left[\frac{d_2 \mu_{th}}{2\cos\theta} \right]$ 螺纹界面的摩擦力矩 + $F_V \left[\frac{\mu_{uh} d_{uh}}{2\sin(\lambda/2)} \right]$ 螺母/螺栓头界面的摩擦力矩 + M_P 锁紧装置的有效力矩。

力矩在这些分量之间的典型分布为:螺纹升角消耗的力矩占 10%;啮合螺纹面摩擦力矩占 30%;螺栓头或螺母支承面摩擦力矩占 50%;自锁有效力矩占 10%。

或者对于标准螺栓头(非沉头)的 UNJ 螺纹或 M 螺纹可采用更加简化的计算形式:

$$M_{app} = F_V \left[0.16p + 0.58\mu_{th}d_2 + \mu_{uh}\frac{d_{uh}}{2} \right] + M_P \quad (3-55)$$

同时,考虑力矩扳手精度影响下的安装力矩边界值:

$$M_{app,min} = (1-\omega)M_{nom} \quad (3-56)$$

$$M_{app,max} = (1-\omega)M_{nom} \quad (3-57)$$

式中:M_{nom} 为名义安装力矩;ω 为扭矩扳手精度范围,通常为 ±5% ~ ±15%。

3.5 连接接头设计

在进行连接接头设计前,首先需要明确螺纹轮廓形状以及紧固件变量的定义。紧固件基本变量尺寸的计算方法如表 3-5 所示。

表3-5 米制紧固件基本变量尺寸计算方法[9]

变量	符号	方程
中径	d_2	$= d - 3\sqrt{3}p/8$
小径	d_3	$= d - 17\sqrt{3}p/24$
应力计算所用直径	d_S	$= (d_2 + d_3)/2$
刚度计算所用直径	d_{sm}	$= d_3$
螺栓头或螺母摩擦有效直径	d_{uh}	$= (D_{head} + D_h)/4$
应力面积	A_S	$= \pi d_S^2/4$(适用于标准米制螺纹) $= \pi d_0^2/4$(适用于细杆紧固件)
刚度计算所用面积	A_{sm}	$= \pi d_{sm}^2/4$
紧固件杆部最小截面积	A_0	$= \pi d_0^2/4$
内螺纹小径	D_1	$= d - 5\sqrt{3}p/8$

对于连接接头的设计,国内外采用的主流连接接头设计方法主要有四种,分别为机械设计手册方法[10],日本福冈俊道、酒井智次、山本晃提出的螺纹连接设计方法[5-6,12],德国工程师协会推出的 VDI 2230 高强度螺栓连接设计指南[3-4]以及欧洲航天工程紧固件手册 ECSS – E – HB – 32 – 23A[9]等。这些设计方法的特点如表3-6所示。

表3-6 国内外主流连接接头设计方法的特点

设计方法	特点
机械设计手册方法	内容最简单,考虑拉伸、剪切失效,主要讨论装配应力、工作应力、交变应力的验证
知名日本学者的螺纹连接设计方法	日本研究螺纹连接设计的学者众多,例如早期知名学者山本晃,近期则有丰田资深连接技术专家酒井智次以及螺栓精确有限元建模方法的提出者福冈俊道等;酒井智次的《螺纹紧固件联接工程》被认为是日本最权威、最全面的螺栓连接工程技术参考书之一;日本学者对连接结构的界面宏观接触状态、螺栓受力状态考虑较为周全,并提出了最大保证载荷、防松保证载荷、防分离保证载荷、防疲劳保证载荷等内容的相关描述
德国工程师协会 VDI 2230 指南	国际公认为计算高强度螺栓连接的标准,超过40年的广泛应用,世界范围内认可度最高的设计方法;考核内容最为详细,将功能、安装形式、几何、材料、表面性能、强度等级、拧紧工具与拧紧力矩等全部纳入计算,并提供对装配应力、工作应力、交变应力、表面压力、防滑移与防剪切验证等内容的详细指导和计算方法
欧洲航天工程紧固件手册	欧洲航天局针对航天产品提出的设计方法,其设计校核思路与 VDI 2230 指南较为一致,可看作 VDI 2230 指南的航天领域版本;手册内包含航空航天工业中常用的紧固件相关数据、安全系数取值,并且涵盖了各类航天常用自锁装置的力矩,基本的损伤累积原则、疲劳设计原则、断裂力学与裂纹扩展计算等

3.5.1 接头连接状态分析

在进行连接接头的设计时,首先要明确外载荷是否会导致被连接件分离或离缝。在被连接件未分离时,外载荷仅有较少部分转化为螺栓的附加载荷,使螺栓的轴向力出现较低程度的上升。一旦出现离缝现象,外载荷的增量将全部转化为螺栓的附加载荷,导致螺栓轴向力剧增。因此,在连接接头的设计中,首先要保证的是,在最大载荷下被连接件不能出现离缝现象。

因此,首先需要考虑被连接件在不同载荷下的界面宏观接触状态,计算界面临界分离状态的临界载荷 F_{SEP},确保接头在服役过程中不会离缝。较为合理的方法是依据外加轴向载荷的大小将螺栓连接的状态分为以下四种情况[5,12]。

1. 装配预紧状态

被连接件在装配预紧状态下,螺栓连接的变形如图 3-9(a)所示,螺栓的刚度 K_B 和被连接件的刚度 K_C 如下式:

$$\begin{cases} K_B = \tan\theta_B = \dfrac{F_P}{f_{SM}} \\ K_C = \tan\theta_C = \dfrac{F_P}{f_{PM}} \end{cases} \quad (3-58)$$

式中:f_{SM} 为螺栓的伸长量;f_{PM} 为被连接件的压缩量;θ_B 和 θ_C 如图 3-9(a)所示。

2. 被连接件未分离

如果外加轴向载荷 F_A 较小,使得被连接件结合面存在残余夹紧力 F_{KR},则被连接件未分离,此时作用在被连接件上的外加轴向载荷 F_A 和螺栓载荷之间的关系如图 3-9(b)所示。

作用在螺栓螺纹上的应力条件(平均应力 σ_m、应力幅 σ_a),可用下式表示:

$$\sigma_m = \frac{F_P + (F_P + \phi F_A)}{2A_s} = \frac{2F_P + \phi F_A}{2A_s} \quad (3-59)$$

$$\sigma_a = \frac{\phi F_A}{2A_s} \quad (3-60)$$

$$\phi = \frac{K_B}{K_B + K_C} \quad (3-61)$$

式中:A_s 为螺栓横截面面积;ϕ 为刚度比或内力系数。

当螺栓的平均应力为 σ_m 时,如果螺栓的应力幅 σ_a 超过疲劳极限 σ_w,疲劳断裂将发生在螺纹处。因此,当下面公式成立时,疲劳断裂将发生在螺纹处:

$$\sigma_a = \frac{\phi F_A}{2A_s} > \sigma_w \quad (3-62)$$

螺纹处发生疲劳断裂的条件为

$$F_A > \frac{K_B + K_C}{K_B} 2A_s \sigma_w \tag{3-63}$$

3. 被连接件临界分离

如图3-9(c)所示,如果外加轴向载荷 F_A 增大,使得被连接件结合面存在残余夹紧力 $F_{KR}=0$, $F_A=F_{SEP}$,则被连接件处于临界分离状态,此时被连接件之间的压缩力变为0。使被连接件分离的临界外加轴向载荷 F_{SEP} 可通过下式得出,这个公式也是拉伸载荷作用下被连接件分离的重要判据。

$$F_{SEP} = \frac{F_P}{1-\phi} \tag{3-64}$$

4. 被连接件完全分离

如图3-9(d)所示,如果外加轴向载荷 F_A 继续增大,使得 $F_A > F_{SEP}$,被连接件产生分离,此时下式成立:

$$\sigma_a = \frac{F_A - F_P}{2A_s} \tag{3-65}$$

在被连接件分离的情况下,轴向预紧力 F_P 减小,系统外加轴向载荷 F_A 保持不变,螺栓的应力幅 σ_a 增大,因此螺栓的疲劳寿命缩短。

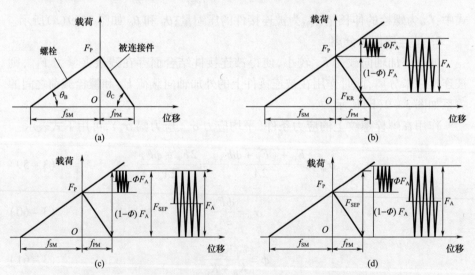

图3-9 不同的外加轴向载荷下螺栓连接的变形图[5,12]

(a)被连接件装配预紧状态;(b)被连接件未分离;(c)被连接件临界分离;(d)被连接件完全分离。

3.5.2 简化设计方法

简化设计方法假设载荷施加点均为接触界面处,不考虑载荷的实际施加位置。这种假设导致了该方法的计算精度不高,因此通常用于对计算精度要求不高的场景。

1. 接头静载分析计算

根据接头载荷形式的不同,分为六种类型:承受轴向载荷的抗拉型螺纹连接接头、承受横向载荷的普通抗剪型螺纹连接接头、承受扭转力矩的普通抗剪型螺纹连接接头、承受翻转力矩的普通抗剪型螺纹连接接头、承受横向载荷的铰制孔抗剪型螺纹连接接头与承受扭转力矩的铰制孔抗剪型螺纹连接接头。根据类型的不同,受力分析方法也不同。

(1)承受轴向载荷的抗拉型螺纹连接接头结构如图3-10所示。其典型工作要求为:连接受载时保证被连接件不分离。

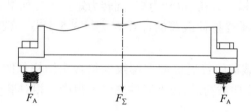

图3-10 承受轴向载荷的抗拉型螺纹连接接头结构

接头外部激励载荷 F_Σ 会通过螺栓组形心,因此各个螺栓的工作载荷 F_A 相等。假设螺栓总数量为 n,则单个螺栓的拉伸工作载荷为

$$F_A = \frac{F_\Sigma}{n} \qquad (3-66)$$

螺栓拧紧后受到轴向工作载荷 F_A,其变形图如图3-11所示,可得下式:

$$F_S = F_P + F_{SA} = F_P + \frac{K_B}{K_B + K_C} F_A \qquad (3-67)$$

式中:F_S 为螺栓的总拉力;K_B 为螺栓的刚度;K_C 为被连接件的刚度。

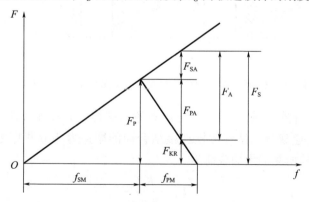

图3-11 既受预紧力又受轴向载荷的螺栓变形图

如果螺栓所加轴向工作载荷 F_A 为静载荷时,按紧螺栓所受的最大拉应力计算,即

$$\sigma_A = \frac{2F_P K_B}{\pi d_1^2 (K_B + K_C)} \qquad (3-68)$$

$$\sigma_{1p} = \frac{\sigma_A}{S_A} \qquad (3-69)$$

$$d_1 \geq \sqrt{\frac{4 \times 1.3 F_P}{\pi \sigma_{1p}}} \qquad (3-70)$$

式中:S_A 为安全因数,取值见表 3-2。

普通抗剪型螺纹连接接头根据外部激励载荷不同,载荷计算方法也不同。载荷形式主要包括横向载荷、扭转力矩、翻转力矩三种。如果载荷拆分后存在拉伸、剪切复合形式,承受拉伸载荷的计算方法与 3.5.1 节一致,承受横向载荷的计算方法如下。

(2)承受横向载荷的普通抗剪型螺纹连接接头结构如图 3-12 所示,其典型工作要求为:受横向载荷后,被夹紧件之间不得产生相对滑动。

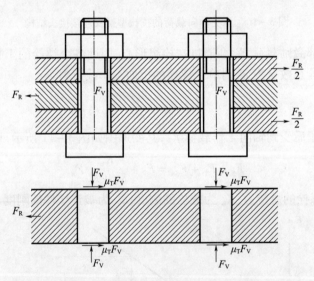

图 3-12　承受横向载荷的普通抗剪型螺纹连接接头结构[13]

接头为板件连接,螺栓沿载荷方向布置。螺栓仅受预加载荷 F_V,靠结合面间的摩擦来传递载荷。设各螺栓连接结合面的摩擦力相等并集中在螺栓中心处,则每个螺栓所受的预加载荷为

$$F_V \geq \frac{K_f F_R}{n_s \mu_T q_F} \qquad (3-71)$$

式中:μ_T 为接触界面静摩擦系数;q_F 为传递横向载荷的结合面数量;K_f 为考虑摩擦传力的可靠系数;n_s 为螺栓数量。

(3)承受扭转力矩的普通抗剪型螺纹连接接头结构如图 3-13 所示,其典型工作要求为:受扭转力矩后,被夹紧件之间不得产生相对滑动。

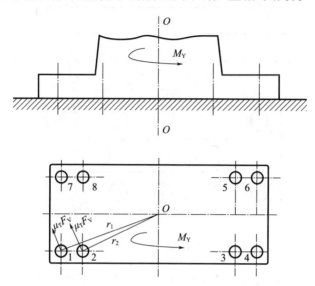

图 3-13 承受扭转力矩的普通抗剪型螺纹连接接头结构[10,13]

在扭转力矩 M_Y 作用下,底板有绕通过螺栓组形心的轴线 $O-O$(旋转中心)旋转的趋势。靠螺栓预紧后在结合面间产生的摩擦力矩来与外载荷平衡。设各螺栓连接结合面的摩擦力相等并集中在螺栓中心处,与螺栓中心至底板旋转中心 O 的连线垂直,则每个螺栓所受的预加载荷为

$$F_V \geqslant \frac{K_f M_Y}{\mu_T \sum_{i=1}^{n_s} r_i} \tag{3-72}$$

式中:r_i 为第 i 个螺栓的轴线至底板旋转中心的距离。

(4)承受翻转力矩的普通抗剪型螺纹连接接头结构如图 3-14 所示,其典型工作要求为:受载后,接触界面间不允许出现间隙或压溃。

被夹紧件为弹性体但其结合面始终保持为平面,且在 M 作用下底板有绕通过螺栓组形心的轴线 $O-O$ 翻转的趋势。受力最大螺栓所受的工作拉力为

$$F_{A\max} = \frac{M r_{\max}}{\sum_{i=1}^{n_s} r_i^2} \tag{3-73}$$

式中:r_i 为第 i 个螺栓的轴线至底板旋转中心的距离。

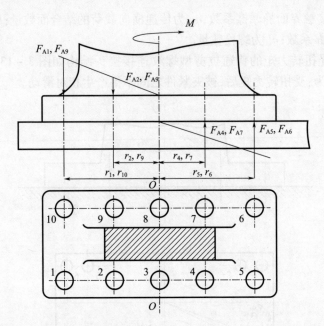

图3-14 承受翻转力矩的普通抗剪型螺纹连接接头结构[10,13]

接触界面受压最大处不被压溃,最小处不出现缝隙,接触面最大、最小压力分别为

$$P_{\text{QLmax}} = \frac{n_s F_V}{A} + \left(1 - \frac{c_1}{c_1 + c_2}\right)\frac{M}{W} \leqslant P_{\text{QLzul}} \quad (3-74)$$

$$P_{\text{QLmin}} = \frac{n_s F_V}{A} - \left(1 - \frac{c_1}{c_1 + c_2}\right)\frac{M}{W} \geqslant 0 \quad (3-75)$$

式中:A 为结合面的有效面积;c_1 为螺栓刚度;c_2 为被连接件刚度;W 为连接界面有效抗弯截面模量;P_{QL} 为压应力;P_{QLzul} 为许用压应力。上述压力计算公式仅作校验用途,如不满足校验,需要修改连接结构。

在另一些剪切型连接接头中,螺栓发挥的作用类似于销子,能够抵抗滑移。连接的完整性取决于螺栓和被连接件的剪切强度。这种连接称为铰制孔螺纹连接接头,这种承载情形在设计中通常需要避免。

铰制孔抗剪型螺纹连接接头根据外部激励载荷不同,载荷计算方法也不同。载荷形式主要包括横向载荷、扭转力矩、翻转力矩三种。如果载荷拆分后存在拉伸、剪切复合形式,承受拉伸载荷的计算方法与本节前述方法一致,承受横向载荷的计算方法如下。

(5)承受横向载荷的铰制孔抗剪型螺纹连接接头结构如图3-15所示,其典型工作要求为:受横向载荷后,被夹紧件之间不得产生相对滑动。

第3章 紧固连接正向设计技术

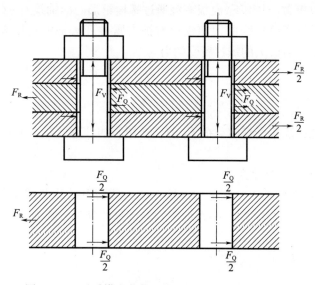

图 3-15 承受横向载荷的铰制孔螺纹连接接头结构

接头为板件连接,靠螺栓受剪切和螺栓与被夹紧件孔表面的挤压来传递横向外载荷。每个螺栓所受的横向剪切力为

$$F_Q = \frac{F_R}{n_s} \tag{3-76}$$

(6)承受扭转力矩的铰制孔抗剪型螺纹连接接头结构如图 3-16 所示,其典型工作要求为:受横向载荷后,被夹紧件之间不得产生相对滑动。

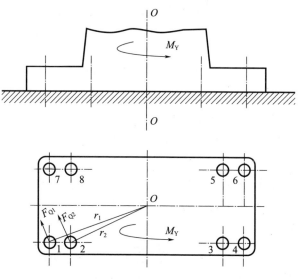

图 3-16 承受扭转力矩的铰制孔螺纹连接接头结构[10,13]

· 129 ·

在扭转力矩 M_Y 作用下,底板有绕通过螺栓组形心的轴线 $O-O$(旋转中心)旋转的趋势。靠螺栓杆受剪切和螺栓与被夹紧件孔表面的挤压来与外载荷平衡。螺栓组中受力最大的螺栓所受的力为

$$F_{Qmax} = \frac{M_Y r_{max}}{\sum_{i=1}^{n_s} r_i^2} \tag{3-77}$$

铰制孔螺栓连接受横向载荷 F_T 剪切作用时的计算已在 3.4.1 节中给出,此处不再赘述。

2. 接头疲劳分析计算

GB/T 13682—1992[14] 规定了螺栓在轴向载荷下的疲劳试验方法和数据处理方法,其中 50% 存活率下 $S-N$ 曲线倾斜部分的计算公式如下:

$$\lg N = \hat{\alpha} + \hat{\beta}\sigma_a \tag{3-78}$$

式中:σ_a 为应力幅。

$$\hat{\alpha} = \overline{\lg N} - \overline{\beta\sigma_a} \tag{3-79}$$

$$\beta = \frac{\sum_{i=1}^{n}(\sigma_a(i) - \overline{\sigma_a})(\lg N(i) - \overline{\lg N})}{\sum_{i=1}^{n}(\sigma_a(i) - \overline{\sigma_a})^2} \tag{3-80}$$

$$\overline{\lg N} = \frac{1}{8}\sum_{i=1}^{n}\sigma_a(i) \tag{3-81}$$

疲劳寿命的对数标准差:

$$\hat{S}(\lg N) = \left(\frac{1}{6}(\sum_{i=1}^{n}\lg N(i) - \hat{\alpha} - \hat{\beta}\sigma_a(i))^2\right)^{0.5} \tag{3-82}$$

疲劳强度标准差:

$$\hat{S}(\sigma_a) = \left(\frac{1}{|\beta|}\right)\hat{S}(\lg N) \tag{3-83}$$

$S-N$ 曲线的水平部分采用升降法,取试验中出现不失效的应力水平(如果该应力水平多于 1 级,取其中最高级)为第一级应力水平,并计算疲劳强度的标准差(适当圆整)为升降法的应力水平极差,如下式:

$$\Delta\sigma_{aii} = \hat{S}(\sigma_a) \tag{3-84}$$

用 $\sigma_a(2) = \sigma_a(1) + \Delta\sigma_{aii}$ 进行第 2 次试验,用 $\sigma_a(j) = \sigma_a(j-1) \pm \Delta\sigma_{aii}$,$j = 3,4,5,6$;进行 3~6 次试验。对应疲劳寿命 N(通常 $N = 5 \times 10^6$),失效概率 50% 的疲劳强度为

$$\sigma_{AN} = \frac{1}{6}\sum_{j=1}^{6}\sigma_a(j) \tag{3-85}$$

动载荷下,划分情况、计算方法与静载荷几乎一致,仅仅是多了对应力幅的

验证。

1）既受预紧力 F_P 又受轴向载荷 F_A 的紧螺栓连接

螺栓所加的轴向工作载荷 F_A 为变载荷时,除了按紧螺栓所受的最大拉应力计算外,还要计算螺栓的应力幅。

$$\sigma_A = \frac{2F_P K_B}{\pi d_1^2 (K_B + K_C)} \leq \sigma_{ap} \quad (3-86)$$

式中:σ_{ap} 为螺栓的许用应力幅。

$$\sigma_{ap} = \frac{\varepsilon K_t K_u \sigma_{-1t}}{K_\sigma S_a} \quad (3-87)$$

式中:ε 为尺寸因数;K_t 为螺纹制造工艺因数;K_u 为受力不均匀因数;K_σ 为缺口应力集中因数;S_a 为安全因数;σ_{-1t} 为螺栓的疲劳极限。

2）受横向载荷 F_T 作用的铰制孔螺栓连接

动载荷下,螺栓切应力 τ 和压应力 σ_p 计算方法与静载荷一致,但需将静载荷时的许用压应力值乘以 0.7~0.8:

$$\tau = \frac{4F_T}{\pi m d_0^2} \leq \tau_P \quad (3-88)$$

$$\sigma_p = \frac{F_T}{d_0 \delta_s} \leq \sigma_{pp} \quad (3-89)$$

式中:τ_P 为螺栓的许用切应力,$\tau_P = \sigma_s/(3.5~5)$;$d_0$ 为铰制孔螺栓受剪处直径;m 为铰制孔螺栓受剪面数;δ_s 为受挤压的高度;σ_{pp} 为材料中压强最弱的许用压应力。钢的许用压应力 $\sigma_{pp} = \sigma_s/1.25$,铸铁的许用压应力 $\sigma_{pp} = \sigma_s/(2~2.5)$。

3.5.3 基于载荷位置的设计方法

当接头同时承受拉伸与剪切疲劳载荷时,一般考虑对极限应力影响较大的载荷形式。VDI 2230 指南则是提出在选择直径时,在计算结果的基础上选择更大的尺寸。而承受弯矩时,螺栓的轴向载荷会出现附加载荷,导致极限应力的计算方法更加复杂。

单螺栓连接可以用简化的机械弹簧模型来描述。在此模型中,螺栓与被连接件均视为带有张力 δ_S、压力 δ_P 的弹簧,如图 3-17 所示。

图 3-18 展示了单螺栓连接结构从初始状态到工作状态内部的受力变化与位移变化。在连接装配过程中,产生了装配预紧力 F_M 与紧固载荷 F_K。轴向工作载荷 F_A 通过紧固件并且作用在螺栓上,在接合面处按比例传递。此图没有考虑预载荷的变化。

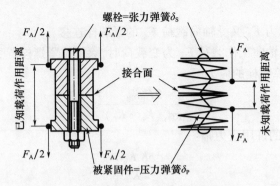

图 3-17 螺栓连接简化为弹簧模型[3]

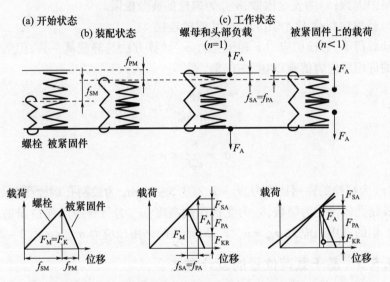

图 3-18 单螺栓连接装配过程中力与位移变化[3]

为了实现螺栓连接应有的功能,表面压力或接合面夹紧力需要满足需求。在张力加负载的情况下($F_A > 0$),装配预载荷 F_M 产生的夹紧力会由于连接部分的弹性而减少。由图 3-18,残余夹紧力 F_{KR} 可以确定为

$$F_{KR} = F_M - F_{PA} = F_M - (F_A - F_{SA}) \tag{3-90}$$

在压力加负载的情况($F_A < 0$)下,接合面上的夹紧力增加会使得螺栓头下面的剩余预紧力 F_{SR} 减小,可能会导致螺栓连接脱开。此时,残余夹紧力表示为

$$F_{SR} = F_M + F_{SA} \quad (F_{SA} < 0) \tag{3-91}$$

在图 3-18 中,螺栓附加载荷 F_{SA} 展示得较为明显,但在复杂的机械模型中,计算附加载荷 F_{SA} 除了需要考虑螺栓轴向应力 δ_S 与 δ_P 外,还需要考虑到弯曲应力 β_S 与 β_P。在非特定机械模型下附加螺栓载荷的计算方法为

$$F_{SA} = \frac{n\delta_P(\beta_P+\beta_S)-m_M\beta_P\gamma_P}{(\delta_P+\delta_S)(\beta_P+\beta_S)-\gamma_P^2}F_A + \frac{n_M\delta_P(\beta_P+\beta_S)-m\beta_P\gamma_P}{(\delta_P+\delta_S)(\beta_P+\beta_S)-\gamma_P^2}M_B \quad (3-92)$$

其中,描述螺栓头位移的工作载荷影响的载荷因子 $n=\dfrac{\delta_{VA}}{\delta_P}$,描述螺栓头倾斜的工作载荷影响的载荷因子 $m_M=\dfrac{\alpha_{VA}}{\beta_P}$,描述螺栓头倾斜的工作力矩影响的力矩因子 $m=\dfrac{\beta_{VA}}{\beta_P}$,描述螺栓头位移的工作力矩影响的力矩因子 $n_M=\dfrac{\gamma_{VA}}{\delta_P}$。

γ_P 表示在螺栓载荷 $F_{SA}=1\text{N}$ 时,螺栓头相对螺栓轴线的倾斜量;

β_{VA} 表示在工作力矩 $M_B=1\text{N}\cdot\text{m}$ 时,螺栓头相对螺栓轴线的倾斜量;

α_{VA} 表示在工作载荷 $F_A=1\text{N}$ 时,螺栓头相对螺栓轴线的倾斜量;

γ_{VA} 表示在工作力矩 $M_B=1\text{N}\cdot\text{m}$ 时,螺栓头轴向位移;

δ_{VA} 表示在工作载荷 $F_A=1\text{N}$ 时,螺栓头轴向位移,即柔度。

通过该方程式可以看出,螺栓会被工作载荷 F_A 和工作力矩 M_B 拉伸。

相比机械设计手册的简化方法,考虑载荷的实际施加位置、基于载荷分布系数计算的 VDI 2230 指南设计方法[3]则更为精确、适用范围更广。该方法以被连接件受压区域的压缩变形体为基础,考虑了以下四个方面的内容:①将被连接件受压区域内压缩变形体的轴向刚度作为被连接件受压区域的轴向刚度;②装配预紧过程中,不同拧紧方式对装配预紧载荷具有不同的分散系数;③旋合螺纹副、螺栓头和螺母支承面、被连接件之间接触界面的表面微凸体相互嵌入和服役环境的温度会造成预紧载荷的损失;④轴向工作载荷作用位置会对载荷分配系数产生影响。

连接接头的设计计算过程包括两部分:①输入部分(R0 – R2):主要通过已知条件对公称直径、极限尺寸、拧紧系数最小夹紧力等进行简单的计算。②螺栓受力变形部分(R3 – R6):通过螺栓连接受力图对工作载荷系数、预加载变化、最小最大装配预加载荷进行计算。需要的输入条件为功能、安装形式、几何、材料、表面性能、强度等级、拧紧工具与拧紧力矩。

表 3 – 7 VDI 2230 指南设计计算部分内容[3]

	序号	目标内容	涉及内容
输入部分	R0	名义直径与极限尺寸	①根据外载荷形式初步确定最小预紧力; ②根据拧紧方法初步确定最大预紧力; ③根据强度等级初步确定名义直径; ④根据分界面尺寸判断是否在限制范围内
	R1	拧紧系数	根据拧紧方法、接触对材料、润滑状态在附表中选取拧紧系数

续表

	序号	目标内容	涉及内容
输入部分	R2	最小夹紧力	①针对摩擦型连接的横向载荷计算; ②针对密封连接的媒介压强受力计算; ③针对连接界面单侧离缝或压溃的计算
受力变形计算	R3	载荷分配系数	①被连接件受力等效变形区域划分; ②偏心夹紧/加载下的偏心量与惯性矩计算; ③螺栓柔度、被连接件柔度计算; ④载荷引入系数计算; ⑤载荷分配系数与螺栓附加载荷计算
受力变形计算	R4	预紧力变化	①压陷与松弛导致的预紧力损失; ②温度变化导致的预紧力损失
受力变形计算	R5	最小装配预紧力	根据最小夹紧力、载荷分配情况、压陷、松弛、温度变化的预紧力损失计算
受力变形计算	R6	最大装配预紧力	通过拧紧系数与最小装配预紧力计算

1. 计算名义直径 d 与极限尺寸 G（R0）

螺栓名义直径 d 通过附表 3-1 决定。在计算时,步骤如下：

(1)在第一列选择螺栓连接中最大的负载。在同时存在轴向载荷与横向载荷时,若 $F_{Amax} < F_{Qmax}/\mu_{Tmin}$,则选择 F_{Qmax}。

(2)最小预紧力 F_{Mmin} 通过以下过程得到:

若使用 F_{Qmax} 进行设计,横向作用力为静态或动态,均向下移动四格;

若使用 F_{Amax} 进行设计,轴向力为动态、偏心力时向下移动两格,只满足其中一个条件只需要向下移动一格。

(3)通过步骤(2)得到 F_{Mmin} 之后,根据不同拧紧方式得到最大预紧力 F_{Mmax}：

使用简单螺旋式螺钉机拧紧,通过拧紧扭矩进行调整则向下移动两格;

使用扭矩扳手或精密螺钉机拧紧,通过动态扭矩测量或螺栓伸长测量调整则向下移动一格;

在弹性变形范围内,调整方法为控制角度或屈服点,则直接使用这个值。

(4)确定此数值之后,根据所需要的螺栓强度等级得到需要的螺栓名义直径。

螺栓极限尺寸 G 的确定可以用作检验偏心夹紧与偏心负载计算结果的有效性,在轴向工作载荷作用下,螺栓轴-线平面尺寸 c_T 不能超过限制尺寸 G,超过会导致较大计算错误产生。

对于螺栓连接来说,适用以下公式：

$$G = d_w + h_{min} \tag{3-93}$$

式中: d_w 为螺栓头支承平面外径(承载面外径); h_{min} 为两被夹紧件中较薄的板的

第3章 ▶ 紧固连接正向设计技术

厚度。

对于螺钉连接来说,压力分布不均匀,其与夹紧长度之间也没有关联,推荐使用以下公式:

$$G' \approx (1.5 \sim 2) \times d_w \qquad (3-94)$$

2. 拧紧系数 α_A(R1)

拧紧系数 α_A 满足下列公式:

$$\alpha_A = \frac{F_{Mmax}}{F_{Mmin}} \qquad (3-95)$$

通过附表 3-2 来确定拧紧系数 α_A。使用该表确定拧紧系数 α_A 时,需要了解不同材料在不同润滑状态下的摩擦系数等级,如附表 3-3 所示。

在选取材料与润滑剂时,为了保证获得较高的预紧力,同时使数值分散较小,应尽量达到摩擦等级 B。注意此表格仅在室温时有效。

3. 最小夹紧力 F_{Kerf}(R2)

最小夹紧力 F_{Kerf} 的计算,根据施加在螺栓头上的加载方式的不同而分为下列三种情况。

1)采用摩擦夹紧装置

受力包括横向载荷 F_Q 与作用在螺栓轴的力矩 M_Y

$$F_{KQ} = \frac{F_{Qmax}}{q_F \mu_{Tmin}} + \frac{M_{Ymax}}{q_M r_a \mu_{Tmin}} \qquad (3-96)$$

式中:F_{KQ} 为通过摩擦夹紧传递横向载荷和/或扭矩的最小夹紧载荷;μ_{Tmin} 为界面的摩擦系数(其值通过表 3-8 得到);q_F 为内部力传递界面的数量;q_M 为内部力矩传递界面的数量;r_a 为摩擦半径(由夹紧件尺寸所得)。

表 3-8 分界面的黏附摩擦系数近似值[3]

材料组合	下列状态中的黏附摩擦系数	
	干燥	润滑
钢-钢-铸钢	0.1~0.23	0.07~0.12
钢-灰铸铁	0.12~0.24	0.06~0.1
灰铸钢-灰铸铁	0.15~0.3	0.2
青铜-钢	0.12~0.28	0.18
灰铸铁-青铜	0.28	0.15~0.2
钢-铜合金	0.07	—
钢-铝合金	0.1~0.28	0.05~0.18
铝-铝	0.21	—

2) 密封性能

为确保密封功能,夹紧载荷 F_{KP} 与密封面积 A_D、媒介内部最大压强 $p_{i,max}$ 的函数关系为

$$F_{KP} = A_D p_{i,max} \qquad (3-97)$$

3) 防止接触界面分离(离缝)

$$F_{KA} = F_{Kab} = F_{Amax} \frac{A_D(au - s_{sym}u)}{I_{bt} + s_{sym}uA_D} + M_{Bmax}\frac{uA_D}{I_{BT} + S_{sym}uA_D} \qquad (3-98)$$

式中:s_{sym} 为螺栓轴与假设的侧面对称夹紧件的偏心距离;a 为工作载荷与假设的侧面对称夹紧件的偏心距离。

F_{Kerf} 与 F_{KQ}、F_{KP}、F_{KA} 的关系满足:

$$F_{Kerf} \geq \max(F_{KQ}; F_{KP} + F_{KA}) \qquad (3-99)$$

4. 工作载荷与载荷系数计算(R3)

在计算载荷因子前,首先需要计算附加载荷。附加载荷的计算方法根据夹紧形式的不同而不同,分为同心紧固与偏心紧固。

同轴紧固条件:螺栓中受到假设的压力圆锥的工作载荷相对于螺栓轴-线平面对称。这种情况下,预加载过程螺栓头与螺栓轴没有角度,不会产生弯曲现象。此时影响因子 $\gamma_P = 0$,工作力矩 $M_B = 0$。但是同轴情况下,也会有可能受到偏心力。附加载荷计算方法为

$$F_{SA} = n\frac{\delta_P}{\delta_P + \delta_S}F_A \qquad (3-100)$$

图3-19显示了同轴载荷作用于螺栓连接结构时的压力情况。

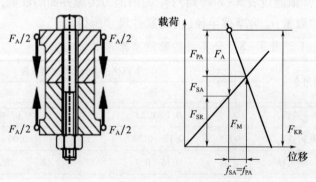

图3-19 同轴载荷螺栓连接压力情况[3]

当螺栓轴与压力圆锥的对称轴不同轴时,即在预加载过程中螺栓会产生弯曲现象时,视作偏心紧固状态。在没有工作力矩的情况下($M_B = 0$),假设:①横截面平整;②除螺栓载荷外,在轴向工作载荷的作用点假设一个同样比例的力矩作用于此。此时可得到方程:

$$\delta_{VA} = -(\delta_A^Z + a s_{sym}\beta_P^Z) \qquad (3-101)$$

$$\delta_P = +(\delta_P^Z + s_{sym}^2\beta_P^Z) = \delta_P^* \qquad (3-102)$$

$$\gamma_P = +\beta_P^Z s_{sym} \qquad (3-103)$$

$$\alpha_{VA} = -\beta_P^Z a \qquad (3-104)$$

式中:δ_{VA} 为 F_A 作用下螺栓头的轴向位移;δ_A^Z、δ_P^Z、β_P^Z 分别为同心载荷下螺栓头的轴向位移、零件的弹性变形、被夹紧件的弯曲弹性变形。

如图 3-20 所示,s_{sym} 指螺栓连接紧固体对称轴与螺栓轴的距离 S。系数 a 表示轴向工作载荷与紧固体对称轴的距离 A,考虑其为确定值。如果 A 与 S 在紧固体对称轴的同一侧,则 s_{sym} 将视为确定值引入;如果在不同侧,将 s_{sym} 视为不确定值。经过这种处理,将偏心夹紧连接视作同轴夹紧连接进行计算。

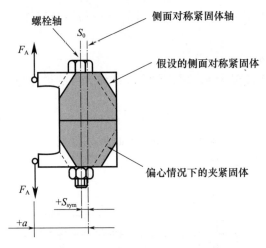

图 3-20 偏心夹紧连接处理[3]

螺栓附加载荷计算公式为

$$F_{SA} = n\frac{\delta_P^Z\left\{1 + s_{sym}a\dfrac{(\beta_P^Z/\delta_P^Z)}{[1+(\beta_P^Z/\beta_S)]}\right\}}{\delta_S + \delta_P^Z\left\{1 + s_{sym}^2\dfrac{(\beta_P^Z/\delta_P^Z)}{[1+(\beta_P^Z/\beta_S)]}\right\}}F_A \qquad (3-105)$$

通过以上方程可以看出,对于较小的偏心 s_{sym} 与 a 来说,误差很小。如果偏心较大,误差就会很大,需要找到其他影响因素来计算。在该方程中,由于螺栓柔度力很高,所以 $\beta_P^Z/\beta_S \approx 0$。弯曲柔度 β_P^Z 可通过转动惯量 I_{Bers} 确定:

$$\beta_P^Z \approx \frac{l_K}{E_P I_{Bers}} \qquad (3-106)$$

得到:

$$F_{SA} = n \frac{\delta_P^Z + s_{sym} a \frac{l_K}{E_P I_{Bers}}}{\delta_S + \delta_P^Z + s_{sym}^2 \frac{l_K}{E_P I_{Bers}}} F_A \quad (a > 0) \tag{3-107}$$

式中:l_K 为夹紧长度;E_P 为被连接件的杨氏弹性模量;β_S 为螺栓的弯曲变形。

计算出螺栓的附加载荷后,即可对载荷因子进行计算。载荷因子 Φ 满足:

$$\Phi = \frac{F_{SA}}{F_A} \tag{3-108}$$

式中:F_{SA} 为附加螺栓载荷;F_A 为轴向工作载荷。

对于附加板载荷 F_{PA},遵循:

$$F_{PA} = (1 - \Phi) F_A \tag{3-109}$$

在确定载荷因子 Φ 时,首先需要计算螺栓与被紧固件的柔度 δ_S、δ_P 和载荷系数 n。

1) 螺栓柔度 δ_S

若材料的杨氏模量为 E_S,那么单个圆柱体元件的柔度为

$$\delta_i = \frac{f_i}{F} = \frac{l_i}{E_S A_i} \tag{3-110}$$

由于螺栓不是一个规则的圆柱体,因此将其分割成多个圆柱体进行分别计算,分割方式如图 3-21 所示。

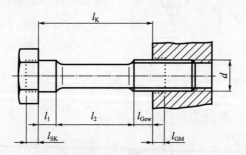

图 3-21 螺栓分割图[3]

螺栓的整体柔度满足:

$$\delta_S = \delta_{SK} + \delta_1 + \delta_2 + \cdots + \delta_{Gew} + \delta_{GM} \tag{3-111}$$

每一部分的柔度满足:

$$\delta_{SK} = \frac{l_{SK}}{E_S A_N} \tag{3-112}$$

$$\delta_{Gew} = \frac{l_{Gew}}{E_S A_{d_3}} \tag{3-113}$$

$$\delta_{GM} = \delta_G + \delta_M \qquad (3-114)$$

$$\delta_G = \frac{l_G}{E_S A_{d_3}} \qquad (3-115)$$

$$\delta_M = \frac{l_M}{E_M A_N} \qquad (3-116)$$

其中,$l_G = 0.5d$,$A_{d_3} = \frac{\pi}{4}d_3^2$,$A_N = \frac{\pi}{4}d^2$。对于有头的螺纹连接,$l_M = 0.33d$,$E_M = E_{BI}$;对于螺栓连接,$l_M = 0.4d$,$E_M = E_S$。对于标准六角螺栓头,$l_{SK} = 0.5d$;对于内六角圆柱螺栓头,$l_{SK} = 0.4d$。

2)被连接件柔度 δ_P

当有预紧力时,画出被连接件的三维应力与变形状态是十分困难的。如果被连接件的横截面尺寸大于螺栓头部承受区域直径 d_W,在螺栓头、螺母与被连接件之间的区域,轴向压缩应力在横截面处向外呈放射状减少。如图3-22所示,展示了被连接件的变形情况。

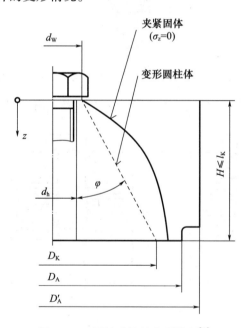

图3-22 螺栓连接处变形情况[3]

对于图中情况,被连接件柔度为

$$\delta_P = \int_{z=0}^{z=l_K} \frac{dz}{E(z)A(z)} \qquad (3-117)$$

对于螺栓连接(德文缩写 DSV,英文缩写 TBJ)与盲孔螺纹连接(德文缩写 ESV,英文缩写 TTJ),变形圆锥与计算模式是不同的。带有代替变形圆锥体的螺栓连接如图 3-23 所示,由于夹紧力较大,变形圆柱体达到了圆柱体零件的外围。

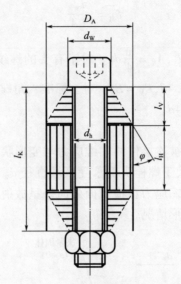

图 3-23 带变形套筒圆柱体螺栓连接的变形圆锥体[3]

对于螺钉连接,如图 3-24 所示,其变形圆锥体与计算模式如下。

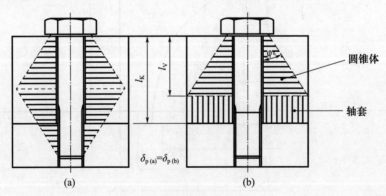

图 3-24 螺钉连接[3]
(a)替代的变形圆锥;(b)计算模式。

采用极限直径 $D_{A,Gr}$ 来解决此问题:

$$D_{A,Gr} = d_W + w \cdot l_K \cdot \tan\varphi \qquad (3-118)$$

此处:

当连接结构为 DSV 时,$w=1$;当连接结构为 ESV 时,$w=2$。

当 $D_A \geqslant D_{A,Gr}$ 时,模型中包括两个变形圆锥体当 DSV 时或一个变形圆锥体当 ESV 时,否则需要考虑采用变形套筒;当 $d_W \geqslant D_A$ 时,只需要使用一个变形套筒计算。

同轴紧固单螺栓连接与偏心紧固单螺栓连接的变形圆锥体如图 3-25 所示。

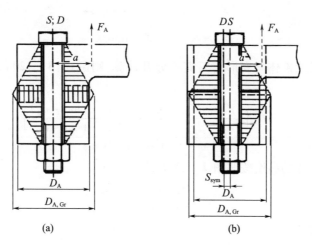

图 3-25 同轴紧固单螺栓连接与偏心单螺栓连接的变形圆锥体示意图[3]

(1)同轴紧固单螺栓连接的柔度。

当 $D_A \geqslant D_{A,Gr}$ 时,同心夹紧件的柔度计算方法为

$$\delta_P = \delta_P^Z = \frac{2\ln\left[\frac{(d_W + d_h) \cdot (d_W + w \cdot l_K \cdot \tan\varphi - d_h)}{(d_W - d_h) \cdot (d_W + w \cdot l_K \cdot \tan\varphi + d_h)}\right]}{w \cdot E_P \cdot \pi \cdot d_h \cdot \tan\varphi} \tag{3-119}$$

当 $d_W < D_A < D_{A,Gr}$ 时,代替的变形体中有变形圆锥体与变形套筒:

$$\delta_P = \frac{\frac{2}{w \cdot d_h \cdot \tan\varphi}\ln\left[\frac{(d_W + d_h) \cdot (D_A - d_h)}{(d_W - d_h) \cdot (D_A + d_h)}\right] + \frac{4}{D_A^2 - d_h^2}\left[l_K - \frac{(D_A - d_W)}{w \cdot \tan\varphi}\right]}{E_P \cdot \pi}$$

$$\tag{3-120}$$

根据相关的调查结果,变形圆锥体的圆锥角 φ 不是一个固定值,而是受到被连接件的主要尺寸的影响,如图 3-26 所示。

标准螺栓连接的变形圆锥角计算方法为

$$\text{ESV}: \tan\varphi_E = 0.348 + 0.013\ln\beta + 0.193\ln y \tag{3-121}$$

$$\text{DSV}: \tan\varphi_D = 0.362 + 0.032\ln(\beta_L/2) + 0.153\ln y \tag{3-122}$$

式中:$\beta_L = \dfrac{l_K}{d_W}$;$y = \dfrac{D'_A}{d_W}$。

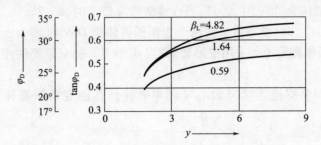

图 3-26 tanφ 值变化情况[3]

如果变形圆锥体与变形套筒需要分开计算,则由式(3-120),变形圆锥体柔度为

$$\delta_P^V = \frac{2\ln\left[\frac{(d_W+d_h)\cdot(d_W+w\cdot l_K\cdot\tan\varphi-d_h)}{(d_W-d_h)\cdot(d_W+w\cdot l_K\cdot\tan\varphi+d_h)}\right]}{w\cdot E_P\cdot\pi\cdot d_h\cdot\tan\varphi} \quad (3-123)$$

变形圆锥体的高度按照图 3-25 可计算得到:

$$l_V = \frac{D_A - d_W}{2\cdot\tan\varphi} \leqslant \frac{w\cdot l_K}{2} \quad (3-124)$$

套筒高度:

$$l_H = l_K - \frac{2l_V}{w} \quad (3-125)$$

变形套筒的柔度计算公式为

$$\delta_P^H = \frac{4l_H}{E_P\cdot\pi\cdot(D_A^2 - d_h^2)} \quad (3-126)$$

则被连接件的柔度为

$$\delta_P = \frac{2}{w}\cdot\delta_P^V + \delta_P^H \quad (3-127)$$

如果紧固件拥有不同的杨氏模量,那么有

$$\delta_P = \sum_{i=1}^{j}\delta_{P_i}^V + \sum_{i=j+1}^{m}\delta_{P_i}^H \quad (3-128)$$

(2)偏心紧固单螺栓连接的柔度。

偏心紧固螺栓连接在螺栓轴两侧存在着不同的柔度,导致变形体侧面不对称,螺栓头倾斜。除了变形体纵向变形之外,偏心夹紧还会使被夹紧件发生弯曲变形,使得变形套筒的柔度 δ_P^* 增加。图 3-27 为偏心连接的界面压力分布。

为了计算柔度 δ_P^* 与 δ_P^{**},需要得到平面惯性力矩 I_B。通常,当 $D_A > d_W$ 时,钢板高度可用以下公式计算:

第3章 紧固连接正向设计技术

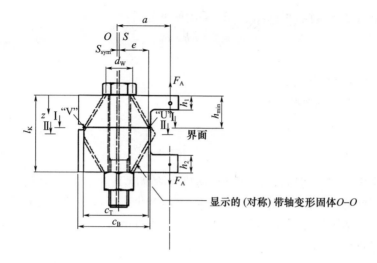

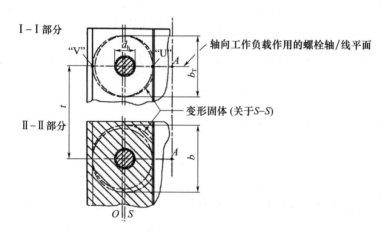

图3-27 偏心紧固连接的界面压力分布[3]

$$I_B = \frac{h}{\int_{z=0}^{z=h} \frac{dz}{I(z)}} \qquad (3-129)$$

对于同心夹紧的螺栓连接,变形圆锥体适用于以下公式:

$$I_{Bers}^V = 0.147 \cdot \frac{(D_A - d_W) \cdot d_W^3 \cdot D_A^3}{D_A^3 - d_W^3} \qquad (3-130)$$

对于偏心夹紧,需要考虑到偏心 s_{sym},适用以下公式:

$$I_{Bers}^{Ve} = I_{Bers}^V + s_{sym}^2 \cdot \frac{\pi}{4} D_A^2 \qquad (3-131)$$

如果没有变形套筒(如 $D_A > D_{A,Gr}$ 时),用 $D_{A,Gr}$ 代替 D_A 进行计算。

如果有变形套筒,根据图 3-27 采用如下公式:

$$I_{\text{Bers}}^{\text{H}} = \frac{b \cdot c_{\text{T}}^3}{12} \qquad (3-132)$$

注意此处 $b \leqslant D_{\text{A,Gr}}$。

变形体的等效旋转力矩为

$$I_{\text{Bers}} = \frac{l_{\text{K}}}{\dfrac{2}{w} \cdot \dfrac{l_{\text{V}}}{I_{\text{Bers}}^{\text{Ve}}} + \dfrac{l_{\text{H}}}{I_{\text{Bers}}^{\text{H}}}} \qquad (3-133)$$

如果实体的几何形状为锯齿状(切口为阶梯状),对于 DSV 来说,可能会产生两个不同的变形锥体;对于 ESV 来说,可能产生一个以上的变形套筒和/或一个以上的变形圆锥体。在计算变形体等效旋转力矩时,应当分别根据其弹性与惯性动量进行计算:

$$I_{\text{Bers}} = \frac{l_{\text{K}}}{\sum_{i=1}^{m} \dfrac{l_{\text{V}_i}}{I_{\text{Bers},i}^{\text{Ve}}} + \sum_{j=1}^{p} \dfrac{l_{\text{H}_j}}{I_{\text{Bers},j}^{\text{H}}}} \qquad (3-134)$$

对于偏心载荷作用时,螺栓螺纹弯曲拉伸应力 σ_{SAb} 的计算,采用如下公式:

$$\bar{I}_{\text{Bers}} = I_{\text{Bers}} - \frac{\pi}{64} \cdot d_{\text{h}}^4 \qquad (3-135)$$

分界面的惯性动量 I_{BT} 为近似值:

$$I_{\text{BT}} = \frac{b_{\text{T}} \cdot c_{\text{T}}^3}{12} \qquad (3-136)$$

其中,$b_{\text{T}} = \min[G|G'|G'';t] \leqslant b$。

根据假设变形体的偏心度 s_{sym} 采用以下公式计算偏心夹紧的柔度:

$$\delta_{\text{P}}^* = \delta_{\text{P}}^z + s_{\text{sym}}^2 \cdot \beta_{\text{P}}^z \qquad (3-137)$$

其中,β_{P}^z 计算见式(3-106)。

有一种情况,工作载荷作用于螺栓轴线平面上的界面测量处,并且在螺栓头左右两侧出现局部相同的柔度,看作连接体处于同心夹紧的状态。此时采用下列公式计算偏心 s_{sym} 与被连接件的柔度 δ_{P}^*:

$$s_{\text{sym}} = \frac{c_{\text{T}}}{2} - e \leqslant \frac{G}{2} - e \qquad (3-138)$$

$$\delta_{\text{P}}^* = \delta_{\text{P}} + \frac{s_{\text{sym}}^2 \cdot l_{\text{K}}}{E_{\text{P}} \cdot I_{\text{Bers}}} \qquad (3-139)$$

如果螺栓接头夹紧部件具有不同的杨氏模量,则有

$$\delta_{\text{P}}^* = \delta_{\text{P}} + s_{\text{sym}}^2 \cdot \sum_{i=1}^{m} \frac{l_i}{E_{\text{P},i} \cdot I_{\text{Bers},i}} \qquad (3-140)$$

第3章 ▶ 紧固连接正向设计技术

在这种情况下,变形锥体的惯性动量需要根据 $d_{W,i}$ 和 $d_{W,i+1}$ 进行计算:

$$I_{\text{Bers},i}^{V} = 0.295 \cdot \frac{l_i \cdot \tan\varphi \cdot d_{W,i}^3 \cdot d_{W,i+1}^3}{d_{W,i+1}^3 - d_{W,i}^3} \quad (3-141)$$

$$I_{\text{Bers},i}^{Ve} = I_{\text{Bers},i}^{V} + s_{\text{sym}}^2 \cdot \frac{\pi}{4} d_{W,i+1}^2 \quad (3-142)$$

对于变形套筒,采用式(3-132)计算 $I_{\text{Bers},i}^{H}$。

(3)偏心作用的轴向工作载荷柔度。

在上文中,我们提出了螺栓连接中同心夹紧与同心加载的计算方法,但是在实际情况中,同心的情况很少出现,大多数情况下,既不会出现载荷与螺栓轴重合,也不会出现螺栓轴与基本体的侧面对称变形体轴 $O-O$ 重合的情况。当螺栓偏心为 s_{sym},载荷与对称轴距离为 a 时零件会发生形变,偏心对形变的影响情况如下:

$$\delta_P^{**} = \delta_P + \frac{a \cdot s_{\text{sym}} \cdot l_K}{E_P \cdot I_{\text{Bers}}} \quad (3-143)$$

距离 a 符号为正,s_{sym} 的符号规则见附表3-4。

同样地,对于不同杨氏模量的被连接件,计算方法为

$$\delta_P^{**} = \delta_P + a \cdot s_{\text{sym}} \cdot \sum_{i=1}^{m} \frac{l_i}{E_{Pi} \cdot I_{\text{Bers},i}} \quad (3-144)$$

此种情况下的螺栓附加载荷 F_{SA} 为(其中载荷系数 n 的估值计算见附表3-5):

$s_{\text{sym}} \neq 0, a > 0$:

$$F_{SA} = n \cdot \frac{\delta_P^{**}}{\delta_S + \delta_P^*} \cdot F_A \quad (3-145)$$

$s_{\text{sym}} \neq 0, a = 0$:

$$F_{SA} = n \cdot \frac{\delta_P}{\delta_S + \delta_P^*} \cdot F_A \quad (3-146)$$

$a = s_{\text{sym}} \neq 0$:

$$F_{SA} = n \cdot \frac{\delta_P^*}{\delta_S + \delta_P^*} \cdot F_A \quad (3-147)$$

存在一种特殊情况,当 a 与 s_{sym} 不在对称轴同侧且 $a \gg |s_{\text{sym}}|$ 时,附加螺栓载荷的实际值 F_{SA} 会大于计算值。由于没办法计算其真实值,所以尽量避免采用这种设计。

3)载荷系数 n 的估值

载荷系数 n,其定义为影响系数 δ_{VA} 和夹紧件弹性 δ_P 的比值,其中 δ_{VA} 表示在 $F_A = 1\text{N}$ 时螺栓头的位移。图3-28展示的预加载被连接件的变形情况,载荷系数可表示为

$$n = \frac{\delta_{VA}}{\delta_P} = \frac{f_{VK1} + f_{VK2}}{f_{V1} + f_{V2}} \qquad (3-148)$$

此处提供一个通过上述定义对载荷系数进行简化确定的方法。该方法适用于：①被连接的两板材质相同（即杨氏弹性模量相同）；②考虑空间延伸的所有参数都在安全侧估计，可能导致建议值过大。简化确定方法如下：

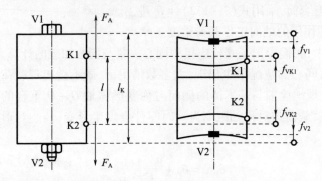

图3-28 预加载被连接件变形情况[3]

（1）从连接体整体得到单螺栓连接结构。

如图3-29所示，单个螺栓连接件以剖面无力矩方式得到。

在多螺栓连接件中，如果相邻螺栓夹紧区域重叠，得到的夹紧零件会比原组件刚性更大，如图3-30所示[3]。考虑到板的弹性，将释放的单螺栓的变形圆锥延伸作为补偿。

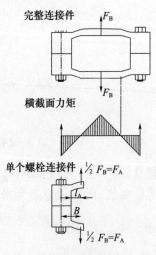

图3-29 连接体整体得到单螺栓连接结构[3]

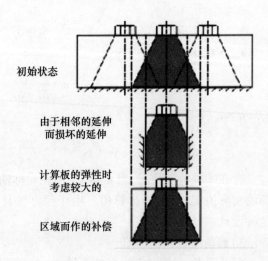

图3-30 夹紧区域相互影响的螺栓连接[3]

(2)将被连接件划分为基本体、连接体。

如图 3-31 所示,基本体为包括变形锥体在内的板的弹性区域。工作载荷则通过连接体传递到基本体上。

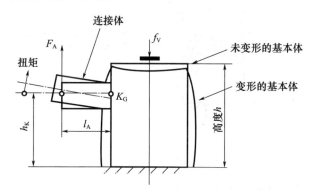

图 3-31 被连接件内部划分[3]

(3)根据加载类型对连接进行分类。

本书对于载荷加载位置的不同,利用相对于螺栓轴 30°角的锥体大致划分,将连接划分为六种类型,分别为 SV1 到 SV6,如图 3-32 所示。

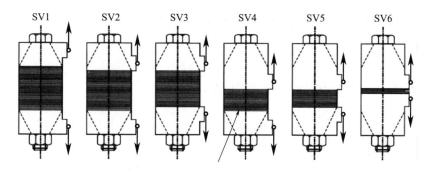

图 3-32 六种连接类型[3]

(4)确定参数。

根据连接的几何形状,如图 3-33 所示,来确定高度 h、距离 a_k 与长度 l_A。当负载为同心负载时,$l_A = 0$。

(5)确定载荷引入系数 n。

根据附表 3-5,通过上述被连接件几何形状可以在表中通过线性插值法来得到。存在特殊情况,当接头类似梁时,假设载荷系数为 0.4。当采用此方法得到的载荷引入系数非常小时,被连接件将无法避免地存在开口的可能性。

4)载荷分配系数 Φ 的计算

对于典型的夹紧与加载情况,有以下公式:

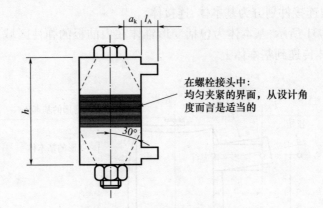

图 3-33　确定连接体参数[3]

（1）同轴负载、同轴夹紧，即 $a=0$ 且 $s_{sym}=0$，有

$$\Phi_n = n \cdot \frac{\delta_P}{\delta_S + \delta_P} \qquad (3-149)$$

（2）同心负载、偏心夹紧，即 $a=0$ 且 $s_{sym} \neq 0$，有

$$\Phi_n^* = n \cdot \frac{\delta_P}{\delta_S + \delta_P^*} \qquad (3-150)$$

（3）偏心负载、偏心夹紧，即 $a>0$ 且 $s_{sym} \neq 0$，有

$$\Phi_{en}^* = n \cdot \frac{\delta_P^{**}}{\delta_S + \delta_P^*} \qquad (3-151)$$

（4）外部弯曲力矩加载的极特殊情况：

$$\Phi_m^* = n \cdot \frac{s_{sym}^2 \cdot l_K}{(\delta_S + \delta_P) \cdot E_P \cdot I_{Bers} + s_{sym}^2 \cdot l_K} \qquad (3-152)$$

5. 预加载荷的变化 F_Z、$\Delta F'_{Vth}$（R4）

螺栓预紧力变化受到许多因素影响，如附近的螺栓作用、接触面的预埋情况、自我旋转产生的松动、材料松弛、温度变化、过载等。

1）压陷与松弛产生的预载变化

螺栓连接结构在组装期间与组装完成后，即使加载低于屈服点、小于极限表面压力，螺栓头也会出现局部塑性变形，使得被连接件松弛。螺栓受载面与被连接件承压表面以及其他界面的表面粗糙度塑性整平都称为"压陷"。由材料的蠕变引起的预载荷随时间的损耗称作"松弛"。

当工作温度为再结晶温度的 1.5 倍时，由松弛而引起的预载变化会变得可预见。以下典型情况需要考虑预载损耗：室温下承受屈服控制或角度控制的紧固螺栓；工作温度为 160℃ 的铝合金；工作温度为 240℃ 的调质钢、结构钢等。在这些条件下，需要对螺栓接头进行试验分析。

由预埋量 f_Z 引起的预载损耗 F_Z 可以通过三角形关系来求得，由图 3-34 可得

$$\frac{F_Z}{F_M} = \frac{f_Z}{f_M} = \frac{f_Z}{f_{SM} + f_{PM}} = \frac{f_Z}{(\delta_S + \delta_P) \cdot F_M} \quad (3-153)$$

即

$$F_Z = \frac{f_Z}{\delta_S + \delta_P} \quad (3-154)$$

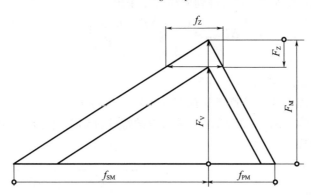

图 3-34　由预埋量 f_Z 引起的预载损耗 F_Z[3]

为了得到预载损耗 F_Z，需要先求得预埋量 f_Z。预埋量 f_Z 取决于工作载荷类型、界面数量与配对表面的粗糙度情况。附表 3-6 给出了用来估计被连接件预埋量的指导值，实际上，这种计算方法比较粗糙，国内部分设计单位使用了更加精细的预埋量计算方法。

该指导数值仅仅适用于预载荷低于材料限制表面压力的情况，如果超出，材料有可能产生蠕变，导致 f_Z 数值无法预测。有一种特殊情形需要注意，当大量圆柱形被连接件的表面不是理想的平行平面时，总柔度会大于同样状况下平行平面的柔度，因此，此情况需要进行试验确定预载损耗 F_Z。

2）温度变化对预载荷的影响

温度对预载荷的影响主要有以下几个因素：①杨氏弹性模量会受到温度变化的影响；②螺栓与夹紧件热膨胀系数不同。温度变化产生的形变表示为

$$f_T = \alpha_T \cdot l \cdot \Delta T \quad (3-155)$$

式中：α_T 为热膨胀系数。若膨胀系数相同，螺栓比夹紧件温度高很多，则螺栓拉伸程度相比夹紧件大，预载荷会相应降低；反之，螺栓拉伸程度比夹紧件小，预载荷则会增加。由于常规材料杨氏模量与温度呈反比例关系，使得预载荷随温度上升而减小。

当温度为 T 时的预载荷 F_{VT} 在基于室温下的预载荷 F_{VRT} 的计算公式为

$$F_{VT} = \frac{F_{VRT}(\delta_{SRT} + \delta_{PRT}) - l_K(\alpha_{ST}\Delta T_S - \alpha_{PT}\Delta T_P)}{\delta_{SRT}E_{SRT}/E_{ST} + \delta_{PRT}E_{PRT}/E_{PT}} \quad (3-156)$$

则

$$\Delta F_{\text{Vth}} = F_{\text{VRT}} - F_{\text{VT}} \tag{3-157}$$

$$\Delta F_{\text{Vth}} = F_{\text{VRT}}\left(1 - \frac{\delta_S + \delta_P}{\dfrac{\delta_S E_{\text{SRT}}}{E_{\text{ST}}} + \dfrac{\delta_P E_{\text{PRT}}}{E_{\text{PT}}}}\right) - \frac{l_K(\alpha_S \Delta T_S - \alpha_P \Delta T_P)}{\dfrac{\delta_S E_{\text{SRT}}}{E_{\text{ST}}} + \dfrac{\delta_P E_{\text{PRT}}}{E_{\text{PT}}}} \tag{3-158}$$

忽略预载的依从性影响,得到大约的结果为

$$\Delta F'_{\text{Vth}} = \frac{l_K(\alpha_S \Delta T_S - \alpha_P \Delta T_P)}{\delta_S \dfrac{E_{\text{SRT}}}{E_{\text{ST}}} + \delta_P \dfrac{E_{\text{PRT}}}{E_{\text{PT}}}} \tag{3-159}$$

6. 最小装配预载荷 F_{Mmin}(R5)

不同的紧固方式会导致装配预载荷不同程度的分散,对所要求的螺栓规格有着显著的影响。图 3-35 给出了某参数的螺栓分别采用力矩控制与屈服控制进行预紧的过程。

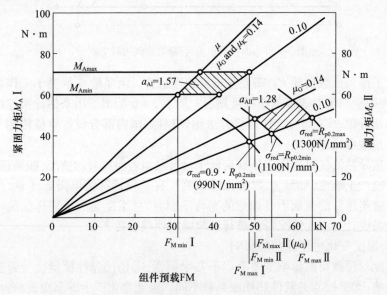

图 3-35 力矩控制(Ⅰ)与屈服控制(Ⅱ)装配预紧力比较[3]

考虑到载荷系数,最小装配预载荷为

$$F_{\text{Mmin}} = F_{\text{Kerf}} + (1 + \Phi_{\text{en}}^*)F_{\text{Amax}} + F_Z + \Delta F'_{\text{Vth}} \tag{3-160}$$

通常,不能保证是否会到达工作温度或均衡温度后完成加载,于是当 $\Delta F'_{\text{Vth}}$ <0 时,取 $\Delta F'_{\text{Vth}} = 0$。

7. 最大装配预载荷 F_{Mmax}(R6)

最大装配预载荷可通过最小装配预载荷简单计算得出:

$$F_{Mmax} = \alpha_A \cdot F_{Mmin} \tag{3-161}$$

3.5.4 基于松动行为的计算方法

螺栓松动主要分为旋转松动和非旋转松动。

非旋转松动指的是内外螺纹没有发生相对转动,但螺纹连接预紧力下降的现象。非旋转松动的原因包括但不限于表面嵌入、微动磨损、应力再分布、蠕变、应力松弛、塑性变形等。

旋转松动指的是螺栓连接在外部载荷作用下,啮合螺纹面之间发生松退方向的相对运动,使得螺栓预紧力下降的现象。相比非旋转松动,螺纹连接的旋转松动更容易导致预紧力的持续衰退,甚至完全松脱,从而造成更大的危害。

其不同松动行为的计算方法如下:

1. 旋转松动[5]

在螺纹表面线性滑动条件下,旋转松动扭矩的计算方法为

$$T_{SS} = \int_{r=r_1}^{r=r_2}\int_{\theta=0}^{\theta=\pi} \frac{F}{A_s} dA_s (\mu_s \cos\beta + \sin\beta')\cos\beta' r \sin\theta \tag{3-162}$$

式中:β 为螺纹升角;r_1 为螺纹接触界面内径;r_2 为螺纹接触界面外径,三角螺纹中 r_1、r_2 可以被省略。T_{SS} 可以近似表示为

$$T_{SS} \approx \frac{1}{4} F d_2 \beta \tag{3-163}$$

假设 T_L 为螺栓松动扭矩,当 $T_L < T_{SS}$ 时螺栓发生旋转松动,即

$$T_{SS} > T_L = \frac{F}{2}\left(\frac{d_2}{\cos\alpha}\mu_s - \frac{P}{\pi} + d_w\mu_w\right) \tag{3-164}$$

式中:μ_s 为螺栓摩擦系数;μ_w 为支承面摩擦系数。

图 3-36 给出了使用 Junker 式松动试验机得到的临界滑动量的实例。在以下几种情况下,被连接件之间的临界滑动量越大,连接系统越不容易出现旋转松动:外、内螺纹之间在与螺栓轴线垂直方向上间隙越大、被连接件的厚度越大、螺纹旋合长度越短、轴向预紧力越大、支承面侧向滑动摩擦系数越大、螺栓横截面惯性扭矩越小(细螺栓)。对于螺纹配合精度而言,实际结果与普遍接受的观念完全相反:提高螺纹配合的精度水平对防止旋转松动来说不仅无积极效果,反而会产生不良影响。

2. 非旋转松动[5]

即使螺栓和螺母未在松动的方向发生旋转,轴向预紧力也会发生降低的情况。由于弹性变形存在着使其恢复原形的力,轴向预紧力的产生是螺栓发生弹性伸长和被连接件发生弹性压缩的结果。如果一根棒被拉长,在棒上就会产生收缩的力;而如果一根棒被压缩,就会产生伸长的力。恢复的力与弹性变形量成

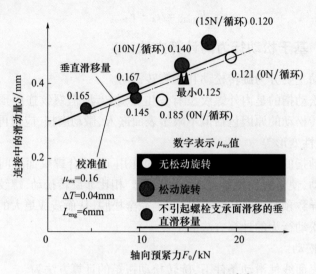

图3-36 测量临界滑动量的案例[15]

正比。如果因某种原因,螺栓的弹性伸长减小了或被连接件的弹性压缩减小了,螺栓的轴向预紧力也将减小,导致松动。

导致螺栓的弹性伸长减小和被连接件的弹性压缩减小的原因是被连接件的磨损、紧固后的螺栓产生的塑性变形嵌入或内嵌(在接触表面的微观凸起被塑性压溃)或被连接件的塑性塌陷、螺栓的蠕变伸长和被连接件的蠕变压缩以及螺栓的热膨胀和被连接件的低温收缩。所有这些都能导致非旋转松动,这些因素列于表3-9与图3-37中。

表3-9 导致非旋转松动的现象[5]

磨损	被连接件接触面磨损
拧紧后塑性变形	螺栓塑性伸长
	被连接件嵌入或内嵌
	被连接件塑性压缩
蠕变	螺栓蠕变伸长
	被连接件蠕变压缩
温度变化	螺栓和被连接件的热膨胀差异
	弹性模量的变化

将被连接件的磨损、被连接件的嵌入或内嵌或塌陷、螺栓的塑性伸长、蠕变伸长和蠕变压缩以及螺栓和被连接件的热膨胀之间的差异全部用 δ 表示。根据图3-38,轴向预紧力 ΔF 的降低可表示为

第3章 紧固连接正向设计技术

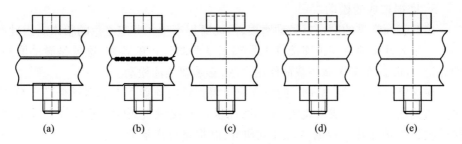

图 3-37 导致非旋转松动的现象[5]
(a)磨损;(b)嵌入或内嵌;(c)塑性伸长;(d)热膨胀差异;(e)蠕变。

$$\Delta F = \frac{K_B K_C}{K_B + K_C} \delta \qquad (3-165)$$

式中:K_B 和 K_C 分别为螺栓和被连接件的刚度。

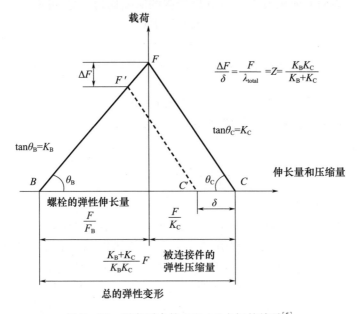

图 3-38 形变图中的 δ 和 ΔF 之间的关系[5]

某些材料的弹性模量在高温下会降低,基于胡克定律,由于弹性伸长或压缩产生的力与弹性模量成正比。因此,如果弹性模量降低,也会导致轴向预紧力的降低。

热膨胀差异导致的预紧力损伤在 3.3.3 节已有提及,此处不再赘述。蠕变一般无须考虑,本小节同样不再赘述。主要介绍磨损、嵌入与塑性伸长导致的松动行为。

3. 磨损造成的松动[5]

接触表面常见的磨损是微动磨损，微动磨损产生一些暗红色的粉末。因此，如果在耐久性试验后在被连接件上发现了某些暗红色的粉末，这就是微动磨损的标记。同时，在多次循环载荷作用之后，必须要关注松动。

在这里，可以根据 Wright 的研究成果得到轴向预紧力 F 和滑动循环次数 N 之间的关系。其研究成果表明，微动磨损量 w 与接触表面的压缩载荷 F 及滑动循环次数 N 成正比。根据 Wright 的研究，磨损量可表示为

$$w = k_w FN \tag{3-166}$$

式中：k_w 为磨损率系数。每次滑动产生的轴向预紧力减少 dF/dN 与每次滑动产生的磨损深度 $d\delta/dN$ 成正比。因此设松弛系数为 Z，可得

$$\frac{dF}{dN} = -Z\frac{d\delta}{dN} \tag{3-167}$$

设接触表面的面积为 A，且在 A 区域内的磨损均匀进行，可得

$$\delta = \frac{w}{A} = \frac{k_w FN}{A} \tag{3-168}$$

通过简化上述方程并推导轴向预紧力 F 和滑动循环次数 N 的关系，可得

$$\frac{dF}{dN} = -\frac{F}{A/k_w F + N} \tag{3-169}$$

通过变量的分离以及设置满足初始条件的常数（在 $N=0$ 时，$F=F_0$），求解这个方程，得

$$F\left(1 + \frac{k_w Z}{A}N\right) = F_0 \tag{3-170}$$

4. 内嵌造成的松动[5]

被连接件的嵌入、内嵌或塌陷会引起松动。当具有微观不平整表面的两个夹层紧固在一起时，在拧紧过程中，某些不平整的部分（微观凸起）发生变形，造成表面相互靠近（这被称为"初始接近"），然后，系统载荷作用在两个夹层上，增加了微变形或在表面上形成了压力波动，以及在不规则表面上的微观凸起进一步发生变形，从而导致表面之间彼此更加接近。这种粗糙表面上的微观凸起物的崩溃被称为"嵌入"或"内嵌"，这一现象也称为"初始松弛"。

如图 3-39 所示，VDI 2230 指南第一部分给出了紧连接在一起的被连接件发生"嵌入"或"内嵌"的近似量。根据早期 VDI 2230 指南的说法，"嵌入"或"内嵌"的量与接触面的数量或其表面粗糙度无关，但随着被连接件厚度的增加而增加。但是，显然这种说法并不正确，这幅图已经从 2003 版 VDI 2230 指南中删除了。

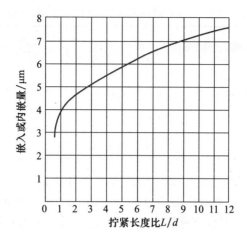

图3-39 具有足够刚度的被连接件发生嵌入或内嵌的近似量[5]

由于"嵌入"或"内嵌"导致的松动受到表面粗糙度的影响,采用将塑性变形认定为一个等体积变形的方法。在磨削表面(假设不规则表面是锥体的组合):

$$a_{\delta\max} = \frac{2}{3}(h_{\max 1} + h_{\max 2}) \quad (3-171)$$

在车削表面(假设不规则表面是连续三角形螺牙线的组合):

$$a_{\delta\max} = \frac{1}{2}(h_{\max 1} + h_{\max 2}) \quad (3-172)$$

当公称表面压力低于117.6MPa时的初始接触量为

$$a_{\delta} = \left(\frac{\eta_A h_{\max 1}^{v_1} h_{\max 2}^{v_2}}{k b_1 b_2}\right)^{1/(v_1+v_2)} \quad (3-173)$$

式中:$h_{\max}$为表面粗糙度;η_A与材料和表面粗糙度有关的常数;v、b、k与表面精加工有关的常数。

表3-10列出了对由冷成形钢板($t=1.2$)和球墨铸铁部件($t=10$)紧固在一起组成的系统进行松动试验的结果,紧固用内螺纹是在渗碳淬火件上攻丝的。使用的螺栓参数为(M10、$P=1.25$)。从表3-10中数据求取a_δ时,a_δ为($h_{\max 1} + h_{\max 2}$)的0.1~0.3倍,可得

在磨削表面:

$$\delta_{S\max} = (0.36 \sim 0.56)(h_{\max 1} + h_{\max 2}) \quad (3-174)$$

在车削表面:

$$\delta_{S\max} = (0.2 \sim 0.4)(h_{\max 1} + h_{\max 2}) \quad (3-175)$$

表 3-10　初始松动(循环次数 3000,未出现选择松动)[5]

表面粗糙度总和 $\sum h_{max}/\mu m$	轴向预紧力减少量 $\Delta F/N$	嵌入或内嵌 $\delta_S = \Delta F/Z/\mu m$	$\dfrac{\delta_S}{\sum h_{max}}$	铸件和渗碳淬火件的加工方法
19.6	47、49、41、40	13.6、14.2、11.9、11.6	0.59~0.72	磨削
19.6	50、45、35、40	14.5、13.1、10.2、11.6	0.52~0.74	磨削
60.8	73、66、64	21.2、19.1、18.6	0.31~0.35	车削

在表面粗糙材料的"嵌入"或"内嵌"达到饱和状态后,被连接件的塑性塌陷不应进一步发展,除非表面压力超过某一定值。这一压力称为塑性塌陷的"临界表面压力",如果拉伸载荷施加在系统上,在支承面的表面压力不得超过临界表面压力。

5. 塑性伸长造成的松动

为了探寻螺栓的屈服区域,当用纵轴表示螺栓在初始轴向预紧力 F 下承受的外部载荷,用横轴表示连接系统承受的拉伸载荷 W 时,得到如图 3-40 所示的相互关系。图 3-41 给出了连接系统拉伸载荷增加的情况下,在拉伸载荷解除后残余轴向预紧力 F 是如何变化的。

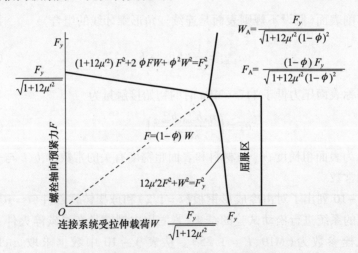

图 3-40　轴向预紧力、外载、螺栓屈服区域的关系[5]

由此,假如被连接件不发生分离,则由于螺栓屈服而导致轴向预紧力减小的量 ΔF 可以由以下公式得到(在设定拧紧后螺栓杆部的剪切应力不降低的条件下获得的偏于安全的公式):

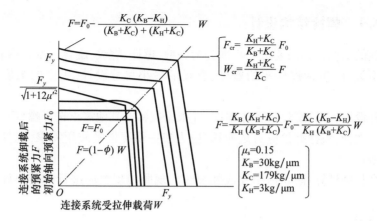

图 3-41 在拉伸载荷解除后拉伸载荷和轴向预紧力的关系[5]

$$\Delta F = \frac{K_C(K_B - K_H)}{(K_B + K_C)(K_C + K_H)}W \quad (3-176)$$

式中：K_H 为螺栓在加工硬化过程中的硬化系数。然而，如果螺栓在拧紧时并没有屈服，在外载的作用下发生了屈服，ΔF 将比用公式计算出的要小一些。

如果螺栓塑性伸长量足够大，但几乎没有发生加工硬化（$K_H \approx 0$），则轴向预紧力的减小量 ΔF 将等于 $\phi \cdot W$（ϕ 为内力系数）。这里需要注意的是，当被连接件分离时，轴向预紧力减小量急剧增大，甚至在系统拉伸载荷略有增大的情况下，也会导致残余轴向预紧力突然变成零。正因如此，绝对不能在连接系统上施加超过临界载荷的系统拉伸载荷。此临界载荷是不会导致被连接件分开的载荷。这个系统临界拉伸载荷 W_{cr} 不会导致被连接件分离，可用下面的公式表示：

$$W_{cr} = \frac{K_H + K_C}{K_C}F_0 \quad (3-177)$$

如果螺栓实际上没有发生加工硬化（$K_H \approx 0$），被连接件的临界分离载荷等于初始轴向预紧力 F_0。

3.6 紧固件设计

紧固件设计是基于弹塑性力学理论、第三强度理论、第四强度理论等，结合外部连接结构尺寸及双侧开放性，计算紧固件的最小实体尺寸，并根据外部力学载荷环境与安装方法，设计紧固件的关键参数，从紧固件产品的正向设计出发，全面分析不同因素对紧固件服役性能的影响，确保紧固件在设计阶段满足性能要求并在使用中具有可靠性。在本节中，主要介绍结构设计方面的内容，这涉及螺栓、螺母、垫片等紧固件的几何形状和尺寸设计，以确保它们能够有效地传递负载。

3.6.1 螺栓结构设计

螺栓的结构设计需要进一步细分为头型、螺杆、螺纹、旋合长度等内容。

头型设计:包括螺栓头的厚度、直径的最小尺寸设计、头型的柔度计算等内容;

螺杆设计:计算螺栓的整体柔度,并根据抗剪或其他需求选择螺杆;

螺纹选择:根据螺纹应力截面积、应力集中情况以及应用需求,选择合适的螺纹类型;

旋合长度计算:防止内螺纹或外螺纹出现脱扣现象而进行的最小旋合长度计算。

1. 头型

螺栓头型的设计与载荷、安装方法、开放性相关,主要考虑内容为通过环剪切计算螺栓头最小厚度、通过抗压溃计算螺栓头的最小直径、通过头型计算螺栓头柔度、通过扳拧需求选择头型四方面。

1)抗拉型螺栓头型

设计抗拉型螺栓头型的厚度 H 需要满足:

$$H\tau_B \pi d_h > \sigma_b A_N > F_A \tag{3-178}$$

式中: F_A 为外部轴向载荷; σ_b 为螺栓抗拉强度; A_N 为公称横截面积; τ_B 为螺栓剪切强度; d_h 为螺栓光杆直径。

式(3-178)表示当螺栓头部受到来自被连接件孔径的环剪作用时,螺栓头部可承受的剪切应力应大于螺栓杆部受到的拉伸应力。

考虑到当抗拉型头型的头部直径 d_t 较小时,容易出现被连接件压溃的情况,因此存在一个最小的头部直径 d_t ,满足:

$$s_{Mb} \cdot F_{Amax} = p_{Gbmin} \cdot \left(\frac{d_t^2 - d_h^2}{4}\right) \pi \tag{3-179}$$

$$d_t = \sqrt{\frac{4 s_{Mb} F_{Amax}}{p_{Gbmin} \cdot \pi} + d_h^2} \tag{3-180}$$

式中: s_{Mb} 为抗螺栓头压溃安全系数; F_{Amax} 为接头最大轴向力,计算方法可参考 3.5.3 节; p_{Gbmin} 为螺栓头材质或与螺栓头接触的被连接材质中,最小的表面限制压力。该计算方法适用于外部载荷为轴向载荷(同轴、偏心均可)时,或含轴向载荷分量时。

2)抗剪型螺栓头型

设计抗剪型螺栓头型的厚度 H 需要满足:

$$\sigma_b A_N > H\tau_B \pi d_h > F_A \tag{3-181}$$

式中: F_A 为外部轴向载荷; σ_b 为螺栓抗拉强度; A_N 为公称横截面积; τ_B 为螺栓

剪切强度;d_h 为螺栓光杆直径。由此可得,抗剪型螺栓头型主要考虑螺栓头部许用剪切应力大于外部轴向载荷。在设计螺栓头型时,抗剪型螺栓相较于抗拉型螺栓头型厚度要更小一些。

抗剪型螺栓头型同样需要考虑被连接件的压溃情况,但无须考虑外载荷导致的轴向附加载荷,因此头部直径 d_t 满足:

$$s_{Mb} \cdot F_V = p_G \cdot \left(\frac{d_t^2 - d_h^2}{4}\right)\pi \tag{3-182}$$

$$d_t = \sqrt{\frac{4 s_{Mb} F_V}{p_G \cdot \pi} + d_h^2} \tag{3-183}$$

式中:s_{Mb} 为抗螺栓头压溃安全系数;F_V 为接头预紧力。需要注意的是,该计算方法仅适用于外部载荷为纯剪切载荷的情况,当存在轴向载荷分量时,需要按式(3-180)计算。

3) 螺栓头柔度

头型一方面会影响螺栓头与螺杆之间的倒圆角处的受力以及断裂可能性,另一方面影响柔度的计算。

螺栓头的柔度计算方法为

$$\delta_{SK} = \frac{l_{SK}}{E_S A_N} \tag{3-184}$$

式中:δ_{SK} 为螺栓头柔度;l_{SK} 为对应的等效长度;E_S 为螺栓材料杨氏模量;A_N 为公称横截面积,对于标准六角螺栓头,$l_{SK} = 0.5d$,对于内六角圆柱螺栓头,$l_{SK} = 0.4d$。

此外,对于沉头螺栓头型,或其他特殊螺栓头型,暂无相关权威文献给出柔度的计算方法,可通过有限元方法进行计算获取。

对于带法兰面的螺栓头型来说,由于等效直径的增加,其自锁性能相比同尺寸普通螺栓头型的自锁性能更好。可按照普通螺栓的计算方法进行计算,此时实际的安全系数会比计算结果略高。

为减少螺栓头和螺杆之间的连接处发生断裂的概率,需要对头和杆之间倒圆角,降低应力集中系数。

不同头型的扳拧性能有较大差异,例如沉头或普通十字螺栓,抗扳拧的性能较差,因此沉头一般仅在对表面平整度有要求时选择,而普通十字螺栓则常见于低强度螺栓连接中。内、外六角头与十二角头的扳拧性能较好,两者可根据拧紧空间选择,十二角头可以提供更多的拧紧角度选择,适用于一些紧凑空间中的应用。在无特殊需求的情况下,内、外六角头是最常规的选择。

2. 螺杆

螺杆的选择通常是为了控制剪切载荷的传递,这种情况下,可采用有限元方法计算出正确的螺栓载荷后采用普通连接接头的设计校核方法即可。但需要提及的是,螺杆的结构会影响螺栓的柔度 δ_S。

对于普通螺杆,各类设计手册的思路类似,基本都是计算各段(以截面积区分)的柔度,然后相加即可计算总柔度,具体算法如下:

若材料的杨氏模量为 E_S,那么单个圆柱体元件的柔度为

$$\delta_i = \frac{f_i}{F} = \frac{l_i}{E_S A_i} \tag{3-185}$$

由于螺栓不是一个规则的圆柱体,因此将其分割成多个圆柱体进行分别计算,分割方式如图 3-42 所示。

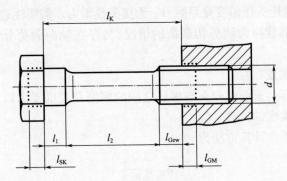

图 3-42 螺栓分割图

螺栓的整体柔度满足:

$$\delta_S = \delta_{SK} + \delta_1 + \delta_2 + \cdots + \delta_{Gew} + \delta_{GM} \tag{3-186}$$

其中每部分的计算方法在 3.5.3 节中已给出,此处不详细展开。对于更复杂的螺杆形式,计算方法类似,不再赘述。

螺栓杆的设计与选用根据使用场景的不同而不同,通常包括细杆、粗杆、抗剪杆等类型,每种类型都有其特定的特点和适用场景。细杆螺栓通常具有较小的直径,重量相对较小,适用于一些对紧固件负载要求较低、对重量要求较敏感的场合,常见于一些轻型结构和一般用途的紧固。粗杆螺栓直径较大,相对更加坚固和强大,适用于需要承受较大负载和更高强度要求的应用,常见于建筑结构、桥梁、机械设备等需要承受较大力的场合。抗剪杆螺栓用于提供更高的抗剪强度,适用于需要抵抗横向力、抗剪和抗震要求的结构,如地震区域的建筑结构,通常用于连接构件的剪切荷载。

选择螺栓杆的类型取决于特定工程或应用的需求。工程师在设计中需要考虑各种因素,包括负载要求、环境条件、材料强度等,以确保选择的螺栓杆能够满足结构的性能和安全要求。

此外,通常在紧固连接结构设计中,被连接件的结构、材料、接触界面尺寸通

常是确定的,因此螺栓的载荷分配系数通过改变螺栓的柔度来修改是比较容易实现的。而改变螺栓柔度的关键就是螺栓杆的选择。

3. 螺纹

外螺纹连接结构受到轴向力作用时,螺纹牙会发生 4 种变形形式,主要有牙顶弯曲引起的变形或剪力引起的变形、牙根倾斜引起的变形、牙根剪切引起的变形及径向分力引起的变形,如图 3-43 所示。

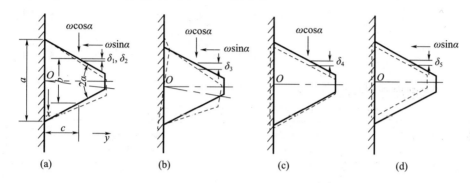

图 3-43 螺纹牙的 4 种变形形式[12]

(a)弯曲引起的变形 δ_1 或剪力引起的变形 δ_2;(b)牙根倾斜引起的变形 δ_3;
(c)牙根剪切引起的变形 δ_4;(d)径向分力引起的变形 δ_5。

螺纹主要分为粗牙螺纹和细牙螺纹。从单个螺纹牙结构来看,粗牙螺纹牙高,故具有较高的强度;细牙螺纹螺旋升角小,强度较粗牙低,但由于细牙螺距小,在相同长度下,细牙螺纹的牙数要多于粗牙螺纹,因此,就整个连接结构而言,粗牙和细牙的承载能力孰强孰弱还需要结合连接结构及特定的工作环境进行选择。如连接部位对螺纹的密封及防松能力要求高,则需要选择细牙螺纹;拧紧力矩大时,需要选择粗牙螺纹防止滑牙。

螺纹牙上的危险截面可以看作悬臂梁,其受到的剪切应力为

$$\tau = \frac{F}{\pi DBn} \quad (3-187)$$

式中:F 为轴向力;B 为螺纹牙根处的厚度,对于三角螺纹 $B = 0.75P$,P 为螺距;D 为螺纹大径;n 为螺纹旋合圈数。

若螺纹不发生剪切破坏,则 τ 应该大于材料的许用切应力 $[\tau]$,螺纹牙不发生剪切破坏时的最少圈数为

$$n_{\min} \geq \frac{F_{\max}}{\pi DB[\tau]} \quad (3-188)$$

在强度计算与受力分析中,不同螺纹最主要的区别是等效应力截面积、弹性形变柔度 δ_{GM} 以及应力集中程度不同带来的交变载荷安全系数取值变化。

普通螺栓的公称应力截面积为

$$A_S = \frac{\pi}{4}\left(\frac{d_1 + d_2}{2} - \frac{\sqrt{3}P}{24}\right)^2 \quad (3-189)$$

d_1 为外螺纹的基本小径，d_2 为外螺纹的基本中径，计算方法为

$$d_1 = d - 2 \times \frac{5}{8}H \quad (3-190)$$

$$d_2 = d - 2 \times \frac{3}{8}H \quad (3-191)$$

$$H = \frac{\sqrt{3}}{2}P \quad (3-192)$$

米制螺纹的部分数据如表 3-11 所示。

表 3-11 米制螺纹公称直径、螺距与应力截面积

公称直径	螺距 P	螺纹应力截面积/mm² GB/T 3098.1—2010
4	0.5	9.79
4	0.7	8.78
5	0.5	16.12
5	0.8	14.2
6	0.75	22.03
6	0.1	20.1
8	1	39.2
8	1.25	36.6
10	1	64.5
10	1.25	58
12	1.25	92.1
12	1.75	84.3
14	1.5	125
14	2	115
16	1.5	167
16	2	157
18	1.5	216
18	2.5	192
20	1.5	272
20	2.5	245

续表

公称直径	螺距 P	螺纹应力截面积/mm² GB/T 3098.1—2010
22	1.5	333
	2.5	303
24	2	384
	3	353

MJ 螺栓的公称应力截面积为

$$A_s = \frac{\pi d_3^2}{4}\left[2 - \left(\frac{d_3}{d_2}\right)^2\right] \quad (3-193)$$

其中,d_1、d_2、d_3 计算方法为

$$d_1 = D_1 = d - \frac{9\sqrt{3}}{16}P \quad (3-194)$$

$$d_2 = D_2 = d - \frac{3\sqrt{3}}{8}P \quad (3-195)$$

$$d_3 = d - \frac{2\sqrt{3}}{3}P \quad (3-196)$$

米制与 MJ 螺纹应力截面积对比,在《普通螺纹直径与螺距系列》(GB/T 193—2003)及《MJ 螺纹第 2 部分:螺栓和螺母螺纹的极限尺寸》(GJB 3.2A—2003)标准中,M 螺纹所有规格都区分细牙与粗牙螺纹;MJ 螺纹仅 8、10、12 规格区分细牙与粗牙螺纹。常用规格(公称直径≤25)螺纹应力截面积如表 3-12 所示。

表 3-12 MJ 螺纹公称直径、螺距与应力截面积

公称直径	螺距 P	应力截面积/mm² (GJB 3376—1998 HB 7595—1998)
4	0.7	9.52
5	0.8	15.3
6	1	21.75
8	1	41.68
	1.25	39.496
10	1.25	65.14
	1.5	62.3
12	1.25	97.13
	1.5	93.8

续表

公称直径	螺距 P	应力截面积/mm² (GJB 3376—1998 HB 7595—1998)
14 × 1.5	14.5	131.56
16 × 1.5	1.5	175.61
18 × 1.5	1.5	225.95
20 × 1.5	1.5	282.57
22 × 1.5	1.5	345.48
24 × 2	2	401.68

MJ 螺纹相比普通米制螺纹的应力截面积较大，按 $F = \sigma_b \times A$ 计算，在同等材料强度下，理论最小破坏载荷也会有所提高。对于其他螺纹的数据，可查询相关标准或手册获取。

此外，螺纹根部应力集中系数随公称直径增大而增大。相同公称直径，细牙螺纹比粗牙螺纹应力集中系数大，米制螺纹的螺纹应力集中系数比 MJ 螺纹的大。螺纹紧固件轮廓通常不相似，螺距 P 与公称直径 d 的比值即 P/d，随着 d 的增加而减小。曾有学者对一侧存在连续缺口的有限宽度与无限宽度搭接板的缺口应力集中情况进行了对比分析。其中缺口深度的大小可以与螺栓的尺寸类比，随着公称直径的增加，缺口深度相对较小。分析结果表明，半无限宽度搭接板的缺口应力集中系数要高于有限宽度搭接板。后续大量学者对螺纹根部应力集中情况的仿真分析均表明，第一圈啮合螺纹根部的应力集中系数超过4。

从分析螺纹连接轴向力分布入手，靠近螺母承载面的螺纹牙承载了较大的轴向力，而轴向力在螺纹根部周围施加了较大的拉力。此时，外螺纹和内螺纹之间仅在螺纹牙侧面接触，作用在螺纹牙侧面的压力在螺纹根部周围产生开口变形，等效于对螺纹牙施加弯矩。与前述的拉力作用耦合，这会促使应力集中在第一圈啮合螺纹牙根部。螺纹根部应力集中的机理如图 3-44 所示。

综上所述，螺栓螺纹根部受拉力和弯矩叠加作用产生高应力集中。啮合螺纹周围的应力分布和变形图证实了上述解释，即在第一圈啮合螺纹根部周围产

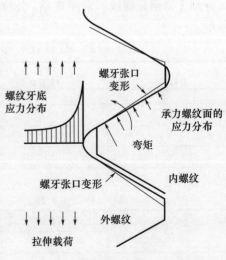

图 3-44　螺纹根部应力集中机理[6]

生了非常高的应力集中。靠近螺母承载面的啮合螺纹变形较大,在第一圈啮合螺纹周围出现显著的开口变形。对于弯矩,螺纹牙侧面施加相同的压力,当接触压力作用点靠近螺纹牙顶时力臂较长,螺栓螺纹根部的应力集中会增加。

粗牙螺纹和细牙螺纹是螺纹的两种常见类型,它们在使用中有一些不同的特点和适用场景。粗牙螺纹的螺纹峰和螺纹谷之间的距离相对较大,每单位长度的螺纹牙数较少。粗牙螺纹通常更容易安装,因为它们需要较少的旋转来实现相同的螺纹深度。细牙螺纹的螺纹峰和螺纹谷之间的距离相对较小,每单位长度的螺纹牙数较多。

实际上,粗牙螺纹和细牙螺纹在承载性能和防松性能方面有一些不同的特点,具体的选择取决于应用的需求。由于粗牙螺纹每单位长度的螺纹牙数相对较少,因此在一定范围内,粗牙螺纹通常能够提供更好的承载性能。它们在对抗剪切和拉伸力时可能更为强大。粗牙螺纹由于相对较少的螺纹牙数使其在防松性能方面可能略逊于细牙螺纹。尽管细牙螺纹的每单位长度螺纹牙数较多,但由于其螺纹深度较小,其承载性能可能相对较低。然而,在一些材料或情况下,细牙螺纹仍然能够提供足够的紧固力。细牙螺纹由于更多的螺纹牙数,可以提供更好的防松性能。这使得它们在需要防止振动或松动的应用中更为合适。

选择粗牙螺纹还是细牙螺纹取决于具体应用的要求。如果需要更高的承载性能,例如在需要承受较大力的结构中,粗牙螺纹可能更合适。而如果防止松动是首要考虑的因素,尤其是在振动环境下,细牙螺纹可能更适用。在工程设计中,需要综合考虑这些因素以确保螺纹选择符合特定应用的性能和安全需求。

4. 旋合长度

螺纹脱扣(螺纹连接因螺纹牙被剪切破坏而失效)是螺栓连接失效的形式之一。为了防止连接结构由于相互旋合的螺纹脱扣而失效,内外螺纹之间必须有足够的旋合长度。德国设计指南中关于旋合长度的计算将在 3.7.2 节的校核步骤中给出,此处不重复说明。

外螺纹失效与内螺纹失效的临界条件有时需要同时考虑。为了保证螺纹的拔出(滑扣)强度能力,有必要达到某个特定的旋合螺纹长度 L_{eng}。在螺母拧紧接头中,内螺纹的全长度通常是已旋合的,即 $L_{\text{eng}} = L_{\text{n}}$。由于制造原因,螺纹孔接头通常只在孔的一部分长度上具有已旋合螺纹。

1) 外螺纹失效

通常来说,螺栓的材料强度高于或等于螺母的材料强度,因此,当使用与螺栓材料强度相同或更低的"标准化"螺母时,无须计算外螺纹失效。

如果螺栓材料比螺母或嵌件的材料更弱,即 $R_{\text{S}} > 1$ 时,此时外螺纹的强度为(需要注意此时校正系数使用 c_2 而不是 c_3):

$$F_{\text{ult,th,b}} = \tau_{\text{ult,b}} A_{\text{th,b}} c_1 c_2 \qquad (3-197)$$

式中：$\tau_{\text{ult,b}}$ 为螺栓材料的极限剪切强度；c_1 为内螺纹计算得出的系数；同时外螺纹的失效面积为

$$A_{\text{th,b}} = \pi D_1 \left(\frac{L_{\text{eng,eff}}}{p}\right)\left[\frac{p}{2} + (d_2 - D_1)\tan\theta\right] \quad (3-198)$$

系数 c_2 为

$$c_2 = 1.187 \, (R_S \geq 2.2)$$

$$c_2 = 5.594 - 13.682 R_S + 14.107 R_S^2 - 6.057 R_S^3 + 0.9353 R_S^4 \, (1.0 < R_S < 2.2)$$
$$(3-199)$$

则所需的最小旋合长度为

$$l_{\text{eng,req,min}} = \frac{F_{\text{th}} p}{c_1 c_2 \tau_{\text{ult,n,min}} \pi d_{\text{min}} \left[\frac{p}{2} + (d_{2\min} - D_{1\max})\tan(\theta)\right]} + 2p \quad (3-200)$$

2）内螺纹失效

内螺纹失效的临界载荷为

$$F_{\text{ult,th,n}} = \tau_{\text{ult,n}} A_{\text{th,n}} c_1 c_3 \quad (3-201)$$

式中：$\tau_{\text{ult,n}}$ 为内螺纹成形所用的材料的极限拉伸切强度；$A_{\text{th,n}}$ 为内螺纹周围的表面积，并假设该表面积在螺纹拔出过程中失效；同时 c_1、c_3 为经验系数（针对 ISO 米制螺纹推导得出），经验系数考虑到了内螺纹后面支承材料的深度和两种螺纹的强度比。内螺纹的失效表面积为

$$A_{\text{th,n}} = \pi d \left(\frac{L_{\text{eng,eff}}}{p}\right)\left[\frac{p}{2} + (d - D_2)\tan(\theta)\right] \quad (3-202)$$

式中：p 为螺距；D_2 为内螺纹的中径；θ 为螺纹槽的半角；同时 $L_{\text{eng,eff}}$ 为已旋合螺纹的有效长度，为

$$L_{\text{eng,eff}} = L_{\text{eng}} - 2p \quad (3-203)$$

$L_{\text{eng,eff}}$ 考虑到了旋合螺纹的末端部分，该部分几乎不传递任何显著载荷。

对于螺纹孔，系数 c_1 为 1.0；或对于带螺纹的螺母，系数 c_1 为

$$c_1 = 3.8\left(\frac{s_w}{d}\right) - \left(\frac{s_w}{d}\right)^2 - 2.61 \quad (3-204)$$

式中：s_w 为螺母外六角形的对边长度。需要注意的是，该计算方程只适合符合 $1.4 \leq \left(\frac{s_w}{d}\right) \leq 1.9$ 的米制螺纹。

系数 c 为

$$c_3 = 0.897 \, (R_S \geq 1.0)$$

$$c_3 = 0.728 + 1.769 R_S - 2.896 R_S^2 + 1.296 R_S^3 \, (0.4 < R_S < 1) \quad (3-205)$$

若 $R_S \leq 0.4$，则取 $R_S = 0.4$。

式中，R_S 为内螺纹与外螺纹的剪切强度比：

$$R_S = \frac{\tau_{ult,n} A_{th,n}}{\tau_{ult,b} A_{th,b}} \tag{3-206}$$

式中：$\tau_{ult,b}$ 为外螺纹成形所需材料的极限拉伸切强度；外螺纹的失效表面积为

$$A_{th,b} = \pi D_1 \left(\frac{L_{eng,eff}}{p}\right)\left[\frac{p}{2} + (d_2 - D_1)\tan(\theta)\right] \tag{3-207}$$

式中：D_1 为内螺纹的小径；d_2 为外螺纹的中径。

如果两种螺纹的材料都为钢，R_S 的计算方法修改为

$$R_S = \frac{\sigma_{ult,n} A_{th,n}}{\sigma_{ult,b} A_{th,b}} \tag{3-208}$$

式中：$\sigma_{ult,n}$ 和 $\sigma_{ult,b}$ 分别为内螺纹和外螺纹材料的极限抗拉强度。

因此，旋合螺纹的必要长度为

$$l_{eng,req} = \frac{F_{th} p}{c_1 c_3 \tau_{ult,n} \pi d \left[\frac{p}{2} + (d - D_2)\tan(\theta)\right]} + 2p \tag{3-209}$$

式中：F_{th} 为通过螺纹传递的轴向载荷，这些载荷来自最大预载荷以及适用比例的轴向外加力，并通过接头刚度比来定义。

对于螺纹接头的承载能力来说，最不利的情况是当螺栓螺纹的外径 d 处于公差下限处并且螺母螺纹的中径 D_2 处于公差上限处时。因此，当有效螺纹尺寸未知时，螺纹最小旋合长度的计算方法修改为

$$l_{eng,req,min} = \frac{F_{th} p}{c_1 c_3 \tau_{ult,n,min} \pi d_{min} \left[\frac{p}{2} + (d_{min} - D_{2max})\tan(\theta)\right]} + 2p \tag{3-210}$$

3.6.2 螺母结构设计

螺纹紧固件包括螺栓和螺母（或螺纹孔），在工程中扮演着至关重要的角色。螺栓往往不会独立使用，因此仅了解螺栓的强度是不够的。选择合适的螺母或螺纹孔对于提高螺栓的实际使用强度至关重要。

1. 螺母最小尺寸设计

螺母的最小厚度根据旋合长度来决定，具体计算内容见 3.6.1 节，螺母的最小直径考虑内容与螺栓头一致，需要保证在当前直径下，被连接件不会被压溃。螺母的最小直径设计同样需要区分轴向载荷与横向载荷。

考虑到当螺母的外径 d_n 较小时，容易出现被连接件压溃的情况，因此存在一个最小的直径 d_n，满足：

$$s_{Mn} \cdot F_{Amax} = p_{Gnmin} \cdot \left(\frac{d_n^2 - d_h^2}{4}\right)\pi \tag{3-211}$$

$$d_{t} = \sqrt{\frac{4 s_{Mn} F_{Amax}}{p_{Gnmin} \cdot \pi} + d_{h}^{2}} \qquad (3-212)$$

式中：s_{Mn}为抗螺母界面压溃安全系数；F_{Amax}为接头最大轴向力，计算方法可参考 3.5.3 节；p_{Gnmin}为螺母材质或与螺母接触的被连接材质中最小的表面限制压力。该计算方法适用于外部载荷为轴向载荷（同轴、偏心均可）时，或含轴向载荷分量时。

抗剪型螺栓连接的螺母同样需要考虑被连接件的压溃情况，但无须考虑外载荷导致的轴向附加载荷，因此直径 d_n 满足：

$$s_{Mn} \cdot F_{V} = p_{Gnmin} \cdot \left(\frac{d_{n}^{2} - d_{h}^{2}}{4}\right)\pi \qquad (3-213)$$

$$d_{n} = \sqrt{\frac{4 s_{Mn} F_{V}}{p_{Gnmin} \cdot \pi} + d_{h}^{2}} \qquad (3-214)$$

式中：s_{Mn}为抗螺母界面压溃安全系数；F_V为接头预紧力；p_{Gnmin}为螺母材质或与螺母接触的被连接材质中最小的表面限制压力。需要注意的是，该计算方法仅适用于外部载荷为纯剪切载荷的情况，当存在轴向载荷分量时，需要按式（3-212）计算。

ASTM A193、A449 和 SAE J429 等标准提供了螺栓的强度性能指标，而 ASTM A194、A563 和 SAE J995 等标准则给出了螺母的弹性极限、屈服极限和极限强度等参数。在大多数情况下，设计人员和使用者更关心螺栓或螺钉的性能。一旦选择了合适的螺栓，他们只需根据相关的螺母标准或螺栓标准来选择适当的螺母。如果只涉及螺纹孔的情况，可以使用强度方程来计算。

然而，对于螺母的选择，大多数设计师通常选择符合螺栓规范中建议的螺母类型，或与螺栓标准相匹配的螺母标准。每种螺栓可能有多种螺母可供选择，具体选择取决于需求、成本、可行性等因素。

对于多样化的螺栓材料，有几个通用的建议：

（1）通常希望螺母或螺纹孔能够承受比螺栓更大的载荷，因为螺栓的失效通常更容易被察觉。一个常见的经验法则是螺母的弹性极限应该大约等于螺栓的极限强度。

（2）螺母材料通常（但不总是）比螺栓材料稍软，以便在加载时螺母螺纹可以局部屈服并更好地与螺栓螺纹结合。这有助于应力在两个零件之间更均匀地分布。然而，需要注意的是，零件的强度取决于其三维形状和材料。这也解释了为什么较软的材料可以制造出强度更高的螺母。

（3）如果螺栓是钛合金材料，当螺母也选择钛合金材料时，应考虑防咬死问题，需要增加润滑涂层，例如 MoS_2；当螺母选取不同材料时应考虑可能引起电化学腐蚀问题。

(4) 螺母的强度还取决于其厚度。在拧紧螺栓时,径向力通常使螺母在螺纹表面处局部膨胀,这个过程被称为"螺母膨胀"。较薄的螺母更容易受到膨胀效应的影响,可能导致螺母在受力较高的螺纹部分松动,从而降低了承载能力。因此,一般的六角螺母或类似螺母在大多数情况下足够满足要求。然而,如果螺栓拧紧后的预紧力达到螺栓屈服强度的60%~70%,或者无法容忍连接失效的后果,那么最好选择更厚、更重的螺母。

(5) 针对相同材料的不锈钢螺栓和螺母,容易发生"咬死"现象,因此最好在拧紧前添加表面润滑脂或进行表面处理。

值得注意的是,目前还没有关于螺栓-螺母系统的强度、行为和性能的标准,这一问题一直困扰着许多工程师。螺栓和螺母的标准通常是独立的,而在某些情况下,由于尺寸公差导致螺纹啮合不足,导致螺栓-螺母系统的承载能力小于它们单独的承载能力。

2. 自锁螺母典型结构形式

自锁螺母(简称螺母)是一种具有锁紧功能的一类防松紧固件,其具备锁紧和承载双重功能。同时,也要满足连接结构轻量化需求,根据实际使用需要,现阶段自锁螺母结构设计主要分为三大类。

1) "扳拧 + 锁紧"组合结构

通过在扳拧结构额外增加锁紧结构实现扳拧锁紧功能,设计根据锁紧结构形式的不同(图3-45),主要有直口型、开槽型、嵌件型等。这类结构自锁螺母在航空航天上应用成熟且广泛,锁紧结构可以根据使用环境、要求进行自由设计,无须考虑到螺母在承载、扳拧上的要求,但满足不了减重需求。

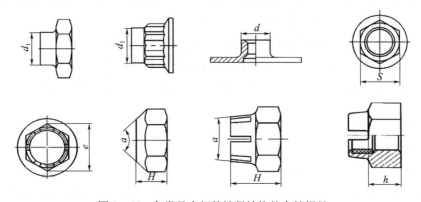

图3-45 各类具有额外锁紧结构的自锁螺母

2) 扳拧锁紧一体化结构

部分型号针对连接结构优化,综合材料、结构等方面影响,优化锁紧区设计,实现扳拧与锁紧集成如图3-46所示，减少螺母的高度，实现减重目的，同时可减少制造额外锁紧结构的工序如车、铣工序等，降低制造工艺导致的螺母结构上的削弱。

图3-46 扳拧与锁紧集成的十二角自锁螺母

3）扳拧锁紧最优化结构

在通过减小螺母高度实现减重的扳拧锁紧功能集成的基础上，通过拓扑优化，反向设计，优化扳拧结构，进一步实现轻量化扳拧锁紧功能集成，如图3-47所示。由于该种设计螺母制造难度大，且对扳拧结构要求较高，故目前该种轻量化扳拧锁紧功能集成类型螺母较少。

图3-47 扳拧锁紧最优化结构

3. 常用自锁螺母介绍

1）合金钢自锁螺母

合金钢自锁螺母材料主要有30CrMnSiA、40CrNiMoA、(ML)16CrSiNi，热处理后可达到900~1100MPa。螺母结构有六角（分为薄型和厚型两种）、十二角、单耳托板、双耳托板、角型托板、游动托板螺母等。表面处理可分为镀锌钝化和镀镉钝化，其中镀镉钝化的产品最高使用温度为250℃，镀锌钝化的产品最高使用温度为300℃。镀锌钝化适用于一般大气及工业大气条件下；镀镉钝化适用于与海水或海雾直接接触的情况下。合金钢自锁螺母加工工艺成熟，可以通过冷镦或热镦、机加工等方式成形，锁紧性能易保证。合金钢自锁螺母是各系统中使用量最大的自锁螺母，重复使用性能好，具有优良的防松性能。可以满足HB 7595—2011或HB 5642—1987等标准规定的盐雾试验和振动试验要求。

2）钛合金自锁螺母

钛合金自锁螺母材料有TC16、TC4（Ti-6Al-4V），热处理后可达到1100MPa。钛合金比强度高，可以有效减轻型号总重量；无磁性、极好的耐大气腐蚀性能、热导率小。螺母产品主要结构有六角（分为薄型和厚型两种）和其他结构形式，如单耳托板、双耳托板、游动托板螺母等。钛合金托板自锁螺母在复合材料结构上用途广泛，锁紧力矩衰减小，具有较高的防松性能，非常适合特殊场合的结构连接；钛合金六角自锁螺母经表面强化处理后，涂覆MoS_2使产品具有良好的耐磨性能，产品结构紧凑，适用性好。表面处理方式为脉冲阳极化后涂

覆 MoS_2。最高使用温度为 200℃。钛合金自锁螺母无振动试验要求。

3) 高温合金自锁螺母

高温合金自锁螺母材料有 GH2132(A286)、GH738、GH4169 等。材料不同,热处理后可以达到不同性能等级。最常使用的 GH2132(A286)材料热处理后可以达到 29~39HRC;GH738 材料则可以达到 32~44HRC。产品主要结构有六角、十二角、双耳托板、角型托板等。表面处理以镀银钝化为主,也可以选择仅钝化,但应保证相配用的螺栓或螺母之一有银镀层。银镀层不仅润滑效果优异而且可以防止高温下螺纹副发生黏连,有利于安装和拆卸。

表面镀银的 GH2132(A286)材料螺母最高使用温度可以达到 650℃,经过冷处理后最低使用温度可到 -250℃;表面镀银的 GH738 材料螺母最高使用温度可以达到 730℃。主要用于航空发动机的高温部位,可以满足 HB7595 规定的振动及镀层结合力试验。

4) 不锈钢自锁螺母

不锈钢自锁螺母主要有 0Cr16Ni6 和 1Cr11Ni2W2MoV。主要结构形式有六角和十二角,表面处理以钝化为主,也可选镀银处理。0Cr16Ni6 钝化自锁螺母最高使用温度为 350℃,1Cr11Ni2W2MoV 钝化自锁螺母最高使用温度为 500℃,可以满足 HB7595 规定的振动试验。

3.6.3 垫片选型原则

螺栓连接中的垫片是一种由金属、橡胶或塑料制成的环形或片状零件。其主要作用是防松,并且可以使预紧力均匀分布,减少应力集中程度,降低结构失效风险,提高连接的稳定性。此外,垫片还可以调整夹紧力、增加等效摩擦半径,以适应不同的应用需求。表 3-13 给出一般垫片的功能详解。

表 3-13 垫片的功能详解[5]

功能	作用	应用范围	具体案例
支承表面摩擦	提供支承面	开槽螺栓孔或大螺栓孔	大平垫片
	减小支承面压力或使其均匀	开槽螺栓孔或大螺栓孔	厚、硬的大平垫片
		易压溃的被连接件	
	稳定支承面摩擦系数	半整度较差的冲压件	厚、硬的平垫片
		粗糙表面的铸件或锻件	
	保护支承面	带油漆的被连接件	平垫片
隔离功能	减少非旋转松动	易嵌入或内嵌或蠕变的材料	厚垫片、超厚垫片(目的是减小松动因子)
		被连接件非常薄	
	减少旋转松动	有微滑动的被连接件	厚垫片、超厚垫片

续表

功能	作用	应用范围	具体案例
弹簧功能（仅为弹簧垫片）	对非旋转松动的轴向预紧力补偿	被连接件非常容易松动，如纸、塑料或锌镀层	弹簧垫片、波形弹簧垫片、锥形弹袋垫片
	阻止旋转松动	易滑动或分离的被连接件	弹簧垫片（仅适用小轴向预紧力情况）

在部分情况下，垫片是必要使用的：

当被连接件的螺栓孔较大，需要额外的支承面时，为了保护被连接件不被压溃，厚硬的平垫片是必要的。

通过使用垫片来控制支承面的摩擦系数是可行的，但同样可以通过提高被连接件的表面加工质量来实现。

使用厚垫片增加被连接件厚度来减少旋转松动或非旋转松动是有效的，但可能会由于嵌入导致额外的预紧力损失，更好的方法是直接增加被连接件的厚度。

使用弹簧垫片的初始目的是提供预紧力补偿功能，但在正常的预紧力范围内，弹簧垫片通常处于完全压缩状态，无法实现预紧力补偿功能。

1. 垫片的承载功能[5]

（1）提供承载表面：当螺栓或螺母支承面较小，而螺栓孔较大时，为了防止较大的表面压应力导致的材料压溃，需要使用垫片来提供更大的承载表面。

（2）减小支承面压力：使用厚而硬且足够大的平垫圈可以增加支承面面积以降低支承面的压力或使压力均匀分布。垫片的厚度、硬度数据可参考 ISO 7080、ISO 7090 和 ISO 7092 标准。

（3）调控支承面摩擦系数：当被连接件支承面较为粗糙时，可通过使用光滑的垫片来稳定支承面摩擦系数，使扭矩－预紧力转化更加稳定。

（4）保护支承面：如果被连接件的表面比较脆弱，拧紧螺栓或螺母时，会存在划伤被连接件支承面的风险。为防止被连接件表面划伤，可使用垫片来保护支承面。

2. 垫片的隔离功能[5]

1）减少非旋转松动

磨损、嵌入、蠕变和热膨胀差异是导致非旋转松动的主要原因，垫片尤其是厚度较高的垫片的加入会使得螺栓的长度和厚度增加，从而增加螺栓的柔度，通过式（3－1）可知，螺栓柔度的增加可以减少螺栓承受的附加载荷，载荷的降低会导致非旋转松动减小。

2)减少旋转松动

垫片的加入增大了旋转松动的临界松动值,降低了旋转松动发生的可能性。

3. 垫片的弹簧功能[5]

1)减少非旋转松动

在拧紧弹簧垫片时,其高度将降低且弹簧反作用力增强。假设高度降低的量为垫片的位移 Δh,弹簧反作用力为 F_s。图 3-48 给出了位移和弹反作用力之间的关系。无论用多大的力压缩垫片,垫片都不会进一步变形的状态被称为"完全压缩状态"。在完全压缩状态下的最小载荷称为完全压缩载荷 F_{Smax}。当接触载荷压缩大于 F_{Smax} 时,垫片只是一块金属薄板。因此,只有当弹簧垫片被小于 F_{Smax} 的接触载荷压缩时,弹簧片才具有弹簧的功能。

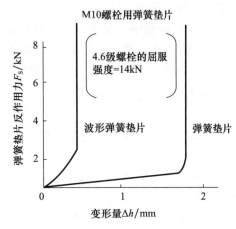

图 3-48 弹簧垫片的位移和弹簧反作用力的关系[5]

非旋转松动导致的轴向力降低,可以部分由弹簧垫片补偿。连接系统的形变如图 3-49 所示。在完全压缩载荷的情况下,弹簧垫片不发挥弹簧功能,卸载时恢复的位移量很小,对轴向预紧力补偿效果较差。弹簧垫片对轴向预紧力的补偿必须遵从卸载过程的位移曲线。因此,存在两种情况:如果弹簧垫片在低于完全压缩负荷的低轴向预紧力状态下也不构成功能性问题,弹簧垫片的使用对于减少非旋转松动是一种有效手段;如果结构在轴向预紧力大幅降低的情况下会导致结构失效,那使用弹簧垫片的意义较小。

2)减少旋转松动

在很多人的认知中,当被连接件存在滑动或分离时,弹簧垫片可以转动阻力,阻止螺栓或螺母的旋转松动行为。事实上,大量的试验表明弹簧垫片几乎不具备此效果。前面的描述已经表明了在正常的轴向预紧力附近弹簧垫片被完全压紧,可以看作金属片,起不到防松作用。只有在低预紧力、高频振动载荷下时,

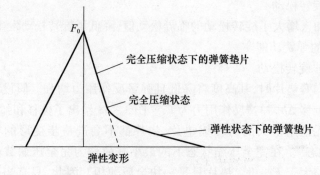

图 3-49 带弹簧垫片的连接系统受力[5]

弹簧垫片才存在减少旋转松动的作用。

虽然在正常的拧紧状态下,弹簧垫片是无效的。但根据前面的分析,可以给出让弹簧垫片生效的设计方法。在预紧力作用下,弹簧垫片不会被完全压缩,弹簧垫片可以有效发挥弹簧的功能。因此,需要提高弹簧垫片的强度、厚度,以提升其完全压缩载荷 F_{Smax},并尽可能高于正常的螺栓预紧力范围,即 $F_{Smax} \geqslant F_V$。

3.7 结构强度校核

连接接头的强度校核是工程设计和制造过程中的一个关键步骤,其主要目的是确保连接在正常工作条件下能够承受预期的负载和应力,从而保证连接的性能和安全性。这一过程涵盖了多个方面的因素。

首先,强度校核包括对连接接头的材料强度进行评估,以确保所选材料的抗拉强度、抗剪切强度、抗压强度等参数满足设计要求。这包括对连接中的螺栓、螺母等元件的材料性能进行分析和测试。

其次,强度校核涉及对连接接头的结构设计进行审查,以确保连接接头的几何形状和尺寸能够在承受负载时保持稳定,不会发生破坏或变形。这包括对连接副的形状、螺纹设计等进行详细检查。

再次,强度校核还要考虑连接中的各种外部载荷,包括静载荷、动载荷和热载荷,以确定它们对连接的影响。这包括对负载的大小、方向、频率、变化率等进行分析,并计算出连接接头在这些负载下所承受的应力。

最后,强度校核的结果将影响到连接接头的设计参数,如螺栓的直径、长度、螺纹等的选择。如果强度校核未能通过,可能需要重新设计,选择更强的材料或增加连接接头的数量。

本节讨论的强度校核方法主要涉及我国、德国、日本的部分方法与理论。

强度校核必须针对装配状态和工作状态分别进行。在各类强度校核方法中,连接接头的强度校核包括多个重要内容,如表3-14所示,这些内容旨在评估连接在不同工作条件下的性能和稳定性。

表3-14 强度校核的主要内容

校核内容	含义
装配应力校核	指的是连接装配过程中产生的应力,通常由螺栓的预紧力引起。强度校核需要确保装配应力不会导致连接接头的永久变形或损坏,同时也要防止松动
工作应力校核	指的是连接接头在正常工作负载下承受的应力,包括静态负载和动态负载。强度校核需要确保工作应力不超过连接接头的材料强度
交变应力校核	是由于负载的变化引起的应力,通常是振动或周期性载荷导致。强度校核需要考虑交变应力对连接接头疲劳寿命的影响
表面压力校核	指连接接头接触面上的应力分布。强度校核需要确保表面压力分布均匀,以防止局部失效或损伤
防滑移校核	涉及连接副的螺纹设计和材料摩擦性能的考虑。强度校核需要确保螺栓在负载下不会滑移,以维持连接的稳定性
防剪切校核	主要涉及连接副中的抗剪切强度。强度校核需要确保连接不会因剪切应力而失效

我国机械设计方法中,主要讨论了装配应力、工作应力、交变应力的验证。

德国机械设计方法中,提供了对连接接头的装配应力、工作应力、交变应力、表面压力、防滑移与防剪切验证等内容的详细指导和计算方法,以确保连接接头在各种工作条件下都能够满足性能和安全性要求。

日本螺栓连接设计理论中,提出了最大保证载荷、防松保证载荷、防分离保证载荷、防疲劳保证载荷等内容的相关描述。实际上主要关注静应力、交变应力与防滑移验证。

3.7.1 简化校核方法

本小节内容承接3.5.2节内容,属于较为简化的校核方法,仅考虑装配应力、工作应力、交变应力的校核[10]。

1. 装配应力校核

螺栓的装配应力为装配预加载荷除以承受该载荷的截面积。为满足螺栓连接能够安全可靠地使用的要求,实际采用的装配预加载荷 F_{Vsj} 满足以下条件:

$$F_{Vsj} \geq F_V = F_{KR} + \frac{c_2}{c_1+c_2}F_A = F_S - \frac{c_1}{c_1+c_2}F_A \quad (3-215)$$

式中: F_V 为预紧力; F_{KR} 为分界面的残余夹紧载荷; F_A 为螺栓受到轴向载荷; F_S 为螺栓受到的载荷; c_1 为螺栓刚度; c_2 为被连接件刚度。

适当选用较大的预加载荷,有利于提高螺栓连接的可靠性及疲劳强度;但过大的预加载荷会导致整个连接的结构尺寸增大,还会使螺栓在装配或偶然过载时被拉断。为保证连接所需的预加载荷,又不使螺栓过载,装配时需要控制预加载荷。对于一般连接用钢制螺栓连接,推荐使用:

碳素钢螺栓　$F_V \leq (0.6 \sim 0.7) R_{p0.2} A_c$

$$F_{KR} + \frac{c_2}{c_1 + c_2} F_A = F_S - \frac{c_1}{c_1 + c_2} F_A \leq F_{Vsj} \leq F_V \leq (0.6 \sim 0.7) R_{p0.2} A_c \tag{3-216}$$

合金钢螺栓　$F_V \leq (0.5 \sim 0.6) R_{p0.2} A_c$

$$F_{KR} + \frac{c_2}{c_1 + c_2} F_A = F_S - \frac{c_1}{c_1 + c_2} F_A \leq F_{Vsj} \leq F_V \leq (0.5 \sim 0.6) R_{p0.2} A_c \tag{3-217}$$

式中:$R_{p0.2}$ 为螺栓 0.2% 屈服极限;A_c 为螺栓螺纹部分危险截面的面积,$A_c = \frac{\pi d_c^2}{4}$。

对于高强度螺栓摩擦连接,螺栓的抗拉强度 R_m 般为 800～1000MPa。拧紧后,螺栓的预紧应力允许达到 $(0.75 \sim 0.85) R_{p0.2}$。因此采用:

高强度螺栓　$F_V \leq (0.75 \sim 0.85) R_{p0.2} A_c$

$$F_{KR} + \frac{c_2}{c_1 + c_2} F_A = F_S - \frac{c_1}{c_1 + c_2} F_A \leq F_{Vsj} \leq F_V \leq (0.75 \sim 0.85) R_{p0.2} A_c \tag{3-218}$$

2. 工作应力校核

单螺栓在承受轴向工作载荷 F_A 之后,其螺栓承受的总拉力由原来的预加载荷 F_V 增至 F_S,其计算应力应满足的强度条件为

$$\sigma_{red} = \frac{4 \times 1.3 F_S}{\pi d_c^2} \leq \sigma_{zul} \tag{3-219}$$

3. 交变应力校核

当紧螺栓连接受到轴向变载荷时,若工作载荷在最小轴向工作载荷 F_{Au} 与最大轴向工作载荷 F_{Ao} 之间变化,则螺栓拉力将在最小螺栓载荷 F_{Su} 与最大螺栓载荷 F_{So} 之间变化,如图 3-50 所示。

由此可知,螺栓交变拉力的变幅为

$$F_{SA} = \frac{F_{So} - F_{Su}}{2} = \frac{F_{Ao} - F_{Au}}{2} \frac{c_1}{c_1 + c_2} \tag{3-220}$$

式中:c_1 为螺栓刚度;c_2 为被连接件刚度。

螺栓的交变应力幅值为

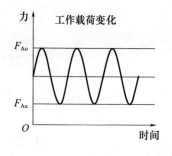
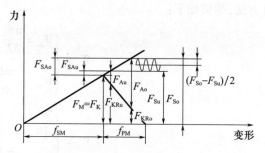

图 3-50　工作载荷在 F_{Au} 与 F_{Ao} 之间变化时拉力的变化

$$\sigma_a = \frac{F_{SA}}{A_c} = \frac{2(F_{So}-F_{Su})}{\pi d_c^2} \cdot \frac{c_1}{c_1+c_2} \quad (3-221)$$

故轴向变载荷紧螺栓连接的强度条件为：螺栓所受的载荷应力幅 σ_a 不大于疲劳极限应力幅 σ_{Ac}（相对面积 A_c），即

$$\frac{2(F_{So}-F_{Su})}{\pi d_c^2} \cdot \frac{c_1}{c_1+c_2} \leqslant \sigma_{Ac} \quad (3-222)$$

对于螺栓许用应力幅相关系数取值，如表 3-15 所示。

表 3-15　螺栓许用应力幅相关系数取值表

螺栓公称直径 d/mm	<12	16	20	24	30	36	42	48	56	64
ε	1	0.87	0.80	0.74	0.65	0.64	0.60	0.57	0.54	0.53
钢制螺栓材料牌号	10		Q235		35		45		40Cr	
σ_{-1t}/MPa	120~150		120~160		170~220		190~250		240~340	
螺栓材料的强度极限/MPa			400		600		800		1000	
K_σ			3		3.9		4.8		5.2	
螺栓安装情况			控制预紧力				不控制预紧力			
S_D			1.5~2.5				2.5~5			
螺纹加工工艺			车制螺纹				碾制螺纹			
K_t			1				1.25			
螺母受力情况			受压螺母				部分或全部受拉螺母			
K_u			1				1.5~1.6			

3.7.2　基于载荷分配的校核方法

本小节内容承接 3.5.3 节内容，是考虑载荷分配的校核方法[10]。本节部分变量符号含义请参照附表 3-15。

在校核前，需要首先明确螺栓的抗弯界面模量 W_S 与抗扭界面模量 W_P 的计

算方法,结果如下:

$$W_S = \begin{cases} W_b = \dfrac{\pi d_0^3}{32} \\ W_{Spl} = \dfrac{\pi d_0^3}{6} \end{cases} \quad (3-223)$$

$$W_P = \begin{cases} \dfrac{\pi d_0^3}{16} \\ W_{Ppl} = \dfrac{\pi d_0^3}{12} \end{cases} \quad (3-224)$$

1. 装配应力 $\sigma_{red,M}$ 与 F_{Mzul} 校核(R7)

在螺栓中,由于存在螺纹力矩 M_G,会产生扭曲应力。螺栓可能受到的最大载荷即在屈服点处的载荷会同时受到扭力 τ_M 与拉力 σ_M。VDI 2230 指南中给出比较应力的计算方法:

$$\sigma_{red} = \sigma_{red,M} = \sqrt{\sigma_M^2 + 3\tau_M^2} \quad (3-225)$$

其中:

$$\sigma_M = \frac{F_M}{A_0} \quad (3-226)$$

$$\tau_M = \frac{M_G}{W_P} \quad (3-227)$$

螺栓相关横截面 A_0 的直径 d_0,其取值应遵循如下条件:

(1)若螺栓螺纹侧面直径 d_i 小于应力横截面直径 $d_S = (d_2 + d_3)/2$,则螺纹侧面为最薄弱横截面,取 $d_0 = d_{imin}$。

(2)形状为瓶颈状的螺栓(细杆螺栓,$d_0 \leq d_3$),取 $d_0 = d_T$。

(3)当螺纹杆直径大于应力横截面直径时,即 $d_{imin} > d_S$,则应使用假设应力直径 d_S,取 $d_0 = d_S$。

得到:

$$\frac{\sigma_{red,M}}{\sigma_M} = \sqrt{1 + 3\left(\frac{\tau_M}{\sigma_M}\right)^2} = \sqrt{1 + 3\left(\frac{M_G \cdot A_0}{W_P \cdot F_M}\right)^2} \quad (3-228)$$

其中,$W_P = \dfrac{\pi}{16} d_0^3$,得到

$$\frac{\tau_M}{\sigma_M} = \frac{M_G \cdot A_0}{W_P \cdot F_M} = \frac{2d_2}{d_0}\tan(\varphi + \rho') \approx \frac{2d_2}{d_0}\left(\frac{P}{\pi d_2} + 1.155\mu_G\right) \quad (3-229)$$

比较应力 $\sigma_{red,M}$ 满足公式:

$$\sigma_{red,Mzul} = \nu \cdot R_{p0.2min} \quad (3-230)$$

VDI 2230 指南中指出,当横截面扭力恒定,则会在螺纹相关横截面 A_0 上达

到全塑性状态材料屈服点，为了满足该条件的误差，使 $W_P = \frac{\pi}{12}d_0^3$，得到：

$$\sigma_{Mzul} = \frac{\nu \cdot R_{p0.2min}}{\sqrt{1+3\left[\frac{3}{2}\cdot\frac{d_2}{d_0}\tan(\varphi+\rho'_{min})\right]^2}}$$

$$= \frac{\nu \cdot R_{p0.2min}}{\sqrt{1+3\left[\frac{3}{2}\cdot\frac{d_2}{d_0}\left(\frac{P}{\pi d_2}+1.155\mu_{Gmin}\right)\right]^2}} \quad (3-231)$$

则装配预紧力 F_M：

$$F_{Mzul} = \sigma_{Mzul} \cdot A_0 = \frac{A_0 \cdot \nu \cdot R_{p0.2min}}{\sqrt{1+3\left[\frac{3}{2}\cdot\frac{d_2}{d_0}\left(\frac{P}{\pi d_2}+1.155\mu_{Gmin}\right)\right]^2}} \quad (3-232)$$

若螺栓连接没有产生扭曲应力，则

$$\sigma_{red,Mzul} = \sigma_{Mzul} = \nu \cdot R_{p0.2} \quad (3-233)$$

$$F_{Mzul} = \nu \cdot R_{p0.2} \cdot A_0 \quad (3-234)$$

当最小屈服点 $R_{p0.2min}$ 利用率为 90% 时，装配预紧力 $F_{Mzul} = F_{MTab}$，可以通过附表 3-7~附表 3-10 得到。对于附表 3-9、附表 3-10，需要注意螺纹侧面直径 $d_T = 0.9 \cdot d_3$。螺栓连接中承压面摩擦系数可以通过附表 3-11 得到。根据前面步骤对螺栓参数的估计，如果满足式(3-235)的要求，则参数可以使用，否则需要重新选择更大的名义直径重新开始计算，或者采用更高强度等级等其他设计。

$$F_{Mmax} \leq F_{Mzul} \leq 1.4 \cdot F_{MTab} \quad (3-235)$$

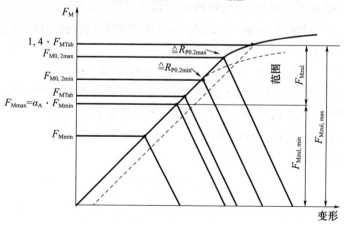

图 3-51 允许的装配预紧力范围[3]

2. 工作应力 $\sigma_{red,B}$ 校核（R8）

具有轴向分量的工作载荷通常使应力增加。在工作状态下，扭曲应力会减少,尤其是在超过弹性极限的紧固件的预紧过程中,在交变载荷下也是如此。因此,计算扭曲应力应根据螺栓预紧条件。

若工作状态在屈服点以下,则

$$\sigma_{\mathrm{red},B} = \sqrt{\sigma_Z^2 + 3(k_\tau \cdot \tau)^2} < R_{\mathrm{P0.2min}} \quad (3-236)$$

在没有其他资料的情况下,考虑减少系数 $k_\tau = 0.5$。

抗拉应力:

$$\sigma_Z = \frac{F_{\mathrm{Smax}}}{A_0} = \frac{F_{\mathrm{Mzul}} + F_{\mathrm{SAmax}} - \Delta F_{\mathrm{Vth}}}{A_0} \quad (3-237)$$

注意,如果此处热附加载荷 $\Delta F_{\mathrm{Vth}} > 0$,则取 $\Delta F_{\mathrm{Vth}} = 0$。

根据式(3-204),为了计算扭曲应力 τ,需要先计算出螺纹力矩 M_G 以及阻力力矩 W_P。

$$M_G = F_{\mathrm{Mzul}} \frac{d_2}{2} \left(\frac{P}{\pi \cdot d_2} + 1.155 \mu_{\mathrm{Gmin}} \right) \quad (3-238)$$

$$W_P = \frac{\pi}{16} d_0^3 \quad (3-239)$$

工作应力应遵循以下安全界限:

$$S_F = R_{\mathrm{P0.2min}} / \sigma_{\mathrm{red},B} \geq 1.0 \quad (3-240)$$

若螺栓连接扭转应力全部失去,则适用下列公式:

$$R_{\mathrm{P0.2min}} \cdot A_0 \geq F_{\mathrm{Vmax}} + F_{\mathrm{SAmax}} - \Delta F_{\mathrm{Vth}} \quad (3-241)$$

$$S_F = R_{\mathrm{P0.2min}} / \sigma_{\mathrm{Zmax}} \geq 1.0 \quad (3-242)$$

如果加载高于屈服点,导致螺栓发生塑性变形,则螺栓力 $F_{\mathrm{S1}} > F_{\mathrm{M0.2}}$。其中 $F_{\mathrm{M0.2}}$ 通过式(3-204)代入 $\nu = 1$ 得到。由于螺栓材料会在扭力降低的同时硬化,取硬化系数 $k_v = 1.1 \sim 1.2$,则螺栓载荷:

$$F_{\mathrm{V1}} = F_{\mathrm{S1}} - F_{\mathrm{SAmax}} = (F_{\mathrm{M0.2}} - F_Z) \cdot k_v - F_{\mathrm{SAmax}} \quad (3-243)$$

分析得出,螺栓连接在初始加载之后,重新自我调整到新的屈服点,被连接件仍为纯弹性。因此需要检查螺栓载荷是否保持在 F_{Mmin} 以上。

3. 交变应力 σ_a、σ_{ab} 校核(R9)

交变应力的计算公式为

$$\sigma_a = \frac{F_{\mathrm{SAo}} - F_{\mathrm{SAu}}}{2A_S} \quad (3-244)$$

$$\sigma_{ab} = \frac{\sigma_{\mathrm{SAbo}} - \sigma_{\mathrm{SAbu}}}{2} \quad (3-245)$$

连接接头在承受交变应力时,首个承压螺纹圈的局部会因为设计因素的不同承受最高 10 倍的应力峰值,因此承压能力相比静态压力显著降低。

VDI 2230 指南中对螺栓螺纹的应力幅给出了计算方法。对于未经过热处理而轧制的螺栓螺纹(SV),在疲劳极限内的应力幅,符合 $0.3 \leqslant F_{Sm}/F_{0.2min} < 1$ 时(其中 F_{Sm} 为平均螺栓载荷,$F_{0.2min}$ 为0.2%容许应力时最小螺栓载荷),有

$$\sigma_{ASV} = 0.85(150/d + 45) \qquad (3-246)$$

式中:σ_{ASV} 为热处理前滚丝螺栓疲劳极限应力幅(N/mm^2);d 为公称直径(mm)。

对于经过热处理后轧制的同种工况下的螺纹螺栓(SG),有

$$\sigma_{ASG} = (2 - F_{Sm}/F_{0.2min}) \cdot \sigma_{ASV} \qquad (3-247)$$

$$F_{Sm} = \frac{F_{SAo} - F_{SAu}}{2} + F_{Mzul} \qquad (3-248)$$

注意,精细螺纹的疲劳强度极限与强度、螺纹精细度成反比。

对于上述计算,仅适用于交变循环次数为 $N_D = 2 \times 10^6$,如果交变循环次数较少(几千次)或应力幅超过疲劳极限,可采用如下方法进行计算:

$$\sigma_{AZSV} = \sigma_{ASV} \left(\frac{N_D}{N_Z}\right)^{\frac{1}{3}} \qquad (3-249)$$

$$\sigma_{AZSG} = \sigma_{ASG} \left(\frac{N_D}{N_Z}\right)^{\frac{1}{6}} \qquad (3-250)$$

对于受偏心载荷或偏心夹紧力的连接接头,总弯曲力矩 M_{Bges} 包含作用力 F_A 与 F_S 以及工作力矩 M_B。通过图3-52,得到:

$$M_{Bges} = F_A \cdot a + F_S \cdot s_{sym} + M_B \qquad (3-251)$$

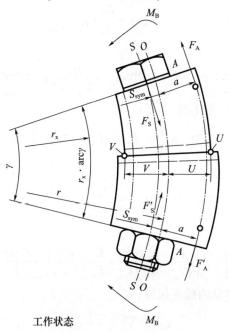

图3-52 受偏心载荷-夹紧力的连接接头[3]

总弯曲应力 M_{Bges} 使得螺栓的额外应力增加，通过减去一般预载荷的影响可以得到造成该影响的额外弯矩：

$$M_b = M_{Bges} - F_V \cdot s_{sym} = F_A \cdot a + F_S \cdot s_{sym} + M_B - F_V \cdot s_{sym} \quad (3-252)$$

由

$$F_{SA} = \Phi_{en}^* \cdot F_A + \Phi_m^* \cdot \frac{M_B}{s_{sym}} \quad (3-253)$$

得到

$$M_b = F_A \cdot a \left[1 + \frac{s_{sym}}{a} \Phi_{en}^* + \frac{M_B}{F_A \cdot a}(1 + \Phi_m^*) \right] \quad (3-254)$$

计算产生弯曲变形 γ 的弯曲弹力 β：

$$\gamma_S = \gamma_P = \gamma \quad (3-255)$$

$$M_{Bges} = M_{BgesP} + M_{BgesS} \quad (3-256)$$

由于

$$\beta_S \cdot M_{BgesS} = \beta_P \cdot M_{BgesP} \quad (3-257)$$

得到

$$M_{BgesS} = \frac{M_{Bges}}{1 + \frac{\beta_S}{\beta_P}} \quad (3-258)$$

一般情况下有 $\beta_S \gg \beta_P$，即

$$M_{BgesS} \approx \frac{\beta_P}{\beta_S} M_{Bges} \quad (3-259)$$

得到

$$M_{Sb} \approx \frac{\beta_P}{\beta_S} \cdot F_A \cdot a \left[1 - \frac{s_{sym}}{a}\Phi_{en}^* + \frac{M_B}{F_A \cdot a}\left(1 - \frac{s_{sym}}{|s_{sym}|}\Phi_m^*\right) \right] \quad (3-260)$$

无外弯曲力矩时，简化为

$$M_{Sb} = \frac{\beta_P}{\beta_S} \cdot F_A \cdot a \left(1 - \frac{s_{sym}}{a}\Phi_{en}^*\right) \quad (3-261)$$

由于

$$\beta_P = \frac{l_K}{E_P \cdot \bar{I}_{Bers}} \quad (3-262)$$

得到

$$\sigma_{SAb} = \left[1 + \left(\frac{1}{\Phi_{en}^*} - \frac{s_{sym}}{a}\right)\frac{l_K}{l_{ers}} \cdot \frac{E_S}{E_P} \cdot \frac{\pi \cdot a \cdot d_S^3}{8 \cdot \bar{I}_{Bers}} \right] \frac{\Phi_{en}^* \cdot F_A}{A_S} \quad (3-263)$$

对于不同杨氏模量的被连接件，有

$$\beta_P = \sum_{i=1}^{m} \frac{l_i}{E_{Pi} \cdot \bar{I}_{Bers,i}} \quad (3-264)$$

交变应力的安全验证公式为

$$S_D = \frac{\sigma_{AS}}{\sigma_{a/ab}} \qquad (3-265)$$

S_D 的数值由用户决定，推荐值为 1.2。

4. 表面压力 p_{max} 校核（R10）

在螺栓头、螺母与被连接件之间的承压面上，过大的表面压力会导致材料蠕变。因此表面压力不能超过被连接件相应材料的极限表面压力 p_G（该数值可通过附表 3-12 得到）。安全验证如下：

$$S_P = \frac{p_G}{p_{M/Bmax}} \geqslant 1.0 \qquad (3-266)$$

安全系数值可由用户自己确定。

螺栓连接结构在两种状态下的表面压力计算方式如下。

装配状态：

$$p_{Mmax} = \frac{F_{Mzul}}{A_{pmin}} \leqslant p_G \qquad (3-267)$$

工作状态：

$$p_{Bmax} = \frac{(F_{Vmax} + F_{SAmax} - \Delta F_{Vth})}{A_{pmin}} \leqslant p_G \qquad (3-268)$$

此时，如果 $\Delta F_{Vth} > 0$，则取 $\Delta F_{Vth} = 0$；如果螺栓受压力载荷，即 $F_A < 0$ 时，取 $F_{SAmax} = 0$。平面承压面积 A_{pmin} 的计算方式大致为

$$A_{pmin} = \frac{\pi}{4}(d_{wa}^2 - D_{Ki}^2) \qquad (3-269)$$

其中，$D_{Ki} = \max(D_a, d_{ha}, d_h, d_a)$，若使用厚度为 h_S 的标准垫片，则载荷影响区直径为 $d_{Wa} = d_W + 1.6h_S$。

如果螺栓紧固手段为屈服或角度控制紧固，则需要从附表 5 到附表 8 中找出 F_{MTab}，得到表面压力：

$$p_{max} = \frac{F_{MTab}}{A_{pmin}} \cdot 1.4 \qquad (3-270)$$

5. 最小啮合长度 m_{effmin} 校核（R11）

啮合长度的详细计算方法可参考 3.6.1 节，本节给出 VDI 2230 指南中的简化计算过程。如果螺栓连接受到的应力过大，可能会出现螺纹或螺栓杆断裂的情况，因此需要使螺栓连接有足够的啮合才能保证承受较高的应力要求。因此，螺栓的断裂作用力 F_{mS} 与螺纹的松脱作用力 F_{mGM} 需要满足以下公式：

$$F_{mS} \leqslant F_{mGM} \qquad (3-271)$$

螺栓的断裂作用力 F_{mS} 与螺纹的松脱作用力 F_{mGM} 计算方式如下：

$$F_{mS} = R_m \cdot A_S \quad (3-272)$$

$$F_{mGM} = \tau_{BM} \cdot A_{SGM} \cdot C_1 \cdot C_3 \quad (3-273)$$

其中,内螺纹剪切区域为

$$A_{SGM} = \pi \cdot d \cdot (m_{eff}/P) \cdot [P/2 + (d-D_2) \cdot \tan30°] \quad (3-274)$$

校正因子 C_1 与 C_3 计算如下。

当公制螺纹满足 $s/d = 1.4 \sim 1.9$:

$$C_1 = 3.8 \cdot s/d - (s/d)^2 - 2.61 \quad (3-275)$$

对于 ESV,可以使用以下数值:

$C_1 = 1$

$$C_3 = 0.728 + 1.769R_S - 2.896R_S^2 + 1.296R_S^3 \quad (3-276)$$

或

$C_3 = 0.897$

螺栓的强度比计算:

$$R_S = \tau_{BM} \cdot A_{SGM}/(\tau_{BS} \cdot A_{SGS}) \quad (3-277)$$

对于钢来说:

$$R_S = R_{mmin} \cdot A_{SGM}/(R_{mS} \cdot A_{SGS}) \quad (3-278)$$

此处,受到轴向载荷的螺栓螺纹剪切横截面为

$$A_{SGS} = \pi \cdot D_1 \cdot (m_{eff}/P) \cdot [P/2 + (d_2-D_1) \cdot \tan30°] \quad (3-279)$$

由以上公式,得出:

$$F_{mGM} = C_1 \cdot C_3 \cdot \tau_{BM} \cdot (m_{eff}/P) \cdot [P/2 + (d_2-D_1) \cdot \tan30°] \cdot \pi \cdot d \quad (3-280)$$

由此得出不等式:

$$C_1 \cdot C_3 \cdot \tau_{BM} \cdot (m_{eff}/P) \cdot [P/2 + (d_2-D_1) \cdot \tan30°] \cdot \pi \cdot d \geqslant R_m \cdot A_S \quad (3-281)$$

$$m_{eff} \geqslant \frac{R_m \cdot A_S \cdot P}{C_1 \cdot C_3 \cdot \tau_{BM} \cdot [P/2 + (d_2-D_1) \cdot \tan30°] \cdot \pi \cdot d} \quad (3-282)$$

螺母螺纹啮合长度中包含一部分未加载的部分,长度约为 $2P$(此为修改值,旧版设计手册中为 $0.8P$,按照当前相关研究成果,即使增大为 $2P$ 可能仍略微偏小),则有

$$m_{effmin} \geqslant \frac{R_m \cdot A_S \cdot P}{C_1 \cdot C_3 \cdot \tau_{BM} \cdot [P/2 + (d_2-D_1) \cdot \tan30°] \cdot \pi \cdot d} + 2P \quad (3-283)$$

各种螺母材料在计算时需要的剪切强度 τ_{BM} 可以通过附表 3-12、附表 3-13 得到。

图 3-53 将基于最大拉伸力 R_{mmax} 的不同螺栓等级(分别为 8.8、10.9 与 12.9)从 M4 到 M39 的螺母材料的剪切力与需要的啮合长度显示出来。

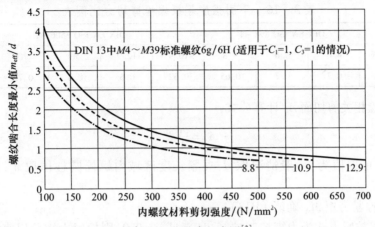

图 3-53 啮合长度图[3]

由于 M4 螺纹需要的啮合长度为最大值,因此作为最不利的情形,M4 计算值看作计算的基础值。

6. 剪切应力 τ_{Qmax} 校核(R12)

为了避免出现螺栓打滑与螺栓剪切的情况,需要进行以下两种验证计算。

(1)防打滑安全验证 S_G:

$$S_G = \frac{F_{KRmin}}{F_{KQerf}} > 1.0 \qquad (3-284)$$

S_G 的值可由用户自己决定。通常情况下,静态载荷推荐数值为 $S_G \geqslant 1.2$,交变载荷推荐数值为 $S_G \geqslant 1.8$。

最小残余预紧力计算公式为

$$F_{KRmin} = \frac{F_{Mzul}}{\alpha_A} - (1 - \Phi_{en}^*) F_{Amax} - F_Z - \Delta F_{Vth} \qquad (3-285)$$

其中,如果 $\Delta F_{Vth} < 0$,则取 $\Delta F_{Vth} = 0$。

横向载荷预紧力计算公式为

$$F_{KQerf} = \frac{F_{Qmax}}{q_F \cdot \mu_{Tmin}} + \frac{M_{Ymax}}{q_M \cdot r_a \cdot \mu_{Tmin}} \qquad (3-286)$$

(2)抗剪切安全验证 S_A:

$$S_A = \frac{\tau_B}{\tau_{Qmax}} = \frac{\tau_B \cdot A_\tau}{F_{Qmax}} \geqslant 1.1 \qquad (3-287)$$

其中,

$$\tau_B \cdot A_\tau = A_\tau \cdot R_m \cdot \frac{\tau_B}{R_m} \qquad (3-288)$$

$\dfrac{\tau_B}{R_m}$ 的值可以通过表 3-16 得到。

表 3-16 不同强度等级螺栓剪切力比例表

	DIN EN ISO 898-1					DIN EN ISO 3506-1		
强度等级	4.6	5.6	8.8	10.9	12.9	50	70	80
$\tau_B - R_m$	0.7	0.7	0.65	0.62	0.6	0.8	0.72	0.68

螺栓相关剪切面 A_τ 计算公式:

$$A_\tau = \frac{\pi}{4} d_\tau^2 \qquad (3-289)$$

其中,d_τ 的取值为:一般情况取 d,夹紧长度区域内螺栓圆柱体取 d_i,螺栓杆取 d_P。

7. 拧紧力矩 M_A 确认 (R13)

如果拧紧方式为力矩控制拧紧,且满足 $\nu = 0.9$,则拧紧力矩可以直接通过 R7 中的附表 3-7~附表 3-10 查得。

拧紧力矩还可以计算获得

$$M_A = F_{Mzul}\left[0.16 \cdot P + 0.58 \cdot d_2 \cdot \mu_{Gmin} + \frac{D_{Km}}{2}\mu_{Kmin}\right] \qquad (3-290)$$

其中,螺栓头部摩擦力矩有效直径 D_{Km} 满足:

$$D_{Km} = \frac{d_W + D_{Ki}}{2} \qquad (3-291)$$

$$D_{Ki} = \max(D_a, d_{ha}, d_h, d_a) \qquad (3-292)$$

如果使用了螺母防松手段,可能需要考虑额外力矩的计算。

8. 提高螺栓可靠性举措

在设计过程中,尤其是第三部分应力与强度校核部分中,难免会出现螺栓某项校核无法通过的情形,需要对已经选择好的螺栓进行参数、材料修改,安装过程的修改或对被连接件进行可能做到的修改等。无论怎样进行改进,均是为了通过降低螺栓载荷、减小螺栓所受应力、提高螺栓负载能力这三个目标,来提高螺栓连接可靠性的。对此,给出以下三方面措施:

1) 对几何形状进行微调

通过使压力锥对称,使得 $s_{sym} = 0$,降低 δ_P 与 β_P;

分界面处完全接触,降低 δ_P 与 β_P;

增加螺栓数量;

加载点在对称轴上,使得 $a = 0$;

使力的传递尽量发生在分界面上,使得 $n = 0$;

支承面平行,可以减小弯曲应力;

尽可能减少分界面数量,降低粗糙度,可减少预紧力损耗;
在螺栓连接采用拧入式连接方式时,采用沉孔形式。
2)修改使用材料
选择杨氏模量 E 较高的被连接件材料,利于降低 δ_P;
选择杨氏模量 E 较低的螺栓、螺母材料,利于提高 δ_S 与 β_S;
根据使用环境,选择热膨胀系数合适的材料,利于减少热负荷;
使用先经过热处理再轧制的螺栓;
使用较高强度的螺栓与较低强度的螺母,可以改善螺纹负载分布。
3)修改安装过程
使用较高的预紧力,保证横向上不发生移动;
超弹性拧紧,进一步提高预紧力;
使用较小的扭转或无扭转力紧固,降低扭转负载。

3.7.3 基于保证载荷的校核方法

本小节为考虑保证螺栓连接外部载荷的校核方法。螺栓连接的外部载荷是设计的基准,是最重要的设计条件,因所在的服役状况不同,涉及的载荷类型多种多样,在进行计算前需要明确各种类型的载荷。下面列出了典型的载荷类型。

1. 最大保证载荷:保证不发生静态(冲击)损坏的载荷 W_{max}

采用在不允许发生静态损坏的运转条件下,可能作用在机器上的真实最大载荷。在载荷的一次作用下就会发生静态损坏,因此,如果每次测量的最大载荷值发生变化,为了预估真实的最大值,该值必须经过统计。螺栓性能等级验证方法为 $\tau_B > \tau_{max}$。

2. 防滑保证载荷:保证不发生滑动的载荷 W_{silp}

采用在不允许发生滑动的运转条件下,可能作用在机器上的最大载荷。在载荷的一次作用下,滑动也会发生,因此,如果测量得到的载荷值发生变化,该值必须经过统计学处理。

计算为防止被连接件滑动所必需的最小轴向预紧力 $\sum F_{min}$。

$$[\sum F_{min} - \sum F_{loss} - (1-\phi)W_{Tslip} - \sum \Delta F]\mu_{CS} > W_{Sslip} \quad (3-293)$$

$$\sum F_{min} > \frac{W_{Sslip}}{\mu_{CS}} + \sum F_{loss} + (1-\phi)W_{Tslip} + \sum \Delta F \quad (3-294)$$

式中:F_{loss} 为使被连接件接触表面保持接触所需要的螺栓轴向预紧力;ϕ 为系统的内力系数,$\phi = K_B/(K_B + K_C)$,K_B 为螺栓的拉伸弹簧常数,K_C 为被连接件的压缩弹簧常数;W_{Tslip} 为防滑保证载荷的系统拉伸载荷分量;ΔF 为非旋转松动量(轴向预紧力的下降量);μ_{CS} 为被连接件之间接触表面的摩擦系数,其数值与被连接件的材料和表面条件有关,通过附表 3-14 获得。

如图 3-54 所示,用螺栓从外部紧固一个内有被连接件和间隙的 U 形结构件,直到 U 形结构件与被连接件完全接触(因此,在接触表面产生压力),这时螺栓所需要的轴向预紧力为 F_{loss}。这种轴向预紧力不在被连接件上产生压力,而是消除 U 形结构间隙的变形阻力,这可以说是一个无效轴向预紧力。因此,在 F_{loss} 的计算或测量中,应当使用最大间隙允许值下的轴向预紧力。

如图 3-55 所示,如果 W_{slip} 有螺栓轴向分量 W_{Tslip},那么被连接件之间的压力为 $(1-\phi)W_{Tslip}$。

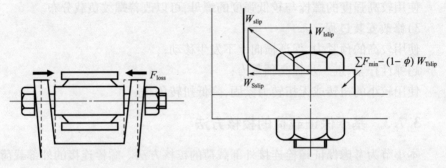

图 3-54　带间隙的 U 形被连接件　　图 3-55　防滑载荷存在轴向载荷分量

3. 防松保证载荷:保证不发生松动的载荷 W_{loosen}

采用在不允许发生松动(这里指致命的旋转松动)的运转条件下,可能作用在机器上的最大交变载荷。"交变载荷"是一种作用方向反复交替变换的载荷。除非被连接件反复发生相对滑动,快速且致命的旋转松动不会显著发生。因为滑动反复发生,必定在螺栓和螺栓孔之间的间隙中发生向左、向右的交替反复滑动。因此,一个左右交替变化方向的系统外部剪切载荷,即一个交变载荷是必不可少的。如果载荷只在一个方向重复,螺栓和螺栓孔之间的滑动将只发生一次,而不会发生反复滑动,也不会有旋转松动的进展。因此,不需要考虑这种类型的载荷。

交变载荷从其零点算起,如果两个方向的大小相等,则此交变载荷称为"完全交变载荷";如果两个方向的大小不相等,则称为"部分交变载荷"。在部分交变载荷的情况下,应用较小一方的载荷是适宜的。原因是,为了发生反复的滑动,被连接件在较小载荷的作用下发生滑动才是不可缺少的。

即使在单一的运转条件下没有交变载荷的产生,通过两个运转条件的组合交变载荷也可能产生。正因如此,考虑运转条件的组合也是重要的。

计算不发生旋转松动,即被连接件不发生滑动时所要求的最小轴向预紧力 ΣF_{min}。在如图 3-56 所示,剪切载荷作用下:

$$[\Sigma F_{min} - \Sigma F_{loss} - (1-\phi)W_{Tloosen} - \Sigma \Delta F]\mu_{CS} > W_{Sloosen} \qquad (3-295)$$

如图 3-57 所示,在扭转载荷作用下:

$$(F_{\min} - \Delta F)\mu_{CS}\frac{D_W}{2} > T_{loosen} \tag{3-296}$$

其中,

$$D_W = \frac{2(D_{SO}^3 - D_{Si}^3)}{3(D_{SO}^2 - D_{Si}^2)} \tag{3-297}$$

式中:$W_{Tloosen}$ 为系统的防松保证载荷的拉伸载荷分量;D_W 为被连接件接触表面的等效摩擦直径;T_{loosen} 为作用在被连接件上的防松保证扭矩;D_{SO} 为被连接件接触表面的外径;D_{Si} 为被连接件接触表面的内径。

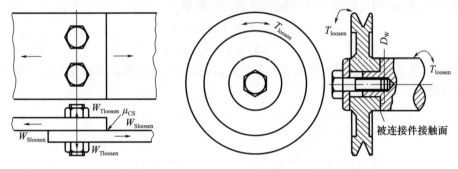

图 3-56　剪切载荷作用　　　　图 3-57　扭转载荷作用

即使在被连接件上存在小于某一阈值的反复相对滑动,螺纹也不会发生旋转松动。然而,因为临界滑动值是非常小的,且滑动非常难以控制,因此,松动的研究是在不允许滑动发生的条件下进行的。如果采用销、卡环或键作为防松措施,螺栓所需要的轴向预紧力将降低。然而,实际上,安装销、卡环或键的区域存在间隙、塑性变形或使用过程中在安装区域(特别是孔或键槽处)发生微动磨损,这会导致振动。因此,如果要采用这种防松措施,最好通过实际松动试验来测试旋转松动效果。

非旋转松动量(轴向预紧力下降量)ΔF 可以通过下式计算:

$$\Delta F = \frac{K_B K_C}{K_B + K_C}(\delta_W + \delta_S + \delta_P + \delta_{ED} + \delta_{CB} + \delta_{CC}) \tag{3-298}$$

式中:δ_W 为被连接件的磨损深度;δ_S 为接触表面的嵌入、内嵌或塌陷量;δ_P 为螺栓的塑性伸长量;δ_{ED} 为螺栓和被连接件之间的热膨胀差异量;δ_{CB} 为螺栓的蠕变伸长量;δ_{CC} 为被连接件的蠕变压缩量。

一般来说,磨损 δ_W 是不应允许发生的,此处不做计算说明。

由于拧紧后,轴向预紧力 ΔF 趋于 0,为了达到研究的目的,应当采用从初始预紧轴向预紧力 F_0 减去 ΔF 后所得到的轴向预紧力。δ_S 的计算方法与欧洲主

流设计方法一致(见 3.5.3 节)。如果用塑性区紧固法拧紧的被连接件没有发生分离,则

$$\delta_P = \frac{K_B - K_H}{K_B(K_C + K_C)}W \qquad (3-299)$$

螺栓和被连接件之间的热膨胀量差值为

$$\delta_{ED} = L_C(\alpha_B \Delta t_B - \alpha_C \Delta t_C) \qquad (3-300)$$

式中:L_C 为被连接件厚度;α_B 为螺栓的热膨胀系数;Δt_B 为螺栓的温度变化量;α_C 为被连接件的热膨胀系数;Δt_C 为被连接件的温度变化量。

如果螺栓和被连接件二者由相同的材料制造,可以获得与温度相关的材料常数 C_{cr} 和 n,则由蠕变导致的轴向预紧力降低量为

$$\frac{1}{F^{n-1}} = \frac{1}{F_0^{n-1}} + \frac{C_{cr}K_B K_C L_C (A_B^n + A_C^n)}{(A_B A_C)^n (K_B + K_C)}(n-1)t \qquad (3-301)$$

当然,该公式也可以被图 3-58 代替,用来更加便捷地获取蠕变对轴向预紧力的影响。

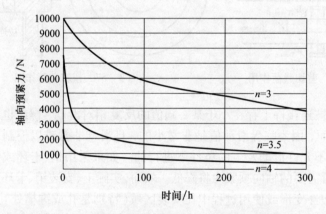

图 3-58 在恒定温度和稳定蠕变条件下轴向预紧力的变化

即使初始轴向预紧力升高,如果轴向预紧力超过一定值时,随着时间的增加,在一段时间之后其差异将减小,这是由于材料的蠕变速度与受力成正比。因此必须牢记,这并不是防止轴向预紧力降低的对策。对策应包括使用不太可能产生蠕变材料,设计保持低应力(轴向预紧力)的连接接头或不提高温度。橡胶、树脂、纸和布之类的有机材料、锌合金和镁合金在室温下就发生蠕变。因此,如果这些材料被紧固且承受压应力,这些材料会发生蠕变并导致螺栓拧紧一段时间后发生严重的松动。所以,如果螺栓轴向预紧力要保持足够高,必须避免紧固这些材料。

4. 防分离保证载荷:保证不发生被连接件分离的载荷 $W_{separate}$

采用在不允许被连接件出现分离的运转条件下,可能作用在机器(或部件)

上的最大载荷。只有将被连接件分开方向上的载荷才应当考虑。

由于以下 3 个原因,被连接件是否发生分离,被认为是确定连接接头设计完整性的重要考核点。当被连接件发生分离时:

(1)外部拉伸载荷的增加量完全转化为螺栓载荷的增加量(如果被连接件不分离,外加拉伸载荷与载荷分配系数的乘积为螺栓载荷增加量),这对螺栓的疲劳强度是非常不利的;

(2)在需要防止气体或液体泄漏等情况下是非常不利的;

(3)长期服役时接触界面的微动磨损会导致螺栓松动。

此时,在同心拉伸载荷作用下,被连接件接触表面预紧力所要求的最小轴向预紧力 $\sum F_{\min}$ 为

$$(\sum F_{\min} - \sum F_{\text{loss}} - \sum \Delta F) > (1 - \phi) W_{\text{Tseparate}} \qquad (3-302)$$

$$\sum F_{\min} > \sum F_{\text{loss}} + \sum \Delta F + (1 - \phi) W_{\text{Tseparate}} \qquad (3-303)$$

而针对偏心拉伸载荷并未给出相关计算方法,而是借鉴欧洲主流设计方法,相关内容已在 3.5.3 节中给出。

5. 防疲劳保证载荷:保证螺栓不发生疲劳断裂的载荷 W_{fatigue}

疲劳断裂的发生是通过疲劳损伤的积累而产生的,疲劳损伤是由载荷的频繁反复作用而引起的。如果脉动载荷的大小是恒定的,则采用最大值;如果脉动载荷的大小是变化的,且在它们的组合作用下导致疲劳断裂,则应该估算在整个生命(使用寿命)周期内,载荷的大小和该载荷作用的次数,通过线性累积损伤规律(miner's law)预测其耐久性寿命。或者,根据估算的频次比施加不同大小的载荷,进行耐久性试验(程序加载耐久性试验)。

因此,在无限寿命的情况下,可以采用可能的最大反复载荷。然而,在有限寿命的情况下,必须考虑载荷的大小及重复频率的组合(载荷累积频率分布曲线)。

载荷大小、作用点、作用方向,在某些情况下,还有其循环作用次数都必须掌握,这些在随后讨论的力学计算中将是必需的数据。从被连接件设计时,还有一些条件必须加以考虑,例如其温度条件和腐蚀环境,从广义上讲,这些也可认为是"应力"。重要的是预测机器在各种条件下运转时,这些载荷达到最高值的工况,并精确评估其最高值。此外,一旦样机已经做成,建议在实际条件下对这些预测载荷进行适当的测量,以评价评估的准确性。

此项只限于在防分离中不发生分离的被连接件。因此,前提条件就是符合防分离保证载荷的计算公式。由于附加交变负荷导致的螺栓拉伸应力幅为

$$\sigma_{\text{a}} = \frac{\phi W_{\text{Tfatigue}}}{2A_{\text{s}}} \qquad (3-304)$$

因此,螺栓尺寸需要在本步骤被验证(横截面面积)A_{s},即螺栓的拉伸应力幅

σ_a 不超过螺栓的拉伸疲劳极限 σ_{Wt}。在这种情况下,螺栓的横截面积需满足:

$$\sigma_{Wt} > \frac{\phi W_{Tfatigue}}{2A_s} \qquad (3-305)$$

完成计算后,使用 $T - F - \mu - \sigma_y$ 曲线图(图 3-59)获得拧紧扭矩。

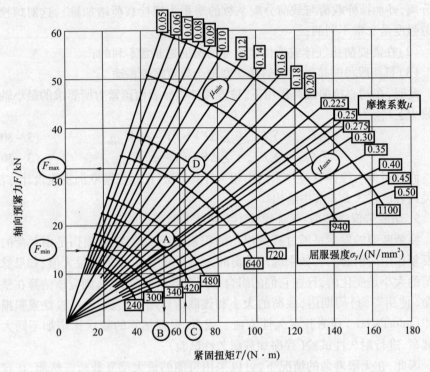

图 3-59　$T - F - \mu - \sigma_y$ 曲线图[5]

参考文献

[1] BICKFORD J H,SAUNDERS H. An Introduction to the design and behaviour of bolted joints [M]. New York:M. Dekker, 1995.

[2] 夏冬. 螺栓连接载荷导入系数问题研究[D]. 成都:西南交通大学, 2018.

[3] The Association of German Engineers (VDI). VDI 2230 Part 1. Systematic calculation of high duty bolted joints,joints with one cylindrical bolt[S]. Berlin:Verein Deutscher Ingenieure, 2015.

[4] The Association of German Engineers (VDI). VDI 2230 Part 2. Systematic calculation of high duty bolted joints,multi bolted joints[S]. Berlin:Verein Deutscher Ingenieure, 2014.

[5] 酒井智次. 螺纹紧固件联接工程 [M]. 柴之龙,译. 北京:机械工业出版社, 2016.

[6] Toshimichi Fukuoka. The mechanics of threaded fasteners and bolted joints for engineering and

design[M]. Amsterdam:Elevier,2023.

[7] SAWA T, ISHIMURA M. Mechanism of rotational screw thread loosening in bolted joints under repeated temperature changes [C]. Proceedings of the 2007 ASME Pressure Vessels and Piping Division Conference, San Antonio, Texas, USA, 2007.

[8] HOU S, LIAO R, LI J. A mathematical model for temperature induced loosening due to radial expansion of rectangle thread bolted joints [J]. Advances in Mechanical Engineering, 2015, 7(1): 1-9.

[9] European Cooperation for Space Standardization, ECSS Secretariat ESA – ESTEC Requirements & Standards Section. Space Engineering Threaded Fasteners Handbook, ECSS – E – HB – 32 – 23A Rev. 1[S]. Noordwijk:The Netherlands, 2023.

[10] 成大先. 机械设计手册:连接与紧固[M]. 6版:北京:化学工业出版社,2017.

[11] 刘学通. 扭转激励下螺栓连接结构松动行为数值研究[D]. 成都:西南交通大学,2023.

[12] 山本晃. 螺纹联接的理论与计算[M]. 上海:上海科学技术文献出版社,1984.

[13] 万朝燕,谢素明,李晓峰. 高强度单螺栓连接计算——VDI 2230—1:2015标准理论解读及程序实现[M]. 北京:机械工业出版社,2023.

[14] 全国紧固件标准化技术委员会. 螺纹紧固件轴向载荷疲劳试验方法:GB/T 13682—92[S]. 北京:中国标准出版社,1992.

[15] Japanese Industrial Standard Committee. Threaded fasteners – axial load fatigue testing – test methods and evaluation of results: JIS B 1081—1997[S]. Japan: Japanese Standards Association, 1997.

[16] 巩浩,刘检华,丁晓宇. 振动条件下螺纹预紧力衰退机理和影响因素研究[J]. 机械工程学报,2019,55(11):138-148.

附表 3-1 螺栓名义直径估算[3]

1	2	3	4
作用力/N	额定直径/mm		
	强度等级		
	12.9	10.9	8.8
1000	3	3	3
1600	3	3	3
2500	3	3	4
4000	4	4	5
6300	4	5	6
10000	5	6	8
16000	6	8	10
25000	8	10	12
40000	10	12	14
63000	12	14	16
100000	16	18	20
160000	20	22	24
250000	24	27	30
400000	30	33	36
630000	36	39	

附表 3-2 拧紧系数 α_A 的指导值[3]

拧紧系数 α_A	数值分散 $\dfrac{\Delta F_M}{2\Delta F_{Mm}}=\dfrac{\alpha_A-1}{\alpha_A+1}$	拧紧方法	调整方法	说明
1.05~1.2	±2%~±10%	使用超声波拧紧(控制伸长)	声音传播的时间	①需要标定值; ②在 $l_K/d<2$ 时应注意误差累进地增大; ③在直接的机械连接时,误差较小,间接连接时误差较大
1.1~1.5	±5%~±20%	用机械方法进行伸长测量	通过伸长测量调整	精确地测得螺栓的弹性柔性很重要,数值分散主要取决于测量方法的精确性

续表

拧紧系数 α_A	数值分散 $\dfrac{\Delta F_M}{2\Delta F_{Mm}}=\dfrac{\alpha_A-1}{\alpha_A+1}$	拧紧方法	调整方法	说明	
1.2~1.4	±9%~±17%	拧紧时控制屈服点，电动或手动	规定相对的扭矩-旋转角系数	预紧力数值分散主要取决于所使用的一批螺栓中的屈服点的数值分散，此处根据 F_{Mmin} 确定螺栓的尺寸，所以在这种拧紧方法时，取消根据 F_{Mmax}（含有拧紧系数 α_A）配置螺栓	
1.2~1.4	±9%~±17%	拧紧时控制旋转角，电动或手动	按照试验确定预紧扭矩及旋转角（等级）		
1.2~1.6	±9%~±23%	液压拧紧	通过长度及压力测量进行调整	较低的值用于长螺栓（$l_K/d\geqslant 5$）；较高的值用于短螺栓（$l_K/d\leqslant 2$）；	
1.4~1.6	±17%~±23%	使用扭矩扳手拧紧，控制扭矩，可以发出信号的扳手或带有动态扭矩测量的旋转式螺钉机	根据试验在螺栓连接原件上确定拧紧扭矩额定值。例如通过螺栓的伸长测量	较低的值；需要进行大量的调整及检验试验（如20次），需要较小的安装扭矩的数值分散（如+5%）	较低的值用于：较小的旋转角，即较刚性的连接；相接部位的硬度较低[①]；相接部位没有腐蚀倾向，例如磷化处理或充分润滑；较高的值用于：较大的旋转角，即较柔性的连接及细螺纹；相接部位硬度较高，与粗插的表面连接
1.6~2.0（摩擦系数等级B） 1.7~2.5（摩擦系数等级A）	±23%~±33% ±26%~±43%	使用扭矩扳手拧紧，控制扭矩，可以发出信号的扳手或带有动态扭矩测量的旋转式螺钉机	通过估算摩擦系数确定拧紧扭矩额定值（表面情况及润滑情况）	较低的值用于可进行测量的扭矩扳手在均匀地拧紧时，以及精密的旋转式螺钉机较高的值用于：可发出信号的扭矩扳手或纵向弯曲的扭矩扳手	
2.5~4	±43%~±60%	使用冲击式螺钉机器或使用脉冲式螺钉机拧紧	通过拧紧扭矩进行调整（拧紧扭矩由额定预紧扭矩（估算的摩擦系数）及附加值构成	较低的值用于：较多次数的调整试验（拧紧扭矩）；螺钉机特性曲线的水平分支线上；无间隙脉冲传输	

注：① 相接部位：代表被紧固的零件与拧紧元件相接触的表面。

附表3-3 不同材料不同润滑状态下的螺栓摩擦系数等级指导值[3]

摩擦系数等级	μ_G 及 μ_K 的范围	典型实例的选择 材料/表面	典型实例的选择 润滑剂
A	0.04~0.10	光亮的金属黑色氧化层磷化处理电镀,如锌、锌/铁、锌/镍锌片包覆	固体润滑剂,如 MoS_2、石墨、PTFE、PA、PE、PI 在润滑剂中,作为表面层,或在膏状物中,蜡熔融物,蜡弥散
B	0.08~0.16	光亮的金属黑色氧化层磷化处理电镀,镀敷,如锌、锌/铁、锌/镍锌片包复铝合金及镁合金	固体润滑剂,如 MoS_2、石墨、PTFE、PA、PE、PI 在润滑剂中,作为表面层,或在膏状物中,蜡熔融物,蜡弥散,润滑脂,润滑油,未使用状态
B	0.08~0.16	热镀锌	MoS_2;石墨蜡弥散
B	0.08~0.16	有机涂层	含有固体润滑剂或蜡弥散
B	0.08~0.16	奥氏体钢	固体润滑剂或蜡:膏状物
C	0.14~0.24	奥氏体钢	蜡弥散,膏状物
C	0.14~0.24	光亮的金属磷化处理	略微涂润滑油,未使用状态
C	0.14~0.24	电镀层,例如锌、锌/铁、锌/镍锌片包复黏接剂	无
D	0.20~0.35	奥氏体钢	润滑油
D	0.20~0.35	电镀层,例如锌、锌/铁热镀锌	无
E	≥0.30	电镀层,例如锌、锌/铁、锌/镍奥氏体钢铝合金及镁合金	无

附表3-4 符号规则表[3]

加载工况/变量	拉力工作载荷			压力工作载荷		
	I	II	III	IV	V	VI
尺寸比例	位置 s_{sym} 在 $O-O$			位置 s_{sym} 在 $O-O$		
尺寸比例	同侧		不同侧	位置(同侧)		不同侧
尺寸比例	$a \geq s_{sym}$	$A < S_{sym}$		$a \geq s_{sym}$	$a < s_{sym}$	
符号 s_{sym}	+	+	−	+	+	−
符号 u	+	+	+	−	−	−

注:①轴向工作载荷的等效作用线距离 a 永远为正;
②点 U 通常位于界面侧的最外端位置,其有开口的危险,因此点 V 位于其他侧的最远位置;
③距离 v 永远为正。

第3章 紧固连接正向设计技术

附表 3-5 载荷系数表[3]

l_A/h	0				0.1				0.2				≥0.30			
a_k/h	0	0.1	0.3	≥0.50	0	0.1	0.3	≥0.50	0	0.1	0.3	≥0.50	0	0.1	0.3	≥0.50
SV1	0.7	0.55	0.3	0.13	0.52	0.41	0.22	0.1	0.34	0.28	0.16	0.07	0.16	0.14	0.12	0.04
SV2	0.57	0.46	0.3	0.13	0.44	0.36	0.21	0.1	0.3	0.25	0.16	0.07	0.16	0.14	0.12	0.04
SV3	0.44	0.37	0.26	0.12	0.35	0.3	0.2	0.09	0.26	0.23	0.15	0.07	0.16	0.14	0.12	0.04
SV4	0.42	0.34	0.25	0.12	0.33	0.27	0.16	0.08	0.23	0.19	0.12	0.06	0.14	0.13	0.1	0.03
SV5	0.3	0.25	0.22	0.1	0.24	0.21	0.15	0.07	0.19	0.17	0.12	0.06	0.14	0.13	0.1	0.03
SV6	0.15	0.14	0.14	0.07	0.13	0.12	0.1	0.06	0.11	0.11	0.09	0.06	0.1	0.1	0.08	0.03

附表 3-6 预埋量指导值[3]

平均粗糙度高度 根据 DIN 4768 的 Rz	加载	预埋量指导数值/μm		
		螺纹中	每个头部或螺母支承区域	每个内部界面
<10μm	拉力/压力	3	2.5	1.5
	剪力	3	3	2
≤10μm<40μm	拉力/压力	3	3	2
	剪力	3	4.5	2.5
≤40μm<160μm	拉力/压力	3	4	3
	剪力	3	6.5	3.5

附表 3-7 装配预紧力 F_{MTab} 与拧紧力矩 M_A 表[3]

尺寸	强度等级	安装预紧力 F_{MTab}/kN							拧紧力矩 M_A/(N·m)					
		$\mu_G=$							$\mu_K=\mu_G=$					
		0.08	0.1	0.12	0.14	0.16	0.2	0.24	0.06	0.1	0.12	0.14	0.16	0.2	0.24
M4	8.8	4.6	4.5	4.4	4.3	4.2	3.9	3.7	2.3	2.6	3	3.3	3.6	4.1	4.5
	10.9	6.6	6.7	6.5	6.3	6.1	5.7	5.4	3.3	3.9	4.6	4.8	5.3	6	6.6
	12.9	8	7	7.6	7.4	7.1	6.7	6.3	3.9	4.5	6.1	5.6	6.2	7	7.8
M5	8.8	7.6	7.4	72	7	6.8	6.4	6	4.4	5.2	5.9	6.5	7.1	8.1	9
	10.9	11.1	10.8	10.6	10.3	10	9.4	0.8	6.5	7.6	8.6	9.5	10.4	11.9	13.2
	12.9	13	12.7	12.4	12	11.7	11	10.3	7.6	8.9	10	11.2	12.2	14	15.5
M6	8.8	10.7	10.4	10.2	9.9	9.6	9	8.4	7.7	9	10.1	11.3	12.3	14.1	15.6
	10.9	15.7	15.3	14.9	14.5	14.1	13.2	12.4	11.3	13.2	14.9	16.5	18	20.7	22.9
	12.9	18.4	17.9	17.5	17	16.5	15.5	14.5	13.2	15.4	17.4	19.3	21.1	24.2	26.8
M7	8.8	15.5	15.1	14.8	14.4	14	13.1	12.3	12.6	14.8	16.8	187	20.5	23.6	26.2
	10.9	22.7	22.5	21.7	21.1	20.5	19.3	18.1	18.5	21.7	24.7	275	30.1	34.7	38.5
	12.9	26.6	26	25.4	24.7	24	22.6	21.2	21.6	25.4	26.9	32.2	35.2	40.6	45.1

续表

尺寸	强度等级	安装预紧力 F_{MTab}/kN							拧紧力矩 M_A/(N·m)					
		$\mu_G =$							$\mu_K = \mu_G =$					
		0.08	0.1	0.12	0.14	0.16	0.2	0.24	0.06	0.1	0.12	0.14	0.16	0.2	0.24
M8	8.8	19.5	19.1	18.6	18.1	17.6	16.5	15.5	18.5	21.6	24.6	27.3	29.8	34.3	38
	10.9	28.7	26	27.3	26.6	25.8	24.3	22.7	27.2	31.6	36.1	40.1	43.8	50.3	55.8
	12.9	33.6	32.8	32	31.1	30.2	28.4	26.6	31.6	37.2	42.2	46.9	51.2	58.9	65.3
M10	8.8	31	30.3	29.6	28.6	27.9	26.3	24.7	36	43	46	54	59	68	75
	10.9	45.6	44.5	43.4	42.2	41	38.6	36.2	53	63	71	79	87	100	110
	12.9	53.3	52.1	50.8	49.4	48	45.2	42.4	62	73	83	93	101	116	129
M12	8.8	45.2	44.1	43	41.9	40.7	38.3	35.9	63	73	84	93	102	117	130
	10.9	66.3	64.8	632	61.5	59.8	56.3	52.8	92	106	123	137	149	172	191
	12.9	77.6	75.9	74	72	70	65.8	61.8	108	126	144	160	175	201	223
M14	8.8	62	60.6	59.1	57.5	55.9	52.6	49.3	100	117	133	146	162	187	207
	10.9	91	86.9	86.7	64.4	82.1	712	72.5	146	172	195	216	238	274	304
	12.9	106.5	104.1	101.5	96.8	96	90.4	84.8	171	201	229	255	279	321	356
M16	8.8	84.7	82.9	80.9	78.8	76.6	72.2	67.8	153	160	206	290	252	291	325
	10.9	124.4	121.7	116.8	1157	112.6	106.1	99.6	224	264	302	338	370	428	477
	12.9	145.5	142.4	139	135.4	131.7	124.1	116.6	262	309	354	395	433	501	558
M18	8.8	107	104	102	99	96	91	65	220	259	295	329	360	415	462
	10.9	152	149	145	141	137	129	121	314	369	421	469	513	592	657
	12.9	178	174	170	166	160	151	142	367	432	492	549	601	692	769
M20	8.8	136	134	130	127	123	116	109	308	363	415	464	509	536	655
	10.9	194	190	166	181	176	166	156	438	517	592	661	725	838	933
	12.9	227	223	217	212	206	194	182	513	605	692	773	848	980	1092
M22	8.6	170	166	162	153	154	145	137	417	496	567	634	697	806	901
	10.9	242	237	231	225	219	207	194	595	704	807	904	993	1151	1284
	12.9	263	277	271	264	257	242	228	696	824	946	1057	1162	1347	1502
M24	8.8	196	192	188	183	176	166	157	529	625	714	798	675	1011	1126
	10.9	260	274	267	260	253	239	224	754	890	1017	1136	1246	1440	1604
	12.9	327	320	313	305	296	279	262	862	1041	1190	1329	1458	1665	1877
M27	8.8	257	252	246	240	234	220	207	772	915	1050	1176	1292	1496	1672
	10.9	367	359	351	342	333	314	295	1100	1304	1496	1674	1640	2134	2381
	12.9	429	420	410	400	389	367	345	1287	1526	1750	1959	2153	2497	2787
M30	8.8	313	307	300	292	284	268	252	1053	1246	1428	1597	1754	2931	2265
	10.9	446	437	427	416	405	382	359	1500	1775	2033	2274	2498	2893	3226
	12.9	522	511	499	487	474	447	420	1755	2077	2380	2662	2923	3366	3775
M33	8.8	369	381	373	363	394	334	314	1415	1679	1928	2161	2377	2759	3081
	10.9	554	543	531	517	504	475	447	2015	2392	2747	3078	3385	3930	4388
	12.9	649	636	621	605	599	556	523	2358	2799	3214	3601	3961	4596	5135

续表

尺寸	强度等级	安装预紧力 F_{MTab}/kN							拧紧力矩 M_A/(N·m)					
		$\mu_G =$							$\mu_K = \mu_G =$					
		0.08	0.1	0.12	0.14	0.16	0.2	0.24	0.06	0.1	0.12	0.14	0.2	0.24
M36	8.8	456	448	438	427	415	392	368	1625	2164	2482	2778	3054	3541	3951
	10.9	652	638	623	606	591	558	524	2600	3062	3535	3957	4349	5043	5627
	12.9	763	747	729	711	692	653	614	3042	3607	4136	4631	5089	5902	6565
M39	8.8	548	537	526	512	498	470	443	2348	2791	3206	3597	3958	4596	6137
	10.9	781	766	746	729	710	670	630	3345	3975	4569	5123	5637	6549	7317
	12.9	914	895	875	853	831	784	738	3914	4652	5346	5994	6596	7664	8562

注：条件为 $\nu = 0.9$，带杆外六角圆柱螺栓，标准公制螺纹。

附表 3-8 装配预紧力 F_{MTab} 与拧紧力矩 M_A 表[3]

尺寸	强度等级	安装预紧力 F_{MTab}/kN							拧紧力矩 M_A/(N·m)					
		$\mu_G =$							$\mu_K = \mu_G =$					
		0.08	0.1	0.12	0.14	0.16	0.2	0.24	0.08	0.1	0.12	0.14	0.16	0.2	0.24
M4	8.8														
	10.9														
	12.9														
M5	8.8														
	10.9														
	12.9														
M6	8.8	7.5	7.3	7	6	6.6	6	5.6	5.4	6.2	7	7.7	8.3	9.4	10.3
	10.9	11	10.7	10.3	9.9	9.6	8.9	8.2	7.9	9.1	10.3	11.3	12.3	13.9	15.2
	12.9	12.9	12.5	12.1	11.6	112	10.4	9.6	9.2	10.7	12	13.2	14.3	16.2	17.7
M7	8.8	11.1	10.8	10.5	10.1	9.8	9.1	8.4	9	10.5	11.9	13.2	14.3	16.3	17.9
	10.9	16.3	15.9	15.4	14.8	14.3	13.3	12.3	13.3	15.5	17.5	19.3	21	23.9	26.2
	12.9	19.1	18.6	18	17.4	16.3	15.6	14.4	15.5	10.1	20.5	22.6	24.6	28	30.7
M8	8.8	13.8	13.4	13	12.5	12.1	11.2	10.4	13.1	152	17.1	18.9	20.5	23.3	26.5
	10.9	20.3	19.7	19.1	18.4	17.8	16.5	15.3	19.2	22.3	25.2	27.8	30.1	34.2	37.4
	12.9	23.8	23.1	22.3	21.5	20.8	19.3	17.9	22.5	26.1	29.5	32.5	35.3	40	43.6
M10	8.8	22.1	21.5	20.8	20.1	19.4	18	16.7	26	30	34	38	41	46	51
	10.9	32.5	31.5	30.5	29.5	28.4	26.4	24.5	38	44	50	55	60	66	75
	12.9	38	36.9	35.7	34.5	33.3	30.9	28.6	45	52	59	65	70	60	7
M12	8.8	32.3	31.4	30.4	29.4	28.3	26.3	24.4	45	82	59	65	71	80	88
	10.9	47.5	46.1	44.6	43.1	41.6	38.7	35.9	66	77	87	96	104	118	130
	12.9	55.6	53.9	522	50.5	48.7	455	41.9	77	90	101	112	122	138	152
M14	8.8	44.5	43.2	41.8	40.4	39	36.3	33.6	71	83	94	104	113	129	141
	10.9	65.3	63.4	61.4	59.4	573	53.2	49.4	105	122	138	153	166	189	207
	12.9	76.4	74.2	71.9	69.5	67.1	62.3	57.8	123	143	162	179	195	221	243

紧固连接技术概论

续表

尺寸	强度等级	安装预紧力 F_{MTab}/kN $\mu_G=$							拧紧力矩 M_A/(N·m) $\mu_K=\mu_G=$						
		0.08	0.1	0.12	0.14	0.16	0.2	0.24	0.08	0.1	0.12	0.14	0.16	0.2	0.24
M16	8.8	61.8	60.1	58.3	56.5	54.6	50.8	47.2	111	131	146	165	179	205	226
	10.9	90.8	88.3	85.7	62.9	80.1	74.6	69.3	164	192	218	242	264	301	331
	12.9	106.3	103.4	100.3	97	93.8	87.3	81.1	191	225	255	293	308	352	388
M18	8.8	77	75	72	70	68	63	98	159	186	210	232	253	268	316
	10.9	110	106	103	100	96	89	63	226	264	299	331	360	410	450
	12.9	120	124	121	117	113	105	97	265	309	350	387	421	460	527
M20	8.8	100	97	4	91	88	82	76	225	264	300	332	362	414	455
	10.9	142	138	134	130	125	117	108	320	376	427	473	516	589	649
	12.9	166	162	157	152	147	136	127	375	440	499	554	604	669	759
M22	8.8	125	122	118	115	111	103	96	306	363	413	460	502	575	634
	10.9	179	174	169	163	158	147	137	439	517	589	655	715	819	903
	12.9	209	203	197	191	165	172	160	514	605	689	766	837	958	1057
M24	8.8	143	140	135	131	127	118	109	387	454	515	572	623	711	783
	10.9	204	199	193	187	180	168	156	551	646	734	614	887	1013	1115
	12.9	239	233	226	218	211	196	162	644	756	859	953	1038	1185	1305
M27	8.8	190	185	160	174	169	157	146	571	673	766	654	933	1069	1180
	10.9	271	264	256	248	240	224	206	814	959	1093	1216	1329	1523	1680
	12.9	317	309	300	291	281	262	244	952	1122	1279	1424	1555	1782	1966
M30	8.8	231	224	218	211	204	190	177	775	912	1038	1154	1259	1441	1589
	10.9	329	320	310	301	291	271	252	1104	1299	1479	1643	1793	2052	2263
	12.9	364	374	363	352	340	317	294	1292	1520	1730	1923	2099	2402	2648
M33	8.8	269	282	274	265	257	239	223	1051	1241	1417	1578	1724	1970	2185
	10.9	412	401	390	378	365	341	317	1497	1767	2017	2247	2456	2818	3112
	12.9	462	470	456	442	428	399	371	1752	2066	2361	2629	2874	3297	3642
M36	8.8	338	330	320	310	300	279	260	1350	1592	1614	2019	2205	2526	2788
	10.9	462	469	456	442	427	396	370	1923	2267	2584	2875	3140	3598	3971
	12.9	564	549	533	517	500	466	433	2251	2653	3024	3364	3675	4211	4646
M39	8.8	409	398	307	375	363	339	315	1750	2069	2364	2635	2882	3309	3667
	10.9	582	567	551	534	517	482	449	2493	2947	3367	3752	4104	4713	5209
	12.9	681	664	645	625	605	564	525	2917	3448	3940	4391	4803	5515	6095

注：条件为 $\nu=0.9$，细杆外六角圆柱螺栓，$d_T=0.9 \cdot d_3$，标准公制螺纹。

第3章 紧固连接正向设计技术

附表3-9 装配预紧力 F_{MTab} 与拧紧力矩 M_A 表[3]

尺寸	强度等级	安装预紧力 F_{MTab}/kN $\mu_G=$							拧紧力矩 M_A/(N·m) $\mu_K=\mu_G=$						
		0.08	0.1	0.12	0.14	0.16	0.2	0.24	0.08	0.1	0.12	0.14	0.16	0.2	0.24
M8 ×1	8.8	21.2	20.7	20.2	19.7	19.2	18.1	17	19.3	22.8	26.1	29.2	32	37	41.2
	10.9	31.1	30.4	29.7	28.9	28.1	26.5	24.9	28.4	33.5	38.3	42.8	47	54.3	60.5
	12.9	36.4	35.6	34.7	33.9	32.9	31	29.1	33.2	39.2	44.9	50.1	55	63.6	70.8
M9 ×1	8.8	27.7	27.2	26.5	25.9	25.2	23.7	22.3	28	33.2	38.1	42.6	46.9	54.4	60.7
	10.9	40.7	39.9	39	38	37	34.9	32.8	41.1	48.8	55.9	62.6	68.8	79.8	89.1
	12.9	47.7	46.7	45.6	44.4	43.3	40.8	38.4	48.1	57	65.4	73.3	80.6	93.4	104.3
M10 ×1	8.8	35.2	34.5	33.7	32.9	32	30.2	28.4	39	46	53	60	66	76	85
	10.9	51.7	50.6	49.5	48.3	47	44.4	41.7	57	68	78	88	97	112	125
	12.9	60.4	59.2	57.9	56.5	55	51.9	48.8	67	80	91	103	113	131	147
M10 ×1.25	8.8	33.1	32.4	31.6	30.8	29.9	28.2	26.5	38	44	51	57	62	72	80
	10.9	48.6	47.5	46.4	45.2	44	41.4	38.9	55	65	75	83	92	106	118
	129	56.8	55.6	54.3	52.9	51.4	48.5	45.5	65	76	87	98	107	124	138
M12 ×1.25	8.8	50.1	49.1	48	46.8	45.6	43	40.4	66	79	90	101	111	129	145
	10.9	73.6	72.1	70.5	68.7	66.9	63.2	59.4	97	116	133	149	164	190	212
	129	86.2	84.4	82.5	80.4	78.3	73.9	69.5	114	135	155	174	192	222	249
M12 ×1.5	8.8	47.6	46.6	45.5	44.3	43.1	40.6	38.2	64	76	87	97	107	123	137
	10.9	70	68.5	66.8	65.1	63.3	59.7	56	95	112	128	143	157	181	202
	12.9	81.9	80.1	78.2	76.2	74.1	69.8	65.6	111	131	150	167	183	212	236
M14 ×1.5	8.8	67.8	66.4	64.8	63.2	61.5	58.1	54.6	104	124	142	159	175	203	227
	10.9	99.5	97.5	95.2	92.9	90.4	85.3	80.2	153	182	209	234	257	299	333
	12.9	116.5	114.1	111.4	108.7	105.8	99.8	93.9	179	213	244	274	301	349	390
M16 ×1.5	8.8	91.4	89.6	87.6	85.5	83.2	78.6	74	159	189	218	244	269	314	351
	10.9	134.2	131.6	128.7	125.5	122.3	155.5	108.7	233	278	320	359	396	461	515
	129	157.1	154	150.6	146.9	143.1	135.1	127.2	273	325	374	420	463	539	603
M18 ×1.5	8.8	122	120	117	115	112	105	99	237	283	327	368	406	473	530
	10.9	174	171	167	163	159	150	141	337	403	465	523	578	674	755
	129	204	200	196	191	186	176	166	394	472	544	813	676	789	884
M18 ×2	8.8	114	112	109	107	104	98	92	229	271	311	348	383	444	495
	10.9	163	160	156	152	148	139	131	326	386	443	496	545	632	706
	12.9	191	187	182	178	173	163	153	381	452	519	581	638	740	826
M20 ×1.5	8.8	154	151	148	144	141	133	125	327	392	454	511	565	660	741
	10.9	219	215	211	206	200	190	179	466	558	646	728	804	940	1055
	129	257	252	246	241	234	222	209	545	653	756	852	941	1100	1234
M22 ×1.5	8.8	189	186	182	178	173	164	154	440	529	613	692	765	896	1006
	10.9	269	264	259	253	247	233	220	627	754	873	985	1090	1276	1433
	129	315	309	303	296	289	273	257	734	882	1022	1153	1275	1493	1677

续表

尺寸	强度等级	安装预紧力 F_{MTab}/kN							拧紧力矩 M_A/(N·m)						
		$\mu_G =$							$\mu_K = \mu_G =$						
		0.08	0.1	0.12	0.14	0.16	0.2	0.24	0.08	0.1	0.12	0.14	0.16	0.2	0.24
M24×1.5	8.8	228	224	219	214	209	198	187	570	686	796	899	995	1166	1311
	10.9	325	319	312	305	298	282	266	811	977	1133	1280	1417	1661	1867
	12.9	380	373	366	357	347	330	311	949	1143	1326	1498	1658	1943	2185
M24×2	8.8	217	213	209	204	198	187	177	557	666	769	865	955	1114	1248
	10.9	310	304	297	290	282	267	251	793	949	1095	1232	1360	1586	1777
	12.9	362	365	348	339	331	312	294	928	1110	1282	1442	1591	1856	2080
M27×1.5	8.8	293	288	282	276	269	255	240	822	992	1153	1304	1445	1697	1910
	10.9	418	410	402	393	383	363	342	1171	1413	1643	1858	2059	2417	2720
	12.9	489	480	470	460	448	425	401	1370	1654	1922	2174	2409	2828	3183
M27×2	8.8	281	276	270	264	257	243	229	806	967	1119	1262	1394	1630	1829
	10.9	400	393	384	375	366	346	326	1149	1378	1594	1797	1986	2322	2605
	12.9	468	460	450	439	428	405	382	1344	1612	1866	2103	2324	2717	3049
M30×2	8.8	353	347	339	331	323	306	288	1116	1343	1556	1756	1943	2276	2557
	10.9	503	494	483	472	460	436	411	1590	1912	2216	2502	2767	3241	3641
	12.9	588	578	565	552	539	510	481	1861	2238	2594	2927	3238	3793	4261
M33×2	8.8	433	425	416	407	397	376	354	1489	1794	2082	2352	2605	3054	3435
	10.9	617	606	593	580	565	535	505	2120	2S55	2965	3350	3710	4350	4892
	12.9	722	709	694	678	662	626	591	2481	2989	3470	3921	4341	5090	5725
M36×2	8.8	521	512	502	490	478	453	427	1943	2345	2725	3082	3415	4010	4513
	10.9	742	729	714	698	681	645	609	2767	3340	3882	4390	4864	5711	6428
	12.9	869	853	836	817	797	755	712	3238	3008	4542	5137	5692	6683	7522
M39×2	8.8	618	607	595	581	567	537	507	2483	3002	3493	3953	4383	5151	5801
	10.9	880	864	847	828	808	765	722	3537	4276	4974	5631	6243	7336	8263
	12.9	1030	1011	991	969	945	896	845	4139	5003	5821	6589	7306	8585	9669

注:条件为 $\nu = 0.9$,带杆外六角圆柱螺栓,标准公制细牙螺纹。

附表 3–10 装配预紧力 F_{MTab} 与拧紧力矩 M_A 表[3]

尺寸	强度等级	安装预紧力 F_{MTab}/kN							拧紧力矩 M_A/(N·m)						
		$\mu_G =$							$\mu_K = \mu_G =$						
		0.08	0.1	0.12	0.14	0.16	0.2	0.24	0.08	0.1	0.12	0.14	0.16	0.2	0.24
M8×1	8.8	15.5	15	14.6	14.1	13.6	12.7	11.8	14.1	16.6	18.8	20.9	22.8	26	28.6
	10.9	22.7	22.1	21.4	20.7	20	18.6	17.3	20.7	24.3	27.7	30.7	33.5	38.2	42.1
	12.9	26.6	25.8	25.1	24.3	23.4	21.8	20.3	24.3	28.5	32.4	35.9	39.2	44.7	49.2

续表

尺寸	强度等级	安装预紧力 F_{MTab}/kN						拧紧力矩 M_A/(N·m)					
		$\mu_G=$						$\mu_K=\mu_G=$					
		0.08	0.1	0.12	0.14	0.16	0.2	0.24	0.08	0.1	0.12	0.14	0.16	0.2	0.24
M9×1	8.8	20.5	20	19.4	18.8	18.2	16.9	15.7	20.7	24.4	27.8	31	33.8	38.8	42.8
	10.9	30.1	29.3	28.5	27.6	26.7	24.9	23.1	30.4	35.9	40.9	45.5	49.7	57	62.9
	12.9	35.3	34.3	33.3	32.3	31.2	29.1	27.1	35.6	42	47.8	53.2	58.2	66.7	73.6
M10×1	8.8	26.3	25.6	24.9	24.1	23.3	21.8	20.3	29	34	39	44	48	55	61
	10.9	38.6	37.6	36.5	35.4	34.3	32	29.8	43	50	58	64	70	8t	90
	12.9	45.2	44	42.8	41.5	40.1	37.4	34.9	50	59	68	75	82	95	105
M10×1.25	8.8	24.2	23.5	228	22.1	21.3	19.8	18.4	28	32	37	41	44	51	56
	10.9	36.5	34.5	33.5	32.4	31.3	29.1	27.1	40	47	54	60	65	74	82
	12.9	41.5	40.4	39.2	37.9	36.6	34.1	31.7	47	55	63	70	76	87	96
M12×1.25	8.8	37.3	36.4	35.3	34.2	33.1	30.9	28.7	49	58	67	74	81	93	103
	10.9	54.8	53.4	51.9	50.3	48.6	45.4	42.2	72	86	98	109	119	137	151
	12.9	64.1	62.5	60.7	58.8	56.9	53.1	49.4	85	100	114	127	139	160	177
M12×1.5	8.8	34.8	33.8	328	31.8	30.7	28.6	26.5	47	55	63	70	76	87	95
	10.9	51.1	49.7	48.2	46.6	45.1	42	39	69	81	92	102	111	127	140
	12.9	59.8	58.1	S6.4	54.6	52.8	49.1	45.6	81	95	108	120	130	149	164
M14×1.5	8.8	50.3	49	47.6	46.1	44.6	41.6	38.7	78	91	104	116	127	146	161
	10.9	73.9	72	69.9	67.7	65.5	61.1	56.8	114	134	153	171	187	214	236
	12.9	86.5	84.2	81.8	79.3	76.7	71.5	66.5	133	157	179	200	218	250	276
M16×1.5	8.8	68.6	66.9	65.1	63.1	61.1	57.1	S3.1	119	141	162	181	198	228	252
	10.9	100.8	98.3	95.6	92.7	89.8	83.8	78	175	207	238	265	290	334	370
	12.9	118	115	111.8	108.5	106	98.1	91.3	205	243	278	310	340	391	433
M18×1.5	8.8	93	90	88	85	83	77	72	179	213	245	274	301	347	385
	10.9	132	129	125	122	118	110	103	255	304	349	390	428	494	548
	12.9	154	151	147	142	138	129	120	299	355	408	457	501	578	641
M18×2	8.8	85	82	80	77	75	70	65	169	200	227	253	276	317	350
	10.9	121	117	114	110	107	99	93	241	284	324	360	394	451	498
	12.9	141	137	133	129	125	116	108	282	333	379	422	461	528	583
M20×1.5	8.8		117	115	112	108	105	98	92	249	298	342	384	422	488	542
	10.9	167	163	159	154	150	140	131	355	424	488	547	601	694	771
	12.9	196	191	186	181	175	164	153	416	496	571	640	703	813	903

续表

尺寸	强度等级	安装预紧力 F_{MTab}/kN $\mu_G =$							拧紧力矩 M_A/(N·m) $\mu_K = \mu_G =$						
		0.08	0.1	0.12	0.14	0.16	0.2	0.24	0.08	0.1	0.12	0.14	0.16	0.2	0.24
M22×1.5	8.8	145	142	138	134	130	122	114	338	404	466	523	575	666	741
	10.9	207	202	197	191	185	173	162	481	575	663	744	819	948	1055
	12.9	242	236	230	224	217	203	189	563	673	776	871	958	1110	1234
M24×1.5	8.8	176	172	167	163	158	148	138	439	526	607	682	751	871	970
	10.9	250	245	238	232	225	211	197	625	749	865	972	1070	1241	1381
	12.9	293	286	279	271	263	246	230	731	876	1012	1137	1252	1452	1616
M24×2	8.8	165	161	156	152	147	137	128	422	502	576	645	708	816	905
	10.9	235	229	223	216	209	196	182	601	715	821	919	1008	1163	1290
	12.9	274	268	261	253	245	229	213	703	837	961	1075	1179	1361	1509
M27×1.5	8.8	227	222	217	211	204	192	179	637	785	885	996	1098	1276	1422
	10.9	323	316	308	300	291	273	255	907	1090	1260	1418	1564	1817	2025
	12.9	378	370	361	351	341	319	298	1061	1275	1475	1660	1830	2126	2370
M27×2	8.8	215	210	204	198	192	180	168	616	735	846	948	1042	1205	1339
	10.9	306	298	291	282	274	256	239	877	1047	1206	1361	1484	1717	1907
	12.9	358	349	340	330	320	300	279	1026	1225	1410	1581	1737	2009	2232
M30×2	8.8	271	265	258	251	243	228	212	857	1026	1183	1329	1462	1694	1884
	10.9	386	377	367	357	346	324	303	1221	1461	1685	1892	2082	2413	2684
	12.9	452	441	430	418	405	379	354	1429	1710	1972	2214	2436	2823	3141
M33×2	8.8	334	327	318	309	300	281	263	1148	1377	1591	1788	1970	2286	2545
	10.9	476	465	453	441	428	401	374	1635	1962	2266	2547	2805	3255	3625
	12.9	557	544	530	516	500	469	438	1914	2296	2652	2981	3283	3810	4242
M36×2	8.8	404	395	385	374	363	341	318	1504	1808	2091	2363	2594	3014	3360
	10.9	575	562	548	533	517	485	453	2143	2575	2978	3352	3694	4293	4785
	12.9	673	650	641	624	605	568	530	2507	3013	3485	3922	4323	5023	5599
M39×2	8.8	480	469	458	445	432	405	379	1929	2322	2689	3029	3341	3886	4335
	10.9	683	669	652	634	616	578	540	2748	3307	3830	4314	4758	5535	6174
	12.9	800	782	763	742	721	676	632	3215	3870	4482	5048	5568	6477	7225

注：条件为 $\nu = 0.9$，细杆外六角圆柱螺栓，$d_T = 0.9 \cdot d_3$，标准公制细牙螺纹。

附表 3-11 常见螺母材料的剪切比率表

配对材料（加工后状态）	静摩擦系数 μ_T	
	干燥	润滑
钢-钢/铸钢（通常）	0.1~0.3	0.07~0.12
钢-钢（清洁）	0.15~0.4	—
钢-钢（表面硬化）	0.04~0.15	—
钢-灰铸铁（GJL）	0.11~0.24	0.06~0.1
钢-灰铸铁（清洁）	0.26~0.31	—
钢-球墨铸铁（GJL）	0.1~0.23	—
钢-球墨铸铁（清洁）	0.2~0.26	—
灰铸铁-灰铸铁	0.15~0.3	0.06~0.2
灰铸铁-灰铸铁（清洁/脱脂）	0.09~0.36	—
球墨铸铁-球墨铸铁	0.25~0.52	0.08~0.12
球墨铸铁-球墨铸铁（清洁/脱脂）	0.08~0.25	—
灰铸铁-球墨铸铁	0.13~0.26	—
钢-青铜	0.12~0.28	0.18
灰铸铁-青铜	0.28	0.15~0.2
钢-铜合金	0.07~0.25	—
钢-铝合金	0.07~0.28	0.05~0.18
铝-铝	0.19~0.41	0.07~0.12
铝-铝（清洁/脱脂）	0.10~0.32	—

附表 3-12 常见材料力学、物理性能[3]

材料类别	材料缩写	材料编号	抗拉强度	0.2%屈服点	抗剪强度	接触面压力	E-模量	密度	热膨胀系数 20~100℃
非合金结构钢	USt 37-2 St50-2	1.0036 1.005	340 470	230 290	200 280	490 710	205000	7.85	11.1
低合金调质钢	Cq45 34 Cr_o6 38 MnSi-V5 5-BY 16 MnCrS	1.1192 1.6502 — 1.7131	700 1200 900 1000	500 1000 600 850	460 720 580 650	630 1080 610 900	205 000	7.85	11.1
烧结金属	SINT-030	—	510	370	300	450	130000	7	12
奥氏体铬镍钢	X5 CrNi 18 12 X5 CrNiMo17 12 2 X5 NiCrTi 26 15	1.4303 1.4401 1.498	500 510 960	185 205 660	400 410 670	630 460 860	200000	7.9	16.5

续表

材料类别	材料缩写	材料编号	抗拉强度	0.2%屈服点	抗剪强度	接触面压力	E-模量	密度	热膨胀系数 20~100℃
铸铁	GJL-250	0.602	250	—	290	850 2)	110000	7.2	10
	QJL-260 Cr	—	260	—	290	600	110000		
	GJS-400	0.704	400	250	360	600 2)	169000		
	GJS-600	0.705	500	320	450	750 2)	169000		
	GJS-600	0.706	600	370	540	900 2)	174000		
铝-塑性合金	AlMgSi 1 F31	3.2315.62	290	250	170	260	75000	2.70	23.4
	AlMgSi 1 F28	3.2315.61	260	200	150	230		2.70	23.4
	AlMg4.5Mn F27	3.3547.08	260	110	150	230		2.66	23.7
铝-铸造合金	GK-AlSi9Cu3	3.2163.02	180	110	110	220	75000	2.75	21
	GD-AlSi9Cu3	3.2163.05	240	140	140	290	75000	2.75	
	GK-AlSi7Mg wa	3.2371.62	250	200	150	380	73000	2.65	22
镁合金	QD-A2 91 (MgAl9Zn1)		200	150	130	180	45000	1.8	27
	GK-AZ 91-T4		240	120	160	210			
钛合金	HAI6V4	3.7165.10	890	820	600	690	110 000	4.43	8.6

附表 3-13 常见螺母材料的剪切力比率表

材料类型	剪切力比率 T_B/R_m	剪切力比率 t_b/HB
退火钢	0.60~0.65	2
奥氏体(固熔热处理)	0.8	3
奥氏体 F60/90	0.65~0.75	2.0~2.5
生铁 GJL	1.1	1.5
GJS	0.9	2
铝合金	0.7	1.5
钛合金(时效硬化)	0.6	2

附表 3-14 接触面的摩擦系数[5]

材料	表面处理	材料表面处理 润滑	S45C(机械结构用碳钢) 未处理 润滑	S45C(机械结构用碳钢) 电镀 无润滑	S45C(机械结构用碳钢) 达克罗 无润滑	S45C(机械结构用碳钢) 阳离子电沉积 无润滑
S45C	未处理	润滑	0.15~0.30	0.32~0.44	0.36~0.47	0.24~0.46
	电镀	无润滑	—	0.16~0.31	—	0.16~0.21
	阳离子电沉积	无润滑				0.07~0.10

续表

材料	表面处理	材料	S45C(机械结构用碳钢)			
		表面处理	未处理	电镀	达克罗	阳离子电沉积
		润滑	润滑	无润滑	无润滑	无润滑
FC300	未处理	润滑	0.21~0.32	0.32~0.38	0.33~0.45	0.24~0.35
A5056	未处理	润滑	0.30~0.42	—	0.23~0.31	0.18~0.27

材料	SCM 435 (铬钼钢)	SS400 (普通结构钢)	FCD 450 (球墨铸铁)	FC300 (灰铸铁)	A5056 (Al-Mg 合金)
SCM 435	0.17~0.35	—	—	—	—
SS400	—	0.17~0.29	—	—	—
FCD 450	—	—	0.19~0.25	—	—
FC300	—	—	—	0.20~0.27	—
A5056	—	—	—	0.34~0.41	0.15~0.22

注:所有表面必须车削加工(表面粗糙度:6.3~25S)。
润滑:机油 ISO VG46 适用于接触面。
来源:螺纹连接强度设计研究委员会,有关螺纹连接接触面滑动系数的试验结果报告,日本螺纹连接和紧固件研究协会(1993-5)。

附表 3-15 变量表

VDI 2230 指南变量	ECSS 变量	其他指南 变量	意义
A	A	A	横截面积,通用
		A_c	螺栓螺纹部分危险截面的面积
A_D		A_T	密封面积(最大分界面面积减去螺栓用通孔)
A_{d3}	$A_3 A_{sm}$	A_3	按照 DIN 13-28 的螺纹小径横截面积
A_N			公称横截面积
A_P		A_w	螺栓头部或螺母支承面积
A_S	A_S	$A_s A_S$	按照 DIN 13-28 的螺栓螺纹应力截面积
A_{SG}			轴向加载期间螺纹剪切截面积
A_{SGM}			轴向加载期间螺母/内螺纹剪切截面积
A_{SGS}	A_{th}		轴向加载期间螺栓螺纹剪切截面积
A_T			颈部缩小横截面积或腰状杆横截面积
A_τ		A_B	横向加载期间的剪切面积
A_0	A_0		螺栓适当最小横截面积
A_5			断后伸长率(在初始测量长度 $5d_0$ 时)
a	a	e_w	轴向载荷轴线与横向虚拟对称变形体轴线的距离

续表

VDI 2230 指南变量	ECSS 变量	其他指南变量	意义
a_K	a_k		预加载区域边缘与基体上力导入点之间的距离
a_r	a_r		预加载区域边缘与连接横向边缘之间的距离
b	C		宽度,通用
b_T	b		分界面区域宽度
		C_{cr}	蠕变系数
C_i			旋合长度修正系数
c_B			垂直于宽度 b 的弯曲体测量尺寸
c_T			垂直于宽度 b 的分界面区域测量尺寸
D		D	螺母螺纹大径
D_A			分界面基体替代外径
D'_A			基体替代外径
$D_{A,Gr}$	D_{lim}	D_o	限制外径,变形锥体最大直径
D_a			螺母支承区域平面内径(倒角直径)
D_{ha}			夹紧部分支承区域平面在螺母侧或攻丝侧内径
D_K	D_{avail}		变形锥体最大外径
D_{Ki}			头部支承区域平面内径
D_{Km}	$D_{uh,brg} d_{uh,brg}$	D_w	螺栓头部或螺母支承区域摩擦力矩有效直径
		D_{si}	被连接件接触表面的内径
		D_{so}	被连接件接触表面的外径
D_1	D_1	D_1	螺母螺纹小径
D_2		D_2	螺母螺纹中径
d	d	d	螺栓直径 = 螺纹外径(公称直径)
d_a			头部支承平面内径(在杆部过渡圆弧的入口)
d_h	D_h	d_h	夹紧部分孔径
d_{ha}	d_{head}		夹紧部分头部侧支承平面内径
d_i			夹紧长度区域中螺栓圆柱形个别要素直径
d_p	d_{sha}		螺栓配合杆杆部直径
d_S	d_S	d_s	应力截面积 A_S 直径
d_T			颈部缩小螺栓杆径
d_W	d_{uh}	d_w	螺栓头部支承平面外径
d_{Wa}			与夹紧部分接触的垫圈支承平面外径

续表

VDI 2230 指南变量	ECSS 变量	其他指南变量	意义
d_σ			剪切横截面直径
d_0	d_0	d_o	螺栓最小横截面直径
		d_1	螺栓基本螺纹(三角螺纹)的小径尺寸
d_2	d_2	d_2	螺栓螺纹中径
d_3	$d_{min} d_3 d_{sm}$	d_3	螺栓螺纹小径
E	E		杨氏模量
E_{BI}			带内螺纹组件的杨氏模量
E_M			螺母杨氏模量
E_P		E_C	夹紧部分杨氏模量
E_{PRT}			夹紧部分室温杨氏模量
E_{PT}			夹紧部分在不同于室温温度的杨氏模量
E_S		E_B	螺栓材料杨氏模量
E_{SRT}			螺栓材料室温杨氏模量
E_{ST}			螺栓材料在不同于室温温度的杨氏模量
E_T			通用杨氏模量,在不同于室温温度时
e	a_1		螺栓轴线与松开风险侧分界面边缘的距离
e_0			螺栓轴线与夹紧部分边缘在横向载荷方向的距离
e_1	p_i		间距,螺栓之间在横向载荷方向的距离
e_2			螺栓轴线与夹紧部分边缘垂直于横向载荷的距离
e_3	s_i		螺栓之间垂直于横向载荷的距离
F	F	F	力,通用
F_A	F_A	F_0	轴向载荷
F'_A			轴向替代载荷
F_{Aab}			偏心加载时松开极限轴向载荷
F^Z_{Aab}		W_{cr}	同心加载时松开极限轴向载荷
F_{AKa}			偏心加载时,单侧边缘支承开始时的轴向载荷
F_B			在任何方向的连接工作载荷
F_K	F_K		夹紧载荷
F_{KA}			松开极限时最小夹紧载荷
F_{Kab}			松开极限时夹紧载荷
F_{Kerf}			用于密封功能、摩擦夹紧和防止离缝的夹紧载荷

续表

VDI 2230 指南变量	ECSS 变量	其他指南变量	意义
F_{KP}			确保密封功能的最小夹紧载荷
F_{KQ}			通过摩擦夹紧传递横向载荷和/或扭矩的最小夹紧载荷
F_{KR}			分界面的残余夹紧载荷
F_M			装配预紧力
ΔF_M		ΔF_{Floss}	装配预紧力 F_M 与最小预紧力 F_{Mmin} 的差值
F_{Mm}			平均装配预紧力
F_{Mmax}			最大装配预紧力
F_{Mmin}			最小装配预紧力
F_{MTab}			附表 3-7～附表 3-10($v=0.9$)的装配预紧力表列值
F_{Mzul}			许用装配预紧力
$F_{M0.2}$			螺栓在 0.2% 规定非比例伸长应力的装配预紧力
F_{mGM}			螺母或内螺纹的脱扣力
F_{mGS}	F_{th}		螺栓螺纹脱扣力
F_{mS}			自由加载螺栓螺纹的断裂力
F_P	F_c	F_C	被连接件受到的轴向载荷
F_{PA}	$\Delta F_{c,A}$		夹紧部件加载变化的轴向载荷比例,附加板载荷
F_{RV}			恢复损失
F_Q	F_Q		横向载荷
F_{QzulL}	F_{CL}		许用螺栓支承压力
F_{QzulS}			许用螺栓剪切力
$F_{Qzul\mu}$			限制滑动力
F_S	F_b	F_B	螺栓载荷
F_{SA}	$\Delta F_{b,A}$		螺栓载荷轴向附加螺栓载荷
F_{SAab}			在松开极限的轴向附加螺栓载荷
F_{SAKa}			在连接松开和边缘支承时的附加螺栓载荷
F_{SAKl}			在连接松开时的附加螺栓载荷
F_{SAo}			上(最大)轴向附加螺栓载荷
F_{SAu}			下(最小)轴向附加螺栓载荷
F_{SKa}			边缘支承时的螺栓载荷
F_{Sm}			平均螺栓载荷
F_{SR}			螺栓支承区域的残余夹紧载荷

续表

VDI 2230 指南变量	ECSS 变量	其他指南变量	意义
F_{SI}			初始加载时超过弹性极限拧紧螺栓的螺栓载荷
	$F_{V,max}$		最大预紧力
F_V	$F_{V,nom}$		名义预紧力
	$F_{V,min}$		最小预紧力
F_{Vab}			松开极限的预紧力
F_{VM}			液压无摩擦和无扭矩拧紧的装配预紧力
F_{VRT}			室温预紧力
F_{VT}	$F_{\Delta T} + F_{\Delta T}$		非室温的预紧力
ΔF_{Vth}			非室温温度的预紧力变化;附加热载荷
$\Delta F_{V'th}$			非室温温度的预紧力变化(简化);近似附加热载荷
ΔF_{V*th}			非室温温度导致的预紧力变化
F_{VI}			初始加载后超过弹性极限拧紧螺栓的预紧力
F_Z	F_Z		操作时嵌入导致的预紧力损失
$F_{0.2}$			在最小屈服强度或0.2%非比例伸长应力时的螺栓载荷
f			由于力F的弹性线性变形
f_i			任何部分i的弹性线性变形
f_M			装配状态螺栓和夹紧部分变形的总和
f_{PA}	ΔL_c		由于F_{PA}的夹紧部分弹性线性变形
f_{PM}			由于F_M的夹紧部分收缩
f_{SA}	ΔL_b		由于F_{SA}的螺栓伸长
f_{SM}			由于F_M的螺栓伸长
f_T	$f_{\Delta T}$		不同于室温温度导致的线性变形
f_V	$f_{b,v}$		预紧力导致的螺栓或螺母支承区域轴向位移
f_{VK}			预紧力导致的载荷引入点轴向位移
f_Z	f_z	α_δ	嵌入导致的塑性变形,嵌入量
G			螺栓连接分界面区域尺寸的限制值
G'			攻丝螺纹连接分界面区域尺寸的限制值
G''			内凹攻丝孔攻丝螺纹连接分界面尺寸的修正限制值
	H	H	螺纹原始三角形的基本高度
h	h		高度,通用
h_k	h_k		载荷引入高度

续表

VDI 2230 指南变量	ECSS 变量	其他指南变量	意义
h_{min}			两个夹紧板较小板的厚度
h_S			垫圈厚度
I			转矩,通用
I_B			弯曲体转矩
I_{Bers}		I_C	变形体替代转矩
I_{BHers}			变形筒替代转矩
I_{BVers}			变形锥替代转矩
$\bar{I}_{Bers}$		I'_C	I_{Bers}减去螺栓孔转矩
I_{BT}	I_c	I_T	分界面区域转矩
I_i			任何表面转矩
I_3			螺栓螺纹小径横截面转矩
K			载荷引入点
	K	K	刚度或弹簧常数(N/m)
	K_B		螺栓的拉伸弹簧常数
	K_C		被连接件压缩弹簧常数
	K_t		螺纹制造工艺因数
	K_u		受力不均匀因数
	K_w		磨损率系数
	K_σ		缺口应力集中因数
k			螺栓头部高度
k_{ar}	k_{ar}		说明组件高度对载荷引入系数影响的参数
k_{dh}	k_{dh}		说明孔对载荷引入系数影响的参数
k_{dw}	k_{dw}		说明支承区域直径对载荷引入系数影响的参数
k_V		K_H	硬化系数
k_τ			衰减系数
	k_σ		缺口应力集中系数
		L_C	被连接件的厚度
		L_j	所有被连接件的组合厚度(在无外载荷的情况下测量)
l	L		长度,通用
l_A			基体与连接体中载荷引入点K之间的长度
l_{ers}			螺栓替代弯曲长度

续表

VDI 2230 指南变量	ECSS 变量	其他指南变量	意义
l_G			旋合螺纹变形的替代延伸长度
l_{Gew}		L_m	加载未旋合螺纹长度
l_{GM}		L_N	螺纹变形替代延伸长度,l_G 和 l_M 的总和
l_H			变形筒长度
l_i			螺栓单个圆柱形单元长度;组件变形体长度
l_K			夹紧长度
l_M			螺母或旋合螺纹变形替代延伸长度
l_{SK}		L_B	螺栓头变形替代延伸长度
l_V			变形锥长度
M	M		力矩,通用
M_A	M_{app}		螺栓预紧力到 F_M 装配时的拧紧扭矩
$M_{A,S}$			使用力矩增加保障措施或元件时的拧紧扭矩
M_B	M_B		作用于螺栓连接点的工作力矩(弯矩)
M_{Bab}			松开极限的工作力矩
M_{Bges}			总弯矩
M_{BgesP}			作用在板上的弯矩比例
M_{BgesS}			作用在螺栓上的弯矩比例
M_b			偏心施加轴向载荷的附加弯矩
M_G	M_{th}	T_s	作用于螺纹的拧紧扭矩比例
M_K	M_{uh}	T_w	头部或螺母支承区域摩擦力矩,头部摩擦力矩
M_{KI}	M_T		夹紧区域产生力矩
M_{KZu}			附加头部力矩
M_{OG}			上限制力矩
	M_P		有效力矩(也称为"运行力矩")
M_{UG}			下限制力矩
$M_{Ü}$			过度螺栓连接力矩
M_{Sb}			附加弯矩,作用于螺栓
M_T		T	扭矩
M_{TSA}			由于工作载荷的螺栓附加扭矩
M_Y			绕螺栓轴线的扭矩
m			力矩引入系数(M_B 对螺栓头偏斜的影响)

续表

VDI 2230 指南变量	ECSS 变量	其他指南变量	意义
m_{eff}			螺纹旋合有效长度或螺母高度（螺纹接触长度）
m_{ges}		L_{eng}	螺纹旋合总长度或螺母总高度
m_K			圆方程参数
m_{kr}			临界螺母高度或旋合长度
m_M			载荷引入系数（F_A 对螺栓头偏斜的影响）
m_{zu}			补充螺纹旋合长度
N		N	交变循环次数，通用
N_D			连续加载时的交变循环次数
N_G			滑动交变循环次数（横向载荷）
N_Z			在疲劳强度范围内加载时的交变循环次数
n	n		载荷引入系数，用于同心夹紧
n^*			偏心夹紧载荷引入系数
n_G	n_G		基体载荷引入系数
N_G^*	n_{G*}		简化基体载荷引入系数
n_K			圆方程参数
n_M	n_M		力矩引入系数（M_B 对螺栓头部位移的影响）
n_O			上板载荷引入系数
n_S	m		螺栓数量
n_U			下板载荷引入系数
n_{2D}	n_{2D}		二维分析载荷引入系数
$n^*{}_{2D}$			简化二维分析载荷引入系数
P	p	P	螺距
	P		概率
p			表面压力
p_B			工作状态表面压力
p_G		P_{cr}	限制表面压力，螺栓头部、螺母或垫圈下最大许用应力
p_i			要密封的内部压力
p_K			螺栓头部下面表面压力
p_M			装配状态表面压力
p_{Mu}			螺母下面表面压力
q_F	x		涉及螺栓可能滑动/剪切的内部分界面传递力的数量

续表

VDI 2230 指南变量	ECSS 变量	其他指南变量	意义
q_M			涉及可能滑动的内部分界面传递扭矩(M_Y)的数量
R			半径
R_m		σ_{BB}	螺栓抗拉强度;按照 DIN EN ISO 898-1 的最小值
R_{mM}			螺母抗拉强度
$R_{P0.2}$	σ_y	σ_y	按照 DIN EN ISO 898-1 的螺栓 0.2% 屈服极限
$R_{P0.2P}$			被连接件的 0.2% 屈服极限
$R_{P0.2T}$			非室温温度的 0.2% 屈服极限
$R_{P0.2/10000}$			非室温温度的 0.2%、10000h 加载的蠕变极限
R_S	R_S		强度比
R_Z	R_Z		至少为两个取样长度的平均粗糙度高度
r			半径
r_a			M_Y 作用时,夹紧部件的摩擦半径
S	s_f	S_A	安全系数
S_A			抗剪切安全系数
S_D			抗疲劳失效安全系数
S_F	s_{fy}		抗超屈服点安全系数
S_G			抗滑安全系数
S_L			抗螺栓支承压力安全系数
S_P			抗表面压力安全系数
s	s_w	s	对边宽度
s_{sym}	s	e_B	螺栓轴线与虚拟横向对称变形体轴线的距离
T			温度
		T_L	松开扭矩
		T_{loosen}	防松保证扭矩
	$T_{working}$		接头工作温度
	$T_{reference}$		参考温度
ΔT	ΔT		温差
ΔT_P		Δt_C	板/夹紧部件温差
ΔT_S		Δt_B	螺栓温差
t			多螺栓连接的螺栓间距
t_s			沉孔深度

续表

VDI 2230 指南变量	ECSS 变量	其他指南变量	意义
U			分界面松开开始位置
u			松开点 U 与虚拟横向对称变形体轴线的边缘距离
V			偏心加载连接完全松开时边缘支承位置
v			边缘支承点 V 与虚拟横向对称变形体轴线的距离
		W	作用在连接接头上的外载
W_P	W_p		螺栓横截面极阻力矩
W_{Ppl}			螺栓横截面完全塑性状态极阻力矩
W_S			螺栓螺纹应力截面阻力矩
W_{Spl}			完全塑性状态螺栓阻力弯矩
		$W_{fatigue}$	防疲劳断裂保证载荷
		W_{loosen}	防松动保证载荷
		W_{max}	最大保证载荷
		$W_{separate}$	防分离保证载荷
		W_{slip}	防滑保证载荷
w			螺栓连接类型连接系数
y			直径比
		Z	松弛系数
α	θ	α	螺纹牙型半角
α_A			拧紧系数
α_P	α_c	α_C	板线性热膨胀系数
α_{PT}			不同于室温温度的板线性热膨胀系数
α_S	α_b	α_B	螺栓线性热膨胀系数
α_{ST}			不同于室温温度的螺栓线性热膨胀系数
α_T			热膨胀系数或线性热膨胀系数,通用
α_{VA}			由于 F_A 的螺栓头部相对于螺栓轴线的偏斜度
β	β		弹性弯曲柔度,通用
β_G			旋合螺纹弹性弯曲柔度
β_i			螺栓任何部分弹性弯曲柔度
β_L			长度比
β_M			螺母或攻丝螺纹区域弹性弯曲柔度
β_P			夹紧部件/板弹性弯曲柔度

续表

VDI 2230 指南变量	ECSS 变量	其他指南变量	意义
β_P^Z			同心夹紧时夹紧部件/板弹性弯曲柔度
β_{SK}			螺栓头部弹性弯曲柔度
β_S			螺栓弹性弯曲柔度
β_{VA}			由于 M_B 的螺栓头部相对于螺栓轴线的偏斜度
β_1			减少系数
γ			偏心加载导致的夹紧部件偏斜度或倾斜角度；弯曲角度
γ_P			夹紧板倾斜角度；螺栓头部偏斜度
γ_S			螺栓弯曲角度
γ_{VA}			由于 M_B 的螺栓头部轴向位移
δ		C	柔度，通用
		δ	拧紧后，被连接件尺寸减小量或螺栓的尺寸增加量
δ_A^Z			同心夹紧时，由于 F_A 的螺栓头部轴向位移
		δ_{CB}	螺栓的蠕变伸长量
		δ_{CC}	被连接件蠕变压缩量
		δ_{ED}	螺栓和被连接件间热膨胀差异量
δ_G			旋合螺纹芯部柔度
δ_{GeW}			加载旋合螺纹柔度
δ_{GM}			旋合螺纹和螺母或攻丝螺纹区域柔度
δ_i			任何部分 i 的柔度
δ_M			螺母或螺纹拧入部分和变形螺纹牙体柔度
δ_P	δ_c	δ_S	同心夹紧和同心加载的夹紧部件柔度
δ_P^H			变形筒柔度
δ_P^V			变形锥柔度
δ_P^Z			同心夹紧部件柔度
δ_P^*			偏心夹紧的夹紧部件柔度
δ_P^{**}			偏心夹紧和偏心加载的夹紧部件柔度
δ_{PH}			夹紧延伸筒柔度
δ_{PM}^{**}			偏心夹紧和由 M_B 加载的夹紧部件柔度
δ_{PO}			上板柔度
δ_{PRT}			室温夹紧部件柔度
δ_{PU}			下板柔度

续表

VDI 2230 指南变量	ECSS 变量	其他指南变量	意义
δ_{PZu}			TTS(攻丝螺纹区域)夹紧部件补充柔度
δ_S	δ_b	δ_P	螺栓柔度
δ_{SRT}			室温螺栓柔度
δ_{VA}	$\delta_V, \delta_{V,max}, \delta_{V,min}$		由于 F_A 的螺栓头部轴向位移
δ_{SK}			螺栓头部柔度
ϑ			拧紧螺栓时的转动角度
μ	μ	μ	摩擦系数
μ_G	μ_{th}	μ_s	螺纹摩擦系数
μ'_G		μ_{ws}	在三角螺纹中对 μ_G 增加的摩擦系数
μ_K	μ_{uh}	μ_w	头部支承区域摩擦系数
μ_T	μ_s	μ_{CS}	分界面摩擦系数
ν	γ		利用系数
ρ			密度
ρ'	ρ	ρ	μ'_G 的摩擦角
δ_{AS}			疲劳极限应力幅,相对 A_S
δ_{ASG}			热处理后滚丝螺栓疲劳极限应力幅
δ_{ASV}			热处理前滚丝螺栓疲劳极限应力幅
δ_{AZSG}			热处理后滚丝螺栓疲劳强度应力幅
δ_{AZSV}			热处理前滚丝螺栓疲劳强度应力幅
δ_{A1}			1% 失效概率的疲劳极限应力幅
δ_{A50}			50% 失效概率的疲劳极限应力幅
	ε		典型系数法中的不确定性系数(不适用于实验系数法)
		ε	尺寸因数
		σ	拉应力或压应力
σ_a		σ_a	作用于螺栓的连续交变应力
σ_{ab}			偏心夹紧和加载时作用于螺栓的连续交变应力
		σ_B/σ_b	抗拉强度
σ_b			弯曲应力
		σ_{br}	支承应力
σ_M	$\sigma_{v,m}$		F_M 导致的螺栓拉伸应力
σ_{red}		σ_{eq}	简化应力,比较应力

续表

VDI 2230 指南变量	ECSS 变量	其他指南变量	意义
$\sigma_{red,B}$			工作状态比较应力
$\sigma_{red,M}$			装配状态比较应力
σ_{SA}			螺栓附加载荷导致的螺栓附加拉伸应力
σ_{SAb}			施加偏心载荷时的螺栓螺纹弯曲拉伸应力
σ_{SAbo}			σ_{SAb} 的最大值
σ_{SAbu}			σ_{SAb} 的最小值
		σ_{Wt}	轴向疲劳极限
σ_z			工作状态螺栓拉伸应力
		σ_{-1t}	螺栓的疲劳极限
τ	τ	τ	剪切应力
τ_a			交变剪切应力
τ_B		τ_B	剪切强度
τ_{BM}		τ_{BN}	螺母剪切强度
τ_{BS}		τ_{BB}	螺栓剪切强度
τ_D			连续剪切强度
τ_M			装配状态螺纹扭转应力
τ_Q			横向载荷 F_Q 导致的剪切应力
τ_S			螺栓剪切应力
		τ_y	剪切屈服强度
ϕ	Φ	ϕ	载荷分配系数
ϕ_e	Φ_e	ϕ_e	偏心加载、纯轴向加载的载荷分配系数
ϕ_{eK}		ϕ_{eK}	同心夹紧、偏心加载的载荷分配系数
ϕ_{eK}^*			偏心夹紧、偏心加载的载荷分配系数
ϕ_{en}	$\Phi_{e,n}$		考虑载荷引入的同心夹紧、偏心加载的载荷分配系数
ϕ_{en}^*			考虑载荷引入的偏心夹紧、偏心加载的载荷分配系数
ϕ_K			同心夹紧、同心加载的载荷分配系数
ϕ_K^*			偏心夹紧、同心加载的载荷分配系数
ϕ_m			同心夹紧、纯力矩加载的载荷分配系数
ϕ_m^*			偏心夹紧、纯力矩加载的载荷分配系数
ϕ_n	Φ_n		考虑载荷引入的同心夹紧、同心加载的载荷分配系数
ϕ_n^*			考虑载荷引入的偏心夹紧、同心加载的载荷分配系数

续表

VDI 2230 指南变量	ECSS 变量	其他指南变量	意义
φ	φ	β	螺栓螺纹螺旋角;替代变形锥的角度
φ_D	ϕ		螺栓连接替代变形锥的角度
φ_E		γ	攻丝螺纹连接替代变形锥的角度
	ω		实验系数法中使用的力矩扳手精度(以±值来表示)

注:由于本章结合了大量不同设计指南的精华,为保证可读性,便于读者查找原设计指南内容。本章采用多个变量系统共存的编著方法,保留各个指南的变量编写风格。这可能在初次阅读时提高读者的理解门槛,但对于有部分基础或想后续深入学习各国设计指南原文的读者来说可以大幅降低理解难度。

第4章 紧固连接建模仿真技术

4.1 技术概述

紧固连接建模仿真技术是一种利用高度精确的数值模拟方法模拟和分析各种工程结构中的紧固件(如螺栓、螺母、铆钉等)的性能与行为。该技术结合了有限元分析、计算力学、材料科学和数值模拟等多个学科领域的原理,旨在深入研究紧固连接接头的力学性能、应力分布、变形行为和疲劳寿命。

紧固连接建模仿真技术的关键步骤包括建模、网格划分、应用载荷、边界条件设定、材料属性定义以及数值模拟求解。这些步骤将紧固件与被连接件组成的紧固连接接头准确描述成有限元模型,以充分了解紧固件在不同工作条件下的性能。通过仿真分析,工程师可以评估紧固连接接头的稳定性、强度、刚度、疲劳寿命等重要参数,从而指导设计过程、优化结构、减少材料浪费和降低成本。

紧固连接建模仿真技术在航空航天、汽车工程、机械制造、土木工程等多个领域都得到广泛应用。通过该技术,工程师可以更好地理解紧固连接接头的性能,提高产品质量,降低生产成本,减少设计周期,最终为各个行业提供更安全、可靠和高效的解决方案。

4.1.1 技术定义

紧固连接建模仿真技术是一种工程分析方法,旨在通过数值模拟和计算力学原理,研究和评估机械结构中紧固件与连接接头的性能和行为。这一技术利用计算机辅助工程软件,将复杂的机械系统建模成数学模型,并应用边界条件、载荷、材料参数等因素来模拟和分析紧固件的工作情况。通过仿真分析,工程师可以深入了解紧固连接接头的应力、变形、疲劳特性,以及其在不同工况下的性能表现。

紧固连接建模仿真技术的核心目标在于通过数值建模和计算方法,深入理解和评估紧固连接接头的性能、可靠性和安全性。通过为工程师提供精确的工具,预测紧固连接接头的行为,提前发现潜在问题,减少试验成本,加速产品开发周期,有效应对复杂工程的挑战,满足不同领域的需求,并最终实现可持续的工程发展。

紧固连接建模仿真技术的常规步骤通常包括以下几个阶段：

1. 定义分析目标和需求

确定分析的目标，包括研究的类型（静态、动态、热分析等）和问题的特点。收集所有必要的输入数据，包括材料性质、载荷情况、边界条件等。

2. 建立模型

使用专业仿真软件或有限元分析软件来创建紧固连接接头的数值模型。定义几何形状、材料性质和边界条件。

网格划分，将结构划分为有限元素，建立数学模型。与一般有限元仿真不同，由于螺纹轮廓的复杂性，螺纹网格往往需要根据计算需求决定是否简化为圆柱体。若要求较高的计算精度与收敛性，则需要对螺栓进行精细化六面体单元建模。

3. 应用载荷和约束

将实际工作条件下的载荷、压力、温度等作为输入，施加于模型上。添加边界条件，模拟实际工作中的约束和支承情况。

4. 执行仿真分析

运行数值仿真，使用适当的求解器来解决数学方程。分析模型的响应，包括位移、应力、应变、温度分布等。

5. 评估和优化

分析仿真结果以评估紧固连接接头的性能。如果需要，进行设计优化以改进连接的可靠性、强度或其他性能指标。

6. 生成报告

撰写仿真分析报告，总结分析结果，包括关键参数、边界条件和结论。提供可能的改进建议或设计决策。

7. 模型验证

验证仿真结果是否符合试验或实际观测。如果需要，进行模型修正和再次验证。

8. 决策和应用

基于分析结果和优化建议做出决策，以指导实际工程项目。

4.1.2 技术分类

紧固连接建模仿真技术与一般有限元仿真分析不同，由于紧固件的结构复杂，有限元网格的绘制难度较高，因此技术分类可以分为两大部分：建模技术和仿真技术。

1. 建模技术

建模技术旨在准确描述和表现紧固连接接头的物理特性和几何形状。建模技术可以分为两种主要方法。

(1)精确建模。精确建模方法以高度准确的方式刻画紧固连接接头的物理特征。这通常需要使用精细划分的有限元网格,在计算中考虑更多的细节。精确建模适用于需要高精度和详细信息的分析,例如对紧固件的结构进行精确评估。然而,精确有限元模型的规模往往较大,通常需要更多的计算资源和时间。

(2)简化建模。简化建模是一种更迅速和经济的方法,通过减少模型的复杂性来降低计算成本。该方法可以包括使用较粗的有限元网格或简化的几何形状来代替细节。虽然这可能导致一些精度损失,但它在需要进行大规模仿真或需要更快分析结果的情况下非常有用。简化建模常用于初步设计阶段,以快速评估紧固连接接头的性能。

在建模技术中,工程师需要根据特定的研究或分析需求,选择合适的建模方法。精确建模适合需要高精度分析的情况,而简化建模则适合需要高效率和较短计算时间的情况。根据实际需求,工程师可以灵活选择合适的建模策略,平衡准确性和计算效率。

2. 仿真技术

仿真技术包括了静态分析、动态分析、疲劳分析、热分析等,用于研究紧固连接接头在不同工况下的性能。这些技术对于分析紧固连接接头的稳定性、寿命、响应等方面非常重要。

根据不同的技术分类仿真技术可以分为以下几种。

(1)静态分析:静态分析是最常见的仿真分析类型,用于研究紧固连接接头在静态力学平衡条件下的性能,包括研究紧固连接接头的位移、应力分布、应变、应力集中等特性,确定其在给定载荷下的稳定性。

(2)动态分析:动态分析关注紧固连接接头在受到动态载荷、振动或冲击加载情况下的性能。这种分析用于预测紧固连接接头在动态环境下的响应,确保其安全性和可靠性。

(3)疲劳分析:疲劳分析考虑紧固连接结构在经历重复载荷或振动后的寿命和损伤情况,有助于评估紧固连接结构在长期使用中的耐久性和寿命。

(4)热分析:热分析用于研究紧固连接接头在受到温度变化或热应力加载时的性能,可以用于设计耐高温或低温环境的紧固连接接头。

(5)多物理场分析:多物理场分析将结构力学与其他领域(如流体力学、电磁学等)相结合,以研究多个物理场对紧固连接接头的影响,有助于更全面地理解紧固连接接头的性能。

(6)优化分析:优化分析旨在通过在设计过程中调整紧固连接接头的参数,以优化其性能,如减少重量、减小应力集中、提高刚度等。

(7)非线性分析:非线性分析考虑紧固连接接头在大变形、材料非线性、接触问题等情况下的性能,对于研究复杂紧固连接接头的行为至关重要。

(8) 随机分析:随机分析用于考虑紧固连接接头性能中的随机因素,如材料性质的不确定性、载荷的随机性等。

这些分析方法涵盖了紧固连接建模仿真技术在不同应用领域中的各种类型和方法,根据具体的研究或工程需求可以选择适当的技术分类来进行仿真分析。

4.1.3 技术特点

紧固连接建模仿真技术的意义在于通过数学模型和计算工具对紧固连接接头的性能进行高精度模拟,有助于提高设计质量、降低成本、加速开发周期以及提升产品可靠性。它为工程师提供了深入理解紧固连接接头行为的工具,从而改进和优化设计,减少试验测试成本,加速产品上市,满足不断增长的市场需求。紧固连接建模仿真技术具有以下技术特点:

1. 多学科性

紧固连接建模仿真技术涉及多个学科领域,包括机械工程、材料科学、结构分析、计算数学等,需要综合不同领域的知识来全面理解和评估紧固连接接头。

2. 高精确性

紧固连接建模仿真技术采用数值模型,可以提供高度精确的结果,帮助工程师更好地理解紧固连接接头的性能和行为。

3. 非破坏性

与传统的试验方法相比,仿真分析是一种非破坏性的评估方法,无须制造实际原型或进行物理测试,从而节省成本和时间。

4. 多样性与通用性

紧固连接建模仿真技术可以应用于各种类型的紧固件,包括螺栓、螺母、螺纹等,以及不同的工程应用领域,如航空航天、汽车制造、建筑工程等。

5. 高效率

紧固连接建模仿真技术可以快速进行多种方案的比较和评估,以找到最佳设计,从而提高工程项目的效率。

6. 需结合试验验证

虽然是基于数值方法的技术,但仿真分析的结果通常需要通过试验验证,以确保模型的准确性和可靠性。

7. 应对复杂情况

可以用于处理复杂的工程情况,包括非线性分析、疲劳分析、高温和高压环境下的连接性能等。

总的来说,紧固连接建模仿真技术是一种高度精确、多学科、多样性和高效率的工具,它能帮助工程师深入理解紧固连接接头的性能、提高设计质量、降低成本、加速产品开发,从而为各行业的工程项目提供关键性的支持。

4.2 紧固连接建模技术

在紧固连接建模技术中需要根据具体分析需求来选择建模方法。首先,针对静力学仿真,要确保紧固件本身在有限元软件中的精确还原,因为紧固件在负载传递和结构稳定性中发挥关键作用。需要深入研究紧固件的结构、参数以及轮廓方程,建立高度准确的模型,反映其在外部激励下的性能,同时可以简化其他结构部件,降低计算复杂度。

然而,针对动力学仿真,需要采取不同的策略。在动力学仿真中,关注的焦点可能是整个结构的响应行为,而紧固件本身的细节可能变得次要。这就需要尽可能简化紧固件的模型,以降低有限元单元的数量,以提高计算效率。但在这个过程中,需要特别关注接触区域的细节,因为这些区域在传递动态载荷时可能发挥重要作用。确保接触区域的建模准确性和精细度对于捕捉结构的动态响应至关重要。

综上所述,紧固连接建模技术需要根据具体的仿真需求灵活选择建模方法,以平衡精确性和计算效率。这种差异化的建模方法有助于实现精确的仿真结果,同时提高计算效率,便于满足各种工程应用的需要。

4.2.1 紧固连接静力学建模技术

紧固连接的精确有限元建模技术包括螺栓精确建模技术和铆钉精确建模技术等,实质上都是为解决复杂轮廓结构有限元分析中的收敛性问题,最大特点是采用轮廓方程来调整有限元模型中节点的位置,确保整个复杂模型的所有单元均为八节点六面体单元。轮廓方程是针对螺栓或铆钉的形状计算提取拟合而成的,目的是确保模型的几何结构在仿真过程中能够精确反映实际情况。调整过程在数学上可以看作通过数学方程对模型进行形状修正,用来解决由于复杂结构而导致的网格单元倾斜、拉伸或扭曲等问题。

通过采用这一技术,工程师能够克服复杂结构的有限元分析中的挑战,确保在仿真中获得可靠的结果。这种方法的广泛应用可以提高工程设计的准确性,加强对紧固连接接头性能的理解,从而为工程领域的创新和进步提供有力支持。

1. 螺栓精确建模技术

螺栓连接中啮合螺纹段复杂的接触行为和螺栓轴向力非线性分布特性,主要是由螺旋状几何轮廓引起的。具有螺旋升角的螺纹结构在有限元软件中生成自由四面体单元有限元模型,不足以分析啮合螺纹段的应力集中和接触应力分布。三维轴对称的螺纹结构容易划分为规则的六面体单元模型,但不能反映螺纹螺旋形结构对螺栓连接松动行为的影响。螺纹结构可分成螺旋形的螺纹牙部分和形状规则的基体部分。螺纹牙通过螺旋扫描方式建模并划分六面体网格，然后与圆柱基体部分粘接可生成具有高质量单元的螺纹类结构有限元模型。然而这种模型的螺纹和基体部分通过粘接处理，界面处的节点之间不能够很好地传递力和位移。只有同时具备精确几何形状和高质量六面体网格的螺纹结构有限元模型才是紧固连接仿真的最优方案。

螺栓精确有限元建模技术的关键特点在于考虑螺栓的复杂几何形状。螺栓精确有限元建模技术的核心部分包括精确的几何轮廓提取和精细的网格划分，这两个步骤是确保有限元模型的准确性和可靠性的关键。

精确几何轮廓提取包括以下步骤：

(1) CAD 建模。借助计算机辅助设计（CAD）软件创建一个准确的三维模型，模型应包括螺栓的所有细节，如螺纹、头部、螺杆以及螺栓的端部。这一步骤要求高度精确的 CAD 建模，以确保螺栓的几何形状与实际物体一致。

(2) 几何轮廓提取。从 CAD 模型中提取准确的几何轮廓。这包括螺纹的几何参数、螺栓头的尺寸、螺栓的长度和直径等。这一步骤通常需要借助相关产品标准手册中给出的轮廓来精确计算轮廓方程。

精细的网格划分包括以下步骤：

(1) 有限元网格生成。利用有限元分析软件，对螺栓进行精细的网格划分。在此过程中，通常会采用八节点六面体元素或更复杂的元素类型，以确保模型对螺栓的几何形状有足够的准确性。

(2) 节点位置调整。为了适应螺栓的复杂轮廓，节点位置可能需要经过调整，以确保网格在变形过程中能够有效收敛。这通常需要使用轮廓方程等技术来调整节点位置，以适应螺栓的特定形状。

(3) 网格密度控制。根据分析需求，可以在螺栓的关键区域增加网格密度，以更准确地捕捉应力和变形分布。这种控制网格密度的方法有助于提高仿真的准确性。

这些步骤的组合确保了螺栓的精确有限元建模，充分考虑了其复杂几何形状。这种精确建模技术在分析螺栓连接时非常重要，因为它可以提供准确的应力、变形和位移信息，有助于工程师更好地评估螺栓连接的性能，并优化设计。此外，这种技术还可以应用于螺栓的疲劳分析和失效预测，提高接头的可靠性和安全性。

良好的有限元网格应符合并具有以下特征：

(1) 单元形状简单且单元特性方程容易求解；

(2) 网格模型要尽可能精确地与原定义域相同；

(3) 在保证精度前提下，尽可能减少单元数以保证求解效率。

1) 米制螺纹

目前，国际上最通用的螺栓精确建模方法是 2008 年由福冈俊道[1]（Toshimichi Fukuoka）提出的参数化精确建模方法，通过分析如图 4-1 和图 4-2 所示的螺纹几何形状，得到如式(4-1)和式(4-2)所示的螺纹轮廓分段函数，通过函数直接创建符合螺纹轮廓曲线的节点，得到了具有精确几何形状和高质量六面体网格的螺纹结构有限元模型，如图4-3所示。

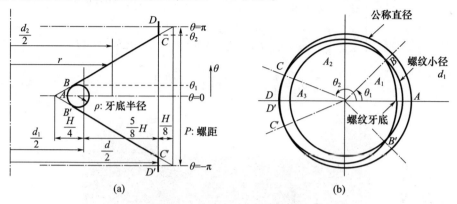

图4-1 三角形螺纹截面轮廓
(a)螺纹轴向剖面轮廓；(b) 螺纹横截面轮廓。

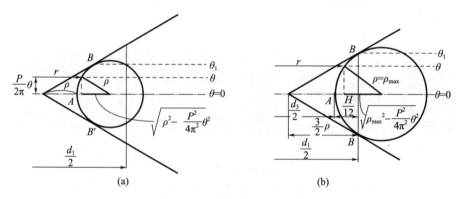

图4-2 外螺纹牙底几何参数
(a)牙底圆弧半径取值范围 $\rho \leqslant \frac{\sqrt{3}}{12}P$；(b) 牙底圆弧半径最大值 $\rho = \rho_{max} = \frac{\sqrt{3}}{12}P$。

$$r = \begin{cases} \dfrac{d}{2} - \dfrac{7}{8}H + 2\rho - \sqrt{\rho^2 - \dfrac{P^2}{4\pi^2}\theta^2} & (0 \leqslant \theta \leqslant \theta_1) \\ \dfrac{H}{\pi}\theta + \dfrac{d}{2} - \dfrac{7}{8}H & (\theta_1 \leqslant \theta \leqslant \theta_2) \\ \dfrac{d}{2} & (\theta_2 \leqslant \theta \leqslant \pi) \end{cases} \quad (4-1)$$

$$\theta_1 = \frac{\sqrt{3}\pi}{P}\rho, \quad \theta_2 = \frac{7}{8}\pi, \quad \rho \leqslant \frac{\sqrt{3}}{12}P, \quad H = \frac{\sqrt{3}}{2}P$$

$$r = \begin{cases} \dfrac{d_1}{2} & (0 \leq \theta \leq \theta_1) \\ \dfrac{H}{\pi}\theta + \dfrac{d}{2} - \dfrac{7}{8}H & (\theta_1 \leq \theta \leq \theta_2) \\ \dfrac{d}{2} + \dfrac{H}{8} - 2\rho_n + \sqrt{\rho_n^2 - \dfrac{P^2}{4\pi^2}(\pi - \theta)^2} & (\theta_2 \leq \theta \leq \pi) \end{cases}$$

$$\theta_1 = \dfrac{\pi}{4}, \quad \theta_2 = \pi\left(1 - \dfrac{\sqrt{3}\rho_n}{P}\right) \quad (4-2)$$

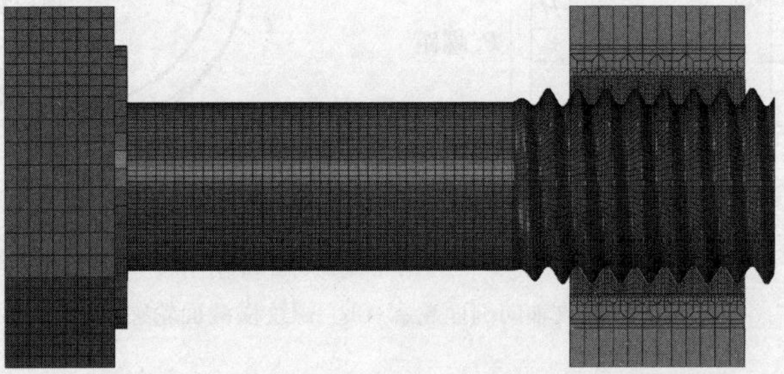

图 4-3 六面体网格精密有限元模型
(a)M10×1.5 螺栓连接整体有限元模型（螺母半剖）；(b)外螺纹过渡区局部放大图；
(c)内外螺纹啮合区局部放大图。

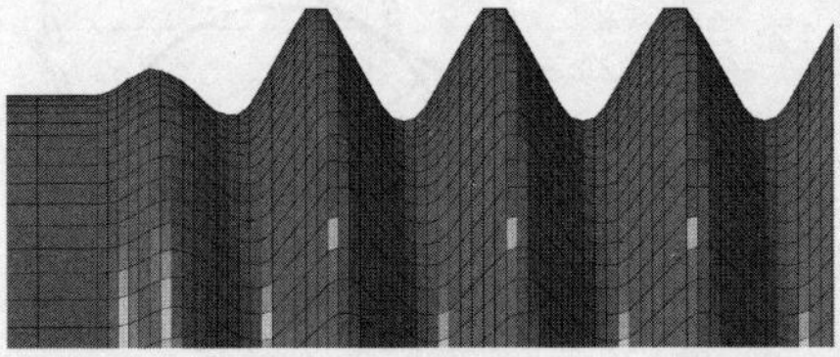

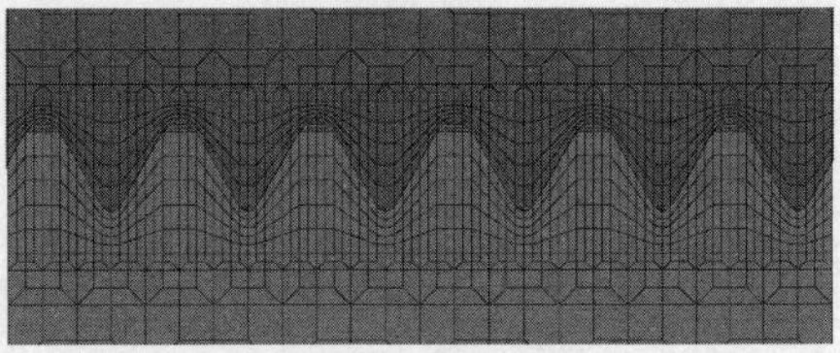

2) MJ 螺纹

随着螺栓精确有限元建模技术的发展，MJ 螺纹的精确有限元模型也被创建出来[2-3]。MJ 螺纹是应用于航空航天领域、在普通米制螺纹基础上将外螺纹牙底圆弧半径加大的螺纹，螺纹轮廓如图 4-4 所示。美制航空航天螺纹称为 UNJ 螺纹，而 MJ 螺纹来源于 UNJ 螺纹。MJ 螺纹具有较大的螺纹牙底半径，可有效降低啮合螺纹的应力集中，提高了螺纹连接接头的疲劳强度和疲劳寿命。国家军用标准中的外螺纹公差带有 4h6h 和 4g6g，而内螺纹公差带在公称直径不大于 5mm 时采用 4H6H，公称直径大于 5mm 时采用 4H5H，因此 MJ 螺纹具有高精度的特点[4]。

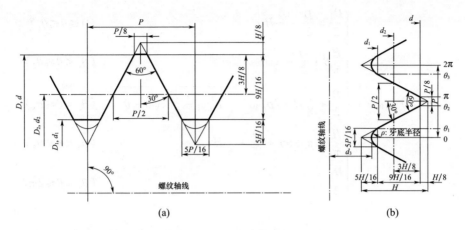

图 4-4 MJ 螺纹轮廓
(a) MJ 外螺纹的设计牙型;(b) MJ 螺纹牙底形状。

MJ 螺纹的轮廓与米制螺纹类似,螺纹牙型角 α 是 60°,但其顶部和底部切削量 h_{tp} 和 h_{rt} 分别为 $\dfrac{H}{8}$ 和 $\dfrac{5H}{16}$,内外螺纹的牙底圆弧半径 $\rho_{b,MJ}$ 和 $\rho_{n,MJ}$ 分别为 $\dfrac{5\sqrt{3}}{48}P$ 和 $\dfrac{\sqrt{3}}{24}P$。通过 MJ 螺纹轮廓推导出螺纹轮廓分段函数表达式:

$$r_{MJ}(\theta,z)_{z\in[0,P]} = \begin{cases} \dfrac{d}{2} - \dfrac{7}{8}H + 2\rho_{b,MJ} - \sqrt{\rho_{b,MJ}^2 - \dfrac{P^2}{4\pi^2}\theta^2} & (0 \leqslant \theta \leqslant \theta_1) \\ \dfrac{H}{\pi}\theta + \dfrac{d}{2} - \dfrac{7}{8}H & (\theta_1 < \theta \leqslant \theta_2) \\ \dfrac{d}{2} & (\theta_2 < \theta \leqslant \theta_3) \\ \dfrac{H}{\pi}(2\pi - \theta) + \dfrac{d}{2} - \dfrac{7}{8}H & (\theta_3 < \theta \leqslant \theta_4) \\ \dfrac{d}{2} - \dfrac{7}{8}H + 2\rho_{b,MJ} - \sqrt{\rho_{b,MJ}^2 - \dfrac{P^2}{4\pi^2}(2\pi - \theta)^2} & (\theta_4 < \theta \leqslant 2\pi) \end{cases}$$
(4-3)

其中,$\theta_1 = \dfrac{5}{16}\pi$;$\theta_2 = \dfrac{7}{8}\pi$;$\theta_3 = \dfrac{9}{8}\pi$;$\theta_4 = \dfrac{27}{16}\pi$;$\rho_{b,MJ} = \dfrac{5\sqrt{3}}{48}P$;$H = \dfrac{\sqrt{3}}{2}P$。

$$R_{MJ}(\theta,z)_{z\in[0,P]} = \begin{cases} \dfrac{D_1}{2} = \dfrac{D}{2} - \dfrac{9}{16}H & (0 \leq \theta \leq \theta_1) \\[6pt] \dfrac{H}{\pi}\theta + \dfrac{D}{2} - \dfrac{7}{8}H & (\theta_1 < \theta \leq \theta_2) \\[6pt] \dfrac{D}{2} + \dfrac{1}{8}H - 2\rho_{n,MJ} - \sqrt{\rho_{n,MJ}^2 - \dfrac{P^2}{4\pi^2}(\pi-\theta)^2} & (\theta_2 < \theta \leq \theta_3) \\[6pt] \dfrac{H}{\pi}(2\pi-\theta) + \dfrac{D}{2} - \dfrac{7}{8}H & (\theta_3 < \theta \leq \theta_4) \\[6pt] \dfrac{D_1}{2} & (\theta_4 < \theta \leq 2\pi) \end{cases}$$

(4-4)

其中,$\theta_1 = \dfrac{5}{16}\pi$;$\theta_2 = \dfrac{7}{8}\pi$;$\theta_3 = \dfrac{9}{8}\pi$;$\theta_4 = \dfrac{27}{16}\pi$;$\rho_{n,MJ} = \dfrac{\sqrt{3}}{24}P$;$H = \dfrac{\sqrt{3}}{2}P$。

根据上述 MJ 螺纹轮廓分段函数表达式运用节点偏移程序可得到 MJ 螺纹的精密有限元模型,如图 4-5 所示。

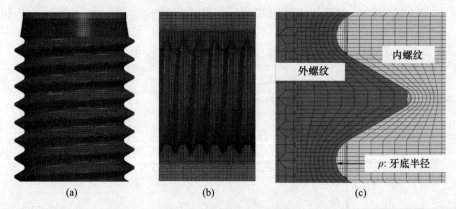

图 4-5 MJ 螺纹有限元模型
(a)MJ 外螺纹;(b)MJ 内螺纹;(c)MJ 内外螺纹啮合。

3)无升角螺纹

无升角螺纹在实际中并不存在,但在理论研究中非常常见。为了通过有限元模拟方法研究螺纹连接接头的非旋转松动行为,如弹塑性变形、连接界面磨损、蠕变、温度变化引起的螺栓连接轴线方向变形不协调导致的螺栓轴向力变化等,需运用控制变量法消除螺纹面升角 β 的影响,从而使得在外载荷作用下啮合螺纹面之间不因相对运动而引起螺栓拉伸刚度、螺栓扭转刚度和螺栓轴向力的变化。无升角的螺纹既保持了螺纹轮廓又消除了螺纹面升角 β 的影响,可用于研究螺栓连接接头的非旋转松动行为[5]。无升角的外螺纹轮廓线数学表达式见式(4-5),内螺纹轮廓线数学表达式见式(4-6)[3]。

$$r_{\beta=0}(\theta,z)\big|_{\theta\in[0,2\pi]} = \begin{cases} \dfrac{d}{2} - \dfrac{7}{8}H + 2\rho_b - \sqrt{\rho_b^2 - z^2} & \left(0 \leq z \leq \dfrac{P}{8}\right) \\ \dfrac{2H}{P}z + \dfrac{d}{2} - \dfrac{7}{8}H & \left(\dfrac{P}{8} < z \leq \dfrac{7}{16}P\right) \\ \dfrac{d}{2} & \left(\dfrac{7}{16}P < z \leq \dfrac{9}{16}P\right) \\ \dfrac{2H}{P}(P-z) + \dfrac{d}{2} - \dfrac{7}{8}H & \left(\dfrac{9}{16}P < z \leq \dfrac{7}{8}P\right) \\ \dfrac{d}{2} - \dfrac{7}{8}H + 2\rho_b - \sqrt{\rho_b^2 - (P-z)^2} & \left(\dfrac{7}{8}P < z \leq P\right) \end{cases}$$

(4-5)

$$R_{\beta=0}(\theta,z)\big|_{\theta\in[0,2\pi]} = \begin{cases} \dfrac{D_1}{2} = \dfrac{D}{2} - \dfrac{5}{8}H & \left(0 \leq z \leq \dfrac{P}{8}\right) \\ \dfrac{2H}{P}z + \dfrac{D}{2} - \dfrac{7}{8}H & \left(\dfrac{P}{8} < z \leq \dfrac{7}{16}P\right) \\ \dfrac{D}{2} + \dfrac{1}{8}H - 2\rho_n - \sqrt{\rho_n^2 - \left(\dfrac{P}{2} - z\right)^2} & \left(\dfrac{7}{16}P < z \leq \dfrac{9}{16}P\right) \\ \dfrac{2H}{P}(P-z) + \dfrac{d}{2} - \dfrac{7}{8}H & \left(\dfrac{9}{16}P < z \leq \dfrac{7}{8}P\right) \\ \dfrac{D_1}{2} & \left(\dfrac{7}{8}P < z \leq P\right) \end{cases}$$

(4-6)

沿螺栓轴向方向,外螺纹表达式呈现周期性,周期为螺纹螺距 P:

$$r_{\beta=0}(z) = r_{\beta=0}(z+mP) \quad (m=1,2,3,\cdots) \quad (4-7)$$

同样地,内螺纹表达式在轴向也具有周期性:

$$R_{\beta=0}(z) = R_{\beta=0}(z+mP) \quad (m=1,2,3,\cdots) \quad (4-8)$$

根据上述分段函数表达式并运用螺纹类结构的节点坐标调整程序可得到无升角螺纹的精密有限元模型,如图4-6所示。

4) 一般化螺纹

实际上,不管是国标米制螺纹、航空 MJ 螺纹、美制统一 UN 螺纹,还是德标螺纹,单线螺纹均具有统一的轮廓特征。上述螺纹轮廓几何特征主要有螺纹牙原始三角形为等腰三角形、螺纹牙底圆弧与螺牙侧面相切和螺牙顶部削去一定高度且平整三种。符合这类特征的螺纹轮廓统称为五段式螺纹。基于此,国内学者刘学通基于此轮廓特性提出了一般化螺纹轮廓公式,基本几何参数有公称直径 d、螺距 P、牙型角 α、顶部和底部切削量 h_{tp}、h_{rt}。一般化螺纹轮廓的结构如图 4-7 所示,其分段交点值见式(4-9),外轮廓方程见式(4-10),内轮廓方程见式(4-11)[4]。

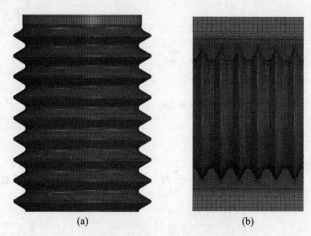

图 4-6　无升角螺纹有限元模型
(a)无升角外螺纹;(b)无升角内螺纹。

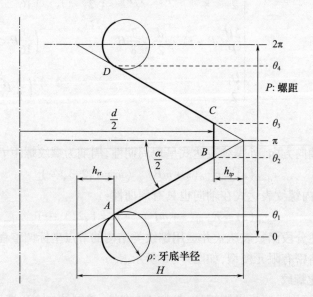

图 4-7　一般化螺纹轮廓的结构与参数示意

$$\begin{cases} \theta_1 = 2\pi \dfrac{h_{rt}}{P}\tan\dfrac{\alpha}{2} \\ \theta_2 = 2\pi \dfrac{H - h_{tp}}{P}\tan\dfrac{\alpha}{2} = \pi - 2\pi \dfrac{h_{tp}}{P}\tan\dfrac{\alpha}{2} \\ \theta_3 = 2\pi - 2\pi \dfrac{H - h_{tp}}{P}\tan\dfrac{\alpha}{2} = \pi + 2\pi \dfrac{h_{tp}}{P}\tan\dfrac{\alpha}{2} \\ \theta_4 = 2\pi - 2\pi \dfrac{h_{rt}}{P}\tan\dfrac{\alpha}{2} \end{cases} \quad (4-9)$$

$$r(\theta,z)_{z\in[0,P]} = \begin{cases} \dfrac{d_3}{2} + \rho_b - \sqrt{\rho_b^2 - \left(\dfrac{\theta}{2\pi}P\right)^2} & (0 \leqslant \theta \leqslant \theta_1) \\ \dfrac{d}{2} + \dfrac{\theta - \theta_2}{2\pi}P\cot\dfrac{\alpha}{2} & (\theta_1 < \theta \leqslant \theta_2) \\ \dfrac{d}{2} & (\theta_2 < \theta \leqslant \theta_3) \\ \dfrac{d}{2} - \dfrac{\theta - \theta_3}{2\pi}P\cot\dfrac{\alpha}{2} & (\theta_3 < \theta \leqslant \theta_4) \\ \dfrac{d_3}{2} + \rho_b - \sqrt{\rho_b^2 - \left(\dfrac{2\pi - \theta}{2\pi}P\right)^2} & (\theta_4 < \theta \leqslant 2\pi) \end{cases} \quad (4-10)$$

其中,H 为一般化螺纹的原始三角形高度且 $H = \dfrac{P}{2\tan\dfrac{\alpha}{2}}$。

$$R(\theta,z)|_{z\in[0,P]} = \begin{cases} \dfrac{D_2}{2} & (0 \leqslant \theta \leqslant \theta_2) \\ \dfrac{D}{2} + \dfrac{\theta - \theta_2}{2\pi}P\cot\dfrac{\alpha}{2} & (\theta_1 < \theta \leqslant \theta_2) \\ \dfrac{D}{2} + 2\rho_n - \rho_n\sin\dfrac{\alpha}{2} - \sqrt{\rho_n^2 - \left(\dfrac{\theta - \pi}{2\pi}P\right)^2} & (\theta_2 < \theta \leqslant \theta_3) \\ \dfrac{D}{2} - \dfrac{\theta - \theta_3}{2\pi}P\cot\dfrac{\alpha}{2} & (\theta_3 < \theta \leqslant \theta_4) \\ \dfrac{D_2}{2} & (\theta_4 < \theta \leqslant 2\pi) \end{cases}$$

$$(4-11)$$

其中,外螺纹牙底圆弧半径 $\rho_b = \dfrac{h_{rt}}{\cos\dfrac{\alpha}{2}}\tan\dfrac{\alpha}{2}$;内螺纹牙底圆弧半径 $\rho_n = \dfrac{h_{tp}}{\cos\dfrac{\alpha}{2}}\tan\dfrac{\alpha}{2}$;

基本小径 $d_1 = D_1 = d - 2(H - h_{tp} - h_{rt})$;基本中径 $d_2 = D_2 = d + 2h_{tp} - H$;外螺纹计

算直径(外螺纹牙底到轴线距离的 2 倍) $d_3 = d_1 - 2\left(\rho_b - h_n \tan^2 \dfrac{\alpha}{2}\right)$;内螺纹计算直径(内螺纹牙底到轴线距离的 2 倍) $D_3 = d - 2\rho_n - 2\rho_n \sin \dfrac{\alpha}{2}$。

内外螺纹轮廓方程在周向和轴向具有周期性,周期分别为 2π 和螺纹螺距 P:

$$\begin{cases} r(\theta,z) = r(\theta + 2m\pi, z + nP) \\ R(\theta,z) = R(\theta + 2m\pi, z + nP) \end{cases} (m = 1,2,3,\cdots; n = 1,2,3,\cdots)$$

(4 – 12)

研究一般化螺纹轮廓理论的意义深远,因其广泛适用于各种特定螺纹类型,例如米制螺纹、MJ 螺纹、UNJ 螺纹、德标螺纹、55°管螺纹、英制惠氏螺纹等,这些均可通过一套通用的轮廓方程及特定输入参数进行描述和建模。该理论突破了过去针对不同螺纹类型需要单独建立模型的限制,将其精确有限元建模的难度与成本降至最低。这一创新不仅为螺纹连接的设计与仿真提供了统一、高效的工具,也为大规模和批量生产新型螺纹轮廓设计带来了前所未有的便捷。在实际应用中,它为工程师提供了一个强大的工具,能够精确分析螺纹连接的性能,使其更安全、可靠,并满足不同领域的应用需求。这一理论突破为计算机辅助方法带来了巨大的进步,使得获取紧固、承载和传动系统所需的最优螺纹轮廓成为可能,从而提高了工程设计的效率和质量。

2. 铆钉精确建模技术

铆钉具有多种结构形式,大部分属于简单的旋转体结构,其几何形状和内部结构相对简单,因此通常可采用较为基本的有限元建模方法。然而,对于某些铆钉,例如环槽铆钉(又称哈克铆钉)等[6],其结构相对复杂,需要深入研究实现准确的有限元建模。

在这些情况下,需要首先进行详细的几何建模,使用专业的三维建模软件,以准确反映铆钉的外部轮廓和内部结构。接下来,可以考虑采用复杂的有限元网格划分,包括四面体或六面体元素,以更好地捕捉铆钉的几何特征。此外,由于环槽铆钉的关键结构与平行螺纹类似,还可以通过市面上现有的专业商用螺纹类结构有限元工具直接生成。

以下内容将以环槽铆钉为例,介绍铆钉的八节点六面体单元精确有限元建模方法。

在以往针对环槽铆钉的铆接有限元仿真中,由于铆钉结构与轮廓复杂,通常将铆钉简化为圆柱体。但环槽铆钉的铆接成形过程涉及套环材料的塑性流动,主要研究内容为铆钉轴力的生成机理,核心的分析部位为铆钉与套环,为了使仿真计算结果更具有可信度,显然需要基于更加真实精确的铆钉有限元模型,并且尽可能在有限元仿真中还原真实的铆接成形过程,因此对铆钉与套环部分进行精确建模是必要的。

环槽铆钉结构设计由 Huck 公司完成,虽然 Huck 公司的官网中可以找到大量关于该铆钉的介绍,但没有针对物理尺寸或轮廓公式的具体规定。经对相关中外标准的查找,暂未发现有关环槽铆钉结构轮廓物理尺寸或轮廓公式的内容。

为保证铆钉建模轮廓的准确性,较合理的方法是对铆钉进行剖切,通过图像识别方法计算贴合的轮廓方程,基于轮廓方程对有限元模型进行节点偏移与轮廓调整,完成铆钉的精确有限元建模。图4-8展示了铆钉的轮廓提取方法,将铆钉剖切后,使用自编算法扫描提取关键部位的轮廓,并基于扫描轮廓尝试建立轮廓方程。轮廓方程的建立准则应当是在贴合真实轮廓的前提下,尽可能简化函数、减少分段数,且轮廓中不应当存在过渡不自然的端点。最终,通过算法建立的轮廓方程如图4-8(e)所示,其中分段点以铆钉长度方向的mesh(最小单位尺寸)尺寸倍数来计算,方便有限元模型的节点生成,防止轮廓失真[7]。

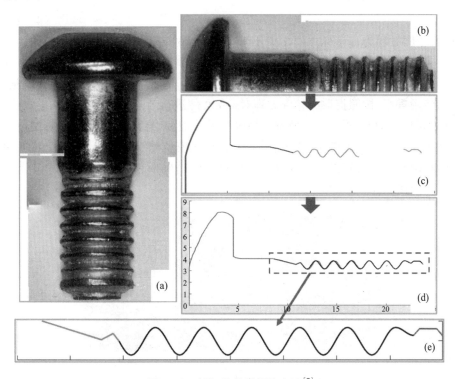

图4-8 铆钉的轮廓提取方法[7]

通过图像识别方法,获得的轮廓方程为

$$r = \begin{cases} \dfrac{4}{5}z + 3.62 & 0 \leqslant z < 2\text{mesh} \\ \dfrac{19}{5} & 2\text{mesh} \leqslant z < 8\text{mesh} \\ -\dfrac{34}{45}z + 4.48 & 8\text{mesh} \leqslant z < 10\text{mesh} \\ 0.1\sin\left(\dfrac{40}{27}\pi(z-1.125) + \dfrac{3}{2}\pi\right) + 3.73 & 10\text{mesh} \leqslant z < 16\text{mesh} \\ 0.35\sin\left(\dfrac{10}{9}\pi(z-1.8) + \dfrac{\pi}{2}\right) + 3.48 & 16\text{mesh} \leqslant z < 108\text{mesh} \\ \dfrac{8}{9}z - \dfrac{183}{25} & 108\text{mesh} \leqslant z < 110\text{mesh} \\ -\dfrac{16}{45}z + \dfrac{202}{25} & 110\text{mesh} \leqslant z < 114\text{mesh} \\ \dfrac{16}{75}z + \dfrac{98}{125} & 114\text{mesh} \leqslant z \leqslant 134\text{mesh} \end{cases}$$

(4-13)

其中,轮廓方程为柱坐标方程,r、z 分别为柱坐标的 r 轴与 z 轴坐标。

完成轮廓方程的建立后,需要绘制一个带铆钉头的光杆模型并生成 inp 文件,如图 4-9(a)所示,为保证后续仿真的收敛性,模型需全部采用六面体网格。之后使用程序,按照提取的轮廓方程对 inp 文件进行节点偏移与轮廓调整操作,获得如图 4-9(b)所示的环槽铆钉精确有限元建模,详细的 MATLAB 算法将在下文中详细说明。如图 4-9(c)展示了有限元模型与真实铆钉的对比,说明铆钉的精确模型有着较高的还原度。环槽铆钉的精确模型共有 168960 个 8 节点单元六面体单元,179345 个节点。

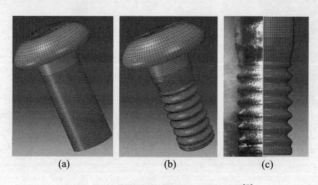

图 4-9 环槽铆钉精确有限元模型[7]

需要手动绘制待轮廓调整的模型(图4-9(a)),并采用轮廓调整程序得到符合真实轮廓的 inp 文件。图4-10展示了基于节点偏移操作的轮廓调整方法。需要读取待调整模型的 inp 文件,根据 inp 文件的存储规则,读入原始网格的节点数据,inp 文件储存的点坐标为笛卡儿坐标,而建立的轮廓公式使用的是柱坐标,因此需要将原始节点转换为柱坐标形式。

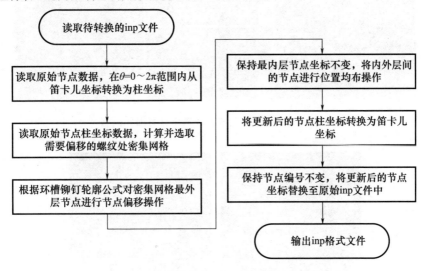

图4-10 节点偏移操作的轮廓调整方法[7]

如图4-11(d)所示,模型中包括稀疏网格、过渡网格与密集网格三部分,其中密集网格是用来进行节点偏移操作的部分。计算并选取原始节点中的密集网格,对网格的最外层节点按照轮廓公式进行节点偏移。之后保持最内层节点位置不变,将最内层与最外层节点之间的多层节点进行坐标均匀分布操作,效果如图4-11(a)~(c)所示。完成节点偏移操作后,使用通用坐标转换方法,将更新后节点的柱坐标转换为笛卡儿坐标。上述操作全部针对 inp 文件中的 Node 部分进行,由于节点之间的相互关系未发生改变,无须调整 Element 部分的数据。因此,只需要保持节点序号值不变,将更新后的节点坐标写入并替换变换前 inp 文件的 Node 部分即可得到环槽铆钉精确模型的 inp 文件。

密集网格的选取是通过计算符合要求的坐标完成的,这样设置算法的好处在于可以按需变更密集网格的层数,实现对有限元模型单元数量的调整,从而生成满足不同的仿真模型规模,便于不同性能计算机的运行。图4-12展示了密集网格层数分别为5和10时的局部有限元模型,可以看出,轮廓调整算法在不同的密集网格层数下均能得到一致的轮廓。此外,在最内层与最外层节点之间的节点进行坐标均匀分布操作,得到规则且美观的环形槽内部网格。规则的网格会大大降低有限元模型计算的收敛难度,提升计算效率。

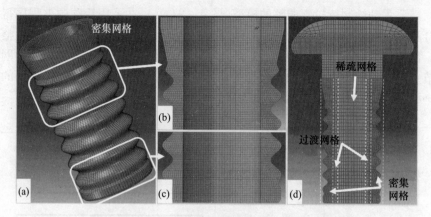

图4-11 完成轮廓调整的环槽铆钉有限元模型[7]

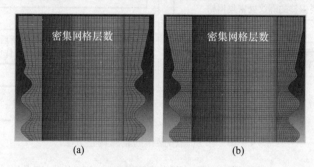

图4-12 不同密集网格层数的局部模型[7]

套环的结构与建模方法较简单。如图4-13所示,将套环进行剖切后按照其轮廓特点在有限元建模软件(例如Altair公司的HyperMesh软件)中完成建模即可。需要注意的是,为保证后续仿真的收敛性,套环模型同样需要全部采用六面体网格。图中套环的精确模型共有127680个八节点单元六面体单元,136704个节点。

图4-13 套环精确有限元模型[7]

最终,完整的铆钉紧固连接接头的精确模型如图 4-14 所示。

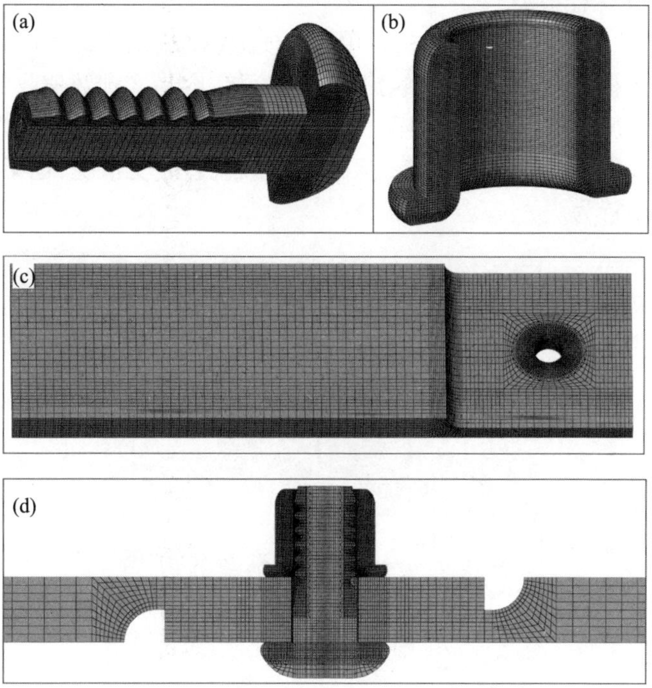

图 4-14 铆钉紧固连接接头的精确模型[7]

4.2.2 紧固连接动力学建模技术

紧固连接动力学仿真注重对结构的响应和接触行为的分析。在这个背景下,通常会将紧固件视为非主要关注点,采取相对简化的建模方法。这是出于对计算效率和复杂性的权衡考虑,因为典型的紧固件,如螺栓或铆钉,在相对刚性的结构中,其质量和刚度相对较小,对结构的整体动态响应贡献较小。因此,将紧固件简化为更简单的模型,如梁单元或柱状体,有助于减少有限元模型的计算复杂度。

在紧固连接动力学建模中,为更准确地模拟结构的振动、应力传递和接触特性,通常更多的精力放在结构的主体部分。这种简化不仅提高了计算效率,还更专注于探索结构在动态载荷下的响应,以及各部件之间的接触行为,有助于工程师更好地理解结构的振动特性、疲劳行为和损伤累积,为设计和优化提供有力的支持。因此,尽管紧固件在实际结构中扮演重要的连接角色,但在动力学仿真中,将其简化处理以集中精力分析结构的整体响应是常见的做法。

紧固连接动力学建模技术涵盖了多种方法,其中两种常见的模型是梁单元螺栓模型和无螺纹牙圆柱体模型。

1. 梁单元螺栓模型

首先,梁单元螺栓模型[8]采用梁单元来模拟螺栓,如图4-15所示。这种方法的优势在于模型相对简单,接触定义较为直接,容易实现数值收敛,并且梁单元能够有效地反映螺栓的受力情况。然而,这种方法存在一些局限性,例如无法准确模拟螺纹部分的内外螺纹啮合区域的接触状态演变情况,也无法考虑螺栓的旋转和松动行为。

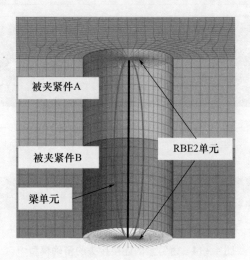

图4-15 梁单元模拟螺栓有限元模型

2. 无螺纹牙圆柱体模型

无螺纹牙圆柱体模型[9]将螺栓和螺母建模成"工"字形实体,结构简单,无须考虑螺纹部分等复杂细节,因此这种方法具有建模和网格划分相对简便快捷的优点,如图4-16所示。然而,与梁单元模型一样,这种方法无法准确模拟螺纹部分的内外螺纹啮合区域的接触状态演变情况,也不能考虑螺栓的旋转和松动行为。

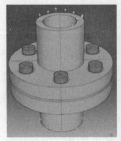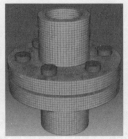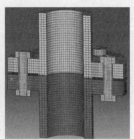

图4-16 无螺纹牙圆柱体模型

4.3 紧固连接力学仿真技术

紧固连接力学仿真技术是一种关键的工程分析方法,主要用于模拟和分析各种紧固连接接头在不同载荷条件下的性能,确保其在实际工程应用中的可靠性和安全性。主要技术包括以下几种。

静力学仿真:主要用于分析在静态负荷下的紧固连接行为。它可以模拟螺栓、螺母、铆钉等紧固件各个元素在不同加载情况下的应力、变形和位移。通过静力学仿真,工程师可以评估连接的稳定性、承载能力和刚度。

动力学仿真:主要用于研究紧固连接在动态负荷下的响应。这包括了考虑冲击、振动、冲击载荷等因素对连接性能的影响。动力学仿真可以用于分析紧固件的疲劳寿命、共振问题和冲击加载下的稳定性。

多物理场耦合仿真:这种技术考虑了多种物理场之间的相互作用,例如结构力学、热传导、流体动力学等。它适用于分析需要综合多个因素影响的复杂问题,如高温环境下的紧固连接性能。

仿真优化技术:仿真优化技术结合了数值仿真和优化算法,用于改进紧固连接的设计。工程师可以利用这一技术优化螺栓的尺寸、材料和排列方式,以提高连接的性能和效率。

4.3.1 紧固连接静力学仿真技术

紧固连接静力学仿真技术是一种利用静力学求解器分析和评估机械结构、装置或设备在载荷作用下的行为和性能的方法。通过建立精确的数学模型、应用有限元分析和计算方法,它能够模拟并预测紧固连接接头(如螺栓、铆钉、螺母等)的受力情况,检测潜在的应力集中点,确保连接的可靠性和安全性。这一技术可广泛用于工程设计、结构分析和性能优化,对于航空航天、汽车工程、建筑设计等领域具有关键意义。

与结构整体动态响应为主要研究对象的动力学仿真不同,静力学仿真侧重于深入研究紧固连接接头局部计算结果的有效性与精确性。这包括了螺栓连接在旋转拧紧过程中受到的复杂受力分布、铆钉连接在成形过程中的变形与应力分布等局部行为。通过建立高精度的数学模型和运用静态求解器等计算工具,静力学仿真能够准确模拟这些局部行为,揭示螺栓或铆钉等紧固件的内部受力状态。

1. 螺栓连接静力学仿真

1)螺栓连接接头有限元仿真设置

螺栓连接接头的扭转激励仿真旨在模拟并分析在外部正弦扭矩或力矩激励

下螺栓连接的响应行为。这一仿真技术主要应用于了解螺栓连接接头在扭矩作用下的性能、安全性和可靠性。

通过扭转激励仿真,可以得到啮合螺牙的法向接触应力、螺纹牙底等效应力、等效塑性应变和螺栓轴向力分布,研究初始预紧力、螺纹啮合长度、螺纹螺距、螺纹配合精度和螺纹轮廓、界面摩擦系数等的影响。扭转激励下螺栓轴向力的变化主要有持续性快速下降和在一定范围内波动两种情况。

螺栓连接接头在扭转激励下的有限元分析模型如图 4-17 所示。本节内容采用通用有限元软件研究螺栓连接接头在扭转激励下的轴向力变化和结构响应曲线。螺栓连接接头的夹持长度为 45 mm。螺栓和螺母的规格为 M12,内外螺纹啮合部分采用自编程序更新节点坐标生成精确螺纹轮廓。同时为了降低有限元计算成本,未啮合部分的螺栓杆采用较粗网格的六面体单元。螺栓的螺纹部分在啮合段两端分别多 1 个螺距长度的精细网格螺纹,同时螺纹段与螺栓光杆段采用线性插值的方式生成精密网格过渡段螺纹以降低应力集中。

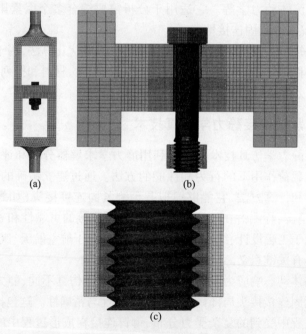

图 4-17 螺栓连接接头有限元分析模型
(a)螺栓连接接头有限元模型全局图;(b)螺栓连接接头有限元模型局部图;(c)螺栓和螺母啮合图。

为了使有限元模拟中螺栓的拉伸刚度和扭转刚度与试验采用的全螺纹螺栓一致,螺栓有限元模型的光杆部分直径设置为全螺纹螺栓等效应力截面积所对应的等效直径,计算方法见式(4-14)和式(4-15)。螺栓头和螺母的几何参数分别参考 ISO 8676:2011 和 ISO 8673:2013。紧固连接接头的主要几何参数如

表 4-1 所示。为了使有限元模型与试验用螺栓几何参数尽量一致，螺栓头处建立了圆环面作为支承面。紧固连接接头各部件的主要力学特性如表 4-2 所示。螺栓和螺母的材料定义弹塑性行为，弹性模量 195GPa，泊松比 0.29。上下夹具、压力传感器定义为完全弹性，弹性模量 206GPa，泊松比 0.3。黄铜材质的垫片弹性模量为 110GPa，泊松比 0.33。以 M12×1.75 规格螺栓为例，螺栓光杆的等效直径为 10.106mm，螺母厚度为 10.5mm，因此内外螺纹啮合长度为 6 个螺距。公称直径 12mm 的不同螺距值的螺纹部分对应的等效直径值如表 4-3 所示。

表 4-1 紧固连接接头主要几何参数　　　单位：mm

公称直径	光杆等效直径	夹持长度	啮合长度	上/下未啮合螺纹长度	螺纹和光杆过渡段长度
12	10.106	45	10.5	1.75	1.75
上/下夹具厚度	传感器厚度	铜垫片厚度	螺栓头厚度	螺母厚度	
15	15	5	7.5	10.5	

表 4-2 紧固连接接头各部件主要力学特性

螺栓和螺母		上下夹具和传感器		铜垫片	
弹性模量 E	泊松比 v	弹性模量 E	泊松比 v	弹性模量 E	泊松比 v
195 GPa	0.29	206 GPa	0.3	110 GPa	0.33

$$A_s = \frac{\pi}{4}\left(\frac{d_2 + d_3}{2}\right)^2 \qquad (4-14)$$

螺栓螺纹段的等效直径：

$$d_{p,\text{rod}} = \frac{d_2 + d_3}{2} = d - \frac{13\sqrt{3}}{24}P \qquad (4-15)$$

表 4-3 M12 全螺纹螺栓精确有限元模型光杆部分等效直径[3]

螺距 P/mm	螺栓公称应力面积 A_s/mm²	螺纹段等效直径 $d_{p,\text{rod}}$/mm
1	96.104	11.062
1.25	92.072	10.827
1.5	88.126	10.593
1.75	84.267	10.358

有限元模型的接触设置如表 4-4 所示：垫片与上夹具绑定，定义垫片/下夹具、螺栓头/上夹具、啮合部分内外螺纹面、压力传感器/下夹具和压力传感器/螺母支承面为摩擦接触。在有限元分析中将螺栓头/上夹具间摩擦系数 μ_{fb} 和螺纹间摩擦系数 μ_t 设置不同数值组合，与试验中不同润滑状况的摩擦系数对应起来，可以研究扭转激励下界面摩擦系数对螺栓松动行为的影响。

表4-4 紧固连接接头有限元模型的接触设置[3]

接触对	摩擦系数
螺栓头/上夹具	$\mu_{fb}=0.121$（无润滑）；0.076（MoS_2润滑脂润滑）
垫片/上夹具	绑定
垫片/下夹具	
力传感器/下夹具	$\mu=0.15$
力传感器/螺母支承面	
内外螺纹啮合面	$\mu_t=0.165$（无润滑）；0.10（MoS_2润滑脂润滑）

有限元模型的边界条件设置如表4-5所示，下夹具保持固定，螺母侧面和压力传感器侧面限制转动。在第一分析步中，除了下夹具固定外，其余部件沿螺栓轴向允许运动，以 Bolt load 法加载螺栓轴向力，各部件沿螺栓轴向会与实际中一致被压缩，并随后的分析步中将 Bolt load 中"Apply force"改为"Fix at current length"。在第二分析步及之后，在上夹具加载端与参考点建立耦合，并在参考点上施加周期为1 s的正弦角位移激励 $\theta(t)=\theta_0\sin(2\pi t)$ 围绕螺栓轴线转动。根据上述螺栓连接接头的约束条件，影响螺栓松动行为的接触面是螺栓头支承面/上夹具和内外螺纹面。在定义界面接触特性时，切向接触行为采用罚函数法，法向接触行为采用"软接触"。在指数形式的接触压力-过盈量关系中，一旦界面接触间隙（在接触面法向方向测量）降至 c_0，表面开始传递接触压力。表面间传递的接触压力随着间隙量的减少而呈指数式增加，如图4-18所示。接触界面间法向接触行为的"软接触"设置如表4-6所示。为易于收敛，在分析步设置中打开几何非线性，采用静态隐式算法求解。

表4-5 螺栓连接接头有限元模型的边界条件设置

连接部件	边界和载荷条件		
	初始设置	分析步1 施加预紧力	分析步2和后续分析步 (1)施加预紧力改为保持螺栓当前长度； (2)通过上夹具夹持端施加循环扭转角位移
上夹具	仅允许轴向运动		仅允许绕轴线转动
下夹具	固定		
铜垫片	仅允许轴向运动		无约束
传感器			
螺栓			
螺母			侧面约束：仅允许轴向运动

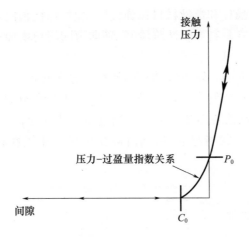

图4-18 "软接触":指数形式的接触压力-过盈量关系[3]

表4-6 接触界面间法向接触行为的"软接触"设置

接触压力/N	间隙/mm
5	0
0	0.005

2)拧紧过程仿真

有限元仿真中,如果主要研究螺栓连接接头的松动行为,则通常采用 Bolt load 法加载。若研究重点为螺栓的拧紧过程,则需要与实际一致,采用转角法或控制扭矩的方法完成预紧力加载。在用转角法施加螺栓轴向力时,将螺栓头6个侧面与螺栓头顶面在螺栓轴线上的参考点(reference point)建立耦合关系。通过参考点施加拧紧方向(顺时针)的角位移,位移幅值为1.2 rad。有限元建模与其他边界条件的设置同扭转激励仿真内容一致,此处不再赘述。

螺栓拧紧过程模拟需提取的数据和提取方法如下:

(1)提取与螺栓头耦合的参考点处在拧紧方向的旋转角度随分析步时间增量变化曲线;

(2)提取与上夹具夹持端耦合的参考点处角位移载荷随分析步时间增量变化曲线;

(3)提取螺杆横截面、各圈啮合螺纹牙横截面处沿螺栓轴线方向的力随分析步时间增量变化曲线。

根据上述计算数据,建立螺栓预紧力和各圈螺牙随拧紧转角变化的关系曲线。图4-19分别展示了采用转角法与 Bolt load 加载法下轴向力与各圈螺牙承载力变化曲线。两种加载方法下的螺栓轴向力与承载力有着截然不同的变化规律。转角法加载时,螺栓轴向力随拧紧转角而增加,大致分为两个斜率不同的线性阶段:(阶段Ⅰ)螺栓和螺母材料在弹性阶段时,螺栓轴向力随转角增加的斜率较大;(阶段Ⅱ)在材料弹塑性阶段时,轴向力随转角增加大致呈斜率较小的线性关系。而 Bolt load 加载时,螺栓轴向力为线性增加,这是由于这种加载方法的本质就是控制轴向力。转角法加载的承载力分布具备明显的特征,螺纹牙靠近支承面的圈次承载比例高,远端承载比例低,这与国内外研究人员的研究结果一致。Bolt load 加载法各圈螺牙承载比例也呈非线性变化,前期阶段是由螺纹啮合面螺旋形几何形状引起的,后期阶段则由材料非线性和几何非线性共同作用。

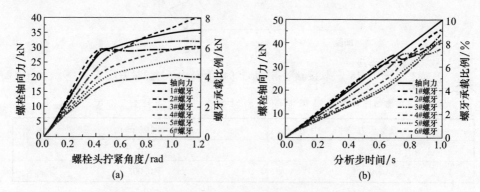

图 4-19 不同加载方式下轴向力和各圈螺牙承载力关系[3]
(a)转角法加载;(b)Bolt load 加载。

本案例后续展示的螺栓螺纹上的接触应力、等效应力和等效塑性应变等数据的提取按图 4-20 所示的节点路径。

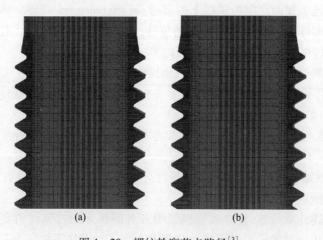

图 4-20 螺纹轮廓节点路径[3]
(a)各圈螺牙接触面径向节点路径;(b)螺纹轮廓节点路径。

网格的精细程度对仿真计算结果的精度影响较大。综合考虑计算精度、硬件配置和计算时间,在研究螺纹面法向接触应力、螺纹牙底等效应力、等效塑性应变等变化时采用精细网格模型计算,获取尽可能精确的节点数据;在研究扭转激励下螺栓连接接头的轴向力和响应曲线时需要的分析步较多,为了降低计算复杂度螺栓和螺母采用粗糙网格模型,同时适当降低分析步的时间增量值 Δt,保证计算精度同时节省计算时间。

不同精细度网格的接触应力计算结果如图 4-21 所示,粗糙网格模型中接触区边缘接触应力下降明显,接触区中间部分各圈螺牙接触应力分别有 4 个数据点,且呈现中间较高两边较低的趋势。螺纹牙网格细化后,去除接触区边缘位置的节点数据,接触区中间部分分别有 9 个数据点,每圈螺牙接触应力沿径向方向大致均匀分布。网格细化后的模型能更好地反映各圈螺牙接触应力的分布情况。为保证有限元分析的精度并兼顾计算效率,需针对紧固连接部件(尤其螺纹结构)开展有限元模型网格无关性分析和验证。针对关键部件的网格无关性分析具体步骤:建立不同精细程度的螺纹结构有限元模型,通过提取和分析螺纹牙接触应力分布、螺栓轴向力分布、松动行为曲线等,确定在一定分析精准度条件下的可接受的网格最大尺寸。

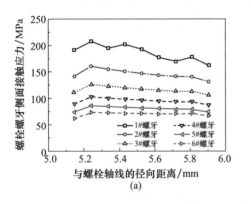 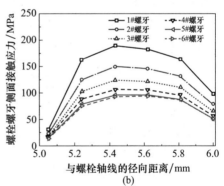

图 4-21 不同精细度网格的接触应力计算结果[3](见彩插)

(a)细网格;(b)粗网格。

采用此仿真方法,可以仿真不同初始预紧力、啮合长度、螺距等对螺纹接触应力的影响。由于螺纹面紧配合区域接触应力难以通过试验方法检测,且试验分散性大,因此有限元模拟方法具有独特优势。

不同初始预紧力在路径上的节点,如图 4-19(b)所示,等效应力如图 4-22 所示。各圈螺牙等效应力最大值出现在螺纹牙底,螺牙侧面等效应力较小。初始预紧力越大(10~18kN)则各圈螺牙牙底最大等效应力越大;当初始预紧力大到一定程度(21~30kN),啮合的前 1~2 圈螺牙底部塑性应变较大,螺牙弯曲刚度下降,承载力和承载比例下降,后几圈螺牙承载比例升高,螺纹牙底等效应力也增大。

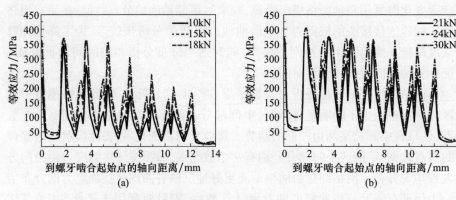

图 4-22 不同初始预紧力($\mu_{fw}=0.15, \mu_{fb}=0.121, \mu_t=0.165$)在路径上的节点等效应力[3]
(a) 10~18kN;(b) 21~30kN。

不同螺纹啮合长度在路径上的节点处,如图 4-19(b)所示,等效应力和等效塑性应变如图 4-23 所示。不同啮合长度的螺纹前三圈螺牙等效应力差异不大。随着螺纹啮合长度的增加,各圈螺牙牙底等效应力按对应圈次逐渐减少,相应的等效塑性应变也依次降低。

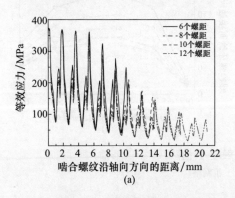
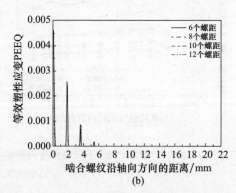

图 4-23 不同螺纹啮合长度($P_0=21\text{kN}, \mu_{fw}=0.15, \mu_{fb}=0.121, \mu_t=0.165$)在路径上的节点数据[3](见彩插)
(a) 等效应力;(b) 等效塑性应变。

以上案例介绍了螺栓连接接头在扭转激励和拧紧过程下的静力学仿真方法,借助螺栓的精确有限元模拟,开展了螺栓的不同拧紧方法的拧紧过程和拧紧后应力应变分析。上述案例的仿真计算结果可以获取大量有意义的内容,例如法向接触应力、螺纹牙底等效应力、等效塑性应变和螺栓轴向力分布等,并且可以研究初始预紧力、螺纹啮合长度、螺纹螺距、螺纹配合精度和螺纹轮廓、界面摩擦系数等的影响。螺栓连接接头有限元仿真的优势在于实际试验中难以控制的变量因素过多,往往导致结果规律性差,无法满足研究要求,而有限元仿真的优势在于可以精确控制变量,从而使螺栓连接接头研究的难度降低。

3) 松动行为分析和紧固性能优化策略

扭转激励下不同界面摩擦系数组合的螺栓轴向力变化的有限元分析结果如图 4-24 所示,其中初始预紧力 P_0 为 21kN,转角幅值 θ_0 为 0.576°。扭转激励下螺栓连接接头松动的主要原因是啮合螺纹面间出现完全滑移状态并有松退方向的相对转角积累。

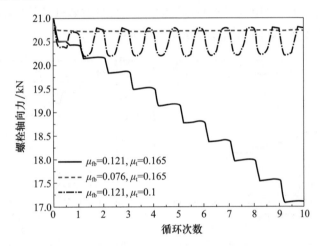

图 4-24 不同界面摩擦系数组合下螺栓轴向力变化($P_0 = 21$ kN, $\mu_{fw} = 0.15$, $\theta_0 = 0.576°$)

根据螺栓轴向力变化的分析结果和螺栓连接接头拧紧曲线,可考虑以下紧固性能优化策略。

(1) 改变连接接头界面摩擦系数。

方法 1:在保持啮合螺纹面不润滑状态下($\mu_t = 0.165$),通过在螺栓头支承面添加 MoS_2 润滑脂降低摩擦系数(μ_{fb} 由 0.121 降低为 0.076),那么在扭转激励下,螺栓预紧力由快速持续性旋转松动模式转变为预紧力基本不变模式。

方法 2:在保持螺栓头支承面不润滑状态下($\mu_{fb} = 0.121$),通过在啮合螺纹面添加 MoS_2 润滑脂降低摩擦系数(μ_t 由 0.165 降低为 0.1),那么在扭转激励下,螺栓预紧力由快速持续性旋转松动模式转变为预紧力在一定范围波动但不持续性下降模式。

(2) 螺栓初始预紧力优化。

具体做法为在拧紧曲线的"屈服点"附近选取预紧力为 24kN,初始预紧力越高,在扭转激励下螺栓旋转松动的预紧力下降百分比越少,如图4-25(a)和(b)所示。

(3)啮合螺纹段长度优化。

啮合螺纹段长度由6个螺距逐渐增大后,预紧力下降速度降低,如图4-25(c)所示。

(4)螺纹螺距优化。

由粗牙螺纹改为细牙螺纹后,可降低预紧力下降速度,如图4-25(d)所示。然而,细牙螺纹提高了防松性能,但降低了承载能力,因此需在紧固连接接头设计的承载能力和防松性能之间平衡考虑。

此外,可根据扭转激励下螺栓松动行为机理,适当降低螺杆的扭转刚度,如适当降低螺杆直径、采用具有空心设计的螺栓等,可有效抵消外部扭转激励对紧固连接接头的影响,具体优化过程在此不再赘述。

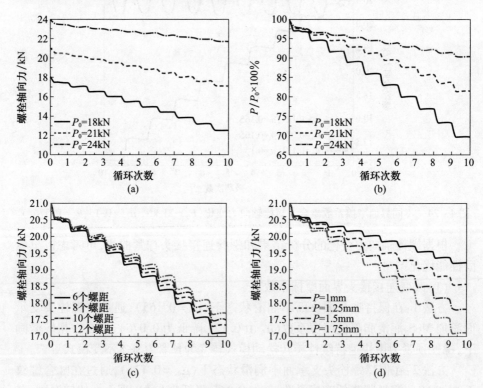

图4-25 紧固连接接头优化前后松动行为对比
($P_0 = 21kN$, $\theta_0 = 0.576°$, $\mu_{fw} = 0.15$, $\mu_{fb} = 0.121$, $\mu_t = 0.165$)(见彩插)
(a)不同初始预紧力的轴向力下降曲线;(b)不同初始预紧力的轴向力下降百分比;
(c)不同啮合长度的轴向力下降曲线;(d)不同螺距值的轴向力下降曲线。

2. 铆钉连接静力学仿真

铆钉连接成形过程仿真技术是一种用于模拟和分析铆钉在安装和成形过程中的行为和性能的方法。这一技术的主要目标是通过数值仿真来预测和评估铆钉的装配和成形过程中可能出现的问题，确保连接的可靠性和性能。

在铆钉连接的成形过程仿真中，通常采用有限元分析方法，首先对铆钉、工件和夹具等部件进行精确的三维几何建模；然后定义材料属性、工艺参数和加载条件，确保仿真尽可能接近实际操作情况。

仿真过程中可以考虑诸如温度、应变、应力、形变、应力分布、连接失效模式等多个方面的参数。这种细致的仿真分析可以帮助工程师预测铆钉连接在装配和成形中可能出现的问题，如材料变形、应力集中、接触问题等。

此外，铆钉连接成形过程仿真技术还可以用于优化工艺参数，提高装配效率，减少成本，并降低连接的质量风险。通过模拟不同条件下的成形过程，工程师可以选择最佳的工艺参数，以确保铆钉连接的性能达到设计要求。

本节同样以环槽铆钉为例，展示典型的铆接过程有限元分析方法。

环槽铆钉铆接过程仿真是一项复杂而至关重要的技术，旨在以数值模拟的方式还原并深入分析套环被塑性挤压至铆钉环形槽的全过程。这项仿真涉及多个复杂技术挑战，其中最显著的包括大变形情况下的网格适应性、多体接触和多阶段变形，以及铆钉枪头与套环之间的高度动态加载。

首先，为了应对大变形情况，须采用具有高度适应性的八节点六面体单元网格划分方法，以确保仿真能够在套环挤压过程中稳定收敛。这意味着在变形过程中需要实现节点的自适应划分，以适应模型不断演变的几何形状，确保仿真结果的准确性。

其次，在仿真中，需要精确定义各部件之间的接触关系，尤其是铆钉枪头、套环和铆接工件之间的接触情况。这要求我们建立明确的边界条件和接触约束，以精确地模拟套环的挤压过程，并捕捉各个部件之间的接触和分离情况。

此外，铆接过程还包括了铆钉枪头对套环的动态加载，因此需要详细定义枪头的几何形状和运动轨迹。这方面的挑战在于需要同时考虑材料的弹性行为和在大变形情况下材料的非线性响应。

最后，整个仿真过程需要考虑不同时刻的材料行为、应力分布和应变情况。通过深入分析这些因素，我们能更深入地理解套环铆接过程中的物理现象，从而为工程设计提供坚实的数值模拟支持。

图4-26展示了铆接仿真过程的主要边界条件与步骤设置。铆钉枪头固定所有自由度，搭接板端面释放垂直方向自由度，锁定其他自由度，铆钉上端面绑定至中心参考点(RP)。模型(不含铆钉枪头)共包含372448节点六面体单元，404555个节点。由于仿真涉及套环的大变形，因此需要将其设置为任意拉格朗

日-欧拉自适应网格(arbitrary lagrangian eulerian adaptive meshing,ALE),在迭代计算中实时刷新网格节点(本案例设置为每 10 次迭代计算刷新一次)以防止变形过程之中的单元失真。材料的弹塑性可根据仿真精度需求进行设置,但套环材料必须为弹塑性材料,否则仿真无法完成。在本案例中,除套环材料设置为弹塑性外,铆钉枪头材料设置为刚体,其他部件的材料设置为弹性。

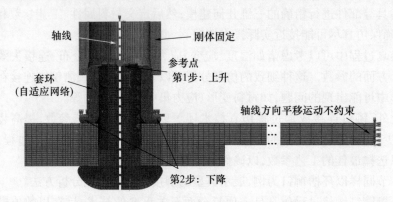

图 4-26 铆接仿真过程主要边界条件与步骤设置[7]

仿真全程采用分析步 Static, General,关键步骤共两步:步骤 1,参考点施加向上激励,直至套环法兰与枪头端面发生接触;步骤 2,对套环法兰施加向下载荷,将铆接完成的接头退出铆钉枪。铆接过程与实际基本一致。

图 4-27 展示了环槽铆钉的有限元仿真铆接过程。铆钉存在 6 个无升角螺纹,套环在塑性变形过程中仅与其中 5 个无升角螺纹发生接触,根部的无升角螺纹不参与接触行为。图 4-27(a)~(e)分别为套环与各个无升角螺纹逐渐接触的过程,图 4-27(f)为铆接结构从铆钉枪枪头拔出后铆接完成时的状态。

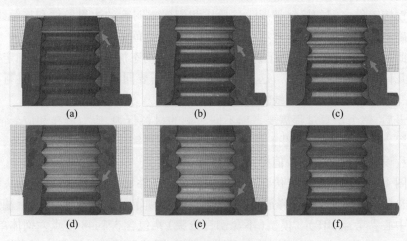

图 4-27 环槽铆钉有限元铆接过程[7]

环槽铆钉铆接完成后的实物与有限元剖面对比展示如图 4-28 所示。有限元模型中的铆钉与套环在铆接完成后的情况与实物较为吻合,套环并未全部压入环形槽中。铆钉根部第一圈无升角螺纹与套环之间无接触,第二圈无升角螺纹与塑性变形的套环接触面积较小,其余四圈无升角螺纹与套环紧密接触。

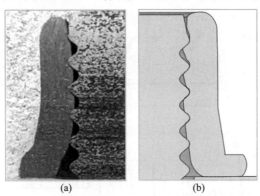

图 4-28　环槽铆钉铆接完成的实物剖面和有限元剖面[7]
(a)实物剖面;(b)有限元剖面。

为便于展示铆钉铆接过程中每一个环形槽的轴力变化情况,按照距离承载面由近到远的顺序对环形槽与无升角螺纹进行了命名,如图 4-29 所示。由于 1#螺纹不与套环发生接触,因此 1#、2#螺纹之间的环形槽代表了铆钉的整体轴力。

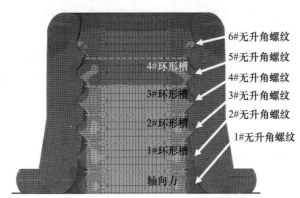

图 4-29　铆接结构环形槽与无升角螺纹命名情况[7]

图 4-30 展示出了铆接过程中各环形槽的轴力演变情况,总体趋势为在铆钉压入过程中快速上升,压入完成瞬间出现断崖式下降,并在铆接结构退出枪头时第二次下降。为便于后续与实际铆接轴力变化对比,各个步骤的时间间隔均与实际铆接过程一致。铆钉各环形槽的轴力分配相比传统螺栓连接存在较大差

异,在螺栓的拧紧过程中,螺栓的轴力分配到各圈螺纹牙中,即各圈螺纹的轴力均低于螺栓轴力。但铆钉每圈环形槽的轴力均在某些时刻从铆钉轴力中分离并高于铆钉轴力,4#至1#圈环形槽的轴力超出铆钉轴力时对应的时间点分别为t_1、t_2、t_3与t_4,且将对应时刻的曲线进行了局部放大。

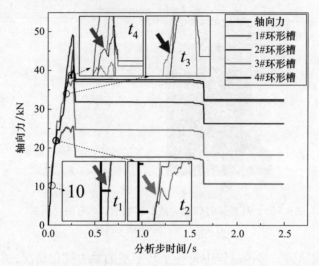

图4-30 铆接过程各圈环形槽的轴力演变情况[7](见彩插)

为验证仿真结果的有效性,需要对轴力仿真结果与传感器采集的真实铆接过程的轴力变化过程进行对比。因此,将铆钉设置为弹塑性材料后提取轴力演变情况并与采集数据对比,结果如图4-31(a)所示。结果表明仿真结果与实际轴力的演变规律基本一致,且数据差距较小,结合图4-28的有限元与实际铆接剖面对比,表明本案例采用的仿真模型与方法可以较好地还原环槽铆钉铆接过程。

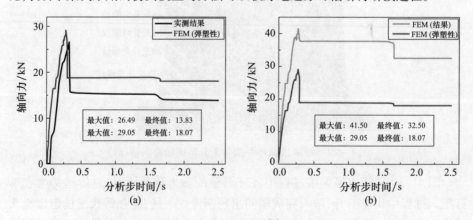

图4-31 仿真结果对比[7](见彩插)
(a)弹塑性铆钉材料仿真结果与真实轴力对比;(b)弹塑性与纯弹性铆钉材料结果对比。

铆钉设置为弹塑性材料后,消耗的计算资源与时间成本较高,会导致后续分析开展难度较高。图 4-31(b)对比了铆钉弹塑性材料与纯弹性材料的轴力演变情况(套环材料始终为弹塑性且设置 ALE 自适应网格),结果表明纯弹性材料设置下轴力显著高于弹塑性材料,但二者变化规律一致。

以上案例介绍了一个典型的环槽铆钉铆接成形过程的仿真方法,借助铆钉的精确建模、自适应网格技术,采用静力学方法仿真了铆钉塑性挤压过程,并与实际结果进行了对比验证。当然,上述案例的仿真计算结果可以获取大量有意义的内容,例如套环的塑性积累情况、铆钉的应力分布状态、铆接结构的最大应力分布位置等可用以优化铆接结构的高质量数据,由于与本章节关联性较小,此处不再赘述。

4.3.2 紧固连接动力学仿真技术

紧固连接接头的服役行为仿真往往关系整个结构的响应和接触行为随时间的演化,不把螺栓、铆钉等紧固件本身作为研究重点。因此,在这种情况下,可以采用更简化的模型,例如使用圆柱模型来代表紧固件。这种方法降低了计算复杂性,使仿真更加高效,同时能够捕捉整个结构的响应和接触变化。

对紧固连接接头的服役行为采用动力学仿真的主要原因:紧固连接接头在外部载荷作用下往往存在部件的相对位移过程,如果存在紧固件与被连接件之间的接触界面在迭代过程中同时位移的情况,即有限元仿真的"刚体位移"问题,由于静力学不存在速率与时间概念,会导致界面出现完全滑移状态时无法判断紧固件的后续位置,导致计算结果无法收敛。因此计算需要在动力学仿真中完成。

紧固连接接头的服役行为仿真是一项关键的技术,旨在模拟和分析紧固连接在实际使用中的性能和行为。这项仿真工作涉及多个方面,包括以下几个关键要点:

1. 结构响应分析

仿真需要考虑整个结构在不同负载条件下的响应行为,包括受力分布、应力和应变分布、变形等。这有助于预测结构的变形和应力分布,以评估其性能。

2. 接触行为模拟

紧固连接通常包括多个部件之间的接触,仿真需要考虑这些接触行为的变化,包括接触面的变化、摩擦效应和接触力的传递。这有助于了解在不同负载下连接的稳定性和安全性。

3. 疲劳分析

紧固连接在实际使用中可能会受到反复加载,因此需要进行疲劳分析。仿真可以帮助确定连接在不同负载和加载循环下的寿命和疲劳裂纹的形成。

4. 后处理和结果分析

完成仿真后,需要对结果进行详细的分析,包括应力、应变、位移、疲劳分析等。这有助于评估铆钉连接在实际使用中的性能。

本节同样以环槽铆钉铆接搭接结构为例,展示典型的紧固连接接头服役过程的有限元分析方法及基本的动力学响应行为分析过程。

首先,需要手动绘制简化搭接结构模型。动力学响应分析的有限元仿真重点是接触界面,铆钉的功能仅为提供轴向力,因此忽略铆钉平行槽的复杂性,将铆钉杆简化为圆柱体,减少计算时间,如图4-32(a)所示。铆钉头、套环和搭接板的接触面积会影响应力分布。因此,铆钉头和套环的尺寸和形状没有简化,采用与实物相同的模型,如图4-32(a)、(c)所示。搭接板作为模拟的关注部分,需要在孔周围即接触界面附近细化网格,如图4-32(b)所示。组装的有限元模型如图4-32(d)所示(图中半模型仅供演示,实际有限元仿真采用全模型完成)。各部件使用的材料属性定义均来自实际测试结果。由于本案例有限元研究内容是接触区在低载荷幅值下单周期内的行为演化,弹性材料和塑性材料的使用对结果影响不大。考虑到计算速度,所有部件均定义为弹性材料。如果需要分析轴力在疲劳载荷下的衰减行为,则需要增加仿真周期,采用跳步的方式加快仿真速度,并且将材料定义为塑性。

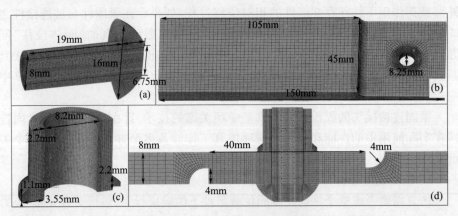

图4-32 单搭铆接结构简化模型[7]

该模型包含310000个单元,有限元模型中的单元为C3D8R,即八节点六面体线性缩减积分单元。在有限元模拟中,将套环绑定在铆钉上,采用"Bolt load"法加载铆钉的轴向力。动力学响应分析中,使用的T8型环槽铆钉的轴向力为12.5kN(多次试验的平均值)。固定侧80mm宽连接板正反两面单层网格的所有自由度均固定,模拟试验机装夹加载方式,如图4-33所示。在加载侧,将同一位置的网格耦合到端面中心的参考点,并在参考点上施加正弦交变载荷。接触区域的搭接宽度为40mm。套环与搭接板、搭接板与搭接板、搭接板与铆钉头之间建立硬接触。搭接板与铆钉头之间、搭接板与套环之间的摩擦系数均为0.5,搭接板间的摩擦系数作为研究变量,其选取方法会在研究内容处单独提出。之所以选择铆钉头与搭接板之间以及套环与搭接板之间接触副的摩擦系数是为了接近实际值。后续可利用程序随时提取和分析接触面积、黏着区和滑移区的比例。

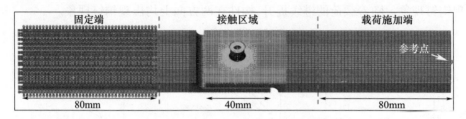

图 4-33　有限元简化模型的主要边界条件[7]

对该结构进行响应行为分析,单搭铆接结构在拉伸、压缩方向采用线性载荷加载(对参考点施加线性载荷谱)的 $F-D$ 曲线,如图 4-34 所示。曲线分为三个阶段:阶段Ⅰ是部分滑移阶段,阶段Ⅱ是完全滑移阶段,阶段Ⅲ是销钉效应阶段,两个加载方向上各阶段的转折点不同。销钉效应本质上是一种圆柱/凹面的法向赫兹接触。在同样的位移量下,压缩方向上的载荷总是高于拉伸方向,且压缩方向上完全滑移所需的载荷同样略高于拉伸方向。这表明,在应力比为 -1 的疲劳试验中构件的两方向响应行为不同。

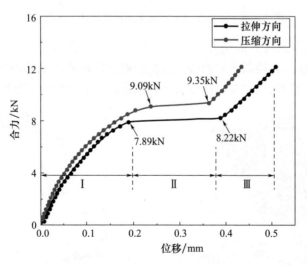

图 4-34　铆接结构单向位移加载的 $F-D$ 曲线[7]

在此基础上,对参考点施加正弦循环位移谱,可获得单搭铆接结构在不同载荷幅值下的 $F-D$ 曲线,如图 4-35 所示。当载荷半幅为 4kN 与 7kN 时,构件处于部分滑移状态。当载荷半幅为 8kN,构件首先在拉伸方向上发生完全滑移(由图 4-34 可知构件在 8kN 拉伸载荷下恰好完全滑移至极限位置),之后在拉伸方向极限位置(8kN 压缩载荷不足以使构件滑移)进入部分滑移状态。当载荷半幅提升至 9kN 时,构件在两个方向上均出现完全滑移,但仅在拉伸方向上出现销钉现象。随着载荷的继续提升,构件在两方向上均出现销钉现象。

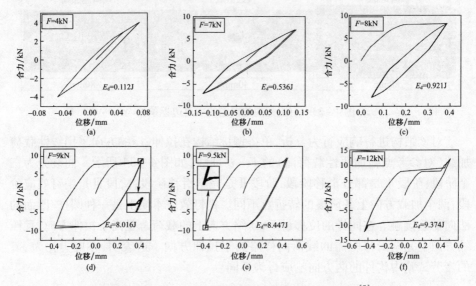

图 4-35 位移控制下不同循环位移的 $F-D$ 曲线[7]

为验证有限元计算的动力学响应行为与实际试验结果是否一致,还需要对该结构进行试验,并绘制滞回曲线。试验获取的滞回曲线结果如图 4-36 所示,低载荷时为直线型,高载荷时转变为平行四边形,与一般切向微动磨损试验的响

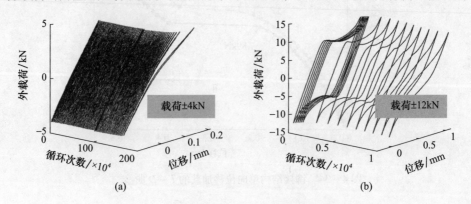

图 4-36 单搭铆接结构不同载荷下的滞回曲线[7]

应行为类似。载荷半幅为4kN与12kN时滞回曲线的形式与图4-35(a)、(f)一致,均为直线型、两侧出现销钉效应的平行四边形。

上述内容为动力学响应分析内容的简单介绍。除动力学响应行为分析外,服役行为有限元分析相比试验研究的另一大优势就是可以对界面的接触状态进行提取分析,而试验研究受限于传感技术的限制,短期内无法实现该分析。

不同外部输入条件下,接触面面积和黏滑区占比情况不同。界面接触状态可以在有限元分析软件中直接获取,如图4-37所示。其中绿色代表非接触区,蓝色代表滑移区,红色代表黏着区。

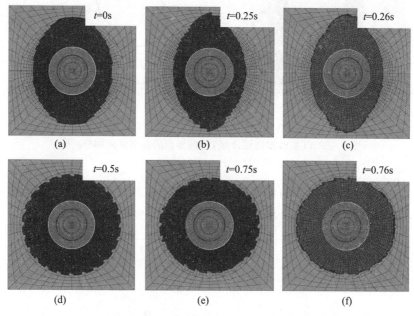

图4-37 (直线型滞回曲线)接触界面部分时刻的接触状态[7](见彩插)

但如果要进一步揭示搭接结构的接触状态演变情况,则需要通过更加复杂的后处理方法对有限元计算的结果文件进行分析。本案例通过编制图像识别算法,识别接触区域与黏滑区面积,对正弦交变载荷/位移下接触面积与黏滑区占比演变情况进行统计分析。当滞回曲线为直线型时,铆接结构搭接板之间接触界面的黏滑区占比与接触区面积演变情况如图4-38所示。

结合图4-37与图4-38可以看出,当外部激励幅值由最大值减弱的瞬间,黏滑区占比出现突变。构件在拉伸状态下的接触面积始终小于压缩状态,与接触刚度显示了一致的规律性。Nassar和Abboud研究表明,板间有效接触面积的减少会导致切向刚度的降低。当板发生位移时,切向刚度降低了摩擦能量耗散。需要提出的是,虽然图4-38(a)表明接触界面的大部分时间处于完全滑移状态,但滞回曲线为直线型,表明构件处于部分滑移状态,两者结论的冲突是由于构件共存在三个接触界面:套环-搭接板(C-P)、搭接板-搭接板(P-P)、搭接板-铆钉头(P-H)接触界面,图4-37展示的是搭接板-搭接板接触界面,其他接触界面间的滑移行为未展示,但该外部激励条件下,另外两组接触界面之间处于部分滑移状态,因此构件整体处于部分滑移状态。

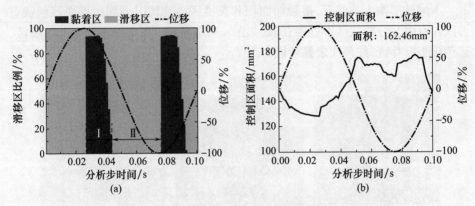

图4-38 (直线型滞回曲线)接触界面的黏滑区面积分析[7]
(a)黏滑区占比;(b)接触面积演变。

为解释上述结果展示的界面接触行为,需要将该仿真对应的滞回曲线展示出来,如图4-39所示,该仿真采用正弦位移加载,位移半幅为0.15mm。

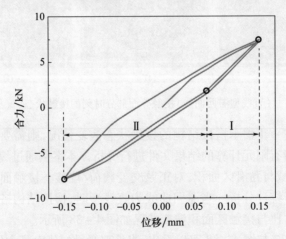

图4-39 位移半幅0.15 mm时构件的$F-D$曲线[7]

对位移幅值从+0.15~-0.15 mm的部分进行分析,该部分存在两个阶段,两阶段刚度不同。第Ⅰ阶段的刚度为

$$K_{\mathrm{I}} = K_{\mathrm{C-P}} + K_{\mathrm{P-P}} + K_{\mathrm{P-H}} + K_{b,\mathrm{pin}} \tag{4-16}$$

式中:K_{C-P}为套环-搭接板界面的接触刚度;K_{P-P}为搭接板-搭接板界面的接触刚度;K_{P-H}为搭接板-铆钉头界面的接触刚度;$K_{b,pin}$为铆钉的弯曲刚度。除搭接板-搭接板界面外,其他接触界面全程处于部分滑移状态。由图4-38(a)可知,第Ⅰ阶段搭接板-搭接板接触界面为部分滑移状态,此时$K_{P-P} \neq 0$,第Ⅱ阶段接触界面为完全滑移状态,此时$K_{P-P}=0$,因此第二阶段刚度为

$$K_{\mathrm{II}} = K_{C-P} + K_{P-H} + K_{b,pin} \quad (4-17)$$

因此,存在$K_{\mathrm{I}} > K_{\mathrm{II}}$。该分析过程在曲线从$-0.15 \sim +0.15$mm的部分同样成立。在第Ⅱ阶段末尾,接触刚度缓慢下降,与图4-37(b)中$t \to 0.75$s时接触面积逐渐下降相对应。

以上案例介绍了一个典型的搭接铆接结构的服役行为仿真方法,对接触界面网格进行细化以提高分析结果的精度。仿真采用动力学方法,并与实际结果进行了对比验证。分析结果包括结构的动力学响应行为分析与界面接触状态演变分析。当然,上述案例的仿真结果分析仅为基础分析内容,读者可以在此基础上,得到更多有意义的分析数据。

4.3.3 紧固连接疲劳寿命仿真技术

紧固连接疲劳寿命仿真是与结构中薄弱部件的疲劳寿命紧密相关的技术。通常工程师需要依赖商用的疲劳耐久分析软件。这些软件允许工程师在有限元分析的框架下获得整个结构的疲劳寿命,而不仅仅是螺栓连接。通过考虑载荷、材料特性、几何形状以及不同部件的疲劳特性,可以识别潜在的疲劳问题,评估结构寿命,从而采取适当的措施来提高连接接头的可靠性。这种仿真技术在确保结构性能、安全性和寿命方面发挥着关键作用,尤其是在需要长时间运行的领域,如航空、航天和轨道交通等。

本节将展示一个基于FE-SAFE软件的带嵌件螺栓连接接头的疲劳寿命预测仿真案例[10]。FE-SAFE常用于疲劳耐久分析,内置多种疲劳理论算法,能够考虑多种因素的影响,包括受载平均应力、应力集中、试样表面状态等,同时自带材料库和载荷谱设计功能,可直接导入有限元结果文件进行分析,数据互通性好,满足大部分应力应变条件下的疲劳寿命预测,其疲劳寿命估算功能得到国内外学者的高度认可。

对于FE-SAFE软件的具体分析操作可以查阅其使用手册,在此不做展开描述。但在实际操作中需要特别关注3个问题:①载荷谱的设置问题,符合实际工况的载荷谱设置能够更加准确地对疲劳寿命进行预测,本节的载荷谱的设置是通过提取ODB结果文件中一个循环周期中所有数据点,并将其导入FE-SAFE软件中;②疲劳试验频率需要通过调整"Properties"中"Rate"的数值来确定;③失效准则的选取,本次疲劳寿命预测是基于SWT多轴失效准则开展的。

本案例的有限元模型如图 4-40 所示。

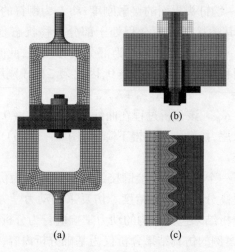

图 4-40　螺栓连接接头有限元模型[10]

有限元计算过程与前述章节的静力学仿真过程一致，此处不再赘述。将有限元计算文件导入 FE-SAFE 软件并基于 SWT 寿命准则进行螺栓疲劳寿命的预测。图 4-41 为部分嵌件参数下的螺纹根部寿命云图，其中，螺栓寿命最小的部位均在螺栓第一圈啮合螺纹处，与试验中螺栓疲劳断裂的位置一致。从预测结果可以看出，不同尺寸嵌件下螺栓的疲劳寿命存在显著不同（d 为预压缩量，k 为嵌件壁厚）。

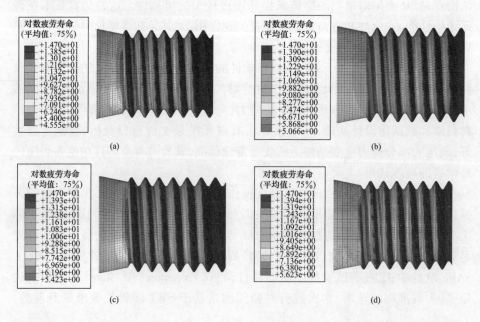

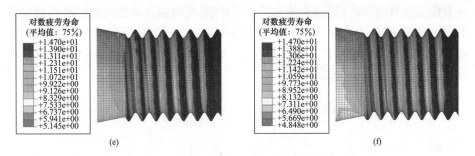

图4-41　FE-SAFE软件的螺栓预测寿命云图[10]（见彩插）

(a)无嵌件；(b)$d=0.05$mm,$k=4$mm；(c)$d=0.10$mm,$k=4$mm；
(d)$d=0.10$mm,$k=6$mm；(e)$d=0.15$mm,$k=4$mm；(f)$d=0.20$mm,$k=4$mm。

除预测寿命云图外，FE-SAFE软件中还可以直接导出寿命结果供使用者分析。图4-42展示了不同嵌件参数下螺栓预测疲劳寿命。由于有限元分析软件中没有考虑到表面损伤等问题，因此螺栓疲劳寿命的预测结果与试验结果可能存在误差，但是其预测寿命中的规律性内容依旧能为实际连接接头的寿命预测提供一定参考价值。

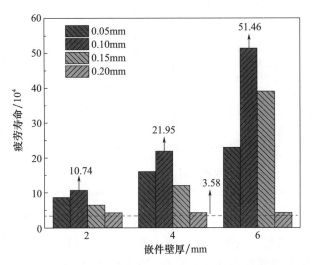

图4-42　不同嵌件参数下螺栓预测疲劳寿命[10]（见彩插）

为验证疲劳耐久分析软件的计算准确性，图4-43为不同嵌件参数下，螺栓的试验寿命与FE-SAFE软件中计算的疲劳寿命的对比。从图4-43看出：当预压缩量为0.05mm时，螺栓的预测寿命均低于试验寿命；当预压缩量为0.10mm和0.15mm时，螺栓的预测寿命和试验寿命均大于20万次，且预测效果较好；当预压缩量为0.20mm时，此时螺栓预测寿命固定在4.28万次（这是由于在有限元计算中,嵌件表面未能与钛合金接触,此时嵌件未能改变螺栓连接接头的受力情况,最终出现了预测寿命不变的现象)。尽管实际试验和理论计算的疲劳寿命有一定的分散性,但是误差均在 2 倍之内,说明使用 FE – SAFE 软件估算的螺栓疲劳寿命的合理性。

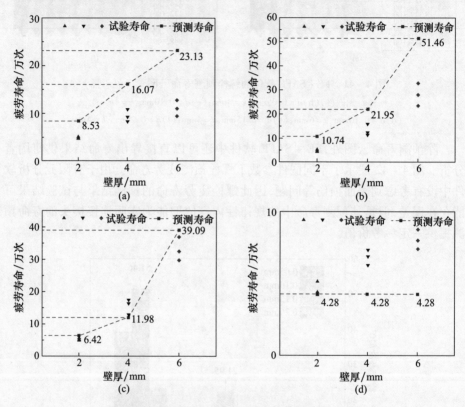

图 4 – 43　螺栓预测疲劳寿命与试验寿命对比[10]
(a)$k=0.05mm$;(b)$k=0.10mm$;(c)$k=0.15mm$;(d)$k=0.20mm$。

FE – SAFE 软件中螺纹表面的粗糙度与螺栓疲劳预测寿命高度相关。表 4 – 7 为不同粗糙度下的螺栓预测疲劳寿命,结果显示,随着螺纹表面粗糙度的增大,螺栓的预测疲劳寿命不断降低,当 $Ra=4.0\mu m$ 时,预测疲劳寿命仅为 1.16 万次。在实际工程应用中需要确定服役螺栓的表面粗糙度,以提高疲劳寿命预测的精确性。

表 4 – 7　无嵌件不同螺纹表面粗糙度对疲劳寿命预测的影响[10]

螺纹表面粗糙度 $Ra/\mu m$	预测疲劳寿命/10^4
0.25	8.04
0.6	5.61

续表

螺纹表面粗糙度 $Ra/\mu m$	预测疲劳寿命/10^4
1.6	3.58
4.0	1.16

上述案例展示了基于 FE-SAFE 软件的紧固连接疲劳寿命仿真技术,也可采用其他疲劳耐久分析处理软件实现类似的分析效果。通过这种分析技术,可识别潜在的疲劳问题,评估结构寿命,从而采取适当的措施来提高连接接头的可靠性。

4.3.4 紧固连接失效机理仿真技术

紧固连接失效机理仿真技术是一种关注紧固连接接头在各种环境和载荷下的失效原因和机制的技术。紧固连接失效机理仿真通常作为一种重要的辅助分析手段,与失效分析结合使用,以深入研究紧固连接接头的各种失效行为,如疲劳、腐蚀、断裂、松动等。

这项技术使用有限元分析和计算方法,帮助理解失效机理,识别可能的问题源,并评估失效的潜在风险。通过结合失效机理仿真和失效分析,可以更准确地分析紧固连接接头的薄弱点,采取预防性措施,减少设备或结构中紧固件引起的问题,有助于提高系统的可靠性,降低维护和修理成本,并确保设备或结构的安全性。

1. 断口分析

图 4-44 给出了铝合金铆钉连接接头在疲劳载荷作用下断裂的典型失效情况。具体裂纹位置如图 4-44(b)所示。裂纹穿过搭接板,路径穿过铆钉头边缘,裂纹两端基本垂直于搭接板左右边界。断裂表面的光学显微镜图像如图 4-44(a)所示,从左到右对应断裂区域的中间位置到边缘位置。中间位置放大区域如图 4-44(c)所示。图 4-44(d)、(e)、(f)则分别对应瞬断区、裂纹萌生区、裂纹扩展区。形貌分析表明,疲劳裂纹是一个逐渐扩展的过程。裂纹扩展区右侧靠近边缘位置的区域(图 4-44(d))为瞬断区域。

为分析断裂区域尤其是裂纹源区的具体情况,需要对该试验进行有限元分析研究。有限元前处理方法与静力学分析中的方法基本一致,此处不做展开描述,只做结果分析。疲劳断裂区域的最大主应力分布如图 4-45 所示。

在搭接板与铆钉头接触的区域下方,观察到一条明显的弧形分界线(图 4-44(c)中黄色标记区域,图 4-45(c)中红色标记区域),这是铆钉头直接对搭接板施加轴向力的位置,该位置的铝合金在法向载荷作用下向内挤压形成该形状。中间位置的分界线深度较大,从中间到两侧的深度越来越小,直到分界线消失,这是载荷分布不均匀造成的。位置离中轴线越远,载荷越低。

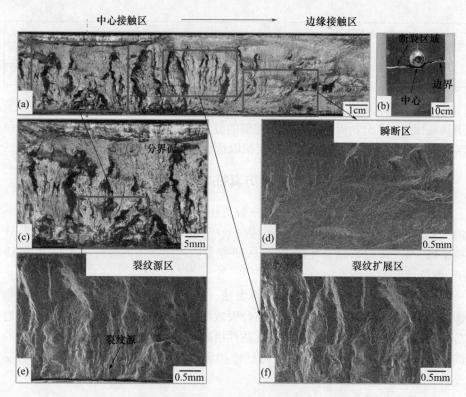

图4-44 疲劳断裂区的宏观和微观形貌[7]（见彩插）

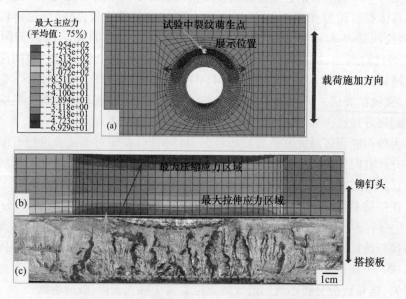

图4-45 疲劳断裂区最大主应力分布[7]（见彩插）

图4-44(a)显示出中间位置底部为搭接板接触的界面。从图4-45(b)看出,该区域同时存在最大压应力区域和最大拉应力区域,微动磨损显著,易产生微裂纹(裂纹源区微观形貌如图4-44(e)所示)。

2. 裂纹萌生扩展分析

对于紧固连接接头,疲劳裂纹成核往往是接触界面间的微动磨损引起的,而界面磨损行为可以通过有限元分析中的最大主应力分布来判断磨损程度与磨损速度。图4-46给出了典型铆接结构搭接板剖面的最大主应力分布云图。当节点承受最大拉伸载荷时,主应力最大的地方达到202.4MPa,此位置即为裂纹源。同时,还可以通过裂纹源附近的应力判断裂纹扩展的方向。

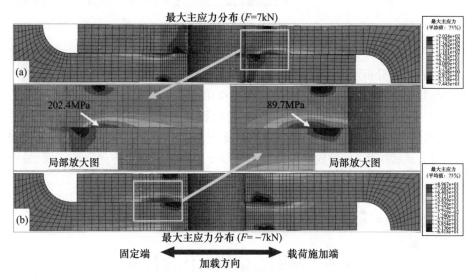

图4-46　剖面最大主应力分布云图[7](见彩插)

为了验证分析结果是否正确,对疲劳试验样品进行中断试验,在裂纹快速扩展阶段之前中断试验试样,选取铆钉头一侧的搭接板表面无宏观裂纹但接触界面处有小尺度裂纹的试验试样。采用图4-47(a)和图4-47(b)所示的取样方法,从裂纹源所在的截面上切割试样。裂纹沿搭接板厚度方向扩展过程如图4-47(c)所示。此时,裂纹尚未在搭接板宽度方向上扩展,裂纹处于早期扩展阶段。裂纹的扩展方向通常与力的方向垂直。图4-47(d)为裂纹扩展的初始阶段,裂纹扩展初始位置的力为接触力和疲劳力的合力。从图中可以看出,裂纹初始扩展角$a<90°$,与分析一致。后续扩展过程以疲劳应力为主,裂纹沿几乎垂直于接触界面的方向向搭接板铆钉头侧表面扩展。

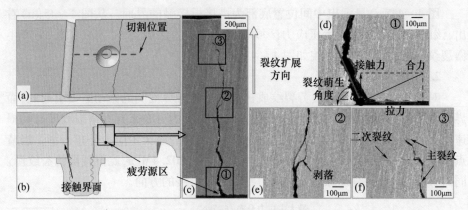

图4-47 裂纹扩展区域的采样与扩展过程[10]
(a)、(b)采样方法；(c)、(f)裂纹扩展过程。

试验样品分析结合有限元分析,可以推断出结构的完整疲劳断裂破坏过程：在初始阶段,搭接板接触界面在微动磨损作用下产生微裂纹。随着疲劳过程的增加,在接触应力和拉应力的混合作用下,微裂纹首先沿与接触面小于90°的角度发展,之后在疲劳应力的主导下,沿垂直于接触界面的方向逐渐生长成主裂纹。疲劳试验结束时,裂纹在疲劳应力主导下沿搭接板宽度方向迅速扩展,最终导致搭接板疲劳断裂。

紧固连接失效机理仿真内容较多,本节给出断口分析、疲劳裂纹分析的典型分析方法。腐蚀、松动等失效机理研究此处不再赘述。

4.4 紧固连接仿真优化技术

紧固连接仿真优化设计结合了数值仿真和优化算法的方法,旨在提高紧固连接系统的性能和效率。这种方法通常涉及以下几个方面的优化。

1. 结构设计与布局设计优化

通过数值仿真分析,工程师可以评估不同的螺栓布局方案。通过优化算法,找到最佳的螺栓位置和数量,确保连接点在受力情况下具有最佳的稳定性和强度。

2. 拧紧方法和顺序优化

确定最佳的螺栓拧紧方法和顺序,以确保连接的均匀和稳定。可以通过数值仿真模拟拧紧过程,找到最佳的操作策略。

3. 紧固连接系统的整体优化

将所有优化方面综合考虑,通过综合优化算法找到整个紧固连接系统的最佳设计方案,最大程度地提高性能和效率。

通过这些优化措施,工程师可以在设计阶段就有效地提高紧固连接系统的性能,减少不必要的材料使用,并确保连接在实际使用中能够安全可靠地承受各种力和环境条件。这种方法有助于降低生产和维护成本,提高工程系统的可持续性。

4.4.1 紧固连接排布优化设计技术

在紧固连接中,为获得最佳的性能和效率,需要对紧固连接的排布设计进行优化。以螺栓连接为例,螺栓连接的排布优化设计是指对螺栓和其他连接部件的布置和定位进行设计优化,提高连接的性能和可靠性。螺栓连接的排布会影响连接界面上的载荷分布方式,通过排布优化可以确保载荷均匀分布,有助于降低疲劳失效、开裂或其他形式损坏的风险;通过排布优化来提高接头强度、刚度和耐久性,并且可以减少螺栓的尺寸和数量,从而最大限度地减少重量和成本。

紧固连接排布优化设计主要在于连接的结构形式。例如在搭接件上布置紧固件时,则搭接长度应尽量短,通常采用 2~3 排,最多 4~5 排,是为了避免第一排紧固件传载过大而引起屈服,也因此不允许只用一排紧固件。

通常,在实际设计环节,对于碳纤维树脂基复合材料,因其本征脆性,表现为钉载分配严重不均,多排紧固件连接时尽量不多于 2 排;而钉孔尽可能采用平行方式,避免交错排列,以提高连接强度,特别是疲劳强度,更好发挥碳纤维增强复合材料的性能优势[11-12]。但是,对于在复合材料结构中使用干涉连接技术时,在连接设计中可以采用多排紧固件,这是因为干涉连接具有改善钉载分配的能力,可降低外排钉与内排钉承载能力的差值,同时提高内排钉的承载能力。

1. 螺栓连接排布优化

图 4-48 为四螺栓连接的四种不同排布方法,探究四螺栓模型在剪切载荷作用下的应力分布[13]。螺栓规格为 M16,螺栓和被连接件均采用杨氏模量为 210GPa 的结构钢,通过试验和数值相结合的方法,得出下列结论:布局(a)中的螺栓应力更低,这是因为螺栓距离中心更远;螺栓上的应力分布不均匀,靠近施加载荷边缘的螺栓内部应力更大。

为扩展端板连接的两种不同螺栓排布方法,通过非线性三维有限元模型,探究圆形排布螺栓形式对扩展端板连接性能的影响,如图 4-49 所示。与矩形连接方式相比,圆形连接方式提高了连接强度,增加了系统的耗能能力。这种现象是因为圆形连接方式改善了螺栓应力分布。

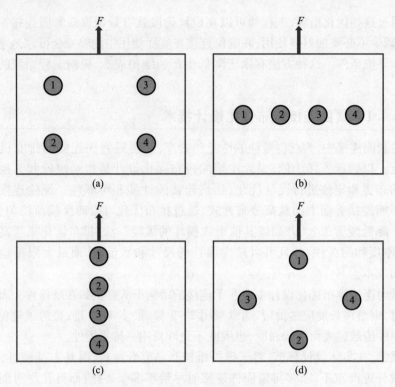

图 4-48 不同布局的螺栓连接[13]
(a)矩形;(b)水平;(c)竖直;(d)圆形。

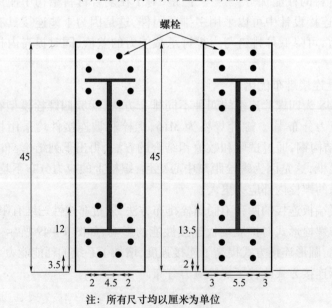

注:所有尺寸均以厘米为单位

图 4-49 扩展端板连接中的圆形和矩形螺栓模式[13]

2. 铆钉连接排布优化

铆钉连接是大型飞机结构组装常见的紧固连接方法,一般用于机身、机翼中的连接部位。铆接过程可能会带来装配变形的不良影响,有时会导致零件变形过大[14]。飞机结构组装涉及的铆钉数量较多,每次铆接过程引起的局部节理变形将其应力和应变传递到整个结构,会不可避免地发生累积变形。在某些情况下,累积变形过大会导致子组件很难甚至不可能连接形成大型组件,进一步会影响飞机的空气动力学性能[15]。材料变形直接由材料、几何形状、工艺参数和残余应力决定。其中材料和几何形状由设计师给出,残余应力状态受前三个因素的影响。因此,必须通过优化铆接参数来研究和控制变形。

有限元是研究铆接过程的有效方法,在工程应用中得到了广泛的应用和验证。可以使用有限元分析铆接顺序、铆钉节距和板材间隙对残余应力、材料变形和膨胀的影响。为了建立过程参数和输出响应之间的映射关系,已经开发了许多方法,如响应面法(RSM)、人工中性网络(ANN)和径向基函数(RBF)。

这里介绍一种确定铆接参数最佳组合的新方法,有助于提高装配均匀性并减少装配变形[16]。该方法结合有限元法和克里金法估算铆接参数对局部变形的影响。应用粒子群优化算法(PSO)搜索帕累托最优解。采用克里金元模型构建铆接参数与铆接变形之间的非线性映射关系;PSO 算法用于搜索解决方案集并找到帕累托最优解。

克里金元模型是一种空间相关建模技术,最初由南非采矿工程公司 Krige 在地质统计学中开发。克里金法由于其优异的近似能力和对非线性函数的独特误差估计函数,是元模型最具代表性和前景的方法之一,并在许多领域得到广泛的研究和应用[17]。

铆接过程是一个复杂的非线性过程,包括多输入过程和多响应过程。采用这种集成有限元、克里金元模型和 PSO 算法的积分方法来解决多目标问题。多目标优化过程包括以下步骤:

第 1 步,识别铆接参数的优化问题,包括目标函数、设计变量和上下限。考虑的变量是挤压力、降压型腔、镦粗上升时间、镦粗停留时间和板材之间的夹紧力,输出参数是孔膨胀和板材膨胀的值,目的是寻求均匀的膨胀值和最小的钣金鼓包。

第 2 步,开发三维有限元(FE)模型,模拟铆接参数对变形的影响。

第 3 步,确定开发的有限元模型是否适合仿真。

第 4 步,设计试验,通过构建的有限元模型获得采样点。应用最优拉丁超立方体生成采样点。

第 5 步,测试克里金法预测模型。如果所建立的模型具有足够的预测精度,则可以用于铆接参数优化;如果没有,请返回到上一步。

第6步,基于构建的克里金法预测模型,采用 PSO 算法搜索最优解集。

第7步,进行验证试验,验证最优结果的可行性。

通过试验和仿真研究铆接构件的破坏机理,研究铆钉数量、铆钉行数、铆钉布置、铆钉行距、铆钉边距、铆钉间距对搭接强度的影响,建立二维力学模型定性说明了各影响因素对搭接强度影响的机理,最后基于响应面算法对铆钉布置进行了优化,得到了设计变量水平的最优组合。

当铆接构件承受拉力时,板承受拉力,铆钉承受剪力,板铆钉处承受剪力和挤压力。为了防止板被单独拉坏、挤压坏或剪坏,就要使板的破坏拉力、破坏挤压力、破坏剪力相等。板的破坏拉力 F_1、破坏挤压力 F_2、破坏剪力 F_3 表达式如下:

$$\begin{cases} F_1 = (t-d)\delta \cdot \sigma_b \\ F_2 = d \cdot \delta \cdot \sigma_1 \\ F_3 = 2\left(c - \dfrac{d}{2}\right) \cdot \delta \cdot \tau_b \end{cases} \quad (4-18)$$

式中:t、c、δ、d 分别为铆距、边距、板厚与铆钉直径;σ_b、τ_b、σ_1 分别为板的抗拉强度极限、抗剪强度极限与抗挤压强度极限。

当铆孔处的破坏挤压力 F_2 等于板边缘的破坏剪力 F_3 时,即

$$\begin{cases} d \cdot \delta \cdot \sigma_1 = 2\left(c - \dfrac{d}{2}\right) \cdot \delta \cdot \tau_b \\ c = \dfrac{d}{2}\left(1 + \dfrac{\sigma_1}{\tau_b}\right) \end{cases} \quad (4-19)$$

对于 m 行铆钉的铆接件来说,当板的破坏拉力等于板的破坏挤压力时,即

$$\begin{cases} (t-d)\delta \cdot \sigma_b = m \cdot d \cdot \delta \cdot \sigma_1 \\ t = d(1+1.8m) \end{cases} \quad (4-20)$$

可见,铆接构件的搭接强度与铆距和边距密切相关。不仅如此,其搭接强度还和铆钉数量、铆钉行数、铆钉布置、铆钉行距有关,所以需要开展试验对其进行研究。

在非线性有限元仿真软件 LS – DYNA 中建立拉伸试验模型。铆钉与板材均采用六面体单元,铆钉和板材搭接处网格大小为 0.5mm,其余部分网格大小为 1mm。模型共 42591 个节点,38752 个单元。材料模型[18]使用 MAT_POWER_LAW_PLASTICITY;上板与下板,上板与铆钉,下板与铆钉均采用 AUTOMATIC_SURFACE_TO_SURFACE – 的接触方式,摩擦因数取 0.18;对基板一侧 35mm 使用 BOUNDARY_SPC_SET 约束其所有自由度,另一侧 35mm 约束其 Y、Z 方向自

由度,并使用 BOUNDARY_PRESCRIBED_MOTION_SET 施加 X 方向 3mm/min 的速度载荷;采用最大主应变随机失效模型,模拟其拉伸断裂过程,使用 MAT_ADD_EROSION 定义铆钉和板材的失效模式;为模拟其准静态拉伸过程,仿真中使用 CONTROL_IMPLICIT_GENERAL 隐式求解器进行求解;通过 DATEBASE_BINARY_D3PLOT 输出动画文件,通过 DATEMASE_CROSS_SECION_SET 输出力位移曲线,通过 CONTROL_TERMINATION 设置终止时间为 10s;最后提交作业进行求解。因为拉伸过程属于大变形,所以使用 CONTROL_CONTACT 改变默认的接触算法,通过增大 SLSFAC 来调整滑动接触刚度。在分析中应该使用非线性迭代求解方法,因此使用 CONTROL_IMPLICIT_SOLUTION 将 NSOLVR 调整为 12,以保证求解收敛。

为了验证仿真模型的有效性,建立单颗铆钉搭接试样的有限元模型,如图 4-50 所示。将仿真结果与试验结果进行对比,仿真曲线与试验曲线拟合良好,相对误差在 3% 以内,表明所建立模型具有较高的可信度。

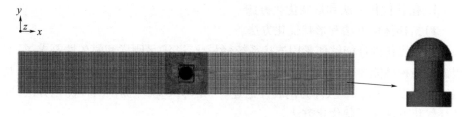

图 4-50 铆接搭接接头有限元模型

然后进行结果分析,得出以下结论:

当铆钉行数在 2 行以上时,应遵循中间铆钉数多、两侧铆钉数少的原则;交错布置与平行布置的搭接强度无明显差别。

对于有一定边距和行距的布置方式,铆距是影响搭接接头力学性能的主要因素。搭接强度随着铆距的增加而增加,当铆距 $t<5d$ 时,搭接强度随着铆距的增大而增大;当 $t>5d$ 时,搭接强度变化不大。对于一定铆距和行距的布置方式,边距也是影响搭接接头力学性能的主要因素,搭接强度随着边距的增加而增加,当边距 $c<3d$ 时,搭接强度随着边距的增大而增大;当 $c>3d$ 时,搭接强度无明显变化。对于一定铆距和边距的布置方式,行距对搭接强度的影响是有限的,从搭接长度的角度分析,搭接长度对搭接强度的影响同样有限。采用响应面法确定最优的铆钉布置方案为:边距 3.4d、铆距 5.3d、行距 3.4d。验证试验的最大承载力为 33.97kN,线荷载集度为 0.7019,与预测值基本相符。

4.4.2 紧固连接系统优化设计技术

结构优化技术是现代结构设计领域最重要的研究方向之一,在工程设计领域发挥着至关重要的作用。这一技术的应用目的在于帮助工程人员寻找既能满足安全性要求,又能保证经济性的结构形式,它所涉及的结构形式的种类包括结构的拓扑、形状、尺寸、材料等各方面的特征[19-20]。

紧固连接接头是工程中重要结构之一,常见的紧固连接接头有螺栓、铆钉等,这类结构在系统中发挥着连接、定位、支承、传力等一系列重要的功能,是机械工程、航空航天、汽车、桥梁等众多领域的重要设计环节。目前对紧固连接接头的设计大多依赖于工程经验,即经验设计,这种设计方法往往需要做大量的试验来完善一个紧固连接接头。通过"试错"来优化调整接头几何形状,以增加接头承载能力,但"试错"的技术难以找到最优解。

随着计算机技术和有限元技术的发展,将拓扑优化技术引入紧固连接系统优化设计的领域,使紧固连接系统的设计不再严重依赖于工程人员的工程经验,避免设计的盲目性和随意性,降低产品设计的试错成本。这在工程应用领域及学术研究领域均具有重要价值。

1. 拓扑优化方法和形状优化方法

1) 拓扑优化方法和形状优化方法

结构优化设计能够使紧固连接系统轻量化,并满足刚度和耐久性要求,是实现满足各种性能要求的理想化概念设计的有效方法,其设计自由度多。本节及后续节将以 ABAQUS 软件为例展开论述。ABAQUS 软件提供两种优化方法,即拓扑优化方法和形状优化方法。

拓扑优化(topology optimization)通过分析过程中不断修改最初模型中指定优化区域的单元材料性质,有效地从分析的模型中移走/增加单元而获得最优的设计目标,是实现满足各种性能要求的理想化概念设计的有效方法,其基本思想是只在结构上最需要的情况下使用材料,从而在利用率低的区域节省材料,如图4-51(a)所示。常见拓扑技术包括变密度法、均匀化方法、渐进结构优化法等[21-22]。

图 4-51 拓扑优化和形状优化示例

(a)拓扑优化;(b)形状优化。

形状优化(shape optimization)则是在分析中对指定的优化区域不断移动表面节点从而达到减小局部应力集中的优化目标,如图4-51(b)所示。通过选用合适的形状变量(如结构轮廓、开口、孔洞、倒圆等)来对结构的形状进行优化以改善结构力学性能,设置方法包括基础向量法、主单元法、离散法、多项式和样条线法、CAD法、自由形变法、解析法等。形状优化设计技术由于其设计参数的特殊性,不可避免地涉及零部件几何模型和力学模型的更新,相比其他优化设计策略,形状优化不仅对零部件的CAD几何参数化建模和有限元参数化建模提出了更高的要求,也使优化设计过程中的灵敏度分析和模型迭代重构更加困难。

2) 优化设计术语

最优化方法(optimization):该方法是一个通过自动化程序增加设计者的经验和直觉从而缩短研发过程的工具。

设计区域(designarea):即模型需要优化的区域。这个区域可以是整个模型,也可以是模型的一部分或者数部分。一定的边界条件、载荷及人为约束下,拓扑优化通过增加/删除区域中单元的材料达到最优化设计,而形状优化通过移动区域内节点来达到优化的目的。

设计变量(designvariables):即优化设计中需要改变的参数。拓扑优化中,设计区域中单元密度是设计变量,ABAQUS优化分析模块在其优化迭代过程中改变单元密度并将其耦合到刚度矩阵之中。实际上,拓扑优化将模型中单元移除的方法是将单元的质量和刚度充分变小从而使其不再参与整体结构响应。对于形状优化而言,设计变量是指设计区域内表面节点位移。优化时,ABAQUS或者将节点位置向外移动、向内移动或不移动。在此过程中,约束会影响表面节点移动的多少及其方向。优化仅仅直接修改边缘处的节点,而边缘内侧的节点位移通过边缘处节点插值得到[23]。

设计循环(designcycle):优化分析是一种不断更新设计变量的迭代过程,执行ABAQUS进行模型修改、查看结果以及确定是否达到优化目的,每次迭代叫做一个设计循环。

优化任务(optimizationtask):一次优化任务包含优化的定义,如设计响应、目标、限制条件和几何约束。

设计响应(design responses):优化分析的输入量称为设计响应。设计响应可以直接从ABAQUS的结果输出文件.odb中读取,如刚度、应力、特征频率及位移等,或者ABAQUS从结果文件中计算得到模型的设计响应,如质心、重量、相对位移等。一个设计响应与模型紧密相关,然而,设计响应存在一定的范围,如区域内的最大应力或者模型体积。另外,设计响应也与特点的分析步和载荷状况有关[24]。

目标函数(objective functions):目标函数决定了优化的目标。一个目标函数是从设计响应中萃取的一定范围内的值,如最大位移和最大应力。一个目标函数可以用多个设计响应公式表示。如果设定目标函数最小化或者最大化设计响应,ABAQUS 拓扑优化模块则通过增加每个设计响应值代入目标函数进行计算。另外,如果有多个目标函数,可以试用权重因子定义每个目标函数的影响程度。

约束(constraints):约束是从设计变量中萃取(提取)的一定范围的数值,约束限定了设计响应,并可以同时强制限定某些状态参量,比如可以指定体积必须降低一定的数值或者某个区域或某节点的位移不超过一定的数值。约束也可以指定与优化无关的其他设定。

停止条件(stop conditions):全局停止条件决定了优化的最大迭代次数。局部停止条件在局部最大/最小达成之后指定优化应该停止。

2. 结构优化步骤

在模型结构优化设计中一般包括以下步骤[25-26]:

(1)创建需要优化的有限元模型。
(2)创建一个优化任务。
(3)创建设计响应。
(4)利用设计响应创建目标函数和约束。

目标包括应变能(Abaqus/CAE Usage:Optimization module:Task→general topology task,Design Response→Create:Single – term,Variable:Strain energy)、特征频率(Abaqus/CAE Usage:Optimization module:Task→shape task,Design ResponseCreate:Single – term,Variable:Eigen frequency calculated with Kreisselmaier – Steinhauser formula)、支反力和力矩(Abaqus/CAE Usage:Optimization module:Task→general topology task,Design ResponseCreate:Single – term,Variable:Reaction force or Reaction moment)、重量和体积(Abaqus/CAE Usage:Optimization module:Task→general topology task,Design ResponseCreate:Single – term,Variable:Weight/Volume)、重心和惯性矩(Abaqus/CAE Usage:Optimization module:Task general topology task,DesignResponse Create:Single – term,Variable:Moment of inertia)。

(5)创建优化进程,提交分析。

基于优化任务的定义及优化程序,ABAQUS 拓扑优化模块进行迭代运算:

(1)准备设计变量(单元密度或者表面节点位置)。
(2)更新有限元模型。
(3)执行 ABAQUS/Standard 分析,这些迭代或者设计循环不会停止,除非最大迭代数达到,或指定的停止条件达到,详细分析步骤如图 4 – 52 所示。

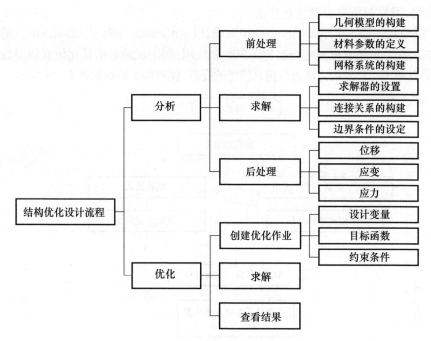

图4-52 结构优化设计流程

4.5 紧固连接仿真后处理一般要求

1) 紧固连接仿真后处理

(1) 仿真后处理通用要求。

有限元法计算结果需按照有关准则进行数值分析和图形显示,不同后处理方式对结果的影响可能很大。因此,仿真规范中应明确后处理结果类型、表现形式和结果后处理方式。

(2) 仿真后处理结果类型。

结果类型包括应力、应变、位移、速度、加速度、压强、支反力、螺栓力、接触力、屈曲系数、固有频率、模态振型、时变响应、能量耗散等。

其中,静强度分析结果类型包括应力、应变、位移、速度、加速度、压强、支反力、螺栓力、接触力等,动力学分析结果类型包括应力、应变、固有频率、模态振型、时变响应、能量耗散等。

2) 紧固连接仿真精度评估

在完成仿真分析之后,如有试验数据结果,可采用一致性算法对仿真结果与试验结果之间的误差进行分析,当仿真结果和试验结果之间的误差大于某一限定值时,需要对仿真模型进行修正。

仿真模型修正可以基于模型验证与确认(verification and validation,V&V)的理论与方法,开展仿真模型的模型验证研究和应用,利用试验数据量化仿真模型的精度,并基于模型修正的方法进行仿真精度的提升,模型修正流程如图4-53所示。

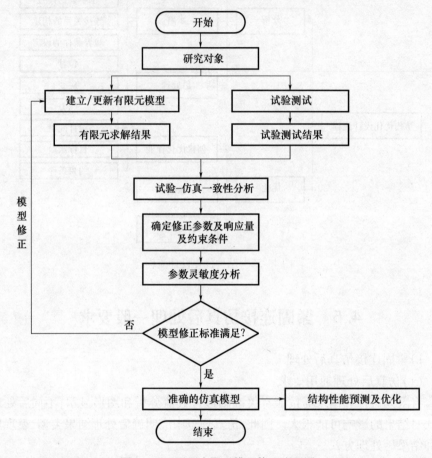

图4-53 通用有限元模型修正流程图

(1)仿真结果精度评估。

由于有限元仿真分析带有大量的假设条件以及不确定的建模参数,所以仿真分析结果与试验结果之间必然存在一定误差,通过误差相关性分析算法或工具可以量化仿真模型的精度。如静强度分析可以采用位移、应力、应变、静刚度等相关误差作为仿真结果精度评价;动力学分析可以采用模态频率、模态振型相关性、模态置信准则、坐标模态置信准则等相关误差作为仿真结果精度评价。

(2)仿真建模的误差源分析。

通过DOE试验设计、参数灵敏度分析等方法对影响仿真结果的因素进行分析,包括有限元建模误差(如结合面连接刚度、材料属性偏差、结构阻尼等建模误差)、网格离散误差、求解器误差、分析误差等因素进行分析,判断仿真误差主要来源,从而指导对有限元模型改进和精度提升。

(3)仿真模型修正。

基于模型 V&V 的方法进行有限元模型参数修正。首先通过灵敏度分析方法进行参数的重要度分析,筛选出对仿真结果有重要影响的高灵敏度参数,将这些重要参数作为修正变量。然后利用模型修正算法进行自动参数修正,提升仿真和试验结果的吻合度。

3)紧固连接仿真报告一般要求

在完成仿真分析之后,应针对具体分析对象、分析目的、分析问题编写有限元分析报告,报告编写内容至少应包括以下方面:

(1)任务概述。

应对分析问题进行一定的背景介绍,并说明本报告所采取的分析类型和关注的分析结果。

(2)分析过程。

应对仿真分析的过程进行描述,包括模型简化、网格划分、材料模型、连接创建、边界条件、载荷和求解方式等。

(3)结果分析和结论。

静力学分析应给出典型的图表结果,如计算结果、应力云图、应变云图、位移云图等。图表应简明、易懂,图表中不应有无关的信息。

动力学分析应给出典型的图表结果,如变形云图、速度加速度曲线、能量变化曲线等,图表应简明、易懂,图表中不应有无关的信息。

根据给出的图表结果,总结分析结论,并给出客观、综合评定。

(4)优化及建议。

报告中应根据分析结果,给出优化建议和设计改良方案。

参考文献

[1] FUKUOKA T, NOMURA M. Proposition of helical thread modeling with accurate geometry and finite element analysis [J]. Journal of Pressure Vessel Technology ASME, 2008, 130: 1 – 6.

[2] LIU X T, MI X, LIU J H, et al. Axial load distribution and self – loosening behavior of bolted joints subjected to torsional excitation[J]. Engineering Failure Analysis, 2021, 119:104985.

[3] 刘学通. 扭转激励下螺栓连接结构松动行为数值研究[D]. 成都:西南交通大学, 2023.

[4] 谭申刚. MJ 螺纹强度理论与计算[M]. 西安:西北工业大学出版社,2014.

[5] 巩浩,刘检华,丁晓宇. 振动条件下螺纹预紧力衰退机理和影响因素研究[J]. 机械工程

学报,2019,55(11):138-148.
- [6] WANG H,LI H C,ZHAO Y,et al. Fatigue failure mechanism of aluminium alloy riveted single-shear lap joints[J]. Engineering Failure Analysis,2023,146(1):107055.
- [7] 王赫. 铝合金/CFRP 单剪搭接铆接结构失效机理研究[D]. 成都:西南交通大学,2023.
- [8] 杨龙. 复合激励下螺栓连接松动与疲劳失效研究[D]. 成都:西南交通大学,2023.
- [9] WU Z,NASSAR S A,YANG X. Nonlinear deformation behavior of bolted flanges under tensile, torsional,and bending loads[J]. Journal of Pressure Vessel Technology,2014,136(6):61201.
- [10] 杨立科. 碳纤维复合材料/TC4 钛合金螺栓连接预压缩量设计研究[D]. 成都:西南交通大学,2023.
- [11] GHOLAMI M,SAM A R M,YATIM J M,et al. A review on steel/CFRP strengthening systems focusing environmental performance[J]. Construction and Building Materials,2013,47:301-310.
- [12] PRAMANIK A,BASAK A K,DONG Y,et al. Joining of carbon fibre reinforced polymer (CFRP) composites and aluminium alloys-A review[J]. Composites Part A:Applied Science and Manufacturing,2017,101:1-29.
- [13] CROCCOLO D,DE Agostinis M,FINI S,et al. Optimization of Bolted Joints:A Literature Review[J]. Metals,2023,13(10):1708.
- [14] DA CUNHA F R S,FIGUEIRA J A N,DE BARROS M C. Methodology to capture induced strains on riveting process of aerospace structures[R]. SAE Technical Paper,2010.
- [15] CHANG Z,WANG Z,JIANG B,et al. Modeling and predicting of aeronautical thin-walled sheet metal parts riveting deformation[J]. Assembly Automation,2016,36(3):295-307.
- [16] WANG Z,CHANG Z,LUO Q,et al. Optimization of riveting parameters using Kriging and particle swarm optimization to improve deformation homogeneity in aircraft assembly[J]. Advances in Mechanical Engineering,2017,9(8):1-13.
- [17] KLEIJNEN J P C. Kriging metamodeling in simulation:A review[J]. European journal of operational research,2009,192(3):707-716.
- [18] LSTC 2018. LS-DYNA® keyword user's manual Volume Ⅱ (LS-DYNA R11) [M]. Livermore :Livermore Software Technology Corporation ,2016.
- [19] 程浦. 面向连接结构设计的归纳式拓扑优化方法研究[D]. 长沙:湖南大学,2020.
- [20] 夏天翔,姚卫星. 连续体结构拓扑优化方法评述[J]. 航空工程进展,2011,2(1):1-11.
- [21] 苏胜伟. 基于 Optistruct 拓扑优化的应用研究[D]. 哈尔滨:哈尔滨工程大学,2008.
- [22] 郭中泽,张卫红,陈裕泽. 结构拓扑优化设计综述[J]. 机械设计,2007,24(8):1-6.
- [23] 张晓顿. 含预紧螺栓连接非线性的结构拓扑优化方法研究[D]. 绵阳:中国工程物理研究院,2018.
- [24] 王中昊. 基于拓扑优化的连接件构型设计[D]. 大连:大连理工大学,2012.
- [25] 周凯. 飞行器头部快速连接结构设计及拓扑优化研究[D]. 哈尔滨:哈尔滨工程大学,2017.
- [26] 苏胜伟. 基于 Optistruct 拓扑优化的应用研究[D]. 哈尔滨:哈尔滨工程大学,2008.

第5章 紧固连接安装技术

5.1 技术概述

紧固连接安装技术包含紧固件安装孔制备及强化、制孔工具和孔强化工具、紧固件安装、模拟装配、典型紧固件拆卸以及预紧力控制等涉及的相关技术,主要用于指导紧固件的安装。

安装孔制备主要是采用相应的制孔工具、刀具及量具等工艺装备在零部件上制备紧固件安装所需的孔。据统计,飞机结构断裂中,50%～90%的问题均来源于孔的疲劳失效[1],因此安装孔强化主要是采用开缝衬套及配套工具系统通过冷挤压强化机翼、机身、壁板等关键结构上的紧固件安装孔,减少紧固件安装孔周边的应力集中并形成均匀的残余压应力强化层,抑制金属位错滑移、增大裂纹开裂应力、延缓裂纹拓展速率,从而能够显著增强紧固孔抗疲劳能力,为航空航天等型号长寿命服役提供保障。安装工具主要包括制孔工具和螺栓、高锁螺母、铆钉等各类紧固件拧紧、铆接所需的工具。安装工艺方法主要是螺栓、各类铆钉、螺套、高锁螺母以及其他典型紧固件的安装工艺方法。目前,各紧固件制造商工作重心是产品研制、制造工艺开发,聚焦于产品质量水平是否满足标准、规范要求,对用户具体安装使用环境和条件的研究、验证不够深入和充分,造成产品制造与安装使用环节存在一定脱节,紧固件易出现"合格不好用"问题。因此,模拟装配主要用于在试验环境下模拟型号实际装配场景,验证紧固件的安装适应性,提前识别产品设计、制造、使用环节存在的缺陷,并采取改进措施,使质量管控模式从事后"问题处理"向事前"系统预防"转变,解决产品"合格不好用"问题,提升用户体验和行业整体技术水平。紧固件拆卸主要用于应对型号装配阶段的紧固件安装异常或型号维修需求,介绍了几种典型紧固件的拆卸方法。预紧力控制主要是对螺栓安装或服役状态的预紧力进行精确的量化控制。

紧固连接安装的技术特点是需借助通用或专用的制孔和安装工艺装备,按照特定工艺方法,在相关人员具备一定技能水平的基础上,才能正确安装紧固件,发挥紧固件最佳性能、功能,从而保证型号服役可靠性。

5.2 紧固件安装孔制备及强化方法

螺栓、螺钉、螺母、铆钉等各类紧固件的安装均需要在零部件上制孔,安装孔的尺寸、形位公差精度、表面质量等均会影响紧固件的安装质量和可靠性,制孔的效率也会影响到紧固件的安装效率。另外,飞机结构断裂中的大部分问题来源于孔的疲劳失效。因此,安装孔是影响紧固件正确安装、可靠服役的重要因素之一,本节主要介绍紧固件安装孔制备及其强化方法。

5.2.1 安装孔制备方法

安装孔是指在零部件上通过钻、铰、锪等方式加工的紧固件安装所需的各类孔,安装孔的形式一般有普通通孔、沉头孔、椭圆孔等,典型安装孔如图 5-1 所示。

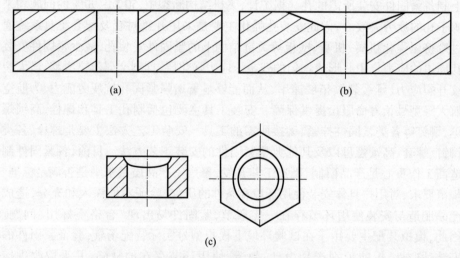

图 5-1 紧固件安装孔
(a)普通通孔;(b)沉头孔;(c)椭圆孔。

1. 安装孔的质量特性

安装孔的质量特性包含圆柱度、垂直度、位置精度、孔壁表面质量、应力状态等方面,主要介绍如下。

1)圆柱度

安装孔的圆度是指孔的圆柱几何形状的正确程度。只有孔的圆柱几何形状接近理论值,铆钉和螺栓等紧固件在安装后才不至于受到其他附加弯曲应力、挤压应力等影响而降低其静强度和动强度。

2) 垂直度

安装孔轴线方向对紧固孔疲劳性能的影响较大。紧固孔沿外载荷作用方向倾斜2°,疲劳寿命会降低47%;倾斜5°,疲劳寿命则可能降低95%[2]。

3) 位置精度

在结构设计阶段,设计者就已经考虑到了载荷分配。如果定位不准造成孔位误差,在结构受力时,就改变了各紧固件之间的载荷分配情况,从而影响结构的疲劳寿命。

4) 孔壁表面质量

在零件尺寸和材料性能一定的情况下,制孔工艺是影响表面质量的重要因素。根据断裂力学原理,表面粗糙度值越大,切口效应就越大,即应力集中系数越大,故疲劳性能越差。孔壁轴向划痕是促使紧固孔疲劳性能降低的主要因素之一。

5) 应力状态

在切削加工时,由于切削力和切削热的影响,表面层的金属会发生形状和组织的变化,从而在表层及其与基体交界处产生相互平衡的弹性应力,即残余应力。已加工表面的残余应力分为残余拉应力和残余压应力,残余拉应力会降低孔的疲劳寿命,而残余压应力可提高孔的疲劳寿命。

6) 毛刺

在金属的钻削加工中,通常情况下在钻头的入口处和出口处都将产生毛刺。由于毛刺的存在,在影响零件的尺寸精度及使用性能的同时,会产生应力集中,降低结构的疲劳性能。

2. 常见的安装孔制备方法

安装孔制备又称为制孔,在航空航天工业上应用尤为广泛,是紧固件装配中的一个重要环节。随着工业技术的不断发展,制孔技术也在不断创新和改变,从传统的人工操作向数字化、自动化和智能化制孔技术转变。随着钛合金、复合材料用量的不断增加,对产品质量、精度以及生产效率提出了更高的要求,使得制孔技术不断面临新的挑战。钛合金因具有比强度高、低温性能好、耐高温和抗腐蚀等优异性能,广泛应用于航空、航天、船舶和汽车等领域,但也因其热导率低、抗拉强度、韧性和高温下化学活性高等特点,导致加工过程中切削力大、切削温度高以及刀具黏结严重,因而出现加工质量差、加工效率低等问题,是一种典型的难加工材料;碳纤维复合材料因具有优异的物理和力学性能,具有非匀质性和各向异性,在制孔加工过程中,极易产生分层、撕裂、毛刺等缺陷,严重影响其制孔质量。因此在不同材料的基体上,安装孔制备的刀具选择和工艺参数差异较大。常见的制孔方法介绍如下。

1) 手工制孔

传统的手工制孔方式主要以风钻钻孔为主。工艺顺序为:划线→钻孔→粗铰(或扩孔)→精铰→分离清理。虽然传统手工制孔通常存在易形成缺陷、孔位精度差、制孔步骤多、需要二次装配、人为因素影响无法避免等缺点,但对于一些特殊工况和位置的零部件,无法自动制孔的时候只能采用手工制孔的方式。随着工业不断发展,制孔工具、刀具和辅助工具已相对成熟,制孔质量也得到了相应的保障。

2) 自动化精密制孔

自动制孔的工艺顺序如图5-2所示。

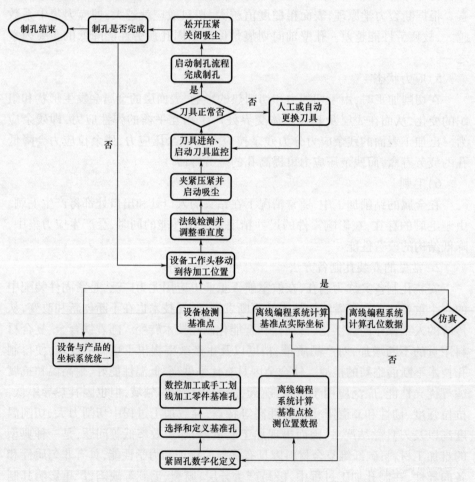

图5-2 自动制孔工艺顺序[3]

自动化精密制孔要求一次高速钻出优质孔(包括锪窝),因此对钻头的几何形状、材料及加工参数等都有一定的要求。不同材料的制孔参数可参考表5-1。

表 5-1　不同材料的制孔参数[3]

材料	进给方式	切削速度/(m/min)	进给量/(mm/r)
铝合金	连续	45~90	0.1~0.2
钛合金/不锈钢	啄式	约12	0.1~0.3
复合材料	连续	95~200	0.1~0.2

国外常见的自动化精密制孔设备主要有自动钻铆机、机器人制孔系统、龙门式自动制孔系统和柔性导轨自动制孔系统。整个过程通过预先编程，全部由数控程序控制，一次性地连续完成夹紧、钻孔、锪窝、注胶、放铆和铣平等工艺。

5.2.2　安装孔强化方法

螺栓连接和铆接是飞机结构主要连接方法，因为孔边存在严重的结构应力集中，孔结构很容易发生疲劳断裂，影响航空安全性和可靠性。因此，提高安装孔疲劳强度是航空航天等领域普遍关心的关键技术之一。基于安装孔强化技术的发展现状，从强化机制、实施方法、强化效果和应用场合等方面进行，目前常用的安装孔强化方式主要有干涉配合、喷丸、激光冲击、冷挤压等方法。

1. 常用的安装孔强化方法

1) 干涉配合强化

干涉配合连接要求紧固件直径大于孔径，以便安装后在孔壁引入径向压应力，降低疲劳载荷应力幅，提高疲劳强度。但是在实际应用中干涉量需要精确控制，干涉量过大会损伤孔壁，干涉配合安装过程中产生的材料突起也影响疲劳强度。

2) 喷丸强化

喷丸是通过高压气流将丸粒高速喷射在孔壁表面，在孔壁表层引入残余压应力，抑制疲劳裂纹萌生，如图 5-3 所示。国际上认为喷丸适用于 ϕ19mm 以上的安装孔强化，在国内实现了 ϕ14.2mm 内孔喷丸强化。由于喷丸会增大孔壁表面粗糙度，从而降低喷丸的强化效果。

3) 激光冲击强化

激光冲击是一种极具竞争力的新型高能束表面强化技术，利用强激光诱导冲击波强化金属表面，在金属表面形成密集稳定的位错结构，产生应变硬化和残余压应力层，具有无污染、定位准、效果好等优势，在提高金属抗疲劳、耐磨损、耐应力腐蚀等方面有广泛的应用。对于激光冲击强化安装孔的应用，当前主要集中在对 ϕ4mm 以下小孔的强化，这是因为受小孔孔径和可达性限制，采用传统的表面强化技术操作难度较大。激光冲击处理示意图如图 5-4 所示。

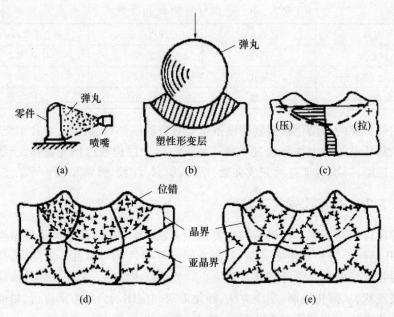

图 5-3 喷丸表面的塑性变形层

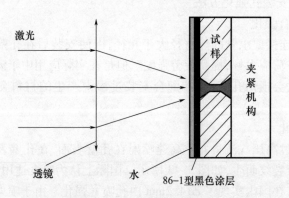

图 5-4 激光冲击处理示意图

4) 冷挤压强化

冷挤压分为芯棒直接挤压和开缝衬套间接冷挤压。前者直接用芯棒和孔径之间的过盈挤压孔壁,其工艺简单,但要反复多次,孔壁有轻度轴向擦伤,孔角上有小的凸起,示意图如图 5-5 所示;后者在孔壁和芯棒之间要增加一个开缝的衬套,当芯棒挤压衬套时,衬套发生弹性变形并沿轴向张开,挤压孔壁材料发生塑性变形,由于芯棒和孔壁不直接接触摩擦,可有效抑制材料向挤出端流动和避免孔壁轴向划伤,并保证了孔壁材料的径向扩张,以实现高挤压量强化,极大提高了安装孔强化效果,示意图如图 5-6 所示。开缝衬套挤压时芯棒比连接孔初始直径要小,这使得孔挤压工艺可实现单边操作,降低空间结构对孔挤压的应用限制,在实际生产中用起来更加方便简捷。但是,开缝衬套挤压后会在孔壁遗留一条轴向凸脊,如图5-7所示,凸脊根部容易产生微裂纹,可能还存在残余拉应力,这对强化不利,需要后期铰削消除。另外,开缝衬套是一次性消耗品,其加工难度大,造成该技术应用成本稍高。

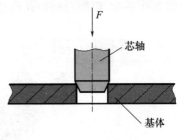

图5-5 芯棒挤压

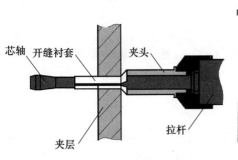

图5-6 开缝衬套挤压

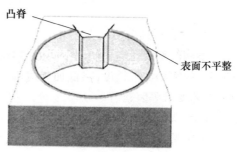

图5-7 开缝衬套挤压遗留的凸脊

5.3 紧固件安装工具

紧固件安装工具包含用于加工安装孔所需的制孔工具、刀具以及螺栓、高锁螺母、铆钉等各类紧固件拧紧、铆接所需的工具,此处统称为紧固件安装工具。安装工具是实现紧固件安装的重要工艺装备。

5.3.1 制孔工刀具

1. 制孔工具

常用的制孔工具主要有各类气(电)钻和自动精密钻孔设备等。气钻是一种手持式气动工具,主要用于对金属构件的钻孔工作,尤其适用于薄壁壳体件和铝镁等轻合金构件上的钻孔工作,典型气钻如图5-8所示,具有工作效率高、钻孔精度高、携带方便等特点,广泛应用于航空航天、工业制造及维修行业。目前市面上的气(电)钻种类繁多,根据加工精度要求可以选用不同型号的工具。自动精密钻孔设备制备的安装孔质量更好,效率更高,国外常见应用的自动化精密钻孔设备主要有自动钻铆机、机器人制孔系统、龙门式自动制孔系统和柔性导轨自动制孔系统,典型自动钻孔设备如图5-9所示。

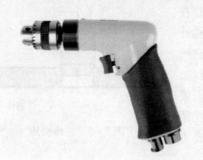

图5-8 气钻

图5-9 自动制孔设备

2. 制孔刀具

不同的安装孔需要使用不同的刀具进行加工,选用合适的切削刀具能够提高加工效率和加工精度,降低加工成本。在选用时需要考虑孔的大小、形状、材料、工艺要求等因素。

1)钻头

钻头是孔加工中最常用的切削工具之一。它有一端尖锐的切削部分和一端握持的柄部,钻头可以用来钻孔、锪孔、钻配合孔等。钻头的主要特点是加工精度高、孔的表面质量好、钻孔深度易控制。不同的钻头适用于不同材料的加工,如硬质合金钻头适用于加工硬质材料等。典型钻头如图5-10所示。

图5-10 钻头

2)铰孔刀

铰孔刀是一种可在孔内加工凸平面和倒角的切削工具,适用于加工孔的表面平坦度和圆度较高的情况。铰孔刀由一根长条状的刀条和数个刃片组成,有很多不同形状和尺寸的刃片可供选择,可以满足不同形状的尺寸孔的加工需求。典型铰孔刀如图5-11所示。

图5-11 铰孔刀

3) 镗刀

镗刀也是一种孔加工刀具,适用于加工直径较大的孔。镗刀分为手动镗刀和数控镗刀两种。手动镗刀需要手工进行调整并加工孔,加工效率较低。数控镗刀则可进行高精度的自动化加工,加工效率和加工精度都比手动镗刀高。典型镗刀如图 5-12 所示。

图 5-12　镗刀

4) 铣刀

铣刀是一种切削工具,与传统的钻孔和铰削工具不同。铣刀采用回转刀头切削方法,在加工中产生旋转和切向力,可以切削各种形状的孔、槽和凸台等,加工效率高、精度高,但加工过程中需要相应的设备配合。典型铣刀如图 5-13 所示。

图 5-13　铣刀

5.3.2　安装工具

紧固件安装趋势是从简单工具靠经验安装,逐渐向自动化、智能化安装发展。由于紧固件的种类繁多,不同紧固件的安装方式不同,需使用的安装工具也不同。对应于不同类型的紧固件,可将安装工具主要分为定扭矩安装工具、各类铆钉安装工具、螺套安装工具、高锁螺母安装工具、开缝衬套安装工具等类型。

1. 定扭矩安装工具

为使紧固件安装后达到预期的预紧力,在安装时需借用定扭矩的安装工具,最常见的为扭矩扳手。扭矩扳手是一种带有扭矩测量机构的拧紧计量器具,它用于紧固螺栓和螺母,并能测出拧紧时的扭矩值。

扭矩扳手按使用的动力源,一般可分为手动、气动、电动和液压四大类;按制造测量原理一般可分为示值式和预置式,而示值式又可以分为指针式和数字式,预置式分为机械式和电子式。扭矩扳手的精度一般分为7个等级,分别为1级、2级、3级、4级、5级、6级、10级。

1)手动扭矩扳手

手动扭矩扳手是一种力学手动工具,如图5-14所示。其内部原理是通过一个滑轮结构驱动另一个滑轮,从而实现相应的扭矩。滑轮组件由把手、栓位和螺母组成,其中把手位于外部组成的一部分,而螺母和栓位位于内部。把手内部有两个钢材闭口环,彼此对称分开。当把手握紧时,两个闭口环的外表面便会受到力的作用,从而在内部产生惯性,使整个组件拧紧,其中螺母便会起到转动手柄的作用。当手柄稍微放松的时候,螺母就会自动转动,从而产生相应的驱动扭矩,达到拧紧的目的。

图5-14 手动扭矩扳手

2)气动扭矩扳手

气动扭矩扳手是一种以高压气泵为动力源的扭矩扳手,如图5-15所示,其原理是由一个或两个有力的气动马达来驱动带有三层或更多周转齿轮的扭矩倍增器。经由调整气体压力来控制扭矩大小,为允许特定的扭矩需求设定,每台工具都配有专用的气压先对扭矩进行校正。气动扭矩扳手同时搭配扭矩传感器,使输出的扭矩更为精准,在获得所需的扭矩后可使用合适的回路系统自动关闭气源。

图5-15 气动扭矩扳手

3)电动扭矩扳手

电动扭矩扳手由电池、电机、行星齿轮机构、扭矩传感器、微机控制系统等部分组成,典型结构示意图如图5-16所示,实物图如图5-17所示。当电机转动时,带动高速级行星齿轮机构的中心轮转动,该机构的另一齿轮与壳体固联;扭矩由系杆传送到低速级行星齿轮机构的中心轮上,该机构的另一齿轮与传感器相连,并通过传感器固定于壳体上;扭矩同时由系杆传送到扳拧部位上,实现对螺栓的拧紧。当确定低速级行星齿轮机构的传感器与系杆之间的扭矩关系后,即可通过监测传感器的扭矩值间接测量扳手头的扭矩。微机控制系统采集传感器的扭矩信号,经处理后反馈给步进电机,从而实现对安装工具扭矩和转速的控制。

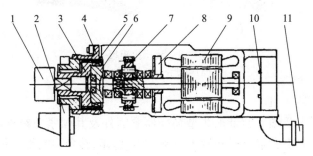

1—套筒头;2—反力臂;3—输出轴;4—钢轮;5—柔泵;6—波发生器;
7—行星齿轮;8—风扇;9—电动机;10—按钮;11—八芯插座。

图 5-16 电动扭矩扳手结构示意图

4) 液压扭矩扳手

对于大规格螺栓,例如大于等于 $\phi 20mm$,由于其安装力矩大或安装空间受限,使用气动扭矩扳手、电动扭矩扳手或手动扭矩扳手安装操作困难或难以实现时,可使用液压扭矩扳手完成安装。液压扭矩扳手相对于气动扭矩扳手、电动扭矩扳手或手动扭矩扳手,输出的扭矩是它们的几倍、几十倍甚至是上百倍,目前最大输出扭矩接近 35000N·m。因此,使用液压扭矩扳手代替人工扳拧,可施加更大的安装扭矩,减轻人员劳动强度,提高设备、人员的安全性和安装效率,同时可高精度施加安装力矩,精度可达 ±3%,尤其适用于狭小空间的大规格螺栓安装。

图 5-17 电动扭矩扳手

液压扭矩扳手的工作系统由液压扳手及配套的高压泵、油管、压力指示器等组成,按结构可分为驱动式和中空式两种,典型液压扭矩扳手如图 5-18 所示。驱动式液压扳手配合标准套筒使用,为通用型液压扳手,对于不同规格螺栓,更换相应套筒即可完成安装,适用范围广;中空式液压扳手直接作用于螺母,对于不同规格螺栓,需更换变径套或工作头,特别适用于安装空间受限、双螺母安装等场合。

图 5-18 液压扭矩扳手
(a)驱动式;(b)中空式。

5)智能安装工具

可测预紧力及轴力的带永久型换能器紧固件及其预紧力精确测量技术,近年来航天精工股份有限公司开发了集预紧力、扭矩、转角参数综合控制的智能安装工具,实现了多参数联动控制与测量,在航空发动机关键结构实现基于预紧力-扭矩-转角控制的新型安装策略的验证和应用。

智能安装工具由预紧力测量系统、自动拧紧机构、一体式预紧力测量探头、加载套筒、传输线缆、加载控制器、精密伺服泵、伺服电机、转角和扭矩测量模块、人机交互及 CPU 模块、移动平台等组成,典型实物如图 5-19 所示。智能安装工具为智能螺栓扭矩转角专用拧紧工具,可在自动拧紧、卸载过程中同步实现预紧力、扭矩和转角测量,控制原理示意图如图 5-20 所示。智能螺栓安装时,通过设定目标预紧力、扭矩或转角值,智能安装工具系统的控制单元实时向加载控制器发送控制指令,动态驱动精密伺服泵、伺服电机开始工作,并通过实时测量回路的反馈来调整加载输出量,及时调整加载速率和转角,实现平稳加载控制。动力通过传输线缆传递至自动加载机构实现拧紧,由测量加载套筒实时预紧力和扭矩、转角的测量。人机交互模块包含了实时测量数据存储与导出,同步显示预紧力、扭矩、转角值等功能,数据管理系统具备编程设置及功能切换、参数校准、报表输出、报警等功能。

图 5-19 典型智能安装工具实物图

智能安装工具支持预紧力、扭矩、转角参数独立控制,可实现预紧力、扭矩、扭矩转角 3 种控制模式:通过手柄控制液压自动加载、动态测量,操作便捷,可在狭小空间使用,适用范围广;预紧力测量精度可达±3%,扭矩测量精度可达±2%,转角测量精度可达±2′;可实现装配过程智能化、数字化,装配数据云存储。

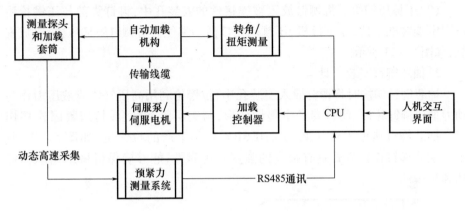

图5-20 智能安装工具控制原理示意图

2. 铆钉安装工具

铆钉的主要类型包含普通铆钉、抽芯铆钉和螺纹空心铆钉三类,不同类型铆钉的安装需要不同的安装工具,因此铆钉安装工具也分为三大类,简要介绍如下。

1)普通铆钉安装工具

普通铆钉分为实心铆钉、空心铆钉等,安装时主要使用锤铆和压铆的方式。常用的安装工具有气动锤铆枪(图5-21)和手提压铆机(图5-22),前者是对铆钉反复施加锤击力,直至铆钉发生塑性变形完成安装;后者是直接通过钳口对铆钉施加压力来实现压铆安装。

图5-21 气动锤铆枪　　　　图5-22 手提压铆机

气动锤铆枪是通过压缩空气为动力,带动活塞做反复运动,实现对铆钉的锤铆功能;手提压铆机是通过单气缸或多气缸串联,以压缩空气为动力,使钳口对铆钉施加闭合方向的压力,实现铆钉的压铆安装。

普通铆钉安装工具的使用操作步骤为：

（1）气动锤铆枪。将铆钉放入被连接件的安装孔中，然后使用气动锤铆枪对铆钉待成形部位进行锤铆，完成安装。

（2）手提压铆枪。将铆钉放入被连接件的安装孔中，铆钉头部与压铆枪钳口固定端对准定位，扣下扳机，压铆枪钳口活动端便会对铆钉施加压力，完成安装，如图5-23所示。

2）抽芯铆钉安装工具

抽芯铆钉铆接时将铆钉插入安装孔中，拉铆枪利用高压气体或液压力作为动力抽拉铆钉芯杆，使钉套产生塑性变形，与夹层紧密贴合，起到紧固连接作用。抽芯铆钉典型安装工具为CHERRY公司生产的拉铆枪，如图5-24所示。抽芯铆钉连接方式具有很高的强度和可靠性，能够确保机械结构的稳定性和耐久性。

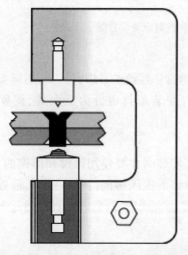
图5-23 空心铆钉压铆示意图

图5-24 典型的拉铆枪

气动拉铆枪是以压缩空气为动力，将压缩空气由连管经过活门达到活塞，使活塞在拉铆枪体内做往复运动，经过枪头拉动铆钉芯杆，从而使铆钉成形。为使铆接成形过程提供稳定且足够的压力，常常使用气液铆接工具，通过气液转换装置将空气动力输入转换为液压驱动输出，保证抽芯铆钉铆接成形的稳定性。不同结构的抽芯铆钉需选用不同型号的拉铆枪及其拉枪头。拉枪头按工作原理可以分为拉铆式和旋铆式，前者是依靠夹头固定抽钉的芯杆，然后施加拉力，致使钉套产生塑性变形，拉铆式拉枪头的典型结构如图5-25所示；后者通过螺纹旋转方式，驱动螺母保持静止，通过铆枪将扭矩施加到芯杆上，拉力导致钉套变形形成镦头，旋铆式拉枪头的典型结构如图5-26所示。

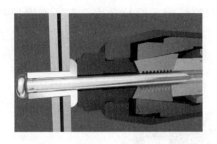 

图 5-25　拉铆式拉枪头的典型结构　　　图 5-26　旋铆式拉枪头的典型结构

3) 螺纹空心铆钉安装工具

螺纹空心铆钉的安装工具由压力源和拉铆枪组成,压力源为拉铆枪提供动力,通过拉铆枪使螺纹空心铆钉变形,形成镦头。作为螺纹空心铆钉的典型——无耳托板螺母,其安装工具由 Hi-shear 公司生产,压力源型号为 BP7000,枪体型号为 BG2500,如图 5-27 所示。压力源属于气液装置,将气压源转换成高能量的油压出力,从而对无耳托板螺母产生拉力。螺纹空心铆钉安装工具使用前,需根据产品规格、夹层厚度调节泵站压力使拉铆枪获得所需压力,可通过在试件上试铆接获得比较精确的压力值。压力调节好后,需多次开动拉铆枪,验证压力稳定后方可进行螺母安装。

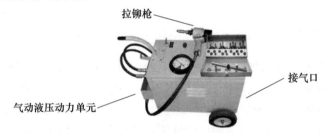

图 5-27　无耳托板螺母安装工具

螺纹空心铆钉拉铆枪的典型结构如图 5-28 所示,可通过按钮控制铆枪内部的液压油流动,实现正转、反转与拉铆等安装所需的动作。液压动力铆枪与气液动力转换单元通过油管相连,气液动力转换单元工作时,通过油管将液压油引入到液压动力铆枪中,为液压动力铆枪提供动力。液压动力铆枪前连接头为螺纹形式,适配多种类型、规格的螺纹空心铆钉,便于现场安装作业。

3. 螺套安装工具

螺套的种类繁多,根据结构不同,常见的有钢丝螺套、薄壁自锁螺套、带键螺套、齿形锁紧螺套四大类,其安装所用主要工具介绍如下。

1) 钢丝螺套安装工具

普通钢丝螺套的常用安装工具为手动工具,是利用一个专用工具卡住其安装柄,通过旋动安装柄使其直径缩小而沿螺纹线旋入螺纹孔内。普通型钢丝螺套的旋入工具分为套筒式旋入工具、导套与芯棒分离式旋入工具、简单式旋入工具等。

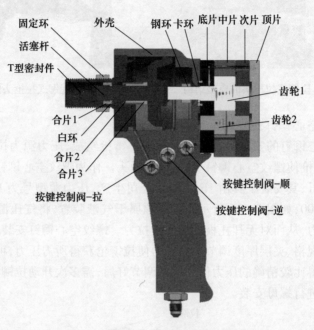

图 5-28 螺纹空心铆钉的拉铆枪典型结构

套筒式旋入工具的典型结构如图 5-29 所示,它由引导套、钢丝螺套、套筒、芯棒和手柄构成。引导套是带有锥度形内螺纹的铜套,起收缩和导引钢丝螺套的作用。芯棒前端有一槽口用来卡住钢丝螺套的安装柄,芯棒后段有螺纹与套筒螺纹相配,用来防止旋入钢丝螺套时向前推压芯棒造成跳牙。套筒式旋入工具的结构也不尽相同,有的芯棒后段无螺纹限位,有的在前端带螺纹等。引导套与芯棒分离式旋入工具是将引导套和芯棒分开,使用起来比较方便灵活,如图 5-30 所示。

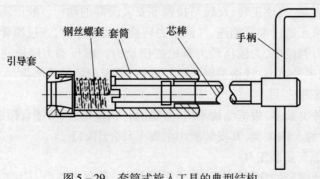

图 5-29 套筒式旋入工具的典型结构

简单式旋入工具是在一个直杆端头开一个槽,另一端装一扳杆即可,开槽端的直径应略小于钢丝螺套旋入后所形成的标准螺纹内径,如图5-31所示。简单式旋入工具使用方便,效率高、成本低,比较适宜用于粗牙螺纹的安装,但对操作人员的技能水平要求较高。

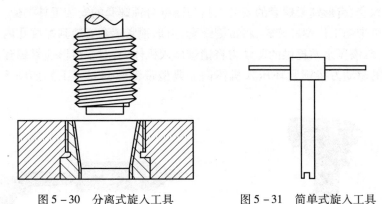

图5-30　分离式旋入工具　　　　图5-31　简单式旋入工具

对于锁紧型钢丝螺套,由于多边形的锁紧边使钢丝螺套旋入螺孔后锁紧圈处的内径减小,因此工具杆的直径也应该适当减小。一般锁紧型钢丝螺套的旋入采用带引导套和芯棒前段为螺纹的旋入工具,这样可以防止在锁紧圈处产生跳牙,如图5-32所示。

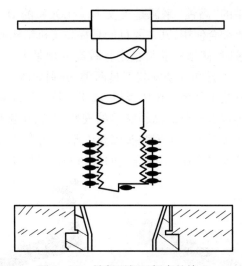

图5-32　锁紧型钢丝螺套的旋入

2)薄壁自锁螺套安装工具

薄壁自锁螺套自动安装工具的控制按钮为两段,分别控制旋转电机和电动液压泵站,旋转电机带动工作螺杆旋转,将薄壁自锁螺套安装到螺纹孔内;由液压泵站提供的驱动力对薄壁自锁螺套的滚花段进行扩口,将薄壁自锁螺套嵌到机体上。典型薄壁自锁螺套安装工具如图 5-33 所示。

3)带键螺套、齿形锁紧螺套安装工具

带键螺套、齿形锁紧螺套的安装工具与薄壁自锁螺套的安装工具类似,首先是旋转电机带动工作螺杆旋转,将带键螺套、齿形锁紧螺套安装到螺纹孔内。对于带键螺套,液压泵站提供的驱动力将销键压入机体内;对于齿形锁紧螺套液压泵站提供的驱动力将锁紧环压入机体内。典型带键螺套安装工具如图 5-34 所示。

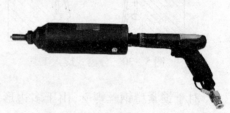

图 5-33　薄壁自锁螺套专用安装工具　　　　图 5-34　带键螺套安装工具

4. 高锁螺母安装工具

高锁螺母名称中的"高锁"来源是英文 Hi-LOCK 的 Hi-shear 公司专利。高锁螺母与高锁螺栓配合使用,其主要目的是提高飞机结构的疲劳寿命,主要途径是在连接件的安装时,使结构获得稳定且较高的预紧力。常见高锁螺母的安装工具分为手动安装工具和气动安装工具两类,分别如图 5-35 和图 5-36 所示。高锁螺母气动安装工具为专用风扳机,属于手持式气动装配工具,具有体积小、重量轻、效率高等特点。根据高锁螺母的安装位置,可选择不同结构的模块化安装头部,其中 17°安装头、20°安装头以及 L 形安装头可适用于不易装配、狭窄部位的高锁紧固件连接作业,不同形式的气动安装工具如图 5-37 所示。

图 5-35　高锁手动安装工具　　　　图 5-36　高锁气动安装工具

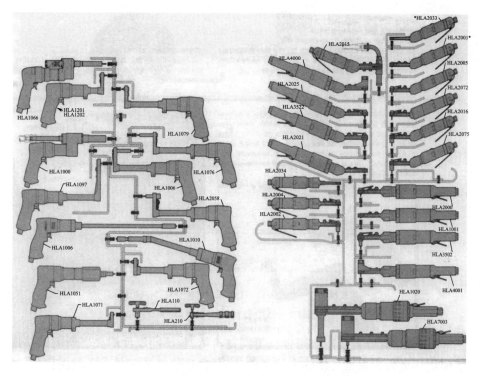

图 5-37 高锁安装工具适用安装位置示意图

高锁螺母手动安装工具为棘轮扳手、内六方套筒和外六方扳手,三者配合使用。棘轮扳手和内六方套筒与普通扳手套筒不同的地方在于中心有一通孔,用于外六方扳手穿过而固定高锁螺栓。转动棘轮扳手带动内六方套筒,对高锁螺母扳拧部位施加力矩,直至扳拧部位断裂完成安装。

气动安装工具的鼻端包括套筒、外六方扳手,外六方扳手处于固定状态。安装时,将外六方扳手插入高锁螺栓尾部内六方孔中,从而固定高锁螺栓;然后启动安装工具,驱动套筒对高锁螺母施加拧紧力矩,直至高锁螺母扳拧部位断裂,此时完成高锁螺母的安装。

5. 开缝衬套安装工具

开缝衬套用于对安装孔进行冷挤压强化,通过轴向开缝的薄壁衬套将挤压工具径向力传递至安装孔壁,使安装孔发生塑性变形,从而在孔附近形成残余压应力强化层。开缝衬套安装过程中主要用到液压泵站、拉枪、芯棒、钻头、铰刀、量规等安装工具,典型安装工具示意图如图5-38～图5-41所示。

图 5-38 开缝衬套安装用液压泵站

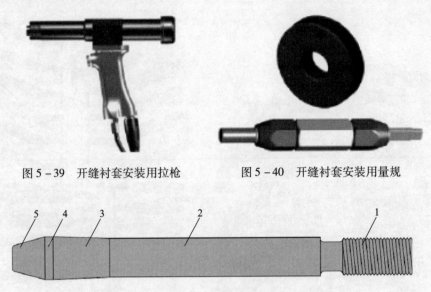

图 5-39　开缝衬套安装用拉枪　　图 5-40　开缝衬套安装用量规

1—连接螺纹；2—小径段；3—后锥段；4—大径段；5—前锥段。

图 5-41　芯棒结构示意图

不同规格开缝衬套冷挤压强化不同材料类型、不同厚度的夹层所需的挤压力不同，因此需要根据具体的安装条件，选择合适的安装工具。一般而言，泵站分为小型液压泵站和大型液压泵站两种，液压泵站由 0.65~0.80MPa 的压缩空气驱动；拉枪分为小号、中号、大号三种，由液压泵站提供动力。小型泵站体积小、重量轻，在 0.9525cm 空气软管的条件下，输出流量为 566L/min，因其输出流量小，一般与小号、中号拉枪配合使用，适宜用于操作空间受限部位的开缝衬套的安装。大型泵站在 1.27cm 空气软管的条件下，输出流量为 1133~1415L/min，可与小号、中号、大号拉枪配合使用，用于各规格开缝衬套的安装。

5.4　紧固件安装方法

在正确选用安装工具的基础上，还需要按正确的方法进行安装，安装方法不当也会导致安装质量问题。紧固件安装方法主要包含扭矩法、转角法、屈服点控制法等螺栓的常用拧紧方法，以及各类铆钉、螺套、高锁螺栓、粘接游动托板自锁螺母、开缝衬套等典型紧固件的安装方法。另外，为了更好地保障型号装配质量，可在紧固件出厂前进行模拟装配试验。模拟装配试验是指在试验条件下模拟产品实际安装条件下的制孔工具及刀具、夹层、相配紧固件、安装工具、安装工艺参数、温度、应力等要素，开展安装工艺性验证试验。通过模拟装配试验，可尽早发现产品在安装使用过程中可能存在的问题，并及时在制造过程中做出优化，也可以为安装提供技术指导。例如,开展钛合金高锁螺栓在不同安装孔垂直度条件下的模拟装配试验,可获得随安装孔垂直度变化的钛合金高锁螺栓承载能力的衰减趋势,为控制安装孔垂直度提供数据支撑;开展典型螺栓、螺母、夹层及润滑条件的模拟装配试验,获得典型工况下的拧紧力矩、预紧力、扭矩系数等重要安装工艺参数,为确定拧紧力矩提供依据;开展抽芯铆钉模拟装配试验,获得断径槽断裂力值、推出力、安装齐平度等一系列安装技术参数,一方面为制造工艺优化指明方向,另一方面可指导现场更好进行安装,减少由于安装不当造成的质量问题。

5.4.1 螺栓安装方法

螺栓连接广泛应用于机械、化工、交通、电力、航空航天等领域的重要设备和结构上。螺纹连接特别是承受动载荷的重要螺纹连接,其根本目的是要利用螺纹紧固件将被连接件可靠地连接在一起,装配拧紧的实质是要将螺栓的轴向预紧力控制在适当的范围。预紧力是否合适将直接关系到整个设备或结构工作的可靠性和安全性。若预紧力过大,则螺栓可能被拧断,被连接件可能被压碎、咬粘、扭曲或断裂,也可能螺纹牙被剪断而滑扣。对于承受横向载荷的普通螺栓连接,预紧力使被连接件之间产生正压力,依靠摩擦力抵抗外载荷,预紧力的大小决定其承载能力,若预紧力不足,被连接件将出现滑移,从而导致被连接件错位、歪斜、褶皱甚至紧固件被剪断;对于受到轴向载荷的螺栓连接,预紧力使结合面上产生压紧力,受外载荷作用后的剩余预紧力是结合面上工作时的压紧力,预紧力不足将会导致结合面泄露,甚至导致被连接件分离,预紧力不足还将引起强烈的横向振动,致使螺母松脱;大多数螺栓因疲劳而失效,减小预紧力虽然能使螺栓上循环变化的总载荷平均值减小,但却使载荷变幅增大,因此,总体效果大多数是使螺栓疲劳寿命下降;被连接件在载荷作用下会产生间隙或松动,改变螺栓的受力状态,螺栓连接的断裂、松脱将改变结构连接刚度的连续性和一致性,改变结构整体模态,导致连接结构解体、失效。因此,必须合理控制预紧力,典型的螺栓拧紧控制方法有扭矩法、转角法、屈服点控制法、座落点 - 转角控制法和螺栓预伸长量法。

1. 扭矩法

扭矩法是最早出现,同时也是应用最广的预紧力控制方法,它是以目标扭矩作为控制对象,通过拧紧工具将螺纹紧固件拧紧至目标扭矩值,从而产生预紧力。目标扭矩值 T 和所能达到的预紧力值 F 之间有如下线性关联式:

$$T = KFd \tag{5-1}$$

式中:T 为扭矩;K 为扭矩系数;d 为螺纹公称直径;F 为预紧力。

K 的大小主要由接触面之间、螺纹牙之间的摩擦阻力来决定。实际的工程

应用中,K值的大小一般通过如下关联式得到:

$$K = \frac{1}{2d}\left(\frac{P}{\pi} + \mu_s d_2 \sec\alpha + \mu_w D_w\right) \tag{5-2}$$

式中:P 为螺距;μ_s 为螺纹摩擦系数;μ_w 为支承面摩擦系数;d_2 为螺纹中径;α 为螺纹牙侧角;D_w 为支承面摩擦扭矩的等效直径。

紧固件和被连接件设计完成之后,P、d、d_2、D_w 等随之确定,而摩擦系数随加工情况的不同而不同。一般情况下,K 的范围大概在 0.1~0.5 之间。另外,由于被连接件的弹性系数不同,表面加工方法和处理方式的不同,对扭矩系数也会有很大影响。表 5-2 为德国工程师协会的拧紧试验报告,从表中可以看出,当拧紧过程误差为 0 时,紧固件轴向预紧力的误差最大可达 ±27.26%[4]。此外,由于环境温度的不同,扭矩系数也会有所不同,日本住友金属工业公司通过试验说明了环境温度每增加 1℃,其扭矩系数 K 将会下降 0.31%[5]。

表 5-2 螺纹紧固件拧紧试验报告

被连接件		支承面摩擦系数	螺纹摩擦系数	拧紧扭矩精度(±%)				
材料	表面状态			0	3	5	10	20
钢 37K $\sigma_b=520$MPa	端铣削 $R_t=10\mu m$	0.16 ±28%	0.15 ±14%	19.6	19.8	20.2	22.0	28.0
钢 CK65 $\sigma_b=950$MPa	磨削 $R_t=10\mu m$	0.20 ±23%	0.15 ±14%	17.7	18.0	18.4	20.3	26.7
钢 37K $\sigma_b=520$MPa	拉拔、镀镉 $R_t=4.5\mu m$	0.12 ±36%	0.15 ±14%	21.9	22.2	22.5	24.1	29.7
铸铁	刨削 $R_t=25\mu m$	0.14 ±14%	0.15 ±14%	12.3	12.7	13.3	15.9	23.5
铝镁合金	拉削	0.12 ±48%	0.15 ±14%	27.2	27.4	27.0	29.7	33.8

表 5-3 反映了相同拧紧扭矩下,不同摩擦系数的情况,一定扭矩的功作用于螺纹连接,这个功产生的能量被三个部分所消耗:螺栓头摩擦消耗、螺纹摩擦消耗、预紧力做功消耗。这三部分的消耗分配随着摩擦系数的不同而不同,在通常情况下,螺栓头摩擦消耗能量占 50%,螺纹副摩擦消耗的能量占 40%,而剩余的 10% 则用来产生预紧力;当螺栓头下加润滑剂时,螺栓头摩擦消耗的能量占 45%,比通常情况下降了 5%,螺纹副摩擦依然是 40%,而用来产生预紧力的能量相应增加到了 15%;当螺纹副有杂质时,螺纹副摩擦消耗的能量相对于通常情况增加了 5%,而用于产生预紧力的能量相应下降了 5%[6]。

表5-3 摩擦系数与扭矩做功的分配关系

摩擦系数	螺栓头摩擦消耗	螺纹摩擦消耗	预紧力做功消耗
通常情况下	50%	40%	10%
在螺栓头下加润滑油	45%	40%	15%
螺纹副有杂质	50%	45%	5%

扭矩法的优点是控制目标直观、测量容易、操作过程简便、控制程序简单。扭矩控制法的缺点是未能充分利用材料潜能受摩擦系数影响,扭矩系数变化大使预紧力离散度大,因此控制精度低。

因此,扭矩法一般采用手动、电动或气动工具,一次直接将螺纹副的装配扭矩装配到位,用于非重要的装配位置。

2. 转角法

由于扭矩法受到摩擦系数的影响比较大,而摩擦系数又是很难控制的因素,导致扭矩法精度不高。鉴于扭矩法的不足,经研究发现,螺栓拧紧时的拧紧角度与螺栓杆的伸长量和被连接件压缩量的总和基本上是成正比关系。由此,可按一定的拧紧角度,来达到设置初始预紧力的目的,这种方法称为转角法[6]。

图5-42为紧固转角与预紧力之间的关系图。从图中可以看出,应用转角法拧紧紧固件时,首先,由初始扭矩将紧固件拧紧至螺母端面(或螺栓头支承面)刚好与被连接件贴合,然后通过规定的转角将紧固件进一步拧紧。转角法紧固可分为弹性区紧固和塑性区紧固,从图中可以看出,若紧固精度一定,对于

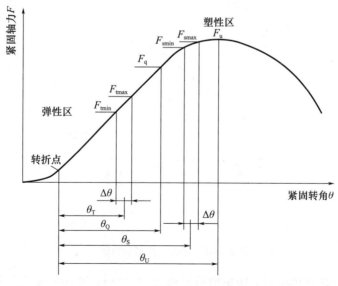

图5-42 紧固转角与预紧力的关系图

被连接件和紧固件刚性较大的场合,由于图中曲线斜率急剧变化,预紧力的离散度就会很大。因此,不适合在弹性区内紧固。对于塑性区,预紧力的离散主要取决于紧固件的屈服点,而拧紧过程误差对其影响不大,故具有可最大限度利用紧固件强度的优点。

在拧紧过程中,尽管螺纹件摩擦系数对达到贴合扭矩的拧紧所产生的"阶段预紧力"有影响,但影响较小。因为摩擦系数的变化仅影响到转角控制的起始点。在角度控制阶段,可知螺纹摩擦系数对转角拧紧所产生的预紧力无影响,因为在弹性变形区内,若螺栓刚度恒定,预紧力仅与螺栓伸长量有关,而伸长量与转角度数成正比。如果螺纹件拧紧转动360°,螺栓受力部分伸长一个螺距。因此,摩擦系数对最终预紧力数值影响不大,故控制精度比单纯控制扭矩的方法大大提高。

3. 屈服点控制法

屈服点控制法又称扭矩斜率法,是通过对扭矩转角斜率的连续计算,判断出屈服点并停止拧紧的一种方法。通过屈服点控制法,可以将螺栓轴力控制在其屈服点附近,控制精度非常高,散差主要来源于其自身的屈服强度散差。如图5-43所示,在螺纹紧固件的拧紧过程中,其扭矩随转角而变化,从扭矩斜率图可以看出,刚开始拧紧时,扭矩斜率急剧上升,经过短暂的变缓之后,扭矩斜率趋于稳定,此时,紧固件处于弹性区域内。当斜率下降至一定值时,通常认为下降到最大值的1/2,说明紧固件已经达到屈服。其优点是预紧力控制精度高,一般误差控制在±4%以内,同时能够达到很高的预紧力,抗疲劳抗松动性能很高[6]。

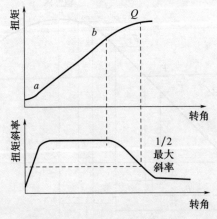

图5-43 屈服点控制示意图[6]

屈服点法利用扭矩-转角增量比概念,拧紧至螺栓的屈服点。屈服点控制法的预紧力离散度只与螺栓屈服强度有关[7]。

屈服点法的优点是：

(1) 不受扭矩控制法的摩擦系数和转角控制法的转角起始点的影响，从而克服了扭矩控制法和弹性区转角法的致命缺点，提高了装配精度。

(2) 将螺栓拧至其屈服点，最大限度地发挥了紧固件的强度潜力。大量研究表明，螺栓拧紧时轴向预紧力越大，其抗松动和抗疲劳性能越好。其缺点是控制系统很复杂，因此拧紧工具价格昂贵，而且对螺栓的材料、结构和热处理要求很高。

屈服点控制法需要使用具有运算功能的自动拧紧机，一般应用于要求比较高的装配部位，如发动机的缸盖螺栓及连杆螺栓等。

4. 座落点-转角控制法

座落点-转角控制法[6]是基于转角法的方法。扭矩-转角法是以某一扭矩作为转角的起点，而座落点-转角控制法是以扭矩-转角曲线中，扭矩线性段与转角轴线的交点作为起点。

如图5-44所示，采用扭矩-转角法时，初始扭矩的误差为 ΔT_s，相对应的轴向预紧力误差为 ΔF_s，在转过相同的转角之后，相对于两个不同的弹性系数的螺纹紧固件拧紧工况来说，其预紧力的误差为 F_1；即使弹性系数相等，由于 ΔT_s 的存在，也会存在一定的误差。如果采用座落点-转角控制法，由于拧紧转角的起点均为 S 点，即使是两个不同的弹性系数拧紧工况，其误差 F_2 也会相对 F_1 小。由此可见，座落点-转角法的精度比转角法高。

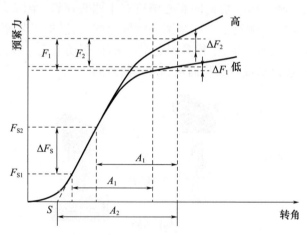

图5-44 座落点-转角控制示意图

座落点-转角控制法的优点：摩擦系数对预紧力散差的影响几乎完全剔除，并且能够克服扭矩-转角法中由于初始扭矩带来的拧紧误差，故拧紧精度很高。座落点-转角控制法的缺点：控制成本高，并且不具有可检测性。

5. 螺栓伸长量法

螺栓伸长量法是在拧紧过程中或拧紧结束后,测量螺栓的长度变化量,利用预紧力与螺栓长度变化量的之间关系,控制螺栓的轴向预紧力的一种方法。详见5.6节。

典型拧紧方法的比较如表5-4所示。

表5-4 典型拧紧方法的比较[7]

控制方法	预紧力控制精度	材料利用率	对连接件要求	设备复杂情况	应用场合
扭矩法	±30%	40%~60%	K值离散度小	简单	要求一般
扭矩转角法	±15%	70%~100%	K值离散度小	较复杂	要求较高
伸长量法	±3%	100%	无	复杂	要求很高

5.4.2 铆钉安装方法

目前大量使用的铆钉类产品主要包含实心铆钉、螺纹空心铆钉、抽芯铆钉、环槽铆钉,其中抽芯铆钉按铆接成形原理又可分为拉铆式和螺纹型两种,前者的代表是 Cherry Maxibolt® Blind Bolt 和 Bulbed Cherrylock® Rivet,后者的代表是 Composi-Lok® 3。

1. 实心铆钉的安装方法

实心铆钉是常规铆接最常使用的一种铆钉,它利用自身的塑性变形将两个或多个零件连接在一起。常见的实心铆钉有半圆头铆钉、半沉头铆钉、沉头铆钉、平头铆钉、扁平头铆钉等。以半圆头铆钉为例,其铆接工艺原理如图5-45所示,将铆钉放在安装孔中,下模具固定铆钉头部,驱动上模对铆钉施加压力,使铆钉发生塑性变形,形成镦头从而达到铆接的目的。

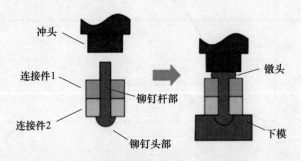

图5-45 实心铆钉的铆接工艺原理[8]

实心铆钉的主要安装过程包含铆接前准备、定位与夹紧、确定孔位、制孔、制窝、测量夹层长度、铆接、安装质量检查。铆接前应检查工具、工装是否处于完好状态,应在有效期内使用。定位与夹紧、确定孔位、制孔、制窝要求详见HB/Z 223.3。

实心铆钉的铆接方法有手铆、锤铆、压铆、自动钻铆以及电磁铆接。其中手铆是指采用顶把顶住铆钉头部，窝头顶住铆钉杆部，采用手锤沿铆钉轴线方向敲击窝头，使铆钉形成镦头，主要用于个别小组合件、托板螺母及双面沉头的铆接。压铆是优先选

图 5-46 手提压铆枪

用的铆接方法，利用静压力镦粗铆钉钉杆形成镦头，典型手提压铆枪如图 5-46 所示。不能采用压铆的位置，一般采用锤铆。锤铆是利用铆枪的活塞撞击铆卡，铆卡多次撞击铆钉，铆钉的另一端由顶铁顶住，从而镦粗铆钉杆部形成镦头。锤铆分为正铆法和反铆法，正铆法是顶铁顶住铆钉头部，铆枪的撞击力直接施加在钉杆上形成镦头；反铆法是铆枪的撞击力作用在铆钉头部，顶铁顶住铆钉杆部形成镦头。正铆法铆接表面质量好，但顶铁较重，劳动强度大，受结构通路限制较大；反铆法表面质量较差，但顶铁重量轻，受结构通路限制少。当铆接件表面质量要求高时，应选用正铆法。

自动钻铆机逐渐地开始应用于飞机壁板自动铆接中，能够根据飞机特殊的结构和工艺要求，实现机身壁板产品的自动压紧、自动测量标定、自动制孔、涂胶、自动送钉，并实施自动铆接，能够一次完成手工需要多次操作的工作，可满足飞机装配高质量、高效率的自动化装配需求。自动钻铆机主要由围框以及壁板定位工装对机身壁板进行定位与夹紧，围框以及壁板定位工装通过集成计算机控制其位置的准确性，产品的装夹通过壁板定位工装上的夹紧器对壁板进行夹紧。

图 5-47 所示的 X 轴为自动钻铆机底座的移动方向，Y 轴为钻铆装置的移动方向，Z 轴为自动钻铆机身升降柱的移动方向，A 角为旋转围框的移动方向，B 角为钻孔机与铆接机的旋转方向。飞机壁板自动钻铆时，首先将飞机机身壁板定位工装固定在自动钻铆机的围框上，再将壁板固定在定位工装上。在对壁板进行钻铆前，将钻头、铆头和铆钉在试板上进行试钻验证，试钻验证合格之后，自动钻铆机开始对机身壁板进行自动钻铆工作[7]。

手铆、锤铆、压铆、自动钻铆可统称为传统的铆接工艺，传统铆接工艺存在以下三个方面主要问题[10]：

1）普通铆接工艺无法满足结构长寿命要求

为满足新型飞机在结构可靠性、疲劳寿命、承载的应力水平等方面的严格要求，干涉配合连接工艺用得越来越广泛。与干涉配合螺接相比，干涉配合铆接工艺简单、成本低，但传统的铆接工艺要实现比较均匀的干涉配合相对比较困难，特别是对于厚夹层结构，普通铆接方法很难实现沿整个钉杆都有干涉，限制干涉配合工艺的广泛应用。

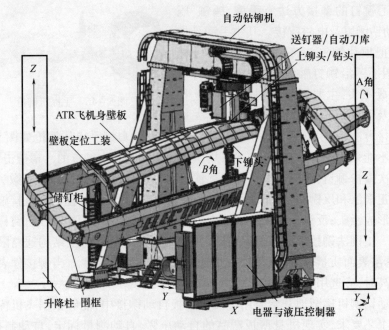

图 5-47　自动钻铆机结构及运动[9]

2) 普通铆接工艺不能满足新型结构材料的要求

结构减重的要求决定了必然采用新型结构材料。钛合金和复合材料的优越性能决定了它们将在未来先进飞机制造中充当重要角色。而钛合金、复合材料结构的广泛应用将导致大量钛合金、高温合金和不锈钢等难成形材料铆钉的应用。采用普通铆接方法铆接钛合金铆钉时容易出现镦头裂纹,因而有时不得不采用热铆。但热铆时钉孔填充质量差,接头疲劳强度低。对于复合材料结构,由于材料本身的特性,不能采用热铆,而普通铆接方法又容易产生冲击损伤,限制了铆接方法的应用。适量的干涉和足够的侧向约束,有益于复合材料结构接头静强度和疲劳强度的提高,但普通铆接方法却难以保证合适的干涉量,膨胀的不均匀容易导致复合材料的局部损伤。

3) 难以完成大直径铆钉的手工铆接

新型飞机结构中,大直径铆钉用得越来越多,如波音 747 中采用了大量 9.5mm 的 7050 铆钉。由于结构开敞性的限制,大功率的压铆机在许多情况下无法工作,只能采用手铆。但工人对其铆接噪声、后坐力等难以忍受,已成为影响生产的一个严重问题。

为满足飞机高可靠性、长寿命的要求,复合材料、钛合金等新材料在飞机结构中所占比例将越来越大。传统铆接工艺已难以满足这些新材料的工艺要求。于是便需要寻求一种新的工艺方法——电磁铆接技术,来满足飞机制造中新型工艺的要求。

电磁铆接是利用电磁成形技术为原理,在传统铆接的基础上发展的一种新型铆接技术。电磁铆接的原理如图5-48所示,在放电线圈和工件之间加入一个线圈和一个应力波放大器。通电后开关闭合期间,电路产生放电,初级线圈通过快速变化的冲击电流产生线圈周围的强磁场。次级线圈和初级线圈产生感应电流,形成涡流磁场,根据同性相吸异性相离的原理,两个磁场相互作用产生的涡流力斥力,由放大器传给铆钉形成冲击力。涡流力在频率上非常高,在铆钉接触位置以应力波的形式传播。电磁铆接有很高的加载速率,整个铆接过程在几百微秒到1ms之间形成,材料的动态响应不同于一般铆接过程。传统的铆接中,铆接位置材料变形是一种均匀的形变,而电磁铆接特别是高压电磁铆接,是通过绝热剪切形式下,产生材料变形。

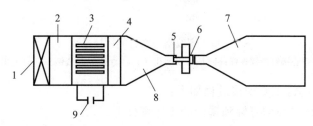

1—弹簧;2—橡胶垫;3—次级线圈;4—初级线圈;5—铆模;6—铆钉;7—顶铁;8—调制器;9—电容。

图5-48 电磁铆接原理示意图[9]

电磁铆接成形时,材料的变形方式不同于准静态加载,因此,对一些特殊材料的成形,有着其他方法无法代替的优越性。如铆接TB2-1铆钉时,铆钉以绝热剪切变形的方式实现塑性变形,能够顺利形成镦头;而准静态加载时,材料以均匀滑移的方式实现塑性变形,就很难铆接成功。电磁铆接是冲击距离为零的冲击加载,并且属于高速成形,和普通铆接相比有许多优点。电磁铆接形成的干涉量比较均匀,能提高接头的疲劳寿命;对高强度难成形的材料仍能成功地进行铆接,对复合材料结构的铆接不会造成安装损伤。另外,当铆钉孔间隙较大或夹层厚度较大时,仍能实现干涉配合,这样采用干涉配合时,就不需要对孔进行精加工,这将极大地提高生产效率[11]。

电磁铆接能够对高强度、难成形材料(如钛合金)铆钉进行铆接;可以手工铆接大直径铆钉;可以用于复合材料结构的铆接;能够降低铆接噪声;可以提高铆接件的疲劳寿命。由于电磁铆接的优势明显,以电磁铆枪头代替自动钻铆机的液压头,可以明显减轻自动钻铆机的重量,从而使自动钻铆机的托架系统定位更加准确、便捷。

2. 螺纹空心铆钉的安装方法

螺纹空心铆钉的主要安装过程包含定位与夹紧、确定孔位、制孔、制窝(仅用于沉头铆钉)、放钉、施铆、在螺纹空心铆钉上安装螺栓或螺钉。定位与夹紧、确定孔位的要求,详见 HB/Z 223.3,制孔、制窝的要求详见 HB/Z 223.11。螺纹空心铆钉的铆接过程示意如图 5-49 所示。无耳托板螺母作为一种特殊的螺纹空心铆钉,在安装时要注意其头部应与沉头窝对正,即无耳托板螺母的长轴与椭圆窝长轴重合,其余安装过程与普通螺纹空心铆钉的安装过程相同。

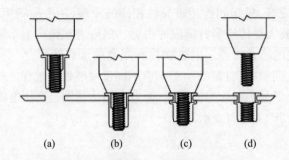

图 5-49 螺纹空心铆钉的铆接过程
(a)螺纹空心铆钉旋到螺杆;(b)插入安装孔;(c)启动铆枪,形成镦头;(d)退出螺杆。

螺纹空心铆钉主要铆接过程如下:
(1)将螺纹空心铆钉旋到铆枪的工作螺杆上;
(2)将螺纹空心铆钉插入安装孔内,并用铆枪工作头压紧;
(3)启动铆枪,工作螺杆对螺纹空心铆钉施加拉力,迫使螺纹空心铆钉上预设的薄壁结构变形,从而形成镦头;
(4)退出工作螺杆;
(5)拧入螺栓,完成安装。

3. 环槽铆钉的安装方法

环槽铆钉的主要安装过程为定位与夹紧、确定孔位、制孔、制窝(仅用于沉头环槽铆钉)、倒角、放钉、施铆、防腐蚀处理。定位与夹紧的要求详见 HB/Z 223.3,确定孔位、制孔、制窝、倒角的要求详见 HB/Z 223.7。环槽铆钉的铆接过程示意如图 5-50 所示。

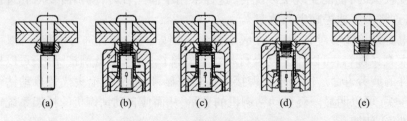

图 5-50 环槽铆钉的铆接过程
(a)放铆钉和钉套;(b)铆枪对准铆钉;(c)形成镦头;(d)拉断尾杆退出铆枪;(e)完成铆接。

环槽铆钉主要铆接过程如下:

(1)将钉杆放入安装孔,并将钉套安装到钉杆上;

(2)启动铆枪,铆枪夹紧钉杆上环槽段并施加拉力,在拉力的驱动下,铆枪的镦压头推挤钉套产生变形,钉套金属被挤压到钉杆上的锁紧槽内形成过盈配合;

(3)继续施加拉力,钉套进一步变形,更多金属被挤压到钉杆的锁紧槽内;

(4)最终钉杆在断径槽处断裂,完成铆接。

4. 抽芯铆钉的安装方法

抽芯铆钉是一种适用于单面铆接的铆钉,其可靠性高、连接强度大、寿命长、操作使用方便,可用于铝合金、结构钢和复合材料的连接,常在飞机不开敞部位的铆接及维修中使用。拉铆式抽芯铆钉一般由钉杆、钉套、锁圈和顶片组成,如图5-51所示;螺纹型抽芯铆钉一般由钉体、芯杆、管体、环圈、驱动螺母组成,如图5-52所示。

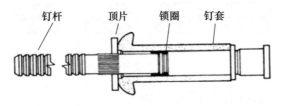

图5-51 拉铆式抽芯铆钉

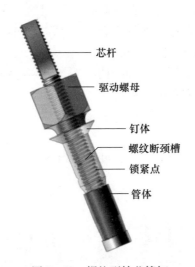

图5-52 螺纹型抽芯铆钉

抽芯铆钉的主要安装过程包含铆接前准备、定位与夹紧、确定孔位、制孔、锪窝、测量夹层长度、铆接、安装质量检查。铆接前应检查工具、工装是否处于完好

状态,应在有效期内使用。按 HB/Z 223.3 中 5.2 节进行定位与夹紧,制孔应注意以下事项:

(1)应使用弹簧夹或临时紧固件,以确保夹层准确对正,避免在夹层之间生产毛刺或碎屑。

(2)制孔时应选择合适的钻头,不应造成孔椭圆或直径超差,钻头应垂直与夹层表面,确保孔的轴线垂直于钉头所在的夹层表面,孔偏斜应不大于1°。

(3)钻孔后应去除孔口及夹层之间的毛刺和金属屑,允许微小毛刺存在,微小毛刺并不影响安装;应该注意的是不应去除尖角,去除尖角将对安装和夹紧产生不利影响,如图 5-53 所示。

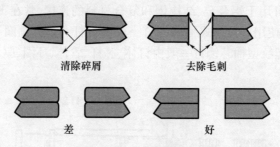

图 5-53　去除毛刺示意图

锪窝质量对沉头抽芯铆钉安装后的齐平度至关重要,锪窝导向销直径应与安装孔径匹配。安装前,应先用夹层测量尺确认夹层长度,测量前应排除所有间隙,根据夹层长度选择抽芯铆钉长度。安装时,若盲端一侧的夹层存在斜面,抽芯铆钉的长度应选择安装孔中心处的夹层厚度,夹层表面斜角应不大于7°,夹层斜面示意图如图 5-54 所示。

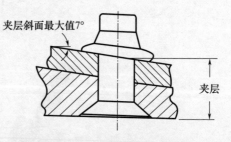

图 5-54　夹层斜面示意图

典型拉铆式抽芯铆钉的主要安装过程如图 5-55 所示,螺纹型抽芯铆钉的安装过程如图 5-56 所示。

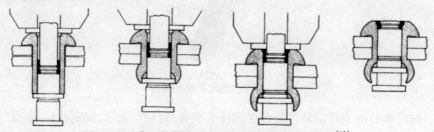

图 5-55　典型拉铆式抽芯铆钉的安装过程示意图[12]

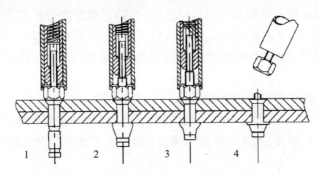

图 5-56　典型螺纹型抽芯铆钉的安装过程示意图[13]

典型拉铆式抽芯铆钉的主要安装过程如下：

(1) 将抽芯铆钉放入安装孔，然后将钉杆放入铆枪的拉头。保持铆枪与抽芯铆钉同轴，固定铆枪后，开始抽拉钉杆。

(2) 拉动钉杆，钉杆与钉套之间产生相对位移。由于钉套被固定，钉杆上的剪断环挤压钉套钻入钉套内孔，形成盲端镦头，并使钉套膨胀，与结构产生夹紧力。

(3) 继续拉动钉杆，剪断环从钉杆整体上被剪断下来，使钉杆及套在钉杆上的锁圈能继续穿过钉套移动。当锁圈触及到顶片后，锁圈即被压迫变形，形成填充钉套端头凹槽的"安全锁"。

(4) "安全锁"锁圈填充钉套端头凹槽，钉杆和钉套完全被锁在一起。拉头继续拉动钉杆使断颈槽在钉套头部平面被拉断，使夹层形成可靠的连接。

典型螺纹型抽芯铆钉的主要安装过程如下：

(1) 将抽芯铆钉放入安装孔中，专用铆钉驱动固定螺母与钉套上的十字槽对齐，保持铆枪与抽芯铆钉同轴，且始终处于配合状态。

(2) 启动铆枪，抽芯铆钉芯杆逆时针转动，而驱动螺母保持静止，由于挤压作用使管体变形。

(3) 继续拧紧，管体进一步变形成锥状体，形成镦头。

(4) 芯杆进一步受拉力和扭转力在断径槽处断开，完成安装。

安装完成后，应 100% 目视检查成形效果，判定安装是否符合要求，将脱落的芯杆、推压衬套、驱动螺母等工艺部分回收并计数，防止出现多余物。

5.4.3　螺套安装方法

螺套安装方法是一种增强螺纹连接强度和保护螺纹不被破坏的工艺方法，不同类型的螺套具备不同的功能，如钢丝螺套具有连接强度高、抗震、冲击和耐磨损的功能，并能分散应力保护基体螺纹，大大延长基体的使用寿命；带键螺套可以传递扭矩和确保机械部件的稳定性;齿形锁紧螺套能够提供更好的锁紧效果和防松性能,同时还能提高螺钉的抗疲劳性能;薄壁自锁螺套可作为基体与螺栓过渡连接件,能够承受较大的扳拧力矩,能够重复使用,且有明显的减重效果。

各类螺套的主要安装过程如下:

(1)使用钻头在基体上钻孔,保证孔的直径、孔与安装面的垂直度。依据螺套长度确定钻孔深度,确保攻丝后内螺纹长度略大于螺套长度,从而使螺套可完全沉入孔内。

(2)使用丝锥攻丝,根据螺套的螺纹规格选择合适的丝锥。攻丝时根据机体材料、螺孔精度、加工方法等选用不同种类的丝锥,以保证加工精度的要求以及提高丝锥寿命、降低成本。攻丝后应用相应的螺纹塞规,检查螺孔是否符合规定的精度要求。尤其新丝锥开始使用时和丝锥已接近磨损时,必须用螺纹塞规检查螺孔,以鉴别丝锥是否可继续使用。攻丝后,为确保螺套顺利旋入,可采用气枪清理螺纹孔。攻丝示意图如图 5-57 所示。

(3)安装首先需将螺套旋入到基体螺纹孔中,螺套应略微沉入基体表面,一般沉入 0.25mm。不同类型螺套的安装存在些许差异,例如钢丝螺套安装后需辅助工具折断安装柄,而无尾钢丝螺套无须折断安装柄;带键螺套在顶压套的配合下,通过冲击将键销压入到基体螺纹孔中,也可以使用橡皮锤或木锤等敲击工具进行顶压;采用专用工具将齿形锁紧螺套的锁紧环压入基体,从而使齿形锁紧螺套牢牢固定在基体上;采用专用扩口工具对薄壁螺套的滚花段进行扩口,使滚花段嵌入基体内,从将薄壁螺套固定在基体上。带键螺套的手动安装和自动安装示意图分别如图 5-58、图 5-59 所示,安装后效果图如图 5-60 所示。

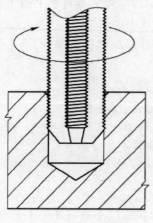

图 5-57 攻丝示意图

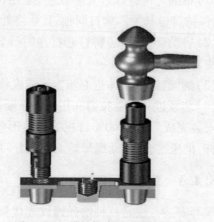

图 5-58 带键螺套手动安装示意图

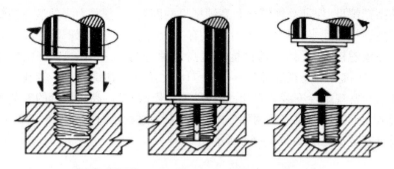

图 5-59　带键螺套自动安装示意图

图 5-60　带键螺套安装效果图

（4）最后将螺栓、螺钉和螺柱旋入螺套内，确保其与螺套配合良好。

5.4.4　高锁螺母安装方法

高锁螺母的主要安装过程可以概括为高锁螺母和高锁螺栓的选用、制孔、制窝、倒角、安装、质量检查。使用夹层厚度尺测量被连接件的夹层厚度，测量时应排除所有间隙，以确定高锁螺栓的标准杆长度；由于高锁螺母支承面下头有沉头窝结构，所以可容纳一定的夹层厚度变化量而不需要更换高锁螺栓，示意图如图 5-61 所示。

根据高锁螺栓的头型（抗拉型或抗剪型）选择

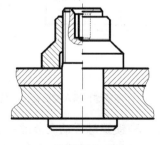

图 5-61　高锁螺栓、高锁螺母配合示意图

合适的高锁螺母,保证高锁螺栓和高锁螺母的匹配性,预紧力降低型高锁螺母与抗剪型高锁螺栓配合,典型的配对关系有 7075 抗剪型高锁螺母与 Ti – Al – 4V 抗剪型高锁螺栓、奥氏体不锈钢抗拉型高锁螺母与 Ti – Al – 4V 抗拉型高锁螺栓、17 – 4PH 抗拉型高锁螺母与 Inconel 718 抗拉型高锁螺栓等。制孔、制窝、倒角的要求与常规螺栓安装要求相同,详见 HB/Z 223.2。高锁螺母的安装可分为手动安装和专用风扳机安装两种方式,手动安装过程示意图如图 5 – 62 所示,专用风扳机安装示意图如图 5 – 63 所示。

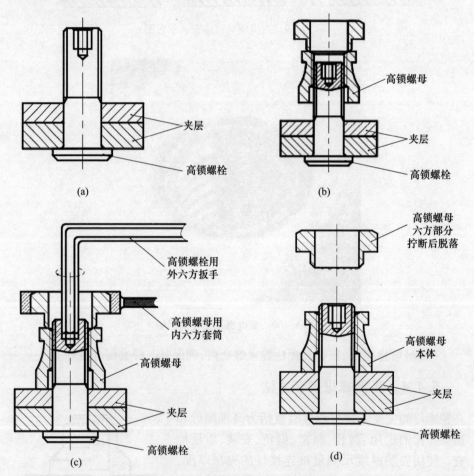

图 5 – 62 高锁螺母安装过程示意图
(a)高锁螺栓插入安装孔;(b)旋入高锁螺母;(c)插入外六方扳手;(d)高锁螺母工艺段脱落。

高锁螺母手动安装的主要过程如下:
(1)将高锁螺栓插入安装孔内。
(2)将高锁螺母手动旋到高锁螺栓上。

(3)外六方扳手插入高锁螺栓尾部的内六方孔,以防止高锁螺栓转动;内方套筒与高锁螺母的外六方配合,通过内六方套筒扳手施加力矩拧紧高锁螺母。

(4)继续拧紧,直至将高锁螺母的工艺段拧断、脱落,此时安装到位。

高锁螺母专用风扳机安装的主要过程如下:

图 5-63 专用风扳机安装示意图

(1)将高锁螺栓插入安装孔。

(2)将高锁螺母旋入高锁螺栓。

(3)风扳机外六方扳手插入高锁螺栓尾部的内六方孔。

(4)启动风扳机拧断高锁螺母。

(5)从高锁螺栓的内六方孔中退出外六方扳手,完成安装。

安装后主要检查沉头高锁螺栓头部齐平度、高锁螺栓相对夹层的凸出量、高锁螺栓和高锁螺母与夹层的间隙、高锁螺母是否存在裂纹等。

5.4.5 粘接游动托板自锁螺母安装方法

粘接游动托板自锁螺母通过胶黏剂固定到机体上,只需要制 1 个螺栓安装孔,不需要制铆钉孔和铆接操作,可减轻装配工作量,提高机体完整性,减小疲劳破坏可能性,并避免因材料不同而导致的接触腐蚀。粘接游动托板自锁螺母的安装流程如图 5-64 所示。需要注意的是粘接游动托板自锁螺母安装后不允许进行螺栓干涉安装、铆接等产生振动和冲击的操作,以免对粘接接头产生不利影响。

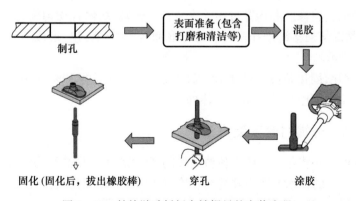

图 5-64 粘接游动托板自锁螺母的安装流程

粘接游动托板自锁螺母的安装过程如下：

(1)制孔，制孔要求与型号现行螺栓安装的制孔要求相同。

(2)表面制备，一般包含清洗、打磨、再清洗，是粘接螺母安装的重要环节，必须予以足够重视。所有的粘接面应保持干燥、无油泥、无灰尘或无脱模剂等其他污染物。粘接面需先清洗、打磨、再清洗。使用丙酮或乙酸乙酯擦洗机体的粘接面，多余溶剂在室温下自然蒸发15min。典型材料打磨要求：铝合金、钛合金、A286钢、不锈钢材料采用120目砂纸打磨或喷砂处理，打磨至露出新鲜表面。碳纤维增强复合材料可用100~400目氧化铝砂纸打磨，去除表面基体的光泽即可，打磨过程中不得破坏碳纤维增强复合材料的纤维结构。打磨后用脱脂棉布或纱布蘸丙酮擦拭表面，至无残留粉末，脱脂棉不变色。

(3)混胶，组装混胶枪和混胶推杆，初次试挤胶，确保两组分均可正常出胶、具有正常的流动性；组装混胶管和胶筒，再次试挤胶，确保两组分混合均匀、稳定，混胶管出胶顺畅。

(4)涂胶，在粘接游动托板自锁螺母的底面涂胶，应平行于长度方向涂两条均匀连续的胶液线，并使两条胶液线围绕并通过橡胶胶棒的外圆。胶黏剂的用量应保证安装后在粘接游动托板自锁螺母的底面四周形成均匀连续的胶边，胶黏剂用量判断示意图如图5-65所示。

图5-65　胶黏剂用量判断示意图

(5)穿孔，将橡胶芯棒穿过螺栓安装孔。轻轻、缓慢且均匀施力拉紧橡胶芯棒，使胶黏剂从粘接游动托板自锁螺母底面四周均匀溢出，形成连续的胶边，如图5-66所示。

(6)固化，固化条件为温度18~25℃，空气相对湿度30%~80%，完全固化时间为24h。固化后，拔出橡胶芯棒即可。

5.4.6　开缝衬套安装方法

紧固件的安装孔容易成为疲劳破坏的裂纹源，为了提高结构的抗疲劳性能，目前广泛采用的技术方案是开缝衬套冷挤压强化。冷挤压后在孔周边形成有益的压应力层，开缝衬套的主要安装流程如图5-67所示。

第 5 章 ▶ 紧固连接安装技术

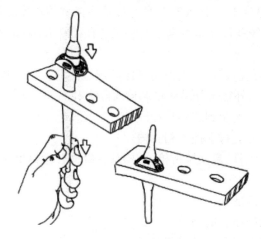

图 5-66 穿孔示意图

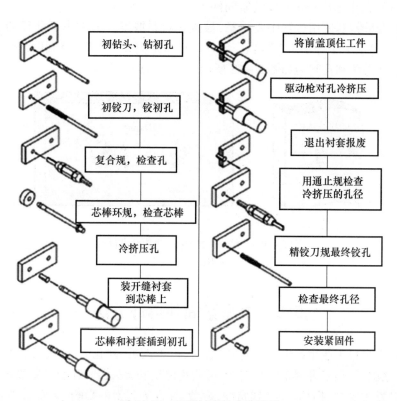

图 5-67 开缝衬套的安装流程

开缝衬套的主要安装流程如下：
（1）根据孔径需求，按安装工艺规范选取合适钻头，钻初孔；然后铰孔，以保证孔径及孔壁粗糙度不大于 $Ra3.2$,且与鼻顶帽接触的端孔的垂直应不大于 $2°$;使用通止规,检验铰孔尺寸是否满足安装工艺孔径要求,必要时使用内径千分尺测量实际孔径。

(2)冷挤压强化前、后,分别使用芯棒环规检测芯棒工作段直径是否满足安装要求,必要时使用外径千分尺测量芯棒实际大径。

(3)将开缝衬套安装到芯棒小径段上。

(4)将芯棒和开缝衬套插入初孔内。

(5)前盖顶住工件,启动拉铆枪,芯棒从开缝衬套中拉出。

(6)取出开缝衬套。

(7)测量挤压后的孔径。

(8)铰孔去除挤压后的凸肩。

(9)检测最终孔径是否满足要求。

(10)按工艺规程正常安装紧固件。

在开缝衬套使用过程中要注意,被强化材料厚度一般不小于孔径的20%,孔边距(e)应大于等于1.75倍孔径(D),孔间距应大于等于3倍孔径。开缝衬套安装孔边距和孔间距如图5-68所示。

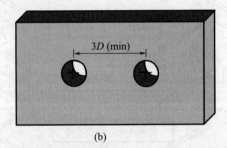

图5-68 开缝衬套安装孔边距和孔间距
(a)孔边距;(b)孔间距。

5.5 典型紧固件拆卸方法

在大批量工业生产中,紧固件安装时,由于人员、制孔刀具、安装工具、安装参数、紧固件、夹层等因素的影响,不可避免出现安装失误。在型号服役过程中,难免会发生磨损、损坏,并受到腐蚀、疲劳、冲击等因素的影响,从而需要对型号进行维修。因此,需介绍典型紧固件的拆卸方法,为应对安装失误和型号维修提供参考方案。典型紧固件的拆卸方法主要包含实心铆钉、拉铆型抽芯铆钉、带键螺套、粘接游动托板自锁螺母等产品的拆卸方法。

5.5.1 实心铆钉的拆卸方法

1. 钻冲法分解铆钉[14]

对于埋头或圆头、半圆头等头型的实心铆钉,需要使用比铆钉杆公称直径小一级的钻头从钉头部一侧的中心位置钻孔,深度需要控制在接近而不能超过钉杆的高度,直至铆钉头脱落为止,注意避免伤及结构件。然后用与铆钉杆相同直径的冲头,冲掉残余的钉杆及镦头部分。通常采用以下几种方式:

(1)冲击法。将专用导套放在环圈上面,冲头沿导套引向铆钉尾端,铆钉镦头面用空心顶把顶住,轻叩铆枪,将芯杆冲出,然后使用钻头将钉体部分分解掉。

(2)钻击法。将钻套放在环圈上面,用与铆钉直径相同的钻头钻铆钉钉帽,然后用铆钉冲将铆钉冲出。

(3)环圈拆除法。用空心铣刀洗切环圈,在铣去足够量的环圈材料后,用铆钉冲将铆钉冲出。

(4)环槽劈开法。用小錾子沿纵向劈开环圈,然后使用铆钉冲把铆钉冲出。

实心铆钉分解过程中,要求必须准确将钻头控制在铆钉头的中心位置,对于操作工人的技能和熟练程度要求较高。一方面该工艺方法不需要太多的特殊工具,成本低廉、操作快捷而且相对速度较快,在航空制造业中应用十分广泛。但另一方面,因其控制难度较大,极易伤及结构部分,由此导致的故障率也较高。主要存在钻除铆钉头过程时间很长;对于结构,特别是硬金属结构损伤率较高,如蒙皮表面、孔壁刮伤;异物的收集和控制不易,形成飞扬的多余物;对操作工人的熟练程度和技能要求较高;工人劳动强度大等缺点。使用铣刀和錾子等工具同样对操作者的要求很高,在实际工程应用通常很少采用。

2. 打磨法分解铆钉[14]

通过打磨铆钉头部,使用打磨器、冲子和不同等级的钻头拆除铆钉。在打磨过程中尽可能多地磨掉铆钉头部,如图 5-69 所示,同时要注意控制打磨姿态和打磨量,不能损伤到周围的铆钉和结构零件表面。使用冲头和锤子在已经打磨完成的工作面上打出冲点,如图 5-70 所示,主要作用是为分解时钻头的行进方向提供引导。这时选择的钻头要比铆钉直径小一个等级,钻出剩下的铆钉销的一部分,确保钻出的孔完全处于铆钉杆的中心,这样钻出的孔才不会扩大,同时也为下一级钻孔提供导向的作用。最后换成与铆钉直径同级的一个钻头小心地钻出铆钉杆。

3. 錾冲法分解铆钉[14]

錾冲法仅适用于凸头铆钉。将扁平的金属錾子置于铆钉头与机体交接位置,使用锤子击打扁錾子的尾部,直至铲除铆钉头部,最后用冲子敲出铆钉的钉杆。对于铆钉膨胀过紧,难以冲出分级钻掉铆钉杆部分。

图 5-69　打磨铆钉头　　　　　图 5-70　钻除铆钉杆

基于飞机设计紧凑、结构复杂的特点，无论是用打磨器打磨掉铆钉头，还是使用专用的錾子来铲除铆钉头部的工艺方法，主要还是应用在要求相对较低的民用领域。这两种方法都存在着明显的技术缺陷，打磨法极易给产品周围结构件的表层带来损伤，铲除法对于大直径或高强度铆钉不具备可操作性，同时，也不可避免地对结构件的孔壁造成损伤。因此，在现今航空产品制造过程中，并没有被广泛采用。

4. 易钻（E-drill）分解铆钉等紧固件[14]

易钻是手持式电火花无应力切削加工工艺，能够实现迅速切削所有的导电材料，在航空工业上主要应用于拆卸铆钉等各种紧固件和钻孔工作。操作者从程序库选择紧固件类型，手持式终端将会指示操作者用哪个电极系统并会给紧固件预切割一个深度，通过真空定位器或导向冲头的方式，定位紧固件的中心位置。精密尺寸的电极从紧固件头部切出一个圆槽，在电极和机身结构之间产生一个易断截面，如图 5-71 所示。闭合回路的流体系统包含过滤水、冲洗切削区

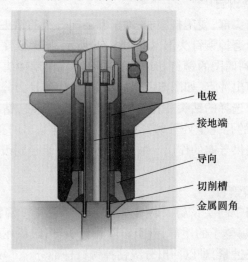

图 5-71　易钻原理图

域并去除切削产生的碎屑,能吸走和收集碎屑并进行适当处理。易钻切削完成后,最后的步骤为利用冲头把残余的紧固件金属块破裂后冲出。

5.5.2 拉铆型抽芯铆钉的拆卸方法

先选择小号的钻头定位,再使用稍大的钻孔,将芯杆头部钻掉以破坏锁紧结构;采用冲头冲掉芯杆;钻掉钉套,注意避免与夹层结构材料接触;采用冲头撬断钉套;最后用一个与钉套外径相同的冲头将剩余钉套顶出。拆卸示意图如图 5-72 所示。注意不要完全使用钻头拆卸紧固件,以避免扩大夹层结构的孔。

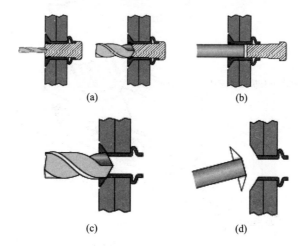

图 5-72 拆卸步骤示意图
(a)破坏锁紧结构;(b)冲掉芯杆;(c)钻钉套;(d)撬断钉套。

5.5.3 带键螺套的拆卸方法

带键螺套的拆卸主要过程是用钻头去除销键和内螺纹之间的实体,用冲头向中心方向弯曲并折断销键,使用螺纹拆卸专用工具取出带键螺套的剩余部分,拆卸过程示意图如图 5-73 所示。

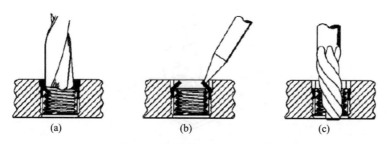

图 5-73 带键螺套的拆卸过程示意图
(a)钻孔去除多余材料;(b)将销键折弯;(c)取出损坏件。

5.5.4 粘接游动托板自锁螺母的拆卸方法

用手提加温器或类似的工具拆除粘接螺母，拆除时不得损伤机体。拆除时需要加热、用刮刀去除残留胶料，针对具体机体材料或使用场合，首先评估拆除方法的适用性。当机体对温度较为敏感时，可在机体上覆盖一层硅胶合成垫。在硅胶合成垫上开孔以露出需拆卸的粘接螺母。硅胶合成垫应完全覆盖要拆卸的粘接螺母周边区域，如图 5-74 所示。

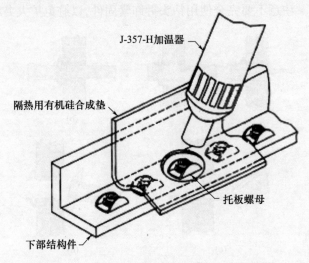

图 5-74　用硅胶合成板覆盖机体防止造成损伤

加温到规定时间的同时，立即用手钳或类似工具连续加力旋转手钳，撕下或剥离紧固件与机体表面间的胶接层。拆卸时需小心，防止损伤机体或其他零部件，如图 5-75 所示。粘接螺母拆卸后，按规定的方法，对机体上残余胶料加温，

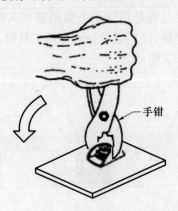

图 5-75　粘接螺母拆除示意图

之后立即用刮刀或塑料刮板彻底清除残余胶料,刮削时要注意防止损伤机体表面。待机体温度冷却至室温后,按照规定要求,重新安装一件新的粘接螺母。

5.6 预紧力测量及控制技术

航空航天装备紧固连接预紧力的测量和控制十分关键,同时,也是紧固连接技术领域的重大行业难题之一。由于紧固连接系统零部件之间存在强关联与性能耦合,紧固件预紧力的大小及分布对紧固连接系统的服役性能及动力学行为有重要影响。据统计,高达90%的螺纹副失效归因于初始预紧力设置不正确,安装过程中预紧力过大,螺栓发生塑性变形,最终可能因疲劳或断裂而导致结构失效;预紧力过小,可能造成两连接件之间发生滑移。此外,紧固件在服役过程中可能会受外部载荷和环境因素等影响,容易发生松动或咬死。国外相关专业机构制定了相关标准,要求关键连接部位紧固件预紧力与设计值之间的偏差小于±10%。同时随着装备性能的提升,更加极端工况的应用及装备智能化发展需求,对紧固连接预紧力的精准测量和控制提出了更高要求。

5.6.1 预紧力控制的常规方法

预紧力控制的常规方法主要包括扭矩法、转角法、电阻应变测量法、激光光栅法、导波法等。扭矩法一般是通过扭矩扳手对螺栓施加扭矩,该方法操作简单,但在实际工程中,螺纹表面和螺母承载表面之间的摩擦系数不一致,导致实际预紧力与理论预紧力之间的误差可达±30%~±40%。转角法依靠旋转螺母至特定角度来施加螺栓预紧力,但仍需要考虑初始拧紧的角度及螺栓的弹性变形。电阻应变测量法基于电阻应变效应,通过精准监测应变计电阻的变化,实现对螺栓应力的有效测量,测量精度较高。但测量之前需要预埋应变计,测量效率低。

光纤光栅法需要在螺栓内打通孔并放置光纤,其反射光波波长能够随温度和应变的变化而改变,具有较强的外界干扰抵抗能力。但是光纤光栅材料随着使用时间的推移,波长会有少量漂移,会对测量结果造成影响,且光纤孔将影响紧固件的力学性能,在工程实际应用中受到一定限制。

超声导波法通过在螺栓周边区域布置可产生和接收超声信号的压电晶片,当Lamb波通过连接界面的接触面时,只有一部分入射波能量可以透射过界面的微观接触区域,且接触面积越大,透射的能量越高。而连接界面的微观接触面积与螺栓预紧力正相关,因此,通过建立接收端测量的透射能量信号与预紧力的关系,实现预紧力的测量。但是该技术存在一定局限性,当螺栓预紧力较大时,连接界面处的接触面积达到饱和,透过的导波能量不再变化,测量的灵敏度降低。

5.6.2 压电超声测量技术

近年来,国内外开发了基于声弹性原理的超声波预紧力测量方法,即利用固体中声速随应力变化的现象并结合胡克定律来测量轴向预紧力。该方法需在紧固件的一个端部制备或配置超声换能器,该换能器通过逆压电效应将电脉冲转变成一个在紧固件体内行进的超声波。该超声波可在紧固件的另一端被反射,反射回来的超声波又被换能器的压电效应转换成一个电信号,回波信号在螺栓内的来回传播时间可以被信号采集仪记录。测量预紧力时,需标定螺栓在不同预紧力下声波飞行时间(time-of-flight,TOF)的变化情况,通过线性拟合建立应力与渡越时间差之间的函数关系。测量时,根据入射波与反射波之间的渡越时间差,并利用标定建立的函数,即可计算得出螺栓的轴向预紧力。同时在测量预紧力时,必须考虑温度对测量结果的影响,并进行相应的补偿。压电超声测量预紧力的技术原理如图 5-76 所示。

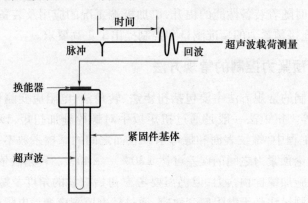

图 5-76 压电超声测量预紧力的技术原理

该方法主要基于以下理论:

1. 声弹性理论

当超声波穿过螺栓时,随着线应力 α 变化时,两者形成一种关系,如下式所示:

$$v = v_0(1 - k\alpha) \tag{5-5}$$

式中: v_0 为空气为载体下的传播速度; k 为由材料和超声波频率确定的常数。

2. 胡克定律

如图 5-78 所示,当对螺栓施加应力后,螺栓会拉长,受力后的零件长度为

$$L = L_0(1 + \alpha/E) \tag{5-6}$$

式中: L_0 为空载长度; L 为变形后长度; E 为金属弹性模量。

外力为 0 时,螺栓内传播时间为

$$t_0 = 2L_0/v_0 \tag{5-7}$$

外力为 F 时,螺栓内传播时间为

$$t_1 = 2L_1/v_1 \tag{5-8}$$

当施加外力 F 后,针对螺栓的结构,一方面螺栓头部、光杆、螺纹部分内部应力不同,分别为 α_1、α_2、α_3,各部分的变形的长度为 L'_1、L'_2、L'_3,因此:

$$t_1 = L'_1/v_1 + L'_2/v_2 + L'_3 \tag{5-9}$$

同时 F 与 α 转换关系为

$$\alpha = F/A \tag{5-10}$$

根据式(5-5)~式(5-10)得到下面公式:

$$\Delta t = t_1 - t_0 = 2\left\{\frac{L_1(1+F/(A_1E))}{V_0(1-kF/A_1)} + \frac{L_2(1+F/(A_2E))}{V_0(1-kF/A_2)} + \frac{L_3(1+F/(A_3E))}{V_0(1-kF/A_3)} - \frac{L_1+L_2+L_3}{V_0}\right\} \tag{5-11}$$

式中:Δt 为从脉冲发射到接收回波之间的时间周期;t_1 为受拉后超声波传播时间;t_0 为无载荷超声波传播时间;L_1 为头部厚度;L_2 为光杆长度;L_3 为螺纹长度;F 为载荷力;E 为弹性模量;K 为常数系数;A_1 为头部横截面积;A_2 为光杆横截面积;A_3 为螺纹处横截面积;V_0 为空气中传播速度。

其中 L、A、E、v_0、k 为常量,因此可知施加外力声时发生变化,两者具有相关性。根据此原理通过螺栓的声时变化来测量预紧力的大小。

3. 热胀冷缩效应

在测量过程中螺栓的长度会根据环境温度的变化而变化,为考虑温度对超声波传播时间的影响,需要在测量过程中对温度硬性补偿修正,从而获得实际温度以下的声时变化。可记录不同温度下的声时来建立两者之间关系,获取温度补偿系数。螺栓结构如图 5-77 所示。

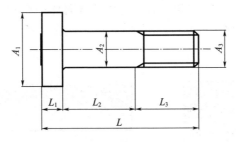

图 5-77 螺栓结构

基于上述原理的预紧力测量方法在国内外已发展了两代,主要包括贴片式压电超声测量法和带永久型换能器压电超声测量法两种。目前,贴片式压电超声测量法在民用领域已应用多年。但该方法测量时需采用环氧树脂等方式将压电晶片粘在螺栓上,同时还需要借助耦合剂,存在一定弊端。在测量过程中超声波从激励到接收过程中会两次穿过粘接层或耦合剂,而超声波的传播声时精度为纳秒级,耦合层不平整会产生与测量值相同数量级的测量误差。针对高低温冲击的工况,胶层和耦合剂的耐温有限。

带永久型换能器压电超声测量法,属于第二代超声波测预紧力技术,该技术通过离子气相沉积或脉冲激光沉积将压电薄膜换能器沉积到螺栓的端面上,避免了耦合剂的影响,智能紧固件的典型结构如图 5-78 所示。目前,航天精工股份有限公司已率先开发了可测预紧力及轴力的带永久型换能器紧固件和预紧力及轴力测量技术,形成了智能紧固件、预紧力测量仪、基于预紧力控制的安装工具、智能紧固连接健康监测系统的技术和产品体系,并在航空航天、高铁、汽车等领域实现了应用。

图 5-78 可测预紧力及轴力的带永久型换能器紧固件

5.6.3 电磁超声测量技术

电磁超声测量技术是通过电磁超声换能器激发和接收超声波的先进无损测量方法,其测量紧固件预紧力的原理与压电超声技术相同,两者对比如图 5-79 所示,其最大的区别是波源激励方式和波源位置不同。压电超声换能器是在压电晶片上产生超声,EMAT 可以直接在导电或导磁体中激励与接收超声波,无须进行表面处理,可直接进行非接触测量,提高了测量效率。

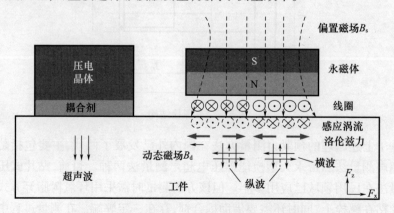

图 5-79 压电超声与 EMAT 换能过程示意图

电磁超声系统主要包含励磁器、线圈和待检件三个重要组成部件。其工作原理为,当线圈通以高频激励电流时,产成交变磁场,处于交变磁场中的金属导体,其内部将产生感应涡流,由于感应涡流在外加磁场的作用下受到洛伦兹力的作用,而金属介质在交变应力的作用下将产生应力波,频率在超声波范围内的应力波即为超声波。由于此效应呈现可逆性,返回声压使质点的振动在磁场作用下也会令涡流线圈两端的电压发生变化,因此可以通过接收装置进行接收并放大显示。

电磁超声螺栓预紧力测量系统通常由电磁超声换能器、测量主机、测量软件构成,其中电磁超声换能器一般主要由线圈和永磁体组成,测量主机主要包括脉冲信号发射控制模块、信号处理模块、数据采集模块等,测量软件主要包括信号显示、系数标定和结果计算测量等。

电磁超声测量技术在国内外民用等领域已实现商业化应用,如风电在役螺栓、石化法兰等轴力测试等。但电磁超声测量技术在应用时通常存在换能效率低、信噪比低以及所需激励功率大、只适用于螺栓规格较大等问题。主要解决方法包括优化换能器设计、提高激励强度、降低换能器和接收器噪声以及改进信号处理算法等。但电磁超声与压电超声检测测量技术相比,它具有精度高、不需要耦合剂、非接触、适于高温检测测量以及容易激发各种超声波形等优点,具有一定的应用前景。

5.6.4 预紧力测量技术应用前景展望

基于上述预紧力测量与控制的智能紧固件产品和技术在未来具有广阔应用前景,主要应用前景介绍如下。

(1)基于智能紧固件预紧力精确测量的结构精益设计。大型火箭、大型飞机的紧固件用量可达上百万件,利用可测预紧力的智能紧固件开展强度校核,可系统性地设计与优化紧固件的规格、数量、强度以及在结构上的排布方式,可极大减少"傻大笨粗"紧固件用量,促进装备的结构精益化及减重。

(2)连接系统的精准安装和力学性能调控。大量研究和工程实践表明,螺栓连接中的预紧力直接影响结构应力分布、连接刚度和模态,其精准性直接影响整体结构的工作寿命与服役性能,因此,基于智能紧固件的安装技术在型号装配领域成为一项新兴技术,可以快速、有效、准确地测定安装过程中的载荷大小(误差在±10%以内),实现对关键部位的精准紧固安装和力学性能调控。

(3)装备的健康监测和快速维修保障。目前,健康监测技术以及预防性维修保障技术成为与作战能力同等重要的关键能力。通过对紧固连接系服役或使用过程中预紧力的监测,可实现对关键部位在试验飞行、远距离转运以及极端工况后的状态评估,并形成维修保障的策略,对促进装备智能化、结构健康监测技术发展和维修保障技术发展具有重要支撑价值。

参考文献

[1] LIU Y S,SHAO X J,LIU J,et al. Finite element method and experimental investigation on the residual stress fields and fatigue performance of cold expansion hole[J]. Materials & Design,2010,31(3):1208-1215.

[2] 袁红璇. 飞机结构件连接孔制造技术[J]. 航空制造技术,2007(1):96-99.

[3] 卜泳,许国康,肖庆东. 飞机结构件的自动化精密制孔技术[J]. 航空制造技术,2009(24):61-64.

[4] 冯德富. 汽车装配的螺栓拧紧[J]. 现代零部件,2009(12):45-47.

[5] 沈大兹. 螺栓拧紧技术以及相关标准的建立[J]. 轻型汽车技术,2009(12):13-22.

[6] 皮之送. 螺纹联接可靠性设计及其拧紧工艺研究[D]. 武汉:武汉理工大学,2013.

[7] 黄恭伟. 螺纹拧紧技术研究及拧紧控制系统设计[D]. 合肥:合肥工业大学,2007.

[8] 张稳当,赵志浩. 铆接工艺的研究现状[J]. 有色金属加工,2009,52(5):1-5.

[9] 李圣雄,周健,李德良,等. 数字化自动钻铆在飞机机身壁板上的应用研究[J]. 航空标准化与质量,2023,(S1):78-83.

[10] 曹增强. 铆接技术发展状况[J]. 航空工程与维修,2000(6):41-42.

[11] 葛建峰. 电磁铆接工艺研究[D]. 西安:西北工业大学,2005.

[12] 夏新鑫. 抽芯铆钉的结构原理及应用介绍[J]. 装备制造技术,2017(11):145-146.

[13] 苟琪. 航空单面抽钉研究[J]. 青岛大学学报(自然科学版),1999(3):72-74.

[14] 冯万喜. 铆钉类紧固件分解工艺技术研究[J]. 航空制造技术,2014(4):62-65.

第6章 紧固连接可靠性技术

6.1 技术概述

6.1.1 基本概念及特点

紧固连接可靠性是指紧固连接产品在规定条件下和规定时间内完成规定功能的能力,是反映紧固连接产品质量水平的核心指标,贯穿于产品的研发设计、生产制造和安装使用全过程。

紧固连接产品包括螺栓、螺母等紧固件,以及由其组成的螺纹连接接头等。

"规定条件"包括紧固件或连接接头在安装和服役时的环境条件,包括但不限于载荷、温度、腐蚀介质等。

"规定时间"是指紧固连接产品从研发设计、生产制造、交付安装直至完成服役任务的整个过程。

"规定功能"一方面包括紧固连接产品紧固、连接、防松等功能,另一方面包括技术规范中规定的紧固件正常工作的性能指标,如抗拉强度、剪切强度、疲劳性能、锁紧性能等。

紧固连接可靠性可分为固有可靠性和使用可靠性。固有可靠性是通过设计和制造赋予的,并在理想的使用和保障条件下所具有的可靠性,是产品的一种固有属性[1],包括设计可靠性和制造可靠性;使用可靠性则是产品在实际使用条件下所表现出的可靠性,它反映产品设计制造、使用、维修、环境等因素的综合影响。

根据产品类别,可靠性还可以分为电子产品可靠性和机械产品可靠性。电子产品是指由电子元件、电子器件和电路板等组成的设备、装置或系统;机械产品包括机械整机、系统和零部件。从产品类别来说,紧固连接的可靠性属于机械产品可靠性范畴。同时,与其他机械产品相比,紧固连接具有成本低、数量多和规模效应显著等特点,开展紧固连接可靠性研究与实践具有其独特的优势。

与此同时,紧固连接可靠性与电子产品可靠性相比,具有如下自身的特点:

(1)失效机理多样且存在相关性。紧固连接产品的应用场合非常多,其失效受外部环境及被连接结构特性的影响,连接的外场使用环境应力比电子产品承受的更加复杂和恶劣,失效机理具有多样化。由于失效机理往往存在对环境和时间的演化过程,并且具有相关性,造成分析其失效机理的复杂程度增加。

(2) 寿命分布种类复杂。大多数电子产品故障的分布服从指数分布,而紧固连接等机械产品大多数故障以疲劳、磨损和腐蚀等耗损型失效为主,寿命分布主要服从正态分布、对数正态分布和威布尔分布等。

(3) 缺少可靠性标准与数据支撑。现已颁发的可靠性设计、试验和分析方法或标准,都是根据电子产品失效制定的,对于紧固连接等机械产品并不完全适用。同时,紧固件生产制造主要围绕产品的符合性进行试验验证,未大量开展产品工作极限、破坏极限、贮存和使用寿命、装配和服役故障研究和数据收集工作,导致此类可靠性基础数据缺失。

6.1.2 紧固连接可靠性技术体系

紧固连接可靠性的研究对象是单一的连接副(包括紧固件和夹层),紧固连接系统可靠性则以多个连接副组成的整体为研究对象,因此,紧固连接可靠性是紧固连接系统可靠性的基本组成单元。以螺纹连接为例,单个螺纹连接副通常包括螺栓、螺母和被夹紧件,一个螺纹连接系统则通常由多个相同或不同的螺纹连接副组成。通常,在开展可靠性工作初期,应进行可靠性分析,划分研究对象的功能层次和结构层次,绘制功能框图和可靠性框图,进行可靠性建模研究。可靠性框图是描述产品各组成部分的故障或它们的组合如何导致产品故障的逻辑关系图,它描述了各组成部分之间的可靠性关系。可靠性模型通常包括可靠性框图和数学表达式,根据各组成部分之间相互影响的逻辑关系,可靠性模型通常包括串联模型、并联模型、表决模型等。

图6-1是某典型盘轴螺纹连接器系统的结构功能框图,该系统采用24组螺纹连接副连接一个盘类零件和一个轴类零件,组成一个紧固连接系统,其中每一组螺纹连接副均包含一个螺栓、一个螺母,螺栓和螺母分别具有同等结构、同等功能。从图中可以看出,单个连接副的功能包括提供螺纹配合、承受拉伸剪切载荷、防松、扳拧、耐高温等,连接系统的功能包括载荷和力矩的传递、被连接件的紧固、分离等。考虑一组连接副存在螺栓断裂和螺母松脱两种典型的失效形式,记 R_1 为基于螺栓断裂失效的可靠度, R_2 为基于螺母松脱的可靠度,则一组螺纹连接副的可靠度数学模型为 $R = R_1 \cdot R_2$,考虑连接系统的失效判据为一组螺纹连接副失效连接系统即失效的情况下,则该系统为串联系统,其可靠性框图如图6-2所示,可靠度数学模型为 $R = (R_1 \cdot R_2)^n$, n 为连接副数量,该系统 $n = 24$ 。

就紧固连接技术而言,紧固连接产品在设计、制造和使用的全寿命周期内存在"技术孤岛"的科研配套现状,如图6-3所示。以可靠性技术为主线,将紧固连接产品在设计、制造和使用环节的数据进行贯通,通过数据之间的交互反馈,不断优化设计指标、工艺参数和使用性能等,打通连接系统可靠性、维修性、保障性的"技

第6章 紧固连接可靠性技术

术互通"的全流程链条,建立以可靠性为中心的全寿命周期紧固连接技术解决方案。具体而言,紧固连接可靠性技术体系包括紧固连接可靠性试验、紧固连接可靠性设计、紧固连接工艺可靠性和紧固连接使用可靠性等内容,如图6-4所示。

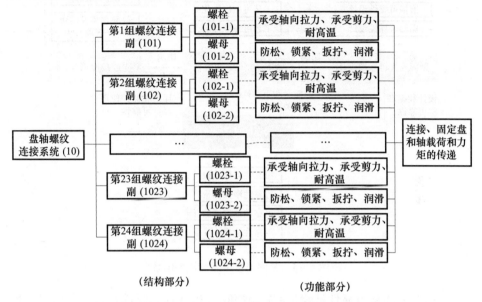

图6-1 某典型盘轴螺纹连接系统结构功能框图示例

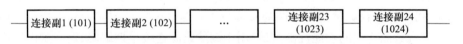

图6-2 某典型盘轴螺纹连接系统可靠性框图

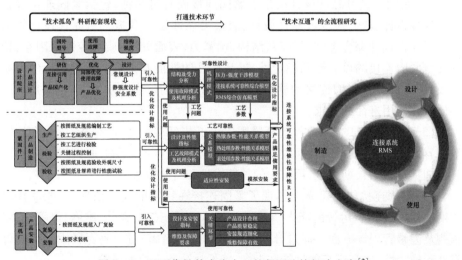

图6-3 以可靠性技术为中心的紧固连接解决方案[2]

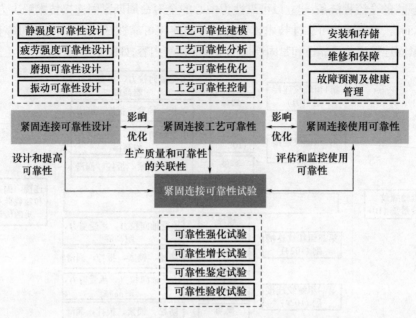

图 6-4 紧固连接可靠性技术体系

(1)紧固连接可靠性试验是测定、评价、分析和提高紧固连接产品的可靠性而进行的各种试验的总称,包括可靠性强化试验、可靠性增长试验、可靠性鉴定试验、可靠性验收试验和可靠性寿命试验等。通过施加环境应力和工作载荷的方式进行紧固连接的功能性能测试,用于剔除紧固连接早期缺陷、提升紧固连接可靠性水平、评估或验证紧固连接可靠性指标。

(2)紧固连接可靠性设计决定了紧固连接固有可靠性,包括紧固连接静强度可靠性设计、疲劳强度可靠性设计、磨损可靠性设计和振动可靠性设计等内容。可靠性设计综合考虑了材料、结构、预紧力、表面处理、质量控制等因素,旨在保证紧固连接的可靠性和稳定性,提高产品的性能和寿命。通过合适的可靠性设计,可以降低紧固连接的故障概率,提高产品的可靠性水平,满足用户对产品质量和使用寿命的要求。

(3)紧固连接工艺可靠性包括紧固连接工艺可靠性建模、分析、优化和控制等内容,产品设计的可靠性通过制造工艺得以实现,同时,通过过程控制等手段,确保加工过程的长期稳定、可靠性的长期维护和持续改进。

(4)紧固连接使用可靠性体现了紧固连接在特定的使用条件下,能够按照预期的性能和功能运行的能力,它涵盖了紧固连接安装、存储、维修、保障、故障预测及健康管理等方面。通过合理的管理和控制措施,可以确保紧固连接的可靠性和稳定性,提高产品的性能和寿命,降低故障和事故的风险。

6.1.3 紧固连接可靠性常用技术指标

本节结合紧固连接产品及其使用装备结构特点,提出如表6-1所示紧固连接可靠性指标体系。

表6-1 紧固连接可靠性指标体系

紧固连接可靠性指标体系	紧固连接可靠性设计	紧固连接工艺可靠性	紧固连接使用可靠性
可靠度	√	√	√
失效率	√	√	√
平均故障间隔时间	√	√	√
可靠寿命	√	○	√
平均寿命	√	○	√
全寿命周期费用	√	√	√
质量总成本	√	√	√

注:"√"代表强相关,"○"代表弱相关。

1. 可靠度

紧固连接产品的可靠度 $R(t) = \Pr\{T > t\}$,表示产品在 $(0, t)$ 时间内不发生故障的概率。表6-2是某固体火箭发动机可靠度指标分配的实例,表6-3是一般机械产品失效影响与可靠度指标的对应关系。

表6-2 某固体火箭发动机可靠度指标分配实例[3]

分系统	壳体	绝热层	药柱	喷管	推力向量装置	点火系统	推力终止装置	紧固件
可靠度指标	0.995	0.999	0.997	0.995	0.995	0.997	0.997	0.9999

表6-3 一般机械产品失效影响与可靠度指标对应关系

失效影响	可靠度指标	可靠度级别
造成重大后果	0.99999~1	5
损失重大	0.999	4
一般损失	0.99	3
影响较小	0.9	2
基本无影响,可更换	<0.9	1

2. 失效率

失效率是紧固连接可靠性的重要度量指标之一,可直观反映产品在某一时刻发生失效的可能情况,是产品可靠性分析、使用寿命评定、风险评估、维修决策制定等活动的重要参数。

产品失效率是随时间变化的函数。通常,对于电子产品而言,失效率大致分为如下三个阶段,如图6-5曲线a。在早期故障阶段,由于设计和制造工艺缺陷、装配调整不当等,失效率较高,但下降也很快;在偶然故障阶段,失效率较低且较为稳定;在损耗故障阶段,由于老化、疲劳和损耗等原因,导致失效率上升。

机械产品的主要失效形式以疲劳、磨损、蠕变和腐蚀等损伤累积失效为主,因此机械产品的失效率曲线不同于电子产品,一般没有很长的使用寿命期。机械产品在进入正常期后,由于损伤不断累积,造成失效率不断增大,如图6-5曲线b。

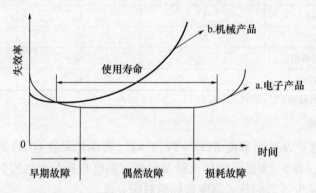

图6-5 机械产品和电子产品的失效率曲线

3. 平均故障间隔时间

平均故障间隔时间(mean time between failures, MTBF),是指可修复产品两次相邻故障之间的平均时间,如自锁螺母锁紧力矩衰减至低于要求值,可通过在现场进行二次收口进行修复,两次故障之间的平均时间,即为自锁螺母锁紧力矩衰减至低于要求值这一故障的MTBF。MTBF一般采用在规定条件下和规定的时间内产品总的工作时间与故障次数之比计算,即

$$\text{MTBF} = \frac{\sum T}{N} \tag{6-1}$$

式中:$\sum T$为产品总的工作时间;N为在该时间段内发生的故障次数。

4. 可靠寿命

由给定可靠度求出的与其相对应的工作时间,称为可靠寿命。如给定可靠度$R=0.99$,其对应工作时间记作$t(0.99)$。其中,t_R称为可靠寿命,即满足可靠性要求R及以上的寿命时间;$t_{0.5}$称为中位寿命,其反映了产品好坏各占1/2可能性的工作时间,如图6-6所示。

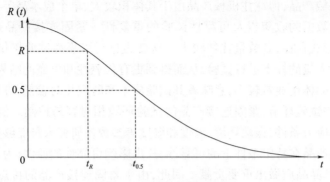

图 6-6　可靠寿命示意图

5. 平均寿命

平均寿命是指一组产品寿命数据的平均值,一般通过统计多个产品的寿命数据计算得出。平均寿命常用于评估产品的可靠性,并作为产品设计和维护的参考依据。如果产品寿命的概率密度函数为 $f(t)$,则其期望就是其平均寿命,即

$$E(T) = \int_0^\infty tf(t)\mathrm{d}t \tag{6-2}$$

6. 全寿命周期费用

全寿命周期费用指的是在产品整个寿命周期内所产生的综合成本,包括设计、开发、制造、使用和维护等阶段的费用。

7. 质量总成本

质量总成本是指在生产和提供产品过程中为保证质量而产生的全部成本。

6.1.4　紧固连接可靠性的作用及意义

开展紧固连接可靠性工作的重要性和意义,主要体现在如下三个方面:

(1)紧固连接可靠性是实施基础产品可靠性"筑基"工程的重要环节。紧固连接可靠性是机械结构设计和制造中极其重要的一环,对于提高安全性、降低风险和提升产品质量有重要意义。从应用场景出发,紧固连接可靠性直接涉及重要设备的安全和人员的生命财产安全。例如飞机、火箭、导弹、动车、汽车等装备,均需要使用紧固件进行安装,如果这些紧固件的可靠性不高,就有可能出现松动、脱落或断裂,从而导致装备故障或者人员伤亡。紧固连接产品应用领域广泛,如波音 747 飞机中约有 300 万个紧固件,当单个紧固件可靠性提高时,由于规模效应,将对整机的可靠性提升起显著效果。研究紧固连接可靠性能够提高整机装备的安全可靠性,降低故障率、增加运行时间和使用寿命。

(2)紧固连接可靠性是提升关键核心产品可靠性水平的基础组成。紧固连接产品具有数量大、成本低等特点,具备开展可靠性研究的先决优势。紧固连

产品属于机械产品,但往往机械产品由于其体积较大、单个成本高等特点不利于可靠性试验数据的收集以及可靠性试验的重复性。紧固连接产品通常是以螺栓、螺母等形式存在,其数量往往较大。这就为进行可靠性试验提供了便利,因为可以选择大量的样本进行试验,从而得到更有代表性和可靠的结果。另外,紧固连接产品的体量通常较小,意味着其试验成本和时间相对较低,方便试验的进行。并且,在试验环节,紧固连接产品的试验环境相对容易控制。例如,试验中可模拟各种应力条件、振动环境、温度和湿度等参数。研究人员能够更准确地评估紧固连接产品在特定条件下的可靠性,找出影响可靠性的原因,为提高产品可靠性、提升产品品质做出重要贡献。因此,由于紧固连接产品的特点,有利于开展可靠性试验与研究,提供更全面、更准确的数据指导,补齐基础产品可靠性短板,这对提高核心基础零部件和关键基础材料及基础工艺可靠性水平,为相关行业整机产品可靠性提升奠定了基础。

(3)紧固连接可靠性是实现我国制造强国和质量强国的关键抓手。可靠性作为反映产品质量水平的核心指标,是制造业发展水平的重要体现。《质量强国建设纲要》指出:"实施质量可靠性提升计划,提高机械、电子、汽车等产品及其基础零部件、元器件可靠性水平,促进品质升级。我国制造业可靠性取得了显著成效,但总体而言,我国制造业可靠性与国外先进水平相比仍有差距,产业基础存在诸多短板弱项,关键核心产品可靠性指标尚待提升,管理和专业人才保障能力不足,掣肘我国制造业向中高端迈进。鼓励企业加强质量技术创新中心建设,推进质量设计、试验检测、可靠性工程等先进质量技术的研发应用。"

6.2 可靠性相关统计基础

6.2.1 常用概率分布

可靠性是用概率和数理统计知识描述产品故障发生和发展规律的科学,需要大量应用到概率论及数理统计知识。紧固连接产品可靠度是产品在规定条件和规定时间内完成规定功能的概率,用 $R(t)$ 表示紧固连接产品的可靠度,其函数表达式为 $R(t) = \Pr\{T > t\}$,式中,T 为随机变量产品发生故障的时间,t 为随机变量的取值,即为指定的时间。产品在规定条件和规定时间内不能完成规定功能的概率一般用 $F(t)$ 表示,称为累积失效分布函数,其函数表达式为 $F(t) = \Pr\{T \leq t\}$,通常而言有 $R(t) + F(t) = 1$。失效密度分布函数 $f(t)$ 是累积失效分布函数 $F(t)$ 的导数,它可以看成是在 t 时刻后的一个单位时间内发生故障的概率,即 $f(t) = \dfrac{\mathrm{d}F(t)}{\mathrm{d}t}$。可靠度函数 $R(t)$、累积失效分布函数 $F(t)$ 和失效密度分

布函数 $f(t)$ 三者之间的关系可表示为图 6-7。失效率是指工作到某一时刻尚未失效的产品,在该时刻后单位时间内发生失效的概率,它直观反映了产品在某一时刻发生失效的可能性,一般用 $\lambda(t)$ 表示,定义 $\lambda(t) = \dfrac{f(t)}{R(t)}$。

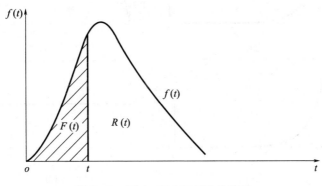

图 6-7　$R(t)$、$F(t)$ 和 $f(t)$ 的关系

通常,通过对可靠性数据进行统计分析(参数估计、分布检验等),确定其服从的分布类型。对于紧固连接可靠性而言,常用的概率分布包括指数分布、正态分布、对数正态分布和威布尔分布等,具体介绍如下。

1. 指数分布

指数分布是可靠性工程最重要的一种分布,适用范围非常广,当产品工作进入浴盆曲线的偶然故障期后,产品的故障率基本接近常数,其对应的故障分布函数就是指数分布。指数分布的失效率 λ 为常数,其均值 $\mu = \dfrac{1}{\lambda}$,方差 $\sigma^2 = \dfrac{1}{\lambda^2}$。

指数分布的失效密度函数 $f(t)$ 为

$$f(t) = \lambda e^{-\lambda t} \qquad (6-3)$$

其累积失效分布函数 $F(t)$ 为

$$F(t) = 1 - e^{-\lambda t} \qquad (6-4)$$

其可靠度函数 $R(t)$ 为

$$R(t) = e^{-\lambda t} \qquad (6-5)$$

其失效率函数 $\lambda(t)$ 为

$$\lambda(t) = \lambda \qquad (6-6)$$

指数分布的失效密度函数、累积失效分布函数、可靠度函数和失效率函数如图 6-8 所示。

2. 正态分布

紧固连接产品的磨损故障往往最接近正态分布,正态分布具有对称性,它的主要参数是均值 μ 和方差 σ^2,正态分布记为 $N(\mu, \sigma^2)$,均值 μ 决定正态分布曲

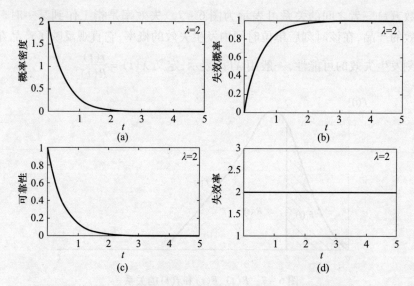

图6-8 指数分布的失效密度函数、累积失效分布函数、可靠度函数和失效率函数
(a)指数分布失效密度函数;(b)指数分布累积失效分布函数;
(c)指数分布可靠度函数;(d)指数分布失效率函数。

线的位置,代表分布的中心倾向。方差 σ^2 决定正态分布曲线的形状,表示分布的离散程度。

正态分布的失效密度函数 $f(t)$ 为

$$f(t) = \frac{1}{\sqrt{2\pi}\sigma} e^{-\frac{1}{2}\left(\frac{x-\mu}{\sigma}\right)^2} \tag{6-7}$$

其累积失效分布函数 $F(t)$ 为

$$F(t) = \int_0^t \frac{1}{\sqrt{2\pi}\sigma} e^{-\frac{1}{2}\left(\frac{x-\mu}{\sigma}\right)^2} dx \tag{6-8}$$

经过标准化后累积失效分布函数 $F(t)$ 为

$$F(t) = \int_0^{\frac{t-\mu}{\sigma}} \frac{1}{\sqrt{2\pi}} e^{-\frac{1}{2}x^2} dx \tag{6-9}$$

其可靠度函数 $R(t)$ 为

$$R(t) = \int_t^{\infty} \frac{1}{\sqrt{2\pi}\sigma} e^{-\frac{1}{2}\left(\frac{x-\mu}{\sigma}\right)^2} dx \tag{6-10}$$

其失效率函数 $\lambda(t)$ 为

$$\lambda(t) = \frac{e^{-\frac{1}{2}\left(\frac{x-\mu}{\sigma}\right)^2}}{\int_t^{\infty} e^{-\frac{1}{2}\left(\frac{x-\mu}{\sigma}\right)^2} dx} \tag{6-11}$$

正态分布的失效密度函数、累积失效分布函数、可靠度函数和失效率函数如

图 6-9 所示。

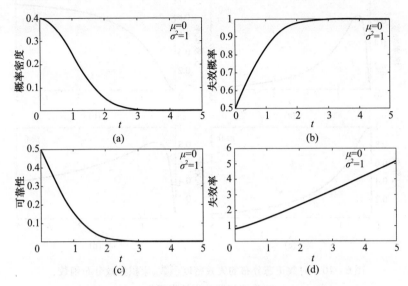

图 6-9 正态分布的失效密度函数、累积失效分布函数、可靠度函数和失效率函数
(a)正态分布失效密度函数;(b)正态分布累积失效分布函数;
(c)正态分布可靠度函数;(d)正态分布失效率函数。

3. 对数正态分布

随机变量 T 的对数 $\ln T$ 服从正态分布,则称 T 服从对数正态分布,即 $X = \ln T \sim N(\mu, \sigma^2)$。对数正态分布可用于紧固连接产品的疲劳寿命分析。

对数正态分布的概率密度函数 $f(t)$ 为

$$f(t) = \frac{1}{\sigma t \sqrt{2\pi}} e^{-\frac{1}{2}\left(\frac{\ln x - \mu}{\sigma}\right)^2} \tag{6-12}$$

其累积失效分布函数 $F(t)$ 为

$$F(t) = \int_0^t \frac{1}{\sqrt{2\pi}\sigma x} e^{-\frac{1}{2}\left(\frac{\ln x - \mu}{\sigma}\right)^2} dx \tag{6-13}$$

其可靠度函数 $R(t)$ 为

$$R(t) = \int_t^\infty \frac{1}{\sqrt{2\pi}\sigma x} e^{-\frac{1}{2}\left(\frac{\ln x - \mu}{\sigma}\right)^2} dx \tag{6-14}$$

其失效率函数 $\lambda(t)$ 为

$$\lambda(t) = \frac{e^{-\frac{1}{2}\left(\frac{\ln x - \mu}{\sigma}\right)^2}}{\int_t^\infty e^{-\frac{1}{2}\left(\frac{\ln x - \mu}{\sigma}\right)^2} dx} \tag{6-15}$$

对数正态分布的失效密度函数、累积失效分布函数、可靠度函数和失效率函数如图 6-10 所示。

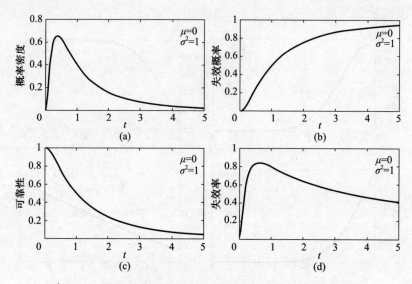

图 6-10 对数正态分布的失效密度函数、累积失效分布函数、
可靠度函数和失效率函数

(a)对数正态分布失效密度函数；(b)对数正态分布累积失效分布函数；
(c)对数正态分布可靠度函数；(d)对数正态分布失效率函数。

4. 威布尔分布

威布尔分布常用于描述产品疲劳、磨损等损耗型故障。威布尔分布的参数有三个，m 称为形状参数，η 为尺度参数，γ 为位置参数。

威布尔分布的概率密度函数 $f(t)$ 为

$$f(t) = \frac{m}{\eta}\left(\frac{t-\gamma}{\eta}\right)^{m-1} e^{-\left(\frac{t-\gamma}{\eta}\right)^m} \tag{6-16}$$

其累积失效分布函数为

$$F(t) = 1 - e^{-\left(\frac{t-\gamma}{\eta}\right)^m} \tag{6-17}$$

其可靠度函数 $R(t)$ 为

$$R(t) = e^{-\left(\frac{t-\gamma}{\eta}\right)^m} \tag{6-18}$$

其失效率函数 $\lambda(t)$ 为

$$\lambda(t) = \frac{m}{\eta}\left(\frac{t-\gamma}{\eta}\right)^{m-1} \tag{6-19}$$

根据威布尔分布有关应用经验，其位置参数常可以假设为 0，此时称为两参数威布尔分布，两参数威布尔分布的失效密度函数、累积失效分布函数、可靠度函数和失效率函数示例如图 6-11 所示。

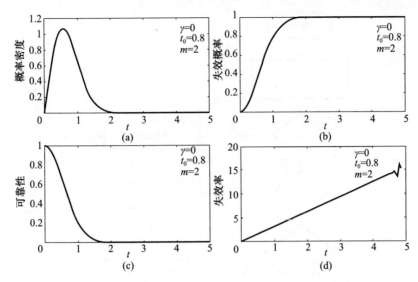

图 6-11 威布尔分布的失效密度函数、累积失效分布函数、可靠度函数和失效率函数
(a)威布尔分布失效密度函数;(b)威布尔分布累积失效分布函数;
(c)威布尔分布可靠度函数;(d)威布尔分布失效率函数。

6.2.2 概率分布选择

在获得紧固连接产品数据后,首先对数据进行探索性分析,使用直方图方法绘制失效率曲线以及分布密度曲线,并结合样本均值、标准差、偏度和峰度等常见分布数字特征,进行寿命分布选择,然后再用拟合优度检验对数据是否来自所选择的分布进行判别[4]。概率分布的选择流程如图 6-12 所示。从总体为 $F(t)$ 的分布中,抽取容量为 n 的样本:$t_1, t_2, \cdots, t_n$,则可由样本矩得到总体偏度和峰度的估计:样本均值:$\bar{t} = \frac{1}{n}\sum_{i=1}^{n} t_i$,样本二阶中心矩:$\mu_2 = \frac{1}{n}\sum_{i=1}^{n}(t_i - \bar{t})^2$,样本三阶中心矩:$\mu_3 = \frac{1}{n}\sum_{i=1}^{n}(t_i - \bar{t})^3$,样本四阶中心矩:$\mu_4 = \frac{1}{n}\sum_{i=1}^{n}(t_i - \bar{t})^4$,样本标准差 s,样本偏度:$C_s = \mu_3/s^3$,样本峰度:$C_e = \mu_4/s^4$。

6.2.3 参数估计

参数估计有两种形式:点估计和区间估计。点估计是用一个统计量去评估未知参数 θ,用相应统计量的样本值去估计参数值;区间估计则通过得到参数所在的区间,因而能够回答样本值与母体值差异以及估计精度的问题[6]。

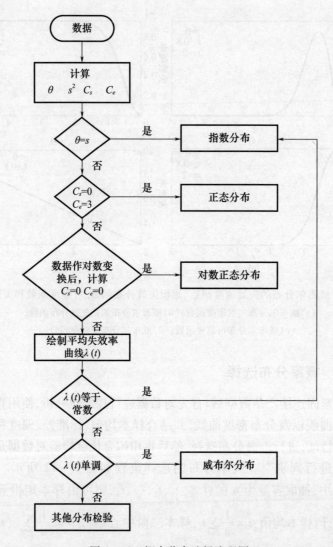

图 6-12 概率分布选择流程图

1. 参数的点估计

如果 x 是一具有概率分布 $f(x)$ 的随机变量，样本量为 n，样本值为 $x_1, x_2, \cdots, x_n$，则与其未知参数 θ 相应的统计量 $\hat{\theta} = \hat{\theta}(x_1, x_2, \cdots, x_n)$ 称为 θ 的估计值。在样本数据确定的情况下，就能得到一个确定的 $\hat{\theta}$ 值，称为 θ 的点估计。常用的点估计方法有矩估计、极大似然估计以及最小二乘估计等，下面分别介绍矩估计和极大似然估计。

1) 矩估计

矩估计是一种以"替代"为基本思想的点估计方法，其具体用样本矩去替代总体矩。例如,用样本均值估计总体均值,用样本方差估计总体方差。均值估计:$\hat{E}(X) = \bar{x}$,方差估计:$\text{Var}(X) = s^2$。矩估计通常用于完全样本,不适用于总体分布不存在矩的情况。

2)极大似然估计

极大似然估计的基本思想是:由于样本来自于总体,因此样本在一定程度上能够反映总体的特征。如果在一次试验中得到了样本的观测值$(x_1, x_2, \cdots, x_n)$,那么可以说,一次试验中发生了这事件,这事件发生的概率应该很大,因此,如果总体的待估参数为θ,在θ的一切可能值中,选取一个使样本观测值结果出现的概率达到最大的值作为θ的估计值,记为$\hat{\theta}$,这就是极大似然估计。

根据上述思想,设总体的分布密度函数为$f(x, \theta)$,其中θ为待估参数,从总体中获得一组样本为$(x_1, x_2, \cdots, x_n)$,抽样得到这组观测值的概率为$\prod_{i=1}^{n} f(x_i, \theta)\mathrm{d}x_i$,让其概率达到最大,从而求出$\theta$的估计值$\hat{\theta}$。令$L(\theta) = \prod_{i=1}^{n} f(x_i, \theta)$为$\theta$的似然函数。对其求极大值,得到参数$\theta$的估计值。

2. 参数的区间估计

设总体分布含有一个未知参数θ。若由样本确定的两个统计量$\theta_L(X_1, X_2, \cdots, X_n)$与$\theta_U(X_1, X_2, \cdots, X_n)$,不等式$\hat{\theta}_L < \theta < \hat{\theta}_U$成立,并且对于给定的$\alpha(0 < \alpha < 1)$,下式成立:

$$P\{\hat{\theta}_L \leq \theta \leq \hat{\theta}_U\} = 1 - \alpha \quad (6-20)$$

则称区间$[\hat{\theta}_L, \hat{\theta}_U]$是参数$\theta$的置信水平为$1 - \alpha$的置信区间,$\hat{\theta}_L$称置信下限,$\hat{\theta}_U$称置信上限,$1 - \alpha$称为置信度或置信水平。

6.2.4 假设检验

由于样本具有随机性,理论上这些样本可以来自于任何可能类型的分布,只是可能性有所差别。分布检验利用这种思路,不允许该组样本来自所假设分布的可能性过小,或者样本拟合分布与所假设分布的差别不能太大。如果二者差别过大则拒绝假设,否则接受假设。

常用的假设检验方法为χ^2检验和K-S检验。

χ^2检验的使用范围很广,可以用来检验总体是否服从任何一种假设的分布。不管总体是离散型随机变量还是连续型随机变量均可使用,甚至还可用于不完全样本,也可以用于截尾样本和分组数据。其通过检验各组实测频数与理论频数之间差异的大小,来推断经验分布是否符合某个理论分布。它引入一个统计量来表示这种差异,在原假设正确的情况下,这个统计量近似地服从χ^2分布。样本量越大,近似得越好。所以,在进行χ^2检验时,要求样本量较大(一般样本

量 $n \geqslant 50$），并且在分组中，每组的理论频数不小于5。

K-S检验是一种用于检验样本数据是否符合某个已知分布的非参数检验方法，其通过比较累积分布函数与理论或期望分布之间的差异，来评估样本数据与理论分布的拟合程度。K-S检验的样本可以来自于同一分布的总体，也可以来自不同分布，且对样本量的要求不高，应用范围较广。

1. χ^2 检验应用步骤

(1) 根据工程经验或历史数据，建立原始假设，$H_0: F_n(t) = F(t)$。

(2) 由观测数据估计假设分布的参数。

(3) 将数据分成 m 组，计算各组频数。

(4) 计算每个区间内的理论概率：$F_i = F(t_i) - F(t_{i-1})(i=1,2,\cdots,m)$。

(5) 计算 χ^2 统计量，即

$$\chi^2 = \sum_{i=1}^{m} \frac{(m_i - nF_i)^2}{nF_i} \tag{6-21}$$

式中：m 为数据所分组数；m_i 为落入第 i 组的频数；n 为样本量；nF_i 为第 i 组的理论频数。

(6) 计算自由度，即

$$k = m - f - 1 \tag{6-22}$$

式中：f 为假设的分布参数的个数。

(7) 给出显著性水平 α，根据 k 和 α 查 χ^2 分布表，得 $\chi^2_{1-\alpha}(k)$。

(8) 判断。若 $\chi^2_{1-\alpha}(k) \geqslant \chi^2$，则接受 H_0；若 $\chi^2_{1-\alpha}(k) < \chi^2$，则拒绝 H_0。

2. K-S检验应用步骤

(1) 设总体的分布函数为 $F(x)$，原假设 $H_0: F(x) = F_0(x)$。

(2) 从总体中抽取容量为 n 的样本 $X_1, X_2, \cdots, X_n$，其顺序统计量为 $X_{(1)} \leqslant X_{(2)} \leqslant \cdots \leqslant X_{(n)}$ 可以得到其经验分布函数，即

$$F_n(x) = \begin{cases} 0 & (x \leqslant X_{(1)}) \\ i/n & (X_{(i)} \leqslant x \leqslant X_{(i+1)}) \\ 1 & (x \geqslant X_{(n)}) \end{cases} \tag{6-23}$$

统计量为

$$D_n = \max_{-\infty < x < +\infty} |F_n(x) - F_0(x)| \tag{6-24}$$

(3) 给定显著性水平 α，通常 $\alpha = 0.05$ 或 $\alpha = 0.10$。

(4) 根据 α 和样本量查得临界值 $D_{n,\alpha}$。

(5) 做出是否接受原假设的判断：

当 $D_n > D_{n,\alpha}$ 时，否定原假设，即总体分布不是某已知分布；

当 $D_n \leqslant D_{n,\alpha}$ 时，则接受原假设。

6.3 紧固连接可靠性试验

6.3.1 可靠性试验概述

1. 可靠性试验定义

可靠性试验是为了测定、评价、分析和提高产品的可靠性而进行的各种试验的总称,通过可靠性试验在有限的样本、时间和使用费用下,测试和验证产品的可靠性,找出产品薄弱环节。可靠性试验贯穿于产品整个寿命周期,在产品的研发、生产和使用等不同阶段,其侧重点不同。

2. 可靠性试验目的

可靠性试验的目的是通过施加环境应力和工作载荷的方式进行产品功能性能测试,用于剔除产品早期缺陷、提升产品可靠性水平、评估或验证产品可靠性指标。

其中,环境应力包括温度应力、湿度应力、振动应力和低气压应力等;工作载荷包括拉力、剪切力、扭转力等;产品早期缺陷如设计缺陷、制造缺陷等。通过发现缺陷,进行失效分析并采取相应改进措施以达到产品可靠性要求,增长可靠性水平。改进措施包括提高设计质量、优化制造流程、改进材料、严格质量控制、定期维护等。产品可靠性指标包括可靠度、故障率、平均故障间隔时间、可靠寿命等。

3. 可靠性试验分类

1)按试验场地,可靠性试验又可分为实验室试验和外场试验

实验室可靠性试验是在实验室中模拟产品实际使用、环境条件,或实施预先规定的工作应力与环境应力的一种试验。现场可靠性试验是产品直接在使用现场进行的可靠性试验。两者各有特点,实验室试验和外场试验对比如表6-4所示。

表6-4 实验室试验和外场试验对比

序号	项目	实验室试验	外场试验
1	试验方式	模拟产品现场使用条件在实验室进行试验	在使用现场真实条件下进行试验
2	试验条件	可以控制,但不能完全模拟现场真实使用条件	结合用户使用进行,按用户的使用条件
3	受试对象	由于试验设备限制,不适用大系统或整机	适用于复杂大系统或整机
4	试验数据	数据收集和分析较方便	数据收集和分析较困难,信息丢失多,准确性和完整性差

续表

序号	项目	实验室试验	外场试验
5	试验结果	可获得产品固有可靠性	可获得产品使用可靠性
6	子样数	能专门用于试验的子样数小	结合外场试验与用户使用,可用的子样数较多
7	费用	试验设备较昂贵,人、财、物开支较大	结合用户使用,专用试验费用较低

2)按试验目的,可靠性试验分为工程试验和统计试验

工程试验的目的是暴露产品在设计、工艺、原材料等方面的缺陷,采取措施进行改进、排除,提升可靠性。

统计试验的目的是获取失效时间或退化数据,建立统计模型,评估或预计可靠性指标,验证产品的可靠性或寿命是否达到了规定的要求。

可靠性工程试验和可靠性统计试验还可以进一步细分,如图 6-13 所示。

可靠性工程试验包括环境应力筛选(environmental stress screening,ESS)、可靠性研制试验(reliability develop test,RDT)、可靠性增长试验(reliability growth test,RGT)和可靠性强化试验(reliability enhancement test,RET)。

可靠性统计试验包括可靠性鉴定试验(reliability qualification test,RQT)、可靠性验收试验(reliability acceptance test,RAT)、寿命试验(life test,LT),可靠性鉴定试验和可靠性验收试验属于可靠性验证试验(reliability verification test,RVT)。

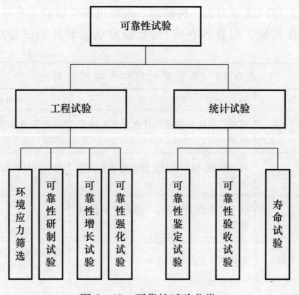

图 6-13 可靠性试验分类

3)按照施加应力的原则,可靠性试验分为模拟试验和激发试验

模拟试验是模拟产品真实使用条件的一种实验室试验,包括可靠性增长摸底试验、可靠性增长试验、可靠性鉴定试验、可靠性验收试验和寿命试验(正常应力)等。

激发试验是一种采用人为施加较正常使用条件更严酷应力加速激发潜在的缺陷,经分析改进提高产品可靠性的试验方法。激发试验包括环境应力筛选、高加速应力筛选(highly accelerated stress screening,HASS)、加速应力试验(accelerated stress testing,AST)也称为可靠性强化试验或高加速寿命试验(highly accelerated life test,HALT)、加速寿命试验(accelerated life testing,ALT)和加速退化试验(accelerated degradation testing,ADT)。

4. 紧固连接产品可靠性试验的特点

1)失效机理多样性

紧固连接产品失效机理有退化/耗损型(如磨损、蠕变、疲劳、腐蚀等)和过应力/冲击退化型(断裂、变形过大、裂纹、冲击破坏等)。紧固连接产品失效模式和失效机理随环境、载荷和使用时间变化。同时,紧固连接产品失效机理演化过程复杂,导致分析失效机理和确定多种模式相关程度的难度增加。

2)失效模式相关性

紧固连接产品的常见失效有断裂、疲劳、磨损、变形等。各种失效之间存在普遍相关性,如共因失效、从属失效等。失效模式多且相关造成紧固连接产品可靠性必须考虑失效相关性问题。如果忽略该相关性,会得到与实际严重不符的可靠性评估结论。如果考虑相关,如何评定相关系数、如何进行系统可靠性建模并对其进行验证是可靠性分析与评价的难题。

3)故障数据易收集

紧固连接产品由于其个体小,与机械产品相比,其试验可重复性高,各故障数据方便收集,有利于开展可靠性相关研究。

4)不确定性因素多、个体差异性大

受到设计公差、制造工艺水平、使用环境等因素影响,可靠性评估中需要处理的不确定因素多,相同型号的紧固连接产品因制造工艺、材料批次、安装和使用环境等不同也存在较大个体差异性。这些差异性直接影响可靠性评估的精度,增大可靠性评估的难度。

6.3.2 紧固连接全寿命周期可靠性试验

可靠性试验贯穿于紧固连接产品整个寿命周期,在研发、生产和使用等不同阶段,需开展不同的可靠性试验。紧固连接全寿命周期可靠性试验如图 6-14 所示。

在设计阶段,通过可靠性试验暴露试制产品的缺陷,改进设计、提高可靠性。

在设计定型(小批生产)阶段,通过可靠性鉴定试验评价可靠性指标,判断设计可靠性是否满足要求。

在生产/量产阶段,开展可靠性筛选试验,判断制造可靠性与制造一致性是否满足要求。

在使用阶段,开展可靠性统计试验,评价可靠性指标,分析或提升产品的使用可靠性。

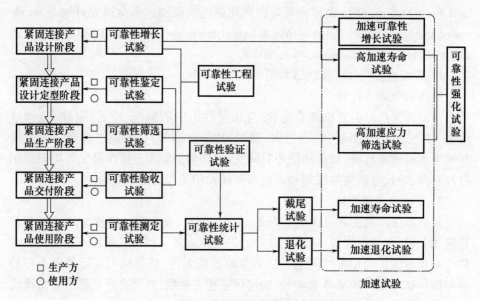

图 6-14 紧固连接全寿命周期可靠性试验图

可靠性试验中有很多应力种类,如温度、湿度、振动、冲击、加速度等,不同的应力都有各自的极限范围,有单边极限,有双边极限。各类可靠性试验的应力极限如图 6-15 所示[5]。

图中,各类极限定义如下:

(1)技术规范极限。由产品使用者或制造者规定的应力界限。一般在合同、任务书或协议书中直接给出,如紧固件技术规范中明确的各项性能指标。

(2)设计极限。在设计产品时,考虑设计余量而确定的应力水平。技术规范极限和设计极限之差称为设计余量。

(3)工作极限。产品能在该范围内工作而不出现不可逆失效的应力界限,当环境应力超过该界限值时,产品工作异常;当环境应力恢复正常值时,产品又恢复正常工作。

(4)破坏极限。产品出现不可逆失效的应力极限。当环境应力超过该极限值时,产品破坏,即使恢复到正常条件,产品也不再能正常工作,如螺栓的破坏拉力、破坏剪力。

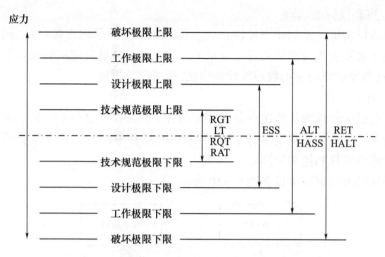

图6-15 各类可靠性试验应力极限示意图

6.3.3 紧固连接可靠性试验技术

1. 可靠性强化试验

可靠性强化试验是一种激发试验,采用严酷的试验应力,快速激发产品潜在的设计和工艺缺陷,找到产品的工作极限和破坏极限,并通过采取改进措施,提高产品固有可靠性的试验技术,也称为加速应力试验或高加速寿命试验。它是一种可靠性研制试验。

可靠性强化试验有以下技术特点:

(1)可靠性强化试验不要求模拟环境的真实性,而是强调环境应力的激发效应,从而实现研制阶段产品可靠性的快速增长。

(2)可靠性强化试验采用步进应力试验方法,施加的环境应力是变化的,而且是递增的,应力超出技术规范极限甚至到破坏极限。

(3)可靠性强化试验可以对产品施加全轴振动应力,也可以施加单轴随机振动应力,以及高温变率应力。

(4)为了试验的有效性,可靠性强化试验应尽早进行,样件的选取应该能够充分代表目前所采用的设计、材料和制造工艺等。

2. 可靠性增长试验

可靠性增长试验是为暴露产品的薄弱环节,有计划、有目标地对产品施加模拟实际环境的综合环境应力及工作应力,以激发故障,分析故障,改进设计与工艺,并验证改进措施而进行的试验。其目的是暴露产品中的潜在缺陷并采取纠正措施,使产品的可靠性达到规定值。

3. 可靠性验证试验

可靠性验证试验的作用是使订购方能拿到合格的紧固连接产品,同时承制方也能了解紧固连接产品的可靠性水平。它包括可靠性鉴定试验和可靠性验收试验,这两种试验均采用数理统计的方法,属于统计类试验。

4. 寿命试验

寿命试验是指为了测定产品在规定条件下的寿命所进行的试验。寿命试验的目的是验证产品在规定条件下的使用寿命、储存寿命等。寿命试验适用于产品设计定型阶段和使用阶段。

具体的寿命试验流程如图 6-16 所示。

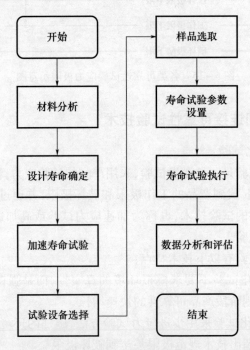

图 6-16　寿命试验流程

首先对紧固连接产品的材料进行分析和测试,确定其材质和物理性能。这包括材料的强度、硬度、耐腐蚀性等参数;然后根据使用环境和要求,结合实际情况,确定其设计寿命;为了缩短测试时间,可以采用加速寿命试验方法,通过模拟实际使用条件下的负荷、温度、振动等因素来加速紧固连接产品的退化过程;选择合适的试验设备进行寿命试验。例如,可以使用拉伸试验机、扭拉试验机、振动试验机等设备来模拟不同的加载条件;然后根据需要的样本量和统计要求,选取一定数量的紧固连接产品作为试验样品。确保样品具有代表性,并且能够满足所需的可靠性要求;根据设计寿命确定的要求,设置寿命试验的参数,包括紧固连接产品的加载方向、加载幅度,以及所处环境的温度、湿度等;按照设定的参数进行寿命试验。根据需要进行不同时间段的监测和记录,包括力学性能测试、外观检查等;最后对试验结果进行数据分析和评估,包括计算平均寿命、剩余寿命、失效模式等,并与设计寿命要求进行比较。

6.4　紧固连接可靠性设计

6.4.1　可靠性设计原理

可靠性设计原理是在传统设计的基础上,将载荷、材料性能、强度、紧固件尺寸等与设计有关的参数、变量等处理为服从某种统计规律的随机变量,然后按可靠性设计准则建立概率数学模型,使用概率论与数理统计以及强度理论等方式,计算出在给定设计条件下紧固连接产品产生破坏的概率公式,并且使用这些公式求出在给定可靠度下紧固件的尺寸、寿命等。

1. 应力-强度干涉理论概述

应力-强度干涉理论揭示了产品产生故障,并且有一定故障概率的原因,同时揭示了产品可靠性设计的本质。

在可靠性工程中所说的应力和强度都是广义的,强度是指抵抗破坏或失效的一切因素组合(如尺寸、材料等),应力是指可能引起产品失效的一切因素的组合(如负载、温度、振动等)[7]。受工作环境、载荷等因素的影响,应力和强度都是服从一定分布的随机变量,不能直接比较其大小,而只能度量一个随机变量大于或小于另一个随机变量的概率。虽然产品的强度设计值大于应力值,但二者都具有离散性,随着强度不断恶化,应力和强度在同一坐标系下的"干涉"会越来越多,产品故障的概率也越来越大,如图6-17所示,由此可见,即使结构设计采用安全系数法,给出了较高的安全系数,但是随着使用时间的延续,强度分布曲线逐渐靠近应力分布曲线,故障概率问题逐步凸显,最终还是不可避免地要用到可靠性的方法。

设应力 S 的概率密度函数为 $g(s)$,强度 δ 的概率密度函数为 $f(\delta)$。在机械设计中由于应力和强度具有相同的量纲,因此可以将它们的概率密度函数绘制在同一个坐标系中。通常零件的强度高于其工作应力,但由于应力和强度的离散性,使应力和强度的概率密度函数曲线在一定条件下可能相交,图6-17中相交的阴影区域表示 S 和 δ 的概率密度函数相干涉的部分。由于"强度恶化"和"干涉"的存在,任一设计都存在故障或失效概率,此时通过计算应力大于强度

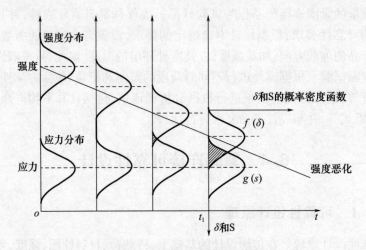

图6-17 强度干涉模型示意图

的概率,即得产品的失效概率,这就是可靠性设计的应力-强度干涉理论。根据应力-强度关系,计算强度大于应力的概率(可靠度)或强度小于应力的概率(失效概率)的模型,称为应力-强度干涉模型。

2. 应力-强度相互独立的可靠性模型

考虑可靠性分析中最基本的一种情况,即失效仅涉及应力和强度两个随机变量,且二者相互独立。则可靠度表达式为 $R = P(\delta > S) = P[(\delta - S) > 0]$,失效概率表达式为 $P_f = P(\delta < S) = P[(\delta - S) < 0]$。式中,$R$ 表示产品可靠度;S 与 δ 分别表示应力与强度,P_f 表示产品失效概率。

3. 应力-强度相关的可靠性模型

独立假设条件下的可靠性计算结果往往与实际的可靠性值有较大的偏差,且在实际应用中,相关性是部件失效的普遍特征,因此建立应力-强度相关的可靠性计算模型更符合实际。

考虑产品的尺寸参数、表面状况、温度、腐蚀等因素的影响,应力 S 和强度 δ 之间呈现负相关关系,故可认为应力 S 和强度 δ 之间的相关结构符合负相关 Copula 模型。

设应力 S 和强度 δ 的相关结构为 $\text{Copula} C_\theta(u,v)$,$\theta$ 是两者相关程度参数,则产品的可靠度为

$$R = P(\delta > S) = \int_{-\infty}^{+\infty} g(s) \left[\int_s^{+\infty} \frac{\partial^2 C_\theta(u,v)}{\partial u \partial v} f(\delta) \Big|_{v=G(s)}^{u=F(\delta)} d\delta \right] ds \quad (6-25)$$

式中:$g(s)$、$f(\delta)$ 为应力 S 和强度 δ 的密度函数;$G(s)$、$F(\delta)$ 为应力 S 和强度 δ 对应于密度函数 $g(s)$、$f(\delta)$ 的分布函数。

以应力-强度干涉理论为基础,依据紧固件的主要失效模式及机理,分别建

立基于单一故障模式和基于多竞争失效故障模式的可靠性模型,然后根据结构载荷工况,进行紧固件受力分析,结合产品理论和实测性能数据,得到具体的应力和强度分布,再计算得到具体案例的可靠度,从而开展连接设计优化。

6.4.2 紧固连接静强度可靠性设计

静强度可靠性设计本质在于把应力分布、强度分布和可靠度在概率意义上联系起来,给出一种设计计算的依据。

1. 安全系数法

在传统设计中,产品的设计主要从满足产品使用要求和保证性能角度出发进行设计。在满足这两方面要求的同时,必须利用工程设计经验,使产品尽可能可靠,因此引入一个大于 1 的安全系数,以此来保障产品的安全可靠,所以传统设计方法一般也称"安全系数法"。零件安全系数是一个常数,其具有直观、易懂、方便、有一定实践依据的优点,一直沿用至今。

安全系数法的基本思想是:结构在承受外在负荷后,计算得到的应力小于该结构材料的许用应力,即 $\sigma_{计算} \leq \sigma_{许用}$,其中,$\sigma_{许用} = \dfrac{\sigma_{极限}}{n}$。式中,$n$ 表示安全系数,σ 表示应力。

安全系数设计法与可靠性设计法的对比如表 6-5 所示。

表 6-5 安全系数设计法与可靠性设计法的对比

不同点	传统的安全系数设计法	可靠性设计法
设计变量处理方法不同	应力、强度、安全系数、载荷、几何尺寸等均为单值变量	应力、强度、安全系数、载荷、几何尺寸等均为随机变量,且呈一定分布
设计变量运算方法不同	代数运算,单值变量,如 $\sigma = \dfrac{F}{A}$	随机变量的组合运算,为多值变量,$S(\mu_s, \sigma_s) = F(\mu_F, \sigma_F)/A(\mu_A, \sigma_A)$
设计准则含义不同	安全准则:$\sigma < [\sigma]$;$n > [n]$	安全准则:$R(t) = P(\delta > s) \geq [R]$

载荷经典安全系数,经典的数值型安全系数有以下三种:

(1) 平均安全系数为

$$n = \frac{\bar{\delta}}{\bar{S}} \tag{6-26}$$

式中:$\bar{\delta}$ 为强度样本均值;$\bar{S}$ 为应力样本均值。

(2) 极限应力与强度状态下安全系数为

$$n = \frac{\delta_{\min}}{S_{\max}} \tag{6-27}$$

式中:δ_{min}为强度最小值;S_{max}为应力最大值。

(3)折中安全系数为

$$n = \frac{\bar{\delta}}{S_{max}} \tag{6-28}$$

由于应力、强度分布的离散性,在实际工程中存在恰好强度处于下限而载荷处于上限的可能性,显然这种固定数值的安全系数对于零件、结构可靠性的评价不太合理。传统的静强度安全系数没有考虑各种随机变量的变异性对结构安全的影响,只说明了各设计变量均值之间的关系,而可靠性分析恰好可以给出这一概率。

如图 6 – 18 所示,μ_S 和 μ_δ 分别表示应力和强度的均值,假设有两个完全相同的构件,构件 1 的材料强度和设计载荷的变异系数为 0.2,而构件 2 的变异系数为 0.1,那么前者的分布离散程度要高于后者,此时从可靠性的角度来看,前者的安全性要小于后者,即构件 1 应力强度干涉的区域大于构件 2。

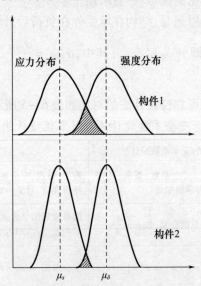

图 6 – 18　变异性不同的构件的应力强度干涉模型

2. 应力 – 强度相互独立的随机安全系数可靠性计算模型

国内外学者考虑随机安全系数,且借助于正态分布的理论背景,得到了应力与强度正态分布下的可靠度计算公式。设安全系数变量为 N,则零件可靠度为

$$R = P\left(N = \frac{\delta}{S} > 1\right) = \int_1^\infty f_N(n)\,dn \tag{6-29}$$

式中:$f_N(n)$为 N 的密度函数;δ、S 为随机变量。

经典机械静强度可靠度设计通常认为 S 和 δ 相互独立且服从正态分布,其

密度函数分别为 $f_\delta(\delta)$ 和 $g_s(s)$。

由概率分布理论,可以得到应力 S 和强度 δ 一般型分布时的安全系数变量 N 的密度函数为

$$f_N(n) = \int_0^\infty f_\delta(ns)g_s(s) \cdot s\mathrm{d}s \quad (6-30)$$

故应力 S 和强度 δ 相互独立时的安全系数 – 可靠度模型为

$$R = P\left(N = \frac{\delta}{S} > 1\right) = \int_1^\infty f_N(n)\mathrm{d}n = \int_1^\infty \int_0^\infty f_\delta(ns) \cdot g_s(s) \cdot s\mathrm{d}s\mathrm{d}n$$

$$(6-31)$$

该模型建立在应力 S 和强度 δ 相互独立的假设条件下,实际工程中,由于应力与强度二变量均受到零件几何尺寸、材料物理性质、表面质量以及工作环境等共同因素的影响,存在着相关性,按应力 S 和强度 δ 相互独立进行的产品可靠性设计不一定能达到可靠性预计指标。

3. 应力 – 强度相关的随机安全系数可靠性计算模型

针对应力与强度的负相关干涉,将国内外流行的相关性研究工具 Copula 函数引入至安全系数 – 可靠度计算值,给出了这一计算模型。设零件应力 S 和强度 δ 具体相关结构为 Copula $C_\theta(u,v) = C_\theta(F_\delta(ns), G_S(s))$,$\theta$ 是两者相关程度参数,$G_S(s)$、$F_\delta(\delta)$ 是应力 S 和强度 δ 对应于密度函数 $g_s(S)$、$f_\delta(\delta)$ 的分布函数,则建立应力 – 强度相关性干涉的零件安全系数可靠度计算模型为

$$R_{相关} = \int_1^\infty \int_0^\infty \frac{\partial^2 C_\theta(u,v)}{\partial u \partial v}\bigg|_{\substack{u=F_\delta(ns)\\v=G_S(s)}} f_\delta(ns)g_s(S)s\mathrm{d}s\mathrm{d}n \quad (6-32)$$

由零件强度均值 μ_δ 和零件危险断面上的应力均值 μ_s 之比确定的平均安全系数为 $\bar{n} = n_m = \dfrac{\mu_\delta}{\mu_s}$。

当应力 S 和强度 δ 独立且服从正态分布 $N(\mu_s, \sigma_s^2)$ 和 $N(\mu_\delta, \sigma_\delta^2)$ 时,其可靠度为

$$R = \phi\left(\frac{(n-1)\mu_\delta}{n_m\sqrt{\delta_S^2 + \delta_\delta^2}}\right) = \Phi(\beta) \quad (6-33)$$

式中:$\beta = \dfrac{\mu_\delta - \mu_S}{\sqrt{\delta_S^2 + \delta_\delta^2}}$ 为可靠性指标。

应力 S 和强度 δ 之间的相关结构为 Copula 函数 $C_\theta(u,v)$,则零件的可靠度为

$$R = P(\delta - S > 0) = \int_0^\infty \int_1^\infty \frac{\partial^2 C_\theta(u,v)}{\partial u \partial v}\bigg|_{\substack{u=F_\delta(ns)\\v=G_S(s)}} f_\delta(\delta) \cdot \mathrm{d}\delta g_s(s) \cdot \mathrm{d}s$$

$$(6-34)$$

若采用平均安全系数,便得到正态分布下的平均安全系数 – 可靠度计算公式:

$$R = \frac{1}{2\pi\sigma_S\sigma_\delta}\int_0^\infty\int_1^\infty \frac{\partial^2 C_\theta(u,v)}{\partial u \partial v}\bigg|_{\substack{u=F_\delta(ns)\\v=G_s(s)}}\exp\left[\frac{(\delta-\mu_\delta)^2}{2\sigma_\delta^2}\right]\mathrm{d}\delta\exp\left[\frac{\left(S-\frac{\mu_\delta}{n_m}\right)^2}{2\sigma_\delta^2}\right]\mathrm{d}s$$

(6 – 35)

6.4.3 紧固连接疲劳强度可靠性设计

紧固连接产品在使用过程中承受如振动、循环载荷或温度变化等原因产生的应力变化,即交变应力。该应力会促使紧固连接产品产生疲劳引发断裂。因此,需要疲劳强度可靠性设计来反映紧固连接产品的实际设计工况。

根据产品的使用寿命要求不同,疲劳设计准则分为[8]:

无限寿命疲劳设计以产品在服役过程中经历无限多次应力循环不发生疲劳失效为准则,要求工作应力低于疲劳极限(如寿命1000万次对应的疲劳强度)。

有限寿命疲劳设计目标是产品在规定的应力循环次数内不发生疲劳失效,要求工作应力低于指定寿命条件的疲劳强度。

1. 疲劳强度计算方法

疲劳强度是指结构抵抗疲劳破坏的能力。工程中常用 S 和 N 之间的关系来表示结构的疲劳强度,S 是交变应力的应力范围,N 是结构在应力范围为 S 的交变应力作用下达到破坏所需要的应力循环次数,也称为疲劳寿命。目前使用最多的疲劳寿命的理论模型是对数正态分布和威布尔分布。

1)中值 S – N 曲线

中值 S – N 曲线通常是通过成组试验的方法得到的,即选取若干不同的应力范围水平,在每一应力范围水平下各用一组试件作试验,然后,对各组试验数据分别进行统计分析,得到疲劳寿命的中值以及其他统计特征值,最后用曲线拟合中值疲劳寿命数据点,得到中值 S – N 曲线,如图 6 – 19 所示。

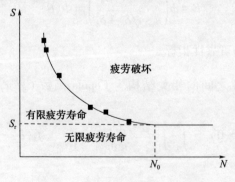

图 6 – 19 拟合的中值 S – N 曲线

其中 N_0 为寿命数,其相应的应力水平称为疲劳极限或持久限 S_r,它是受无限次循环而不发生疲劳破坏的最大应力。

为便于分析使用,中值 $S-N$ 曲线表达式通常为

$$N \cdot S^m = C \tag{6-36}$$

式中:m 与 C 为与材料相关常数。

2)$P-S-N$ 曲线

实践说明,$S-N$ 曲线因为试验数据的分散会呈现明显的分散性。如果在常规的确定性疲劳设计与分析中用中值 $S-N$ 曲线表示疲劳强度,那么平均有一半构件的实际疲劳寿命将低于按中值 $S-N$ 曲线计算所得的值,过早地发生破坏。

因此,为保证结构的安全,目前多采用概率 $S-N$ 曲线($P-S-N$ 曲线)来表示疲劳强度。即对给定的应力范围 S,用该曲线计算得到的疲劳寿命是具有存活率 p 的安全寿命。

若给定疲劳寿命值 N_p 作为结构安全的标准,那么疲劳寿命作为随机变量大于该已知值的概率 $p = P(N \geq N_p)$。概率 p 为存活率,N_p 称为存活率 p 的安全寿命。当疲劳寿命分布已知时,根据下式,给定存活率后可计算得到安全寿命 N_p 如下式所示:

$$p = P(N \geq N_P) = \int_{N_P}^{+\infty} f_N(N) \mathrm{d}N = 1 - \int_{-\infty}^{N_P} f_N(N) \mathrm{d}N \tag{6-37}$$

适当选取存活率后建立 $P-S-N$ 曲线,如图 6-20 所示,可以使过早破坏的概率降到可以接受的程度。

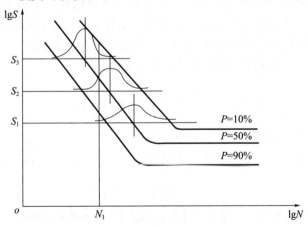

图 6-20 拟合的 $P-S-N$ 曲线

由该图可见,随着应力水平的降低,N 值的分散度越来越大。说明疲劳寿命 N 不仅和存活率 p 有关,而且和应力水平 S 有关。并且当 P 的取值不变时,以应

力水平 S 为自变量形成一条 $S-N$ 曲线。当 P 值变化时,每个 P 值都对应一条 $S-N$ 曲线,并且此时的存活率 p 即是可靠度。随着 $S-N$ 曲线的下移,可靠度增加。当疲劳寿命 N 不变时,随着应力水平的上升可靠度迅速减小。通常在工程上无特别说明,所提供的 $S-N$ 曲线为疲劳极限的中值,意味着可靠度为 50%。

2. 给定应力下寿命分布疲劳可靠性计算

1) 确定性恒幅循环载荷作用下零件疲劳可靠度

对于确定性恒幅循环载荷作用下的可靠性计算,通常需要知道给定应力水平下疲劳寿命的累积分布函数,以及零件在该应力水平下的指定使用寿命或循环次数。

假设某个紧固件在给定的应力历程 s 下疲劳寿命 n 的概率密度函数为 $f_n(n|s)$,当紧固件的使用寿命为某一确定值 N^* 时,该紧固件的疲劳可靠度为

$$R(N^*|s) = P(N^* < n|s) = \int_{N^*}^{+\infty} f_N(n|s)\mathrm{d}n \tag{6-38}$$

当紧固件使用寿命 N 为随机变量且其概率密度函数为寿命 N^* 时,紧固件的疲劳可靠度为

$$R = \int_0^{+\infty} f_N(N) \int_0^{+\infty} f_n(n|s)\mathrm{d}n\mathrm{d}N = \int_0^{+\infty} f_n(n|s) \int_0^n f_N(N)\mathrm{d}N\mathrm{d}n \tag{6-39}$$

2) 不确定性恒副循环载荷作用下的零件疲劳可靠性

假设系统由 m 个螺栓螺母构成,每个螺栓螺母构成一个疲劳部位,各个疲劳部位在给定应力历程 s 下的寿命概率密度函数不同 $(g_1(n|s), g_2(n|s), \cdots, g_m(n|s))$,$n$ 表示在应力 s 下的循环次数,且各疲劳部位所受的应力历程也不相同 $(s_i \sim N(\mu_i, \sigma_i^2))$,则该疲劳部位的疲劳可靠度为

$$r_i(N) = \int_{-\infty}^{+\infty} f(s_i) \int_N^{+\infty} g_i(n|s_i)\mathrm{d}n\mathrm{d}s_i \tag{6-40}$$

式中:$r_i(N)$ 为疲劳部位 i 可靠运行 N 个循环的概率。

对于系统而言,若其中出现一个疲劳部位失效,系统失效,则系统疲劳可靠度为

$$R(N) = \int_{-\infty}^{+\infty} f(s_0) \prod_{i=1}^m \int_N^{+\infty} g_i(n|\mu_i + \sigma_i s_0)\mathrm{d}n\mathrm{d}s_0 \tag{6-41}$$

式中:$s_0 \sim N(0,1)$,$R(N)$ 为系统可靠运行 N 个循环的概率。

疲劳可靠性计算流程如表 6-6 所示。

表6-6 疲劳可靠性计算流程

计算步骤	所需输入
(1)给定系统所受的确定载荷历程(随时间变化的载荷大小情况),通过力学计算转化为疲劳部位的应力历程(一般利用仿真手段获得)	系统所受的确定载荷历程、系统的疲劳部位
(2)利用雨流计数法获得疲劳部位应力历程中各循环的应力均值与幅值以及循环次数	疲劳部位的应力历程(由步骤(1)得)
(3)利用平均应力修正公式,将疲劳部位应力循环中的非对称循环转化为对称循环	疲劳部位的应力循环(由步骤(2)得)
(4)采用蒙特卡罗方法,从材料的P(存活率)$-S-N$曲线簇中抽取k条$S-N$曲线,结合步骤(3)获得的疲劳部位应力历程,对每条$S-N$曲线应用累积损伤法则获得疲劳部位的寿命值,最后得到k个寿命样本	疲劳部位的应力历程(由步骤(3)得)、材料的$P-S-N$曲线簇
(5)根据材料的中值$S-N$曲线,应用Miner线性累积损伤法则将步骤(3)获得的疲劳部位应力历程转化为恒幅循环应力,并将此恒幅循环应力的幅值作为该载荷历程的标识应力	中值$S-N$曲线(根据步骤(4)得到的k条$S-N$曲线)、疲劳部位的应力历程(由步骤(3)得)
(6)通过拟合步骤(4)获得的k个寿命样本,得到在步骤(5)获得的标识应力下的寿命分布	k个寿命样本(由步骤(4)得)、标识应力(由步骤(5)得)
(7)多次重复步骤(1)~(6),得到不同载荷历程下该疲劳部位的标识应力和相应的寿命分布	
(8)寻找寿命分布参数与标识应力之间的关系,将各寿命分布参数用标识应力表达,得到只包含应力参数的寿命分布函数	寿命分布(由步骤(6)得)、标识应力(由步骤(5)得)
(9)拟合不同载荷历程下的标识应力,得到标识应力分布函数	标识应力(由步骤(5)得)
(10)通过公式计算出任意指定寿命下单个疲劳部位的疲劳可靠度	
对于多个疲劳部位构成的系统,按步骤(1)~(9)得到各疲劳部位的寿命分布函数与应力分布函数,然后应用公式计算出多个疲劳细节构成的串联系统疲劳可靠度	

6.4.4 紧固连接磨损可靠性设计

紧固件或连接接头的失效很大一部分是由于润滑不良、制造与装配质量差等引起的摩擦磨损,以及使用条件变化及交变载荷作用而引起表面疲劳磨损造成的。因此,为提高磨损环境下工作紧固连接产品的可靠性,就必须开展磨损可靠性设计。

1. 磨损基本过程

累积磨损量是一段时间内一定磨损速度下表面质量丢失的总和,在磨损的基本过程中磨损量随时间的变化是不同的。

通常情况下磨损基本过程分为三个阶段[9],如图6-21所示:第一阶段为磨合阶段,磨损率较大,通常有黏着、擦伤、咬合或剧烈磨损出现。该阶段的磨损时间一般为随机变量。第二阶段为稳定磨损阶段,在正常情况下,进入稳定磨损阶段后,磨损率不随时间变化,即可认为磨损量和磨损时间成线性关系。第三阶段为激烈磨损阶段,是功能丧失阶段,此时润滑状况逐渐恶化,磨粒积聚增多,摩擦表面温度越来越高,表面磨损加快。这个阶段持续时间很短,部件进入这一阶段很快失效,所以通常不考虑其在磨损寿命期内。

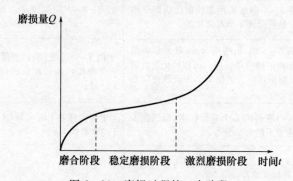

图6-21 磨损过程的三个阶段

2. 随机磨损可靠性

磨损可靠性是指结构在规定时间内、规定的使用条件下,磨损副的实际磨损量在许用磨损量范围内的概率。摩擦磨损系统在已知时间上的磨损量是一个随机变量,且随着时间的增长,系统的随机性增大,其累积磨损量的分布越来越离散。

假定许用磨损 ω_{max} 为随机变量,设其分布规律为 $f(\omega_{max})$,数学期望为 $\bar{\omega}_{max}$,标准差为 σ_{max}。如果许用磨损量服从正态分布,其概率密度为

$$f(\omega_{max}) = \frac{1}{\sigma_{max}\sqrt{2\pi}} \exp\left(-\frac{1}{2}\left(\frac{\omega_{max} - \bar{\omega}_{max}}{\sigma_{max}}\right)^2\right) \quad (6-42)$$

假定实际磨损量 ω 服从正态分布,则概率密度为

$$f(\omega) = \frac{1}{\sigma_{\omega}\sqrt{2\pi}} \exp\left(-\frac{1}{2}\left(\frac{\omega - \bar{\omega}}{\sigma_{\omega}}\right)^2\right) \quad (6-43)$$

根据应力-强度干涉理论,给出可靠度,如下式所示:

$$R = P(\omega < \omega_{\max}) = \int_{-\infty}^{\infty} f(\omega)(\int_{\omega}^{\infty} f(\omega_{\max})\mathrm{d}\omega_{\max})\mathrm{d}\omega \qquad (6-44)$$

3. 模糊磨损可靠性

在磨损过程中,当磨损值超过了允许的磨损量时,零件进入失效状态,但零件从正常状态到失效状态是一个逐渐过渡的过程,因此磨损失效判断准则具有模糊性。

1) 磨损模糊可靠性设计准则

将"紧固连接产品未磨损失效"按模糊随机事件处理,它由论域 $U = (-\infty, +\infty)$ 上的模糊子集 $\widetilde{A}$ 来表征。在论域 U 中,对任意的 $u \in U$,指定了一个实数 $u_{\widetilde{A}}(u) \in [0,1]$,$u_{\widetilde{A}}(u)$ 称作 u 对 $\widetilde{A}$ 的隶属度,表示 u 属于子集 $\widetilde{A}$ 的程度。在论域 U 中,若 $\widetilde{A}$ 是一个随机变量,则称 $\widetilde{A}$ 为模糊事件。模糊事件的概率为

$$P(\widetilde{A}) = \int_{U} u_{\widetilde{A}}(x)f(x)\mathrm{d}x \qquad (6-45)$$

该值为模糊可靠度,记作 R。因此零件磨损模糊可靠性设计准则可表达为:零件磨损极限 $\omega_{\max}$ 大于零件磨损量 ω 的模糊概率,必须大于等于设计所要求的模糊可靠度 R_0,如下式所示:

$$P(\widetilde{A}) = \int_{U} u_{\widetilde{A}}(x)f(x)\mathrm{d}x \qquad (6-46)$$

2) 磨损模糊可靠性数学模型

在磨损可靠性计算中,取 $\omega = \omega_{\max}$ 为磨损失效的临界值,这种约束是刚性的,即当磨损量非常接近但小于 $\omega_{\max}$ 时,其可靠度为1,只要超过 $\omega_{\max}$,可靠度为0。这种突变的处理,与磨损失效的实际规律难以吻合。因此,可以选取紧固连接产品的实际磨损量为随机变量,而将确定紧固连接产品磨损失效状态的判断依据选作模糊许用磨损量。模糊许用磨损量具有模糊性,当许用磨损量为 $\omega_{\max}$ 时,实际磨损量 ω 在区间 $(\omega_{\max}-\delta, \omega_{\max}+\delta)$ 内取值时,其磨损状态并无实质性差别,不能判断紧固连接是正常还是失效,只能判别其在某种程度上是属于正常或失效。

紧固连接产品基于时间的磨损模糊事件可表示为 $A = \{\omega_{\max} - \omega \geq 0\}$。

当紧固连接产品磨损量达到允许最大磨损量的一个合理范围内时,零件处于正常和失效的模糊状态,这种模糊状态可以用一个隶属函数来表示。根据磨损失效的渐进性特点和选取隶属函数的工程经验,以降半梯形分布磨损量 ω 的隶属函数,如下式所示:

$$u_A(\omega) = \begin{cases} 1 & (\omega \leq \omega_{\max} - \delta) \\ \dfrac{(\omega_{\max}+\delta)-\omega}{2\delta} & (\omega_{\max}-\delta < \omega < \omega_{\max}+\delta) \\ 0 & (\omega \geq \omega_{\max}+\delta) \end{cases} \qquad (6-47)$$

式中:δ 为许用磨损量 ω_{max} 的变化量,是相对于 ω_{max} 的一个小数,反映了模糊的不确定性,其值可根据实际情况和经验来确定。

紧固连接产品磨损量一般服从正态分布,其概率密度函数为

$$f(\omega) = \frac{1}{\sigma_s \sqrt{2\pi}} \exp\left(-\frac{(\omega - \mu_s)^2}{2\sigma_s^2}\right) \tag{6-48}$$

零件磨损模糊可靠度为

$$R = P(A) = \int_{-\infty}^{+\infty} u_A(\omega) f(\omega) d\omega \tag{6-49}$$

4. 随机过程磨损可靠性

由于初始条件、系统参数和外界作用等具有随机性,决定着磨损行为属于摩擦学随机系统行为。磨损是摩擦副的一种系统响应,是时变性很强的随机过程。因此用随机过程来研究磨损可靠性,更能很好地反映磨损过程的实际状况。与磨损过程相关的随机过程:平稳随机过程和白噪声过程、高斯随机过程和维纳过程。

平稳磨损阶段的随机过程可表示为 $\omega(t) = \overline{\omega} + \varepsilon(t)$。

根据随机过程可得,如满足自相关函数为单变量的函数,磨损随机过程 $\omega(t)$ 为一个平稳过程。其中 $\overline{\omega}$ 为常数,且由工作参数、环境因素及材料性质等因素决定,可以通过建立静态模型进行确定。根据磨损过程特点,随机过程 $\varepsilon(t)$ 可以定义为随机噪声项,代表对磨损产生影响的大量微观因素,当中的所有因素个体对材料的磨损根本性能没有显著影响,将其综合,可以把它们模拟为随机噪声项。而随机噪声项 $\varepsilon(t)$ 均值为 0,根据随机过程理论,若满足功率谱密度为恒值,则为白噪声过程。

假设稳定磨损期的噪声项为白噪声,这样当确定其功率谱密度值后,即可以确定磨损随机过程 $\omega(t)$ 的模型,如下式所示:

$$E[\omega(t)] = \overline{\omega} \tag{6-50}$$

$$R_{\omega(t)}(\tau) = \frac{\sigma^2}{2} \delta(\tau) \tag{6-51}$$

6.4.5 紧固连接振动可靠性设计

连接结构在工作或储存时存在随机性的环境振动,可能导致螺栓与螺母螺纹在振动过程中摩擦,从而出现导致螺纹连接出现松脱失效,因此,有必要开展紧固连接产品振动可靠性的研究,以确定其在环境振动应力作用下的可靠性水平。

1. 基本概念

振动可靠性设计是一种针对产品或系统在振动环境下的可靠性进行设计和优化的方法。它主要关注产品或系统在振动环境下的寿命和可靠性问题,并通过合理的设计和工程措施来降低振动引起的损伤和故障风险。

2. 基本模型

振动寿命模型是将振动环境下的载荷、结构和可靠性等因素相互作用进行建模,分析产品在振动环境下的失效机理和寿命。常用的振动寿命模型有疲劳寿命模型、随机振动寿命模型等。

1) 随机振动寿命模型

随机振动寿命模型是一种用于预测和评估振动系统寿命的数学模型,它考虑了振动载荷的随机性和材料的疲劳性能。以下是一个常用的随机振动寿命模型及其公式。

帕尔默方程:帕尔默方程是最常用的随机振动寿命模型之一,基于振动系统的累积疲劳损伤超过材料的疲劳极限时系统失效的假设,如下式所示:

$$N = \sum \left(\frac{N_i}{N_{i_{\lim}}} \right) \qquad (6-52)$$

式中:N 为振动系统的寿命;N_i 为第 i 个振动载荷的循环次数;$N_{i_{\lim}}$ 为第 i 个振动载荷对应的疲劳极限。帕尔默方程通过计算累积疲劳损伤比来预测系统的寿命。

2) 疲劳寿命模型

疲劳寿命模型是用于预测和评估材料或结构在循环加载下的疲劳寿命的数学模型。以下是常见的疲劳寿命模型。

$S-N$ 曲线模型:$S-N$ 曲线模型是最常用的疲劳寿命模型之一,基于疲劳试验数据建立了应力振幅(S)和寿命循环数(N)之间的关系曲线。通常采用对数形式的方程即

$$S = AN^B \qquad (6-53)$$

式中:S 为应力振幅;N 为寿命循环数;A 和 B 为经验参数,可以通过试验数据拟合得到。该模型指示在给定应力水平下材料的寿命循环数。

3. 振动可靠性设计案例

以某型航空发动机上连接涡轮盘与压气机轴的 24 组螺纹连接副组成的连接器为研究对象,根据盘轴螺纹连接器的结构确定了振动可靠性统计模型,同时通过加速寿命试验测定了连接器在振动应力下的可靠性水平。

具体任务流程为:通过对连接系统进行振动应力下的加速寿命试验,对试验数据进行统计分析,得到不同振动应力下的参数;然后,建立系统的振动可靠性统计模型,计算特征寿命 η 与振动应力间的关系,得出正常工作条件下的

概率分布图;最后,假设各连接器相互独立,建立 k/n 模型,设置 k 值,在已知单个连接副可靠度函数的情况下,计算连接系统的振动可靠度随时间 t 的概率密度函数。

大多数连接系统的寿命服从指数分布,但对于寿命分布的描述不准确。原因是连接系统的失效分布不仅与失效模式、失效机理和器件结构有关,还与其承受的应力和工作环境等诸多因素有关,而指数分布仅含一个参数,就难以在各种条件下恰当地刻画连接系统的可靠性寿命特征。

为了更准确地刻画连接系统的可靠性寿命特征,假设连接系统失效时间服从威布尔分布,则其概率密度函数和累积分布函数分别为

$$f(t) = \frac{m}{\eta}\left(\frac{t}{\eta}\right)^{m-1}\exp\left[-\left(\frac{t}{\eta}\right)^m\right] \quad (t>0, m>0, \eta>0) \quad (6-54)$$

$$F(t) = 1 - \exp\left[-\left(\frac{t}{\eta}\right)^m\right] \quad (t>0, m>0, \eta>0) \quad (6-55)$$

试验收集失效数据后可通过最小二乘估计,得出不同振动应力下的形状参数 m 和尺度参数 η(特征寿命),如下式所示:

$$\ln\left[\ln\left(\frac{1}{1-F(t)}\right)\right] = m\ln t - m\ln\eta \quad (6-56)$$

通过加速寿命试验,可以得出不同振动应力下盘轴螺纹连接器的威布尔分布参数。为了解决环境随机振动下的问题,需要在产品寿命与振动应力间建立某种联系,由此建立了一种可靠性统计模型,即逆幂律——威布尔模型。

在振动应力的作用下,产品寿命与振动应力的关系为逆幂律方程,而且产品寿命服从威布尔分布。若在不同的振动应力作用下,连接器的失效机理保持不变,则可认为其失效分布函数的形状保持不变,那么其具体的统计模型为:

(1)产品寿命在统计上相互独立;

(2)产品寿命服从二参数威布尔分布;

(3)在不同的振动应力水平时,威布尔分布的形状参数 m 保持不变;

(4)产品特征寿命与振动应力之间满足逆幂律方程,即 $\eta = \dfrac{1}{dS^\alpha}$。

将逆幂律方程进行线性化处理,如下式所示:

$$\ln\eta = -\ln d - \alpha\ln S \quad (6-57)$$

$$\mu = \gamma_0 + \gamma_1 x \quad (6-58)$$

通过极大似然估计得出 γ_0、γ_1。最后可以给出连接器寿命与振动应力间的逆幂律直线方程,如图 6-22 所示。

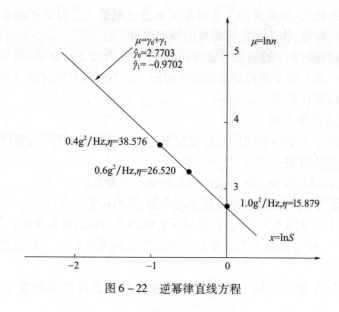

图 6-22　逆幂律直线方程

6.5　紧固连接工艺可靠性

6.5.1　工艺可靠性概述

紧固件制造时所采用的工艺方法、技术规范、工序安排等,将直接影响产品的加工精度、疲劳强度、抗腐蚀性能等,并同时影响这些性能的稳定程度,从而影响产品的可靠性。因此,研究工艺可靠性是保证紧固连接产品可靠性的必由之路。

根据可靠性的定义,结合紧固件制造工艺的特点,将紧固连接工艺可靠性的定义确定为:紧固连接产品制造过程在规定条件下和规定时间内,保证加工出来的产品具有规定的可靠性水平的能力。

紧固件制造过程是指从原材料转变为紧固件产品的工艺过程,包括紧固件各类成形工艺及热处理、表面处理等特种工艺;规定条件是指紧固件制造过程中的各类人员、设备、材料、工艺、测量、生产环境等条件;规定时间是指完成一批产品加工的时间。

6.5.2　紧固连接工艺可靠性指标

1. 工艺可靠度

紧固连接工艺可靠性研究的目的就是分析和控制紧固件制造工艺过程保障

产品可靠性的能力,因此采用工艺可靠度来描述制造工艺保证产品生产满足技术规范要求的程度,作为工艺可靠性的概率度量[10]。

制造过程在时刻 t 的工艺可靠度可用 $R(t) = P(T > t)$ 来表示,其中时间 T 表示产品生产满足技术规范要求的持续时间。工艺可靠度的详细计算方法依赖具体的工艺可靠性模型。

2. 工艺故障发生率

工艺故障发生率即紧固件制造过程发生工艺故障的故障率,紧固件制造工艺中的故障包括两类:

(1)产品缺陷,即加工的产品的可靠性达不到要求;

(2)设备故障,即生产制造系统出现故障,影响任务的完成。

生产中工艺故障不可避免,但是对于合格的产品制造过程来说,工艺故障的发生必然较少,所以提出工艺故障发生率这个指标来评价一个制造过程发生工艺故障的频度。

工艺故障发生率包括工艺故障发生强度和工艺故障瞬时发生率两个分指标:

1)工艺故障发生强度

工艺故障发生强度表示的是一种统计平均故障率,反映了制造过程在单位时间内发生工艺故障的平均水平,制造过程在时刻 t 的工艺故障发生强度为

$$h(t) = \lim_{\Delta t \to 0} \frac{E[\Delta N(t)]}{\Delta t} \tag{6-59}$$

式中:$N(t)$ 为时间 $[0,t]$ 内发生故障的次数,是一个随机变量;$\Delta N(t)$ 为时间 $[t,t+\Delta t]$ 内发生故障的次数;$E(\Delta N(t))$ 为 $\Delta N(t)$ 的期望。

2)工艺故障瞬时发生率

制造过程在时刻 t 的工艺故障瞬时发生率 $\lambda(t)$ 定义为:制造过程运行到时刻 t 时发生瞬时工艺故障的概率,即

$$\lambda(t) = \lim_{\Delta t \to 0} \frac{P(t < T < t + \Delta t \mid T > t)}{\Delta t} \tag{6-60}$$

式中:T 为机械制造过程在无工艺故障条件下的运行时间。

3. 工艺故障平均维修时间

对于紧固件制造系统而言,要求尽可能及时地排除工艺故障,快速修复系统,尽可能降低工艺故障造成的损失,因此需要通过工艺故障平均维修时间这个指标衡量制造过程针对工艺故障的修复能力。

设在规定的时间内制造过程发生了 n 次工艺故障,每次工艺故障的维修时间为 $T_i (i = 0,1,2,\cdots,n)$,则工艺故障平均维修时间 $\overline{T}$ 为

$$\overline{T} = \frac{\sum_{i=1}^{n} T_i}{n} \qquad (6-61)$$

该指标反映了制造过程对工艺故障的修复能力,值越小说明修复能力越强。

4. 工艺稳定性

工艺稳定性表示在规定时间内,工艺过程加工的产品,其特征保持在规定精度和偏差范围内的能力。本书通过紧固件制造过程的综合工序能力指数评价工艺稳定性。工序能力是指工序处于稳定受控状态时,加工出来的产品质量满足技术规范要求的能力,通常通过产品质量特征值的变异或者波动来表示。

大批量产品生产时,质量特征值 X 服从正态分布 $X \sim N(\mu, \sigma^2)$。令 T 表示产品质量特征值的公差范围,则工序能力指数 C_p 为

$$C_p = \frac{T}{6\sigma} \qquad (6-62)$$

C_p 反映了工艺加工过程中的波动情况,不能反映特征与标准要求的偏离。因此引入另一个工序能力指数 C_{pk},即

$$C_{pk} = (1-k)C_p = \frac{T - 2|\mu - M|}{6\sigma} \qquad (6-63)$$

式中:$k = \frac{2|\mu - M|}{6\sigma}$ 为偏移系数,反映工序中心 μ 与标准要求的偏离程度;M 为质量特征标称值。

表 6-7 给出了工序能力指数反映出来的工序能力的等级评价。

表 6-7 工序能力指数

等级	工序能力指数	工序评价
特级	$C_{pk} > 1.67$	工序能力过于充分
一级	$1.67 \geq C_{pk} > 1.33$	工序能力充分
二级	$1.33 \geq C_{pk} > 1$	工序能力尚可
三级	$1 \geq C_{pk} > 0.67$	工序能力不足
四级	$C_{pk} \leq 0.67$	工序能力严重不足

通常紧固件需要经过多道工序加工才能完成,因此为了评定整个工艺路线在产品加工过程中的稳定程度,需要将各道工序的工序能力指数综合起来形成整个工艺路线的综合工序能力指数。

设工艺路线由 n 道工序组成,令 C_{pki} 表示第 i 道工序的工序能力指数。设置不同工序的权重为 w_i,则定义综合工序能力指数 C_{sp},即

$$C_{sp} = \sum_{i=1}^{n} w_i C_{pki} \qquad (6-64)$$

综合工序能力指数 C_{sP} 从整个工艺路线的角度出发,根据不同工序的作用大小,综合评价了制造过程中工艺的稳定程度。

5. 工艺自修正性

为了监控产品的质量特征在多工序制造过程中的误差传播,以及评估制造过程对加工误差的自修正能力,本书提出工艺自修正性指标[11]。工艺自修正性通过工艺自修正系数来衡量。为了方便计算,本书评价该指标时仅考虑单个产品的质量特征加工误差分析。

1) 加工误差传递模型

假设产品有 n 道工序,每个产品在每道工序的质量测量数据用 x_i ($i=1,2,\cdots,n$) 表示,代表样本在第 i 道工序产生的加工误差。工艺可靠性研究的目的是最小化加工误差,所以对任意的工序 i,设其期望值 $E=(x(i))=0$。实际测量的加工误差有正负之分,但是并不影响误差的实质,所以使用质量特征的误差的绝对值 $|x(i)|$ 来反映实际的误差。

定义第 i 道工序对样本的加工误差的修正量 $D(i)$ 为

$$D(i)=|x(i)|-|x(i-1)| \quad (i=1,2,\cdots,n) \quad (6-65)$$

表 6-8 为修正量 $D(i)$ 的例子。由表 6-13 可知,在第 i 道工序,对第 1 个样本的修正量最大,第 3 个样本次之。且相比于第 $i-1$ 道工序,前两个样本的误差都获得了一定量的正向修正,第 3 个样本的加工误差在第 i 道工序被扩大了。

表 6-8 修正量

样本	$x(i-1)$	$x(i)$	$D(i)$
1	0.0311	0.0257	0.0053
2	0.0325	0.0316	0.0009
3	-0.0218	-0.0253	-0.0035

2) 加工误差自修正能力评估

本书基于每一个样本定义制造过程对其加工误差的自修正能力。对第 k ($k=1,2,\cdots,N$) 个样本,定义加工误差的自修正能力 P_{c_k},即

$$P_{c_k}=\frac{|x_n|-|x_1|}{\text{sig}(\max(D(i)))\max(D(i))} \quad (i=1,2,\cdots,n) \quad (6-66)$$

式中:$\text{sig}(A)=\begin{cases}1 & (A>0)\\-1 & (A<0)\end{cases}$ 为变量 A 的符号函数。

P_{c_k} 的分子部分比较了最后一道工序与第 1 道工序的加工误差,反映了首尾两道工序对产品质量特征的加工误差的修正程度,通过将其与 P_{c_k} 的分母部分相结合,使 P_{c_k} 能够反映制造过程对产品质量特征加工误差的修正程度。分母中引

入符号函数是因为$|x_i|-|x_{i-1}|$和$\max(D(i))$都可能为负,$\text{sig}(\max(D(i)))$与$\max(D(i))$相乘可以保证P_{c_k}的值越大,制造过程对加工误差的自修正能力越强。

由于工作中常常面临小样本问题,所以需考虑如何从少量样本的自修正能力系数来评价制造过程对加工误差的自修正能力。本书采用时间序列中的加权移动平均法评定制造过程对加工误差的自修正能力,设第k个工件的权重为k,定义制造过程对所有样本的加工误差的平均自修正能力,如下式

$$P_c = \frac{\sum_{k=1}^{N} k \cdot P_{c_k}}{\sum_{k=1}^{N} k} \tag{6-67}$$

该指标反映了多工序制造过程的工艺路线对所关心的产品质量特征的加工误差的自修正能力。根据该指标实践应用中的分析,本书提出以下自修正能力评价规则:

(1)如果$P_c < -1$,则自修正能力很差,需要提高;
(2)如果$-1 < P_c < 0$,则自修正能力不充分,考虑酌情提高;
(3)如果$0 \leq P_c < 1$,则自修正能力充分,不需要提高;
(4)如果$P_c \geq 1$,则自修正能力很充分。

6. 工艺遗传性

分析工艺遗传性的目的是评价前面工序的加工对后续工序加工的影响,这种影响可以考虑通过评价两个变量之间相互关系的相关系数来评价。多个加工工序是多个变量存在相关关系的情况,为了更准确、真实地反映这种变量之间的相关关系,本书引入偏相关系数的概念。

1)加工误差的偏相关系数的计算方法

令变量$X_1, X_2, X_3, \cdots, X_m$代表要分析的某工件的$m$个质量误差,设这$m$个质量误差是按照先后加工顺序排列的,加工的工件数量为n。则这m个变量的样本相关系数矩阵为

$$\boldsymbol{R} = \begin{pmatrix} r_{X_1 X_1} & r_{X_1 X_2} & \cdots & r_{X_1 X_m} \\ \vdots & \vdots & \ddots & \vdots \\ r_{X_m X_1} & r_{X_m X_2} & \cdots & r_{X_m X_m} \end{pmatrix} \tag{6-68}$$

定义变量X_i和X_j的样本偏相关系数为

$$r_{ij} = -\frac{r^{ij}}{\sqrt{r^{ii} r^{jj}}} \tag{6-69}$$

式中:r^{ij}为样本相关系数矩阵$\boldsymbol{R}$的逆矩阵$\boldsymbol{R}^{-1}$中(i,j)位置上的元素。

2)加工误差的偏相关关系检验

计算获得m个变量的样本偏相关系数之后,并不能直接判断两个变量X_i和

X_j 之间是否存在显著的偏相关关系,因此需要通过假设检验来确认。进行如下的假设检验:

$$H_0: p_{ij} = 0; H_1: p_{ij} \neq 0$$

当 H_0 成立的时候,检验统计量 $F = \dfrac{r_{ij}^2(n-m)}{(1-r_{ij}^2)}$ 服从自由度为 1 和 $(n-m)$ 的 F 分布 $F(1, n-m)$。在给定的显著性水平 ∂ 下,计算可得阈值 $F_\partial(1, n-m)$。

判断准则为:

(1)若 $F > F(1, n-m)$,则否定 H_0 接受 H_1,认为变量 X_i 和 X_j 间存在显著的偏相关关系;

(2)若 $F \leq F(1, n-m)$,则否定 H_1 接受 H_0,认为变量 X_i 和 X_j 间不存在显著的偏相关关系。

对两变量间偏相关关系的判断后,在后续针对某个质量误差控制中,可以调整确实与其相关的质量,减少其他质量加工误差的负面影响。

3)计算工艺遗传系数

工艺遗传性由平均工艺遗传系数来衡量。在确定了多个工序加工误差之间的偏相关关系的基础上,可以进一步统计每一个工序的加工误差与存在偏相关关系的其他工序数量,也即每一个工序误差与其他工序加工误差的影响次数。一个工序对其他工序的影响次数越多,自然对整个工件的质量影响程度越大。这样按照每个工序的加工误差对其他工序的影响次数对这些加工误差进行分类,即可找出影响程度较大的那些加工误差。分类后,就可以对不同工序的加工误差进行区别对待,这样面对大量的工序误差数据就有所应对。

偏相关关系的检验结束后,比较出与每一个工序的加工误差存在偏相关关系的质量。存在偏相关关系标 1,没有相关性标 0,同一个工序不考虑相关性标"X"。示例如表 6-9 所示。

表 6-9 工序相关表

	工序 1	质量 2	质量 3	质量 4	质量 5	⋯	质量 m
工序 1	X	0	1	0	0	⋯	1
工序 2	0	X	0	1	1	⋯	1
工序 3	1	0	X	0	0	⋯	0
⋮	⋮	⋮	⋮	⋮	⋮	⋱	⋮
工序 m	1	0	0	1	0	⋯	X
相关次数	3	2	2	1	1	⋯	0

注意到偏相关系数矩阵是对称矩阵,所以只考虑主对角线以下的区域。统计每一列的主对角线以下的 1 的次数即得到该质量的加工误差与后续质量的加

工误差存在偏相关关系的次数。表6-9的最后一行统计了相应的结果。

设第i个工序与排在其后的工序存在偏相关关系的次数为c_i,定义第i个工序的工艺遗传系数I_i,即

$$I_i = \frac{c_i}{m-i} \quad (i=1,2,\cdots,m-1) \tag{6-70}$$

第i个工序与其他工序的相关次数与后续质量个数的比值,因此I_i值越大,对后续工序影响越大。考虑到每个工序对其后工序的影响程度,设第i个工序的权重表示为w_i,定义工艺路线的平均遗传系数$\bar{I}$,即

$$\bar{I} = \sum_{i=1}^{m-1} w_i I_i \tag{6-71}$$

通过平均工艺遗传系数$\bar{I}$来评价工艺路线中工序之间的相关关系,即评价前面工序的加工对后面工序加工的影响。$\bar{I}$越大,工序之间的影响越大,制造过程中的控制难度越大。

6.5.3 紧固连接工艺可靠性建模技术

根据紧固连接工艺可靠性的定义,为了评估紧固件制造工艺过程的可靠性,必须建立工艺可靠性的模型,通过所建立的模型来计算工艺可靠度。紧固件制造工艺中的故障包括两类:一类是加工的产品可靠性达不到规定要求,即产品缺陷;另一类是生产制造系统出现故障,影响加工任务的完成。产品的可靠性由各项尺寸、形状、位置、性能等特征满足标准要求的程度决定,产品制造工艺流程由各个工序组成。工艺可靠性建模则研究产品各个特征、各个工序和最终整个工艺可靠性的关系。

根据紧固件制造工艺特点,通常包括串联模型、顺序关联模型、功能关联模型和混联模型。

1. 工艺可靠性的串联模型

制造过程的工艺可靠性由n个特征的加工过程来保证,当且仅当这n个特征的加工过程均不发生工艺故障时,制造过程才能够保证其工艺可靠性符合要求,或只要一个特征的加工过程发生故障,则制造过程会发生工艺故障,这时称制造过程是由n个特征的加工过程构成的工艺可靠性串联系统。

假设第i个特征的加工过程保证加工误差在规定范围内的时间为X_i(也即出现工艺故障的时间),其完成任务所需时间为t_i,则该加工的任务可靠度为$P_i = P\{X_i > t_i\}$,即为第i个特征的加工过程满足工艺规范要求的概率。设整个制造过程保证产品的可靠性指标符合要求的加工时间为X,其完成任务时间为t,则整个制造过程的工艺可靠度为$P(t) = P\{X > t\}$。如果n个特征的加工过程互不相关,即$X_1, X_2, \cdots, X_n$相互独立,则加工的任务可靠度$P(t)$为

$$P(t) = P\{X_1 > t_1, \cdots, X_n > t_n\}$$
$$= \prod_{i=1}^{n} P\{X_i > t_i\}$$
$$= \prod_{i=1}^{n} P_i(t_i) \qquad (6-72)$$

2. 工艺可靠性的顺序关联模型

当以单个特征的加工符合要求为目标时,工艺可靠性的顺序关联模型研究与单个特征的加工成败相关的工序之间的关系。

当产品的某个特征需要经过 m 个工序或工步的加工才能完成时,则前一工序对该特征的加工偏差可能在后面的工序中予以修正。因此,只要前面工序的加工偏差能够通过后面的工序予以修正,那么最后一个工序就能够保证最终输出的特征符合要求。这就要求每个工序必须保证其加工偏差小于一定的范围,从而保证后续的工序能够予以修正,否则难以保证最终输出的特征能够符合要求。所以,本书将这种存在先后顺序的工艺可靠性关系定义为工艺可靠性顺序关联模型。

在工艺可靠性顺序关联的条件下,需要对每个工序可能出现的超出工艺规范的加工偏差予以约束,如果偏差不超过约束范围则可以通过后面的工序予以修正,因此定义第 i 个工序对第 k 个特征的加工偏差超出工艺规范但是能够被后续工序修正的概率为 $P_k^{(i)}(t)$,也即第 i 个工序对第 k 个特征的加工偏差符合工艺规范的概率。以两个顺序关联的工序为例,这两个工序 1 和 2 组成的制造过程的工艺可靠度 $P_k(t)$,即

$$P_k(t) = [(1 - P_k^{(1)}(t))P_k^{[1]}(t) + P_k^{(1)}(t)]P_k^{(2)}(t) \qquad (6-73)$$

特别地,如果 $P_k^{(1)}(t) = 1$ 则 $P_k(t) = P_k^{(2)}(t)$,即如果第 1 个工艺单元的加工偏差能够确定被第 2 个工艺单元修正,那么这两个单元组成的制造过程的工艺可靠度仅依赖于第 2 个工艺单元对第 k 个特征的加工偏差是否符合工艺规范。如果机械制造过程具备顺序关联关系的工艺单元多于两个,其工艺可靠度可以按上式类推。

3. 工艺可靠性的功能关联模型

工艺可靠性的功能关联模型仍然以单个特征(设为第 k 个特征)的加工符合要求为保障目标,主要针对制造过程中设有检验工序(工序检验或工步检验)的情况,其工艺可靠性框图,如图 6-23 所示。

图中的判断模块执行对两个工序功能的判断,然后根据判断结果计算工艺可靠度。由于加工工序和检验工序均有正常工作和故障这两种情况,$P_k^{(1)}(t)$ 代表加工工序正常工作的概率,$P_k^{(2)}(t)$ 代表检验工序正常工作的概率。

下面根据功能关系来计算整个制造过程的工艺可靠度。

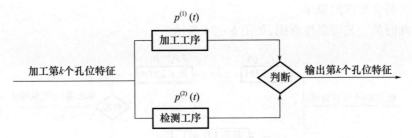

图 6-23　带检验工序的工艺可靠性框图

(1) 加工工序正常,检验工序正常。此时,整个制造过程的加工符合要求,其工艺可靠度 $P_{k1}(t)$ 为

$$P_{k1}(t) = P_k^{(1)}(t) P_k^{(2)}(t) \tag{6-74}$$

(2) 加工工序故障,检验工序正常。此时,工序加工的产品不符合要求,但是可以通过检验工序检出,避免了加工不符合要求的产品交给用户,但是制造过程的加工从整体来讲不符合要求。

(3) 加工工序故障,检验工序故障。此时,工序加工的产品不符合要求,而且检验工序也发生了故障,因此制造过程的加工从整体来讲仍然不符合要求。

(4) 加工工序正常,检验工序故障。此时,工序加工的产品符合要求,而检验工序的故障需要进一步分析。检验工序的故障导致其可能产生两种检验结果:一种结果是报告加工工序不符合要求;另一种结果是报告加工工序符合要求。因此,如果出现第 1 种结果,则导致合格的产品被拒绝交给用户,制造过程的加工从整体来讲仍然不符合要求;如果出现第 2 种结果,则加工合格的产品通过了检验,产品交给用户,制造过程的加工从整体来讲符合要求。设检验工序出现第 2 种可能的概率为 $P_k^{(2)+}(t)$,则此时机械制造的工艺可靠度为

$$P_{k4}(t) = P_k^{(1)}(t) [1 - P_k^{(2)}(t)] P_k^{(2)+}(t) \tag{6-75}$$

因此,在加工工序和检验工序的功能关联模型中,工艺可靠度为

$$\begin{aligned} P_k(t) &= P_{k1}(t) + P_{k4}(t) \\ &= P_k^{(1)}(t) [1 - P_k^{(2)}(t)] P_k^{(2)+}(t) + P_k^{(1)}(t) P_k^{(2)}(t) \\ &= P_k^{(1)}(t) \{ P_k^{(2)}(t) + [1 - P_k^{(2)}(t)] P_k^{(2)+}(t) \} \end{aligned} \tag{6-76}$$

在生产实践中,通常是工件经过多道加工工序后才进行检验,设对第 k 个特征经过了 m 道加工工序后才安排一个检验工序。设每道加工工序之间相互独立,则由式可以类推此时的工艺可靠度为

$$P_k(t) = \sum_{i=1}^{m} P_k^{(i)}(t) \{ P_k^{(m+1)}(t) + [1 - P_k^{(m+1)}(t)] P_k^{(m+1)+}(t) \} \tag{6-77}$$

式中:$P_k^{(i)}(t)$ 为第 i 道加工工序加工第 k 个特征符合要求的概率;$P_k^{(m+1)}(t)$ 和 $P_k^{(m+1)+}(t)$ 分别为检验工序正常工作的概率和检验工序故障条件下检验结

为加工符合要求的概率。

此时的工艺可靠性框图,如图6-24所示。

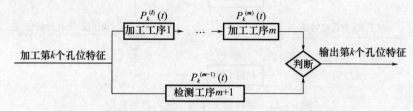

图6-24 多加工工序带一个检验工序的工艺可靠性框图

4. 工艺可靠性的混联模型

当制造过程中有些特征的加工过程设置了检验工序而其他特征的加工过程没有设置检验工序,则设置了检验工序的加工过程自身可以通过工艺可靠性的功能关联模型表示,而没有设置检验工序的加工过程之间可以通过工艺可靠性的串联模型表示。这些特征的加工过程还可能通过多个工艺单元顺序关联来完成。将这些工艺可靠性的顺序关联、功能关联和串联模型结合起来组成了制造过程的工艺可靠性混联模型。

若制造过程需要保障产品的n个特征,不妨设前k个特征的加工过程均是由顺序关联的加工单元组成,后面$(n-k)$个特征的加工过程均是一次加工完成,在最后设置检验工序,因此所有的加工过程组成了一个加工单元,该加工单元进一步与检验工序组成了一个功能关联模型,最终形成了工艺可靠性的混联模型,混联模型的可靠性框图如图6-25所示。

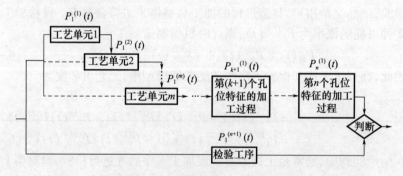

图6-25 混联模型的工艺可靠性框图

6.5.4 紧固连接工艺可靠性分析技术

P-FMECA可以看作由故障模式、影响分析和危害度分析组成,用于识别系统组成单元可能出现的故障模式,以及这些故障模式对系统功能的影响和后果的严重程度。通过这种分析,可以提出潜在的预防和改进措施,以提高工艺的可靠性。P-FMECA 的操作方法为先确定系统各个基本单元的故障模式,然后分析它在系统更高层面上产生的影响。在工艺开发阶段,P-FMECA 的主要目的是评估各种潜在故障对系统功能、可靠性、维修性、人员安全和环境安全的影响,并在工艺开发阶段尽可能采取预防措施,以防止故障的发生或减轻故障后果,从而提高工艺可靠性。

基于紧固件制造工艺,进行工序功能分析、零部件特性与工序关系分析,P-FMECA 分析,确定产品关键特性、关键工序、主要故障、故障影响等。以关键工序为对象,梳理工序影响因素及输出特性,及其可控可测情况,利用试验设计方法设计工艺优化试验,对试验结果进行分析,建立影响因素和响应特性的工序关系量化模型,实现对工艺参数的监控,提升工艺可靠性。

某典型产品的工艺流程图、零部件-工艺关系矩阵及表面处理工序 P-FEMCA 表分别如图 6-26、表 6-10、表 6-11 所示。

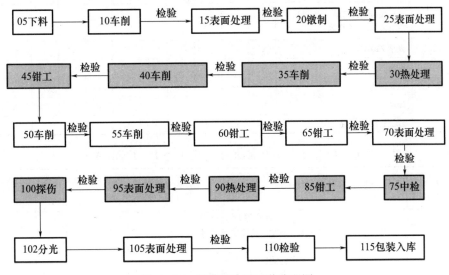

图 6-26 某典型产品工艺流程图

表 6-10 某典型产品零部件-工艺关系矩阵

零部件特性		主要工序								
分类	特性	20 镦制	30 热处理 ▲	35 车削 ▲	40 车削	50 车削-螺纹 ▲	55 车削	85 钳工-收口 ▲	90 热处理 ▲	100 探伤 ▲	105 表面处理
尺寸特性	Z104/支承面垂直度不大于 0.08mm			√		√					
	Z105/MJ14×1.5-4H5H			√		√					

续表

零部件特性		主要工序								
分类	特性	20 镦制	30 热处理 ▲	35 车削 ▲	40 车削 ▲	50 车削－螺纹	55 车削	85 钳工－收口	90 热处理 ▲	100 探伤 ▲	105 表面处理 ▲
外观及缺陷检查	Z106/支承面、螺纹及螺纹两端倒角处粗糙度不高于1.6Ra			√	√	√					
	外观应光洁、无毛刺、划伤等机械损伤,无目视可见裂纹等缺陷										
	Z103/100% 荧光渗透检验,按 GJB 5854—2006 的 A 级验收		√	√					√	√	
	金相检查晶粒度、过热、过烧、折叠等缺陷		√	√					√		
涂镀层特性	Z102/螺纹镀层 Ep. Ag8～12μm										√
	镀层外观无起泡、变色等										√
	镀层按规定进行结合力试验,不应有起皮、剥落现象										√
力学性能	硬度 Z101C		√						√		
	轴向载荷		√						√		
	锁紧性能		√			√			√		√
	振动		√			√			√		√
	扳拧性能		√				√		√		√

表6-11　某典型产品表面处理工序 P－FEMCA 表

工序名称	工序功能/要求	故障模式	故障原因	故障对制造过程的影响	改进前的风险优先数(RPN)			
					S	O	D	RPN
105 表面处理	镀银层厚度和结合力	镀层厚度超差	未明确厚度分布规律,测量部位选择不合理	整批返工	6	8	7	336
			过程控制测量方法没有校正块,可能误差较大					
			镀银溶液分散能力差,厚度均匀性差					
			电镀时间、电流密度参数设置不合理					
			镀银溶液成分超差					
		镀层结合力不合格	氧化皮去除不充分(喷砂去除量不足)	整批返工	6	7	8	336

续表

工序名称	工序功能/要求	故障模式	故障原因	故障对制造过程的影响	改进前的风险优先数(RPN)			
					S	O	D	RPN
105表面处理	镀银层厚度和结合力	镀层结合力不合格	预镀镍/银镀层偏薄(不超过2.5μm)实际3~5min,未测量厚度	整批返工	6	7	8	336
			预镀镍槽液被铜污染					
			预镀银槽液银离子浓度偏高					
			镀银层致密度(如双脉冲电镀)					
			当前结合力测试方法定性不定量,对结合力表征不充分					
		产品锁紧性能不合格	镀层厚度均匀性,结合力差(锁紧试验过程中镀层脱落,高温试验时镀层起泡)	整批返工	8	7	5	280

6.5.5 紧固连接工艺可靠性优化技术

通常,在产品设计和工艺优化过程中大量采用试错法,即通过逐步尝试不同参数和条件的组合来寻找最佳方案。然而,这种方法需要大量的试验,消耗高昂的时间、物料和人力资源,而且很难准确判断哪些因素对结果产生了实际的影响。为了解决试错法的局限性,试验设计(design of experiments,DOE)方法应运而生。试验设计是一种统计方法,用于优化和改进工业和科学试验的设计。它的主要目的是通过合理的试验设计和数据分析,从大量的变量中识别出对所研究过程或系统性能最具影响力的因素。通过这种方式,可以帮助研究人员更有效地探索和理解系统,从而提高产品质量、工艺效率或其他性能指标。通过减少试验数量和精确控制变量,可以节省时间和资源,并提供可靠的统计推断和结论。

1. 试验设计的定义

试验设计是关于设计和分析试验的统计学方法,帮助研究人员确定最佳试验以及优化过程。通过系统地控制各个因素的变化和交互作用来研究它们对结果的影响,并使用统计分析方法来解释和推断结果的显著性[12]。

2. 基本概念与模型

1) 因子与响应

过程模型示意如图 6-27 所示,其中 Y 是输出变量,又称为响应变量或特性。在试验中,人们需要考虑可能会影响响应变量的因素,这些因素被称为试验中的因子。其中,$(X_1, X_2, \cdots, X_k)$ 是人们可以在试验中控制的因子,即可控因子,并且它们是影响过程输出结果的输入变量。这些可控因子可以是连续型的,也可以是离散型的。而 $(U_1, U_2, \cdots, U_w)$ 是人们无法控制、难以控制或需高成本控制的因子,即非可控因子,它们可能只取连续值或只取离散值。通常情况下,这些非可控因子很难被控制在某个精确值上,并且在实际问题中它们也可能取不同的值,因此这些非可控因子有时被视为噪声因子,被当作误差来处理。需要指出的是:可控因子和非可控因子并不是固定不变的,它们在特定条件下是可以相互转化的。通常使用大写字母 $A, B, C, \cdots$ 来表示因子。

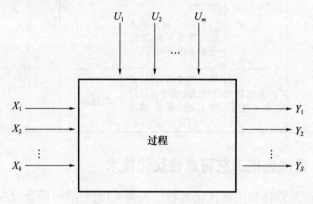

图 6-27 过程模型示意图

2) 水平及处理

在研究因子对响应的影响时,需要选择因子的多个不同取值,这些取值被称为因子的水平或设置。每个因子选择了各自的水平后,它们的组合形成了一个处理。一个处理的含义是,按照设定的因子水平的组合进行试验,并观测响应变量的值。因此,处理也可以表示一种安排,它比试验或运行的含义更广泛。一个处理可以进行多次试验。

3) 试验单元与试验环境

处理(即试验)应用其上的最小单位称为试验单元。例如,按因子组合规定的工艺条件所生产的一件(或一批)产品。以已知或未知的方式影响试验结果的周围条件,称为试验环境,通常包括温度、湿度等不可控因子。

4) 模型与误差

考虑到影响响应变量 Y 的可控因子是 $X_1, X_2, \cdots, X_k$,在试验设计中建立的

过程模型 $Y=f(X,U)$，即

$$Y=f(X_1,X_2,\cdots,X_k)+\varepsilon \qquad (6-78)$$

式中：Y 为响应变量；$X_1,X_2,\cdots,X_k$ 为可控因子。误差 ε 包含试验误差和失拟误差。试验误差是由非可控因子或噪声引起的误差，而失拟误差指的是采用的模型函数 f 与真实函数之间的差异。试验误差和失拟误差具有不同的性质，在分析时需要分别处理。有时为了简化分析，我们假设函数关系 f 是准确无误的，从而忽略失拟误差。需要注意的是，试验误差本身也包含测量误差。为了确保测量误差不会影响分析结果，在进行试验前通常需要进行测量系统分析。只有当测量误差满足最低要求时，才能开始进行试验。

5）主效应和交互效应

主效应是指单个因素对试验结果的平均影响。当我们对某个因素进行多个水平（如高、中、低）的变化时，主效应描述的是这些水平之间的差异对试验结果的影响。主效应可以帮助我们了解每个因素对试验结果的贡献程度，并确定哪些因素对结果具有显著影响。

交互效应定义为两个因子之间具有交互作用，如果因子 A 的效应依赖于因子 B 所处的水平，或者说如果对因子 B 的不同水平值，因子 A 高低水平对应的响应值之差不相同，则称 A 与 B 之间有交互效应。

3. 试验设计的分类

根据不同的研究内容，试验设计有各种各样的分类方法。根据因子组合的配置和试验随机化的程度，试验设计可以分为以下几种。

(1) 因子设计。这种设计是研究所有因子组合中，所有可能处理的组合。试验的次序是完全随机选取的，如单因子设计、二因子设计等。一般地，k 因子二水平设计（2^k），k 因子三水平设计（3^k），均属于因子设计。

(2) 部分因子设计。这种设计是研究所涉及因子中，所有可能处理组合中的一部分。试验的次序是完全随机化的。例如，设计中采用的正交设计、Plackett-Burman 设计、拉丁方设计等。这种设计主要应用在因子筛选中，可以节约成本和时间。

(3) 随机化的完全区块设计、裂区设计和嵌套设计。在这些设计中，必须考虑到检验所有可能的处理组合，但随机化的方式受到某些限制。随机化的完全区块设计是指每个区块中包含了所有可能的处理，而且每个区块内的处理是随机的。

(4) 不完全区块设计。不完全区块设计指的是在随机化的完全区块设计中，某些处理无法被安排在所有的区块中。这种设计通常在试验设备有限的情况下出现。当每个区块包含相同数量的处理，并且在相同数量的区块中每对处理同时进行时，我们称为均衡的不完全区块设计。

(5)响应曲面设计和混料设计。设计的目的是通过建立回归模型来探究响应变量与因子(输入变量)之间的函数关系,寻找因子的最优条件。例如,中心复合设计、旋转设计、混料设计等,均属于这类设计。需要说明的是,在混料设计中各成分之和是1,因此因子水平不是独立的。

4. 螺栓热镦工艺试验设计案例

本案例螺栓现行工艺采用压力机及其配套的加热器进行加工,通常采用圆形铜管线圈进行加热。根据现行工艺,梳理了本案例螺栓产品热镦工序的影响因素,详见表6-12。

表6-12 螺栓热镦工序影响因素

热镦工序影响因素	现行工艺要求值	是否可测	是否定量测量	测量设备
镦压力	无	否	否	—
镦锻比	2.0~2.5	是	是	计算
加热功率	(400~800)W	是	是	设备显示
加热时间	9.5s/(9~13)s	是	是	设备显示
线圈内径	($\phi17~\phi22$)mm	是	是	游标卡尺
线圈匝数	不固定	是	是	目视
线圈管径	不固定	是	是	游标卡尺
线圈匝间距	不固定	是	是	游标卡尺
转移时间	未控制	是	是	秒表
加热长度	(38±3)mm	是	是	游标卡尺

本案例螺栓产品热镦工序输出的主要特性包括产品外观、尺寸、硬度、金相组织状态、晶粒流线、晶粒度等,现行工艺输出特性的可控可测情况如表6-13所示。

表6-13 螺栓热镦工序输出特性

热镦工序输出特性	设计要求值	是否可测	是否定量测量	测量设备
头部端面硬度	42~50HRC	是	是	洛氏硬度计
头下支承面硬度	42~50HRC	是	是	维氏硬度计
头部外圆直径	R11mm	是	是	游标卡尺
头部厚度	$8_{-0.1}^{0}$mm	是	是	游标卡尺
头下圆角尺寸	$R0.8_{-0.2}^{0}$mm	是	是	投影仪JT12A-A
杆部直径	$\phi14h7$mm	是	是	游标卡尺
杆部长度	(46±0.3)mm	是	是	游标卡尺
垂直度	0.03mm	是	是	垂直度规

续表

热镦工序输出特性	设计要求值	是否可测	是否定量测量	测量设备
表面粗糙度	1.6Ra	是	否（合格判定）	粗糙度样板/50倍放大镜
外观	无裂纹、疤痕、毛刺、划伤、压伤和其他机械损伤	是	否（合格判定）	目视
头部金属流线	连续	是	否（合格判定）	显微镜 TIGER3000
过热	无过热过烧渗碳脱碳氮化及晶界氧化	是	否（合格判定）	显微镜 TIGER3000
过烧		是	否（合格判定）	显微镜 TIGER3000
折叠	无折叠	是	是	显微镜 TIGER3000
晶粒度	原材料固溶后晶粒度要求为4级或更细，允许有个别2级晶粒	是	是	显微镜 TIGER3000

根据上述分析并结合现场加工经验，开展螺栓热镦工艺试验设计和工艺优化工作。选取加热电流、加热时间、保温时间和工件加热长度（以头部超出线圈高度间接测量）共计四个影响因素为研究对象并确定四个参数的取值范围和步长，采用正交试验方法确定了螺栓热镦工艺试验方案，如表 6-14 所示。

表 6-14 螺栓热镦工序试验设计方案

试验号	加热电流 x_1/mA	加热时间 x_2/s	保温时间 x_3/s	头部超出线圈高度 x_4/mm
1	385	18	18	2.0
2	385	20	20	2.6
3	385	22	22	3.2
4	400	18	20	3.2
5	400	20	22	2.0
6	400	22	18	2.6
7	415	18	22	2.6
8	415	20	18	3.2
9	415	22	20	2.0

按照上述试验方案开展工艺试验，并对数据进行整理分析，得到了加热电流 x_1，加热时间 x_2，保温时间 x_3，头部超出线圈高度 x_4 四个因子与螺栓硬度、外观、上端面温度等响应特性的回归模型，以上端面温度为响应的回归模型为

$$y = \beta_0 + x_1\beta_1 + x_2\beta_2 + x_3\beta_3 + x_4\beta_4 + x_1^2\beta_{11} + x_1x_2\beta_{12} + x_1x_3\beta_{13} + x_1x_4\beta_{14}$$

$$+ x_2^2\beta_{22} + x_2x_3\beta_{23} + x_2x_4\beta_{24} + x_3^2\beta_{33} + x_3x_4\beta_{34} + x_4^2\beta_{44} + e \qquad (6-79)$$

式中：e 为拟合误差。

根据上述回归模型得到了多因子的最优参数组合。通过本次工艺试验，建立了温度与加热参数，以及外观、硬度与温度的关系模型，通过模型可以实现给定参数组合下镦制试样温度、外观和硬度结果的预测，预测结果和实际加工的结果较吻合，得到了外观和硬度均符合要求的试样，说明模型具有一定准确度。通过试验获得了最佳的热镦工艺参数，有效解决了螺栓热镦一次合格率低的问题。

6.5.6 紧固连接工艺可靠性控制技术

工艺可靠性控制技术是通过制定合理的技术措施，对生产过程进行控制和优化，以提高产品的质量和可靠性的方法。具体技术包括严格的工艺流程控制、精确的检测和测试以及应用统计过程控制(SPC)等。采用这些技术，可以提高生产效率和产品质量，降低故障率，确保产品的稳定性和可靠性。

其中，SPC 是一种利用统计学原理和方法来监控和控制生产过程质量的技术。它通过收集和分析实时数据，并根据统计控制图中的变异模式，判断生产过程是否处于可控状态。SPC 可以及时发现出现的不可控情况，并采取纠正措施，以保持过程稳定和质量一致性，实现持续改进和优化生产效率的目标。

1. 生产过程统计质量控制基本流程

对生产线实施以 SPC 为核心的统计质量控制[13]，流程如图 6-28 所示，包括如下七方面的工作。

1）确定关键工序节点

关键工序节点是指对最终产品的特征、成品率、质量可靠性有重要影响的工序节点，如高强度螺栓的热镦工序、自锁螺母的收口工序和表面处理工序等，常用的分析方法包括流程分析、故障模式与影响分析、专家评分等。

2）确定关键工艺参数

为了定量表征关键工序节点的特性和状态，必须确定相应的关键工艺参数，如螺栓热镦的加热温度、表面处理槽液的成分等，通常采用质量功能展开等方法进行分析。

3）确定工艺条件

调试设备并进行工艺试验，采用试验设计等方法对工艺参数、设备条件进行优化，确定符合技术规范要求的最优工艺条件。

4）采集工艺参数

完成设备调试并确定工艺条件后，启动设备运行，采集工艺参数。

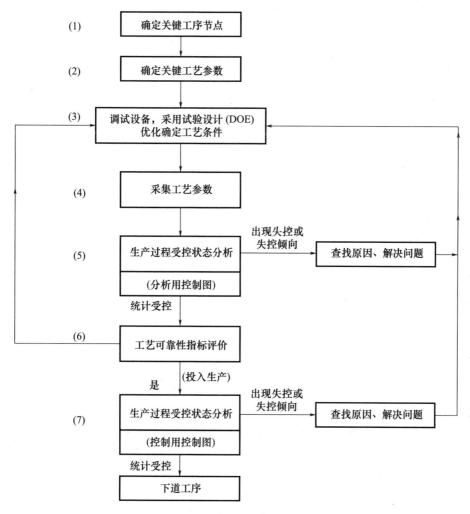

图 6-28 制造过程统计质量控制流程

5）生产过程受控状态分析

通过采集批次数据并分析波动情况,确认设备是否处于统计受控状态。通常采用控制图进行分析。若设备处于受控状态则表明加工过程可继续,否则需停机找出失控原因,返回第 3）步。

6）工艺可靠性指标评价

对于处于统计受控状态的设备,还需要进行工艺可靠性指标评价,典型评价指标如工艺过程能力指数 C_{pk}。不同水平工艺过程能力指数通常的处理原则如表 6-15 所示。

7) 常规生产过程受控状态分析

设备正常用于生产后,应继续监测工艺参数数据,并使用控制图分析这些数据,确保设备持续处于统计受控状态。只有设备处于统计受控状态时,加工的产品才能流向下一道工序,继续生产过程;否则需要查找失控原因,解决问题,并返回到第3)步。

上述5)和7)都是采用控制图判断生产过程是否处于统计受控状态,但是所针对的对象不同。5)用于判断刚调试设备是否处于统计受控状态,采用分析用控制图。7)用于确认正常生产过程中设备是否维持统计受控状态,采用控制用控制图。

表 6-15 不同水平工艺过程能力指数处理原则

C_{pk} 值	工序评价	处理原则
>1.67	工序能力过于充分	a. 可以考虑放宽对特性波动的控制; b. 收缩标准范围,提高质量要求
$1.33 < C_{pk} \leq 1.67$	工序能力充分	a. 关键特性不变,非关键特性可降低对波动的限制; b. 简化检验,换全检为抽检或减少抽检频次
$1.00 < C_{pk} \leq 1.33$	工序能力尚可	a. 当为1.33时,处于正常状态; b. 当接近1时,应加强管理; c. 一般不能简化检验
$0.67 < C_{pk} \leq 1.00$	工序能力不足	a. 分析产生不足的原因,采取措施加以改进; b. 加强检验,实行全数检验或考虑放宽标准范围
$C_{pk} < 0.67$	工序能力严重不足	a. 停止加工,立即追查原因; b. 采取措施,实行全数检验加以筛选

2. 工艺加工影响因素

实际生产过程中,工艺加工结果受到三个因素的影响,即受控因素、随机扰动和异常扰动,如图 6-29 所示。其中,受控因素通常是指工艺条件,随机扰动通常包括人、机、料、法、环、测六个方面,这种随机扰动是客观存在且不可避免的,异常扰动通常是系统性的,一旦发生会导致工艺过程明显异常,产生大量不合格品。

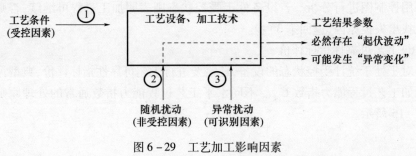

图 6-29 工艺加工影响因素

通常可以用以下异常八准则来判断生产过程的异常,如图6-30所示。

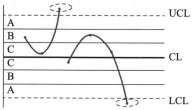

准则1:1个点子落在A区以外。
原因:计算和测量误差、设备和材料问题。

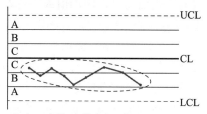

准则2:连续9点落在中心线同一侧。
原因:均值减小,发生偏移。

准则3:连续6点递增或递减。
原因:刀具逐渐磨损,维修逐渐变坏。

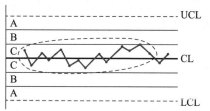

准则4:连续14点中相邻点子总是上下交替。
原因:两台设备或操作人员轮流操作。

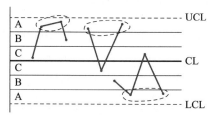

准则5:连续3点中有2点落在中心线同一侧B区以外。
原因:过程参数发生变化。

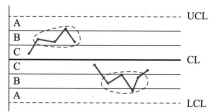

准则6:连续5点中有4点子落在中心线同一侧C区以外。
原因:过程均值发生变化。

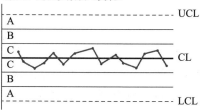

准则7:连续15点落在中心线同两侧C区之内。
原因:数据虚假,数据分层不够。

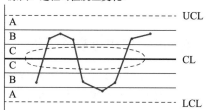

准则8:连续8点落在中心线两侧且无1点在C区中。
原因:两个员工在两台机床上同时操作。

图6-30 异常判断八准则

3. 常规控制图的分类

根据工艺参数统计属性的不同,可分为计量值和计数值两类,具体如下:

(1)计量值。指取值可连续变化的参数,如车床加工的零件直径、电镀件的镀层厚度等。对计量值参数,通常用中心值和分散性描述其参数分布特性。中心值的变化情况可以用均值或中位数描述。参数的分散情况用标准偏差或极差描述。

(2)计数值。指只能取离散值的参数,如螺母镀层缺陷件数、螺栓直径尺寸不合格品数等。计数值又分为不合格品数、不合格品率(统称为计件值)和缺陷数以及单位产品中缺陷数(统称为计点值)共4类。

根据参数统计属性的不同,采用的控制图类型不同。按照 GB/T 4091,常规控制图可以分为计量值控制图和计数值控制图两类,计量值控制图和计数值控制图又各自细分为4类,如表6-16所示。控制图的具体介绍及选用可参考 GB/T 4091。

表6-16 常规控制图的分类

数据类型		数据分布规律	适用的控制图	控制图名称
计量值		正态分布	均值-标准偏差 控制图	$\bar{x}-s$ 控制图
			均值-极差 控制图	$\bar{x}-R$ 控制图
			中位数-极差 控制图	$\tilde{x}-R$ 控制图
			单值-移动极差 控制图	$X-Rs$ 控制图
计数值	计件值	二项分布	不合格品率 控制图	p 控制图
			不合格品数 控制图	np 控制图
	计点值	泊松分布	单位缺陷数 控制图	u 控制图
			缺陷数 控制图	c 控制图

6.6 紧固连接使用可靠性

6.6.1 使用可靠性概述

使用可靠性是产品在实际环境中使用时呈现的可靠性,它反映产品设计、制造、使用、维修、环境等因素的综合影响[14]。在紧固连接领域,使用可靠性包括两个层面概念,第一是紧固连接产品能够正确地被安装到位,第二是紧固连接产品在服役过程中能够持续保持预定的功能。其主要工作内容包括紧固连接产品安装方法和工艺的设计、紧固连接健康监测及维修保障策略的研究、紧固连接产品安装和服役过程中数据的收集、紧固连接产品使用可靠性的评估和优化等。

使用可靠性对紧固连接产品本身具有很重大的意义和作用,以下主要分为四部分来进行介绍:

(1)安全性。紧固连接的可靠性直接关系到产品以及整个系统的安全性。

如果紧固连接不可靠,部件或设备可能会松动、失效或脱落,导致事故、故障或伤害。可靠的紧固连接可以确保部件在设计载荷和使用条件下保持良好的固定性,提供稳定和安全的运行。

(2)功能性。紧固连接的可靠性对于产品的功能性至关重要。合适的预紧力可以保持部件在工作中的正确位置和相对位置,确保它们的正常运动和相互作用。例如,在航天零件装配中,可靠的紧固连接可以确保传递力和运动的效率,使得航天机械系统的运转更加稳定和高效。

(3)经济性。使用可靠的紧固连接可以减少维护和修理成本。如果紧固连接不可靠,可能需要频繁进行检查、紧固或更换紧固件,增加维护成本和停机时间。而可靠的紧固连接可以减少维护频率和维修需求,提高设备可靠性,减少停机时间和维护成本。

(4)耐久性。紧固连接的可靠性与产品的耐久性密切相关。可靠的紧固连接可以有效抵抗振动、冲击、变形等外部应力和环境影响,延长紧固件和设备的使用寿命。此外,良好的紧固连接还能减少疲劳、松动和断裂等问题,提高紧固件的耐久性。

6.6.2 影响使用可靠性的主要因素

1. 包装和存储

紧固件的包装不当会对产品的可靠性产生一定影响,如导致产品生锈、腐蚀或磕碰伤等,严重时会损伤产品功能或降低产品使用性能。因此,应根据产品材质、表面处理方式、尺寸精度要求等设计合适的包装,明确有关防护要求。通常而言,紧固件的包装主要以保护产品,防碰伤、防锈蚀、防水、防潮、防油污、防酸蚀、防碱蚀、防霉变、防散失、防异物混入、防震动等为目的[15]。包装材料的选择,应避免对紧固件造成腐蚀、锈蚀或产生、释放有毒有害的物质,一般来说,不宜使用含氯的聚合物和增塑类材料。包装紧固件时,尽量减少裸手直接接触产品,应佩戴干净的薄纱手套取放。此外,针对特殊材质、表面处理或尺寸精度要求较高的产品,或价值较高的产品,通常需要采用专门的包装方式进行特殊防护。例如,一般电镀产品需采用石蜡纸包装,电镀银产品需抽真空包装,碳钢合金钢、表面氧化产品需油封包装,精度或价值较高的产品,采用独立包装等。

存储环境的不当可能会加速紧固件的生锈、腐蚀或使非金属紧固件加速老化,从而影响紧固连接的寿命和可靠性。通常而言,紧固件应贮存在干燥、通风的库房内,温湿度保持在一定的范围,库房内严禁烟火,不允许有腐蚀性气体、化学物品等。含有橡胶材料的紧固件,贮存条件按照 GB/T 5721 的规定执行;含有尼龙材料的紧固件,应在避光的环境下贮存,贮存期一般不超过 5 年。

2. 紧固连接的安装

紧固连接的安装主要包括安装孔的制备、紧固件安装方法和工具的选择等，应根据产品结构特点和安装位置空间大小等设计安装工艺、确定合适的安装策略和工具，注意收集安装过程中紧固件、安装孔、被连接件等由于安装造成的故障、问题，以便持续优化紧固连接产品安装使用可靠性。

在紧固连接安装时，确保紧固件拧紧到位、不出现"过拧"或"欠拧"是安装环节最重要的任务之一，因此需要对不同安装方法下预紧力的控制精度有所了解。一般而言，常规扭矩法的预紧力控制误差在±30%；扭矩转角法、屈服点法的预紧力控制精度一般在±15%；伸长量法的控制精度可以达到±3%，通常在重要连接部位使用。

近年来，航天精工股份有限公司开发了可以测量螺栓伸长率的超声压电传感器，其利用声弹性原理测量螺栓拧紧过程中声波信号在螺栓内传导时间的变化情况来反馈螺栓伸长量的变化情况，传感器结构达到微米级，不会改变螺栓结构，已在航空航天等型号产品上得到验证使用，市场前景广阔。图6-31为带传感器的智能紧固件及预紧力测量仪器。

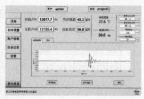

图6-31 带传感器的智能紧固件及预紧力测量仪器

6.6.3 紧固连接故障预测与健康管理

1. 故障预测与健康管理(prognostics health management，PHM)概述

PHM是综合利用现代信息技术、人工智能技术的最新研究成果而提出的一种全新的管理健康状态的解决方案，是从工程领域提炼，并且不断系统化、体系化的一门系统工程学科，聚焦于复杂工程健康状态的监测、预测和管理。PHM技术已成为现代智能制造的重要分支，是提高系统"六性"（可靠性、安全性、维修性、测试性、保障性、环境适应性）和降低全寿命周期费用的关键核心技术。

紧固连接的故障预测是指通过分析紧固件和连接接头的服役状态、工作环境以及损伤特点等其他相关因素，预测紧固连接可能出现故障或失效的情况。通过预测故障，可以采取相应的措施，如加强维护、更换紧固件等，以避免故障的发生，保证连接的可靠性。

紧固连接的健康管理是指对紧固件和连接接头进行系统化的监测、评估和维护，以确保连接的稳定性和可靠性。它涉及对紧固连接的定期检查、维护和记录，以及根据检测结果采取必要的措施进行维修、更换或升级。

2. 紧固连接PHM技术体系

紧固连接PHM技术体系是一种集成了故障预测、健康管理和维护策略的方法和框架。其目标是实现对紧固连接产品的实时监测、故障预测、健康评估和智能维护决策，以提升连接系统的可靠性、可用性和效率。紧固连接PHM体系主要由六个模块组成，如图6-32所示。

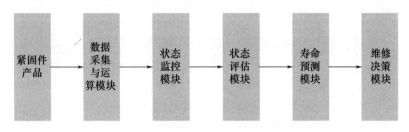

图6-32 紧固连接PHM体系组成图

紧固连接PHM技术通用实施路径为：对连接结构的关键部位或关键紧固件，选取监测点作为连接传感点，连接点的传感器可采用宏观附加布置，理想状态下采用与紧固件一体式的感知单元或传感器/换能器等，对预紧力、温度、振动信号等关键参数进行传感；数据采集与运算模块将采集到的监测参数信息进行运算处理，解耦调制后解析转化为监测特征值；状态监控模块对监测特征信息进行预处理，并依据监控阈值开展特征值捕获、分流处理；状态评估模块中含有事先预设的紧固连接结构模型及各类参数的细分阈值，结合结构故障模型开展监测特征量的解析，并作出对应的异常状态响应输出；寿命预测模块是在状态评估模块的基础上，整合了大量的模型演化规律，并依托持续的人工智能机器学习技术，对典型连接模型的故障状态、演化效应、损伤规律进行训练反馈，通过专家数据集、训练模型决策、有效性评估等解析信息进行剩余寿命的预测；最后以成本最低、可靠性最高为目标，对故障部分进行最终的维修决策。

近年来，国内以航天精工股份有限公司为代表的单位以智能紧固件为基础，整合标定技术、预紧力精确测量技术、预紧力自动控制技术、故障特征提取、模式识别等关键技术，开发了智能监测与状态评估系统，可实现对连接结构预紧力、剪切力、温度、振动参数进行在线监测以及根据预设模型或监测对象的分类，准确识别连接结构的故障类型，并通过模型与专家训练数据集，实现结构状态故障的告警识别，已在高铁列车等装备成功应用。图6-33为航天精工股份有限公司针对某型号地铁开发的列车转向架健康监测系统。

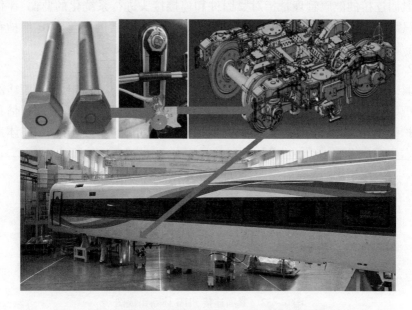

图 6-33　应用智能紧固件的某型号列车转向架健康监测系统

3. 紧固连接维修保障策略

紧固连接的维修方式主要分为预防性维修(preventive maintenance,PM)和更正性维修(corrective maintenance,CM),如图 6-34 所示。

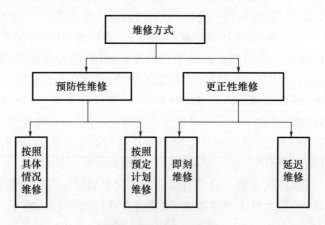

图 6-34　维修的分类

预防性维修指的是在紧固连接出现故障之前,选择根据具体情况维修或按照预定计划维修两种方案其中之一进行维修,以防止故障和损坏的发生。而更正性维修是在紧固连接出现故障之后,根据具体情况选择即刻维修或者延迟维修,目的是修复紧固件的功能或性能,使其回到正常的运行状态。

紧固连接的维修检查通常由装备的维修周期决定,尤其对于安装在结构和装备内部的紧固件,需要采用内窥镜、孔探仪等进行检查,或对结构进行拆解方能看见产品,进而对其进行检查,故障探测难度较大,因此对该类紧固件的检查通常根据装备的维修周期确定。有些紧固件安装在结构或装备的开敞空间,无须对结构进行拆解即可对紧固件进行直接检查,对于安装在这些位置的紧固件,其故障更容易被发现,维修更换更为便捷,故障探测度较高,可进行直接检测和维修。

紧固连接常用的故障检测方法包括目视检查、放大镜检查、荧光探伤检查、力矩扳手检查等。紧固连接以换件为首要维修方式,对于技术规范明确可多次使用的自锁螺母,应在每次使用前进行锁紧力矩检查,符合要求方能继续使用。紧固连接常用故障检测方法及维修措施如表 6-17 所示。

表 6-17 紧固连接常用故障检测方法及维修措施

检查项目	具体检查内容/故障模式	检测方法	维修措施
外观检查	外观变形、螺牙损伤、烧伤、镀层严重变色和脱落	目视+放大镜	外观变形、螺牙明显损伤、烧蚀的螺栓螺母不再使用,更换新件; 螺母镀层脱落则化学去除旧镀层后重新镀或更换新件,以更换新件为首选
荧光检查	裂纹	荧光探伤	有裂纹的螺栓螺母不再使用,更换新件
自锁螺母锁紧力矩检查	自锁螺母锁紧力矩是否在有效合格范围	手拧或力矩扳手检查	使用前对螺母进行力矩检查,合格可继续使用,不合格则更换新件

紧固连接维修保障所需的资源通常包括人员、工具、辅料、备品备件材料等,可根据故障时间分布函数、检修周期等进行维修保障性分析,得到系统可用度、平均维修时间、备件数、备件订购周期等使用可靠性指标,为制定紧固连接产品的维修保障策略提供支撑。图 6-35 为某典型结构基于蒙特卡罗的 RMS 综合仿真流程[16],表 6-18 为该结构 RMS 综合仿真输出的可靠性量化指标,给出了该结构系统的可用度、平均维修时间、维修间隔、累积使用量、备件订购周期等量化指标,为整机的维修计划安排、确定备库量和备库周期提供了支撑。

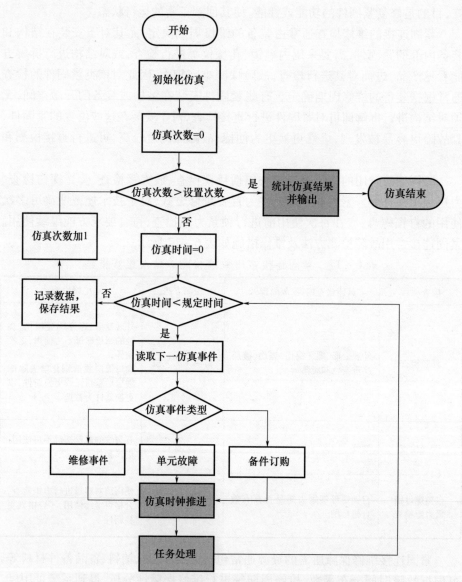

图 6-35 某典型结构基于蒙特卡罗的 RMS 综合仿真流程

表 6-18 某典型结构 RMS 综合仿真输出结果

序号	类型	输出指标	数值	备注
1	可靠性	系统可用度	0.9998	螺纹盘轴连接器的可用度
2	维修性	平均维修时间	0.11h	仅拆卸更换故障螺纹紧固件的时间
3		平均维修时间间隔	856.11h	每一次进行维修的平均间隔

续表

序号	类型	输出指标	数值	备注
4	保障性	累积使用螺栓数	20.34 件	一个寿命期内消耗的螺栓数量
5		累积使用螺母数	52.23 件	一个寿命期内消耗的螺母数量
6		螺栓平均备件订购周期	983.28h	仿真计算备件订购的时间间隔
7		螺母平均备件订购周期	919.01h	仿真计算备件订购的时间间隔

参考文献

[1] 李良巧. 可靠性工程师手册[M]. 北京:中国人民大学出版社,2017.

[2] 许彦伟,樊金桃,等. 面向多环境应力的航空发动机盘轴螺纹连接器可靠性项目任务书[R]. 北京:国家国防科技工业局,2020.

[3] 李进贤. 火箭发动机可靠性设计[M]. 西安:西北工业大学出版社,2012.

[4] 茆诗松,王玲玲. 可靠性统计[M]. 上海:华东师范大学出版社,1984.

[5] 姜同敏,王晓红,袁宏杰,等. 可靠性试验技术[M]. 北京:北京航空航天大学出版社,2012.

[6] 马小兵,杨军. 可靠性统计分析[M]. 北京:北京航空航天大学,2019.

[7] 许卫宝,钟涛. 机械产品可靠性设计与试验[M]. 北京:国防工业出版社,2015.

[8] 张建国. 机械可靠性基础及设计分析与应用[M]. 北京:北京航空航天大学出版社,2023.

[9] 秦大同,谢里阳. 现代机械设计手册[M]. 北京:化学工业出版社,2011.

[10] 蒋平,邢云燕,郭波. 机械制造的工艺可靠性[M]. 北京:国防工业出版社,2014.

[11] 何益海. 制造过程可靠性理论与技术[M]. 北京:国防工业出版社,2021.

[12] 马义中,马妍,林成龙. 试验设计分析与改进[M]. 北京:科学出版社,2023.

[13] 贾新章,游海龙,顾铠. 统计过程控制理论与实践[M]. 北京:电子工业出版社,2017.

[14] 可靠性维修性保障性术语:GJB 451A—2005[S]. 北京:中国人民解放军总装备部军标出版发行部,2005.

[15] 李英亮,殷小健,王洪军,等. 紧固件概论[M]. 北京:国防工业出版社,2014.

[16] 许彦伟,樊金桃,柳思成,等. 面向多环境应力的航空发动机盘轴螺纹连接器可靠性项目最终研究报告[R]. 北京:国家国防科技工业局.

第7章 紧固连接失效分析技术

7.1 技术概述

7.1.1 定义

1. 失效的定义

失效是一个比较广泛应用的概念,具体定义会根据应用领域不同有所不同。失效与故障密切相关,但是它们在定义和应用上略有不同。失效是结果,而故障是导致失效的可能原因。GJB 451A 和 GB/T 2900.13 给出了失效和故障的定义。

(1) GJB 451A 中定义:

失效:产品丧失完成规定功能的能力的事件。

故障:产品不能执行规定功能的状态。故障通常是产品本身失效后的状态,但也可能在失效前就存在。

(2) GB/T 2900.13 中定义:

失效(故障):产品不能完成要求的功能的状态。可修复产品的失效通常也称为故障。

2. 失效分析的定义

失效分析:对失效件的宏观特征与微观特征、材质、工艺、理化性能、规定功能、受力状态及环境因素进行综合分析,判明失效模式与原因,掌握失效规律,明确提出预防与纠正措施,预测可能出现失效的技术活动与管理活动。

紧固连接失效分析:对紧固连接副在装配和使用过程中出现的失效现象进行分析,判定失效模式,找出失效根本原因,以便采取措施预防和避免类似失效再次发生的活动。

7.1.2 失效分析特点

失效分析是一个极其复杂的过程。首先,它是多技术交叉的产物,包容了如材料科学、机械学、力学、腐蚀与摩擦学等;其次,它又以基础科学与实践经验相结合为基础。因此失效分析与相关学科的关系非常密切。失效分析技术是判定非常独特的一个专业性技术,由于其涉及内容繁杂,甚至不能将其归结于一个专业技术范围内,而是在合理逻辑指导下的多专业技术合作的综合体。如果不能深刻、全面地理解失效分析技术自身特点,必将导致将失效分析表面化、片面化和简单化,阻碍失效分析工作的合理开展,更不利于失效分析工作应有作用和价值的展现。近代以来的机电失效分析推动和促进了相关技术的发展,逐渐形成了断口分析技术和痕迹分析技术。断口分析技术作为失效分析技术中的重要组成部分,是判定断裂模式的主要依据。失效分析技术特点可概括为:

(1)对象的唯一性。失效分析对象往往是不可复制的,唯一性有时也表现在故障复现的困难程度上,当需要多个条件耦合作用时,其中一个具有不确定性,则故障几乎无法复现。

(2)技术的综合性。失效分析是多技术交义的产物,包容了材料学、机械学、力学、腐蚀与摩擦学等,并且可能超越一般专业的常规研究领域,如可靠性。

(3)技术的复杂性。失效分析技术涉及金相分析技术、无损检测技术、化学分析技术、力学性能检测技术、断口分析技术、痕迹技术及仿真技术等。失效分析人员要求具有扎实的专业基础知识和较广的知识面。

7.1.3 紧固连接失效行为分类

紧固连接副常出现的失效行为主要有过载断裂、螺纹咬死、松动、疲劳、蠕变、氢脆、腐蚀、应力腐蚀、低熔点金属脆性等。分别如下:

(1)过载断裂失效。在装配或使用过程中,紧固连接副可能因为受到过大的扭矩或预紧力,以及超过紧固连接副承载极限而发生的断裂失效。

(2)咬死失效。在装配或使用过程中,紧固连接副中螺栓和螺母未安装到位,或无法拆卸就锁止,导致螺纹结构无法拧紧、拧松的失效。

(3)松动失效。在使用过程中,紧固连接副预紧力下降,造成松动和松脱现象。失效的原因:紧固连接副不耐腐蚀以及高温或强度不够,安装过程中没有保证连接件之间的配合精度,或者没有使用适当的工具和正确的方法进行紧固,在运行过程中出现振动使连接副受到额外的载荷,工作环境温度变化较大,导致连接副受到热膨胀冷缩的影响。

(4)疲劳失效。紧固连接副在循环加载或反复加载的作用下,经过一定次数的循环后发生的失效。失效的原因:包括材料缺陷、选型不当、应力集中、热处理、表面处理不当等。紧固连接疲劳失效通常发生在受到循环加载的位置,如螺纹部位、螺栓头和杆结合处、螺纹啮合部位等。

(5)蠕变失效。紧固连接副在高温环境下,经过长时间工作,发生蠕变现象,导致连接结构的预紧力降低,从而出现松动或失效。失效的原因:材料本身对温度敏感性较高、环境温度过高、紧固件的负荷过大或者使用不当的负载方式。

(6)氢脆失效。紧固连接副在服役过程中,由于氢原子进入基体材料,导致材料性能劣化,进而在应力作用下产生裂纹。氢脆失效通常发生在高强度连接结构中,如连接结构中的螺栓、螺柱及螺钉等。

(7)化学腐蚀失效。化学腐蚀失效通常是由于紧固连接副与周围介质发生化学或电化学反应,导致连接结构被腐蚀损伤。失效的原因:材料本身对介质敏感、环境存在腐蚀介质、连接结构表面处理不当、连接结构在使用中受到过大的应力或振动造成表面防护层损伤。

(8)应力腐蚀失效。在使用过程中,紧固连接副在拉应力、腐蚀性环境及材料敏感性共同作用产生的失效。拉应力主要是连接结构中的紧固件材料弹性和外加载荷。当拉应力与腐蚀介质(氯离子、氧离子等)共同作用时,材料表面会发生微裂纹,微裂纹在外部应力作用下扩展导致紧固连接副断裂。

(9)低熔点金属脆性失效。低熔点金属脆性由于紧固连接副中含有低熔点金属元素如镉、锌等,在服役过程中受到高温和应力的共同作用,导致金属脆性增加,最终发生断裂。失效的原因:材料本身含有低熔点元素;紧固件制造过程中,低熔点金属元素容易在晶界处偏聚形成"热裂",服役中受到高温和应力作用。

(10)磨损失效。在使用过程中,由于连接结构中紧固件表面与其他物体之间的摩擦导致的,这种摩擦会逐渐减少连接副的尺寸和形状,导致其功能降低或完全失效。

(11)冲击失效。在使用过程中,紧固连接副在受到突然强烈的机械振动、冲击碰撞载荷时,由于无法承受或分散这些冲击力而导致的失效。

(12)老化失效。紧固连接副在使用过程中,由于长期受到环境、化学、物理等因素的作用,其材料性能逐渐下降,最终无法保持原有的功能和性能。

7.2 紧固连接典型失效机理

紧固连接的典型失效机理涵盖了多种物理和化学过程,这些过程可能单独或共同作用,导致连接性能的丧失。以下对紧固连接典型失效机理进行描述。

7.2.1 过载失效机理

1. 失效概念

紧固连接过载失效是指当外力超过紧固连接副的承载极限时发生的失效现象。引起过载失效的主要原因有:

(1)结构选型不合理、螺纹尺寸不匹配、自身缺陷或旋合长度不足造成螺纹

脱扣;

(2)材料强度不足,内部缺陷或裂纹等原因造成螺栓承载力不足而发生断裂现象;

(3)装配工艺不合理,扭矩未控制或润滑条件改变,导致预紧力超过螺栓承载能力而断裂;

(4)紧固连接副受到异常较大载荷超出其承载极限而发生的断裂。

2. 失效机理

过载失效机理可分为两种:非垒积型和垒积型断裂[1],如图 7-1 所示。

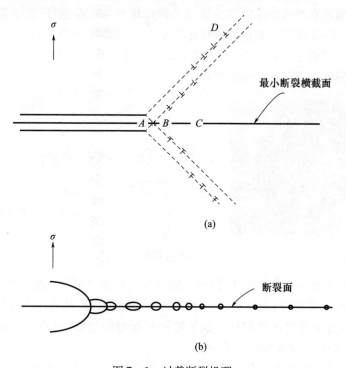

图 7-1 过载断裂机理

(a)非垒积型韧性断裂(稳态);(b)垒积型(非稳态)断裂机制示意图。

非垒积型断裂不存在一个固定的断裂应力,随着应力的增加,应变不断增加直至断裂,因此又称为稳态断裂。首先当外载荷达到屈服应力后,裂纹尖端不断发生位错,塑性区逐渐形成。只要外载荷不大于整体屈服应力,塑性区中位错的反应力促使裂纹尖端前方进一步形变。当外载荷使材料达到整体屈服后,塑性区完全横贯整个试样截面,与此同时裂纹尖端前方材料不断发生加工硬化,裂纹本身的扩展一定要在外载荷不断增加时才能进行,因此称为非垒积型韧性断裂。

垒积型断裂是内颈缩作用的结果。当外力增加到裂纹前的塑性区达到临界大小,或达到其临界张开位移时,裂纹便产生不稳扩展。此扩展路径与空洞所在位置一致,因此又称为低能断裂。

7.2.2 咬死失效机理

1. 失效概念

由于某种原因(摩擦、锈蚀、材料变形等),出现两个或多个螺栓、螺母意外地紧密贴合在一起,导致无法正常拆卸或转动的现象,称为紧固连接咬死失效。咬死失效通常在暴力拆除后螺栓螺纹和螺母螺纹均完全破坏,甚至直接将螺栓拧断,如图7-2所示。紧固连接咬死常发生在不锈钢、铝合金、钛合金等材料连接上。咬死类似于一种冷焊过程,是紧固件安装或服役中均会出现的一种失效形式。紧固连接咬死的主要原因如下:

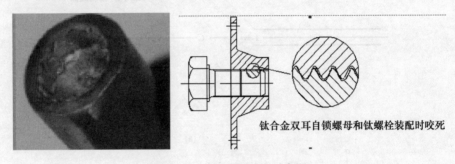

钛合金双耳自锁螺母和钛螺栓装配时咬死

图7-2 装配过程咬死示意图

(1)杂质和污垢。在安装过程中,螺纹部位存在杂质和污垢,可能会阻碍螺栓和螺母的正常旋合,或是在旋合过程中卡在螺纹部分,从而产生咬死。

(2)螺栓和螺母的匹配性。如果螺栓和螺母的规格、材质不匹配或同种材质具有相容性,可能会导致咬死现象。

(3)摩擦系数控制不佳。螺纹表面处理状态影响,出现摩擦系数控制不佳,可能会导致螺栓和螺母的摩擦力过大,从而产生咬死现象。

(4)预紧力控制不佳。预紧力控制不当会导致咬死现象,如果预紧力过大,可能会导致螺纹部位变形或损坏,从而产生咬死现象。

2. 失效机理

螺纹连接咬死的机理十分复杂,不同的紧固件结构中螺纹副咬死原因各不相同,相关文献中普遍认为这些原因形成了两种咬死机理,一种是磨屑积累阻塞导致,另一种是螺纹啮合部分发生的局部焊接导致[2]。对于前者,较容易观测和理解。而对于后者,也称为摩擦冷熔接过程,是接触面滑动摩擦和黏着综合作用下的一种磨损现象[3],过程较为复杂且不易观测。2000年,程西云[4]提出了一种用于分析咬死失效机理的高温熔焊模型,解释了这一过程。认为滑动摩擦副咬死是由于接触区的局部高温,导致基体金属熔焊所致,采用不同介质润滑时,咬死所经历的过程虽不完全相同,但都是由于接触区瞬间产生高温引起的,文章指出以降低表面接触温度等方法均可以有效提高滑动摩擦副的抗咬死能力。2013年,李文顶[5]指出,装配过程中拧紧力导致螺纹副之间产生相互挤压力,并破坏形成的氧化膜层,不锈钢表面的直接接触导致摩擦力增大,装配过程中产生的热量很容易导致螺纹副的磨损和咬死,即冷焊。少量的磨损可能引起轻微的螺纹副损害,装配时依然能够拆卸连接副,然而磨损严重时将直接导致冷焊现象的产生,无法拆卸,产生螺纹咬死。2016年,殷琪等[6]针对在螺纹装配和拆卸过程中发生咬死现象,分析认为螺纹咬死主要表现为阻塞、黏合、螺牙变形三种情况,有效降低故障率的因素包括:消除螺纹尺寸误差,提高螺纹表面质量,对螺纹表面进行润滑、电镀、热处理,选用合适的拧紧力矩和旋入旋出速度,螺纹副使用不同型号的材料以减轻晶格渗透等。

3. 机理模型

已有研究通过总结各类因素与咬死发生的关联关系,并探索多种因素对咬死的量化影响,针对特定的应用工况提出了高温熔焊模型、Blok闪温模型、Matveevsky摩擦功密度模型、油膜热失稳模型等几类咬死机理模型。

1)高温熔焊模型[4]

认为滑动摩擦副咬死是由于接触区的局部温升达到摩擦副材质的熔焊温度,引起摩擦副基体金属局部熔焊所致。提高滑动摩擦副抗咬死能力应从降低局部表面温升入手,以降低表面接触温度为措施的方法均可以有效提高滑动摩擦副的抗咬死能力。改善润滑油的清洁度是提高线接触滑动摩擦副抗咬死承载能力的有效手段。

根据该模型,对于含磨屑等机械杂质油润滑的滑动摩擦副,发生咬死可认为经历以下几个阶段:

(1)润滑状态转变阶段。滑动摩擦副正常运行过程中,磨屑或其他异物进入接触区后,分担了部分载荷,弹流油膜随之破裂,摩擦副从流体润滑状态进入边界润滑。

(2)局部表面膜破裂阶段。润滑状态改变后,进入接触区的磨屑在接触区上划过,由于犁沟效应和黏着效应,使得滑动摩擦副表面的吸附膜和氧化膜破裂。

(3)胶合及咬死失效阶段。磨屑划过接触区后,接触区局部由于摩擦力及犁沟效应产生高温,当高温使得局部基体金属熔焊而发生黏着现象时,咬死失效随即发生。而对于不含机械杂质油润滑时摩擦副,咬死是由于接触区表面出现大面积塑性变形(塑变面积大于30%),引起表面塑性流变,导致表面氧化膜破裂,摩擦因数增大,使得接触区温度急剧升高,达到材料的熔焊温度而引起的。

2) Blok 闪温模型[7]

Blok 提出了一个临界温度准则,认为接触面的温度达到一个临界值的时候,咬死才会发生。根据这个准则,许多试验证明临界温度主要受材料性能、工作条件、摩擦系统的物理、化学相互作用等影响。

3) Matveevsky 摩擦功密度模型[8]

通过采用四球摩擦试验机进行试验,发现滑动速度越高、润滑油膜温度越高,则咬死发生的接触压力阈值越低。同时,在咬死发生的接触载荷阈值下,摩擦系数、接触压力、滑动速度的乘积接近于常数。给出了摩擦界面温度 T_c 的计算公式:

$$T_C = T_f + T_B \tag{7-1}$$

$$T_f = \frac{2}{\sqrt{\pi}} \frac{f \cdot p \cdot V \cdot \sqrt{l} \cdot \sqrt{\alpha_1 \alpha_2}}{(\lambda_1 \sqrt{\alpha_2 v_1} + \lambda_2 \sqrt{\alpha_1 v_2})} \tag{7-2}$$

4) 油膜热失稳模型[9]

发生咬死的原因可能是接触面上润滑油膜的破坏。润滑油膜的破坏导致的咬死现象已经被很多试验所证实。两个接触界面在微观层面上必然存在凹凸不平,从而导致接触压力不均匀,因而摩擦生热也存在不均匀性。局部凸起较高的部位最开始接触压力最大,温度最高,随着热量向周围区域的扩散,该区域温度下降,其他的微观凸起处变为接触压力最大的部位。在简化条件下,提出了摩擦过程中凸起处温度扩散的模型,得到了不同相对运动速率下的温度扩散波动情况,如图 7-3 所示,并通过试验进行了观测和验证。

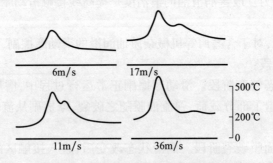

图 7-3　不同摩擦速度下温度波动情况

然而,这些模型都是针对特定应用工况下提出的,只能解释部分现象。其中对温度、接触压力、润滑状态及其转变过程等因素及其影响的分析,对项目的研究具有参考价值。

7.2.3 松动失效机理

1. 失效概念

松动:旋转松动或脱落,即紧固连接发生了使预紧力降低的旋转运动,它是导致预紧力衰退的一种因素。不同人对"松动"二字的理解不同,大部分工程人员理解的"松动"就是"预紧力衰退"。

2. 失效机理

紧固连接松动主要分为旋转松动和非旋转松动,如图7-4所示。

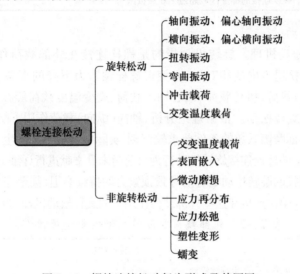

图7-4 螺栓连接松动行为形式及其原因

1)非旋转松动

非旋转松动指的是内外螺纹没有发生相对转动,但螺纹连接预紧力下降的现象。非旋转松动的原因较多,包括但不限于表面嵌入、微动磨损、应力再分布(啮合螺纹面接触应力再分布)、蠕变、应力松弛、塑性变形等。

(1)非旋转松动机理。非旋转松动主要和界面接触特性以及材料特性密切相关,界面接触特性主要包括表面嵌入、微动磨损和应力再分布,表面嵌入是表面微凸体的局部塑性变形,微动磨损是表面微凸体在小振幅振动下黏着物脱落,应力再分布是表面应力重新分布;材料特性主要包括蠕变、应力松弛和塑性变形,蠕变是材料内部应力没有超过屈服极限,材料因恒应力引起塑性应变累积,应力松弛是应力没有超过屈服极限但缓慢下降的行为,塑性变形是材料内部应力超过了屈服极限,它们都能导致预紧力下降。

(2)非旋转松动行为的影响因素及机理分析如表7-1所示。

表7-1 非旋转松动行为的影响因素及机理分析[10]

因素	机理分析
表面嵌入	微凸体蠕变,微凸体在外力作用下局部塑性变形,无法恢复到最初状态
微动磨损	内外螺纹接触界面发生往复的微滑移运动,导致材料逐渐磨损
应力再分布	螺纹面和端面的接触应力分布发生变化,积分形式表现为预紧力下降
蠕变	材料因恒应力引起塑性应变累积
应力松弛	材料发生恒应变累积导致应力释放
塑性变形	螺纹连接的部分区域超过了屈服极限

2)旋转松动

(1)旋转松动机理。旋转松动指的是螺栓连接在外部载荷作用下,啮合螺纹面之间发生松退方向的相对运动,使得螺栓预紧力下降的现象。轴向(纵向)载荷、横向剪切载荷、扭转载荷、偏心轴向载荷、交变温度载荷等在一定条件下会引起螺栓连接旋转松动。根据理论分析,轴向(纵向)载荷作用下螺栓连接会发生旋转松动,但界面摩擦系数的条件要求较苛刻,实际中一般不会发生。弯曲载荷、冲击载荷等作用下的螺栓连接旋转松动行为目前尚未见文献进行详细分析。相比非旋转松动,螺纹连接的旋转松动更容易导致预紧力的持续衰退,甚至完全松脱,从而造成更大的危害。螺纹连接在这些外部载荷作用下的旋转松动机理,如表7-2所示。

表7-2 外部载荷对旋转松动的影响规律[10]

外部载荷	旋转松动规律
纵向振动	几乎不会产生旋转松动
横向振动	导致大规模持续的旋转松动,螺纹面和端面的局部滑移累积形成松动转角
扭转振动	只有满足一定条件才能产生旋转松动
弯曲振动	能够导致旋转松动,被压件和连接件之间产生了横向相对滑移
冲击载荷	连续的冲击载荷可能诱发严重的旋转松动
交变温度载荷	当被连接件材料和连接件材料的热膨胀系数差异较大时,交变温度载荷将产生明显的旋转松动

(2)旋转松动的计算方法。

在实际使用中,螺纹连接有螺栓-螺母连接副、螺栓-基体螺纹孔连接副等螺纹紧固连接形式,通过一组或多组紧固件将两个或多个零部件连接紧固组成机械设备。

螺纹结构原理的实质是斜面机构,拧紧时即会产生沿螺栓轴线的压紧载荷,也会在压紧载荷下产生周向分力使连接天然具有松脱趋势,在螺纹和支承面的摩擦作用下实现静态自锁。

当拧紧螺纹紧固件时,拧紧力矩为

$$T = \frac{F}{2} \times \left(\mu_{th} \times \sec\alpha \times d_2 + \frac{p}{\pi}\right) + \frac{F}{2} \times \mu_b \times \frac{2(D_0^3 - d_0^3)}{3(D_0^2 - d_0^2)} \quad (7-3)$$

当拧松螺纹紧固件时,拧松力矩为

$$T_c = \frac{F}{2} \times \left(\mu_{th} \times \sec\alpha \times d_2 - \frac{p}{\pi}\right) + \frac{F}{2} \times \mu_b \times \frac{2(D_0^3 - d_0^3)}{3(D_0^2 - d_0^2)} \quad (7-4)$$

式中:T 为拧紧力矩;T_c 为拧松力矩;F 为夹紧力;P 为螺距;μ_b 为支承面摩擦系数;μ_{th} 为螺纹摩擦系数;d_2 为螺纹中径;α 为螺纹副接触角;D_0 为支承面外径;d_0 为支承面内径。

如果:

$$T - T_c = F\frac{P}{\pi} \quad (7-5)$$

说明:拧松力矩小于拧紧力矩。

拧紧状态下的螺纹紧固件的受力情况,类似停留在斜坡上的物体的受力情况,如图 7-5 所示。

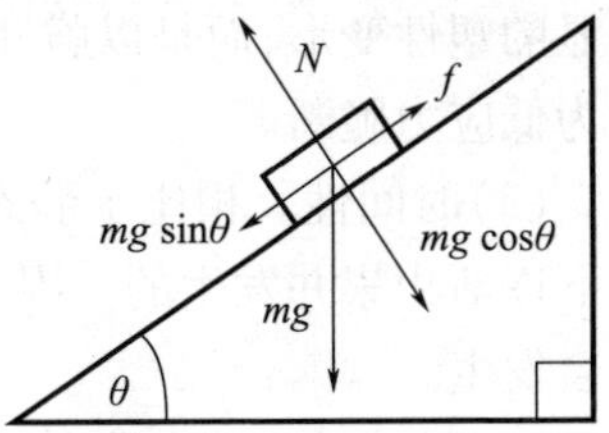

向上拖动物体(拧紧方向)需要的力为

$$F = f + mg\sin\theta \quad (7-6)$$

向下拖动物体(拧松方向)需要的力为

$$F_c = f - mg\sin\theta \quad (7-7)$$

图 7-5 螺纹受力状态

如果 $F - F_c = 2mg\sin\theta$,说明向下拖动物体需要的力小于向上拖动物体需要的力,即在静止状态下螺纹副处于自锁状态,当有外力加入进来时,连接副就会在外力作用下缓慢地向着松脱方向运动,如图 7-6 所示。

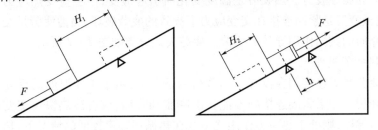

图 7-6 螺纹受外力运动状态

当连接副受到外界载荷(变载荷、振动、冲击等)扰动时,由于各零件的惯性和与其相连零件的相互作用,致使连接副原有的力平衡被打破,螺纹间出现轻微的滑动位移,滑动位移沿摩擦力较弱的方向运动,从式(7-6)不难看出,滑动位移向着拧紧方向比拧松方向需要克服更大的阻力,所以,在一次次的扰动中,拧松方向的滑动位移越来越大,最终出现松脱失效。

7.2.4 疲劳失效机理

1. 失效概念

产品在周期性加载下,由于应力积累而导致某一部分或多个部分发生永久性损伤,当经过一定数量的循环加载后,发生裂纹或突然断裂的现象,这个过程被称为疲劳。

当紧固连接副在循环应力作用下,受到局部应力最大处的影响时,微小的裂纹会形成。这些裂纹随着循环加载的进行逐渐扩展成为宏观裂纹,最终导致零件的断裂。疲劳失效的一些特点:

(1) 低应力性。当循环应力的最大值远低于材料的抗拉强度甚至屈服强度时,仍然可能发生疲劳失效。这意味着疲劳失效可以在相对较低的应力下发生。

(2) 突发性。不论材料是脆性还是塑性,疲劳失效在宏观上一般表现为无明显的塑性变形,而是以脆性的突然断裂形式出现。也就是说,疲劳失效通常表现为低应力脆断。

(3) 时间性。相比于静态强度失效,疲劳失效是在循环应力的多次反复作用下逐渐积累并发生的。因此,它需要经历一定的时间,有时甚至是很长时间后才会发生。

(4) 敏感性。疲劳失效的抗力对零件的尺寸、几何形状、表面状态、使用条件以及环境介质等都非常敏感。与静态强度失效不同,疲劳失效的抗力取决于多个因素。

2. 失效机理

导致紧固连接疲劳破坏的因素很多,根据疲劳产生的机理可以分为热疲劳、机械疲劳和腐蚀疲劳。热疲劳是温度变化时引起应变,产生应变热应力导致的疲劳;机械疲劳是紧固连接在交变应力下导致的疲劳破坏;腐蚀疲劳是交变应力和腐蚀介质的共同作用导致的疲劳。疲劳失效分类如图7-7所示。

1) 热疲劳机理

热疲劳紧固连接副在没有外加载荷的情况下,由于工作温度的反复变化而导致的开裂。如果紧固连接副不能自由膨胀和收缩,或者冷热快速交变而产生了热应力梯度,则处于热应力作用之下。在热循环频率较低的情况下,热应力值有限,而且会逐渐消失,难以引起破坏。但当快速加热、冷却交变循环条件下所产生的交变热应力超过紧固连接副的热疲劳极限时,就会导致热疲劳破坏。影响热疲劳的主要因素是冷热循环的频率和上限温度的高低。频率提高,热应力来不及平衡,使紧固连接副的应力梯度增加,热疲劳寿命降低。在同样的频率下,上限温度升高,塑性增加,降低了热疲劳寿命。影响热疲劳性能的其他因素有材料的热膨胀系数、导热率和抗交变应变的能力。

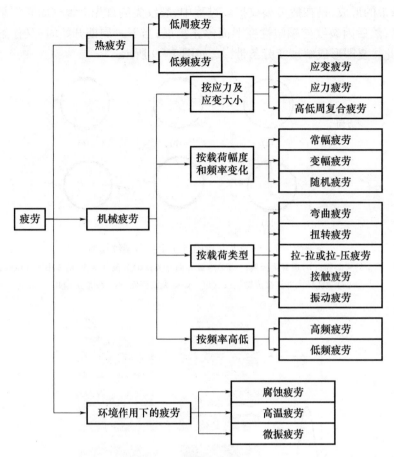

图 7-7 疲劳断裂分类

2)机械疲劳机理

紧固连接副在交变机械应力(交变应力由机械力引起)作用下而引起的断裂失效。机械疲劳断裂机理包括两个部分裂纹萌生及扩展。疲劳裂纹形成机理是在材料基体中的夹杂物、晶界、孪晶界、显微组织或成分不均匀区域以及微观或宏观应力集中部位萌生的,是滑移带循环滑移的结果,局部不均匀的循环塑性变形引起疲劳裂纹萌生,如图 7-8 所示。疲劳裂纹常在非金属夹杂处萌生,主要是由于滑移带与夹杂相撞而引起的。对于在应力集中部位如螺纹牙根、头杆结合处、结构不连续处萌生的疲劳裂纹,则是由于应力集中的促进效应所致。疲劳裂纹扩展是疲劳裂纹尖端在一次循环中的压缩阶段,裂纹两个面紧靠在一起,裂纹尖端表面产生塑性变形,裂纹角度张开,并使裂纹扩展向前产生一个增量,这时便形成一个条带;裂纹尖端存在显微空穴,当空穴长大到一定尺寸时便与主裂纹连续,使裂纹向前扩展了一定距离,这便形成了一条一定间距的条带;脆性疲劳条带的形成,是在疲劳裂纹扩展过程中,裂纹尖端首先沿解理面断裂呈一小段距离,然后因裂纹前端塑性变形而停止扩展,当下一周期开始时,又作解理断裂,如此往复即形成解理疲劳条带[11],如图7-9所示。

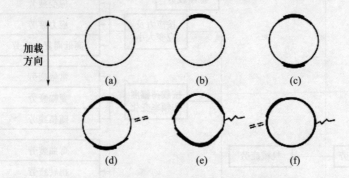

图7-8 钢中夹杂物附近萌生疲劳裂纹模型

(a)键合的夹杂物;(b)极界面分离;(c)另一极界面分离;(d)分离区生长,基体中形成微孔;
(e)微孔长大并连接成微裂纹;(f)一侧微裂纹扩展,另一侧形成微孔。

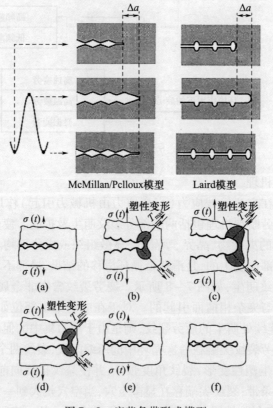

图7-9 疲劳条带形成模型

3) 环境作用下的疲劳机理

在交变应力和环境联合作用下而产生的疲劳断裂失效。通常包含腐蚀疲劳、高温疲劳及微振疲劳。腐蚀疲劳对环境介质没有特定的限制，一般不具有真正的疲劳极限，腐蚀疲劳曲线类似非铁基合金的一般疲劳曲线，没有与应力完全无关的水平线段，腐蚀疲劳的条件疲劳极限与材料的抗拉强度没有直接的相关关系。腐蚀疲劳性能同循环加载频率及波形密切相关，尤其是加载频率的影响更为明显，一般频率越低，腐蚀疲劳越严重。

3. 机理模型

1) 经典经验疲劳模型

经典经验疲劳模型主要建立疲劳寿命与应力、应变和能量等关系，主要包括名义应力法、局部应力-应变法以及基于能量的疲劳模型等。

名义应力法通常适用于塑性变形较小的情况。但对于低周疲劳、含有缺口的构件以及受到过载的变幅加载过程等塑性变形主导的损伤过程，名义应力法可能不适用。在这种情况下，局部应力-应变法更适合描述问题，它主要用于解决载荷较大（超过屈服应力）且寿命较短（一般小于 10^4 次）的低周疲劳问题。该方法能更真实地模拟结构中局部塑性变形区域的受力状况。

基于能量的疲劳模型考虑到循环加载过程中应力-应变滞后环内的恒定面积，该面积表示疲劳期间积累的能量密度。因此，可以将单调应变能量密度除以一个周期内的应变能量密度来确定疲劳寿命。换句话说，通过计算能量密度的比值，可以用能量方法来预测疲劳寿命。

2) 疲劳裂纹演化模型

为了更好地揭示疲劳的演化机理，从力学角度建立疲劳裂纹演化的模型。主要可以分为两类：

(1) 基于疲劳裂纹演化的微观机制。这种模型从疲劳裂纹扩展的微观机制出发，抽象出力学模型来描述疲劳失效过程。它们考虑了裂纹的形成、扩展和最终破坏的规律，通过建立裂纹扩展速率和裂纹长度之间的关系来预测疲劳寿命。这些模型通常基于断裂力学理论，考虑了材料的断裂韧性、裂纹尖端行为以及应力场等因素。

(2) 基于宏观物理量的关系。这种模型借助相应的宏观物理量，建立与宏观裂纹破坏下的循环次数之间的关系。这些模型通常基于损伤力学的理论框架，通过建立损伤变量（如应力、应变、位移等）与疲劳寿命之间的联系来预测疲劳失效，考虑了材料的损伤积累、损伤演化规律以及损伤与疲劳寿命的相关性。一类模型着重于研究疲劳裂纹的微观机理，并建立相应的力学模型，而另一类模型则通过损伤力学的方法，将宏观物理量与疲劳寿命联系起来。

3) 多轴/变幅载荷的疲劳模型

当紧固连接产品经历多轴/变幅加载时,涉及应力和应变状态、载荷历程以及疲劳损伤参数等多个因素,这些因素对疲劳寿命的影响变得更加复杂。多轴/变幅疲劳引入了更多复杂的因素,如不同轴向的应力和应变组合、加载历程的变化等。因此,针对多轴/变幅疲劳情况,需要发展更加综合和准确的模型来描述疲劳失效的机理和预测疲劳寿命。

4) 超高周疲劳模型

在超高周疲劳范围($10^8 \sim 10^{10}$次)内,材料的$S-N$曲线形状受到多种因素的影响,包括材料类型、载荷类型、试件形状、应力状态以及夹杂物分布等。由于这些因素的差异,不同材料的$S-N$曲线在超高周阶段呈现出显著的差异。一般低碳钢的$S-N$曲线在超高周阶段呈现阶梯状,即在一定的应力水平下,疲劳寿命会突然发生变化,形成一个台阶。这是由于低碳钢材料在超高周疲劳过程中存在多个裂纹萌生和扩展机理,导致疲劳寿命发生剧烈变化。而大部分高强度钢的$S-N$曲线在超高周范围内仍然呈现持续下降的趋势,即随着循环次数的增加,疲劳寿命逐渐减小。这是由于高强度钢材料的组织和力学性能使其在超高周疲劳过程中更容易发生裂纹萌生和扩展,从而导致寿命的降低。此外,一些金属材料的$S-N$曲线在超高周范围内可能出现斜率变化和拐点的情况。这可能是由于材料内部微观结构的特殊性质、相互作用关联关系或应力状态的变化导致的。这种变化可能会影响裂纹的萌生和扩展行为,进而影响疲劳寿命的预测。综上所述,材料在超高周疲劳范围内的$S-N$曲线形状受到多种因素的影响,不同材料和条件下的曲线形状存在显著差异。因此,在超高周疲劳研究中,需要考虑这些因素,并开展相应的试验和模拟研究来揭示其机理和规律。

7.2.5 蠕变失效机理

1. 失效概念

承受应力的紧固件形变温度在$0.4 \sim 0.7T_m$(熔点)时发生的慢速连续变形称为蠕变,由此导致的断裂称为蠕变断裂[12]。蠕变分为三个阶段:第一阶段蠕变速率由快逐渐变缓,与晶体缺陷的中心分布有关;第二阶段,表面硬化与恢复这两种机理处于平衡状态,蠕变速率恒定,这一阶段在蠕变的全过程中占据较大的比例;第三阶段,表现为蠕变速率加快,此时金属的形变硬化已不足以阻止金属的变形,而且随着有效截面的减少,促使蠕变速率加快,最后导致断裂。

2. 失效机理

蠕变沿晶裂纹的形核主要有两种机理:三叉晶界处形核机理和晶界空洞形

核机理。以哪种机理开裂取决于应变速率和温度。相对高的应变速率和中等温度时会在三叉晶界处萌生裂纹随后发展为楔形裂纹；低应变速率和高温时，以晶间空洞的形式开裂。

1）三叉晶界形核机理

由于在高温下晶界弱于晶内，因此在拉伸应力的作用下，晶界首先发生滑动，滑动可能在三叉晶界处产生足够大的应力集中以至于超过晶界的结合强度，从而在三叉晶界处萌生裂纹。滑移继续进行，晶界裂纹扩展连接，发生沿晶断裂。蠕变沿晶裂纹三叉晶界形核机理如图7－10所示。

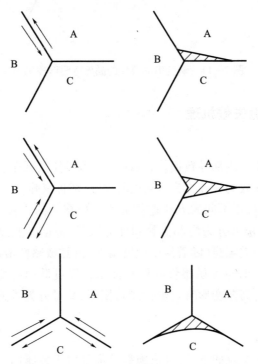

图7－10　蠕变沿晶裂纹三叉晶界形核机理

2）晶界空洞形核机理

由于从晶内到晶界有空位势能梯度存在、使晶粒内部的空位趋于沿晶界运动和聚集(优先聚集在晶界夹杂物和三叉晶界等应力集中较大位置处)，在晶界上生成显微空洞。显微空洞长大聚集，使裂纹沿晶扩展。蠕变沿晶断裂上晶界上的显微空洞与韧窝断裂时的显微空洞有根本上的不同，前者主要是扩散控制过程的结果，而后者则是复杂滑移的产物。蠕变沿晶裂纹的晶界空洞形核机理如图7－11所示。

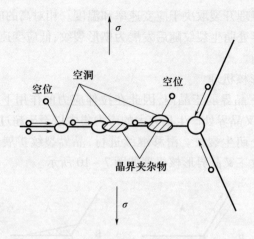

图 7–11 蠕变沿晶裂纹的晶界空洞形核机理

7.2.6 氢脆失效机理

1. 失效概念

由于氢渗入金属内部导致损伤,从而使金属零件在低于材料屈服极限的静应力持续作用下导致的失效称为氢致破断失效,俗称氢脆。

金属的氢脆,可用不同的方法进行分类。根据氢的来源不同(金属内部原有的和环境渗入的)可分为内部氢脆和环境氢脆;根据应变速度与氢脆敏感性的关系可分为第一类氢脆(随着应变速度增加,氢脆敏感性增加)和第二类氢脆(随着应变速度增加,氢脆敏感性降低);而根据经过低速度变形,去除载荷,静止一段时间再进行高速变形时其塑性能否恢复,又可分为可逆性氢脆和不可逆性氢脆。

1) 第一类氢脆

第一类氢脆的特点如下:这种氢脆裂纹都是由于金属内部氢含量过高所造成的。在钢中氢含量超过$(5\sim10)\times10^{-6}$以上;在材料承受载荷之前金属内部已经存在某些断裂源,在应力作用下加快了这些裂纹的扩展;属于不可逆氢脆,当裂纹已经形成,再除氢也无济于事。

2) 第二类氢脆

第二类氢脆的特点如下:变形速度对氢脆影响很大,变形速度增加,金属的氢脆敏感性下降,变形速度降低,金属的氢脆敏感性增加;氢脆裂纹源的萌生与应力有关。裂纹源的生成是应力和氢相互作用下逐步形成的,加载之前并不存在裂纹源;其中有些氢脆是可逆的,有些是不可逆的。金属氢脆的断口宏观形貌特征严格地讲,氢脆不是一种独立的断裂机理,氢的加入只是有助于某种断裂机理,如解理断裂或沿晶断裂的作用。其断裂的方式可能是沿晶的,也可能是穿晶的,或是两者的混合。氢脆断口宏观形貌主要特征是:断口附近无宏观塑性变形,断口平齐,结构粗糙,氢脆断裂区呈结晶颗粒状,色泽为亮灰色,断面干净,无腐蚀产物。非氢脆断裂区呈暗灰色纤维状,并伴有剪切唇边。

2. 失效机理

氢脆机理可分为氢致开裂、氢鼓泡和氢蚀等。

1)氢致开裂机理

氢致开裂必须要有氢的局部富集行为。如果只有少量氢且均匀分布在基体中,是不会对产品造成显著的危害。而实际上,氢总是会偏聚到局部区域或者被吸附到氢陷阱周围。位错是氢的陷阱,同时又可以携带氢气团一起运动,所以一般来说,位错密度高的地方氢浓度也较高。在位错携带氢一起运动时若遇到更强的陷阱,那么位错运动将受到阻碍,而且只有氢进入这些陷阱中才能保证位错继续运动。因此,氢在此处不断富集,引起附近的原子键合力逐渐下降,从而萌生裂纹。对于在裂纹附近的强陷阱,它会不断富集那些运动位错所携带的氢,从而促使裂纹逐渐扩展。一般而言,氢局部富集部位的不同将引起产品发生不同形式的氢致开裂。氢致开裂过程示意图如图7-12所示。

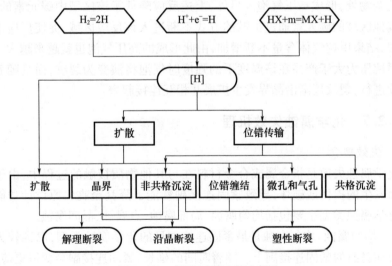

图7-12 氢致开裂过程示意图

2)氢鼓泡机理

氢鼓泡机理是指在产品中的过饱和氢会在缺陷等处析出,形成分子氢后引起产品表面鼓泡或产生内部裂纹的现象,又称为氢诱发开裂。例如,钢在硫化氢环境下经常会存在这类现象,由于硫化氢是酸性弱电解质,其水溶液主要以H_2S的形式存在,在表面发生如下电化学反应式:

$$H_2S + 2e^- \longrightarrow 2H^+ + S^{2-} \tag{7-8}$$

由该反应所产生的氢原子通过扩散的方式渗入到材料内部,并在缺陷处聚集结合形成分子氢。由于氢分子无法在缺陷处由内向外扩散,使得缺陷内部的氢浓度逐渐增加,从而具有很高的氢压,当氢浓度达到临界值时氢压足以诱发裂纹萌生,产生氢鼓泡,而且环境中的氢源源不断地渗入将导致裂纹的进一步扩展及其相互连接。非金属夹杂是氢鼓泡裂纹的主要萌生位置,氢原子容易在其端部产生富集从而诱发裂纹的萌生。

3)氢蚀机理

氢蚀机理是在高温高压条件下氢与金属材料中的合金成分发生反应产生氢化物,引起产品在晶界附近形成气泡或裂纹而降低材料强度,使之沿晶界开裂并最终导致产品失效,它是一种不可逆的氢损伤。以碳钢为例,在高温高压条件下氢分子扩散到碳钢表面发生物理吸附,其中一部分氢分子分离为氢原子并发生化学吸附,通过晶格和晶界以固溶氢的形式向材料内部扩散。随后固溶氢与合金中的碳化物发生反应产生甲烷气体,即

$$4H + Fe_3C \longleftrightarrow CH_4 \uparrow + 3Fe \tag{7-9}$$

由此形成的甲烷气体由于扩散能力很差而无法从碳钢中扩散出去,富集在晶界夹杂物处,形成高压气泡。另外,上述反应降低了该区域中碳元素的浓度,所以其他区域的碳元素通过扩散的方式不断进入该反应区域,促使反应不断进行下去,结果甲烷气体含量不断增加,由此形成的高压气泡也就越来越大。当气泡中甲烷压力大于产品在该温度下的强度时气泡将演变为裂纹,而且随着反应的继续进行,裂纹逐渐沿晶界发生扩展并相互连接起来。

7.2.7 化学腐蚀失效机理

1. 失效概念

化学腐蚀失效是指金属或合金材料在与其他物质接触的过程中,由于化学反应而发生的损伤或破坏,导致紧固连接副性能下降甚至丧失原设计功能的现象。化学腐蚀类型主要包括均匀腐蚀、局部腐蚀、点腐蚀、晶间腐蚀。

(1)均匀腐蚀:均匀腐蚀是最紧固连接常见的化学腐蚀类型,腐蚀较为均匀地分布在暴露的紧固连接副上。随着时间的延长,紧固连接副会变得更薄更弱,最终导致紧固件连接副失效或无法拆卸。

(2)局部腐蚀:在紧固连接副表面的个别部位或合金的某一组织上发生。属于这类腐蚀的包括选择性腐蚀:优先腐蚀合金中的某一成分或组成物。如黄铜发生电化学腐蚀时,黄铜中的锌优先被腐蚀,并进入溶液,金属表面则逐渐成为低锌黄铜,甚至成为纯铜。

(3)点腐蚀:腐蚀表面呈点坑状,腐蚀点多、比较浅。有时腐蚀发生在表面

有限的面积上,但腐蚀很深、成巢穴。点蚀坑的各种剖面形貌如图7-13所示。

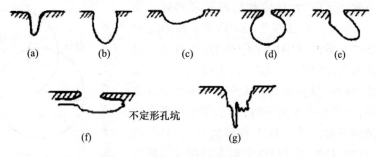

图7-13 点蚀坑的各种剖面形貌
(a)楔形窄而深的孔坑;(b)椭圆形长圆形的孔坑;(b)盘碟形宽浅形(碟形)孔坑;
(d)皮下变形闭口孔坑;(e)掏蚀形切向孔坑;(f)水平形;(g)垂直形

(4)晶间腐蚀:

奥氏体不锈钢在高温进行热成形时,经过加热(600~900℃)和缓慢冷却后,碳与铬形成碳化铬。碳化物形成消耗了铬元素,造成晶间贫铬,在外部腐蚀环境作用下产生沿晶界的腐蚀现象,裂纹发生并扩展,而导致紧固件的损伤,因而也称作晶界腐蚀。晶间腐蚀不仅降低力学性能,而且由于难以发现,易于造成突然失效。

2. 失效机理

当金属紧固件接触到腐蚀性环境时,可产生电化学腐蚀,紧固件腐蚀开始时很小,随着时间的延长,会逐渐蔓延,并且会以某种形式降低紧固连接的完整性。紧固件本身开始腐蚀后,缓慢地降低机械强度,然后不能承受其负载直至失效。紧固件腐蚀的主要原因为水分与紧固件之间可能发生的电化学反应。这种腐蚀是由微小的、自产生的电流所催化的微观化学反应造成的。前提条件是必须有一个由阳极(带正电的区域)和阴极(带负电的区域)组成的电极,一个电解质(导电的液体或物质)和一个电位差来触发电流流动。

7.2.8 应力腐蚀失效机理

1. 失效概念

应力腐蚀开裂(SCC)是指紧固件在应力和特定介质的共同作用下发生的开裂或断裂失效。工程上常用的金属材料紧固件如不锈钢、高强度钢等,在特定介质中都有可能发生应力腐蚀,并且按照腐蚀条件的苛刻程度,紧固件可以在几分钟或几年内破裂。在腐蚀过程中,先出现微裂纹,然后再扩展为宏观裂纹。裂纹一旦形成,其扩展速度比其他类型局部腐蚀快得多,所以应力腐蚀是所有腐蚀类型中破坏性和危害性最大的一种腐蚀。应力腐蚀因其具有突发性、破坏大、难监测等特点,一直是紧固件服役期间主要的安全隐患之一,也是许多行业亟需解决的工程问题。

应力腐蚀是应力、环境和材料三者共同作用的结果[13]，相互关系如图7-14所示。应力主要来源是施加于紧固件上的工作应力，还有加工过程产生的残余拉应力等。发生应力腐蚀的环境通常有酸性、碱性、高温水等。此外，当环境中含有某些离子，尤其存在氯离子时，不锈钢会出现高的应力腐蚀敏感性。除了应力和环境外，材料的成分、组织结构、热处理过程也会对不锈钢应力腐蚀产生不同影响。

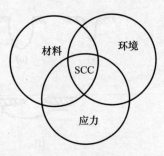

图7-14　应力腐蚀三要素及相互关系

2. 失效机理

应力腐蚀问题涉及腐蚀与应力的交互作用，金属材料与腐蚀介质的应力腐蚀体系，具体如图7-15所示。由此可见，介质中的阳离子浓度、阴离子浓度、复合离子浓度以及溶解气体浓度等都会影响金属材料的腐蚀行为，所以应力腐蚀的损伤机理非常复杂，也难以存在一种普适性的机理对复杂的应力腐蚀行为做出解释。不过对于具体的实际问题，真正对应力腐蚀有贡献的只是图中的某些

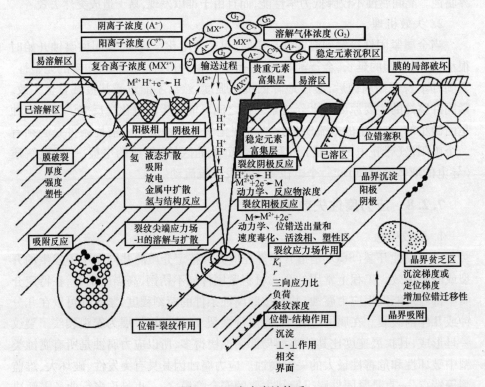

图7-15　应力腐蚀体系

因素,由此人们提出了各种各样的机理。根据材料腐蚀的过程可将应力腐蚀机理划分为两大类,即阳极溶解型机理和氢致开裂机理[14],如图7-16所示。

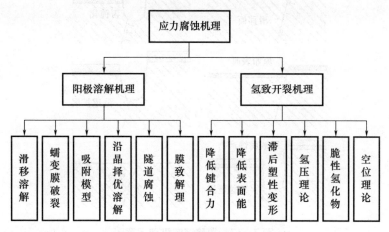

图7-16 应力腐蚀机理模型

1)阳极溶解机理

阳极溶解型机理认为应力腐蚀开裂是由阳极金属不断溶解造成的,即阳极溶解是控制金属断裂的步骤,而且该应力腐蚀体系的阳极溶解所对应的阴极反应是吸氧反应,或者虽是析氢反应但材料中的氢含量不足以引起氢致开裂。人们提出各种各样的模型来试图解释阳极溶解行为,主要包括:

(1)滑移—溶解模型。

滑移—溶解模型认为腐蚀介质中金属材料表面会形成一层钝化膜,来阻止金属被进一步腐蚀。如果钝化膜在应力作用下受到因位错运动,而产生的滑移台阶的影响发生局部破裂,那么破坏处的新鲜金属表面将裸露在腐蚀介质中,此处的电极电位比未破坏的钝化膜(如裂纹壁)要低,故它将成为微电池的阳极相,发生如式(7-10)所示的阳极反应,所以阳极金属会发生瞬时的溶解随后又产生再次的钝化。由于在应力作用下位错继续运动产生新的滑移台阶,那么钝化膜将再次受到局部的破坏,使裸露的金属再次溶解。通过上述滑移—钝化膜破裂—金属溶解—金属再钝化过程的反复进行,上述微电池反应的持续进行使得阳极金属不断地溶解,从而导致应力腐蚀裂纹萌生和扩展。其中,应力扮演的角色不仅是产生材料应变来促使钝化膜发生破裂,它还引起了在裂纹尖端处的应力集中效应,降低阳极金属的电位,加速金属的溶解过程。具体腐蚀过程如图7-17所示。

$$\begin{cases} 阳极:M \rightarrow M^{n+} + ne^- \\ 阴极:2H^+ + 2e^- \rightarrow H_2 \end{cases} \quad (7-10)$$

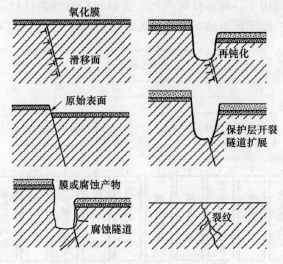

图 7-17 滑移溶解机理示意图

(2) 蠕变膜破裂模型。

蠕变膜破裂模型与滑移—溶解模型的主要不同之处在于钝化膜的破坏方式,前者认为钝化膜的破坏是因宏观蠕变而不是滑移台阶而引起的。累积蠕变变形可以破坏形成的钝化膜,导致金属发生溶解,而且蠕变速率与裂纹的应力强度因子有关。虽然蠕变膜破裂模型可以用来解释一些滑移—溶解无法解释的实验现象,但它仅考虑了一些宏观的因素,所以一般只能用于解释金属应力腐蚀过程中的一些宏观现象,对涉及的一些微观特征却无能为力。

(3) 吸附模型。

吸附模型是指在应力作用下腐蚀介质中的某些离子(如 H^+ 或 Cl^-)可以被裂纹尖端吸附到其表面或最上面的几个原子层上,降低金属材料的表面能,导致低应力脆断的发生。有些学者系统研究了氢吸附在裂纹尖端而引起原子健合力下降的现象,将引起裂尖不断地发射位错,使裂尖发生钝化,相应的模型也被称为吸附致位错发射模型。吸附致位错发射模型认为裂纹扩展主要是由裂纹前沿的孔洞形成而导致的裂尖交替滑移引起的,同时孔洞的形成还可以使裂尖再次尖锐化。宏观断口平行于低指数晶面,它平分滑移面之间的夹角,对面心立方结构(FCC)和体心立方结构(BCC)金属而言,它们的滑移面分别为$\{111\}$和$\{112\}$,所以裂纹前沿是平行于$\{100\}$晶面上的$<110>$方向。

(4) 沿晶择优溶解模型。

应力腐蚀开裂可以沿着晶粒间也可以在晶粒内部进行,即晶间应力腐蚀和穿晶应力腐蚀裂纹扩展都是可能存在的。人们针对晶间应力腐蚀行为提出了沿晶择优溶解模型,晶界上的晶间活动性为裂纹扩展提供了路径,当晶粒处于钝态而晶界活性较高时,裂纹就可以沿着这条活性路径进行扩展。晶界活性是由于晶界存在活性的杂质元素,或者析出了阳极相的第二相沉淀,抑或是在晶界区域内的沉淀相附近存在阳极相的溶质元素贫化区,使得阳极相发生了择优溶解。例如,在奥氏体不锈钢经敏化处理后,其晶界析出 $M_{23}C_6$ 碳化物以及形成贫铬区时,晶界就会成为优先腐蚀的通道。在应力作用下裂纹发生张开,促使形成的钝化膜反复破裂,加速阳极溶解过程,同时还可以撕裂相互连接的阳极相。沿晶择优溶解模型常用于解释高强度铝合金的应力腐蚀开裂行为,凡是提高晶间腐蚀抗力的冶金因素都可以提高合金材料的应力腐蚀(SCC)抗力,例如通过合金化的方法、通过热处理的方式除去溶质贫化区,以及通过形变热处理来控制晶间沉淀相的析出等措施,来降低晶间应力腐蚀的敏感性。

(5)隧道腐蚀模型。

不同于沿晶择优溶解模型的是,隧道腐蚀模型是用于解释金属材料发生穿晶应力腐蚀现象的,故一般情况适用于不存在择优晶间腐蚀路径的条件下。该模型认为,在平面排列的位错露头处或是在新形成的滑移台阶处,承受高应变作用的金属原子会发生择优溶解,并且溶解沿着位错线向其纵深方向发展形成隧道孔洞,而位于这些孔洞之间的金属则在应力作用下产生机械撕裂,并在撕裂停止后又重新开始以隧道腐蚀的方式发生溶解与破坏。上述过程的反复进行将引起裂纹发生亚临界扩展,直至最后的失稳断裂。一些研究结果证实在某些应力腐蚀体系中确实存在隧道腐蚀现象,它与裂纹萌生和扩展均有关系,断口形貌有别于扇形解理断裂,而是带有沟槽的平断口。需要指出的是,隧道腐蚀并不是应力腐蚀的必要条件,而是它的一种伴生现象,所以该模型并不能作为金属材料产生应力腐蚀开裂的主要机理。

(6)膜致解理模型。

膜致解理断裂现象最早是在 a 黄铜在氨环境下发生脱锌时观察到的,随后一些学者发现表面膜在发生脆性断裂后还会诱发基体产生解理断裂现象,由此提出了膜致解理模型,具体机理如图 7-18 所示。该模型认为,在介质中所形成的钝化膜由于阻碍位错进入基体材料使金属发生脆化,当脆性表面膜开裂后裂纹将不减速地穿过膜/基体界面,并以脆性方式继续向延性基体金属内扩展,直至裂纹最终钝化并发生止裂,不过该扩展距离很短。上述过程反复进行就会引起解理裂纹以不连续的方式不断向前扩展。由此可知,该模型可用于解释在应力腐蚀断裂中产生的止裂线、相似的解理断口形貌以及裂纹的不连续扩展行为。但是该模型仍存在许多问题,例如裂纹在基体中扩展距离远比膜厚度要大。此外,有人指出钝化膜形成之后并不一定能阻碍位错进入基体而导致金属变脆。因此,该模型只适用于某些特定的应用条件下。

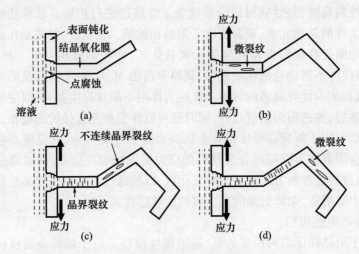

图 7-18 晶界氧化膜开裂导致应力腐蚀示意图

2) 氢致开裂机理

氢致开裂机理是指阳极金属溶解所对应的阴极过程为析氢反应,而且氢原子扩散进入材料内部的裂纹尖端处,并控制着裂纹的萌生与扩展过程,所以也称为氢脆型应力腐蚀开裂或氢致滞后开裂,示意图如图 7-19 所示。

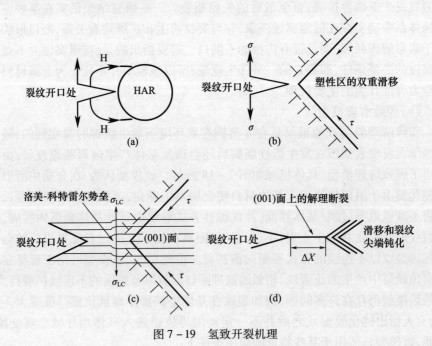

图 7-19 氢致开裂机理

当腐蚀产物沉积在缺口、裂纹或点蚀坑处而阻碍扩散进行时,氧分子由于体积大而难于穿过腐蚀产物进入裂纹尖端,致使裂尖处的氧浓度较低而称为阳极,裂纹侧面的氧浓度相对较高而成为阴极,二者之间的氧浓度差形成了浓度差电池,这种电池也称为闭塞电池。水解作用使得裂尖处产生了大量的 H^+,裂尖处的 pH 值下降(即裂尖酸化),它为析氢反应的进行以及氢进入材料内部创造了条件。此时析出的氢一部分被复合成 H_2,另一部分则被吸附到裂尖处并进入材料内部,随后在应力作用下以某种形式的机理引起裂纹萌生及扩展。氢致开裂裂纹尖端示意图如图 7-20 所示。

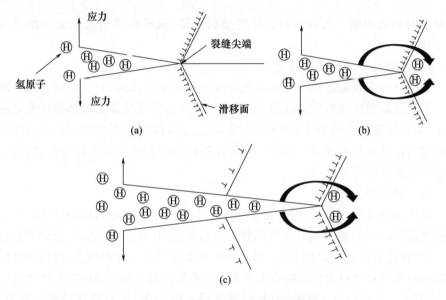

图 7-20　氢致开裂裂纹尖端示意图

(1)氢吸附降低键合力理论。

氢吸附降低键合力理论认为,吸附氢能够降低原子间的键合力,引起裂尖处发射位错,使得材料在较低应力水平下会发生微裂纹的萌生或起裂扩展。图 7-21(a)和(b)分别描述的是在金属中原子间的相互作用势和相互作用力随原子间距的变化趋势,当原子间距 $x = x_0$ 时势能最小,原子处于平衡位置。当 $x = x_m$ 时相互作用力 f 取得最大值 f_{max},称为原子间键合力。所以降低键合力最大值 f_{max} 就相当于使表面能下降。因此,氢吸附降低键合力理论实际上与氢吸附降低表面能理论是一致的。

(2)氢吸附降低表面能理论。

氢吸附降低表面能理论与氢吸附降低键合力理论本质上是一致的,只是前者是从能量角度考虑的,它认为当氢扩散至裂纹表面并被吸附后会降低金

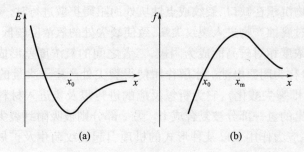

图 7-21　金属原子间相互作用势和相互作用力随原子间距的变化

属断裂时的表面能。所以由裂纹扩展准则可知,氢吸附将引起金属的断裂应力下降。

(3) 氢致滞后塑性变形理论。

金属材料在断裂过程不可避免地会涉及塑性变形,即使它发生的是脆性断裂。氢致滞后塑性变形理论认为,氢致开裂型应力腐蚀伴随着局部塑性变形的产生,氢会促进金属的塑性变形行为,当由它促进的局部塑性变形量达到其临界值时就会使材料发生开裂。氢的存在会促进位错的发生与增殖以及位错运动,但它涉及的原因较为复杂。

(4) 氢压理论。

氢压理论认为,当点阵中的氢含量超过其固溶度时,这些过饱和固溶态的氢就会在晶界、孔洞、裂纹或其他缺陷处发生富集,并在析出的同时结合形成氢分子,因而在此处形成很高的氢压,相当于给基体施加了一种内应力,当局部氢压足够大时将导致材料在较低应力水平下发生脆性开裂。当基体中的氢浓度很高时,由它所产生的氢压(或逸度)足以破坏原子键合力,从而使材料发生开裂。氢压理论可用于解释一些氢致开裂现象,如钢中白点、在酸洗过程产生氢致裂纹等。氢压理论难以解释微裂纹的萌生,因为萌生过程的控制因素并不是氢压。

(5) 脆性氢化物理论。

脆性氢化物理论认为,金属材料中某些元素与氢化物反应生成新的氢化物并阻碍位错的运动,所以在裂纹尖端应力场作用下,氢化物的反复形成与断裂能够促使材料发生脆性开裂。不过要注意的是,脆性氢化物机理只适用于在一定的温度和应变速率范围内,这样可以保证氢能够有充足的时间扩散到裂纹尖端,而且所形成的氢化物是稳定相。

(6) 空位理论。

空位理论是近年来发展起来的一个新的氢致开裂型机理,许多 FCC 和 BCC 结构金属及其合金中可以观察到由氢引起的空位浓度增加。该理论认为,氢和由塑性变形而引起的过量空位将发生聚集并形成微孔洞,从而增加了局部剪切不稳定性,即由于形成孔洞而导致的剪切局部化。由于该理论所提到的过量空位可以促使位错通过攀移的方式来越过障碍物,以提高材料的局部塑性,所以它可能在氢致滞后塑性变形理论中也会发挥重要的作用,所以它也还有许多值得深入研究的内容。

7.2.9 低熔点金属脆性失效机理

1. 失效概念

当紧固件材料如某些钢、钛合金及铝合金等在承受应力的同时与低熔点金属(包括铅、锡、镉、锂、锗、水银等)接触,它们可能被脆化而在应力低于材料屈服强度时发生断裂。如果脆化低熔点金属是液态的,这种断裂称为液态金属(LME)断裂;如果脆化低熔点金属是固态的,则称为固态金属脆性(SME)断裂。

温度对低熔点金属的脆化速率有着显著的影响。对于某一特定的低熔点脆化金属来讲,温度越高,脆化速率越大。另外,液态金属的脆化过程比固态金属的脆化过程要快得多。应力水平、应变速率、冷加工量、晶粒尺寸和晶界成分也会影响低熔点金属的脆化速率。一般来讲,提高应力水平、降低应变速率、减小冷加工量、减小晶粒尺寸能促进脆性。当断裂为沿晶分离时,晶界上的元素如铅、锡、磷、砷等能够影响低熔点金属的脆化机理,如当钢的晶界上聚集锡及铅元素时,钢对液态铅脆更为敏感,但是当晶界上聚集磷和砷元素时,钢对液态铅脆变得不敏感。

2. 失效机理

目前,低熔点金属脆性机理主要是吸附导致拉伸结合力降低的脆化机理。低熔点金属原子在裂纹表面(由化学吸附的低熔点原子组成)上扩散,不断补充到裂纹尖端,使得裂纹在低应力下扩展直至最终断裂。具体扩展过程如图7-22所示。

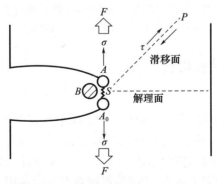

图7-22 裂纹尖端原子位移示意图

"吸附诱发剪切结合力降低"的脆化机理,低熔点金属原子的吸附使金属材料原子的剪切结合力降低,这有助于裂纹尖端(或附近)的位错形核和滑移而使局部塑性增加,如图 7-23 所示。这种局部塑性增加使裂纹尖端产生足够大的塑性变形,以至于在裂纹尖端前方的沉淀、夹杂或亚晶界等处形成显微空洞。显微空洞不断长大使裂纹扩展,形成韧窝形貌的断口表面。局部的塑性增加使整体的断裂应变减小,导致断裂的脆化。

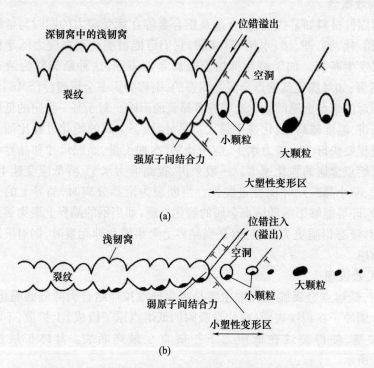

图 7-23　显微空洞聚集导致裂纹扩展机理的示意图
(a)惰性环境;(b)致脆低熔点金属环境。

7.2.10　磨损失效机理

1. 失效概念

磨损失效是指机械零件因磨损导致尺寸减小和表面状态改变,并最终丧失其功能的现象。这过程是逐步发展的,可能从几小时到几千年不等。磨损失效不仅包括零件尺寸和体积的减小,还覆盖了零件因磨损二失去原有设计所规定的功能,表现为功能的完全丧失、功能降低或者在继续使用中存在严重损伤或隐患,从而失去可靠性及安全性。

国内外学者根据不同的磨损类型提出了不同的磨损机理模型,其中 Archard

磨损模型在工程上最为被广泛认可。此后几十年研究得到的磨损计算模型大部分是由 Archard 模型发展而来的。

2. 失效机理

磨损是发生在物体摩擦表面上的一种现象,其接触表面必须有相对运动,必然产生物质损耗(包括材料转移,即材料从一个表面转移到另一表面)或破坏,破坏包括产生残余变形,失去表面精度和光泽等。磨损按照机理主要分为六种,如表 7-3 所示。

表 7-3 磨损机理分类[15]

名称	机理	影响因素
磨粒磨损	在摩擦或磨削接触中,由于不同硬度的颗粒或磨削粒子存在于接触界面上,导致物体表面的磨损现象	相对硬度、尖锐程度、颗粒大小
黏着磨损	在两个接触表面之间,由于黏附力的作用导致物质的剪切和颗粒的破裂现象	润滑条件、摩擦副材料性能、载荷、表面温度
疲劳磨损	当材料或物体在受到交替或循环应力加载时,出现渐进性损伤和磨耗的现象	材料性能、表面粗糙度、润滑与润滑剂
冲蚀磨损	在液体或气体流动中,固体颗粒或高速流体的作用下,物体表面受到冲击和侵蚀而引起的磨损现象	流体密度、颗粒性质、材料硬度、流体流速
腐蚀磨损	在腐蚀介质的存在下,物体表面同时受到腐蚀和机械磨损的双重作用引起的磨损现象	腐蚀介质的酸碱性、材料的抗腐蚀能力、氧化还原环境
微动磨损	在微小尺度下,两个物体在微小位移下的接触和相对运动产生的磨损现象	材料硬度、表面粗糙度、润滑条件、磨损频率

3. 机理模型

1) Archard 磨损机理模型

为了可以定量计算磨损程度,Archard 提出了磨损计算模型。选取摩擦副之间的黏着节点面积以 R_r 为半径的圆,每一个黏着节点的接触面积为 πR_r^2。假设摩擦副的一方为较硬材料,摩擦副另一方处于塑性接触状态,则法向载荷 W_n 由 n 个半径为 R_r 的相同微凸体承受。

当材料产生塑性变形时,法向载荷 W_n 与较软材料的受压屈服极限 σ_s 之间的关系为

$$W_n = \sigma_s \pi R_r^2 n \qquad (7-11)$$

当摩擦副产生相对滑动时,假设黏结点沿球面破坏,即滑动时每个微凸体上

产生的磨屑为半球形,当滑动位移为 $2R_r$ 时,其体积为 $\frac{2}{3}\pi R_r^3$,则单位滑动距离的总磨损量为

$$Q = \frac{\frac{2}{3}\pi R_r^3}{2R_r}n = \frac{\pi R_r^3}{3} \qquad (7-12)$$

由式(7-11)和式(7-12)可得

$$Q = \frac{W_n}{3\sigma_s} \qquad (7-13)$$

式(7-13)是假设了各个微凸体在接触时均产生了一个磨粒而导出的。如果考虑到微凸体中产生磨粒的系数 K_s 和滑动距离 L_s,则接触表面的黏着磨损量表达式为

$$Q = K_s \frac{W_n L_s}{3\sigma_s} \qquad (7-14)$$

式中:K_s 为黏着磨损系数。

2) Rabinowicz 磨损机理模型

Rabinowicz 模型是描述磨粒磨损的一个较为简单的模型。假设单颗磨粒形状为圆锥体,半角为 θ,载荷为 W_n,压入深度为 h_d,滑动距离为 L_s,材料屈服极限 σ_s,磨粒硬度为 H,B_d 为圆锥体与压入面相交位置处的直径。

那么,每个磨粒所承受的法向载荷 W_n 为

$$W_n = H\frac{\pi}{4}B_d^2 \qquad (7-15)$$

此时压入部分的投影面积 A_s 为

$$A_s = \frac{1}{2}B_d h_d = \frac{1}{4}B_d^2 \cot q = \frac{W_n \cot q}{pH} \qquad (7-16)$$

单位滑动距离的磨损体积磨损量 Q 为

$$Q = \frac{\Delta V}{L_s} = \frac{W_n \cot\theta}{\pi H} = k_A \frac{W_n}{H} = A_s \qquad (7-17)$$

其中,$A_s = \frac{1}{2}B_d h_d = \frac{1}{4}B_d^2 \cot\theta = k_{A1}B_d^2$,所以 A_s 为

$$A_s = \frac{1}{4}h_d^2 \tan\theta = k_{A2}h_d^2 \qquad (7-18)$$

式中:k_A、k_{A1}、k_{A2} 为磨粒的形状参数。

上述两个模型的建立过程是存在一定假设的,两个模型均忽略了紧固件变形的物理特征及材料的变化,没有确切说明不同条件下的紧固件磨损过程,只能简单计算理想状况的磨损量,因而适用性受到一定的限制。

7.2.11 冲击失效机理

1. 失效概念

冲击是指物体或系统受到瞬间的外力作用,产生突然而强烈的应力或应变。冲击[16]实质上是一种定义不太严谨的振动,其中激扰是非周期性的,例如:脉冲的、阶跃的或瞬态振动的形式。激扰(激励)指作用在系统上的外力(或其他输入量)使系统产生某种方式的相应。因此,冲击可以定义为系统受到瞬态激励,即力、位移、速度或加速发生突然变化的现象。冲击的特点是:

(1) 冲击作用时,系统之间动能传递的时间很短;

(2) 冲击激励的函数是非周期性的,其频谱是连续的;

(3) 冲击作用下系统所产生的运动为瞬态运动,运动状态与冲击持续时间及系统的固有频率均有关系。

2. 失效机理

常见的冲击主要有机械冲击、热冲击。热冲击是指由于温度突然变化而引起的结构或系统内部产生应力、变形或破坏的现象。机械冲击是指由突发的机械载荷引起的结构或系统内部产生应力、变形或破坏的现象,是一种突发的、强烈的力量作用于机械系统的非周期性激励,其特点是能够产生明显的相对位移。

冲击失效有两种比较成熟的理论,分别是应力-强度干涉理论和断裂力学。应力-强度干涉理论认为,产品所受的应力大于该时刻产品所具有的强度,产品就会发生过应力失效。应用于冲击失效判断中,将产品强度记为 σ_b,应力为 σ_s,则发生冲击失效的标准为 $\sigma_b \leq \sigma_s$。而动态应力-强度干涉理论认为,产品的强度随着运行时间的增加不断发生退化,当某一时刻 t 产品的强度退化至小于该时刻产品承受的应力时,产品发生失效,即 $\sigma_b(t) \leq \sigma_s(t)$。断裂学认为,在一定范围内允许存在裂纹,而它的判定标准就是裂纹失稳准则,只要裂纹不失稳,是否存在裂纹对于构件的安全没有太多影响。断裂力学中的失稳准则为 $k_{ic} \leq \sigma_1$。

3. 机理模型

统计方法模型主要有极值冲击模型、δ-模型、m-模型、累积模型。

1) 极值冲击模型

系统在受到超过其能够承受的最大冲击载荷时,它无法继续工作或完成其预期功能,被视为失效。

常用的极值分布函数包括以下两种。

Gumbel 分布:适用于描述极大值的分布。其概率密度函数为

$$f(x;\mu,\sigma) = F'(x;\mu,\sigma) = \frac{1}{\sigma} \cdot e^{-\frac{x-\mu}{\sigma}} \cdot e^{-e^{-\frac{x-\mu}{\sigma}}} \qquad (7-19)$$

式中:μ 和 σ 为分布的参数;μ 为位置参数;σ 为尺度参数。

威布尔分布:适用于描述极小值的分布。其概率密度函数为

$$f(x) = \left(\frac{\beta}{\lambda}\right)\left(\frac{x}{\lambda}\right)^{(\beta-1)} e^{(-\frac{x}{\lambda})^{\beta}} \tag{7-20}$$

式中:λ 和 β 为分布的参数;λ 为尺度参数;β 为形状参数。

这两种函数是用于建模和描述极值事件的概率分布的工具。

2) δ - 模型

系统的两次冲击之间的间隔小于或等于给定的量 δ 时,系统被认为发生了失效。δ - 模型的失效条件为

$$f(t;\delta) = \int_0^\delta \lambda(t) \mathrm{d}t \tag{7-21}$$

式中:$f(t;\delta)$ 为在时间 t 处的失效概率;$\lambda(t)$ 为在时间 t 处的失效率(失效率是指在单位时间内出现失效的概率);δ 为给定的冲击间隔阈值。

3) m - 模型

m - 模型假设系统的失效与冲击的数量有关。当系统中发生的冲击次数达到或超过预先定义的临界阈值 m 时,系统被认为已经失效。m - 模型的失效条件为

$$F_m(t) = P(N(t) \geq m) \tag{7-22}$$

式中:$F_m(t)$ 为时间 t 处系统失效的累积概率;$N(t)$ 为在时间 t 内发生的冲击次数;m 为临界阈值,表示系统失效的冲击数量。

4) 累积模型

当系统受到足够多的冲击损伤,使得损伤的累积超过了系统能够承受的极限,系统就会失效。累积模型的失效条件为

$$F_n(t) = P(D(t) \geq n) \tag{7-23}$$

式中:$F_n(t)$ 为时间 t 处系统失效的累积概率;$D(t)$ 为在时间 t 内发生的冲击损伤次数;n 为失效阈值,表示系统失效的冲击损伤数量。

动力学模型主要有刚体动力学模型、弹性动力学模型、非线性动力学模型、控制动力学模型。以一般非线性运动方程为例,如下式所示:

$$m\frac{\mathrm{d}^2 x}{\mathrm{d}t^2} = F\left(x, \frac{\mathrm{d}x}{\mathrm{d}t}, t\right) \tag{7-24}$$

式中:m 为物体的质量;x 为物体的位移;t 为时间;F 为非线性函数,描述了位移、速度和时间的关系,同时还可以考虑其他影响因素。

7.2.12 老化失效机理

1. 失效概念

老化是指材料、设备或系统随着时间的推移,在不同环境因素和材料自身因素作用下,逐渐失去功能或性能的过程。

2. 失效机理

老化一般分为金属的环境腐蚀老化和非金属材料的环境老化。非金属金属在特定的环境条件下，因气体、液体、光照、温度和湿度等外界因素的影响而发生的物理、化学和结构性变化，导致逐渐失效或性能下降的过程称为金属的环境老化。金属腐蚀在大多数情况下可用电化学过程来表征，即在一定环境条件下，金属发生氧化还原反应而导致腐蚀的过程。而非金属不导电，所以其腐蚀过程不具有电化学腐蚀规律。并且，金属的腐蚀过程多在金属表面发生，并逐渐向深处发展，对于非金属材料，介质可以向材料渗透扩散，同时介质也可将高分子材料中某些组分萃取出来，这是引起和加速非金属材料老化的重要原因[17]。

3. 机理模型

老化机理模型描述了老化过程中时间与特定效应之间的关系。这些模型分为阈值模型和非阈值模型。

1) 阈值模型

阈值模型认为在材料或系统的老化过程中存在一个关键阈值，当超过该阈值时，老化过程将会发生显著加速或变得不可逆。相反，如果未达到或低于该阈值，则老化速率较慢，甚至几乎没有老化发生，如下式所示：

$$老化速率(AR) = K_1(A - T)^n \qquad (7-25)$$

式中：AR 为老化速率；k_1 为与材料特性相关的常数；A 为老化指标（如应力、应变、时间等）；T 为阈值参数；n 为指数参数。

2) 非阈值模型

非阈值模型描述了老化速率随时间的变化情况，没有显著的阈值或转折点，通常采用一些函数或曲线来表示，如下式所示：

$$老化速率(AR) = K_2(A^n - B^n) \qquad (7-26)$$

式中：AR 为老化速率；k_2 为与材料特性相关的常数；A 为老化指标；B 为另一个参数；n 为指数参数。

老化速率被假设为一个指数函数，其中应力与阈值应力之间的差异被用于调节老化速率。参数 A 和 B 用于控制函数的形状和速率。

7.3 紧固连接典型失效案例分析

紧固连接根据失效模式可分为过载、氢脆、疲劳、蠕变、化学腐蚀及电化学腐蚀、应力腐蚀、螺纹咬死及松脱等。统计不同失效模式的占比情况及失效后产生的危害，分析了对不同失效模式的典型断口特征，提出相关预防措施，并结合紧固连接件不同失效模式的典型失效案例，进一步阐述不同失效机理，提升紧固连接的质量可靠性。

7.3.1 过载失效

1. 概述

紧固连接过载失效是指所受外力超出其自身承载极限而产生的断裂失效,根据断口类型可分为韧性过载、脆性过载及"滑丝"(脱扣)。断裂部位通常位于螺母支承面的第一扣螺纹啮合处,螺栓头杆结合处及螺纹与光杆过渡区。过载是紧固连接的典型失效模式之一,根据中国航天科工集团有限公司标准紧固件研究检测中心近年来开展的紧固连接失效分析案例数据统计,过载失效在紧固连接失效比例中约占13%。

2. 典型断口特征

韧性断裂是指紧固件断裂前及断裂过程中产生明显的宏观塑形变形的断裂。脆性断裂是指在断裂前基本不产生明显宏观塑形变形,表现为突然发生的断裂。一般来说,延伸率大于5%为韧性断裂,小于3%为脆性断裂。

过载断口根据断裂特征,可分为韧性断口和脆性断口。韧性断口宏观特征一般包括三个区域,即纤维区、放射区和剪切唇区。这就是所谓的断口宏观特征三要素,如图7-24所示。韧性过载微观断口特征主要为韧窝。

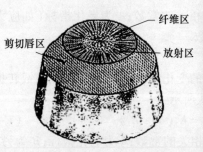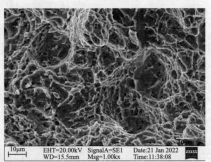

图7-24 宏观塑性断口三要素

脆性过载断裂微观特征包括解理、准解理、沿晶脆断等。解理断裂是金属在正应力作用下,由于原子结合键的破坏而造成的沿一定晶体学平面(即解理面)快速分离的过程。解理断裂是脆性断裂的一种形式。解理断裂区通常呈典型的脆性状态,不产生宏观塑性变形。小刻面是解理断裂断口上明显的宏观特征。解理断口上的"小刻面"即为结晶面,呈无规则取向。当断口在强光下转动时,可见到闪闪发光的特征。在多晶体中由于每个晶粒的取向不同,尽管宏观断口表面与最大拉伸应力方向垂直,但在微观上,每个解理"小刻面"并不都是与拉应力方向垂直。实际上解理"小刻面"内部,断裂也很少沿着单一的晶面发生解理。在多数情况下,裂纹要跨越若干个相互平行的位于不同高度上的解理面。

如果裂纹沿着两个平行的解理面发展,则在二者交界处形成台阶。准解理断口宏观形貌比较平整。基本上无宏观塑性或宏观塑性变形较小,呈脆性特征。其微观形貌有河流花样、舌状花样及韧窝与撕裂棱等。典型脆性断口特征如图7-25所示。

图7-25 典型脆性断口特征
(a)解理断裂特征;(b)沿晶断裂形貌;(c)准解理断裂形貌;(d)沿晶韧窝。

3. 预防措施

1)确保结构设计合理

确保紧固连接副在受载荷条件下的应力分布合理,避免局部应力过大导致的过载断裂。

2)确保紧固连接副的产品满足标准要求

紧固连接副涉及产品所用的原材料应无疏松、偏析及裂纹等冶金缺陷,在制造过程中,应无脱碳、过热、过烧、晶粒粗大、内部空洞、裂纹、表面污染等缺陷,力学性能满足相关标准及设计要求。

3)控制安装力矩

安装力矩应按标准要求,控制合理范围内,避免力矩过大,使紧固件预紧力超出螺栓抗拉强度导致过载破坏;安装时注意是否润滑或润滑状态改变等,润滑可减小紧固件摩擦系数,造成预紧力过大,从而造成过载现象;安装过程中应注意同轴度,以免造成紧固件受额外弯曲载荷,而造成过载断裂。

4)控制服役中导致紧固连接副超载荷应力出现

对紧固连接副的使用环境和条件进行严格控制,避免超出其设计承载范围。

4. 典型案例

某型号用钛合金高锁螺栓,规格 MJ8×1,在装配过程中出现多件断裂现象,螺栓安装断裂形貌如图 7-26 所示。

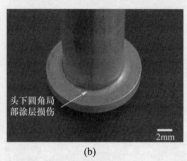

图 7-26 螺栓断裂形貌
(a)螺栓螺纹副实物图;(b)头下圆角局部涂层损伤。

螺栓断裂位置位于离收尾部位约 2~3 扣螺纹处,与断裂螺栓配套安装的高锁螺母外观较为完好,断径槽未拧断;螺栓光杆部位表面涂层损伤较为严重,头下圆角表面涂层局部存在明显损伤,而相对面圆角涂层保存较为完好,表明螺栓在安装过程中存在偏载现象。

1)断口分析

用酒精+超声波清洗后,在体视显微镜及扫描电镜下对断口进行宏观和微观分析,具体如图 7-27 所示。

高锁螺栓断口呈灰色特征,断面较为平齐,黑色附着物为未完全清洗掉的油污;整个断口可分为 A、B 及 C(瞬断区)三区,A 区为疲劳源区,位于螺纹牙根处,呈单源特征,其微观呈细小韧窝形貌,未见夹杂物、气孔等冶金缺陷和陈旧裂纹、折叠等机械损伤痕迹;B 区为裂纹扩展区,微观呈韧窝和撕裂形貌;C 区为瞬断区,微观断口为韧窝+少量撕裂形貌。

2)显微组织分析

对断裂螺栓头下圆角和螺纹取样,在金相显微镜下观察其不连续性和显微组织,具体如图 7-28 所示。

3)力学性能验证

对同批次未用螺栓进行破坏拉力试验,具体试验数据如表 7-4 所示。试验结果均满足标准要求,且数据一致性较好。

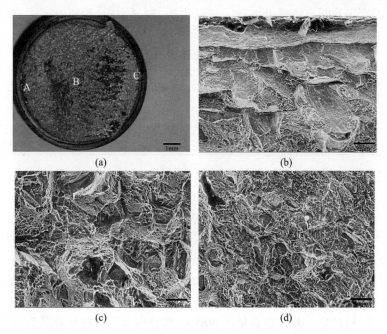

图 7-27 螺栓断口形貌
(a)宏观断口形貌;(b)裂纹源区形貌;(c)扩展区形貌;(d)瞬断区形貌。

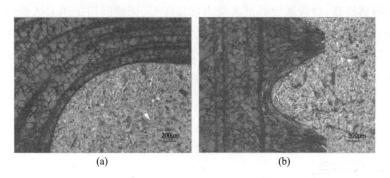

图 7-28 断裂螺栓显微组织
(a)头下圆角 50 倍;(b)螺纹 50 倍。

表 7-4 同批次螺栓性能验证结果

试验项目	标准值/kN	实测值/kN		
		1	2	3
破坏拉力	≥48.77	57.77	57.90	57.65
双剪	≥78.42	79.17	79.19	79.14

对配套未拧断高锁螺母进行了拧断力矩、锁紧力矩、预紧力等试验验证,其验证结果如表7-5所示。试验数据满足产品标准及相关技术条件要求。

表7-5 配套高锁螺母性能验证结果

序号	项目	标准值	实测值
1	拧断力矩	19.0~32.0N·m	22.03N·m
2	锁紧力矩	0.65~3.43N·m	2.51N·m
3	预紧力	24.4~34.1kN	29.62kN

4)分析与讨论

钛合金高锁螺栓断裂形式为过载,即安装过程中螺栓所受轴向拉伸载荷超出螺栓自身强度。高锁螺栓和高锁螺母装配示意图及破坏载荷与斜度关系如图7-29、图7-30所示。在安装时固定螺栓旋转螺母,当断径槽拧断时六方脱落,螺母达到最大安装力矩,同时螺栓所受预紧力也达到最大值。结合配套高锁螺母断径槽未发生断裂,表明螺母还未加载到最大扭矩,螺栓就发生了断裂。由断裂螺栓头下圆角和光杆表面涂层损伤痕迹可知,该螺栓在安装过程中与安装孔存在不同轴现象。并且随着角度的增大,螺栓所承受的破坏载荷急剧降低;螺栓在安装过程中除受扭拉载荷外,还承受一定的弯曲载荷;当拧紧力矩逐渐增大到预紧力超出螺栓所承受的最大载荷,由于螺纹部位承载面积较少且该类钛合金缺口敏感性高,造成螺纹处最大受力部位断裂,而此时扭矩还未达到使高锁螺母断径槽扭断的最大力矩。在实际装配中,由于结构限制,在一些边角处用常规工具难以保证制孔质量、安装空间受限专用安装工具无法使用时,应定制开发新型制孔及安装工具,以保证螺栓的正确装配。

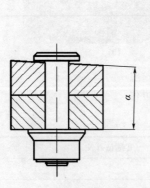

图7-29 高锁螺栓与高锁螺母装配示意图

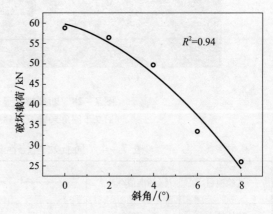

图7-30 破坏载荷与斜度关系

7.3.2 咬死失效

1. 概述

螺纹连接过程中,由于各种原因导致螺纹之间产生过大的摩擦力或咬合力,使得螺纹无法顺利旋转或拆卸的现象。这种现象可能发生在各种设备和机械部件中,特别是那些需要频繁拆卸和安装的部件。螺纹咬死失效多发生在安装或检查拆卸过程中。螺纹咬死失效产生的机理较复杂,是目前紧固连接失效中较难解决的问题之一。

咬死是高速、重载、高温等条件下的滑动摩擦副常见的一种失效形式,是一种很复杂的现象,涉及接触面的力学、热学、摩擦副之间的物理和化学作用、环境、润滑剂等。与连接松动、断裂、腐蚀等问题类似,咬死也是螺纹连接系统最为常见的一种故障模式,20世纪六七十年代就有学者开展了螺纹连接咬死问题的相关研究。但比较而言,目前对螺纹连接结构的咬死的相关研究较少,对咬死机理的认识仍停留在基于失效形式观测的定性推理层面上,已有研究主要集中在咬死机理及模型、咬死影响因素、改善咬死的方法等几个方面。

2. 典型咬死特征

螺纹部位存在杂质和污垢,阻碍螺栓和螺母的正常旋合,出现卡滞咬死,如图7-31所示;安装咬死后螺纹破坏如图7-32所示。

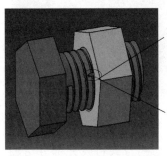

图7-31 磕碰伤产生的积瘤导致安装咬死

图7-32 安装咬死后螺纹破坏

3. 预防措施

(1)确保螺栓和螺母的啮合部分清洁,没有杂质和污垢,以避免螺纹失效。

(2)在装配过程中,应使用正确的工具和设备,如使用专业的润滑剂,确保螺栓和螺母能够正确的紧固。

(3)在紧固的过程中,应正确使用推荐扭矩进行操作,确保螺栓和螺母的预紧力达到设计要求。

(4) 在某些条件下,考虑更换螺栓和螺母的材质或设计,以改变其相容性。

(5) 安装过程中采用预紧力控制方法,预紧力过大容易发生螺纹咬死和过载断裂。航天精工股份有限公司开发了基于多种永久型压电传感器的智能紧固件产品及配套测量设备等技术逐步发展成熟。通过监控紧固连接系统的预紧力,建立螺栓紧固连接件精确的力学模型,开展润滑界面失效模拟、复杂力学环境下的静态和动态强度分析,为连接咬死问题提供了新的可行路径。

4. 典型案例

某不锈钢螺纹组件在现场装配时组件的螺母与螺栓咬死,无法拧动。因安装空间限制,如图7-33所示。操作人员采用套筒与长接杆配合,利用棘轮扳手单向往复扳拧,长接杆带动套筒悬空拧入螺母。咬死现象均发生在螺母距离螺栓尾部端面第5扣螺纹处,螺栓、螺母牙型出现明显弯曲变形(见图7-34、图7-35),螺栓、螺母所用材料均为1Cr18Ni9Ti,强度均为A2-70,表面处理方式均为电抛光。

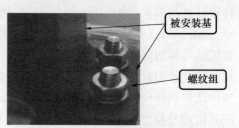

图7-33 螺纹组件安装工况

图7-34 失效件的外螺纹形貌

图7-35 失效件的内螺纹形貌

1) 外观分析

将失效件于螺栓螺纹处横向截断后采用线切割方式将咬死部分沿轴向切开,其宏观形貌如图7-36所示。由图看出,组件的螺母螺纹与螺栓螺纹咬合不对称,偏向一侧,间隙较大一侧的螺纹牙出现缺损现象。

2) 显微组织分析

对失效螺纹组件进行压样观察及测量,发现组件螺母与螺栓的螺纹咬合不对称,螺纹牙偏向一侧(图7-37),经测量失

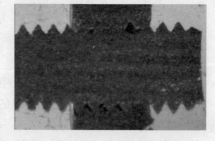

图7-36 失效件宏观形貌

效件两侧螺纹间距相差 37.2μm（较大侧间隙 58.53μm，较小侧间隙 21.33μm，），说明组件螺母与螺栓轴心偏差过大。螺栓的螺纹在间隙偏大的一侧有两处存在明显的缺损现象，如图 7-37(b) 所示；有的螺牙在高度方向上磨掉约 70%，受损齿形附近存在堆积的多余物，如图 7-37(c) 所示，能谱分析结果表明，堆积的多余物与基体成分相同。对失效件螺纹间隙较小一侧进行微观检查，微观形貌如图 7-37(d) 所示，从图中可看出，螺母与螺栓的螺纹材料发生多处黏着。

失效结构件的组织形貌如图 7-38、图 7-39 所示，螺栓与螺母的金相组织均为冷变形奥氏体组织，未见过热过烧等冶金缺陷。

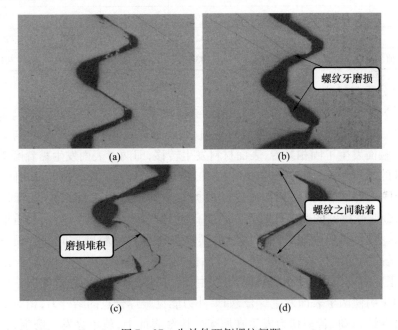

图 7-37　失效件两侧螺纹间距
(a)螺纹间隙较大侧；(b)螺纹间隙较大侧受损螺纹牙；(c)多余物堆积；(d)螺纹间隙较小侧。

图 7-38　失效件螺栓的金相组织 200 倍

图 7-39　失效件螺母的金相组织 200 倍

3)力学性能验证

对失效结构件的螺栓与螺母进行维氏硬度测量,螺栓与螺母的材料硬度均符合标准要求(标准值≥210HV),螺栓硬度低于螺母硬度近50HV,测量结果如表7-6所示。

表7-6 失效样件硬度测量值 (HV)

序号	1#螺栓	1#螺母	2#螺栓	2#螺母	3#螺栓	3#螺母
1	260	293	245	308	245	307
2	258	302	245	300	248	299
3	242	300	247	302	256	304
4	236	304	236	309	254	305
5	256	301	242	313	240	292
平均值	250.4	300	243	306.4	248.6	301.4

4)分析与讨论

对失效件螺纹形貌观察可知,螺栓与螺母的螺纹表面材料发生黏着,采用外力分开后螺纹表面材料发生明显的磨损、撕脱和材料转移。表明螺栓与螺母的螺纹接触面发生了固相黏着,表面材料发生转移,即两者表面发生黏着磨损。失效组件的螺母与螺栓的材料均是冷拉态1Cr18Ni9Ti,并且硬度范围也相同(均为≥210HV),即同种材料、相同硬度。根据黏着磨损产生机理[18-20]及摩擦学理论[21],金属摩擦副的互溶性对黏着磨损有很大的影响,互溶性越大,黏着磨损倾向较大。同种材料之间进行摩擦时的磨损量比异种材料摩擦时的磨损量大很多,这是因为同种材料原子排列方式(晶格)相同、原子尺寸大小相同,互溶性较强,在正应力的作用下接触面原子易发生相互扩散,有更强的黏着倾向。由于分子力的作用使两个表面发生焊合,如果外力能克服焊合点的结合力,相对滑动的表面可继续运动,若剪切力发生在原来的接触表面上,就不会发生磨损;若剪切力发生在强度较低的金属一侧,则强度较高的材料表面上(失效的螺母)将黏附对偶件(失效的螺栓)的金属,造成零件表面的耗失,形成黏着磨损。

该案例选用同种材料作为摩擦副是导致螺纹组件发生黏结磨损的内因,螺纹组件安装工况因空间限制,装配时螺纹组件在棘轮扳手作用下悬空装配且单项受力,造成棘轮扳手实际施力方向与螺纹轴线之间不垂直,螺母与螺栓之间发生严重偏斜是导致螺栓组件发生黏结磨损的主要原因。

7.3.3 松动失效

1. 概述

松动即旋转松动,螺纹连接发生了使预紧力降低的旋转运动,它是导致预紧力衰退的一种因素。紧固件松动是一个涉及多个领域的重要问题,它可能出现在各种机械设备和结构中,对设备的正常运转和安全性产生严重的影响。螺纹连接的紧固性能需要多种指标综合评估,防松性能只是其中之一。

2. 防松能力测试

为了验证不同防松措施的防松能力,人们设计了3种试验方法,分别是地脚螺栓振动、套筒横向冲击振动和横向振动。

1) 地脚螺栓振动试验

地脚螺栓振动试验的原理是将被试零件安装在试验机上,其连接结构类似于地脚螺栓,在试件上做出位置标记,利用试验机的偏心机构给试验螺纹连接副施加机械振动,定时停机记录试件位置变化情况,以连接副相对位置变化的大小来判断试件防松性能的优劣。这种试验方法被认为是第一代防松性能试验方法,经过大量的试验验证并没有发现明显的松动现象,证明对防松能力的测试中该方法并不准确。

2) 套筒横向冲击振动试验

套筒横向冲击振动试验也称加速振动试验,原理是将试件拧紧在试验套筒内,并在零件和套筒上做出位置标记,然后将套筒置于振动试验台上做往复运动,套筒可以在引导槽内移动,套筒横向冲击振动示意图如图 7-40 所示。试验中套筒在引导槽内往复冲击引导槽两端,产生极大的冲击力,致使试件松动。在试验过程中定时停机记录试件位置变化,并据此来判定试件的防松性能。这是第二代防松性能试验方法,目前,航空航天等军工领域自锁螺母仍大量采用此方法来检验其防松性能,常用试验标准方法是 GJB 715.3A。

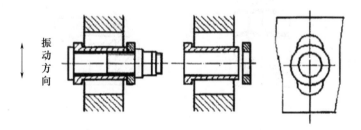

图 7-40 套筒横向冲击振动试验示意图

3) 横向振动试验

横向振动试验的原理是将试件拧紧在试验机上,使之产生一定的夹紧力。借助于试验机在被夹紧两金属板之间产生的交变横向位移,使连接松动,导致夹紧力减小甚至完全丧失。连续记录夹紧力的瞬时值,根据记录数据的分析比对可以判定紧固件的防松性能。在试验过程中夹紧力衰减得越慢,防松性能越好;反之,夹紧力衰减得越快,防松性能越差。目前,轨道交通、汽车领域采用此方法较多,航空航天领域较少采用,常用的试验方法是 GB/T 10431,典型横向振动夹紧力衰减百分比如图 7-41 所示。

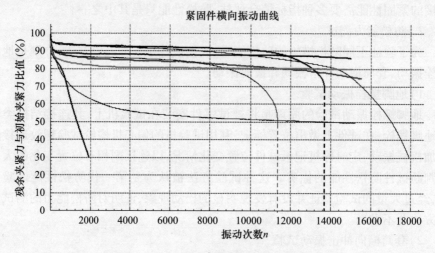

图 7-41 典型横向振动夹紧力衰减百分比

3. 预防措施

受螺纹结构原理的限制,松动必然是螺纹紧固件失效的主要形式之一,对此如何采取有效防松措施便成为长期的研究课题。目前,有效的防松措施大致分为摩擦防松、直接锁紧、破坏螺纹副运动关系和黏结等几类方法。摩擦防松包括双螺母结构、自锁力矩型螺母、Nordlock 垫圈等手段,如图 7-42 所示。

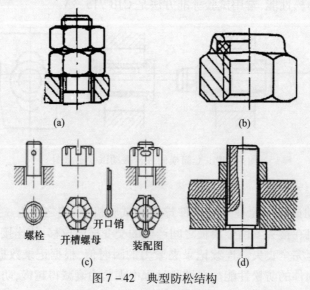

图 7-42 典型防松结构

(a)双螺母防松;(b)有效力矩型的非金属嵌件锁紧螺母防松;(c)开口销防松;(d)齐口销防松。

第7章 紧固连接失效分析技术

(1) 摩擦防松：通过增大螺纹间摩擦力、支承面摩擦力等使得紧固连接副在拧紧后具有一定的防松效果。

(2) 直接锁紧：采用开口销式等结构，使得螺纹副运动被刚性限制。

(3) 破坏螺纹副运动关系：直接破坏了螺纹结构，从根本上消除了松脱失效的形式，但缺点也很明显，连接副的不可拆卸性使得螺纹连接的便捷快速优势丧失。

(4) 黏结是通过厌氧胶将螺栓-螺母、螺栓-基体螺纹孔等黏结在一起，达到防松的目的。

(5) 常用的防松方法进行归纳如图7-43所示。

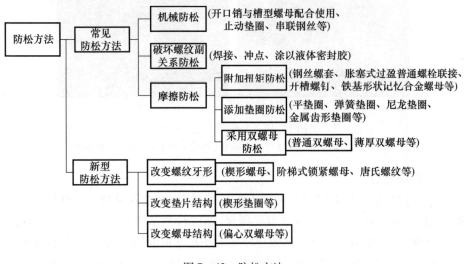

图7-43 防松方法

4. 典型案例

某型号紧固螺纹副，在使用过程中1件失效。通过对失效螺母支承面状态、表面镀层厚度、螺纹牙型特征等相关检测、验证，分析产生问题的根本原因。

1) 外观分析

采用扫描电子显微镜，对不同状态螺母支承面的圆周磨痕放大150倍进行微观形貌检测，采集其放大区域微观图，支承面形貌如图7-44所示。根据安装说明书，螺纹副安装过程为固定螺栓头，旋转螺母进行装配，且正常安装需要施加140N·m的扭矩。通过对螺母支承面圆周磨痕检测观察发现，正常安装后未使用螺母及正常拆卸螺母的支承面部位均存在明显圆周磨痕，而故障螺母支承面无圆周磨痕，初步判断故障螺母支承面与螺栓孔台阶面未产生有效接触。

图 7-44 支承面形貌微观图
(a)故障螺母;(b)正常拆卸螺母;(c)未使用螺母;(d)正常安装后未使用螺母。

2)微观分析

采用扫描金相显微镜对不同状态螺母支承面、螺纹区域放大 500 倍进行观察,检测被测试螺母不同位置镀银层厚度,厚度检测结果如表 7-7 所示。从数据可以看出,故障螺母支承面镀银层厚度大于正常拆卸螺母镀银层厚度,未使用螺母螺纹部位镀银层厚度相近。正常拆卸螺母与螺栓在施加安装力矩时螺纹牙之间发生剧烈摩擦,导致镀银层厚度严重减少。故障螺母与未使用螺母螺纹牙镀银层厚度相近,说明故障螺母与螺栓螺纹牙之间未发生剧烈摩擦,安装力矩明显小于正常拆卸螺母。

表 7-7 银层厚度检测数据

螺母状态	测厚位置	测量结果/μm					
		1	2	3	4	5	平均值
故障螺母	支承面	8.203	6.908	9.822	5.936	8.533	7.880
	螺纹部位	4.732	3.385	4.233	4.91	5.648	4.582
正常拆卸螺母	支承面	6.477	5.725	7.016	4.857	5.505	5.916
	螺纹部位	4.76	0	4.555	0	0	—
未使用螺母	支承面	7.455	6.808	10.151	6.260	8.641	7.863
	螺纹部位	3.844	6.58	3.869	4.131	3.969	4.479

3）几何尺寸验证

通过螺纹综合测量仪对内螺纹进行牙型形貌检测，对比分析不同状态螺母内螺纹牙型形貌差异，螺母牙型形貌如图7-45所示。通过对三种状态螺母牙型轮廓检测可以看出，故障螺母1牙、2牙已变形，此处螺纹承受螺栓螺纹部位撞击挤压力，将螺纹向左逐渐挤压，并带动此处整牙向左侧倾斜，牙顶平面消失，形成尖角转接。当螺栓松动后，螺栓螺纹末端松动到螺母旋入端第1、2扣或脱离内螺纹时，螺栓末端循环撞击挤压螺母此两扣螺纹部位，使其向左倾斜变形。

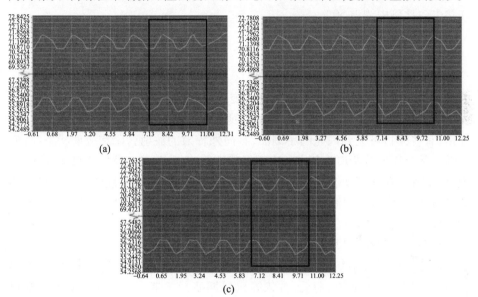

图7-45 螺母牙型形貌

(a)故障螺母；(b)正常拆卸螺母；(c)未使用螺母。

使用轮廓仪沿故障螺母圆周方向测量其高度尺寸，其中，内六方端面和支承面夹角 α 为 2.098°，高度尺寸检测结果如表7-8所示。螺母高度的变化，说明故障螺母松脱后，与固定装置发生碰撞及摩擦导致内六方端面发生倾斜和磨损。

表7-8 故障螺母高度检测数据

检测位置	标准要求	测量结果/mm							
		1	2	3	4	5	6	7	8
高度尺寸	29±0.2	28.47	28.48	28.48	28.48	27.78	27.87	28.19	27.81

4）分析与讨论

安装过程中螺纹副未正确施加安装力矩，使得螺栓预紧力不足。工作状态时，受到冲击负荷，相应产生强烈的振动，螺栓、螺母在冲击振动下松动脱落。

7.3.4 疲劳失效

1. 概述

紧固连接件疲劳失效是指在服役过程中受交变应力的反复作用下发生的断裂。断裂部位通常位于紧固连接件啮合第一扣螺纹处或螺栓头杆结合处。疲劳是紧固连接件典型失效模式之一,根据中国航天科工集团有限公司标准紧固件研究检测中心近年来开展的紧固连接失效分析案例数据统计,疲劳失效在紧固连接失效比例中约占 50%。

2. 典型断口特征

1) 疲劳断口宏观形貌特征

典型的疲劳断口由疲劳源区、扩展区和瞬断区三部分组成。疲劳源区是疲劳裂纹萌生的区域,一般位于表面或次表面,如果内部有严重的不连续性缺陷,也可能在材料内部。疲劳源区具有氧化或腐蚀较重颜色较深,断面平坦、光滑、细密,有些断口可见到闪光的小刻面,有向外辐射的放射台阶和放射状条纹;疲劳弧线是金属疲劳断口最基本的宏观形貌特征,又称为贝壳花样或海滩花样,是裂纹稳定扩展阶段形成的与扩展方向垂直的弧形线。疲劳弧线的形状受材料的缺口敏感性、疲劳断裂源数量等因素的影响。一般来说,疲劳断口没有明显的塑性变形,属于脆性断口。

2) 疲劳断口微观形貌特征

疲劳源区微观形貌较为复杂,可能出现的微观形貌特征有摩擦痕迹、滑移线、类解理形貌(如河流、羽毛、舌状等)、早期疲劳条带、沿晶、混合形貌等断口特征。疲劳条带是一系列基本上相互平行的条纹,条带方向与局部裂纹扩展方向垂直且条带沿着裂纹扩展方向向外凸,是判断疲劳断裂的基本依据。瞬断区形貌主要为静载瞬时特征,多数情况为韧窝,有时还可能出现准解理、解理及沿晶等形貌,具体形貌与材料性质、载荷类型、环境条件等有关。典型疲劳特征如图 7-46 所示。

3. 预防措施

(1) 严格控制紧固件材质,避免原材料中存在空洞、气孔、夹杂、偏析、疏松、裂纹等缺陷,在常温环境下服役的紧固件,应尽量选用晶粒较细的材料,以提升紧固件疲劳强度。

(2) 合理设计紧固件结构,尽量减少应力集中现象,针对头、杆结合处应避免圆角过小现象,避免尖角,适当加大危险截面尺寸及增加圆弧过渡等措施。

(3) 改善加工工艺,紧固件头部应采用镦制成形,避免头杆结合处及支承面折叠及裂纹缺陷,且需滚压强化,热处理过程中应避免脱碳、过热等缺陷,螺纹成

第7章 紧固连接失效分析技术

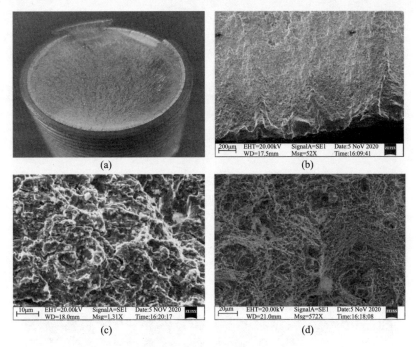

图 7-46 典型疲劳特征
(a)宏观断口;(b)疲劳源区;(c)扩展区;(d)瞬断区。

形一般在热处理后采用一次滚压成形,牙根及承载面、非承载面中径以下等部位应无折叠缺陷;转运过程中,应避免划伤和磕碰等表面缺陷;装配过程中应注意同轴度,避免在服役过程中受额外的偏载作用。

4. 典型案例

45#钢是一种优质碳素结构钢,具有较高的强度和硬度,广泛应用于机械行业,用于制作承受负荷较大的小截面调质件和应力较小的大型正火零件,以及对芯部强度要求不高的表面淬火零件等。某型材料为45#钢,规格 M16 双头螺柱服役约 2.5 年后出现断裂现象,具体断裂形貌如图 7-47 所示。断裂位置位于双头螺柱螺纹部位,断面较为平整,未见腐蚀色彩,裂纹源区位于螺纹牙底部位,为单一裂纹源;扩展区约占整个断面的 3/4,说明该断裂双头螺柱所受载荷较低;瞬断区与断面呈 45°夹角。

1)断口分析

经无水酒精+超声波清洗后,在扫描电镜下观察其断口,具体如图 7-48 所示。裂纹起源于螺纹牙底,断口较为平齐,未见明显塑性变形,未见腐蚀色彩,断面呈灰色特征。裂纹源区、扩展区呈疲劳特征;瞬断区呈韧窝特征。

图 7-47 断裂螺柱表面特征
(a)光杆局部磨损;(b)宏观断口。

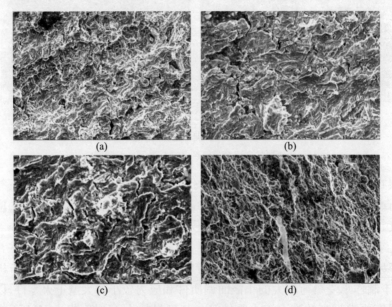

图 7-48 微观断口分析
(a)裂纹源区;(b)扩展区;(c)扩展区;(d)瞬断区。

2) 显微组织分析

对断裂件附近取样,腐蚀剂选用 4% 硝酸酒精溶液,试样制备依据 GB/T 13298—2015 进行,对制好的试样进行金相分析,具体分析结果如图 7-49 所示。表层未见脱碳现象,芯部为未淬透组织,显微组织为网状铁素体 + 片层状珠光体组织,表层为高温回火组织,无脱碳现象;非金属夹杂物主要为 C 类细系 2 级及 DS 类 1.5 级,断裂件牙底存在毛刺,深度为 0.03mm,螺纹牙侧非支承面中径以上存在折叠深度为 0.07mm。

第7章 紧固连接失效分析技术

图7-49 显微组织形貌

(a)500倍芯部;(b)500倍边缘;(c)100倍螺纹牙侧折叠0.07mm;(d)100倍牙底折叠0.03mm。

3)力学性能验证

对拆卸下来的双头螺柱,进行破坏拉力分析,具体如表7-9所示。

表7-9 破坏拉力统计

编号	标准值	测量结果/kN					
		1	2	3	4	5	6
破坏拉力	≥125kN	140.445	143.271	141.022	138.536	137.983	137.535

对断裂件及完好件硬度分析,具体试验结果如表7-10所示。

表7-10 硬度值统计

螺钉状态	测量结果/HRC			
	1	2	3	平均值
断裂件	24.8	24.8	24.0	24.5
1	25.7	25.6	23.7	25.0
2	25.7	24.2	23.9	24.6
3	23.3	24.2	24.0	23.9
4	25.3	24.2	23.5	24.3
5	26.4	25.5	23.8	25.2

从表 7-10 硬度值可以看出该断裂件和拆卸下来的完好件,均满足 8.8 级螺栓硬度值要求,但硬度值存在不均匀现象,处于标准值下限。

4) 分析与讨论

该断裂件断口为疲劳断口,未见氧化腐蚀色彩;显微组织不均匀,芯部为铁素体 + 珠光体组织,表层为回火索氏体结构,存在淬火不充分现象;螺纹牙侧非承载面中径以上存在折叠,牙根部位有折叠等不连续性缺陷;单件硬度值表层和芯部相差较大,平均值处于标准值下限。通过观察断裂双头螺柱外表面,表面镀层局部磨损较为严重,说明双头螺柱在使用过程中存在偏载现象,造成局部应力集中。在服役过程中受到反复交变载荷作用,裂纹萌生直至断裂。

建议加强对 45#钢双头螺柱热处理工艺控制,GB/T 3098.1—2010 中"6 材料 注 f 对 8.8 级性能等级用的材料,应有足够的淬透性,以确保紧固件螺纹截面的芯部在淬硬状态,回火前获得约 90%的马氏体组织",建议选用淬透性更好的合金结构钢,保持显微组织的一致性;进一步对安装过程进行控制,确保螺柱在服役过程中受力均匀。

7.3.5 蠕变失效

1. 概述

紧固连接蠕变失效一般发生在高温环境下,在较长时间的应力作用下,产生永久变形(塑性变形)导致紧固连接件产生应力松弛,甚至发生松动或断裂现象。根据中国航天科工集团有限公司标准紧固件研究检测中心近年来开展的紧固连接失效分析案例数据统计,蠕变失效约占 1%。

2. 典型断口特征

材料不同,蠕变断裂的类型也不相同,可以是穿晶的韧性断裂,也可以是沿晶的脆性断裂,大多数情况下为沿晶断裂。应力水平、应变速率和温度对蠕变断裂有重要的影响。一般来讲,只有在高应力作用下才会出现穿晶断裂;而较低的应力、较低的应变速率和较高的温度有利于沿晶断裂的发生。蠕变断口表面一般覆盖着一层厚的氧化膜,宏观断口粗糙、不平整、通常呈颗粒状或"冰糖状"特征。蠕变微观断口形貌一般为沿晶特征,可以是韧性沿晶(沿晶韧窝)形貌,也可以是脆性沿晶形貌,断口上通常有氧化特征,有时会出现晶间裂纹。蠕变典型断口特征如图 7-50 所示。

3. 预防措施

(1) 材料选择。高温环境下使用的紧固件,一般选用熔点高、自扩散能大或层错能小的合金。在一定温度下,熔点越高的金属自扩散激活能越大,因而自扩散越慢;层错能越低的金属越容易产生扩展位错,使位错难以产生割阶,交滑移及攀移。这些都有利于降低蠕变速率。大多数面心立方结构的金属,其高温强

第 7 章 紧固连接失效分析技术

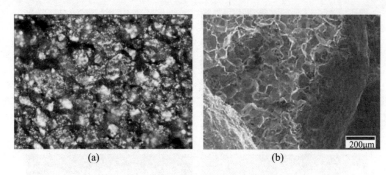

图 7-50 蠕变典型断口特征
(a)宏观断口;(b)微观断口。

度比体心立方结构的高。

(2)冶炼工艺。材料中夹杂物和某些冶金缺陷会使材料的持久强度极限降低。高温合金对杂质和气体含量要求更加严格,当杂质元素在晶界偏聚后,会导致晶界严重弱化,而使热强度集聚降低,并增大蠕变脆性。

(3)晶粒度。晶粒大小对紧固件高温力学性能的影响很大[22]。当使用温度低于等强温度时,细晶粒有较高的强度;当使用温度高于等强温度时,粗晶粒有较高的蠕变极限和持久强度极限。高温合金中晶粒度不均匀,会显著降低其高温性能,这是由于在大小晶粒交界处易产生应力集中而形成裂纹。

4. 典型案例

GH4169 是我国 20 世纪六七十年代研制的一种用途广泛的镍基高温合金。相当于美国的 Inconel 718 和法国的 NC19FeNb,在高温合金领域中应用最为广泛的合金之一。它是以体心立方结构的 γ″和面心立方结构的 γ′相沉淀强化为机理,在 -253~700℃温度内,具有良好的综合力学性能,650℃以下的屈服强度居变形高温合金的首位,具有优良的抗疲劳、抗辐射、抗氧化、耐腐蚀性能。某型材料 GH4169、规格 MJ8×16 螺栓,在服役过程中出现多件断裂现象。

1)显微组织分析

对断裂螺栓进行取样,在金相显微镜及扫描电镜下观察其显微组织及裂纹形貌,具体如图 7-51 所示。螺栓断裂位置位于头、杆结合处,存在多条裂纹,裂纹呈沿晶扩展形貌,晶粒度约为 10 级,晶界上存在短棒状 δ 相,螺纹牙根处氧化皮较厚,表明氧化现象较为严重,显微组织局部晶界加粗,且出现碳化物熔化后形成的空洞,断口表面氧化较重,呈颗粒状沿晶特征形貌。

2)分析与讨论

断裂螺栓长时服役温度为 650℃,存在短时超温(900℃)服役现象。螺栓短时 900℃超温服役,处于蠕变温度范围内,晶粒较细,由于在高温下晶界弱于晶

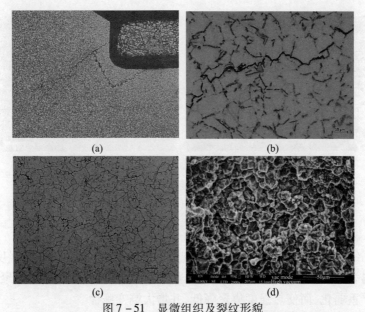

图7-51 显微组织及裂纹形貌
(a)头下圆角处开裂形貌;(b)沿晶裂纹形貌;(c)晶粒组织;(d)断口形貌。

内,因此在拉伸应力的作用下,晶界移动并产生微裂纹,直至扩展断裂。在常温下,若滑移面上的位错运动受阻产生塞积,滑移便不能继续进行,只有在更大的切应力作用下,才能使位错重新运动和增殖,因此细晶粒在常温下,可以提高材料的强度和韧性。但是在高温下,位错可借助外界提供的热激活能和空位扩散来克服某些短程障碍,从而使变形不断产生。由于高温条件下,晶界滑动在晶界上形成裂纹并逐渐扩展直至断裂。蠕变断裂断口的特征为:断口附近产生了塑性变形,在变形区附近有很多微小裂纹,断口常常表现为沿晶断裂。资料表明:细晶粒在长时间的恒温(高温)、恒载荷作用下更易产生蠕变塑性变形。由于产生了蠕变,降低了细晶粒材料的性能。

7.3.6 氢脆失效

1. 概述

紧固连接件氢脆失效是一种延迟的脆性断裂过程,可使结构发生变化,降低强度和延展性,并导致力学性能急剧下降,在飞机和航天器等航空航天应用领域,甚至造成重大灾难。氢脆是紧固连接件典型失效模式之一。据不完全统计,在工程机械领域,紧固连接氢脆失效约占10%。

2. 典型断口特征

1)断口宏观形貌特征

氢脆断口宏观形貌主要特征是:断口附近无宏观塑性变形,断口平齐,结构粗糙,氢脆断裂区呈结晶颗粒状,色泽为亮灰色,断面干净,无腐蚀产物。非氢脆断裂区呈暗灰色纤维状,并伴有剪切唇边。氢脆断裂源可在表面,也可在次表层,与拉伸应力水平、加载速率及缺口半径、氢浓度的分布等因素有关。一般在表皮下三向应力最大处。只有当表面存在尖角或截面突变等应力集中时,氢脆断裂源才有可能产生于表面。在氢脆宏观断口上,粗大棱线收敛方向即氢脆裂缝萌生区(氢脆断裂起始区);氢脆断裂源大多在紧固件表皮下与氢在表面容易逸出及表面二维应力有关,氢脆断裂对三向应力非常敏感,紧固件装配后,均存在三向应力作用。

2)断口微观形貌特征

氢脆断口微观形貌一般显示沿晶分离,沿晶分离系沿晶界发生的沿晶脆性断裂呈冰糖状。断口的晶面平坦,没有附着物,有时可见白亮的、不规则的细亮条,这种线条是晶界最后断裂位置的反应,并存在大量鸡爪形的撕裂棱,二次裂纹较少,撕裂棱或韧窝较多。氢脆断口特征如图 7-52 所示。

图 7-52　氢脆断口特征
(a)宏观断口;(b)沿晶及晶面鸡爪痕;(c)白点;(d)氢鼓泡。

3. 预防措施

决定氢脆的因素主要有环境、力学及材料方面,因此要防止氢脆也要从这三方面制定预防措施。

(1)环境因素。设法切断氢进入基体内的途径,或者通过控制这条途径的某个关键环节,延缓在这个环节的反应速度,使氢不进入或少进入基体中。如采用表面涂层,使产品与环境介质隔离。对于需经酸洗和电镀的紧固件,应制定正确的工艺,防止吸入过多的氢,并在酸洗、电镀后及时进行除氢处理。

(2)力学因素。在紧固件安装过程中应避免或尽可能降低各种产生残余拉应力的因素。采用合适的表面处理方式,使表层获得残余压应力层,对防止氢脆有良好作用。

(3)材料因素。含碳量较低且硫、磷含量较少的钢,氢脆敏感性低。强度等级越高,对氢脆越敏感。因此,对在含氢介质中服役的高强度钢的强度上限应有所限制。钢的显微组织对氢脆敏感性也有较大影响。一般按下列顺序递增:下贝氏体、回火马氏体、球化或正火组织,细化晶粒可提高抗氢脆能力,冷变形可使氢脆敏感性增大。

4. 典型案例

材料为30CrMnSiNi2A,规格为M10的六角头螺栓,加工工艺为:下料—铣六方—车光杆—车螺纹—热处理—清洗—表面处理—终检。在装配后静置2h后发现1件螺栓断裂,具体断裂螺栓外观形貌如图7-53所示。螺栓断裂位置位于螺纹与光杆结合处,即螺纹收尾处;在距断口部位约9mm处存在一处擦伤痕迹,其余镀层基本完好,断裂螺栓未见明显塑性变形痕迹,可能螺栓断裂后,由于头部保险丝的约束,而未完全脱出,造成在此处表面存在局部擦伤。

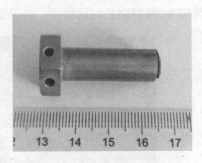

图7-53 螺栓断裂位置

1)断口分析

经无水酒精+超声笔清洗后,在体视显微镜及扫描电镜下观察宏观与微观断口,具体如图7-54所示。

(a)

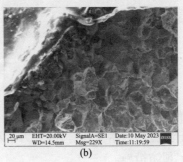

(b)

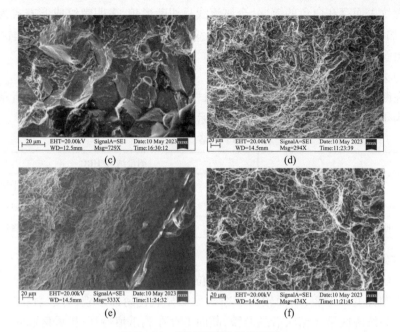

图 7-54 断口形貌及显微组织
(a)宏观断口;(b)裂纹源区;(c)沿晶特征及鸡爪痕;(d)扩展区;(e)瞬断区;(f)韧窝形貌。

螺栓断裂位置位于螺纹收尾牙根处,断面较为平齐结构粗糙,较为洁净未见明显氧化锈蚀形貌,有放射状棱线,未见宏观塑性变形特征;微观断口裂纹源区呈冰糖状沿晶形貌,晶面较为平坦,没有附着物,晶面存在鸡爪形的撕裂棱;扩展区和瞬断区均呈韧窝形貌。螺栓断口形貌符合氢脆断裂特征。

2)显微组织

从断裂螺栓上取样,在金相显微镜下观察其显微组织,具体如图 7-55 所示。

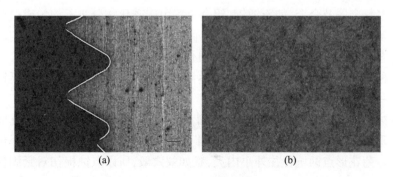

图 7-55 显微组织
(a)金属流线;(b)芯部显微组织。

螺纹表面存在白色的镀层,金属流线呈切断形貌,表明螺纹成形方式为车加工,合加工工艺;螺纹未见明显折叠、裂纹等加工缺陷;芯部组织为下贝体结构,未见组织存在明显异常现象。

3)力学性能验证

在断裂螺栓上取样,进行洛氏硬度试验,具体试验结果如表7-11所示。硬度值为44.6HRC,在42.5~47.5HRC,标准值要求范围内,未见明显差异。

表7-11 洛氏硬度数据

序号	标准值	测量结果/HRC			
		1	2	3	平均值
断裂螺栓	42.5~47.5HRC	44.3	44.7	44.9	44.6
完好件		45.1	44.6	44.7	44.8

4)分析与讨论

螺栓外观镀层基本完好,断裂位置位于螺纹收尾牙根处,断面较为平齐,未见宏观塑性变形形貌,断面较为洁净未见明显氧化锈蚀形貌,有放射状棱线;微观断口裂纹源区呈冰糖状沿晶形貌,晶面上存在鸡爪痕特征;扩展区和瞬断区呈韧窝形貌;螺栓断口形貌符合氢脆断裂特征。

7.3.7 化学腐蚀失效

1. 概述

化学腐蚀是紧固连接件常见失效模式之一,可削弱紧固连接件的材料性能,使其承载能力降低,腐蚀严重时可造成螺纹副咬死,无法拆卸。可能导致装备故障和破坏;使可靠性下降,在服役过程中出现松动或失效,引发较大的安全隐患。据不完全统计,化学腐蚀失效在紧固连接失效占比约12%。

2. 典型腐蚀特征

大多数金属及合金,如不锈钢、铝合金等由于碳化物分布不均匀或过饱和固溶体分解不均匀,引起电化学不均匀,从而促使晶界成为阳极区而在一定的腐蚀介质中发生晶间腐蚀损伤。晶间腐蚀损伤起源于表面,裂纹沿晶扩展。晶间腐蚀的一种特殊但较为常见的形式是剥落腐蚀,也称为层状腐蚀。典型腐蚀形貌如图7-56所示。

点蚀坑的剖面形貌特征,点蚀坑边沿比较平滑,因腐蚀产物覆盖,坑底呈深灰色。垂直于蚀坑磨片观察,蚀坑多呈半圆形或多边形,点蚀并不一定择优沿晶界扩展。菊花形点蚀坑往往外小内大,犹如蚁穴般,所以点蚀损伤对紧固件的危害很大。

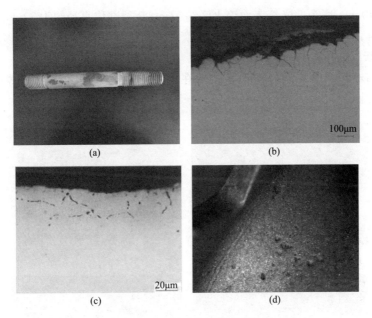

图 7-56 典型化学腐蚀形貌
(a)均匀腐蚀;(b)不锈钢晶间腐蚀;(c)合金结构钢晶间腐蚀;(d)点蚀。

3. 预防措施

对于均匀腐蚀预防措施应防止受潮,提供良好的通风以保持干燥,防止持续的冷凝,保持表面清洁,避免污染,用电镀或涂覆层保护;点蚀预防措施应保持表面清洁光滑,避免固体或液体残留物,特别是氯化物,在含氯环境中使用 316 含钼不锈钢等;对于晶间腐蚀应避免在(600~900℃)敏化温度范围内加热和缓慢冷却,碳含量超过 0.05% 的不锈钢在高温下可通过添加 Ti、Nb 或 Ta 来稳定等措施。

4. 典型案例

某型不锈钢螺栓是一个重要转动连接件,也是制造工艺复杂且加工难度较高的一个关键零件,如果出现断裂问题将造成严重影响[23-24]。某批次 1Cr17Ni2 螺栓在使用过程中多次发生了断裂,如图 7-57 所示。螺栓断裂位置离头部支

图 7-57 螺栓断裂位置

承面约 70mm,离头部光杆表面淬火区约 5mm,断裂部位直径约为 32mm,表面局部存在油污,未见明显摩擦痕迹和塑性变形。

1)断口分析

断口经超声波+无水酒精清洗后,在体视显微镜及扫描电镜下观察断口,具体形貌如图 7-58 所示。

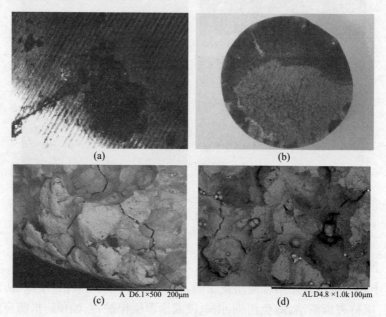

图 7-58 断口形貌及显微组织
(a)断口表面腐蚀坑;(b)宏观断口;(c)裂纹源区;(d)瞬断区。

断口表面较为粗糙,断面起伏较大,边缘呈台阶状。2/5 断面呈黑灰色腐蚀形貌,其余呈灰色;裂纹源区沿晶特征明显,且存在较多的二次裂纹。裂纹扩展区呈沿晶特征,晶界处分布有白色的二次析出相;瞬断区呈沿晶特征。对表面黑色部分进行能谱分析,除材料成分外,还含有较多的 S 和 O 腐蚀性元素。

2)显微组织分析

在金相显微镜下,观察螺栓断口部位的显微组织,具体形貌如图 7-59 所示。

断口沿晶特征明显,存在较多的二次裂纹且呈分叉状。芯部显微组织为回火索氏体+少量 δ-铁素体+碳化物;断裂螺栓存在碳化物带状组织偏析;未见显微组织存在过热、过烧等冶金缺陷。

3)力学性能验证

在断裂螺栓光杆 1/2 半径处,截取试样,依据 GB/T 228.1—2010 制成标准拉伸试样及 GB/T 229—2007 标准冲击 U 型试样,其具体检测结果如表 7-12 所示。断裂螺栓抗拉强度最大高于标准值 353MPa。冲击吸收功仅为 12J,表明材料塑性较差,脆性倾向较大。

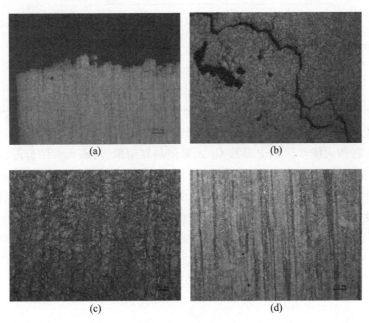

图 7-59 断口显微组织
(a)断口显微组织 100 倍;(b)二次裂纹 500 倍;
(c)芯部显微组织 500 倍;(d)带状偏析 100 倍。

表 7-12 力学性能试验结果

试验项目	实测值			标准值
抗拉强度/MPa	1249	1251	1259	≥900
屈服强度/MPa	1010	905	973	—
冲击吸收功 AKU/J	12	12	12	—

4)分析与讨论

1Cr17Ni2 材料淬火温度以及不同回火温度下对应的硬度和强度值如表 7-13 所示。结合断裂螺栓力学性能,该断裂螺栓热处理回火温度在 480~540℃之间,1Cr17Ni2 材料在 480~560℃温度区间有回火脆性,一般情况下不宜使用该温度进行热处理。

表 7-13 1Cr17Ni2 热处理制度及性能

淬火制度	按强度选择回火		按硬度选择回火		冷却介质
	σ_b/MPa	回火温度/℃	HBW	回火温度/℃	
950~1040℃	785~980	590~650	254~302	600~680	油冷或水冷
	880~1080	540~600	285~341	520~580	
	980~1180	550~560	320~375	480~540	
	1080~1270	480~540	—	—	
	>1270	300~360	>375	<350	空冷

造成应力腐蚀的根本原因是热处理过程中产生了第二类回火脆性。资料表明[25-26]:在回火脆性区回火导致 Cr 元素向晶界偏聚,与碳元素结合形成(CrFe)23C6,造成晶界附近的含 Cr 量降低,使局部形成"贫铬区",使材料的耐蚀性下降。在外部腐蚀环境作用下,螺栓表面形成腐蚀凹坑。螺栓在服役过程中需要承受反复的冲击载荷,在其两侧套筒之间的区域受径向弯曲拉应力作用,在表面腐蚀凹坑处产生微裂纹,并沿最大受力截面扩展,直至受到较大冲击载荷脆性断裂。

7.3.8 应力腐蚀失效

1. 概述

应力腐蚀是紧固连接件典型失效模式之一,由于应力腐蚀是典型的滞后性破坏形式,在断裂之前没有塑性变形,突然发生断裂难以预警,具有较大的危害性,可使紧固连接件失去紧固作用,严重威胁装备的可靠性。据不完全统计,应力腐蚀失效在紧固连接失效比例中约占 14%。

2. 典型断口特征

(1)应力腐蚀断裂属脆性损伤,即使是延性极佳的材料产生应力腐蚀断裂时也是脆性断裂。断口平齐,与主应力垂直,没有明显的塑性变形痕迹,断口形态呈颗粒状,断口表面有时比较灰暗,这通常是由于有一层腐蚀产物覆盖着断口的结果。同时应力腐蚀起源于表面,且为多源,起源处表面一般存在腐蚀坑,且存在腐蚀产物,离源区越近,腐蚀产物越多。腐蚀断裂断口上一般没有放射性花样。不锈钢典型应力腐蚀形貌如图 7-60 所示。

(2)应力腐蚀断口的微观形态可以是解理或准解理(河流花样、解理扇形)、沿晶断裂或混合型断口;应力腐蚀的微观断口上还常见二次裂纹,沿晶界面上一般存在腐蚀沟槽,棱边不大平直。

(3)应力腐蚀裂纹扩展过程中发生裂纹分叉现象,即在应力腐蚀开裂中裂纹扩展时有一主裂纹扩展快,其余是扩展慢的支裂纹;亚临界裂纹扩展中,裂纹分叉可分为两种,其中一种是微观分叉,这种分叉表现为裂纹前沿分为多个局部裂纹,这些分叉裂纹的尺寸都在一个晶粒直径范围之内。这种应力腐蚀裂纹分叉现象在铝合金、镁合金、高强度钢及钛合金中都可以看到,常用来区分实际断裂形式是应力腐蚀还是腐蚀疲劳、晶间腐蚀或其他断裂方式。

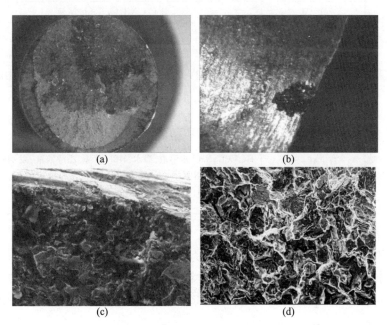

图 7-60 不锈钢典型应力腐蚀形貌
(a)宏观形貌;(b)表面腐蚀凹坑;(c)腐蚀产物;(d)沿晶及二次裂纹。

3. 预防措施

由于应力腐蚀是在应力和腐蚀环境的共同作用下产生的,因此从材料、残余应力及采用防护形式三个方面进行制定相关预防措施。

1)合理选择紧固件材料

应根据紧固件服役环境和所受应力选用耐应力腐蚀的材料,这是最基本的原则。如铜合金对氨比较敏感,在含有氨的密闭潮湿环境应避免选铜合金紧固件,H62 易产生季节性开裂现象。常用金属材料发生应力腐蚀开裂的敏感介质如表 7-14 所示。

表 7-14 常用金属材料发生应力腐蚀开裂的敏感介质

基体	合金组成	敏感应力腐蚀介质
铝基	Al – Zn Al – Mg Al – Cu – Mg Al – Mg – Zn	大气 NaCl + H_2O_2,NaCl 溶液,海洋性大气 海水 海水

续表

基体	合金组成	敏感应力腐蚀介质
铝基	Al – Zn – Cu	$NaCl$,$NaCl + H_2O_2$ 溶液
	Al – Cu	$NaCl + H_2O_2$ 溶液,$NaCl$,$NaCl + NaHCO_3$,KCl、$MgCl_2$
	Al – Mg	$CuCl_2$,NH_4Cl,$CaCl_2$ 溶液
铜基	Cu – Zn – Sn Cu – Zn – Pb	HN_3 溶液,蒸汽
	Cu – Zn	HN_3 蒸汽、溶液,胺类、潮湿 SO_2 气氛,$Cu(NO_2)_2$ 溶液
铁基	Fe – Cr – C	NH_4Cl,$MgCl_2$,$(NH_4)_2HPO_4$,Na_3HPO_4 溶液, $H_2SO_4 + NaCl + H_2O_2$ 溶液,海水,H_2S
	Fe – Ni – C	$HCl + H_2SO_4$,水蒸气,H_2S 溶液
钛基	Ti – Al – Sn Ti – Al – Sn – Zr Ti – Al – Mo – V	H_2,CCl_4,$NaCl$ 水溶液、海水、HCl、甲醇、乙醇溶液、发烟硝酸、熔融 $NaCl$ 或熔融 $SnCl_2$、汞、氟三氯甲烷和液态 N_2O_4、Ag(> 466℃)、$AgCl$(371 ~ 482℃)、氯化物盐(288 ~ 427℃)、乙烯二醇等

2）消除应力

从设计方面改进结构,尽量减小应力集中及避免腐蚀介质的积存;在紧固件加工、制造及装配过程中尽量避免产生较大的残余应力（尤其是拉应力）;可通过表面喷丸、热处理后滚丝等措施产生残余压应力,提升产品的耐应力腐蚀能力。

3）采用电化学保护

由于金属在介质中只有在一定的电极电位范围内才会产生应力腐蚀,因此采用外加电位的方法,使紧固件在服役过程中远离应力腐蚀电位区域,一般采用阴极保护法。

4. 典型案例

材料0Cr12Mn5Ni4Mo3Al 是我国在20世纪60年代发展和应用起来的一种新型半奥氏体型节镍沉淀硬化不锈钢,与美国的17 – 7PH 和 PH15 – 7Mo,苏联的CH1、CH4 及日本的CRH4 – 10等牌号相近。该牌号在固溶状态下显微组织为奥氏体,具有良好的韧性及加工成形性,经过适当的冷变形、冷处理以及时效后,可获得不小于1500MPa 的抗拉强度,在航空、航天行业得到较为广泛的应用,也被用于生产各类紧固件。某规格为 MJ14 的 69111 不锈钢六角自锁螺母,在服役过程中发现1件开裂,具体螺母开裂位置如图7 – 61所示。

1）断口分析

在体视显微镜及扫描电镜下,观察断口形貌,具体如图7 – 62所示。

第7章 紧固连接失效分析技术

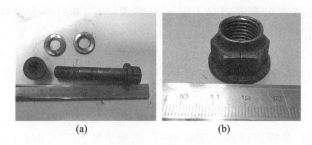

图 7-61 开裂螺母
(a)螺栓和螺母;(b)开裂螺母。

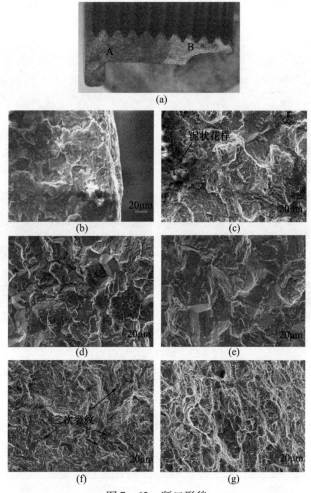

图 7-62 断口形貌
(a)开裂螺母宏观断口;(b)A 区法兰面外缘 500 倍;(c)泥状花样 500 倍;(d)A 区沿晶 + 腐蚀产物 500 倍;
(e)A 区沿晶特征 800 倍;(f)裂纹扩展区 500 倍;(g)B 区韧窝 500 倍。

由图可知:A 区微观断口呈沿晶 + 准解理特征,断口外表面被腐蚀产物覆盖,局部可见泥状花样,断面沿晶特征明显,扩展区呈准解理特征,断面可见较多二次裂纹;B 区域为韧窝形貌,未见明显冶金缺陷。对 A 区和 B 区进行表面能谱分析,A 区表面含有较高的 O 元素和腐蚀性 Cl、S 元素;B 区均为 0Cr12Mn5Ni4Mo3Al 材料基体元素。

2)显微组织分析

对裂纹部位取样进行显微组织分析,试验方法按照 GB/T 13298—2015 进行,其结果如图 7 - 63 所示。由图可知:裂纹沿晶界扩展,断面上存在较多二次裂纹且末端呈分叉形貌,裂纹附近未见对力学性能有较大影响的非金属夹杂物;显微组织为板条马氏体 + 沉淀硬化相 + 少量 δ - 铁素体,未见过热、过烧等冶金缺陷。

图 7 - 63 断口部位显微组织

(a)断口显微裂纹 100 倍;(b)断口显微裂纹 500 倍;(c)断口显微组织 500 倍;(d)内部显微组织 500 倍。

3)力学性能验证

对裂纹部位进行维氏硬度验证,具体试验结果如表 7 - 15 所示。

表 7 - 15 硬度值

位置	1#	2#	3#	平均值	标准值
A 区	526	526	527	526	461 ~ 520HV
B 区	518	519	525	521	

A 区和 B 区硬度值未见明显差异,依据 GB/T 1172—1999《黑色金属硬度及强度换算值》,1500~1750MPa 换算为 461~520HV,强度和硬度换算存在一定的误差和测量不确定度影响因素。

4)分析与讨论

由断口形貌和表面能谱可知,螺母断口表面覆盖腐蚀产物,微观为沿晶 + 准解理,局部有泥纹花样,能谱存在腐蚀性 Cl、S 元素,存在较多的二次裂纹等典型应力腐蚀特征;金属材料产生应力腐蚀应具备以下条件:材料具有应力腐蚀敏感性;受力状态必须为拉应力,材料所处环境中存在特定的腐蚀介质[27]。不同金属材料都有特定的应力腐蚀敏感介质,0Cr12Mn5Ni4Mo3Al 材料对 Cl 离子等元素较为敏感[28];螺母和螺栓装配后,螺母受到持续的周向拉应力作用;近年来随着工业化进程的加快,大量工业废气排放到空气中,Cl 离子普遍存在于大气环境中[29]。由于螺母法兰面与螺母体呈直角,在安装服役过程中,遇到雨雪天气等潮湿环境此处容易积液;该螺母表面处理方式为钝化后涂 MoS_2,表面涂覆层耐蚀性较差;在干湿交替的环境中,裂纹尖端内部的 Cl 离子会发生聚集和酸化,促进裂纹尖端的阳极溶解和阴极氢脆效应[30],共同促进了裂纹的萌生和扩展,随着服役时间的延长裂纹逐步扩展,在安装应力作用下过载开裂,形成贯穿性裂纹。

7.3.9 低熔点金属脆性失效

1. 概述

低熔点金属脆性失效即液态金属致脆,是钢类紧固件尤其是镀锌、镀镉紧固件,在高温环境下发生的一种较为典型的脆性断裂失效模式。由于是脆性断裂,在断裂前无法观察到塑性变形,发生突然断裂,使紧固连接件失去轴向载荷,失去紧固连接作用,可显著影响装备可靠性。据不完全统计,液态金属致脆失效在紧固连接失效中约占 2%。

2. 典型断口特征

液态金属断裂的裂纹扩展速率极高,裂纹一般沿晶扩展,仅在少数情况下发生穿晶扩展。虽然有时也发生裂纹分叉,但最终的断裂由单一裂纹引起,导致开裂的表面通常覆盖着一层液态金属,对该层表面膜进行化学分析是判断液态金属致脆的重要途径,但由于该覆盖层极薄,从几个原子到几微米厚,因而很难检测。液态金属致脆断裂起始于紧固件表面,起始区平坦,在平坦区有发散状的棱线,呈河流状花样,且有与棱线方向一致的二次裂纹。典型液态金属致脆断口特征如图 7-64 所示。

3. 预防措施

液态金属致脆是紧固件在服役过程中最不希望发生的失效模式之一。它的

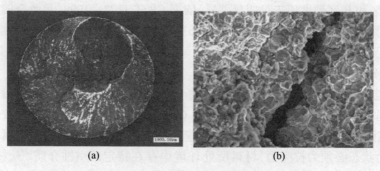

(a)　　　　　　　　　　　　(b)

图 7-64　典型液态金属致脆断口特征
(a)宏观断口；(b)微观断口。

发生往往造成严重后果，可通过正确地匹配材料和使用环境，加上控制紧固件的应力状态和硬度而予以避免。

（1）对于钢类紧固件表面处理方式为镀镉、镀锌时，应注意服役环境避免出现超出镉或锌熔点的高温现象，以防止高温环境使镉、锌熔化，而引起脆性断裂，使高强钢产生脆化现象的不同液态金属的熔点如表7-16所示。

（2）紧固件在使用过程中，应避免接触其他液态金属。如铝合金与汞接触易产生脆化现象；碳和不锈钢容易因为锌和锂的影响而产生液态金属致脆，铜和铜合金容易因为汞而产生液态金属致脆。

表 7-16　使高强钢产生脆化现象的不同液态金属的熔点

液态金属	熔点/℃	液态金属	熔点/℃
汞	-38.9	镉	321.1
镓	29.4	铅	326.7
铟	156	锌	419.4
锂	180	锑	650.5
锡	231.7	铜	1082.8

4. 典型案例

某型30CrMnSiA自锁螺母，在服役过程中产生开裂现象，典型断口特征及显微组织如图7-65所示。

30CrMnSiA自锁螺母表面镀Zn与某镀Cd螺栓配套使用，虽然Zn和Cd的熔点分别为321℃和419℃，当Zn和Cd形成的固溶体为共晶合金，其熔点约为266℃[31]。因此，当温度稍高于266℃时，容易形成液态Zn、Cd固溶体。30CrMnSiA自锁螺母服役温度存在超温现象，在一定的拉应力作用下，液态金属较容易沿着一定的路径进入螺母基体，从而产生液态金属脆裂现象[32]。

第 7 章 紧固连接失效分析技术

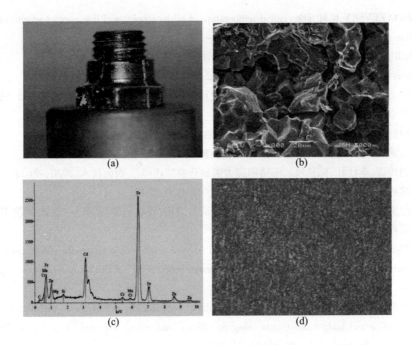

图 7-65 断口特征及显微组织
(a)开裂螺母；(b)微观断口；(c)能谱；(d)显微组织。

参考文献

[1] 钟群鹏,赵子华. 断口学[M]. 北京:高等教育出版社,2006.
[2] 魏培欣,许一源,郑云昊,等. 不锈钢螺纹连接咬死机理及预防措施研究[J]. 机械科学与技术,2018,37(7):1120-1124.
[3] 李学跃. 真空离子金属涂层在核电厂紧固件咬死处理中的应用研究[J]. 装备制造技术,2016(12):221-224.
[4] 程西云,蒋松,韦云隆. 一种新的咬死失效理论模型——高温熔焊模型[J]. 农业机械学报,2000,31(6):107-110.
[5] 李文顶,孔鸣杰,江文达. 不锈钢螺纹联接副损伤及咬死现象分析与解决措施[J]. 机电工程技术,2013,42(1):97-99.
[6] 殷琪,闻泉,王雨时,等. 引信铝合金连接螺纹咬死预防措施[J]. 探测与控制学报,2016,38(5):76-80.
[7] BLOK H. Theoretical study of temperature rise at surfaces of actual contact under oilness lubricating conditions[J]. Proceedings of the Institution of Mechanical Engineers, 1937, 2: 222-235.

[8] MATVEEVSKY R M. The critical temperature of oil with point and line contact machines[J]. Transactions of the ASME,1965,12:229-238.

[9] BGRBER J R. Thermo-elastic instabilities in the sliding of conforming solids[J]. London: Proceedings of the Royal Society,1969,312:381-394.

[10] 巩浩,刘检华,丁晓宇. 振动条件下螺纹预紧力衰退机理和影响因素研究[J]. 机械工程学报,2019,55(11):138-148.

[11] 钟群鹏,裂纹学[M]. 北京:高等教育出版社,2014.

[12] 束德林. 工程材料力学性能[M]. 北京:机械工业出版社,2004.

[13] 刘传森,李壮壮,陈长风. 不锈钢应力腐蚀开裂综述[J]. 表面技术,2020,49(3):1-13.

[14] 褚武扬. 氢脆和应力腐蚀[M]. 北京:科学出版社,2013.

[15] 陈文华,谢里阳,徐永成. 机械可靠性理论与应用:现状与发展[M]. 北京:国防工业出版社,2022.

[16] TABOADA H,ESPIRITU J,COIT D. MOMS-GA:A multi-objective multi-stale genetic algorithm for system reliability optimization design probiems[J]. EEE Transacitions on Reliability,2008,57(1):182-191.

[17] AHMADIZAR F,SOLTANPANAH H. Reliability optimization of a series system with multiple-choice and budget constraints using an efficient ant colony approach[J]. Expert Systems with Applications,2011,38(4):3640-3646.

[18] 杨晓燕,郭春河. 某机载投放锁制机构发生黏着磨损故障分析[J]. 航空兵器,2008(2):56-58.

[19] 杨晓燕,张雷. 机载导弹发射装置黏着磨损分析[J]. 失效分析与预防,2008,3(2):37-41.

[20] 续海峰,黏着磨损机理及其分析[J]. 机械管理开发,2007(4):95-98.

[21] 温诗铸,黄平. 摩擦学原理[M]. 北京:清华大学出版社,2003.

[22] 孙晓军,康根发,许永春,等. GH4169 六角头螺栓异常断裂分析[J]. 金属加工:热加工,2023(4):74-76.

[23] 陈志申. HXDIB 型机车制动夹钳杠杆螺栓断裂探讨及对策[J]. 轨道交通装备技术,2017(5):36-38.

[24] 孟繁辉,张云. CRH5 型动车组制动夹钳杠杆螺栓失效分析[J]. 轨道车辆,2017(5):29-32.

[25] 刘文斌,商蕾.1Cr17Ni2 钢制单项活门断裂螺栓失效分析[J]. 热处理技术与装备,2014(3):57-60.

[26] 高祥,刘宝安,等. 高速列车 1Cr17Ni2 制动杠杆螺栓沿晶开裂机理研究[J]. 失效分析与预防,2018(1):34-42.

[27] 张栋,钟培道,陶春虎,等. 失效分析[M]. 北京:国防工业出版社,2008.

[28] 万斌. 某 69111 半奥氏体不锈钢高压气瓶开裂失效分析[J]. 腐蚀与防护,2016,37(2):180-182.

[29] 范鑫,姚亮亮,王亚南,等. 某型飞机典型结构应力腐蚀开裂原因分析[J]. 航空维修与

工程,2020(4):52-55.

[30] 马宏驰,杜翠薇,刘智勇,等. E690 高强钢在 SO_2 污染海洋大气环境中的应力腐蚀行为研究[J]. 金属学报,2016,52(3):331-340.

[31] BAKER H. ASM handbook volume 3 – alloy phase diagrams [M]. US:ASM International,2008.

[32] 金万军,程祥勇,程定宇,等. 30CrMnSiA 自锁螺母裂纹原因分析[J]. 材料科学,2016,6(4):239-244.

第8章 紧固连接技术应用案例

紧固连接技术的研究涉及多个关键内容,主要包括理论设计、强度校核、精细化建模及仿真、可靠性分析、安装控制和试验验证。首先,通过载荷应力分析、紧固件规格数量等要素设计和控制,开展紧固连接的正向设计,结合紧固连接建模仿真技术,以确保设计的可靠性和性能满足需求;其次,在紧固件安装过程中,将研究拧紧方法、拧紧工具以及安装工艺等要素,以确保正确的安装实现设计要求,从而制定有效的控制策略;最后结合装备的地面试验验证设计方案的安全可靠性。通过这些研究,全面掌握紧固连接的关键要素,从而优化其设计、安装和应用,提升连接的整体质量和可靠性[1]。

本章着重介绍了几种典型的紧固连接技术应用案例,通过对某机械构件的螺栓受力分析和强度校核、某车下设备舱紧固件装配扭矩设计和应力强度分析、某航空发动机双转子轴承法兰螺栓的载荷分析和强度校核、某火箭承力筒对接面螺栓连接方案正向设计和某航空盘轴螺纹连接方案正向设计五个应用案例的系统阐述,详细描述了紧固连接各项技术的应用场景和技术流程,为相关人员提供案例指导。

8.1 基于 VDI 2230 指南的某机械构件结构螺栓强度验证

轨道几何参数检测系统安装在列车车体上,其强度是否满足要求对设备以及车辆的运行安全起着至关重要的作用,强度仿真分析是数值方法验证其强度的重要手段[1]。轨检梁主要由梁体结构、惯性包和二维传感器3个主要部分组成,该3部分之间主要通过螺栓连接,如图8-1所示。梁体结构分别由吊装座、矩形管和焊接座通过焊接形式组合在一起。

结合某机械构件结构分析,其整体结构中应用到两类螺栓,示意图如图8-1所示。轨检梁与车体固定部分使用的是4个M16×60六角头带孔螺栓(配弹平垫单螺母),轨检梁与吊装座连接处分别由4个M12×50六角头带孔螺栓(配弹平垫单螺母)固定。本节主要对轨检梁的螺栓连接强度进行分析和校核,以保证结构安全可靠。

第 8 章 ▶ 紧固连接技术应用案例

图 8-1 轨检梁整体结构示意图[2]

8.1.1 VDI 2230 指南计算校核步骤

应用 VDI 2230 指南进行螺栓连接的计算校核,需要获得的条件:螺栓连接的功能、载荷、几何参数、紧固件材料和强度等级、紧固连接各部件的表面状况、拧紧工艺和拧紧工具等。计算和校核过程主要分为 3 大部分,总计 14 个步骤,如表 8-1 所示。

表 8-1 VDI 2230 指南的计算校核流程[3]

分析计算数据输入	R0:初步确定螺栓公称直径,核算其适用范围
	R1:确定拧紧系数
	R2:确定最小残余夹紧力
螺栓连接的载荷-变形关系计算	R3:计算工作载荷、柔度和载荷分配系数
	R4:计算因嵌入引起的预紧力损失
	R5:计算最小装配预紧力
	R6:计算最大装配预紧力
应力计算和强度校核	R7:计算装配应力,校核螺栓尺寸
	R8:计算工作应力,校核安全系数
	R9:计算交变应力幅值,校核安全系数
	R10:计算表面压应力,校核安全系数
	R11:计算和校验最小旋合长度
	R12:确定抗滑移安全系数和抗切向载荷安全系数
	R13:确定拧紧扭矩

8.1.2 紧固连接受力分析

根据高强度螺栓连接的系统计算标准,结合标准中螺栓直径范围估算表格。在选择计算时,应选择与作用于螺栓连接的负荷接近的最大的作用力;在组合负荷时,有

$$F_{A\max} < F_{Q\max}/\mu_{T\min} \tag{8-1}$$

式中:$F_{A\max}$为纵向载荷;$F_{Q\max}$为横向载荷,在计算中需要使用横向载荷$F_{Q\max}$。

对轨检梁上4个M16螺栓结合载荷条件进行受力分析。载荷条件如表8-2所示,其中X方向和Y方向采用表格中参考载荷,Z方向采用加大载荷,即采用参考值10倍的载荷进行计算。

表8-2 螺栓强度分析载荷条件

方向	X方向	Y方向	Z方向
载荷	±3g	±1g	±3g

根据上述载荷条件,结合服役工况4个M16螺栓整体承重70kg,对其整体进行受力分析。其在X方向载荷为3g,其受力为2100N(重量加速度g取10m/s^2),在Y方向载荷为1g,其受力为700N,Z方向载荷为30g(冲击载荷),其受力为21000N。在水平面即XY方向求其合力,即横向载荷$F_{Q\max}$=1770.88N;在Z方向上,即纵向载荷$F_{A\max}$=21000N。则4个M16螺栓中,每个M16螺栓$F_{Q\max}$=442.72N,$F_{A\max}$=5250N。

由于该螺栓处于组合负荷,根据公式$F_{A\max} < F_{Q\max}/\mu_{T\min}$进行计算(其中$\mu_{T\min}$=0.12),M16螺栓在该处为$F_{Q\max}/\mu_{T\min}$=3689.33<$F_{A\max}$,因此在进一步计算中用纵向载荷$F_{A\max}$作为主应力。

对轨检梁与吊装座连接处M12螺栓进行同样的受力分析。结合实际工况,4个M12螺栓承重40kg。参考载荷条件表格,在X方向载荷选取为3g,Z方向载荷为1g,Z方向载荷同样增大10倍即为30g。求得每个M12螺栓横向载荷$F_{Q\max}$为316.23N,纵向载荷$F_{A\max}$为3000N。

M12螺栓同样处于组合负荷,根据公式$F_{A\max} < F_{Q\max}/\mu_{T\min}$进行计算(其中$\mu_{T\min}$=0.12),M12螺栓在该处$F_{Q\max}/\mu_{T\min}$=2635.25<$F_{A\max}$,因此在后续计算中采用纵向载荷$F_{A\max}$作为主应力。

《VDI 2230高强度螺栓连接系统计算》仅包含强度等级8.8、10.9与12.9的高强度螺栓,不包含强度等级低于8.8的不锈钢螺栓,因此本验证报告验证内容采用8.8级强度,屈服强度取DIN EN ISO 898-1中低合金调制钢的一般水平即$R_{p0.2\min}$=700N/mm^{2}的螺栓材料。

结合螺栓连接系统计算相关规定,参考螺栓直径范围估算参考表格,如

表 8 - 3 所示。

表 8 - 3　螺栓直径范围参考[4-5]

作用力/kN	不同强度等级下额定直径/mm		
	12.9	10.9	8.8
1.00	3	3	3
1.60	3	3	3
2.50	3	3	4
4.00	4	4	5
6.30	4	5	6
10.00	5	6	8
16.00	6	8	10
25.00	8	10	12
40.00	10	12	14
63.00	12	14	16
100.00	16	18	20
160.00	20	22	24
250.00	24	27	30
400.00	30	33	36
630.00	36	39	

8.1.3　紧固连接载荷 - 变形关系

对轨检梁上 4 个 M12 螺栓进行估算，根据前面计算结果，该螺栓主应力为纵向载荷 $F_{Amax} = 3000N$，最接近表格中的 4000N 一行。由于载荷状态为偏心、动载荷，向下移动 2 格，由于拧紧方式为扭矩扳手，向下移动 1 格，得到 $F_{Mmax} = 16000N$，采用 8.8 等级螺栓，得到估计直径为 10mm。目前采用的螺栓为 12mm，大于估计直径，因此初步验证为安全。输入条件为：螺栓 $R_0 = 12mm$，$L = 50mm$，夹紧距离为

$$L_K = h_1 + h_2 \tag{8-2}$$

由于运行工况较为简单，可以简化为 $S_{sym} = 0mm$ 与 $a = 0mm$ 进行计算。首先，有

$$F_{Kerf} \geq \max(F_{KQ}; F_{KP} + F_{KA}) \tag{8-3}$$

式中：F_{Kerf} 为密封功能夹紧载荷，界面上防止单边打开和摩擦力控制；F_{KQ} 为通过摩擦力传输横向载荷和/或扭矩的最小夹紧载荷；F_{KP} 为确保密封功能最小夹紧载荷；F_{KA} 为开限最小夹紧载荷。

根据工况可知，$F_{kerf} = F_{Amax} = 3000N$。之后需要计算载荷因子 Φ_n，有

$$\Phi_n = n \frac{\delta_p}{\delta_s + \delta_p} \tag{8-4}$$

式中:Φ_n 为通过夹紧零件的同轴夹紧和同轴载荷引入的载荷因数;n 为载荷传导因素,描述 F_A 作用点对螺栓头部位移的影响,一般用于同心夹紧;δ_p 为同心夹紧和同心负载的被夹紧零件的弹性变形;δ_s 为螺栓的弹性变形。

需要通过计算螺栓与被连接件的回弹 δ,以及确定载荷形式,来获得 Φ_n。其中螺栓回弹量 δ_s 有

$$\delta_s = \delta_{SK} + \delta_1 + \delta_2 + \cdots + \delta_{Gew} + \delta_{GM} \tag{8-5}$$

式中:δ_{SK} 为螺栓头部的弹性变形;δ_{Gew} 为未负载螺纹的弹性变形;δ_{GM} 为旋入螺纹,螺母或内螺纹区域的弹性变形。

通过计算可得知 $\delta_s = 2 \times 10^{-6}$ mm/N。

由于连接形式为 $D_A > D_{A,Gr}$,可以简化为两个等效圆锥体,被连接件的回弹量 δ_p 可以写作:

$$\delta_p = \delta_p^z = \frac{2\ln\left[\dfrac{(d_w + d_h)(d_w + wl_K\tan\varphi - d_h)}{(d_w - d_h)(d_w + wl_K\tan\varphi + d_h)}\right]}{wE_p\pi d_h\tan\varphi} \tag{8-6}$$

式中:δ_p^z 为同心被夹紧零件的弹性变形;d_w 为螺栓头支承平面的外径(在螺栓杆过渡半径的进口处),通常指承载面外径;d_h 为被夹紧零件的孔径;w 为螺栓连接类型的连接系数;l_K 为夹紧长度;φ 为螺栓螺纹的螺旋角,替代变形锥体的角度;E_p 为被连接件弹性模量。

其中,$d_w = 17.73$ mm,$d_h = d = 12$ mm,$w = 1$,$\tan\phi_D = 0.6$,$E_p = 70000$ N/mm^2;得到计算结果为 $\delta_p = 1.127 \times 10^{-6}$ mm/N。

根据 VDI2230 指南的载荷因子相关内容(表 8-4),载荷形式为 SV1,且 $l_A/h = 0$,$a_k/h > 0.5$,因此可以得到 $n(SV1) = 0.13$。最终可以得到 $\Phi_n = 0.0273$。

表 8-4 载荷因子 n 值[4]

l_A/h	0				0.1				0.2				>0.30			
a_k/h	0	0.1	0.3	>0.50	0	0.1	0.3	>0.50	0	0.1	0.3	>0.50	0	0.1	0.3	>0.50
SV1	0.7	0.55	0.3	0.13	0.52	0.41	0.22	0.1	0.34	0.28	0.16	0.07	0.16	0.14	0.12	0.04
SV2	0.57	0.46	0.3	0.13	0.44	0.36	0.21	0.1	0.3	0.25	0.16	0.07	0.16	0.14	0.12	0.04
SV3	0.44	0.37	0.26	0.12	0.35	0.3	0.2	0.09	0.26	0.23	0.15	0.07	0.16	0.14	0.12	0.04
SV4	0.42	0.34	0.25	0.12	0.33	0.27	0.16	0.08	0.23	0.19	0.12	0.06	0.14	0.13	0.1	0.03
SV5	0.3	0.25	0.22	0.1	0.24	0.21	0.15	0.07	0.19	0.17	0.12	0.06	0.14	0.13	0.1	0.03
SV6	0.15	0.14	0.14	0.07	0.13	0.12	0.1	0.06	0.11	0.11	0.09	0.06	0.1	0.1	0.08	0.03

根据 VDI 2230 指南中关于界面压缩量的标准,对于此种连接形式有 $f_z = 2 + 9 = 11\mu m$。根据

$$F_z = \frac{f_z}{\delta_s + \delta_p} \qquad (8-7)$$

式中: F_z 为螺栓预载荷; f_z 为螺栓塑性变形; δ_p 为同心夹紧和同心负载的被夹紧零件的弹性变形; δ_s 为螺栓的弹性变形。

可以得到 $F_z = 3517.75\text{N}$。再有

$$F_{Mmin} = F_{Kerf} + F_z \qquad (8-8)$$

$$F_{Mmax} = \alpha_A \cdot F_{Mmin} \qquad (8-9)$$

式中: F_{Mmin} 为最小组件预载荷; F_{Mmax} 为最大组件预载荷; α_A 为组件不确定的紧固系数; F_{Kerf} 为密封功能夹紧载荷,界面上防止单边打开和摩擦力控制。

α_A 根据 VDI 2230 指南附表(表 8-5)可选取参数为 1.6,得到 $F_{Mmin} = 6517.75\text{N}$, $F_{Mmax} = 10428.4\text{N}$。根据装配预紧力表格(部分):

表 8-5 螺栓安装预紧力与拧紧力矩对照表[4]

尺寸	强度等级	安装预紧力 F_{MTab}/kN						拧紧力矩 M_A/(N·m)					
		$\mu_G =$						$\mu_G =$					
		0.08	0.10	0.12	0.14	0.16	0.2	0.24	0.06	0.10	0.12	0.14	0.16	0.20	0.24
M12	8.8	45.2	44.1	43	41.9	40.7	38.3	35.9	63	73	84	93	102	117	130
	10.9	66.3	64.8	632	61.5	59.8	56.3	52.8	92	106	123	137	149	172	191
	12.9	77.6	75.9	74	72	70	65.8	61.8	108	126	144	160	175	201	223
M14	8.8	62	60.6	59.1	57.5	55.9	52.6	49.3	100	117	133	146	162	187	207
	10.9	91.0	86.9	86.7	64.4	82.1	712	72.5	146	172	195	216	238	274	304
	12.9	106.5	104	101.5	96.8	96	90,4	84.8	171	201	229	255	279	321	356
M16	8.8	84.7	82.9	80.9	78.8	76.6	72.2	67.8	153	160	206	290	252	291	325
	10.9	124	121.7	117	1157	113	106	99.6	224	264	302	338	370	428	477
	12.9	145.5	142.4	139.0	135.4	131.7	124.1	116.6	262	309	354	395	433	501	558

可以得到 M16 螺栓的 $F_{MTab} = 40.7\text{kN} > 10.43\text{kN}$。从装配预紧力上验证了螺栓选择的合理性。

8.1.4 应力计算和强度校核

对于 VDI 2230 指南的 R8 中的工作载荷验证,有

$$F_{Smax} = F_{Mzul} + \Phi_n \cdot F_{Amax} \qquad (8-10)$$

式中: F_{Smax} 为最大螺栓载荷; F_{Mzul} 为允许安装预紧力; F_{Amax} 为最大轴向载荷。

可以得到最大螺栓作用力为 $F_{Smax} = 40841\text{N}$。

最大拉伸应力为

$$\sigma_{Zmax} = \frac{F_{Smax}}{A_S} \quad (8-11)$$

式中:σ_{Zmax}为最大拉伸应力;F_{Smax}为最大螺栓载荷;A_S为根据 DIN 13-28 螺纹应力横截面。

可以得到结果 $\sigma_{Zmax} = 482.18\text{N/mm}^2$。

最大扭转应力计算方式为

$$\tau_{max} = \frac{M_G}{W_p} \quad (8-12)$$

式中:τ_{max}为M_G作用下最大螺纹扭曲应力;M_G为施加在螺纹上的拧紧扭矩(螺纹扭矩);W_p为螺栓横截面的极性阻力矩。其中:

$$M_G = F_{Mzul}\frac{d_2}{2}\left(\frac{P}{\pi d_2} + 1.155\mu_{Gmin}\right) \quad (8-13)$$

$$W_p = \frac{\pi}{16}d_s^3 \quad (8-14)$$

式中:F_{Mzul}为允许安装预紧力;d_2为螺栓螺纹中径;P为螺纹螺距;μ_{Gmin}为螺纹的最小摩擦系数;d_s为应力截面积A_s对应的等效直径。

可以得到:$M_G = 41975\text{N} \cdot \text{mm}$;$W_p = 339.29\text{N/mm}^2$。

最终计算比较应力:

$$\sigma_{red,B} = \sqrt{\sigma_{z\,max}^2 + 3(k_t\tau_{max})^2} \quad (8-15)$$

式中:$\sigma_{red,B}$为工作状态下的比较应力;$\sigma_{z\,max}$为工作状态下的最大螺栓拉伸应力;k_t为降低系数;τ_{max}为M_G作用下最大螺纹扭曲应力。

可以得到$\sigma_{red,B} = 493.94\text{N/mm}^2$;取材料$R_{p0.2min} = 700\text{N/mm}^2$,则工作应力的安全系数为

$$S_F = \frac{R_{p0.2min}}{\sigma_{red,B}} \quad (8-16)$$

式中:S_F为防止超出屈服点的安全余量;$R_{p0.2min}$为 DIN EN ISO 898-1 所示的螺栓 0.2% 的最小试验应力;$\sigma_{red,B}$为工作状态下的比较应力。

有 $S_F = 1.42 > 1.2$,因此工作应力验证安全。

关于 VDI 2230 步骤中的 R12 滑动安全性验证,有

$$F_{Vmin} = F_{KR,min} = \frac{F_{Mzul}}{\alpha_A} - F_Z \quad (8-17)$$

式中:F_{Vmin}为最小一般预载荷;$F_{KR,min}$为在使用中以F_{PA}加元或卸载时以及嵌入之后分界面的最小残余夹紧载荷;F_{Mzul}为允许安装预紧力;α_A为组件不确定的紧固系数;F_Z为螺栓预载荷。

可以得到 $F_{\text{Vmin}} = F_{\text{KRmin}} = 21919.75\text{N}$,防滑动安全系数有

$$S_G = \frac{F_{\text{KRmin}}}{F_{\text{KQerf}}} \qquad (8-18)$$

式中: S_G 为防滑安全余量; F_{KRmin} 为在使用中以 F_{PA} 加载或卸载时以及嵌入之后分界面的残余夹紧载荷; F_{KQerf} 为通过摩擦力传输横向载荷和/或扭矩的最小夹紧载荷。

得到 $S_G = 7.31 \gg 1.2$(1.2 为 VDI 2230 指南推荐的最小安全系数值),因此防滑动验证结果为非常安全。并且查表可以得到,拧紧力矩的推荐值为 $M_A = 84\text{N·m}$,与实际数据相符合。

8.2 车下设备舱紧固件装配扭矩计算

列车设备舱结构位于高速列车下部,是高速列车重要的防护结构。设备舱整体是一个箱型结构,主要由裙板、底板、端板和支承结构组成。一辆动车组车下完整的设备舱结构包含中央设备舱和通过台设备舱。中央设备舱的结构承担着来自设备舱底部的大部分载荷,其结构更复杂。中央设备舱内部结构如支架、横梁、底板梁等部位受力形式较为严重,部分结构存在应力集中,容易疲劳开裂。设备舱结构组成如图 8-2 所示。组成设备舱的所有构件通过角铁、锁座和螺栓等部件连接。设备舱由大量螺栓连接,主要有材质为 A4-70 的 M6 和 M10 螺栓。列车运行过程中,设备舱螺栓连接承受复杂振动载荷,为提高紧固连接可靠性需要开展拧紧扭矩计算,并基于 VDI 2230 指南进行强度校核。

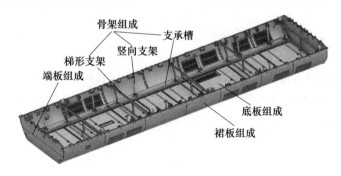

图 8-2 设备舱结构组成[6]

根据 VDI 2230 指南,在考虑紧固件的静态强度、疲劳强度、紧固件承压面应力和最小轴向力的基础上,对螺纹表面微凸体的变形量、最大轴向力值做出了要求,具体设计校核步骤如下。

8.2.1 紧固件规格预选

根据外部载荷水平和形式以及预紧方式选取紧固件尺寸,见表 8-3。针对受轴向激励的紧固连接结构,如果结构受静态载荷作用,紧固件尺寸为外部载荷对应的公称直径;如果结构受动态载荷作用,紧固件尺寸为外部载荷最大值下移一行对应的公称直径。此外,在紧固件预紧过程中,如果采用转角法控制紧固件预紧力,紧固件尺寸为前述所选的公称直径;如果采用扭矩扳手或精密螺钉机控制预紧力,紧固件尺寸为前述所选的再下移一行的公称直径。

8.2.2 紧固连接载荷-变形关系

1. 载荷系数计算

通过理论计算紧固连接结构的载荷系数 Φ_n:

$$\Phi_n = n \frac{\delta_b}{\delta_b + \delta_c} \quad (8-19)$$

式中:n 为载荷传递系数;δ_b、δ_c 分别为紧固件和被连接件的回弹。三个参数的具体算法见 VDI 2230 指南。

2. 最小轴向力计算

考虑到在紧固件预紧过程中,螺纹塑性变形和表面微凸体的压陷引起紧固件预紧力发生变化。此外,对于通过热膨胀施加紧固件预紧力的连接结构,由于紧固件及被连接件的热膨胀系数不同,紧固件预紧力也会发生变化。因此,在保证最小压缩力的同时,最小轴向力为

$$F_{Mmin} = F_{Cmin} + (1 - \Phi_n) F_{max} + F_z + F_t \quad (8-20)$$

式中:F_{Mmin} 为紧固连接结构所需的最小压缩力;F_z 为螺纹变形和表面粗糙度压陷引起的预紧力变化;F_t 为温度变化引起的预紧力变化。

3. 最大轴向力计算

考虑到系统误差和人为误差,相同条件下,轴向力不是某一固定值,而是在一定的范围内随机分布的。因此引入拧紧系数:

$$\alpha_A = \frac{F_{Mmax}}{F_{Mmin}} \quad (8-21)$$

式中,α_A 的取值见表 8-6。

表 8-6 拧紧系数 α_A 估算值[4]

控制预紧力的方法	误差范围	拧紧系数 α_A	调整方法
超声波测量紧固件伸长法	±2% ~ ±10%	1.05 ~ 1.20	根据声音传播时间进行调整
机械测量紧固件伸长法	±5% ~ ±20%	1.10 ~ 1.50	根据伸长量进行调整
转角法	±9% ~ ±17%	1.20 ~ 1.40	根据预紧力矩-转角系数进行调整

续表

控制预紧力的方法	误差范围	拧紧系数 α_A	调整方法
液压拉伸法	±9% ~ ±23%	1.20 ~ 1.60	根据伸长量进行调整
力矩法(具有报警功能的力矩扳手或动态测量力矩的旋转式螺钉机)	±17% ~ ±23%	1.40 ~ 1.60	根据试验确定预紧力矩值进行调整
力矩法(冲击式或脉冲式螺钉机)	±43% ~ ±60%	2.50 ~ 4.00	根据拧紧力矩进行调整

8.2.3 应力计算和强度校核

1. 紧固件尺寸校核

由预紧力在紧固件截面上产生的拉应力不得超过紧固件材料屈服强度的 90%。因此,紧固件允许的安装预紧力:

$$F_{\text{Mzul}} = \frac{\pi d_1^2}{4} \times \frac{0.9\sigma_s}{\sqrt{1 + 3\left[\frac{3}{2} \times \frac{d_2}{d_1}\left(\frac{P}{\pi d_2} + 1.155\mu_t\right)\right]^2}} \quad (8-22)$$

校核公式:

$$F_{\text{Mzul}} \geq F_{\text{Mmax}} \quad (8-23)$$

如果不能满足式(8-23),则增大紧固件尺寸。

2. 静态强度校核

在工作状态下,紧固件受到的最大轴向力:

$$F_{\text{bmax}} = P_0 + \Phi_n F_{\text{max}} - F_t \quad (8-24)$$

轴向力所引起的拉应力:

$$\sigma_{z\text{max}} = \frac{4F_{\text{bmax}}}{\pi d_1^2} \quad (8-25)$$

摩擦力矩 M_t 引起的剪切应力:

$$\tau_{\max} = \frac{M_t}{W_p} = \frac{M_{\text{thread}} + M_{\text{pitch}}}{W_p} = \frac{F_{\text{Mzul}}\frac{d_2}{2}\left(\frac{P}{\pi d_2} + 1.155\mu_t\right)}{\frac{\pi d_1^3}{16}} \quad (8-26)$$

式中:W_p 为扭转截面系数。

螺杆表面受到的最大等效应力:

$$\sigma_e = \sqrt{\sigma_{z\max}^2 + 3(k_\tau \tau_{\max})^2} \leq \frac{\sigma_s}{S_s} \quad (8-27)$$

式中,安全系数 S_s 推荐值为 1.2。

3. 疲劳强度校核

紧固件截面上的应力幅满足

$$\sigma_a = \frac{4A_F \Phi_n}{\pi d_1^2} \leqslant \sigma_u \tag{8-28}$$

式中：σ_u 为紧固件材料的疲劳极限，其取值可查表 8-7。

表 8-7 紧固件材料疲劳强度估算值[4]

紧固件公称直径 d/mm	强度等级				
	4.8	6.8	8.8	10.9	12.9
4	91.14	95.06	101.92	89.18	128.38
5	83.30	84.28	89.18	76.44	110.74
6	79.38	80.36	84.28	72.52	103.88
8	70.56	70.56	72.52	85.26	87.22
10	61.74	59.78	60.76	71.54	72.52
12	57.82	54.88	54.88	63.70	65.66
16	51.94	49.00	48.02	55.86	56.84
20	47.04	44.10	43.12	49.98	50.96
24	44.10	40.18	39.20	46.06	46.06
30	41.16	38.22	43.12	43.12	43.12
36	40.18	36.26	42.14	41.16	41.16

如果交变载荷幅值为恒定的某一值，循环次数 $N_D \geqslant 2 \times 10^6$ 时，那么疲劳极限：

$$\sigma_u = \begin{cases} \sigma_{AZSV} = \sigma_{ASV}(N_D/N_Z)^{1/3} & （热处理前轧制） \\ \sigma_{AZSG} = \sigma_{ASG}(N_D/N_Z)^{1/6} & （热处理后轧制） \end{cases} \tag{8-29}$$

式中：F_m 为工作载荷均值，$F_s = \dfrac{\pi d_1^2}{4}\sigma_s$。

如果交变载荷幅值不是确定某一值，且大于疲劳强度 σ_{AS} 只有几千次时（疲劳强度内加载次数 $N_Z > 10^4$），那么疲劳极限：

$$\sigma_u = \begin{cases} \sigma_{AZSV} = \sigma_{ASV}(N_D/N_Z)^{1/3} & （热处理前轧制） \\ \sigma_{AZSG} = \sigma_{ASG}(N_D/N_Z)^{1/6} & （热处理后轧制） \end{cases} \tag{8-30}$$

4. 表面压力校核

在预紧状态和工作状态下，表面承受的压力不得超过材料表面的极限压力：

预紧状态下，

$$p_{Mmax} = F_{Mzul}/A_{pmin} \leqslant p_G \tag{8-31}$$

工作状态下，
$$p_{Mmax} = (P_0 + \phi F_{max} - F_t)/A_{pmin} \leq p_G \qquad (8-32)$$
式中：A_{pmin} 为紧固件头部、垫圈、螺母、被连接件的承载面积；p_G 为极限压力。

8.2.4 装配扭矩计算

根据裙板和配件重量，每个紧固件最大承受约 10kg。需要注意的是，在进行紧固连接设计时，需根据实测的载荷谱计算紧固件受到的工作载荷，根据《机车车辆设备冲击振动试验》(IEC61373)，最大振动加速度为 50 m/s² 进行计算，结果更为保守。因此，紧固件受力最大为 0.5kN。

实际工况采用的紧固件材料为 A4-70。因此，在设计时采用 8.8 级材料进行计算。根据上述设计步骤，螺纹选取规格：紧固件为 M6；通过查表（VDI 2230 附表 A1、A2），设计紧固件轴向力为 7.5kN。实际工况螺纹规格选取：紧固件为 M10，比设计值大，更能满足疲劳强度的要求。

考虑到螺纹升角很小，紧固件轴向力-扭矩计算公式可化简为
$$M_0 \approx P_0\left[\frac{d_2\mu_t}{2\cos\alpha} + \frac{P}{2\pi} + \frac{\mu_c}{3} \times \frac{D_w^3 - d_0^3}{D_w^2 - d_0^2}\right] = M_{thread} + M_{pitch} + M_{head} \qquad (8-33)$$

假设紧固件支承面摩擦系数为 0.1，结合式(8-33)可计算得到 M10 紧固件的安装扭矩为 28N·m。

8.3 航空发动机双转子轴承法兰螺栓设计校核

航空发动机是一种高度复杂和精密的热力机械，包括涡轮喷气/涡轮风扇发动机、涡轮轴/涡轮螺旋桨发动机、冲压式发动机和活塞式发动机等多种类型。先进航空发动机的双转子系统是航空发动机的核心部件，具有复杂的结构形式，在高速、高压、高载和高温等恶劣条件下工作，容易出现多种形式的故障，特别是振动故障问题尤为突出。转子系统的振动故障问题直接影响到发动机的服役性能和结构安全性，对航空发动机双转子系统振动特性的研究，特别是振动故障的深入研究是目前工程中面临的重要任务和迫切需求。

航空发动机双转子试验主轴连接模型由两个锥度轴通过法兰螺栓连接组成，本节通过对连接法兰螺栓的载荷计算和现有连接方案的应力强度校核，计算得到螺栓的预紧力范围和判断螺栓连接的安全性。

8.3.1 连接螺栓载荷计算分析

试验机主轴法兰螺栓连接模型如图 8-3 所示。试验机主轴是由两个锥度轴通过法兰螺栓连接组成的，这种结构设计有利于两个主轴自对齐和对中，便于

试验轴承的安装和拆卸。轴承端锥度轴的法兰为通孔,与之配合的另一锥度轴为螺纹孔。主轴的动力通过锥度轴间的摩擦力进行传递,法兰螺栓连接确保锥度轴间的接触可靠性。

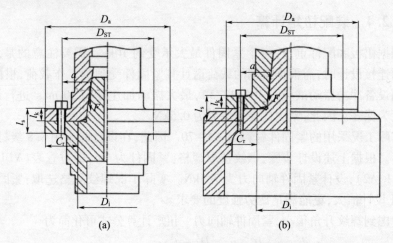

图 8-3　试验机主轴法兰螺栓连接模型[7]
(a)左端主轴;(b)右端主轴。

图中:L_s 为螺栓长度;L_k 为法兰紧固长度;D_{ST} 为螺栓轴向所在分度圆直径;
D_i 为主轴法兰内径;D_a 为主轴法兰外径;a 为载荷作用的偏心距;C_T 为法兰连接接触面宽度。

主轴通过锥度轴的配合给法兰螺栓施加轴向载荷,径向载荷通过力臂转化为螺栓的弯矩和力。根据结构的极限工况为轴向载荷 37kN,径向载荷为 45kN,螺栓数量为 8,因此单个法兰轴向载荷为 4.625kN。由于在试验过程中,为了保证锥度轴在摩擦力作用下可靠传递扭矩,需要给锥度轴施加一定轴向力,这个轴向力通过法兰螺栓施加。图 8-4 是锥度轴的受力分析图。

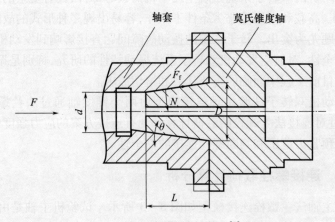

图 8-4　锥度轴受力分析[7]

根据锥套受力分析,可计算出每个螺栓的受力为 0.791kN。又因螺栓在轴向载荷作用下的单个法兰轴向载荷为 4.625kN,远远大于螺栓需施加在锥度轴上的力,故螺栓的最大工作载荷为 4.625kN。

8.3.2 应力计算和强度校核

依据 VDI 2230 指南计算理论,对法兰螺栓进行设计及校核。通过对主轴法兰螺栓连接的工作载荷和法兰刚度进行计算,获得一个比较合理的螺栓预紧力,进而可以计算螺栓的最大应力。

根据 VDI 2230 指南的螺栓计算流程,对螺栓进行计算:

(1) 依据螺栓所受的轴向动载荷 $F_{Amax} = 4.625\text{kN}$,取 $F = 6300\text{N}$ 为仅次于 F_{Amax} 的最大比较载荷。

(2) 由于主轴法兰连接螺栓所受到的工作载荷为动态偏心载荷,故可以选取最小装配预紧力为 $F_{Mmin} = 16000\text{N}$。

(3) 依据用指示扭矩的扳手扭紧的预紧安装方式,确定螺栓最大装配预紧力为 $F_{Mmax} = 25000\text{N}$。

(4) 初选螺栓强度等级为 10.9 级,确定螺栓公称直径为 M10。

综合法兰和主轴的有关尺寸,初步选定螺栓基本尺寸为 M10×40,螺栓强度等级为 10.9 级,确定如表 8-8 所示的螺栓基本参数。

表 8-8 螺栓基本参数

螺栓参数	参数数值/mm
紧固长度 l_K	20
钉杆部分长度 l_1	12
未拧入螺纹孔的自由螺纹长度 l_{Gew}	8
法兰通孔孔径 d_h	11
螺距 P	1.5
螺纹中径 d_2	9.026
螺纹小径 d_3	8.16
螺纹头直径 d_W	16
螺栓头支承面直径 d_{Wa}	15.33
小径处截面积 d_0	52.3
公称截面积 A_N	63.99
应力截面面积 A_S	58
螺栓长度 l	40
螺纹总长度 L_N	28

主轴法兰的螺栓连接类型为 ESV 螺栓连接和偏心加载,检查法兰接触面的极限尺寸 G',判断其是否在适用范围内。

$$G' = (1.8-2)d_w = (1.8-2) \times 15.33 = 27.59 - 30.66 \text{mm} > C_T \quad (8-34)$$

有分离一侧到螺栓轴线的距离

$$e = 11\text{mm} < (G'/2) = 13.80\text{mm} \quad (8-35)$$

综上所述,所选的螺栓满足其适用的范围。

螺栓采用显示扭矩的扳手进行拧紧,拧紧系数为 $\alpha_A = 1.6$。

确定所需的最小夹紧力为

$$F_{\text{Kerf}} \geq \max(F_{KQ}, F_{KP} + F_{KA}) \quad (8-36)$$

因为法兰连接在工作时不需要进行密封,故不考虑 F_{KP}。为了保证锥度轴的连接可靠,法兰之间的摩擦力为零或者很小,可忽略横向摩擦。故法兰连接只需考虑防止法兰单边开放的最小夹紧力 F_{KA}。在偏心受载情况下,最小夹紧力为

$$F_{KA} = F_{Kab} = F_{Amax} \frac{A_D \cdot (a \cdot u - s_{sym} \cdot u)}{I_{BT} + s_{sym} \cdot u \cdot A_D} + M_{Bmax} \frac{u \cdot A_D}{I_{BT} + s_{sym} \cdot u \cdot A_D} \quad (8-37)$$

式中:a 为轴向力 F_A 的作用线与螺栓轴线的距离;S_{sym} 为螺栓轴线偏离几何中心线的距离;I_{BT} 为接合面区域的惯性力矩;u 为接合面分离处到螺栓轴线的距离。

根据翘起的杠杆原理求得载荷偏心距:

$$a = 2u - \frac{2d_s u}{u + D_{ST}} = 24.67\text{mm} \quad (8-38)$$

已知法兰单元与所属螺栓孔面积之和为 A_{BT},则法兰单元接触面积为

$$A_D = A_{BT} - \frac{\pi}{4}d_h^2 = 1487.54(\text{mm}^2) \quad (8-39)$$

接触面的惯性矩为 $I_{BT} = 115876.13\text{mm}^4$,得到最小载荷为 $F_{KA} = 193.04\text{kN}$。

因此最小夹紧力为

$$F_{\text{Kerf}} = F_{KA} = 19.04\text{kN} \quad (8-40)$$

1. 螺栓柔度

螺栓总柔度可以通过分段计算后求和来获得。螺栓可以分为四段,分别为螺栓头弹性柔度 δ_{sk},螺栓光杆的弹性柔度为 δ_1,未拧入螺纹的弹性柔度为 δ_{Gew},啮合部分螺纹的弹性柔度为 δ_{GM},故螺栓总的轴向弹性柔度为

$$\delta_s = \delta_{sk} + \delta_1 + \delta_{Gew} + \delta_{GM} \quad (8-41)$$

拧入螺纹的柔度计算:已知螺栓材料弹性模量为 $E_s = 21000\text{N/mm}^2$,内螺纹的材料为 $E_{BI} = 20700\text{N/mm}^2$,螺栓弹性柔度 δ_G 和螺纹孔弹性柔度 δ_M 组成了啮合部分螺纹的弹性柔度 δ_{GM},即 $\delta_{GM} = \delta_G + \delta_M$。

由于是外六角螺栓,螺栓头的有效长度为 $l_{SK} = 0.4d$,则螺栓头的柔度为

$$\delta_{sk} = \frac{l_{SK}}{E_s A_N} = 0.3 \times 10^{-6} \text{mm/N} \quad (8-42)$$

螺栓光杆的弹性柔度：

$$\delta_1 = \frac{l_1}{E_s A_N} = 0.89 \times 10^{-6} \text{mm/N} \quad (8-43)$$

未拧入螺纹的弹性柔度 δ_{Gew}：

$$\delta_{Gew} = \frac{l_{Gew}}{E_s A_N} = 0.73 \times 10^{-6} \text{mm/N} \quad (8-44)$$

同样用 $l_G = 0.5d$ 来代替螺栓螺纹发生变形的长度，用 $l_M = 0.33d$ 来表示沉孔螺纹的长度。因此拧入螺纹弹性柔度和螺母的弹性柔度：

$$\delta_{GM} = \delta_G + \delta_M = \frac{l_G}{E_s A_N} + \frac{l_M}{E_s A_N} = 0.73 \times 10^{-6} \text{mm/N} \quad (8-45)$$

所以，螺栓的总柔度为

$$\delta_s = \delta_{sk} + \delta_1 + \delta_{Gew} + \delta_{GM} = 2.68 \times 10^{-6} \text{mm/N} \quad (8-46)$$

2. 法兰柔度

参照螺栓柔度的计算过程，将法兰柔度的计算转化为对各段的柔度进行计算，之后再进行求和计算，最终得到法兰的总柔度。计算法兰柔度的第一步应该要确定 ESV 螺栓连接的等效刚度模型结构和尺寸。针对等效变形圆锥体，其计算公式为

$$\tan \varphi_E = 0.348 + 0.013 \ln\left(\frac{\beta_L}{2}\right) + 0.153 \ln y \quad (8-47)$$

其中，$y = \dfrac{D'_A}{d_W}, \beta_L = \dfrac{l_K}{d_W}$。

将法兰分解成基础件和连接体是很难的，法兰的边缘不参与力的传导。对于影响基础体变形的，必须注意轴中间到法兰边缘上的材料范围。通过计算螺栓轴线周围整个区域的平均值，可得到法兰单元的最大等效外径 D'_A。则

$$D'_A = \frac{D'_{A,1} + 2(C_T - e) + (2t - d_h)}{3} = 98.58 \text{mm} \quad (8-48)$$

代入上述圆锥角公式，即可得到 $y = 6.431$，$\tan \varphi_E = 0.638$。

等效变形圆锥体的极限直径

$$D_{A,Gr} = d_W + w \cdot l_K \cdot \tan\varphi = 40.85 \text{mm} \quad (8-49)$$

代入的分切面上用以代替外径，求得变形体直径

$$D_A = \frac{2e + 2(C_T - e) + (2t - d_h)}{3} = 54.25 \text{mm} \quad (8-50)$$

故 $D_{A,Gr} < D_A$，两个对称的圆锥体结构构成了法兰的等效变形体。

等效圆锥体的计算柔度为：

ESV 连接数值取 $w = 2$

$$\delta_p = \frac{1}{d_h E \pi \tan\varphi} \ln \frac{(d_1 - d_h)(d_2 + d_h)}{(d_1 + d_h)(d_2 - d_h)} = 2.68 \times 10^{-6} \text{mm/N} \quad (8-51)$$

当外力作用在螺栓上,载荷系数为

$$\phi_K = \frac{\delta_p}{\delta_p + \delta_s} = 0.5 \quad (8-52)$$

这一结果不能直接用于计算,必须要引入载荷的系数,载荷系数同载荷作用的不同位置以及法兰连接的几何形状有着很大的关系,结合分析计算可知,本结构连接类型属于 SV6 连接类型,如图 8-5 所示。

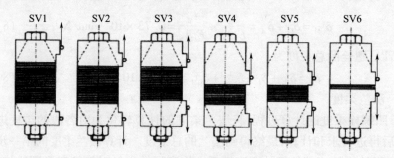

图 8-5　六种等效载荷情形

求得螺栓头边缘与法兰边缘的尺寸为

$$a_k = a - d_w/2 = 17.01 \text{mm} \quad (8-53)$$

根据以上数据,按 $a_k/h \geq 0.5$,查表得 $n = 0.07$,进而求得载荷系数为

$$\phi_n = n \cdot \phi_K = 0.035 \quad (8-54)$$

3. 预紧力影响因数

在法兰螺栓装配过程中,需考虑预损耗的预紧力。如螺栓接头的塑性变形、接触表面的压陷、材料的松弛及温度的变化等,都会损失掉一部分的装配预紧力。这里主要考虑压陷引起的预紧力损失量。

根据承受轴线作用的载荷和粗糙度 $R_Z = 16$,其中法兰和螺母相接触部分的压陷量为 3×10^{-3} mm,法兰的压陷量为 2×10^{-3} mm,螺纹啮合部分压陷量为 3×10^{-3} mm。因此,由于接触面压陷产生的压陷总量为

$$f_Z = 8 \times 10^{-3} \text{mm} \quad (8-55)$$

因此,求得预加载荷的损失量为

$$F_Z = \frac{f_Z}{\delta_p + \delta_s} = 1484.23 \text{N} \quad (8-56)$$

4. 螺栓最小装配预紧力

螺栓的最小装配预紧力主要包括三个部分的载荷,即接触面的最小预紧力、工作载荷的附加载荷及预紧力的损失量。

$$F_{\text{Mmin}} = F_{\text{Kerf}} + (1 - \phi_{\text{en}}^*)F_{\text{Amax}} + F_Z + \max(\Delta F_{\text{Vth}}, 0) \quad (8-57)$$

得到预紧力为 24.99kN。

5. 最大装配预紧力

$$F_{\text{Mmax}} = F_{\text{Mmin}} \alpha_A \quad (8-58)$$

为了充分使用螺栓的强度,在装配的时候对于材料达到最小屈服强度 90% 螺栓连接,取螺纹摩擦系数 $\mu_{\min} = 0.1$,根据表格文献,查到的 10.9 级 M10 螺栓的最大装配预紧力为

$$F_{\text{MZul}} = 44.5\text{kN} > F_{\text{Mmax}} \quad (8-59)$$

所选螺栓满足工作要求。

依据螺栓预紧力和工作载荷的相互关系,可以求得最大螺栓力为

$$F_{\text{MZul}} = F_{\text{MZul}} = 44.5\text{kN} \quad (8-60)$$

最大压应力为

$$\sigma_{\text{zmax}} = F_{\text{Smax}}/A_S = 767.24\text{N/mm}^2 \quad (8-61)$$

最大扭切应力为

$$\tau_M = M_G/W_p \quad (8-62)$$

式中:

$$M_G = F_{\text{Mzul}}(0.16P + 0.58 d_2 \cdot \mu_G) = 41752.01\text{N} \cdot \text{m} \quad (8-63)$$

$W_P = \pi \dfrac{d_0^3}{16} = 1245.58\text{mm}^3$,求得 $\tau_{\max} = 335.14\text{N/mm}^2$。

因此求得相对工作应力:

$$\sigma_{\text{red},B} = \sqrt{\sigma_z^2 + 3\tau_S^2} = 820.3\text{N/mm}^2 < R_{\text{p0.2min}} = 940\text{N/mm}^2 \quad (8-64)$$

螺栓的安全系数 $S_F = R_{\text{p0.2min}}/\sigma_{\text{red},B} = 1.14 > 1.0$,因此螺栓能够承受最大的工作载荷。

依据 VDI 2230 指南对试验机主轴螺栓连接法兰进行了设计计算。通过对螺栓进行受力分析,得到螺栓的等效载荷为 4.625kN。通过对螺栓进行预紧力和工作载荷的研究,得到螺栓预紧力与工作载荷之间的关系;为简化对复杂法兰刚度的计算,可将法兰单位截面等效为圆,确定法兰连接的刚度模型为两个上下对称的圆锥体,得到螺栓的初始预紧力 44.5kN。

8.4 火箭承力筒对接面螺栓连接结构设计优化

火箭承力筒是一种主结构形式,主要功能包括承载载荷、安装设备和决定构型三个方面,本节主要针对结构受力情况,通过理论计算及仿真分析,确定了结构的载荷分布情况,在确保刚度不明显降低的前提下,进行了螺栓数量、规格及排布方式的优化。

8.4.1 连接结构受力分析

火箭承力筒连接结构模型如图8-6所示,上下对接框之间通过72颗螺栓固定。螺栓的作用是使上下对接框紧固。螺栓在整个运行过程中主要承受轴向力和部分剪切力的作用,当螺栓伸长(应变)超过了弹性极限,因塑性屈服而产生永久变形,使预紧力减小导致螺栓连接失效(畸变、断裂等)。

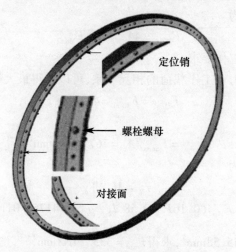

图8-6 火箭承力筒连接结构模型

根据载荷情况,在对接面上要承受剪力、弯矩、轴力等多种载荷,为了便于力学分析和计算,通常采用转换公式将剪力、弯矩等载荷等效转换成轴向力,然后再转换成单个螺栓所承受的最大轴力。经过理论计算,在对接面上均匀分布的直径相同的螺栓,受拉一侧的单颗螺栓最大总拉力为 $F_{总} = 10.02\text{kN}$。由表8-9可以看出螺栓的安全抗拉力值远低于螺栓的最小抗拉力值。

表8-9 理论最大受力螺栓拉力值

序号	节点数量	螺栓理论安全抗拉力值 (安全系数1.4,屈强比0.8)	螺栓规格强度	
			规格	最小抗拉/kN
1	72	17.535	M8	40.27

8.4.2 连接结构有限元分析

1. 有限元模型和分析设置

对螺栓连接结构进行应力和强度特性分析。该连接模型是一个呈圆形法兰的L框结构。根据连接设计要求,为了保证连接面的安全性和连接刚度,要采用合适的连接螺栓。通常采用的螺栓直径8mm和10mm。

由于仿真结果关注的是螺栓连接点的节点应力,所以使用两种建模方法:一是使用梁单元对螺栓进行简化建模;二是建立不带螺纹的实体螺栓。两种螺栓建模结构如图8-7所示。因为螺栓在该连接结构中只起连接和紧固作用,没有考虑密封等特殊要求,所以本节统一使用 MPC 约束和梁单元模拟螺栓。

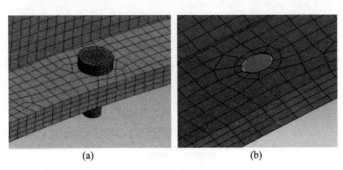

图8-7 两种螺栓建模结构
(a) 无螺纹实体模型;(b) 梁单元模型。

网格单元分析:有限元模型单元数为44866,节点数为272067。网格单元的体积和边长间的比率值处于0和1之间:0为最差,1为最好。本模型的单元比率系数平均值为0.73,网格质量能够保证仿真计算的精度。

界面接触设置:两个对接框之间设置为 Fritional(摩擦接触),摩擦系数为0.2。螺栓实体建模时,设置螺栓与螺母为绑定,螺栓和螺母与被夹紧件表面为摩擦接触,摩擦系数设置为0.2。接触设置的接触的穿透量/滑移量较小,仿真精度能够得到保障。

边界条件设置:根据连接部位有限元模型的结构特点,载荷施加在连接结构外壁端面上,设置下端固定。

2. 螺栓连接结构应力分析

利用已经建立完成的三维实体模型和已确定的边界条件,通过 Ansys workbench 有限元软件的静力学分析模块,计算求得螺栓连接结构的最大等效应力和螺栓最大节点应力。从图8-8可以观察出应力的分布,以及结构的变形情况。为了保证连接系统在最大受力情况下正常工作而不导致破坏,必须满足具有足够许用应力的设计准则。在所有的工作条件下,包括在极限载荷状态,要保证结构具有抵抗整体破坏所规定的最小安全余量,螺栓孔的最大节点力值范围应在所选螺栓的最小抗拉力值内,表8-10展现的是72颗螺栓连接结构在极限载荷下的最大节点力值和所选螺栓最小抗拉力值的对比。由等效应力图和对比表格可以看出,原72颗螺栓连接方案安全裕值较高,但螺栓性能的利用率较低。

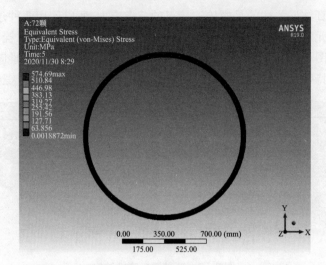

图 8-8　螺栓连接结构的等效应力云图(见彩插)

表 8-10　栓节点力值

序号	节点数量	仿真螺栓最大节点力值/kN	标准
			最小抗拉/kN
1	72	20.9125	40.27

3. 螺栓连接结构的模态分析

模态分析的主要目的是研究结构的振动特性,得到固有频率和振型,为结构的振动特性分析、振动故障诊断和预报以及结构动力特性的优化设计提供依据。

螺栓连接结构在实际工作中必须要和其他部件相连,故仅掌握结构在自由状态下的动力特性是不够的,更重要的是得到结构在实际工作状态下的动力特性。有限元计算得到结构在约束状态下的前 4 阶固有频率对应的振型如图 8-9 所示。

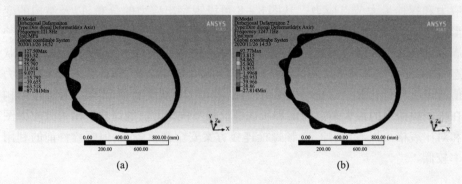

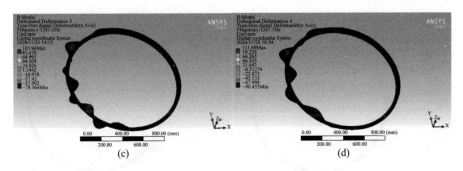

图 8-9　结构振型(见彩插)

(a)第1阶振型;(b)第2阶振型;(c)第3阶振型;(d)第4阶振型。

4. 连接结构螺栓优化

有限元分析的最终目的是进行优化设计,通过应力强度分析,现有的连接结构中最大受力螺栓性能的利用率较高,通过调整螺栓布置的数量、规格和排布,在保证所有边界条件不变的情况下,尽可能达到质量轻,形状合理,成本低,满足强度要求,避开危险的工作频率范围。为了保证螺栓布置尽量均匀,通过航天精工股份有限公司开发的《螺纹连接辅助设计及校核系统》软件[11],如图 8-10 所示,针对该圆形端框连接结构进行方案设计优化,提出了 56 颗 MJ8 和 32 颗 MJ10 螺栓的优化方案,并根据此前 72 颗 MJ8 的原方案的有限元分析进行了静力学和模态有限元分析。具体的应力仿真结果如图 8-11 所示。

 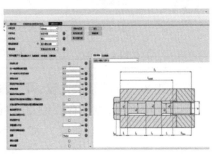

图 8-10　连接系统设计优化软件界面

考虑到连接数量计算的偶然性,也对方案做了相应的有限元分析,将连接结构分布的螺栓孔的最大节点力进行了对比整合,具体结果如表 8-11 所示,其中 MJ8 和 MJ10 的螺栓的最小抗拉力值分别为 40.27kN 和 63.8kN。

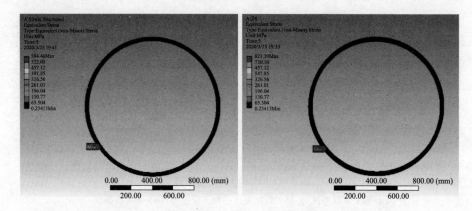

图 8-11　56 颗 MJ8 和 32 颗 MJ10 的等效应力云图

表 8-11　不同连接螺栓方案的有限元结果

类型	方案	结果				
		螺栓最大节点力值/kN	模态/Hz			
			第 1 阶	第 2 阶	第 3 阶	第 4 阶
连接螺栓	72 × MJ8	20.9125	1213	1247	1281	1287
	56 × MJ8	25.025	1205	1230	1275	1280
	32 × MJ8	32.95	1040	1144	1179	1189
	24 × MJ8	43.2875	875	912	939	1068
	32 × MJ10	40.7875	1200	1220	1264	1272

通过表 8-11 的结果比较,可以看出当选择 MJ8 螺栓的数量低于 56 时,结构的刚度下降明显,可能存在刚度不足的危险。数量低于 32 颗时,最大节点力值不能满足设计的安全系数。为了能在保证所有边界条件不变的情况下,最大节点力满足螺栓的安全抗拉力值,并且满足结构刚度的要求,应当选择 56 颗 MJ8 和 32 颗 MJ10 的预期优化方案。这样既符合了应力强度要求,又能保证结构前 4 阶固有频率没有明显下降,能够成功避免了危险工作频率。

8.4.3　可靠性设计分析

1. 采用 32 颗 MJ10 规格 TC4 材料螺栓连接

设强度为随机变量 S_2,应力为随机变量 L_2,基于强度数据 $S_2 \sim N(67.89075, 1.6101^2)$。考虑到实际使用过程中,应力接近材料强度的 0.8 倍时,可能导致材料损伤从而失效,为此,更正强度分布为(乘0.8后)$S_2 \sim N(54.3126, 1.6101^2)$。又因为其中承受最大载荷的螺栓应力均值为32.63kN,变异系数为0.15(标准差/均值),所以应力$L_2 \sim N(32.63, 4.89452)$。设随机变量$W_2 = S_2 - L_2$。根据正态分布的可加性,随机变量$L_2 \sim N(21.6826, 5.15252)$,则单个螺栓的可靠度为则单个螺栓的可靠度为

$$\begin{aligned} R^* &= \Pr(S - L > 0) \\ R^* &= \Pr(W > 0) \\ &= 1 - 0.00001277 \\ &= 0.99998723 \end{aligned} \quad (8-65)$$

在不允许螺栓失效的条件下,系统可靠度为

$$R = (R^*)^{32} = 0.99959144874 \quad (8-66)$$

2. 采用56颗MJ8规格TC4材料螺栓连接

设强度为随机变量S_2,应力为随机变量L_2,基于强度数据估计可得强度服从$S_2 \sim N(67.89075, 1.6101^2)$。考虑到实际使用过程中,应力接近材料强度的0.8倍时,可能导致材料损伤从而失效,为此,更正强度分布为(乘0.8后)$S_2 \sim N(54.3126, 1.6101^2)$。又因为其中承受最大载荷的螺栓应力均值为25.94kN,变异系数为0.15(标准差/均值),所以应力$L_2 \sim N(25.94, 3.8912)$。设随机变量$W_2 = S_2 - L_2$,根据正态分布的可加性,随机变量$L_2 \sim N(28.3726, 4.21102)$,则单个螺栓的可靠度为

$$\begin{aligned} R^* &= \Pr(S - L > 0) \\ R^* &= \Pr(W > 0) \\ &= 1 - 0.000000000017857 \\ &= 0.999999999982143 \end{aligned} \quad (8-67)$$

在不允许螺栓失效的条件下,系统可靠度为

$$R = (R^*)^{56} = 0.999999999 \quad (8-68)$$

8.4.4 连接结构的系统级试验验证

通过试验,验证优化连接方案是否满足承力筒对接面在实际工况条件下的安全性及技术要求,并验证螺栓预紧力安装的可行性。另外,通过实际试验的数据信息来验证优化方案和基于扭拉型谱力矩控制方法的可靠性[8]。

三组方案进行试验:①32颗MJ8;②56颗MJ8;③72颗MJ8。

以56颗MJ8连接方案试验结果为例。采用基于扭拉关系型谱的高精度控制方法进行安装,采用顺序安装,分别拧紧到2kN和8kN。由图8-12可以看出,56颗MJ8连接方案在受压状态下,螺栓除本身预紧力外,几乎不受力。

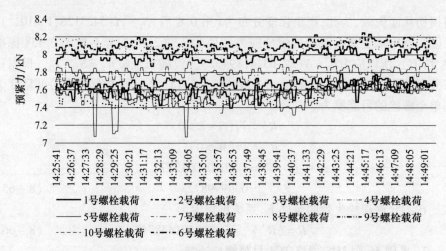

图 8-12　不同压缩载荷下螺栓预紧力（初始预紧力为 8kN）（见彩插）

由图 8-13 和图 8-14 可以看出，对于 56 颗螺栓连接方案（优化后）和 72 颗螺栓连接方案，在受拉状况下各监测点的应变数据，随拉伸载荷的变化趋势一致，拉伸条件下应变量最大相差 $179×10^{-6}$ mm，压缩条件下应变量最大相差 $79×10^{-6}$ mm，都在可控范围内，验证了 56 颗 MJ8 螺栓连接方案的可行性。对于 32 颗螺栓连接方案和 72 颗螺栓连接方案，在受拉状况下各监测点的应变数据，随拉伸载荷的变化趋势一致，拉伸条件下应变量最大相差 $1140×10^{-6}$ mm，压缩条件下应变量最大相差 $145×10^{-6}$ mm，不在可控范围内。上述试验验证了 32 颗 MJ8 螺栓连接方案存在的安全隐患。

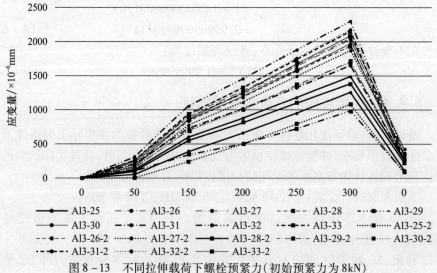

图 8-13　不同拉伸载荷下螺栓预紧力（初始预紧力为 8kN）
（其中实线是 56 颗螺栓连接方案应变，虚线为 72 颗螺栓连接方案应变）（见彩插）

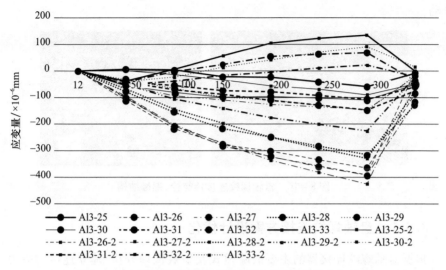

图 8-14 不同压缩载荷下螺栓预紧力(初始预紧力为 8kN)
(其中实线是 56 颗螺栓连接方案应变,虚线为 72 颗螺栓连接方案应变)(见彩插)

通过对 56 颗 MJ8 螺栓连接方案和 72 颗 MJ8 螺栓连接方案对比,结合同等轴向载荷下连接结构各螺栓预紧力载荷变化,以及对铝合金连接结构应变数据对比,可以看出两种连接方案在同等载荷下的螺栓组载荷变化接近,拉伸条件下应变量和压缩条件下应变量最大差值都在可控范围内,验证了 56 颗 MJ8 螺栓连接方案的可行性。

8.5 航空盘轴螺栓连接方案设计优化

盘轴螺纹连接器是航空发动机的关键连接部位,包含 24 组螺栓螺母连接副,一组连接副包含 1 件螺栓、1 件螺母,如图 8-15 所示。连接螺栓规格 MJ14×1.5,材料 MP159/GH159,主要功能为保持预紧力、承受轴向拉力、承受剪力、耐高温、提供外螺纹连接[9]。配套螺母规格 MJ14×1.5,材料 Inconel718/GH4169,如图 8-16 所示,主要功能为锁紧防松、扳拧、润滑、提供内螺纹连接。24 组螺纹连接副组成盘轴螺纹连接器,起到紧固连接的作用,在安装、拆卸过程中能够正确安装、分离,在使用过程中具有要求的夹紧力、不

图 8-15 盘轴螺纹连接器结构组成

松动。

图 8-16 盘轴螺纹连接器螺栓、螺母结构

8.5.1 盘轴螺纹连接方案设计优化

根据盘轴螺纹连接器的主要故障模式及失效机理分析,建立连接的应力-强度可靠度模型,基于该模型进行盘轴螺纹连接器的可靠度评估,再根据轻量化的设计要求,进行连接方案的设计优化。将盘轴螺纹连接器的连接模型简化为环形连接,连接主要受最大拉伸、横向、弯矩和扭矩载荷。

考虑在边距、间距及承载满足设计指标的前提下,拟在原有方案基础上选用 GH159 材质的 MJ12 螺栓产品,并对连接方案进行设计优化。

螺栓既受到因安装产生的轴向预紧力,还受到外载荷传递到螺栓上的分力。因此需要考虑外部载荷分散到螺栓上的载荷是否能通过螺栓本身的预紧力去支承。另外,分析螺栓性能强度时,需要考虑到"螺栓预紧力+螺栓节点载荷"是否满足螺栓的屈服极限。综合上述两个原因,本节在原有螺栓设计方法上进行了改进,提出了螺栓设计时所需满足的两个强度公式:

$$\left(\frac{F_{轴}}{n}+\frac{2M}{nR}+\frac{F_Q \cdot K}{n\mu m}\right) \times 螺栓安全系数 \leqslant F_{预} \qquad (8-69)$$

$$\left(\frac{F_{轴}}{n}+\frac{2M}{nR}\right) \times 螺栓安全系数 + F_{预} \leqslant F_{标} \qquad (8-70)$$

式中:$F_{轴}$ 为单螺栓的轴向载荷;n 为螺栓的数量;R 为螺栓所在分度圆的半径;M 为单螺栓所受的转矩;K 为放大系数;$F_{预}$ 为螺栓的安装预紧力;$F_{标}$ 为螺栓的标准抗拉载荷;μ 为分界面的摩擦系数;m 为传递摩擦的界面数量。

保证原有安全设计系数范围,通过将五种工况的载荷,轴向力 $F_{轴}$、剪力 F_Q 和弯矩 M 代入式(8-69)和式(8-70)中,结合《螺纹连接辅助设计及校核系统》软件设计模块计算得 $n \geqslant 26$,确定 26 颗 MJ12 的连接方案。利用修正后的可靠性模型对 26 颗 MJ12 连接方案进行可靠度评估。

基于强度数据,可估计出 MJ12 的强度 δ_2 服从正态分布:$N(135.33667,$

0.34825^2)。考虑到实际使用过程中,最大危险载荷为 38.98kN,变异系数为 0.12(标准差/均值),所以应力 s_2 服从正态分布:$N(38.98,4.6776^2)$。设计预紧力为 70.96kN,则 $0.9 \times 70.95655 = 63.8609$kN,方差为 2.95^2,则预紧力的分布 w 为 $N(63.8609,2.95^2)$,则最大危险载荷 + 预紧力作为应力的分布 s_1 为 $N(102.8409,5.5301393979^2)$。设随机变量 $y_1 = \delta_1 - s_1$,则它服从正态分布:$N(32.49577,5.54109374^2)$,由此可计算单个螺纹连接件的可靠度为

$$R_1 = P\{\delta_1 > s_1\} = P\{y_1 > 0\}$$
$$= 0.99999999774762262097826 \qquad (8-71)$$

螺栓预紧力用于夹紧:连接部件,防止连接界面产生松脱或滑移等风险,则预紧力作为强度,最大危险载荷作为应力,则此时的强度 δ_2 服从正态分布:$N(63.8609,2.95^2)$。应力 s_2 服从正态分布:$N(38.98,4.6776^2)$。设随机变量 $y_2 = \delta_2 - s_2$,则它服从正态分布:$N(24.8809,5.5301393979^2)$,由此可计算单个螺纹连接件的可靠度为

$$R_2 = P\{\delta_2 > s_2\} = P\{y_2 > 0\}$$
$$= 0.99999658863729383799 \qquad (8-72)$$

考虑螺纹连接需要两部分均可靠,则单个螺纹连接件的可靠度为上述两部分的乘积:

$$R = R_1 \times R_2 = 0.9999965863849241384 \qquad (8-73)$$

若盘轴螺纹连接器为 1/26[F] 系统,即当任意一个螺纹连接件失效,盘轴螺纹连接器失效,则其可靠度为

$$R^{1/26[F]} = (R)^{26} = 0.999911249795073 \qquad (8-74)$$

对比 24 颗 MJ14 和 26 颗 MJ12 两个方案经过制造工艺和安装工艺优化后的可靠度、螺栓重量,如表 8 - 12 所示。

表 8 - 12　不同方案的可靠度

方案	可靠度	安装方法	螺栓总重量
26 颗 MJ12	0.99991125	力矩控制	$0.71M$
24 颗 MJ14	0.999997889	力矩控制	M

注:M 为 24 颗 MJ14 重量。

通过对盘轴螺纹连接器的螺栓连接方案优化设计,优化后的 26 颗 MJ12 在相同的工况下满足设计要求。与 24 颗 MJ14 的连接方案相比,螺栓重量降低 29%。同时,在原有安全系数法设计的基础上,引入了可靠度评估,分析了影响盘轴螺纹连接器可靠性模型的主要参数,对原有盘轴螺纹连接器可靠性模型进行了修正,实现了理论提升。

8.5.2 盘轴螺纹连接方案计算校核

1. 确定拧紧系数α_A

装配预紧力的波动范围,为满足预紧力最小值,拧紧系数越大,实际装配预紧力可能的最大值越大,用于后续螺栓校核。定义:

$$\alpha_A = \frac{F_{Mmax}}{F_{Mmin}} \tag{8-75}$$

式中:F_M 为装配预紧力。

根据盘轴螺纹连接器的装配要求,拟采用力矩扳手进行安装,拧紧系数在 1.5~2。

2. 确定需要的最小夹紧载荷F_{Kerf}

工作状态需要的夹紧力,同时考虑防滑动、防泄漏、防单侧脱开等要求的夹紧力最小值。横向载荷与扭矩

$$F_{KQ} = \frac{F_{Qmax}}{q_F \cdot \mu_{Tmin}} + \frac{M_{Ymax}}{q_M \cdot r_a \cdot \mu_{Tmin}} \tag{8-76}$$

式中:q_F 为横向载荷作用面数量;q_M 为扭矩作用面数量;r_a 为摩擦半径 = (分界面直径D_a + 螺栓孔直径D_h)/4。

防止被夹紧件松开的预加载荷为

$$F_{KA} = F_{Kab} = F_{Amax}\frac{A_D \cdot (a \cdot u - s_{sym} \cdot u)}{I_{BT} + s_{sym} \cdot u \cdot A_D} + M_{Bmax}\frac{u \cdot A_D}{I_{BT} + s_{sym} \cdot u \cdot A_D} \tag{8-77}$$

26 颗 MJ12 螺栓连接方案的最小夹紧载荷为 38.98kN。
24 颗 MJ14 螺栓连接方案的最小夹紧载荷为 42.23kN。

3. 将工作载荷划分为F_{SA}和F_{PA},确定δ_S、δ_P和n

在外载荷作用下,螺栓受力与被夹紧件受力的变化,螺栓受力变化影响后面螺栓工作应力校核,被夹紧件受力变化影响预紧力计算。加载工作载荷F_A,会造成夹紧力减小(记为F_{PA}),螺栓受力增加(记为F_{SA})。根据受力平衡得 $F_A = F_{SA} + F_{PA}$,设载荷分配系数$\phi = F_{SA}/F_A$,对于偏心加载,载荷分配系数为

$$\phi_{en}^* = n \cdot \frac{\delta_P^{**} + \delta_{Zu}}{\delta_S + \delta_P^*} \tag{8-78}$$

两种连接方案的载荷系数如表 8-13 所示。

表 8-13 两种连接方案的载荷系数

	载荷导入系数	载荷系数
24 颗 MJ14 螺栓	0.7	0.205
26 颗 MJ12 螺栓	0.7	0.153

4. 螺栓柔度计算

螺栓总柔度 = 螺栓头部柔度 + 各段光杆柔度 + 未旋合螺纹段柔度 + 螺栓旋合段小径柔度 + 螺纹柔度：

$$\delta_S = \delta_{SK} + \sum \delta_i + \delta_{Gew} + \delta_G + \delta_M \tag{8-79}$$

通过螺栓尺寸可计算出，MJ14 螺栓在装配下的弹性柔度 $\delta_S = 1.57 \times 10^{-6}$ mm/N，在工作温度下的弹性柔度为 1.98×10^{-6} mm/N。MJ12 螺栓在装配下的弹性柔度 $\delta_S = 1.24 \times 10^{-6}$ mm/N，在工作温度下的弹性柔度为 1.56×10^{-6} mm/N。

5. 被夹紧件柔度计算

柔度 = 螺栓位置的形变/外载，即

$$\delta_P^* = \frac{\Delta l}{F_S} = \frac{l}{EA} + s^2 \frac{l}{EI} = \delta_P + s^2 \frac{l}{EI} \tag{8-80}$$

对于偏心加载，力 F_A，螺栓距中心距离 s，加载位置距中心距离 a，则同时形成力矩 $M = F_A \cdot a$。

$$\delta_P^{**} = \frac{\Delta l}{F_A} = \frac{l}{EA} + sa\frac{l}{EI} = \delta_P + sa\frac{l}{EI} \tag{8-81}$$

两种连接方案的被夹紧件弹性柔度如表 8-14 所示。

表 8-14 两种连接方案的被夹紧件弹性柔度

	被夹紧件弹性柔度（室温下）	被夹紧件弹性柔度（工作温度）
24 颗 MJ14 螺栓	0.477×10^{-6} mm/N	0.648×10^{-6} mm/N
26 颗 MJ12 螺栓	0.409×10^{-6} mm/N	0.556×10^{-6} mm/N

6. 预加载荷的变化 F_Z、$\Delta F'_{Vth}$

从装配状态到工作状态，除外加载荷外其他因素导致的预加载荷的变化。不能确定发生在外载加载之前还是之后，为保证各中间状态都处在范围内。根据盘轴螺纹连接器的表面加工方式，嵌入值取 0.015。

嵌入的影响：

$$F_Z = \frac{f_Z}{\delta_S + \delta_P} \tag{8-82}$$

温度变化造成的预紧力损失：

$$\begin{aligned}\Delta F_{Vth} &= F_{VRT} - F_{VT} = F_{VRT}\left(1 - \frac{\delta_{SRT} + \delta_{PRT}}{\delta_{ST} + \delta_{PT}}\right) + \frac{l_K \cdot (\alpha_S \cdot \Delta T_S - \alpha_P \cdot \Delta T_P)}{\delta_{ST} + \delta_{PT}} \\ &= F_{VT}\left(\frac{\delta_{ST} + \delta_{PT}}{\delta_{SRT} + \delta_{PRT}} - 1\right) + \frac{l_K \cdot (\alpha_S \cdot \Delta T_S - \alpha_P \cdot \Delta T_P)}{\delta_{SRT} + \delta_{PRT}}\end{aligned} \tag{8-83}$$

两种方案的嵌入损失和载荷损失如表 8-15 所示。

表 8-15 两种方案的嵌入损失和载荷损失

	嵌入损失/kN	温度损失/kN
24 颗 MJ14 螺栓	4.98	29.62
26 颗 MJ12 螺栓	4.33	28.98

7. 确定最小装配预加载荷 F_{Mmin}

$$F_{Mmin} = F_{Kerf} + (1 - \phi_{en}^*) F_{Amax} + F_Z + \max(\Delta F_{Vth}, 0) \qquad (8-84)$$

最小装配状态预加载荷 = 工作状态需要的预紧力 + 外加载荷造成的预紧力减少 + 嵌入造成的预紧力减少 + 温度变化造成的预紧力减少（如果是增加则记为 0）。两种方案的最小装配预加载荷如表 8-16 所示。

表 8-16 两种方案的最小装配预加载荷

	最小装配预加载荷/kN
24 颗 MJ14 螺栓	40.43
26 颗 MJ12 螺栓	38.98

8. 确定最大装配预加载荷 F_{Mmax}

$$F_{Mmax} = F_{Mmin} * \alpha_A \qquad (8-85)$$

考虑安装方式影响，实际装配预加载荷处于一定范围，当范围下限满足 R5 最小要求时，上限可能达到 F_{Mmax}。两种方案的最大装配载荷如表 8-17 所示。

表 8-17 两种方案的最大装配载荷

	最大装配预加载荷/kN
24 颗 MJ14 螺栓	80.86
26 颗 MJ12 螺栓	78.47

9. 确定工作应力 $\sigma_{red,B}$

工作应力为

$$\sigma_{red,B} = \sqrt{\sigma_Z^2 + 3\tau_S^2} < R_{p0.2min} \qquad (8-86)$$

工作状态正应力为

$$\sigma_Z = \frac{1}{A_0}(F_{Mzul} + F_{SAmax} - \min(\Delta F_{Vth}, 0)) + \frac{M_{sbmax}}{W_b} \qquad (8-87)$$

两种方案的工作应力校核如表 8-18 所示。

表 8-18 两种方案的工作应力校核

	螺栓最大拉伸应力/MPa	抗屈服安全系数
24 颗 MJ14 螺栓	1121	1.1
26 颗 MJ12 螺栓	1269	1

通过对两种螺栓连接方案的强度校核,新的连接方案(26颗MJ12)在装配和服役条件下满足设计要求。

综上所述,新的连接方案满足设计指标要求。

8.5.3 预紧力设计指标优化

参照基于多竞争失效模式的紧固连接系统可靠性正向设计方法[10],预紧力精度的大小对 R_1、R_2 和 R 有明显的影响,存在一定的函数关系,为了探究预紧力精度对盘轴螺纹连接器可靠度的影响,下面开展基于多竞争失效模式可靠性模型的盘轴螺纹连接器设计指标优化研究。

1. 盘轴螺纹连接器通用可靠性模型

(1)考虑应力强度的可靠度 R_1 函数表达式:

$$R_1 = P\{\delta_1 > s_1\} = P\{y_1 > 0\} = \int_0^\infty \frac{1}{\sigma_{y_1}\sqrt{2\pi}} \exp\left[-\frac{1}{2}\left(\frac{y_1 - \mu_{y_1}}{\sigma_{y_1}}\right)\right] dy_1$$

(8-88)

(2)考虑预紧力的可靠度 R_2 的函数表达式:

$$R_2 = P\{\delta_2 > s_2\} = P\{y_2 > 0\} = \int_0^\infty \frac{1}{\sigma_{y_2}\sqrt{2\pi}} \exp\left[-\frac{1}{2}\left(\frac{y_2 - \mu_{y_2}}{\sigma_{y_2}}\right)\right] dy_2$$

(8-89)

(3)综合考虑应力强度和预紧力的可靠度 R 的函数表达式:

$$R = P\{\delta_1 > s_1, \delta_2 > s_2\} = P\{y_1 > 0, y_2 > 0\}$$
$$= \int_0^\infty \frac{1}{\sigma_{y_1}\sqrt{2\pi}} \exp\left[-\frac{1}{2}\left(\frac{y_1 - \mu_{y_1}}{\sigma_{y_1}}\right)\right] dy_1 \int_0^\infty \frac{1}{\sigma_{y_2}\sqrt{2\pi}} \exp\left[-\frac{1}{2}\left(\frac{y_2 - \mu_{y_2}}{\sigma_{y_2}}\right)\right] dy_2$$

(8-90)

2. 24颗MJ14规格螺栓组成的盘轴螺纹连接器可靠性模型

(1)考虑应力强度的可靠性 R_1 度函数表达式:

$$R_1 = P\{\delta_1 > s_1\} = P\{y_1 > 0\} = \int_0^\infty \frac{1}{\sigma_{y_1}\sqrt{2\pi}} \exp\left[-\frac{1}{2}\left(\frac{y_1 - \mu_{y_1}}{\sigma_{y_1}}\right)\right] dy_1$$

$$= \int_0^\infty \frac{1}{5.88964211\sqrt{2\pi}} \exp\left[-\frac{1}{2}\left(\frac{y_1 - 137.678 + 80.952b}{5.88964211}\right)\right] dy_1$$

(8-91)

(2)考虑预紧力的可靠度 R_2 的函数表达式:

$$R_2 = P\{\delta_2 > s_2\} = P\{y_2 > 0\} = \int_0^\infty \frac{1}{\sigma_{y_2}\sqrt{2\pi}} \exp\left[-\frac{1}{2}\left(\frac{y_2 - \mu_{y_2}}{\sigma_{y_2}}\right)\right] dy_2$$

$$= \int_0^\infty \frac{1}{5.86370785\sqrt{2\pi}} \exp\left[-\frac{1}{2}\left(\frac{y_2 - 80.952b + 42.23}{5.86370785}\right)\right] dy_2 \quad (8-92)$$

(3) 综合考虑应力强度和预紧力的可靠度 R 的函数表达式：

$$R = P\{\delta_1 > s_1, \delta_2 > s_2\} = P\{y_1 > 0, y_2 > 0\}$$

$$= \int_0^\infty \frac{1}{\sigma_{y_1}\sqrt{2\pi}} \exp\left[-\frac{1}{2}\left(\frac{y_1 - \mu_{y_1}}{\sigma_{y_1}}\right)\right] \mathrm{d}y_1 \int_0^\infty \frac{1}{\sigma_{y_2}\sqrt{2\pi}} \exp\left[-\frac{1}{2}\left(\frac{y_2 - \mu_{y_2}}{\sigma_{y_2}}\right)\right] \mathrm{d}y_2$$

$$= \int_0^\infty \frac{1}{5.88964211\sqrt{2\pi}} \exp\left[-\frac{1}{2}\left(\frac{y_1 - 137.678 + 80.952b}{5.88964211}\right)\right] \mathrm{d}y_1$$

$$\int_0^\infty \frac{1}{5.86370785\sqrt{2\pi}} \exp\left[-\frac{1}{2}\left(\frac{y_2 - 80.952b + 42.23}{5.86370785}\right)\right] \mathrm{d}y_2 \qquad (8-93)$$

式中：b 为预紧力倍数，δ 为预紧力精度，且有 $b = 1 + \delta$。

(4) 若盘轴螺纹连接器为 $1/24[F]$ 系统，即当任意一个螺纹连接件失效（不允许任何螺纹连接件失效），盘轴螺纹连接器失效，则其可靠度为

$$R^{1/24[F]} = (R)^{24} = \left(\int_0^\infty \frac{1}{5.88964211\sqrt{2\pi}} \exp\left[-\frac{1}{2}\left(\frac{y_1 - 137.678 + 80.952b}{5.88964211}\right)\right] \mathrm{d}y_1\right.$$

$$\left.\int_0^\infty \frac{1}{5.86370785\sqrt{2\pi}} \exp\left[-\frac{1}{2}\left(\frac{y_2 - 80.952b + 42.23}{5.86370785}\right)\right] \mathrm{d}y_2\right)^{24}$$

$$(8-94)$$

式中：b 为预紧力倍数，δ 为预紧力精度，且有 $b = 1 \pm \delta$。

(5) 目标预紧力倍数 b 与可靠度 R 关系的函数曲线如图 8-17 所示。

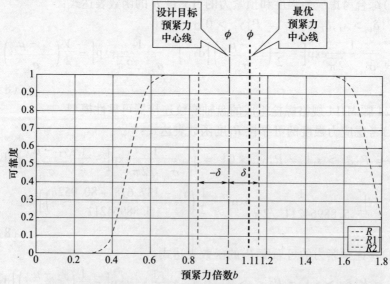

（说明：由于计算精度，超过50个9读数显示为1，故中间显示为一段平线）

图 8-17 目标预紧力倍数 b 与可靠度 R 关系的函数曲线

通过图8-17可知,24颗MJ14规格螺栓组成的盘轴螺纹连接器可靠度R随着预紧力倍数b的增加先增加直至达到峰值后再减小。从图中也可以看出,随着预紧力精度δ的增高(即距离目标预紧力中心线ϕ越近),边界线所对应的可靠度R也呈增高趋势。从图中还可以看出,可靠度最高值中心线ϕ'所对应的b为1.11,即最优预紧力F'为1.11倍的设计目标预紧力F,两者存在一定偏离,通常情况下设计给定的目标预紧力应是最优预紧力,故将原目标预紧力优化为$F' = 1.11F = 1.11 \times 80.95 \mathrm{kN} = 89.85 \mathrm{kN}$。

参照24颗MJ14规格螺栓组成的盘轴螺纹连接器可靠性模型的计算步骤,对26颗MJ12螺栓组成的盘轴螺纹连接器可靠性模型进行设计计算,在此就不再赘述。不同可靠度下的预紧力控制范围如图8-18和图8-19所示。24颗MJ14螺栓和26颗MJ12螺栓的预紧力设计指标分别如表8-19和表8-20所示。

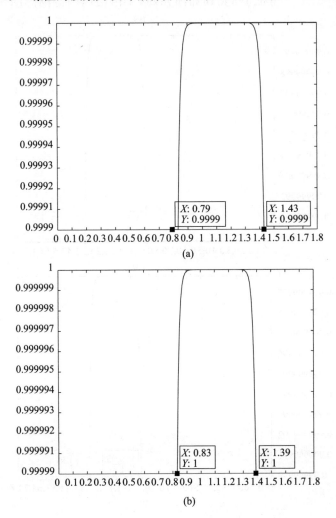

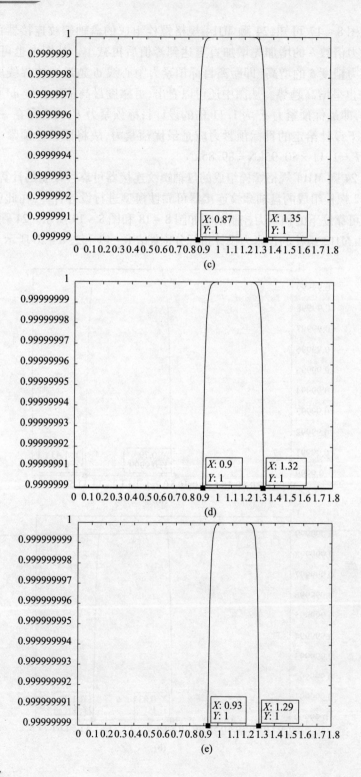

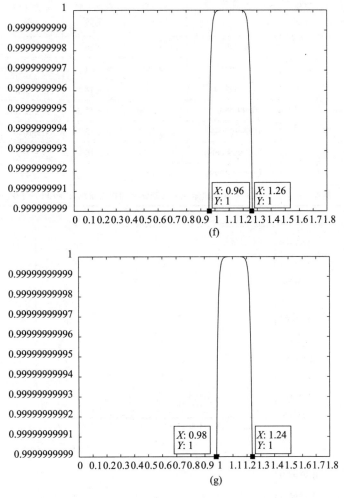

图 8-18 不同可靠度下的预紧力控制范围(24 颗 MJ14 螺栓
组成的盘轴螺纹连接器)

(a)可靠度为 0.9999 的预紧力范围;(b)可靠度为 0.99999 的预紧力范围;
(c)可靠度为 0.999999 的预紧力范围;(d)可靠度为 0.9999999 的预紧力范围;
(e)可靠度为 0.99999999 的预紧力范围;(f)可靠度为 0.999999999 的预紧力范围;
(g)可靠度为 0.9999999999 的预紧力范围。

表 8-19 24 颗 MJ14 螺栓组成的盘轴螺纹连接器预紧力设计指标推荐

序号	设计预紧力		可靠度	预紧力控制精度			
	原设计值	优化后值		不允许失效	允许1颗失效	允许2颗失效	允许3颗失效
1	80.95kN	89.85kN	0.9999	>±32%	>±24%	>±22%	>±19%
2			0.99999	>±28%	>±21%	>±18%	>±16%
3			0.999999	>±24%	>±18%	>±15%	>±12%
4			0.9999999	>±21%	>±15%	>±12%	>±10%
5			0.99999999	>±18%	>±12%	>±10%	>±7%
6			0.999999999	>±15%	>±10%	>±7%	>±4%
7			0.9999999999	>±13%	>±7%	>±4%	>±2%
安装方法推荐			±35%<常规扭矩法<±25%<扭拉关系法<±10%<智能螺栓<±3%				

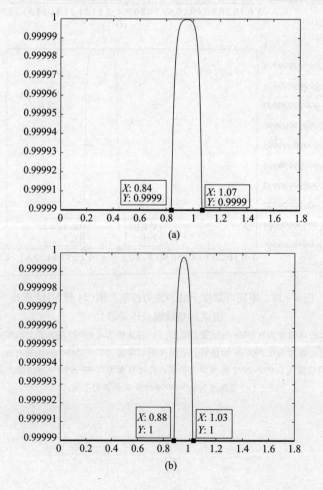

(a)

(b)

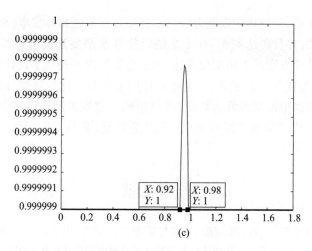

图 8-19 不同可靠度下的预紧力控制范围（26 颗 MJ14
螺栓组成的盘轴螺纹连接器）
（a）可靠度为 0.9999 的预紧力范围；（b）可靠度为 0.99999 的预紧力范围；
（c）可靠度为 0.999999 的预紧力范围。

表 8-20 26 颗 MJ12 螺栓组成的盘轴螺纹连接器预紧力设计指标推荐

序号	设计预紧力		可靠度	预紧力控制精度	安装方法
	原设计值	优化后值			
1	70.95kN	67.4kN	0.9999	>±11%	扭拉关系控制法
2			0.99999	>±7%	智能紧固件
3			0.999999	>±3%	

针对 24 颗 MJ14 规格螺栓组成的盘轴螺纹连接器，根据模型和曲线可知，在较宽的预紧力精度控制范围内，都能保持比较高的可靠度水平，且可靠度最高值超过 50 个 9 的水平，说明该连接方案的安全裕度比较高；在相同失效条件下，每提升 2%~4% 的安装精度可以提升 1 个 9 的可靠度水平；同样在相同可靠度水平下，提升安装精度允许的失效数量也随之增加；根据不同可靠度指标下对应的预紧力控制精度可知，采用常规扭矩安装方法，就能达到 5~6 个 9 的可靠度水平，说明该连接设计方案对预紧力误差的包容性高，最大可允许 ±32% 的误差，容差能力比较强，属于安全系数比较高的稳健性设计，在一定程度上牺牲了结构重量，确保在不同安装误差条件下都可以保证较高的可靠性水平，也是目前最常见的设计方法。

针对 26 颗 MJ12 规格螺栓组成的盘轴螺纹连接器，根据模型和曲线可知，可靠度水平与设计要求比较接近，可靠度最高值为 6 个 9，仅比设计要求多 2 个 9；该连接方案的预紧力精度控制范围比较窄，最大范围才为 ±11%，对预紧力误差的敏感度比较高,常规扭矩安装方法已不能满足可靠度指标要求,至少要选用扭拉关系控制法,并且要达到5~6个9的可靠性水平要选用智能紧固件进行安装。该连接设计方案属于精细化设计范畴,可靠度水平稍高于设计指标,指标利用率比较高,连接结构轻量化,但是要对使用载荷条件比较清楚,同时还要严格控制安装过程以保证其预紧力精度,通过精确的过程控制保证其合适的可靠度水平,在汽车、轨道交通等民用领域应用比较广泛,是航空航天结构轻量化设计发展的重要方向。

参考文献

[1] 成大先. 机械设计手册(第六版):连接与紧固[M]. 北京:化学工业出版社,2017.

[2] 谢金玲,张文庆,谢春音. 某种轨检车构架强度及疲劳安全性能评估[J]. 中国安全科学学报,2018,28(S2):143-148.

[3] 万朝燕,谢素明,李晓峰. 高强度单螺栓连接计算——VDI 2230-1:2015标准理论解读及程序实现[M]. 北京:机械工业出版社,2023.

[4] Verein Deutscher Ingenieure. Systematic calculation of highly stressed bolted joints:Joints with one cylindrical bolt:VDI 2230-1:2015[S]. Berlin:German Society for Science and Technology,2015.

[5] Verein Deutscher Ingenieure. Systematic calculation of highly stressed bolted joints:Multi bolted joints:VDI 2230-2:2014[S]. Berlin:German Society for Science and Technology,2015.

[6] 陈旭. 快速市域动车组车下设备舱结构设计[J]. 科技创新与应用,2023,13(3):130-133.

[7] 吕彩霞. 航空发动机双转子轴承试验机的设计研究[D]. 大连:大连理工大学,2017.

[8] 吴晨. 基于超声波法的风电机组螺栓预紧力测量与控制研究[J]. 机电工程,2020(1):11-13.

[9] 李爱民. 圆弧端齿结构设计方法与微动疲劳寿命预测模型研究[D]. 南京:南京航空航天大学,2015.

[10] 许彦伟,沈超,焦光明,等. 基于多竞争失效模式的紧固连接系统可靠性正向设计方法:CN202310173057.0[P],2023-05-05.

[11] 航天精工股份有限公司. 2021SR0915833. 螺纹连接辅助设计及校核系统[软件]. 2021(2021.5.19)[2021.6.18]. 国家版权局.

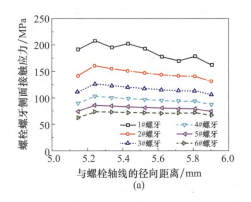
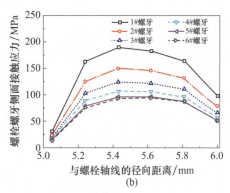

图4-21 不同精细度网格的接触应力计算结果[3]

(a)细网格;(b)粗网格。

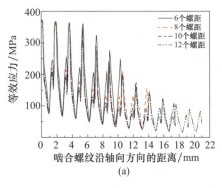
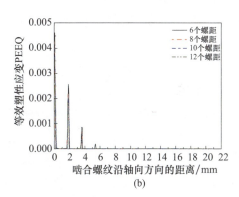

图4-23 不同螺纹啮合长度($P_0 = 21\text{kN}, \mu_{fw} = 0.15, \mu_{fb} = 0.121, \mu_t = 0.165$)
在路径上的节点数据[3]

(a)等效应力;(b)等效塑性应变。

彩1

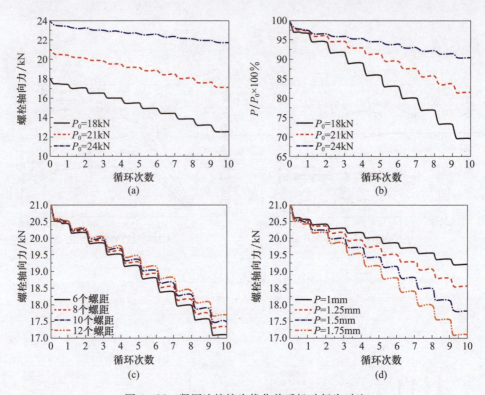

图4-25 紧固连接接头优化前后松动行为对比
($P_0 = 21\text{kN}$, $\theta_0 = 0.576°$, $\mu_{fw} = 0.15$, $\mu_{fb} = 0.121$, $\mu_t = 0.165$)
(a) 不同初始预紧力的轴向力下降曲线；(b) 不同初始预紧力的轴向力下降百分比；
(c) 不同啮合长度的轴向力下降曲线；(d) 不同螺距值的轴向力下降曲线。

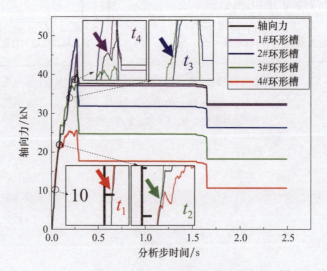

图4-30 铆接过程各圈环形槽的轴力演变情况[7]

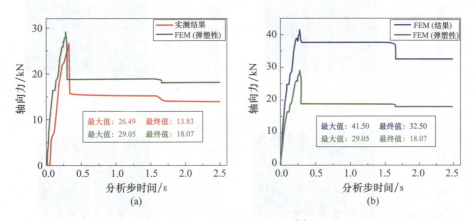

图 4-31 仿真结果对比[7]

(a) 弹塑性铆钉材料仿真结果与真实轴力对比;(b) 弹塑性与纯弹性铆钉材料结果对比。

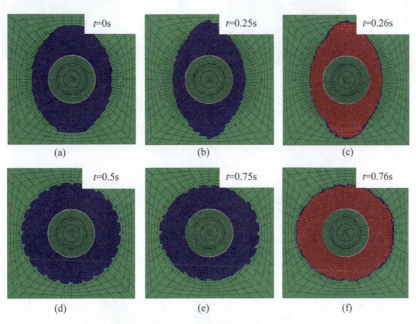

图 4-37 (直线型滞回曲线)接触界面部分时刻的接触状态[7]

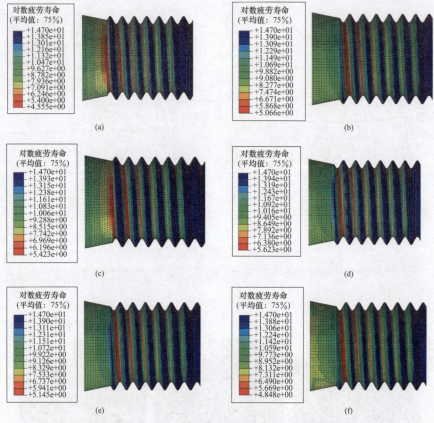

图 4-41 FE-SAFE 软件的螺栓预测寿命云图[10]

(a) 无嵌件；(b) $d=0.05\text{mm}, k=4\text{mm}$；(c) $d=0.10\text{mm}, k=4\text{mm}$；
(d) $d=0.10\text{mm}, k=6\text{mm}$；(e) $d=0.15\text{mm}, k=4\text{mm}$；(f) $d=0.20\text{mm}, k=4\text{mm}$。

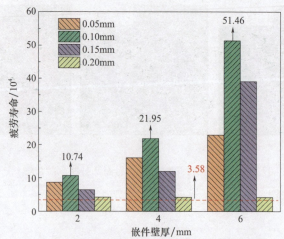

图 4-42 不同嵌件参数下螺栓预测疲劳寿命[10]

彩4

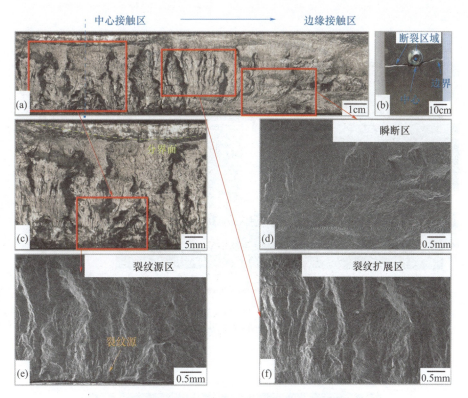

图 4-44 疲劳断裂区的宏观和微观形貌[7]

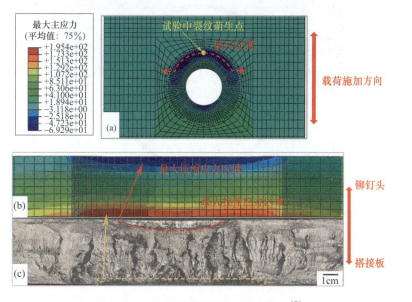

图 4-45 疲劳断裂区最大主应力分布[7]

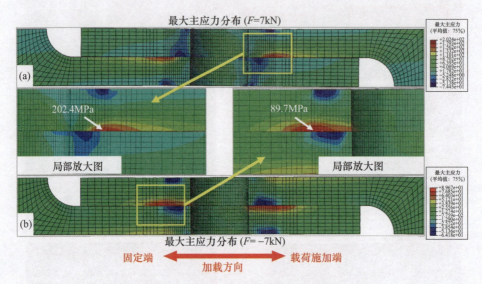

图4-46 剖面最大主应力分布云图[7]

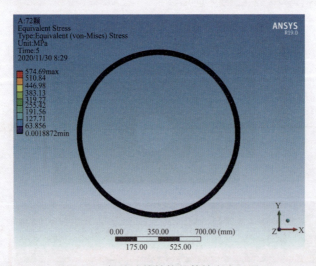

图8-8 螺栓连接结构的等效应力云图

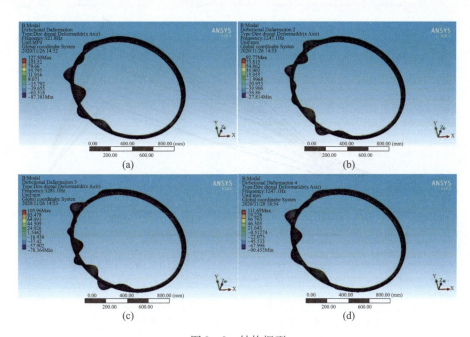

图 8-9 结构振型

(a)第1阶振型;(b)第2阶振型;(c)第3阶振型;(d)第4阶振型。

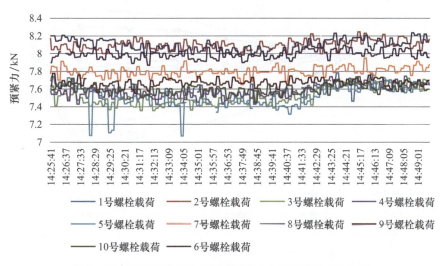

图 8-12 不同压缩载荷下螺栓预紧力(初始预紧力为8kN)

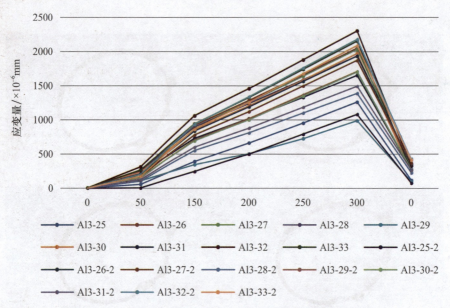

图 8-13 不同拉伸载荷下螺栓预紧力(初始预紧力为 8kN)
(其中实线是 56 颗螺栓连接方案应变,虚线为 72 颗螺栓连接方案应变)

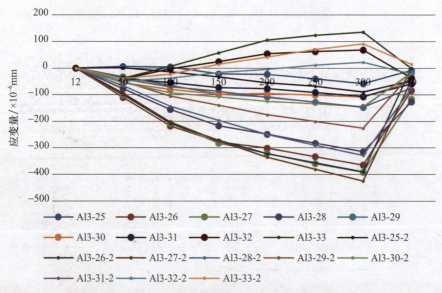

图 8-14 不同压缩载荷下螺栓预紧力(初始预紧力为 8kN)
(其中实线是 56 颗螺栓连接方案应变,虚线为 72 颗螺栓连接方案应变)